U0224462

长江三峡工程文物保护
项目报告 丙种第六号

重庆市文化
遗产书系

涪陵白鹤梁

重庆市文物局 重庆市移民局 编著

文物出版社

封面设计 晨 舟
责任印制 张 丽
责任编辑 周 成 陈 峰

图书在版编目（CIP）数据

涪陵白鹤梁 / 重庆市文物局，重庆市移民局编著 .
—北京：文物出版社，2014.11
（长江三峡工程文物保护项目报告 . 丙种；6）
ISBN 978-7-5010-4100-8

Ⅰ .①涪… Ⅱ .①重… ②重… Ⅲ .①水文站 - 研究报告 - 涪陵区 - 古代 Ⅳ .① P336.271.3

中国版本图书馆 CIP 数据核字 (2014) 第 222986 号

涪陵白鹤梁
编 著 重庆市文物局
重庆市移民局
出版发行 文物出版社
地 址 北京东直门内北小街 2 号楼
邮政编码 100007
http://www.wenwu.com
E-mail:web@wenwu.com
制 版 河北新华第一印刷有限责任公司
印 刷 北京鹏润伟业印刷有限公司
经 销 新华书店
版 次 2014 年 11 月第 1 版第 1 次印刷
开 本 880×1230 1/16
印 张 38.5
书 号 ISBN 978-7-5010-4100-8
定 价 380 元

Reports on the Cultural Relics Conservation
in the Three Gorges Dam Project
C(proceeding)Vol.6

White Crane Ridge in Fuling District

Cultural Relics and Heritage Bureau of Chongqing
&
Resettlement Bureau of Chongqing

Cultural Relics Press

长江三峡工程文物保护项目报告

重庆库区编委会

重庆市人民政府三峡文物保护专家顾问组

长江三峡工程文物保护项目报告

《涪陵白鹤梁》编委会

《重庆市文化遗产书系》编委会

目　录

序言 …… 1

前言 …… 3

第一篇　历史与研究 …… 5

一　涪陵白鹤梁的地理环境 …… 7
二　涪陵白鹤梁题刻概况 …… 9
三　涪陵白鹤梁题刻演变的历史 …… 29
四　涪陵白鹤梁题刻的发现和研究 …… 31

第二篇　勘察与保护 …… 37

一　涪陵白鹤梁题刻保护方案的形成 …… 39
二　涪陵白鹤梁题刻原址水下保护工程地质勘察报告 …… 44
三　涪陵白鹤梁题刻原址水下保护工程专题研究 …… 58

第三篇　设计与施工 …… 119

一　涪陵白鹤梁题刻保护工程设计工作 …… 121
二　涪陵白鹤梁水下工程施工 …… 152
三　涪陵白鹤梁 C 标段工程——地面陈列馆 …… 179
四　涪陵白鹤梁工程竣工验收、竣工决算及工程移交 …… 187
五　涪陵白鹤梁题刻原址水下保护工程在科技创新方面的贡献 …… 192

六　永恒的记忆 ……197
七　涪陵白鹤梁工程大事记 ……199
八　涪陵白鹤梁工程主要参建单位名录 ……202

附　录 ……203

一　国务院三峡工程建设委员会移民开发局关于对白鹤梁题刻石宝寨张桓侯庙保护方案征求意见函的复函　国峡移函规字[1999]21号 ……205
二　国家文物局关于对白鹤梁题刻、石宝寨及张桓侯庙保护规划方案的意见函　文物保函[1999] 160号 ……206
三　重庆市文化局三峡文物保护工作领导小组办公室白鹤梁题刻设计方案及前期工作洽谈会议纪要　渝文三峡办函字[2000]98号 ……208
四　重庆市人民政府关于印发重庆市三峡工程淹没及迁建区文物保护管理办法的通知　渝府发[2001]47号 ……210
五　涪陵白鹤梁题刻保护规划专家评审会意见 ……216
六　《白鹤梁题刻原址水下保护工程可行性方案研究报告》专家组论证意见 ……217
七　国家文物局关于对涪陵白鹤梁题刻原址水下保护工程可行性方案研究报告的意见函　文物保函[2002]141号 ……219
八　涪陵白鹤梁题刻原址水下保护工程专题研究中间成果评审会纪要 ……220
九　涪陵白鹤梁题刻原址水下保护工程初步设计评审会议纪要 ……225
一〇　重庆长江港航监督局关于印发《<重庆市涪陵白鹤梁题刻原址水下保护工程通航环境安全评估研究报告>专家组审查意见》的通知　渝长督通[2002]214号 ……228
一一　国家文物局关于白鹤梁题刻水下保护工程初步设计方案的批复　文物保函[2003]28号 ……229
一二　关于涪陵白鹤梁题刻原址水下保护工程投资概算的批复　国三峡委发办字[2004]11号 ……230
一三　白鹤梁题刻原址水下保护工程B段施工组织设计方案调整论证及协调会会议纪要 ……231
一四　葛修润院士的《紧急建议》 ……236

一五 重庆市文化局三峡文物保护工作领导小组文件会议纪要
文物保函 [2004]21 号 ……239
一六 重庆涪陵白鹤梁题刻原址水下保护工程建设施工中工程项目变更设计评审会议纪要 ……240
一七 国家文物局关于白鹤梁题刻原址水下保护工程建设施工中有关项目变更设计的批复 文物保函 [2006]121 号……242
一八 重庆涪陵白鹤梁题刻原址水下保护工程综合验收预备会议专家咨询意见 …243
一九 涪陵白鹤梁题刻原址水下保护工程竣工综合验收意见 ……248
二〇 涪陵白鹤梁题刻原址水下保护工程移交纪要 ……252

实测设计与施工图 ……255

黑白图版 ……411

彩色图版 ……541

后记 ……597

实测设计与施工图目录

一　白鹤梁题刻中段东区题刻分布图……256
二　白鹤梁地形图……………………………258
三　白鹤梁题刻综合工程地质平面图……259
四　工程地质剖面图 2—2’　……………260
五　工程地质剖面图 4—4’　……………262
六　工程地质剖面图 10—10’……………263
七　钻孔地质柱状图（A0）　……………264
八　钻孔地质柱状图（A3）　……………265
九　声波测井成果图（A0）　……………266
一〇　声波测井成果图（A3）　……………267
一一　工程总平面图…………………………268
一二　上、下游交通廊道剖面图……………270
一三　水下保护体及鱼嘴平面图……………272
一四　水下保护体剖面图……………………274
一五　混凝土导墙及鱼嘴防撞墩水下钻孔平面布置图　…………………………276
一六　鱼嘴防撞墩结构图……………………278
一七　结构总平面布置图……………………280
一八　坡形交通廊道横正截面及回填大样图…………………………………282
一九　水平交通廊道横断面及回填横断面图　………………………………283
二〇　坡形交通廊道地基处理平面图　……284
二一　交通廊道基础开挖平面图……………286
二二　坡形交通廊道分段图…………………288
二三　水平交通廊道分段图…………………289
二四　交通廊道镇脚基础结构图（一）……290
二五　交通廊道镇脚基础结构图（二）……292
二六　交通廊道正断面及侧面墙一～四大样图……………………………………294
二七　交通廊道回填步梯及管沟盖板结构图………………………………………296
二八　坡形交通廊道 PLD-1 配筋图（一）…………………………298
二九　坡形交通廊道 PLD-1 配筋图（二）…………………………299
三〇　坡形交通廊道 PLD-1 配筋图（三）…………………………300
三一　坡形交通廊道 PLD-1 配筋图（四）…………………………301
三二　水平交通廊道与参观廊道连接构造图（一）……………………………302
三三　水平交通廊道与参观廊道连接构造图（二）……………………………303

三四　混凝土水下导墙平面布置图…………304
三五　水下保护体结构布置图（一）………306
三六　水下保护体结构布置图（二）………307
三七　水下保护体穹顶钢底模结构
布置图……………………………………308
三八　水下保护体拱壳支座上部锚固
钢筋平面布置图…………………………310
三九　水下保护体拱壳配筋剖面图…………312
四〇　水下导墙 SDQ1-1 段平面
配筋图……………………………………313
四一　水下导墙混凝土后浇带一平面
配筋图及 1-1、2-2 立面
配筋图……………………………………314
四二　参观廊道总布置图……………………316
四三　参观廊道基础平面布置图……………318
四四　参观廊道预埋件结构修改图（一）…320
四五　参观廊道预埋件结构修改图（二）…322
四六　参观廊道基础一、二及埋件布置图…324
四七　参观廊道结构总体安装图……………326
四八　文物清洗管路安装原理图……………328
四九　参观廊道供气系统原理图……………330
五〇　空调通风及防排烟系统平面安装图…332
五一　参观廊道电力平面图…………………334
五二　廊道照明平面图………………………336
五三　廊道接地保护平面图…………………338
五四　电缆吊架立柱平面布置定位图………340
五五　水下照明灯具、摄像机电缆吊架
布置平面图………………………………342
五六　LED 水下照明系统设备布置
平面图……………………………………344
五七　CCD 遥控观察系统平面图……………346
五八　观察窗装配图…………………………348
五九　参观廊道装饰图………………………349
六〇　安全监测仪器布置图（一）…………350
六一　安全监测仪器布置图（二）…………352
六二　安全监测仪器布置图（三）…………354
六三　上、下游交通廊道管道布置图………356
六四　交通廊道配电、照明平面图…………358
六五　交通廊道消防报警及联动控制系统
平面图……………………………………360
六六　围堰平面布置及剖面图………………362
六七　循环水总体系统图……………………364
六八　循环水管道穿保护体埋件图…………366
六九　空调系统流程图………………………368
七〇　变电所设备布置图……………………369
七一　地面陈列馆总平面图…………………370
七二　地面陈列馆一层平面图………………372
七三　地面陈列馆二层平面图………………374
七四　地面陈列馆三层、屋顶平面图………376
七五　地面陈列馆基础结构图………………378
七六　地面陈列馆部分剖面图………………380
七七　地面陈列馆部分柱配筋平面图………382
七八　地面陈列馆二层梁配筋平面图………384
七九　地面陈列馆二层板配筋平面图………386
八〇　地面陈列馆楼梯详图…………………388
八一　地面陈列馆一层空调平面图…………390
八二　地面陈列馆二层、屋面层空调
平面图……………………………………392
八三　廊道风管总平面图……………………394
八四　地面陈列馆水泵房结构图……………396

八五　地面陈列馆设备基础、管沟结构图…398
八六　地面陈列馆一层喷淋平面图…………400
八七　地面陈列馆卫生间详图及给排水
　　　支管系统图……………………………402
八八　地面陈列馆水处理设备详图…………404
八九　地面陈列馆水处理工艺流程图………406
九〇　白鹤梁保护工程施工总布置图………408

黑白图版目录

一　被长江淹没前的白鹤梁……………………413
二　淹没前的白鹤梁题刻（一）…………414
三　淹没前的白鹤梁题刻（二）…………415
四　游人观赏场景（一）……………………416
五　游人观赏场景（二）……………………417
六　唐代所镌鱼、清代重镌双鲤石鱼
水标……………………………………………418
七　肖星拱重镌双鱼记　……………………419
八　石鱼……………………………………………420
九　勘察白鹤梁场景…………………………421
一〇　留取资料场景（一）…………………422
一一　留取资料场景（二）…………………423
一二　水文测量白鹤梁题刻高程……………424
一三　水下考古场景（一）…………………425
一四　水下考古场景（二）…………………426
一五　拓片资料的留取…………………………427
一六　对白鹤梁题刻进行防护、化学保护、
防风化处理（一）……………………428
一七　对白鹤梁题刻进行防护、化学保护、
防风化处理（二）……………………429
一八　对白鹤梁梁体进行本体保护（一）…430
一九　对白鹤梁梁体进行本体保护（二）…431
二〇　对白鹤梁梁体进行加固保护…………432
二一　题刻覆盖……………………………………433
二二　题刻翻模（一）…………………………434
二三　题刻翻模（二）…………………………435
二四　水下保护工程开工典礼………………436
二五　文物保护现场（一）…………………437
二六　文物保护现场（二）…………………438
二七　鱼嘴防撞墩（一）……………………439
二八　鱼嘴防撞墩（二）……………………440
二九　水上加工厂（一）……………………441
三〇　水上加工厂（二）……………………442
三一　钢筋加工……………………………………443
三二　导墙劲性骨架、钢筋整体预制………444
三三　导墙劲性骨架制作………………………445
三四　导墙钢筋预制………………………………446
三五　导墙免拆模版安装………………………447
三六　导墙制作……………………………………448
三七　导墙模版制作………………………………449
三八　钢棒修复……………………………………450
三九　潜水作业……………………………………451
四〇　高水位导墙分段吊装……………………452
四一　导墙模版吊装………………………………453

四二　导墙分段吊装……………………………454
四三　单元模版底部……………………………455
四四　导墙钢套管制作吊装……………………456
四五　水下混凝土浇筑…………………………457
四六　水下保护体导墙施工……………………458
四七　保护体后浇带……………………………459
四八　水下保护体………………………………460
四九　参观廊道牛腿安装………………………461
五〇　参观廊道吊装……………………………462
五一　潜水舱……………………………………463
五二　参观廊道吊运、安装……………………464
五三　参观廊道安装……………………………465
五四　参观廊道安装施焊………………………466
五五　参观廊道观察窗…………………………467
五六　参观廊道潜水舱…………………………468
五七　参观廊道内设备安装……………………469
五八　设备间设备………………………………470
五九　参观廊道装修……………………………471
六〇　水下摄像系统视频………………………472
六一　水下保护体内景…………………………473
六二　线缆通过穿舱件进入保护体……………474
六三　保护体内的吊杆与桥架…………………475
六四　水下照明灯具……………………………476
六五　穹顶钢梁…………………………………477
六六　穹顶钢筋绑扎……………………………478
六七　穹顶复合模板安装………………………479
六八　保护体穹顶混凝土浇筑…………………480
六九　围堰运土槽………………………………481
七〇　围堰填土…………………………………482
七一　围堰施工场景……………………………483
七二　围堰抛石填筑……………………………484
七三　围堰护坡…………………………………485
七四　围堰防渗墙………………………………486
七五　围堰咬合桩………………………………487
七六　围堰合拢…………………………………488
七七　围堰全景…………………………………489
七八　围堰清淤…………………………………490
七九　水平廊道垫层基础开挖…………………491
八〇　水平廊道垫层施工………………………492
八一　廊道基础施焊……………………………493
八二　交通廊道基础……………………………494
八三　廊道埋件施工……………………………495
八四　交通廊道钢构……………………………496
八五　水平廊道与保护体连接…………………497
八六　水平廊道施工……………………………498
八七　水平廊道分段施工………………………499
八八　坡形廊道钻孔桩施工……………………500
八九　坡型廊道补偿垫层施工…………………501
九〇　镇墩基础施工……………………………502
九一　镇墩承台施工……………………………503
九二　坡形廊道内模支架安装…………………504
九三　坡形廊道底板钢筋绑扎…………………505
九四　坡形廊道混凝土浇筑……………………506
九五　坡形廊道施工……………………………507
九六　坡形廊道步梯……………………………508
九七　廊道覆盖层………………………………509
九八　廊道回填覆盖施工………………………510
九九　覆盖后的水平廊道………………………511
一〇〇　水下保护体及交通廊道………………512
一〇一　水下题刻打捞…………………………513

一〇二　交通廊道埋件……………………………514
一〇三　交通廊道设施……………………………515
一〇四　交通廊道设备安装………………………516
一〇五　自动扶梯安装……………………………517
一〇六　水平廊道装修……………………………518
一〇七　坡形廊道橱窗……………………………519
一〇八　陈列馆基础………………………………520
一〇九　陈列馆一层………………………………521
一一〇　陈列馆二层………………………………522
一一一　陈列馆三层………………………………523
一一二　陈列馆屋面………………………………524
一一三　陈列馆外部造型施工……………………525
一一四　陈列馆楼梯间……………………………526
一一五　艺术墙制作（一）………………………527
一一六　艺术墙制作（二）………………………528
一一七　艺术墙安装………………………………529
一一八　空调管道…………………………………530
一一九　配电箱安装………………………………531
一二〇　供气系统设备安装………………………532
一二一　循环水控制系统…………………………533
一二二　循环水管道………………………………534
一二三　循环水过滤池……………………………535
一二四　循环水设备………………………………536
一二五　供气系统储气罐…………………………537
一二六　陈列馆内装修……………………………538
一二七　陈列馆外墙装修…………………………539

彩色图版目录

一　白鹤梁水下博物馆全景图……………………542
二　地面陈列馆全景………………………………544
三　陈列馆夜景……………………………………546
四　陈列馆安检门…………………………………547
五　陈列馆一层……………………………………548
六　陈列馆展厅（一）……………………………549
七　陈列馆展厅（二）……………………………550
八　观众参观场景（一）…………………………552
九　观众参观场景（二）…………………………553
一〇　观众参观场景（三）………………………554
一一　观众参观场景（四）………………………555
一二　观众参观场景（五）………………………556
一三　观察窗外的白鹤梁题刻……………………557
一四　潜水员在水下保护体内清洁观察窗………558
一五　潜水员清洁题刻表层　……………………559
一六　水下保护体全景……………………………560
一七　水下保护体内的白鹤梁题刻………………561
一八　石鱼水标……………………………………562
一九　预兆年丰题刻………………………………563
二〇　吴缜题刻拓片………………………………564
二一　北宋黄庭坚题刻……………………………565
二二　孙海白鹤梁题刻……………………………566
二三　明成化年间张本仁抄写古文题刻…………567
二四　庞恭孙题刻…………………………………568
二五　刘叔子题刻…………………………………569
二六　刘忠顺倡和诗拓片…………………………570
二七　张师范题刻…………………………………571
二八　谢彬题刻……………………………………572
二九　蒙文题刻……………………………………573
三〇　刘镜源题刻…………………………………574
三一　舒长松题刻…………………………………575
三二　董维祺题刻…………………………………576
三三　题刻拓片……………………………………577
三四　瑞鳞古迹题刻拓片…………………………578
三五　送子观音题刻………………………………579
三六　董维祺题刻上的鱼形图案…………………580
三七　涪州州牧张师范镌刻之巨鱼………………581
三八　张八歹题刻…………………………………582
三九　白鹤时鸣题刻………………………………583
四〇　民国二十六年民生公司渝万河床考察团题记拓片……584
四一　民国辛未年“神仙福慧山水因缘”题记拓片……585

四二　南宋王象之《舆地纪胜》卷一七四

《夔州路·涪州》……………………………586

四三　涪州石鱼题名记…………………………587

四四　涪州石鱼文字所见录（一）……………588

四五　涪州石鱼文字所见录（二）……………589

四六　民国施纪云主纂的《涪陵县

续修涪州志》………………………………590

四七　全国重点文物保护单位石刻

标牌………………………………………591

四八　白鹤梁水下博物馆开馆场景……………592

四九　白鹤梁题刻保护工程水下可卸穿舱

连接装置技术专利…………………………594

五〇　白鹤梁题刻保护工程高亮度、高压、

防水聚束水下照明灯技术专利…………594

五一　白鹤梁题刻保护工程双层观察窗技术

专利…………………………………………594

五二　白鹤梁题刻保护工程水下参观廊道

装置技术专利………………………………594

五三　白鹤梁博物馆水下照明系统智能

控制软件著作权登记证书…………………595

序 言

被国际业界誉为“世界第一古代水文站”的长江白鹤梁水下古水文题刻位于重庆市所属涪陵城北江心，距乌江与长江汇合处上游约一公里处。白鹤梁岩面是极平整的浅色薄层砂岩，以 14.5° 的倾角北向长江主航道。从唐朝广德元年（公元 763 年）以来我国人民用刻石鱼的方式将历年来极枯水位镌刻在白鹤梁岩壁面上至今已有一千二百多年历史。“白鹤梁”因早年白鹤聚集梁上而得名。

白鹤梁这道天然石梁长约 1600 米，宽约 25 米，东西向延伸与长江平行。梁脊标高为 138 米，比长江最高洪水位低约 30 米。据不完全统计：白鹤梁古水文题刻计有文字题刻 165 段，3 万余字，其中唐代 1 段，宋代 98 段，元代 5 段，明代 16 段，清代 24 段，民国 14 段，年代不详者 7 段。石鱼雕刻 18 尾，其中立体浮雕 1 尾，浅浮雕 2 尾，平面线雕 15 尾。此外，尚有线雕白鹤 1 只，观音 3 尊。这些题刻与浮雕比较集中地分布在长约 220 米的中段石梁上，特别是约 65 米长的中段东区。

这些题刻与浮雕没于长江冬季常年枯水位线以下，只有在水位很枯的年份的冬季，江水枯竭时才显露水面。据统计，每三、五年才能露出一次。我国祖先刻石鱼作为水位标记，每当江水退石鱼现时，就预兆丰收年景来临，即“石鱼出水兆丰年”。历代的文人将石鱼出水的时间、石鱼距水位线的尺度、观察者的姓名，以及石鱼显现时的情景用诗词、题文等形式刻记在石梁上。

先人记录有一千二百年来的 72 个极枯水年份的水位，留下极其珍贵的水文资料，具有重要的科学价值，堪称世界之最。白鹤梁以其水下碑文之多、历史之悠久、水情记录之翔实、书法镌刻之精湛、题记内容之丰富、形式之多姿多彩、许多题刻都出自名家之手，与长江及环境混成一体堪称天下奇观。艺术价值之高，将它称为“水下碑林”也不为过。

我国伟大的三峡水利枢纽工程经全国人民代表大会批准于 1992 年开始动工兴建，到 2009 年业已基本建成。这一伟大工程以解决长江流域洪水灾害为首要任务，同时也为了提升长江中上游段黄金水道的航运能力、开发三峡绿色可再生的水电等各方面综合性任务而兴建的。由于“白鹤梁”位于三峡水库库底，环境之变化使它在 2006 年以后将永远无重见天日之时了。根据科学实验得知，三峡工程完工后三十年左右白鹤梁古水文题刻将葬身在三峡水库的淤泥之中。

国家对保护“白鹤梁”工作十分重视，列为三峡工程影响范围内需要挽救、保护、发掘和搬运的多达一千余项的文物保护清单的首位。

本书主要内容就是环绕着如何保护好古代水文题刻这一重大命题而展开的。

自 1993 年以来由国家文物局、三峡建设委员会和重庆市人民政府组织过许多国内科研机构和高等院校专家们就白鹤梁古水文题刻的保护方案展开深入研究和论证，并召开过多次全国性会议，试图找出一个科学保护又能展示白鹤梁的方案。本书介绍了多达五六种之多的保护方案，许多方案虽有各自亮点，但是均未能完满实现上述目标。有的建议方案还存在技术上的巨大风险，而且石刻在脱离了长江水的保护后而暴露在空气中，必将导致风化而迅速毁损。

2001 年在涪陵市召开的相关会议上，一项汲取了前人方案的一些优点又富有创新精神的以“无压容器”概念为基础，对古水文题刻集中段进行修建原址水下保护工程的综合保护方案被提上了桌面。当时距尚可以进行水下施工作业的 2005 年已不足五年时间。时间十分紧迫，但国家有关部门还是决定采用这一新方案，同时又要求我们以十分严谨的科学态度在 2001 年年底完成整个保护方案的可行性研究。在得到权威的专家组审查通过后，在 2002 年工程设计被批准进行。由于设计牵涉面很广，在设计的同时又列出了九大研究课题并组织许多高校和科研院所合作进行研究，都获得了科学合理的结论。本书对专题研究有详细叙述，有关主要设计要点在书中也做了介绍，许多设计简图也附在书内。

要抢在 2006 年以前将主要设备制造好并完成原址水下保护工程主体施工任务是十分艰巨的工作。书中介绍了本工程中的六大主要设备系统，对施工过程作了较详细介绍并附了许多珍贵图片。

在主管“白鹤梁”工作的国家三大主管部门的领导下，各设计单位、参建和监理单位、业主单位和广大施工人员的共同努力奋斗下，古水文题刻原址水下保护工程的水下部分在 2005 年年底之前胜利完工，整个博物馆在 2009 年 5 月 18 日于世界博物馆日开馆。整个保护工程由水下保护体、交通及参观廊道和地面陈列馆三大部分组成，总建筑面积 8433 平方米。工程总投资 1.9 亿人民币。

建在水下 40 米深处的白鹤梁古水文题刻的原址水下保护工程的建成，为国内和国际水下文化遗产的原址保护提供了成功的工程范例。她不但为我国伟大的三峡工程增添了光彩，也在世界上赢得了很高的声誉，在水下文化遗产的原址水下保护技术方面在国际上取得了领先的地位。

中国工程院院士：葛修润

前 言

白鹤梁题刻位于重庆市涪陵区长江之中，因早年白鹤群集梁上而得名。白鹤梁题刻记载了唐广德元年（公元763年）起1200余年间的72个枯水年份的水位资料，堪称保存完好的世界“第一古代水文站”和世界罕见的“水下碑林”，是三峡库区的全国重点文物保护单位，在科学、历史和艺术等方面都具有较高的价值。2006年12月、2012年12月，国家文物局公布白鹤梁题刻被列入《中国世界文化遗产预备名单》。

长江三峡水库蓄水后，白鹤梁题刻将淹没在约40余米的江水下，如不及时保护，文物将被泥沙淤埋，以后保护时深水水下施工难度更大。深水下有效地保护这一珍贵的文化遗产是一个世界性难题，国内外无可供借鉴的工程实例。

为保证水下文化遗产的真实性和完整性，中国工程院院士葛修润先生提出采用“无压容器”概念修建水下原址保护工程：在需保护的白鹤梁题刻上兴建一壳体容器，容器内是通过专门的循环水系统过滤后的长江清水，保持容器内水压与外部的江水压力平衡，使题刻处于平压状态，并仍处于长江清水的保护之中；水下保护壳体结构处于内外水压平衡的工作状态，壳体结构简单、经济；水下保护体内设置参观廊道，并设计了水下照明和遥控观测系统，人们经地面陈列馆及交通廊道进入参观廊道，通过观察窗观赏题刻，也可通过遥控观测系统实时观赏题刻；在参观廊道内设置蛙人孔，供工作人员或其他人员潜水进入保护体内开展研究、观赏和维护工作。

2001年11月，重庆市文化局授权重庆峡江文物工程有限责任公司为长江三峡工程重庆库区市级以上文物保护工程项目的项目法人，对建设白鹤梁题刻原址水下保护工程进行全过程管理。

2004年11月，重庆市人民政府成立了白鹤梁题刻文物保护工程联席会，由重庆市人民政府甘宇平同志任指挥长，中国工程院院士葛修润同志任技术总顾问，领导白鹤梁题刻原址水下保护工程的建设工作。

白鹤梁题刻原址水下保护工程属国家重点文物保护项目（工程编号：607），工程投资由国务院三峡工程建设委员会于2004年3月9日批复投资概算为12323.24万元，完工后进行财务总决算并经国家审计，实际工程总投资为192,712,230,17元。本工程于2000年3月动工兴建，2009年5月完工，历时9年。工程由水下保护体、交通及参观廊道、地面陈列馆三部分组成，总建筑面积8433平方米。工程由建设、设计、地勘、监理（造）、政府监督机构和主管部门进行各项验收，全部合格。

2010年4月24日，重庆白鹤梁水下博物馆完成布展和各系统设备综合调试工作后，正式对外开放运行。

2011年5月22日、7月27日，国家文物局组织有关部门和专家组对白鹤梁题刻原址水下保护工程进行了综合验收，评价该工程从设计、施工、运行、管理是成功的，是世界上在水深40余米处建立遗址类水下博物馆的首次尝试，为水下文化遗产的原址保护提供了范例，具有较高的科学价值和社会效益。专家组一致同意该工程通过竣工综合验收。

2012年1月，重庆涪陵白鹤梁题刻原址水下保护工程正式由重庆峡江文物有限责任公司移交重庆中国三峡博物馆管理使用。

第一篇

历史与研究

一　涪陵白鹤梁的地理环境

白鹤梁位于重庆市涪陵区城北的长江中，距乌江与长江交汇处约1000米。这里的长江有一道与该段长江河段大致平行的天然石梁。传说古代曾有修行的道士在这道石梁上乘坐白鹤升仙，且白鹤群集梁上，故人们将这道石梁称作“白鹤梁”。

涪陵区地处中国三级阶地中的第二阶地，属于该阶地中地势低矮的四川盆地东南边缘。白鹤梁全长约1600米，宽约15米。石梁表面为厚约1~1.5米的坚硬砂岩，其下为厚约在2米以上的软质页岩。石梁的梁脊标高138米（吴淞高程），仅比常年最低水位高出2~3米，却比最高洪水位低约30米。因而几乎长年淹没于江中，难见踪影，只在冬春之交水位较低时，才部分露出水面。

长约1600米的白鹤梁从西向东顺江延伸，与江岸大致平行，南、北两侧距长江两岸分别约100米和400米，东端距乌江汇入长江处1000米。石梁的北侧是比较坚硬的砂岩的斜坡状石面，该斜坡石面以14~18度的坡度一直向长江江心延伸，其宽度可达40米，最外侧的深度最大约125.7米左右。这道石面的斜坡在长江极度枯水时实际上就是长江中心河道的南岸，由于石梁南侧几乎全是页岩和泥岩，这些松软的岩面在江水激流的长期冲刷下，形成了一个低于外侧石梁的洼地（高度135米左右），冬季的长江水道通过石梁与南岸间东端的敞口回流（或通过石梁的缺口漫入），使得这一地段的长江水被石梁划分为内外两部分：石梁以南与南岸间的水道水流较缓，波平如镜，故名“鉴湖”，湖宽100~150米，是冬季船舶停靠的好去处。由于白鹤梁的梁脊最高处也不超过高程138米，当长江水位较高时，水流就会漫过石梁，鉴湖的景色就会消失。

这种两江交汇，水面开阔且有回流静水的长江河段，是长江鱼类聚集的地区，尤其是在每年洄游产卵的季节。经过数千年的捕捞，特别是经过近代人口大量增长后的竭泽而渔，现在长江干流一带也还有比较丰富的鱼类资源。据统计，长江水系的鱼类资源共226种，川江干流就有141种，大多数种类的鱼类在白鹤梁附近都可以看到，主要经济淡水鱼类如青鱼、铜鱼、鲤、鲶、鲂、鳊、鳠、鯮、中华倒刺鲃[1]等。这些鱼类，尤其是较大型的鱼类在溯流而上时，多贴近岸边有回流的地带，这些现象为当地古代的人们所习见，他们模仿这些贴近石梁斜坡石面向上游的鱼儿，将其形象用石雕的方法永远固定在石面上，并以之作为长江枯水水位记录的永久性标识。

中国最大的河流长江，从青藏高原东部发源后，顺着横断山脉一路南下，受到云贵高原的阻挡后转折向东北，进入四川盆地后沿着盆地南缘一路东去，从四川省攀枝花到重庆市的涪陵 1000 多公里的河段上，长江汇集了雅砻江、岷江、赤水河、沱江、綦江、嘉陵江、乌江等十多条支流，在每条支流与干流交汇的地方都形成了城市。这也许就是文明依水而生的有利佐证。对于长江而言，每条支流的汇入都是一次水量的补充。当长江在上游段汇集了一条条支流后，已经是汹涌澎湃能量惊人了。在四川盆地东部边缘切开了方斗山、齐岳山和巫山，形成了壮丽的长江三峡。长江三峡是四川盆地周边唯一的一个缺口，来自盆地外的西北干冷气流受到盆地周围高原和高山的屏蔽阻隔，而来自盆地外的东南暖湿气流却可以通过长江三峡这个缺口进入盆地。由于这个缘故，位于亚热带湿润季风气候区的四川盆地，尤其是长江干流穿过重庆地区，其四季变化明显，春季湿暖间寒潮，夏季炎热有伏旱，秋季凉爽多绵雨，冬季天冷无酷寒。受季节性气候变化的影响，长江水流量也随着季节急剧变化，夏秋季的洪水期与冬春季的枯水期流量变幅很大。据几十年的观测统计，长江涪陵段平均流量为 11200 立方米 / 秒，流量变幅变异很大，洪水位与枯水位相差悬殊，最大水位差为 35.2 米。一般情况，长江 11 月至次年 4 月为枯水期，同年 6 月至 10 月为洪水期，其中 7、8、9 月为最高洪水期。历年平均气温为 18.1℃，年平均降水量 1072.2 毫米，与区内年平均蒸发量 1106.6 毫米基本持平而略低。

二　涪陵白鹤梁题刻概况

白鹤梁因长期遭受长江江水的冲刷，有两处被江水侵蚀切割，长期隐没水中，枯水期露出水面的石梁明显分为上（西）、中、下（东）三段，古代题刻集中分布在中段以上。中段石刻在极枯水期露出水面的长度有 220 米，最宽处约 20 米，最高处高于水面 2.8 米。在中段石梁从东向西 55~70 米地段，石梁表面较硬的砂岩层已经剥蚀破碎，形成了中段石梁的一个洼地，这里的石梁在一般枯水季节都隐于水中，从而将中段石梁分为东、西两区。石鱼水标及绝大多数题刻都位于东区，只有少数晚期石鱼和石刻散布在西区的石梁上。东区的石鱼有 11 组 15 尾，文字题刻 157 段，清代以前的早期题刻全都在这一区域；西区有石鱼 3 组 3 尾，图像 2 幅、文字题刻 28 段，除一段年代不明外，其余全都是清代及其以后的题刻。

根据 1972 年和 2001 年两次编号和统计数据，涪陵图书馆和博物馆收藏的白鹤梁拓片数字，以及清代以来关于白鹤梁题刻的著录数字，可以知道白鹤梁上曾有石鱼 14 组 18 尾，其他图像雕刻 3 幅（其中白鹤雕刻 1 幅、观音及人物线刻 2 幅），文字题刻 183 则，文字约 12000 字。在所有年代明确的题刻中，年代最早的是唐广德二年（公元 764 年）前的石鱼，题刻包括唐代或唐代前 1 则，北宋 27 则、南宋 71 则、元代 5 则、明代 18 则，清代 27 则，近代 13 则，现代 3 则，年代不详者 8 则。经过百余年自然和人为的破坏，以及白鹤梁保护工程开始后，将可移动题刻和保护覆盖室外少数晚期题刻迁移到岸上博物馆保存等措施，白鹤梁原址现存文字题刻 161 则，石鱼 12 组 16 尾，其他图像 1 幅、可以辨识的文字约 11000 字。另在重庆中国三峡博物馆和涪陵博物馆中，还保存了白鹤梁题刻 13 则，石鱼 2 尾，其他图像 2 幅。

题刻均刻于面向长江主航道倾斜石面上，以唐始载石鱼和清肖兴拱重镌石鱼为中心展开，越靠近这两组石鱼水标，题刻就越密集。由于前人题刻已经占据了题刻中心区位置，后人题刻往往采取见缝插针的方式，利用先前题刻之间的狭小位置或先前题刻区内的空白处写刻自己的题名或题记。清代以后，因石鱼水标附近已无空间，新的题刻才主要转移到上游方向的中段石梁西区石面。这些题刻文字通常都是从石面的上方向下写刻，但为了将题刻尽量安排在靠近水面的位置，也有个别题刻从下向上倒着写刻甚至顺江横向写刻。各题刻的大小幅面差异很大，大者两米见方，小者幅不盈尺。题刻所主刻者大都为历代涪陵地方官吏、涪陵当地人士、途经和寓居涪陵的官宦和文人，有名可稽者超过 300 人，其中不乏历史上的一些名人。题刻主要有三方面的内容：一是记述石鱼出水的枯水现象和枯水程度；二是就石鱼出水现象与本年或来年农业丰收的关系发表议论和感言；三是来观看石鱼人们的题名；此外还有少许其他内容的题刻。这些题刻记录自唐广德二年（公元 764 年）以来至清宣统元年（公元 1909 年）1200 年间 60 个年份的枯水数据[2]，这些数据是长江上游建立现代水文观测站前最重要的枯水水文信息来源，堪称中国古代的不可移动的实物水文档案库。

（一）白鹤梁枯水题刻

1. 水标图像

白鹤梁上雕刻石鱼图案现存 18 尾。多数石鱼是后人追随唐代枯水标识石鱼雕刻的图案，只具有艺术和民俗价值，真正的起着标识枯水位作用的石鱼图案只有两组 3 尾，它们分别是唐代始见于记载的石鱼水标一组 1 尾，清康熙二十四年重刻石鱼水标一组 2 尾。唐代或唐以前石鱼原先应为一组 2 尾，经千年水冲日晒，到清代已经剥蚀不清，清人重刻石鱼时部分破坏和覆盖了先前的石鱼，所幸在清代重刻石鱼图案下，还残存着 1 尾唐代石鱼图案和文字的痕迹。

兹将这些石鱼依编号由右向左介绍。

（1）无名氏主刻单石鱼（编号 53–1）

唐广德二年（公元 764 年）前刻，具体年代和主刻者不明。位于白鹤梁题刻集中区的中部，清肖兴拱重刻两石鱼的头尾相接处偏下，石鱼鱼眼的地理坐标为北纬 29° 42′ 53.6″，东经 107° 23′ 58.4″，海拔 138.04 米（吴淞高程系，下同）。石鱼原为一对两尾，已被清代重刻石鱼部分破坏，现仅一尾鱼的前中部尚隐约可见。雕刻技法为细线阴刻，鱼首朝西，也就是上水的方向。鱼的背鳍和鳞甲尚可辨识。在鱼头部上方，也就是原先两尾石鱼中间的位置，刻有隶书“石鱼”二字，其中“鱼”字已被清代重刻石鱼叠压。石鱼残长 0.58 米、宽 0.21 米。

（2）肖兴拱主刻双石鱼（编号 53–2）

清康熙二十四年（公元 1685 年）刻。位于白鹤梁题刻集中区的中部，位置略高于唐始载石鱼。鱼形图案共两尾，呈头西尾东即朝向上游的方向排列。石鱼为阴线雕刻，西边鱼口含莲花，东边鱼口含蓂草。东边鱼长 1.1 米、宽 0.28 米，鱼眼中心高程 138.07 米。西边鱼长 1 米、宽 0.27 米，鱼眼中心高程 138.09 米，两鱼眼间的连线平均高程为海拔 138.08 米。

唐代始载石鱼为清康熙二十四年前涪陵当地的水位标尺，其鱼眼高程相当于川江航道当地水尺的零点，腹高又相当于涪陵地区现代水文站历年枯水位的平均值。

2. 水文题记

在白鹤梁 183 则文字题刻中，记录当地长江枯水水位的水文题刻记有 92 则，其中长江现代水位观测站建立以前的水文题刻记 82 则 85 条[3]。这些水文题记的记录方式有三类：

第一类是用做标识的方式记录当时或当年白鹤梁地点的最低水位线：如“某年某月某日江水至此”之类。这种方式是古今记录江河沿岸洪水水位题刻的最常见方式，长江沿岸大量的古代洪水题刻均采用这种方式。由于白鹤梁已有石鱼作为基准水位标识，故白鹤梁题刻采用这类记录的很少，仅有 4 条，这类水位题刻，其水位记录信息比较准确，科学价值很高。

第二类是以石鱼作为当地平均枯水水位标识，记录当时江水水面在石鱼之下的尺度信息，如“某年某月某日鱼出水多少尺”之类（也有个别记录称江水在石鱼之上多少尺，但水下石鱼深度难以观察，且石鱼淹没水下是当地寻常现象，如此记录枯水水位的题刻极少）。这类记录共计有 16 条，其记录长江上游历史枯水位信息量大，它们是科学价值很高的枯水水位记录，最为重要。

第三类是以石鱼是否露出作为标准来笼统记录当时水位的高度，如“某年某月某日石鱼出水”之类。这类记录方式和第二类记录方式一样，为白鹤梁古水位石刻所独有，在白鹤梁题刻中数量也最多，共 65 条，占了全部水文石刻的 76%，这类记录给出了当时枯水水位低于石鱼这个当地零点水位的信息，却没有关于当时最低水位的信息，其枯水水文信息的完整性不如第一、二类题刻。

下面，我们按上述分类对白鹤梁题刻进行描述。

第一类题刻

（1）熙宁七年水位题刻（编号 87）

北宋熙宁七年（公元 1074 年）刻，作者不详。位于白鹤梁题刻集中区东区中部，距离唐鱼眼基点 7.46 米。题刻范围 0.48 米 ×0.68 米，文字正书，竖排，从左向右书写，共 2 行 8 字。文字内容是熙宁七年这年，水位到达这里。水位达到处未作记号，推测就是文字的最下缘，测得水位高程为 137.62 米。

（2）卢棠等题记（编号 52）

南宋乾道七年一月一日（公元 1171 年 2 月 7 日）卢棠等人题。位于白鹤梁题刻集中区东区中部，距离唐鱼眼基点 2.95 米。题刻范围 0.93 米 ×0.65 米，文字正书，竖排，从左向右书写，共 10 行 56 字。内容记述当时代理涪陵县长官卢棠等来此，读唐代涪陵地方长官郑令珪的题刻，验证唐广德年间的水位标识，以作为丰收年份的预示。据此刻知，唐广德年间的水位题刻很可能有水位标识，且宋乾道七年的枯水位当等于或低于唐广德二年，即等于或低于海拔 137.74 米。

（3）宝庆丙戌水位题刻（编号 85）

南宋宝庆二年（公元1226年）刻，作者不详。位于白鹤梁题刻集中区东区中部，距离唐鱼眼基点5.59米。题刻范围0.8米 ×0.19米，文字正书，竖排，仅1行6字。内容是宝庆丙戌这年当时水位高度。在最下的“齐”字下有“△”符号，应当就是水位符号，经测量其底线水位高程为 137.95 米。

（4）陈鹏翼等题记（编号 83 号）

嘉庆元年三月十八日（公元 1796 年 4 月 25 日）陈鹏翼等题刻。位于白鹤梁题刻集中区东区中部，距离唐鱼眼基点 6.37 米。题刻范围 1.05 米 ×0.63 米，文字正书，竖排，从左向右书写，3 行 22 字。题刻位置很低，即使在枯水季节也浸泡水中。内容是嘉庆元年三月十八日这天长江水退至此碑记以下八尺多的位置。通过换算可知，该日当地水位低至海拔 136.76 米，是目前所知长江上游最低的枯水年份。

以上 4 则，第 17、37 两则为标准的第一类水位题刻，第 27、47 两则分别以唐广德水位和本题刻为基准来标识水位而不以石鱼水标作为基准标识水位，这里也将其归附于第一类水位题刻。

第二类题刻

（1）谢昌瑜状申记（编号 62）

北宋开宝四年二月十日（公元 971 年 3 月 9 日）黔州佚名地方长官的题记。题记位于白鹤梁题刻集中区东区中部，距离唐鱼眼基点 0.75 米，正好在石鱼水标上方。题刻范围 0.90 米 ×1.42 米。文字正书，竖排，从左向右书写，共 13 行残存 176 字，左下残缺。内容为黔州佚名最高地方长官根据下属谢昌瑜等关于石鱼出水历史、现状和功能的报告，前往白鹤梁观看石鱼之事。题记中关于唐代广德二年（公元764年）“江水退至石鱼下四尺”的史实，以及当时石鱼复现的记载，对于认识唐及北宋这两个年份当地长江的枯水水位具有价值。据此可知唐广德二年水位为 137.74 米。

（2）韩震等题记（编号 55）

北宋熙宁七年一月二十四日（公元 1074 年 3 月 4 日）韩震等人题。题刻位于白鹤梁题刻集中区东区中部，石鱼水标西侧，唐鱼眼基点 1.42 米。题记周围有卷草纹边框，题刻范围 1.03 米 × 1.09 米。文字正书，竖排，从左向右书写共 9 行 90 字。内容记韩震等人陪涪州地方最高长官姜齐颜观石鱼，江水已退到鱼下四尺余，并转述了唐广德年间水去鱼下四尺的史实。水位高程低于 137.67 米。

（3）吴缜题记（编号 47）

北宋元丰九年即元祐元年二月七日（公元 1086 年 3 月 5 日），黔州地方副长官吴缜题。题刻位于白鹤梁题刻集中区中段东区中部中间，北距唐始载石鱼水标 2.62 米。题刻周围有阴线的圆首碑形边框，题刻范围约 0.90 米 ×0.55 米。文字正书，竖排，从左向右书写，共 6 行 54 字。内容记当时水面在石鱼下五尺，涪州地方长官与同僚和友人一同观赏石鱼。水位高程 137.594 米。

（4）庞恭孙等题记（编号 76）

北宋大观元年一月五日（公元 1107 年 1 月 30 日），涪州最高地方长官庞恭孙题。位于白鹤梁题刻集中区东区中部偏南，距离唐鱼眼基点 4.05 米。题刻范围 0.57 米 ×1.12 米，文字正书，竖排，从左向右书写，共 8 行 128 字，部分残缺。内容是追记一年前的大观元年一月五日（公元 1107 年 1 月 30 日），江水水面在石鱼下七尺，这年夏天果然丰收，证实了唐广德年间的题刻内容。水位高程 137.48 米。

（5）陈似题记（编号 23）

南宋建炎三年一月二十一日（公元 1129 年 2 月 11 日）陈似题。题刻位于白鹤梁题刻集中区东区东部，距离唐鱼眼基点 13.98 米。题刻范围 1.20 米 ×1.20 米，文字正书，竖排，由左至右书写，共 8 行 71 字。内容是涪州最高地方长官王拱应上司的属下陈似返回重庆，王带领臣僚到江边给陈送行，并一起观赏鱼眼到黄昏，当时石鱼距离水面六尺，水位高程 137.56 米。

（6）贾思诚等再题（编号 12）

南宋绍兴七年十二月中旬（公元 1138 年 1 月 23 日 ~2 月 1 日）贾思诚等题。题刻位于白鹤梁题刻集中区东区东部，距离唐鱼眼基点 16.04 米。题刻范围 1.15 米 ×0.85 米，文字正书，竖排，由左至右书写，14 行，每行 10 字，共 136 字。内容是这年十二月中旬，涪州最高军政长官贾思诚利用休假与朋友一起来看石鱼，这时石鱼已经高出水面数尺，可以作为来年丰收的征兆，因而留题。水位高程当为 137.59 米左右（以五尺计）。

（7）杨谔等题记（编号 20）

南宋绍兴十五年二月上休日（公元 1145 年 3 月 6 日 ~15 日）杨谔等人题。题刻位于白鹤梁题刻集中区东区东部，距离唐鱼眼基点 13.67 米。题刻范围 0.34 米 ×0.93 米，文字正书，竖排，由左至右书写，共 5 行 60 字，部分磨损。内容记当时水位在石鱼下四尺，杨谔等人一同前来观赏。水位高程当为 137.67 米。

（8）何宪等倡和诗并序（编号 67）

南宋绍兴十八年一月二十八日（公元 1148 年 2 月 9 日）何宪等题。位于白鹤梁题刻集中区东区中部，距离唐鱼眼基点 2.5 米。题刻范围 1.48 米 ×1.68 米。文字正书，竖排，由左至右书写，残存 17 行 241 字。内容为涪州最高军政长官何宪及副官盛辛观赏石鱼的唱和诗与诗序，诗中提到当时石鱼位于水面上三尺，推算当时水位高程为 137.75 米。

（9）张松兑等题记（编号 34）

南宋绍兴二十六年（公元 1156~1157 年）张松兑等人题。位于白鹤梁题刻集中区东区东部，距离唐鱼眼基点 7.99 米，题刻范围 2.00 米 ×1.38 米，文字正书，竖排，由左至右书写，共 6 行残存 36 字。部分模糊。内容记张松兑、王定国等人划船来观赏石鱼，石鱼露出水面一尺多，能看见鳞片，高程不高于海拔 137.87 米。

（10）陶仲卿题记（编号 39）

北宋淳熙五年一月三日（公元 1178 年 2 月 2 日）陶仲卿题。题刻位于白鹤梁题刻集中区东区中部，距离唐鱼眼基点 4.36 米，题刻范围 0.60 米 ×0.70 米。文字正书，竖排，由左至右书写，共 10 行 113 字。题刻说道，涪陵江心石梁刻的二尾鱼，唐广德年间当地地方长官郑令珪已记载石鱼出现表示来年丰收，陶仲卿等受同事刘师文之约来看石鱼，当时水面在石鱼下三尺，因此写题刻庆祝丰收和太平。水位高程 137.80 米。

（11）朱永裔题记（编号 79 号）

南宋淳熙六年（公元 1179 年）朱永裔题。题刻位于白鹤梁题刻集中区东区中部，距离唐鱼眼基点 3.34 米，题刻范围 0.78 米 ×120 米。文字正书，竖排，由左至右书写，共 8 行 109 字。内容是这年春天代理地方最高行政长官朱永裔率领同僚观赏石鱼，当时石鱼距离水面将近四尺，其水位折合海拔高程约 137.72 米。

（12）李玉题记（编号 78）

南宋宝庆二年一月八日（公元 1226 年 2 月 16 日）李玉题。位于白鹤梁题刻集中区东区中部，距离唐鱼眼基点 2.85 米，题刻范围 0.75 米 ×1.06 米。文字正书，竖排，由左至右书写，共 7 行残存 45 字。左下部分磨损。内容记涪州地方最高行政长官李玉及儿子与同僚等人观赏石鱼，当时石鱼距离水面六尺。水位高程 137.56 米。

（13）王正题记（编号 86）

元天历三年一月一日（公元 1330 年 2 月 13 日）王正题。位于白鹤梁题刻集中区东区中部，距离唐鱼眼基点 5.73 米，题刻范围 0.40 米 ×0.75 米。文字正书，竖排，由左至右书写，共 5 行 44 字。内容记监察官宣候与同僚于元天历二年（公元 1329 年）春天来观赏石鱼，当时水位在石鱼下二尺，当年果然丰收；天历三年（公元 1330 年）春水位又退至石鱼下五尺，水位高程分别为 137.88 米及 137.64 米。

（14）雷谷题记（编号 88）

明永乐三年二月二日（公元 1405 年 3 月 2 日）雷谷题。位于白鹤梁题刻集中区东区中部，距离唐鱼眼基点 6.73 米，题刻范围 0.68 米 ×0.80 米，文字正书，竖排，由左至右书写，共 10 行 123 字，部分磨损。内容是涪州最高行政长官雷谷记载自己连续两年率同僚观赏石鱼的事，去年石鱼刚刚露出水面，今年石鱼距离水面达五尺，但仍然没有看见传说中的秤斗。其水位高程为 137.62 米。

（15）江应晓诗（编号 133）

明万历十七年（公元 1589 年）江应晓作七律诗。位于白鹤梁题刻集中区东区西部，距离唐鱼眼基点 17.59 米，题刻范围 1.10 米 ×0.88 米。文字行书，竖排，由左至右书写，共 9 行 61 字。诗中题到当时石鱼在水面上一尺，其水位高程 137.912 米。

第三类题刻

（1）朱昂题记（编号 117）

宋端拱元年十二月十四日（公元 988 年 1 月 24 日）朱昂题。题刻位于白鹤梁题刻集中区东区中部，距离唐鱼眼基点 9.02 米，题刻范围 1.80×1.58 米。文字正书，竖排，由左至右书写，共 9 行 146 字，左上角残损。诗序在右，序文之后是落款，题诗在左。题刻是朝廷管理重庆地区财政税务和运输的长官朱昂题写的一首五言律诗并序，序文大意是：我从瞿塘返回途中听说石鱼再次出现，便来观看并题诗一首歌颂皇上的恩德。诗歌主要歌颂石鱼能够预报丰年。当时水位低于海拔 138.04 米。

（2）刘忠顺等倡和诗（编号 46）

北宋皇佑元年一月十二日（公元 1049 年 2 月 16 日）刘忠顺、水丘无逸二人题。位于白鹤梁题刻集中区东区中部，距离唐鱼眼基点 2.85 米，题刻范围 2.62 米 ×1.90 米。文字正书，竖排，由左至右书写，共 19 行 205 字，保存较为完整。题刻为朝廷负责运输的官员刘忠顺观石鱼作诗一首，朝廷负责囤积粮食的官员水丘无逸按照刘诗韵脚和诗一首。主要内容都为赞叹石鱼刻在江心，能够预知丰年这一奇观，同时歌颂皇上以及涪陵官员的贤能。当时水位低于海拔 138.04 米。

（3）徐庄等题记（编号 123）

北宋熙宁元年一月二十日（公元 1068 年 2 月 25 日）徐庄等人题。题刻位于白鹤梁题刻集中区东区中部，距离唐鱼眼基点 10.97 米，题刻范围 1.33 米 ×1.29 米，文字篆书，竖排，由左至右书写，共 11 行 63 字。内容记军事法官徐庄与同僚一同前来观看石鱼并题名。当时水位低于海拔 138.04 米。

（4）黄觉等题记（编号 125）

北宋熙宁七年正月二十九日（公元 1074 年 2 月 27 日）黄觉等题。题刻位于白鹤梁题刻集中区东区中部，距离唐鱼眼基点 9.32 米，题刻范围 0.85 米 ×0.71 米。文字正书，竖排，由左至右书写，7 行 50 字，保存完整。内容是奉节县官员黄觉与同僚泛舟观石鱼并题名。当时水位低于海拔 138.04 米。

（5）杨嘉言等题记（编号 127）

北宋元祐六年（公元 1091 年）杨嘉言等人题。题刻位于白鹤梁题刻集中区东区中部，距离唐鱼眼基点 11.21 米，题刻范围 0.96 米 ×1.13 米。文字正书，竖排，由左至右书写，共 8 行 71 字，部分字迹模糊。内容记地方长官杨嘉言与法官钱宗奇等人得知长江水位下降，一同前来观看唐代石鱼水标及题刻。

当时水位低于海拔 138.04 米。

（6）杨元永题记（编号 11）

北宋崇宁元年正月二十一日（公元 1102 年 2 月 11 日）涪州最高行政长官杨元永题。题刻位于白鹤梁题刻集中区东区东部，距离唐鱼眼基点 16.3 米，题刻范围 1.02 米 ×1.15 米。文字正书，竖排，由左至右书写，共 14 行残存 111 字，题刻的右侧与上侧部分残缺。题刻先叙述了涪陵石鱼以及石鱼出水预兆丰年的来由，接着记述杨元永与其他官员共同观看石鱼一事，最后记载了书写者姓名，现已残缺。当时水位低于海拔 138.04 米。

（7）杨公留题（编号 16）

北宋崇宁元年正月二十一日（公元 1102 年 2 月 11 日）涪州最高行政长官杨某（应为 11 号题刻的杨元永）题写的一首五言诗。题刻位于白鹤梁题刻集中区东区东部，距离唐鱼眼基点 14.54 米，题刻范围 0.90 米 ×0.85 米。文字正书，竖排，由左至右书写，全文共 7 行 66 字，保存完整。诗中说到杨太守邀请朋友一行观看刚刚露出水面的石鱼，观看石梁上古今名人题刻和郑珪奏书，以及该处是古代仙人所居的传说和石鱼出水预示丰年的喜悦。当时水位低于海拔 138.04 米。

（8）王蕃诗并序（编号 38）

北宋政和二年一月二日（公元 1112 年 2 月 1 日）王蕃题诗并序。题刻位于白鹤梁题刻集中区东区东部，距离唐鱼眼基点 7.76 米，题刻范围 1.30 米 ×1.10 米。文字正书，竖排，由左至右书写，共 11 行 65 字，上部和右部有部分字残缺。序的内容为自己被任命为涪陵郡的行政官员后，来观石鱼并写诗一首。诗歌从黄庭坚，主要内容为歌颂石鱼能够预报丰年。当时水位低于海拔 138.04 米。

（9）蒲蒙亨等题记（编号 21）

北宋政和二年一月二十三日（公元 1112 年 2 月 22 日）蒲蒙亨题。题刻位于白鹤梁题刻集中区东区东部，距离唐鱼眼基点 13.6 米，范围 0.73 米 ×0.68 米。文字正书，竖排，由左至右书写，共 4 行 28 字，部分字残缺，记载了蒲蒙亨与友人来观石鱼一事。当时水位低于海拔 138.04 米。

（10）蒲蒙亨等再题（编号 119）

北宋政和二年一月二十三日（公元 1112 年 2 月 22 日）蒲蒙亨等题。题刻位于白鹤梁集中区东区中部，距离唐鱼眼基点 10.4 米，题刻范围 0.40 米 ×0.77 米，文字正书，竖排，由左至右书写，共 4 行 29 字，左上角残损，为州主管刑法的官员蒲蒙亨率领涪陵县行政长官周禧尉、军事长官牟天成一行观看石鱼的题记。当时水位低于海拔 138.04 米。

（11）赵子遹等题记（编号 106）

南宋绍兴二年一月三日（公元 1132 年 2 月 2 日）赵子遹等题。题刻位于白鹤梁题刻集中区东区中部，距离唐鱼眼基点 6.79 米，题刻范围 1.10 米 ×1.30 米，标题为“观石鱼题名”的汉字古体，自右向左横向书写；文字正书，竖排，由左向右书写，8 行 59 字，保存完整。为涪陵本地赵子遹与朋友同游白鹤梁观石鱼的题名记。当时水位低于海拔 138.04 米。

（12）蔡惇题记（编号 69）

南宋绍兴二年一月十四日（公元 1132 年 2 月 2 日）蔡惇题。题刻位于白鹤梁题刻集中区东区中部，距离唐鱼眼基点 3.92 米，题刻范围 1.25 米 ×1.25 米，文字正书，竖排，由左至右书写，共 117 字。记涪陵郡最高行政长官王择仁元宵节前召集朋友在衙署饮酒，酒后乘兴嘉舟登石梁观石鱼，由于石鱼已经好几年没有露出水面，故蔡惇很高兴记下这件事。当时水位低于海拔 138.04 米。

（13）钟慎思题记（编号 94）

南宋绍兴二年三月初六日（公元 1132 年 4 月 5 日）钟慎思题。题刻位于白鹤梁题刻集中区东区中部，距离唐鱼眼基点 6.34 米，题刻范围 0.71 米 ×0.82 米。文字行书，竖排，由左至右书写，共 8 行 87 字，题刻上部残缺。题刻记载了当地官员钟慎思与朋友们一起带着酒与仆人乘舟游玩，来此题名留念一事。

（14）贾公哲等题记（编号 131）

南宋绍兴二年十二月十五日（公元 1133 年 1 月 22 日）贾公哲等题。题刻位于白鹤梁题刻集中区东区西部，距离唐鱼眼基点 16.9 米，题刻范围 0.94 米 ×1.03 米。文字正书，竖排，由左至右书写，共 6 行 36 字。为贾公哲与朋友观石鱼的题名记。

（15）蔡兴宗题记（编号 105）

南宋绍兴五年一月十九日（公元 1135 年 2 月 3 日）蔡兴宗题。题刻位于白鹤梁题刻集中区东区中部，距离唐鱼眼基点 9.07 米，题刻范围 0.70 米 ×0.79 米。文字正书，竖排，由左至右书写，共 4 行 22 字，题刻下部个别字有残损。为蔡兴宗与其他两个朋友同观石鱼题名记。

（16）已未题刻（编号 108）

南宋绍兴九年一月十三日（公元1139 年2月 13 日），作者不详。题刻位于白鹤梁题刻集中区东区中部，距离唐鱼眼基点 14.53 米，题刻范围 0.76 米 ×0.70 米，文字正书，竖排，由左至右书写，共 8 行 57 字，字迹已斑驳。内容记头年（公元 1138 年）石鱼露出水面，当年果然丰收，第二年再来水位已高。

（17）孙仁宅题记（编号 166）

南宋绍兴十年正月十九日（公元 1140 年 2 月 9 日）涪州行政长官孙仁宅题。题刻原位于白鹤梁题刻集中区，已脱离石梁梁体滑入水中，距离唐鱼眼基点 4.24 米，文字正书，竖排，由左至右书写，共 8 行，每行 14 字，共 112 字。内容是涪陵江心石上有古人刻的石鱼四尾，旁边有唐代题刻说："水枯至石鱼下，这年收成就好"。绍兴庚申首春乙未这天，突然很高兴地闻报石鱼出水，认为丰年有望，于是邀请友人八人一起来观看。

（18）晁公武题记（编号 32）

南宋绍兴十年一月二十日（公元 1140 元 2 月 22 日）晁公武题。题刻位于白鹤梁题刻集中区东部，距离唐鱼眼基点 10.09 米，题刻范围 1.00 米 ×0.60 米。文字正书，竖排，由左至右书写，共 5 行 35 字。记录了绍兴庚申正月二十日这一天，晁公武与家人和亲戚观看石鱼出水一事。

（19）张仲通等再题（编号 28）

南宋绍兴十年（公元 1140 年 2 月 10 日）张仲通等人题。题刻位于白鹤梁题刻集中区东区东部，距离唐鱼眼基点 12.64 米，题刻范围 0.33 米 ×0.56 米。文字正书，竖排，由左至右书写，共 4 行 19 字，个别字残缺，这是绍兴庚申正月丙申日张仲通等三人观看石鱼的题名。

（20）潘居实等题记（编号 126）

南宋绍兴十年一月二十三日（公元 1140 年 2 月 13 日）潘居实等题。题刻位于白鹤梁题刻集中区东区中部，距离唐鱼眼基点 10.9 米，题刻范围 0.50 米 ×1.30 米。文字正书，竖排，由左至右书写，共 4

行 45 字，保存完整但个别字迹模糊。此为潘居实与朋友们观石鱼题名记。

（21）张彦中等题记（编号 54）

南宋绍兴十年二月十二日（公元 1140 年 3 月 2 日）张彦中等人题。题刻位于白鹤梁题刻集中区东区中部，距离唐鱼眼基点 1.11 米，题刻范围 0.25 米 ×0.75 米。文字行书，竖排，由左至右书写，共 10 行 68 字。这是济南人张彦中等人到此观赏石鱼的题名。

（22）张�等题名（编号 37）

南宋绍兴十四年正月初六日（公元 1144 年 2 月 11 日）张珤等人题。题刻位于白鹤梁题刻集中区东区中部，距离唐鱼眼基点 7.13 米，题刻范围 0.55 米 ×0.80 米。文字行书，竖排，由左至右书写，共 5 行 37 字，为张珤等四人来观赏石鱼的题名。

（23）李景孠再题（编号 77）

南宋绍兴十四年一月二十九日（公元 1144 年 3 月 5 日）李景孠题。题刻位于白鹤梁题刻集中区东区中部，距离唐鱼眼基点 3.37 米。题刻范围 0.63 米 ×0.69 米。文字正书，竖排，由左至右书写，共 5 行 25 字。内容记是时石鱼全露出水面，李景孠、邓褒等四人前来观赏。

（24）晁公遡题记（编号新 167）

南宋绍兴十四年十二月二十二日（公元 1145 年 1 月 15 日）晁公遡题。题刻位于白鹤梁集中区东区中部唐始载水标以南，已经脱离梁体顺石面下滑了一段，南距离鱼眼基点 3 米多。文字正书，竖排，由左至右书写，共 20 行，每行 12 字，计 238 字。题记内容是晁公遡通过前后两次石鱼出水现象与当年农作物是否丰收关系的考察，对石鱼出水预示丰年之说提出了怀疑，极具批判精神。

（25）郡守题记（编号 109）

南宋绍兴十八年二月十五日（公元 1148 年 3 月 7 日）杜与可等人题。题刻位于白鹤梁题刻集中区东区中部，距离唐鱼眼基点 13.87 米，题刻范围 0.85 米 ×0.76 米。文字正书，竖排，由左至右书写，共 10 行 78 字，字迹斑驳，周围阴刻细线。内容记因双鱼高出水面，涪州最高行政长官率领地方官员前来观看，当地人士杜与可等也相继来到，有感而写刻得这段题记。

（26）张绾再题（编号 68）

南宋绍兴二十五年一月七日（公元 1155 年 2 月 10 日）张绾书题。题刻位于白鹤梁题刻集中区东区中部，距离唐鱼眼基点 3.12 米，题刻范围 0.35 米 ×0.62 米。文字正书，竖排，由左至右书写，共 4 行残存 22 字，右上角有缺损。该题刻是涪陵县行政长官张维带家人来看石鱼，张维之弟张馆的留题。

（27）张绾三题（编号 66）

南宋江绍兴二十五年一月八日（公元 1155 年 2 月 11 日）张绾书题。题刻位于白鹤梁题刻集中区东区中部，距离唐鱼眼基点 1.9 米，题刻范围 0.50 米 ×0.45 米。文字正书，竖排，由左至右书写，共 7 行 79 字。内容记前涪陵地方长官张维与其弟张绾拉当地人士孟彦凯等一同观看石鱼预祝丰年之事。

（28）王桂老题记（编号 58）

南宋乾道三年（公元 1167 年）王桂老书题。题刻位于白鹤梁集中区东区中部，距离唐鱼眼基点 1.72 米，题刻范围 0.30 米 ×0.43 米。文字正书，竖排，由左至右书写，原有 5 行 25 字，现存 22 字，保存较完整。题刻内容是合阳王宏甫来看石鱼，其孙王桂老侍候并书写题名。

（29）王浩题记（编号 40）

南宋乾道三年一月十日（公元 1167 年 2 月 1 日）王浩书题。题刻位于白鹤梁题刻集中区东区中部，距离唐鱼眼基点 3.61 米，题刻范围 0.82 米 ×1.25 米。文字正书，竖排，由左至右书写，共 9 行 128 字，保存较完整，个别字残缺。内容是：今年石鱼出水，这种现象已经十八年没见过了，涪州最高行政长官赵彦球率领属下五人游北岩后来看石鱼，属吏们因此题刻留念以歌颂长官的贤能。

（30）王浩再题（编号 168）——已搬迁

南宋乾道三年正月二十九日（公元 1167 年 2 月 20 日）王浩书题。原石位于白鹤梁题刻集中区的两端，石刻已脱离梁体，现存涪陵博物馆。题刻范围 0.50 米 ×1.22 米，部分文字已经剥蚀。楷书，竖排右书，原有 4 行 53 字，有 7 字已漫漶不清。内容是这年一月倒数第二天，王浩等六人来看石鱼。

（31）冯和叔等题记（编号 17）

南宋淳熙五年一月七日（公元 1178 年 1 月 27 日）冯和叔等题。题刻位于白鹤梁题刻集中区东区东部，距离唐鱼眼基点 14.44 米，题刻范围 0.83 米 ×0.93 米。文字隶书，竖排，由左至右书写，共 8 行 16 字，部分字磨损。内容是涪州行政长官冯和叔与其属下一起来此看石鱼，以庆祝丰收年的好兆头。

（32）夏敏彦等题记（编号 1）

南宋淳熙十一年正月初七（1184 年 2 月 20 日）夏敏彦等题。题刻位于白鹤梁题刻集中区东区东部，距离唐鱼眼基点 19.52 米，题刻范围 1.50 米 ×0.85 米。文字行书，竖排，由左至右书写，共 7 行 35 字，文字部分磨损。题刻记载涪州行政长官夏敏彦与同僚来看石鱼，庆祝丰年之事。

（33）徐嘉言题记（编号 70）

南宋庆元四年二月二日（公元 1198 年 3 月 11 日）徐嘉言书题。题刻位于白鹤梁题刻集中区东区中部，距离唐鱼眼基点 4.68 米，题刻范围 0.73 米 ×0.59 米。文字正书，竖排，由左至右书写，共 15 行 172 字，四周有阴刻线框，个别字残损。题刻记载了涪州和涪陵县的官员们给新上任的监察长官送行，一起观看石鱼和历代题刻之事，题刻由同游的涪州文士徐嘉方书写。

（34）赵时僎题记（编号 15）

南宋嘉泰二年二月（公元 1202 年 2 月 24 日 ~3 月 25 日）赵时僎题。题刻位于白鹤梁题刻集中区东区东部，距离唐鱼眼基点 15.09 米，题刻范围 0.50 米 ×0.50 米。文字正书，竖排，由左至右书写，共 6 行 31 字，保存完整。题刻记载了涪州军事长官赵时僎与属下及妹夫同观石鱼，其中嘉泰元年和二年石鱼连续两年出水的信息，较为重要。

（35）贾涣题记（编号 130）

南宋嘉定元年一月四日（公元 1208 年 2 月 3 日）贾涣题。题刻位于白鹤梁题刻集中区东区西部，距离唐鱼眼基点 16.41 米，题刻范围 0.50 米 ×0.82 米。文字正书，竖排，由左至右书写，共 5 行 59 字，周围阴刻线框，部分残损。内容是与家人来观看石鱼和先前曾任涪州副官的先人留影，虽没有亲眼目睹石鱼出水，但从前人题记中还是可以想见石鱼的状况。该年当地枯水水位在 138.04 米以上。

（36）李瑀题记（编号 169）——已佚失

南宋宝庆二年一月八日（1226 年 2 月 10 日）涪州行政长官李瑀题。题刻已佚失，位置不明。据原拓片，题刻周围有阴线的边栏，右侧边栏外有“瑞鳞古迹”四个大字，保存完好。楷书，竖排左书，7 行，每行 11 字，共 77 字。周围有阴线的边栏，右侧边栏外有“瑞鳞古迹”四个大字。题刻内容是涪州行政长官李瑀父子与新任潼川府（今四川三台县）行政长官秦季梄父子一起观看石鱼出水一事，其中这次石鱼出水是八年来的首次，以及著名数学家秦九韶的名字，都是重要的历史信息。

（37）谢兴甫等题记（编号 9）

南宋绍定三年一月十六日（公元 1230 年 1 月 31 日）谢兴甫等人题。题刻位于白鹤梁集中区东区东部，距离唐鱼眼基点 17.7 米，题刻范围 0.68 米 ×0.78 米。文字正书，竖排，由左至右书写，共 5 行残存 34 字，刚劲有力。题记右下角残缺，左侧落款文字有残缺。这是长沙人谢兴甫与友人元宵节后来观看石鱼的题名。

（38）张霁等题记（编号 71）

南宋淳祐三年冬十二月十六日（公元 1244 年 1 月 15 日）张霁题。题刻位于白鹤梁题刻集中区东区中部，距离唐鱼眼基点 4.63 米，题刻范围 1.00 米 ×1.35 米，文字正书，竖排，由左至右书写，共 11 行 198 字。中间上部残缺。内容是涪州行政长官张霁得知石鱼又露出水面等祥瑞征兆，带同僚前来观赏石鱼。

（39）王季和等题记（编号 49）

南宋淳祐四年十二月二十四日（公元 1244 年 1 月 23 日）王季和题。题刻位于白鹤梁题刻集中区东区中部，距离唐鱼眼基点 0.93 米，题刻范围 1.06 米 ×1.01 米，文字行书，竖排，由左至右书写，共 10 行 58 字。内容大意是：山西张侯（霁）任涪州行政长官时，石鱼两次露出水面，当地人都认为是难得的现象，开汉王季和等陪同张霁来观看石鱼后，也是率领同僚前来观赏，并记下此事。

（40）邓刚等题记（编号 135）——已移入博物馆

南宋淳祐八年一月十五日（公元 1248 年 2 月 27 日）邓刚等题。题刻位于白鹤梁题刻集中区东区西部，距离唐鱼眼基点 19.23 米，题刻范围 0.50 米 ×1.22 米。文字正书，竖排，由左至右书写，共 36 字。题刻记载了石鱼露出水面，涪州行政长官邓刚率同僚来观石鱼。

（41）赵汝廪观石鱼诗（编号 92）

南宋淳祐十年一月八日（公元 1250 年 2 月 10 日）赵汝廪题。题刻位于白鹤梁题刻集中区东区中部，距离唐鱼眼基点 7.68 米，题刻范围 0.84 米 ×0.85 米。文字行书，竖排，由左至右书写，共 8 行 79 字，周围阴刻框线。题刻有破碎，文字有残损。题刻为涪陵郡长官赵汝廪题写的七言律诗。内容大意是歌颂石鱼能够预示丰年，自己作为地方长官希望石鱼能够保佑百姓过上风调雨顺的生活。

（42）刘叔子诗并序（编号 25）

南宋宝祐二年十二月二十八日（公元 1255 年 2 月 6 日）刘叔子题诗及诗序。题刻位于白鹤梁题刻集中区东区东部，距离唐鱼眼基点 13.6 米，题刻范围 1.25 米 ×1.41 米。文字正书，竖排，由左至右书写，共 17 行 241 字。这是涪州郡代理行政长官刘叔子题七言诗及诗序，诗序记载了唐石鱼三五年或十年出现一次，出现就会带来丰收之年，涪州代理行政长官刘叔子与副官蹇材望往观石鱼及北宋负责运输的官员刘忠顺所题的诗与序，并按照刘诗韵脚和诗一首，以歌颂石鱼预示丰年的奇特。

（43）蹇材望诗并序（编号 13）

南宋宝祐三年一月七日（公元 1255 年 2 月 15 日）蹇材望题诗及诗序。题刻位于白鹤梁题刻集中区东区东部，距离唐鱼眼基点 15.98 米，题刻范围 1.06 米 ×0.71 米。文字正书，竖排，由左至右书写，共 14 行 136 字，保存完整，这是涪州行政副官蹇材望与长官刘叔子一起观石鱼和刘忠顺诗后，按照刘诗的韵脚写下的七言律诗及诗序，诗和诗序以预报丰年石鱼的出现来歌颂时任涪州长官的贤能。

（44）何震午等题记（编号 90）

南宋宝祐六年一月二十八日（公元 1258 年 3 月 4 日）何震午等题。题刻位于白鹤梁题刻集中区东区中部，距离唐鱼眼基点 8 米，题刻范围 0.92 米 ×0.80 米。文字正书，竖排，共 83 字。内容是涪州军事签判官员何震午等人一同观赏出水石鱼及黄庭坚题名等遗迹，因而题名。

（45）张八歹木鱼记（编号 7）

元至顺二年二月十三日（公元 1331 年 2 月 27 日）张八歹题。题刻位于白鹤梁题刻集中区东区东部，距离唐鱼眼基点 19.36 米，题刻范围 0.94 米 ×1.41 米。文字行楷，竖排，由左至右书写，共 6 行 85 字，题刻下有一阴刻鱼，鱼下有一柳条，表示木鱼“依柳条中流浮至，”题刻保存完整。记载了张八歹做涪州地方长官第二年与同僚观看石鱼，在石间看到木鱼，众人认为石鱼已经呈祥，木鱼更加祥瑞，故题以为留念。

（46）刘冲霄诗并序（编号 120）

明洪武十七年一月八日（公元 1384 年 1 月 30 日）刘冲霄题诗及诗序。题刻位于白鹤梁题刻集中区东区中部，距离唐鱼眼基点 10.72 米，题刻范围 0.61 米 ×1.03 米。文字正书，竖排，由左至右书写，共 8 行 115 字。内容为长江水位下降，石鱼出现，涪州行政长官刘冲霄率同僚前来观赏，并作七言诗及诗序以记此事。

（47）晏瑛诗序（编号 19）

明天顺三年（公元 1459 年）晏瑛题诗及诗序。题刻位于白鹤梁题刻集中区东区东部，距离唐鱼眼基点 13.57 米，题刻范围 0.90 米 ×0.65 米。文字正书，竖排，由左至右书写，共 17 行 81 字，部分字磨损。内容为自从来到涪陵做通判后，就听说有预言丰收的石鱼和秤斗刻在石梁上，但一直没有看见；今年有人上奏石鱼出水，与同僚和亲友同去观赏，并作诗作序为念。

（48）戴良军题诗（编号 84）

明天顺三年二月初一（公元 1459 年 2 月 24 日）戴良军题。题刻位于白鹤梁题刻集中区东区东部，距离唐鱼眼基点 5.75 米，题刻范围 1.04 米 ×0.50 米。文字正书，竖排，由左至右书写，共 13 行 96 字，部分字磨损。内容为当时重庆府低级文官戴良军游白鹤梁后题写的五言律诗一首，称赞石鱼出水预示丰年的奇特与白鹤梁上题刻的壮观。

（49）李宽石鱼诗（编号 5）

明正德元年二月十八日（公元 1506 年 3 月 10 日）李宽题。题刻位于白鹤梁题刻集中区东区东部，距离唐鱼眼基点 20.23 米，题刻范围 1.48 米 ×0.85 米题刻有十余道斜向的擦痕，上部文字已经严重磨损。文字正书，竖排，由右至左书写，16 行，每行 23 字，原字数在 315 字以上（此据清同治《重修涪州志》卷二舆表・碑目），现存 280 字。这是当时四川省司法长官李宽带着四川各地多位官员来到涪州核查判案案卷，听说石鱼出水，故同游白鹤梁的题记。题记赞叹石鱼设置的巧妙，称之为“天地间世奇迹”。

（50）罗奎诗序（编号 136）

明万历十七年一月十六日（公元 1589 年 2 月 30 日）罗奎题诗的诗序。题刻位于白鹤梁题刻集中区东区西部，距离唐鱼眼基点 19.78 米，题刻范围 0.80 米 ×0.68 米，文字行书，竖排，左至右书写，共 7

行44字，该题记为下篇诗的序，大意是罗奎与两位涪州官员前往观赏石鱼并读刘忠顺和刘叔子诗，按照刘诗的韵题诗一首。

（51）王士祯石鱼诗（编号124）

清康熙十一年（公元1672年~1673年）王士祯题。题刻位于白鹤梁题刻集中区东区中部，距离唐鱼眼基点10.05米，题刻范围0.43米 ×0.93米。文字正书，竖排，由左至右书写，共7行53字（含落款1行6字），保存完整。为朝廷管理户籍与财经的官员王士祯题七言诗一首，大意是在涪陵看到出水石鱼，想到自己离家万里，水中石鱼徒自欢跃，却不能为自己带一封家书。表达了在外做官之人的愁告之情。

（52）萧星拱石鱼记（编号6）

清康熙二十三年一月二十九日（公元1684年3月4日）涪陵行政长官萧星拱题。题刻位于白鹤梁题刻集中区东区东部，距离唐鱼眼基点19.91米，题刻范围1.28米 ×1.37米。正书，竖排左书，共18行，石面磨损严重，尤其在左侧和中部，文字几不可辨。原有201字，现可辨识189字。题刻左上角缺损，其余部分文字有残缺。记载了萧星拱与友人第一次游览白鹤梁，看到石鱼出水，共同饮酒庆祝丰年一事。

（53）萧星拱重镌双鱼记（编号53）

清康熙二十四年春十三 日（公元1685年2月24日、3月25日或4月24日）萧星拱题。题刻位于白鹤梁题刻集中区东区中部，距离唐鱼眼基点1.91米，题刻范围2.20米 ×1.08米。文字正书，竖排，由左至右书写，共20行155字，有6字已经不清。内容记涪州官员萧星拱前来观鱼，因唐鱼年久剥落模糊不清，于是命石工重新镌刻新鱼，以防石鱼湮没无法传承，其上即清代重刻石鱼水标。

（54）徐上升杨名时题诗（编号81）

清康熙三十四年一月七日（公元1695年2月19日）徐上升和杨名时题。题刻位于白鹤梁题刻集中区东区中部，距离唐鱼眼基点3.57米，题刻范围1.80米 ×1.14米。上面从右向左横书“预兆丰年”4字，其下为由左至右书竖排写的徐、杨二人的诗各一首，共20行147字，有些字已模糊不清。两首诗的内容大致相同，都是按北宋刘忠顺诗的韵脚写的七言律诗，内容为两人相约在白鹤梁上题诗，歌颂涪陵的官员贤能。两首诗下各有一条阴刻鱼，整个题刻外周围有阴刻框线。

（55）董维祺题记（编号132）

清康熙四十五年正月初五（公元1706年2月17日）董维祺题。题刻位于白鹤梁题刻集中区东区中部，距离唐鱼眼基点16.34米，题刻范围0.93米 ×1.30米。文字行书，竖排，由左至右书写，共8行85字，保存完整。内容为涪州行政长官董维祺带家人一同观看石鱼后题写的石鱼赞语及说明词。题记下刻有石鱼一尾。

（56）罗克昌题诗（编号107）

清乾隆十六年二月四日（公元1751年3月1日）罗克昌题、罗元定书。题刻位于白鹤梁题刻集中区东区西部，距离唐鱼眼基点12.15米，题刻范围1.35米 ×0.70米。文字正书，竖排，由左至右书写，共17行272字，现右上角有残损，题刻四周有阴刻线框。题刻内容为前任涪州行政长官罗克昌离开涪陵前，又一次观看石鱼出水时有感题写的一首长诗。

（57）张师范诗（编号154）

清嘉庆十八年一月四日（公元1813年2月4日）张师范题诗及诗序。题刻位于白鹤梁题刻集中区东区西部，距离唐鱼眼基点116.99米，题刻范围2.63米×1.60米。文字行书，竖排，由左至右书写，共19行200字，书法豪放。诗歌描述了处在灾情中的自己对石鱼出水的期盼以及看到石鱼的喜悦，并就自己刻一大鱼的作用作了夸张的想象；诗序则述说了为何写这首诗以及为何要在石梁西部另刻一条大鱼的缘由。

（58）姚觐元题记（编号45）——已佚失

清光绪元年冬（公元1875年12月28日~1月25日）最早发现的白鹤梁的学识价值的姚觐元所题写。题刻位于白鹤梁题刻集中区东区中部，距离唐鱼眼基点5.94米，题刻范围0.90米×0.40米。文字篆书，竖排，由左至右书写，共4行36字，排列工整，每个文字之间有阴线的格子，这是川东军事长官姚觐元观看石鱼出水后的题记。

（59）濮文升题记（编号148）

清光绪七年一月二十日（公元1881年2月18日）濮文升题。题刻位于白鹤梁题刻集中区东区西部，距离唐鱼眼基点93.11米，题刻范围1.53米×1.00米。文字隶书，竖排，由左至右书写，共19行213字。内容是涪州人濮文升曾在咸丰三年（公元1853年）与兄弟前来白鹤梁，未能看到石鱼；光绪七年因石鱼出水，与友人前来观赏，并留下题记。

（60）观石鱼记（编号156）

清宣统元年闰二月十一日（公元1809年4月11日）主管涪州官卖事务的官员范锡明题。题刻位于白鹤梁题刻集中区西区西部，距离唐鱼眼基点136.95米，题刻范围1.10米×1.40米。文字行楷，竖排，由左至右书写，共16行312字，保存完整。标题为“观石鱼记”，内容为石鱼出水的现象很少见，当地有的老人一生都没看到，而自己到涪陵来做官第二年石鱼就出现，非常庆幸自己能够生在太平盛世，以此记为念。

（二）白鹤梁其他石刻

1. 图像

石鱼图像

古人登上白鹤梁观看作为枯水标志的石鱼出水，将其视为今年或来年丰收的预兆。以鱼作为粮食丰收的征兆，这是中国古老的传统，至迟在公元前3000年前的周初，就已有将鱼作为祥瑞征兆的记载。鱼是水生动物，可与传说居水中的龙发生想象关联；鱼产卵多且卵的形状像小米，更容易与粮食丰收和多生孩子等发生联系。因此，古代登上白鹤梁观看石鱼出水的人们，有的也雕刻一两条石鱼以表示对丰收和多子的企盼，或者将石鱼图案作为自己题刻文字上下的装饰。白鹤梁上这类象征性或装饰性石鱼共有12组15尾，其中2尾脱离梁体的石鱼已经搬移上岸入博物馆保存。梁体上现存这类石鱼10组13尾。

（1）张八歹主刻单石鱼（附编号7）

元至顺二年（公元1331年）张八歹主刻。题刻位于白鹤梁题刻集中区东区东部，“张八歹木鱼记”

题刻下，鱼首朝东即长江下游方向，鱼腹下刻有一柳条。鱼长0.45米、宽0.18米，鱼眼中心高程138.744米。

（2）李宽主刻双石鱼（附编号5）

明正德元年（公元1506年）李宽主刻。题刻位于白鹤梁题刻集中区东区东部，“李宽石鱼诗”题刻下。阴线刻，两鱼的鱼首相对。两侧鱼长0.47米、宽0.18米，鱼眼中心高程138.782米；东侧鱼长0.48米、宽0.18米，鱼眼中心高程138.780米。

（3）徐上升等主刻双石鱼（附编号81）

清康熙四年（公元1695年）刻。题刻位于白鹤梁中段东区中部，“徐上升杨名时题诗”下，西边鱼长0.47米、宽0.18米，鱼眼中心高程137.919米，东边鱼长0.58米、宽0.18米，鱼眼中心高程137.971米。双鱼前后相接，鱼首朝西，雕刻简朴。

（4）董维祺主刻单石鱼（附编号132）

清康熙四十五年（公元1706年）刻。题刻位于白鹤梁中段东区西部，“董维祺题记”下，浅浮雕，比较逼真，鱼首朝西即上游方向。鱼长0.47米、宽0.14米，鱼眼中心高程138.236米。

（5）张师范主刻单石鱼（编号145）

清嘉庆二十年（公元1815年）刻。题刻原位于白鹤梁中段西区东部，鱼首朝向西南。该石鱼系利用脱离石梁的独立石块雕刻而成，为立体单面浮雕。鱼长2.8米、宽0.92米，鱼眼中心高程139.485米，现存重庆白鹤梁水下博物馆地面陈列厅。

（6）无名氏主刻单石鱼（编号153）

清代（公元1644~1911年）刻。题刻位于白鹤梁中段西区中部西侧，鱼首朝西。浅浮雕，作鱼吐水泡的形态，雕刻精细。鱼长1.28米、宽0.39米，鱼眼中心高程138.795米。

（7）刘镕经主刻单石鱼（附编号157）

民国二十六年（公元1937年）刘镕经主刻。题刻位于白鹤梁中部西侧，刘镕经《游白鹤梁词》题刻西。阴线浅刻，形态类似153号石鱼，鱼长0.38米、宽0.28米，鱼眼中心高程138.998米。

（8）石梁东头单鱼（无编号）

年代不明。题刻原位于白鹤梁中段东区东头石面上。只用简单的阴线勾勒出鱼的轮廓，鱼头甚小，头朝西也就是上游方向。鱼长0.55米、宽0.2米，因脱离梁体的缘故，已搬迁至涪陵区博物馆保存。

（9）卢棠等题刻上单石鱼（编号52–1)

年代不明，其风格古拙，或许年代较早。题刻位于白鹤梁中段东区中部唐始载石鱼水标以南，卢棠等题记右上方。阴线浅刻，鱼鳞已大半残沥。鱼长0.50米、宽0.185米米

（10）无名氏主刻单石鱼（编号96–1)

年代不明，从该石鱼的鱼尾被清光绪七年的95号“谢彬题字”边框打破并破坏来看，该石鱼的年代下限早于清光绪七年。鱼头朝向东北即下游方向，与其他石鱼头朝上游不同。该鱼图案极其简练，点线勾勒，有文人写意画的意味。尺度大小缺记录，鱼上中心高程138.285米。

（11）重叠三石鱼（编号12–1）

该石鱼年代及主刻者不明。石鱼刻于白鹤梁中段东区东部水标，上下两鱼头朝西即上游方向，中间一鱼头朝东，彼此靠得很紧，可能中间一鱼先于上下二鱼。均为阴线浅刻，已经风化磨蚀，不很清晰。

上鱼长 0.35 米、宽 0.13 米；下鱼长 0.5 米、宽 0.2 米；中鱼长度不明。

其他图像

白鹤梁上的图像雕刻除了水生动物的鱼外，还有其他动物和人物的图像 3 幅，由于白鹤梁内侧鉴湖的浅水区鱼类较多，昔日常有白鹤在这里觅食并在梁上歇息，“白鹤时鸣”成了涪陵当地有名的景观之一，故有人在石梁上雕刻的白鹤图像，以表现这种景观，另外，鱼在中国传统观念中本来就有多子的象征意义，故也有人在石梁上雕刻“送子观音”图像，以供登临石梁观鱼的人们礼拜。观音图原先有 2 幅，其中一幅已经磨损不清。

（1）白鹤时鸣图（编号 141）

民国二十六年（公元 1937 年）刘冕阶作。题刻位于白鹤梁中段西区东部，142 号刘镜源诗左侧，题刻范围 0.95 米 ×0.46 米。图的中间是采用中国传统小写意技法绘制的一只白鹤，白鹤立于礁石上，作展翅欲飞的形态。图的左上方为隶书“白鹤时鸣”图名，其下为行书的落款。现已搬移至重庆中国三峡博物馆保存。

（2）送子观音图

清光绪二年（公元 1876 年）许丽生摹刻。题刻位于白鹤梁中段西区东部，题刻范围 0.34 米 ×0.23 米。阴线刻坐于岩石上的观音像一尊，观音怀抱小儿，小儿手持莲花。像的左侧有隶书的文字 1 行 13 字：“大清光绪二年，杭州许丽生敬摹。”现已搬移至重庆中国三峡博物馆保存。

2. 文字题记

白鹤梁上非水位文字题刻的内容主要是游览白鹤梁有感的题名、提示和题记，其中有相当数量很可能也是前来观看石鱼，只是题刻中没有明确说明是否看见石鱼露出水面，并有个别题刻虽然记载了石鱼露出水面却漏记了年代，水位信息不准确。这些题刻一并都归入非水文题刻。在白鹤梁见诸记载的 183 则文字题刻中，水文题刻共 92 则，其余 91 则题刻都归属此类。这些题刻尽管对于水文等科学价值不高，但都是重要的历史史料和艺术作品，具有历史和艺术价值。

白鹤梁题刻均出自历代官宦和当地人之手，题刻记录和人名据统计多达 727 人，其文献中有名可稽者 300 多人（统计包括水文题刻）。它们是宋代至现代这一地区长达千年的历史史料长编，可以印证和补充传统文献的记载，尤其是对于宋代历史、移民史、灾害史和民俗史等的研究都有重要的作用。

白鹤梁题刻汇集了宋代以来各派书法家遗墨。题刻字体隶、篆、楷、行、草皆备，还有八思巴文；书体风格颜、柳、欧、苏俱全。其中值得称道的作品楷书有《黄庭坚题名》、《陈似题记》、《郑顗题记》、《庞恭孙题记》，篆书有《徐庄等题名记》、《周翊等题名》、《姚觐元题记》，隶书有《李瑀题记》等。这些都是中国古代书法中的上乘之作，白鹤梁因此又有“水下碑林”之称。

其中比较重要的题刻有：

（1）武陶等题刻（编号 44）

北宋嘉祐二年一月八日（公元 1057 年 2 月 14 日）武陶等题。题刻位于白鹤梁集中区东区中部，距离唐鱼眼基点 5.49 米。阴线刻牌形，尺度为 1.55 米 ×0.70 米。台形碑首，额双行 6 字；碑文正书，竖排，从右向左书写，4 行，行 11 字，共 53 字。内容是涪州行政长官武陶等三人到白鹤梁浏览的题名记。

（2）刘仲立等题记（编号 102）

北宋嘉祐二年二月（公元 1057 年 3 月 8 日至 4 月 6 日）刘仲立等书。题刻位于白鹤梁题刻集中区东区中部，距离唐鱼眼基点 6.74 米。题刻四周有双阴线的边框，双线间填云水纹，范围 0.78 米 ×1.25 米。文字正书，竖排，从左向右书写，共 5 行 40 字（含落款 1 行 8 字），部分残缺。内容为涪州行政长官属下的刘仲立等与涪陵县行政长官一起游白鹤梁的题名。

（3）郑顗等题记（编号 118）

北宋元丰八年一月（公元 1085 年 1 月 29 日 ~2 月 26 日）郑顗等题。题刻位于白鹤梁题刻集中区东区中部，距离唐鱼眼基点 9.68 米，题刻范围 0.45 米 ×0.61 米。文字正书，竖排，从左向右书写，共 6 行 42 字，周围阴刻线框，框顶有两朵云彩纹，下部残损。内容为涪州行政长官郑顗游白鹤梁的题名记。

（4）姚珏等题名（编号 75）

北宋元祐八年（公元 1093 年）姚珏等题。题刻位于白鹤梁题刻集中区东区中部，距离唐鱼眼基点 3.97 米，题刻范围 0.82 米 ×0.90 米。文字正书，竖排，由左向右书写，共 7 行 54 字，为涪州行政长官姚珏率其属下游白鹤梁的题名。

（5）黄庭坚题名（编号 64）

北宋元符三年（公元 1100 年）黄庭坚题。题刻位于白鹤梁集中区东区中部，距离唐鱼眼基点 1.90 米，题刻范围 0.30 米 ×0.32 米。文字正书，竖排，由左向右书写，共 3 行 7 字，保存完整。黄庭坚是中国著名文学家、书法家，晚年以“涪翁”为别号。该题刻是黄庭坚来白鹤梁浏览时用别名的题名。书法遒劲沧桑，潇洒自如，是黄庭坚晚年所书。

（6）贺致中题记（编号 11）

北宋崇宁元年正月二十一日（公元 1102 年 2 月 11 日）贺致中受杨元永之命书题。题刻位于白鹤梁题刻集中区东区东端中间，距离唐鱼眼基点 16.3 米，题刻范围 1.02 米 ×1.15 米。文字正书，竖排，由左向右书写，共 14 行残存 111 字，题刻的右侧与上侧残缺。内容为回顾了石鱼出水预示丰年的可信性，记述了涪州行政长官杨元永与朋友一行十一人乘舟游白鹤梁一事。

（7）毌丘兼孺等题记（编号 63）

北宋宣和七年一月八日（公元 1125 年 2 月 18 日）毌丘兼孺等题。题刻位于白鹤梁题刻集中区东区中部，距离唐鱼眼基点 1.73 米，题刻范围 0.14 米 ×0.32 米。文字正书，竖排，由左向右书写，共 3 行 40 字，保存完整。内容为毌丘兼孺与家人前来浏览的题名。

（8）绍兴水位题刻（编号 51）

南宋绍兴年间（公元 1131~1162 年），作者姓名残缺。题刻位于白鹤梁题刻集中区东区中部，距离唐鱼眼基点 3.10 米，题刻范围 0.35 米 ×0.21 米。文字正书，竖排，由左向右书写，共存 3 行残存 12 字。字大小不一，“石鱼出水”四字尤为突出。题刻本应为重要的水位题刻，但因题写者漏写年代，使之失去了应有的水文价值。

（9）何梦与题记（编号 56）

南宋绍兴二年一月四日（公元 1132 年 1 月 23 日）何梦与等题。题刻位于白鹤梁题刻集中区东区中部，距离唐鱼眼基点 1.80 米，题刻范围 0.30 米 ×0.63 米。文字正书，竖排，由左向右书写，共 3 行 20 字，四周有阴刻线框，保存完整。内容为四川金沙人何梦与同友人一起浏览白鹤梁的题名。

（10）张仲通等题记（编号 33）

南宋绍兴九年二月七日（公元 1139 年）张仲通等人题。题刻位于白鹤梁题刻集中区东区东部，距离唐鱼眼基点 10.72 米，题刻范围 0.78 米 ×0.36 米。文字正书，竖排，由左向右书写，共 7 行 26 字。内容为张仲通与友人游白鹤梁的题名。

（11）周诩等题记（编号 14）

南宋绍兴十年二月（公元 1140 年）周诩等题。题刻位于白鹤梁题刻集中区东区东部，距离唐鱼眼基点 15.19 米，题刻范围 1.30 米 ×0.80 米。文字篆书，竖排，由左向右书写，共 5 行 33 字，保存完整。内容是周诩等八人同游白鹤梁的篆书题名，文字工整严谨。

（12）杜肇等题名（编号 128）

南宋绍兴十四年一月四日（公元 1144 年 2 月 3 日）杜肇等人题。题刻位于白鹤梁题刻集中区东区中部，距离唐鱼眼基点 11.86 米，题刻范围 0.73 米 ×0.97 米。文字正书，竖排，由左向右书写，共 5 行 35 字，右侧字残损。内容为杜肇与朋友同游白鹤梁的题名。

（13）盛芹等题记（编号 96）

南宋绍兴二十六年一月十七日（公元 1156 年 2 月 9 日）盛芹等题。题刻位于白鹤梁题刻集中区东区中部，距离唐鱼眼基点 4.77 米，题刻范围 0.66 米 ×0.68 米。文字正书，竖排，由左向右书写，共 5 行 28 字，部分磨损。内容为盛芹与朋友同游白鹤梁的题记。

（14）黄仲武等题记（编号 10）

南宋绍兴二十七年（公元 1157 年）黄仲武梁公题记。题刻位于白鹤梁题刻集中区东区东部，距离唐鱼眼基点 16.80 米，题刻范围 0.87 米 ×0.45 米。文字正书，竖排，由左向右书写，共 5 行 43 字，保存完整。内容为濮国黄仲武与友人在雨后初晴的一天乘船游白鹤梁的题记。

（15）贾振文等题名（编号 122）

南宋乾道三年一月初七（公元 1167 年 2 月 19 日）贾振文等题。题刻位于白鹤梁题刻集中区东区中部，距离唐鱼眼基点 12.37 米，题刻范围 0.37 米 ×0.80 米。文字正书，竖排，由左向右书写，共 4 行 38 字，周围阴刻线框。内容为贾振文与亲友游白鹤梁的题记。

（16）张宗文诗（编号 138）

南宋绍兴十年（公元 1140 年）张宗文题。题刻位于白鹤梁集中区东区西部，距离唐鱼眼基点 21.92 米，题刻范围 0.78 米 ×1.20 米。文字正书，竖排，由左向右书写，共 6 行 36 字。内容为张宗文与朋友观白鹤梁石鱼题记。

（17）禄几复等题记（编号 129）

南宋嘉定元年一月十五日（公元 1208 年 2 月 2 日）禄几复等题。题刻位于白鹤梁题刻集中区东区中部，距离唐鱼眼基点 10.13 米，题刻范围 0.83 米 ×0.96 米。文字正书，竖排，由左向右书写，题刻整体的朝向与其他相反，可能为涨水后倒刻，共 6 行 46 字，周围阴刻线框。内容为涪州政军属官禄几复等与涪陵县行政长官等一行元宵节游览白鹤梁题记。

（18）安固题记（编号 116）

元至大四年十二月十三日（公元 1311 年 1 月 21 日）安固题。题刻位于白鹤梁题刻集中区东区中部，距离唐鱼眼基点 8.46 米，题刻范围 0.41 米 ×0.74 米。文字正书，竖排，由左向右书写，共 7 行 87 字，左上角残损。内容为万州行政长官安固奉行省命令整治各路水上驿站的赋税，途径涪陵，与涪州行政长官一起到北岩拜谒程颐祠后，顺道白鹤梁观看石鱼题记。

（19）抄写石鱼文字题记（编号 98）

明成化七年二月十五（公元 1471 年 3 月 11 日）题，作者不详。题刻位于白鹤梁题刻集中区东区中部，距离唐鱼眼基点 4.71 米。题刻模仿石牌式样。周围阴刻框线，顶部三角形碑额，范围 0.35 米 ×0.48 米。文字正书，竖排，由左向右书写，部分磨损。内容为涪州长官派下属来白鹤梁抄写古文诗记的题记。

（20）黄寿石鱼记（编号 74）

明正德五年（公元 1510 年）黄寿题。题刻位于白鹤梁题刻集中区东区中部，距离唐鱼眼基点 5.14 米，范围 0.42 米 ×0.65 米。文字正书，竖排，由左向右书写，共 6 行 55 字（含落款 1 行 5 字），四周阴刻线框，保存完整。黄寿是明正德年间涪州行政长官，他题写的五言律诗表达了石鱼可预报丰年，但年岁是丰年还是凶年取决于人而非石鱼的思想。

（21）和洛守黄寿诗（编号 26）

明正德五年（公元 1510 年）题，作者姓名已被有意破坏，为应和黄寿诗而作的五言律诗。题刻位于白鹤梁题刻集中区东区东部，距离唐鱼眼基点 12.85 米，题刻范围 0.45 米 ×0.50 米。文字正书，竖排，由左向右书写，共 8 行 32 字，部分磨损。内容为歌颂石鱼能够预报丰年，给百姓带来福祉，是坏人有所收敛。

（22）联句和黄寿诗（编号 99）

明武宗正德五年（公元 1506 年）张献等人题诗并序文。题刻位于白鹤梁题刻集中区东区中部，距离唐鱼眼基点 5.03 米，题刻范围 0.55 米 ×0.90 米。文字行楷，竖排，由左向右书写，共 11 行 227 字，周围阴刻框线，保存完整。右侧是张献等人每人一句用联句的形式和黄寿诗，每句下面小字书写人名，左侧为小字书写的诗序。联句诗的内容顺从黄寿诗意而来，内容为丰年还是凶年取决于为政者是否节俭爱民而非取决于石鱼的出没；诗序而称赞黄寿学问很深，为官贤能，节俭爱民，号为神官。

（23）七叟胜游（编号 113）

明天启七年一月十五日（公元 1627 年 2 月 5 日）刘道等题。题刻位于白鹤梁题刻集中区东区中部，距离唐鱼眼基点 11.88 米，题刻范围 3.84 米 ×0.36 米，文字正书，竖排，由左向右书写，13 行 52 字（3 行 9 字）右下角残缺 1 字，其余有个别字残缺。标题为“七叟胜游”，题记记载了刘道等年近百岁七个老人同游白鹤梁一起题名留念的盛举。

（24）孙海题刻（编号 57）

清光绪七年初春（公元 1881 年 1 月 30 日 ~2 月 27 日）四川泸州人孙海题。题刻位于白鹤梁题刻集中区东区中部，距离唐鱼眼基点 1.91 米，题刻周围有阴刻线框，范围 0.97 米 ×0.49 米。题字大写楷书，横排左行，3 字；落款 1 字楷书，竖排左行，双行 11 字。大小共计 14 字，保存完整。

（25）谢彬题刻（编号 95）

清光绪七年二月十五日（公元 1881 年 3 月 22 日）涪州书法家谢彬题。题刻位于白鹤梁题刻集中区东区中部，距离唐鱼眼基点5.41米，题刻周围阴刻边框。题刻范围0.45米 ×1.25米。文字行书，竖排，由左向右书写，共3行18字（含日期1行9字，落款1行5字）保存完整。中部大写“中流砥柱”四个行书大字，借成语指白鹤梁在水中屹立千年。

（26）白鹤梁铭（编号150）

清光绪七年（公元1881年）孙海题。题刻位于白鹤梁题刻集中区西区东部，距离唐鱼眼基点96.81米，题刻范围1.28米 ×0.86米，文字正书，竖排，由左向右书写，共13行112字。这是甘肃人孙海与朋友同游白鹤梁后的题写的铭记，铭文从长江发源写到涪州，再写到白鹤梁及石鱼，以及石鱼兆丰年和朱仙人的传说，文字俊秀，文章华美。

（27）施纪云题记（编号42）

民国四年一月（公元1915年1月）施纪云题。题刻位于白鹤梁题刻集中区东区中部，距离唐鱼眼基点4.27米，题刻范围1.00米 ×0.85米。文字正书，竖排，由左向右书写，共8行90字，保存完整。内容为这年大灾，正在与官府和士绅商量赈灾的施纪云听说石鱼出水，认为这是灾情好转的征兆，赶紧与朋友们来白鹤梁观看。

（28）白鹤梁记（编号147）

民国二十六年三月（公元1937年3月）何耀萱题。题刻于白鹤梁题刻集中区西区东部，距离唐鱼眼基点73.95米，题刻范围1.61米 ×0.54米。文字隶书，竖排，由左向右书写，共25行148字，其中落款2行10字，保存完整。为涪陵人何耀萱的题记，内容为涪陵大旱四年，今年白鹤梁石鱼出水，推断丰年不远，是以为记。

（29）刘镜源题联（编号143）

民国二十六年（公元1937年）刘镜源题。题刻位于白鹤梁题刻集中区西区东部，距离唐鱼眼基点44.41米，两联周围各有阴刻线框，范围1.00米 ×0.95米。文字行书，竖排，由左向右书写，每一联正文用大字书写，两侧小字为自己与友人来白鹤梁观看石鱼出水，题记为念。两联共62个小字，14个大字。内容为石鱼露出水面预兆着丰年，白鹤梁绕梁飞翔留下美景。对联上下联位置颠倒，应为刻工上石时发生了错误，现移藏于重庆中国三峡博物馆。

（30）文德铭题诗（编号140）

民国二十六年二月（公元1937年2月）文德铭题，刘冕阶书。题刻位于白鹤梁题刻集中区西区东部，距离唐鱼眼基点41.22米，题刻周围有阴刻线框，范围0.50米 ×1.10米。文字隶书，竖排，由左向右书写，共5行57字，保存完整。内容为文德铭带弟弟们游白鹤梁观石鱼后的题诗。

（31）游白鹤梁（编号157）

民国二十六二月（公元1937年2月）刘镕经题。题刻位于白鹤梁题刻集中区西区西部，距离唐鱼眼基点143.49米。题刻范围0.67米 ×1.24米。文字行草，竖排，由左向右书写，共8行99字，文字多磨损，为七十六岁老人刘镕经与朋友们游白鹤梁的题记。标题为“游白鹤梁”，内容为歌颂石鱼预兆丰年的神奇与白鹤梁上题刻与风景之美。

三　涪陵白鹤梁题刻演变的历史

白鹤梁古称“巴子梁”，现在习称的“白鹤梁”是清代以后才有的。白鹤梁地处长江与乌江交汇处的上游，受乌江入长江水的滩堵，这一带水势平缓。每当枯水季节石梁露出水面时，石梁北面水流湍急，为长江干流的所在；石梁南面水流较缓，波平如镜，当地人称为“鉴湖”。这个被称作鉴湖的水面，是涪陵城下长江南侧的被江中石梁分隔的一个回水区，这里江水平缓且不深，鱼类多流入回水区觅食。大量的鱼类吸引来许多捕食鱼类的飞鸟，其中最多的鸟类就是白鹤和鹭鸶。古人之所以在石梁上雕刻石鱼作为水标，以及该石梁之所以会名为白鹤梁，应当都与当地的自然环境以及由此带来的景观特色密切相关。

唐代或唐代以前，白鹤梁上已经刻有石鱼水标，至迟在唐代已有长江水位降至石鱼下四尺，来年就会丰收的预测经验。唐代晚期在石鱼水标附近开始刻有题记和题诗，并有记录当时水位的大顺元年（公元890年）刻“秤斗”。当时白鹤梁怎么称呼，现在还不清楚。遗憾的是，唐代的这些题刻，现在几乎无存，只有唐始载水标石鱼一尾和“石鱼”二隶书大字尚可辨识。唐及五代，可以作为白鹤梁题刻的开始时期。

北宋时期，涪陵城外长江中石梁上有石鱼，石鱼露出即为丰收年份征兆一事已经被当地地方官上报至中央政府，在北宋官方编制的全国政区地理的书中，已经记录下当时治所在涪陵的黔南地方官给朝廷的上书的大致内容。这时便有石鱼和古人题刻的这道江心石梁已经成为涪陵的名胜，当时全国的地理书籍记载涪陵（时称涪州）景物或风俗时，都会提到这道石梁。将这道石梁称为“石鱼”的，如宋代《武陶等题记》自名为“游石鱼题名记”，《张绾三题》称这道石梁为“游石鱼”等就说明了这点。石梁南侧的平缓水面当时称作“石鱼浦”并已有了“鉴湖”之名。鉴湖及其附近常有白鹤栖息，故这一也有“白鹤滩”之名。随着石鱼逐渐引起人们的注意，在石梁上观看和记录石鱼露出水面境况的人越来越多，大量的记录石鱼与水位关系的题刻，以及相关诗文被镌刻在石梁上，其中有许多文豪和名人的作品。宋代（公元960~1279年）是白鹤梁题刻发展的高峰时期，属于这一时期的题刻多达98则。宋代涪陵地区文化繁荣，每逢枯水季节石鱼出现，来年农业可能出现丰收景象时，地方官吏往往都要登石梁观石鱼并题刻留言，以示关心。在这些题刻中，北宋开宝四年（公元979年）的《谢昌瑜等状申事记》是现存白鹤梁题刻中有明确纪年的最早一例。这些题刻，既是宋代人不断考察验证的科学记载，同时又具有鲜明的个性特征和长远的政治眼光，体现了“重民”和“重农”思想。涪陵石鱼的影响也因此越来越大。

元灭南宋以后，涪陵的经济和文化都比先前萧条许多，但包括蒙古人在内的元朝地方官员仍然沿袭了登涪陵江心石梁观看石鱼，记录水位和镌刻题记的习惯。白鹤梁题刻中有五则元代题刻，其中有一段所刻文字八思巴文（蒙古新字）题刻作者无考，它是白鹤梁题刻中唯一的少数民族文字题刻，是该地区文化与蒙古文化相互影响的见证。

明清时代（公元 1368~1911 年），涪陵这道有石鱼和古今题刻的石梁已经相当有名，不仅当地官吏文人和百姓冬春之际会登临石梁观看石鱼是否出水，就连过往官员、客商、船工等也常常会在这个时节把船停靠在石梁旁，下船登梁探访和题名留念。明人“商徒舟子邀观古，骚客身游写赋传”（编号 18《晏瑛诗》）以及“行商往来停舟覤，节使周回驻马镌（编号 84《戴良军题诗》）”的诗句等，就是这种现象的反映。清代的涪陵石鱼已经成为涪陵最重要的风景名胜，当时流行每个县城选出八处代表性的景观，涪陵选出的“涪州八景”有三处都是围绕着这道不起眼的石梁形成的人文景观，即“石鱼出水”、“鉴湖渔笛”和“白鹤时鸣”。至迟在清代中期，涪陵城边江心的这道石梁已经被冠以了白鹤梁之名，被称作“白鹤梁”三个大字，从此，这道石梁的名称就固定称为白鹤梁，一直延续至今。

明清时期，白鹤梁题刻继续发展，其数量比元代增多，但远不及宋代，共 45 则。随着题刻的增多，水标石鱼所在的白鹤梁中段东区石梁已无多少空隙供镌刻新的题刻，清代以后题刻逐渐向上游的中段石梁西区发展。清康熙二十三年（公元 1684 年），作为枯水水标的唐始载石鱼经千余年的江水冲刷，已经模糊不清，时任涪陵行政长官的萧星拱便命石工在原址重新镌刻了两条石鱼来代替唐始载水标石鱼，并在其下题刻《重镌双鱼记》。清人重刻水标石鱼与唐始载水标石鱼位置基本相同而略高（两鱼眼间的连线平均高程为海拔 138.08 米，与现在水位标尺零点相差甚微），方向和形态也类似先前的水标石鱼，线条也清晰流畅。从这年以后，人们观测长江枯水水位都改用清代这两条重刻石鱼作为水标。

近现代以来，人们共镌刻了 14 则题刻于石梁上。民国二十六年（公元 1937 年），民生公司组成的考察团在白鹤梁记录了当年重庆、宜昌的枯水程度，填补了数十年来长江枯水位标记的空白。1937 年刘冕阶所作《白鹤时鸣》线图，首次将白鹤以图画形式刻上石梁。中华人民共和国成立以后，出于保护与研究的考虑，在石梁上题刻的现象基本消失，但人们在枯水季节到白鹤梁观看石鱼出水和众多题刻的情况仍然存在。

四　涪陵白鹤梁题刻的发现和研究

1. 作为传统金石学资料的著录阶段

这一阶段始于1471年，结束于1962年。

白鹤梁题刻位于长江之中，长年淹没于江水之下，只有在江水极枯的时节，石鱼及相关石刻才能露出。这些露出的题刻距离岸边还有一段距离，需要乘坐舟船才能抵达观摩。历史上临亲白鹤梁看过题刻的人并不多，再加上这些题刻冬春时节露出，表面潮湿，采用中国传统的椎拓方式对石刻进行记录相对困难。故在清代以前相当长的一段时间内，古人都只有简略地记述说白鹤梁有石鱼和古人题刻，石鱼在每年冬春时节是否露出水面对来年收成的好坏有预示作用[4]，缺乏对白鹤梁题刻的系统记录，更不要说专门的研究。

白鹤梁题刻因有唐宋时期一些名人的诗文，这些题刻首先受到涪陵地方人士的关注。明代涪陵地方行政长官首先注意到的白鹤梁题刻的历史价值和艺术价值，明成化七年（公元1471年），涪州太守庞某差遣手下官吏抄写白鹤梁的古代诗文题记，并在石梁上刻下这次工作的记录[5]。清代同治《重修涪州志》开始将白鹤梁题刻作为地方志的内容之一，从中筛选了50则题刻，将其大部分编入该书的地理部分，少部分编入该书的艺文部分。该志书所选题刻仅有白鹤梁题刻的三分之一，题刻名称和录文错漏较多，编撰体例也不统一（或列图或录全文或摹写字体），但这毕竟是对白鹤梁题刻的首次开始记录，开白鹤梁题刻著录之先河。

清代光绪元年（公元1875年）冬，时任川东兵备道的姚觐元闻涪陵石鱼露出水面，就请当时正在重庆的金石学家和藏书家缪荃孙带人到涪陵，将白鹤梁的宋元题刻全部拓片。姚觐元将这些拓片交与同乡学者钱保塘进行整理和考证，钱保塘将整理结果于光绪二十一年（公元1895年）正式印刷刊布，这就是署名钱保塘撰的《涪州石鱼题名记》。其中的清光绪三十年（公元1904年），缪荃孙又以钱保塘的稿本为基础，对照他新得到的另一批白鹤梁拓片，刊出署名姚觐元、钱保塘同撰的《涪州石鱼文字所见录》。大约在光绪五年（公元1879年）前后，著名金石学家陆增祥在武汉得到了姚觐元赠送的白鹤梁题刻拓片，将其录文以“石鱼文字题刻一百段”的名字收录入他编撰的《八琼室金石补正》一书中。陆增祥这部金石学巨著在他生前未刊行，直到民国十四年（公元1925年）才由刘承幹付梓刊行。清代出现的三部关于白鹤梁题刻文字的著述，都相对完整地记录据作者判断有年代价值的题刻，将每条题刻的文字全部迻录，按照年代排列这些题刻顺序，并考证题刻中人名及其事迹，属于中国传统金石学的范畴。在这三部著述中，钱保塘编撰的《涪州石鱼题名记》是最早的关于白鹤梁题刻文字的专著，编撰也最精审，该书收录的100则白鹤梁宋元题刻中，除“盛景献等题名”一例不是来自白鹤梁外，其余均无资料上的错误。钱保塘是首位全面考证白鹤梁的文字的学者，他对题刻中人名、地名、职官及其相关人物在史书中的行迹进行了简要的考证，这些考证对于白鹤梁题刻的研究至今仍有重要的参考作用。不过，如同同时期的金石著述一样，清代末的这三部著录白鹤梁题刻的著述也都不关注元以后题刻的情况，这些都影响了对白鹤梁题刻整体性及其对白鹤梁明清题刻的认识。

中华人民共和国建立后，1962年，在原重庆市博物馆邓少琴先生的提议下，派出龚廷万先生等调查了涪陵白鹤梁题刻。这次白鹤梁调查在传统金石学方法之外，加入了现代文物调查的一些元素，除了统计数量和捶打拓片外，还给题刻编号、拍摄照片并作了重点测量。这次调查绘制了白鹤梁题刻分布草图，并拓制了81则题刻的拓片，并注意到石鱼与古代题刻所示枯水水位的关系，并于《文物》刊物上发表了《四川涪陵石鱼题刻文字的调查》一文，从而引起了社会各方的关注。鉴于1962年长江水位还不够枯落，次年初春江水更低时，还测量了清代肖星拱重镌石鱼中线距水面距离，并将这个距离同附近的长江航运水尺所示的水位进行比较，发现当日石鱼离开水面的高度与当地长江航运水尺的零点距离水面的高度相同。这是新中国建立以来文物工作者首次对白鹤梁题刻进行的考察工作，其目的是鉴定石刻年代、为题刻编号、统计数量、捶打拓片、拍摄照片，与旧金石学相差不大。但随着工作的开展，工作人员第一次发现了白鹤梁题刻的科学水文价值，这次考察成为日后长江上游“水文考古”的开端。在此，谨向文物工作前辈们致敬。

2. 历史和水文资料的研究阶段

这一阶段始于1962年，一直延续至今。

新中国成立以后，白鹤梁水文题刻尽管仍然作为重要的石刻史料，但这种资料的利用从历史和艺术方面拓展到科学方面，研究方法也焕然一新。不单纯是著录与考据，而是运用现代测量技术和记录技术，以抽绎出这些石刻资料中的科学价值。研究的视角和选题呈现多样化的趋势，研究内容也更加广泛和深入。

为了给规划中的长江三峡水利枢纽工程提供历史水文资料，1963~1973年，有关部门组织学者多次在重庆市江津区至湖北省宜昌市间的长江流域开展长江历史洪水、枯水调查研究。1972年1月至3月，原长江流域规划办公室和重庆市博物馆组成枯水调查组，对白鹤梁石鱼水标和枯水题记进行专题调查与研究，并对宜昌到重庆河段的其他历史枯水题记做了调查，并撰写了《渝宜段历史枯水调查报告》[6]。1974年1月，重庆市博物馆董其祥先生在《光明日报》发表《古代的长江“水文站”——关于四川涪陵白鹤梁石鱼刻记》一文。文章阐述了至少在距今1200多年前，中国古代先民就创立了富有民族风格的古代“水尺”，开创了立“尺”以记水位的新纪元。同年，以长江流域规划办公室、重庆市博物馆历史枯水调查组的名义发表了《长江上游渝宜段历史枯水调查——水文考古专题之一》，这是先前《渝宜段历史枯水调查报告》的缩写本。文章刊布了白鹤梁枯水题刻为主体长江枯水题刻资料，通过白鹤梁与水文有关的 103 段题刻，推算出从唐代以来 72 个年份的枯水水位高程数字，得到涪陵白鹤梁石鱼题刻历代枯水水位高程记录表。至此，三峡工程和川江航运部门就得到了 1200 年来的可靠的历史枯水水文数据。此项成果不仅为葛洲坝、三峡水利枢纽工程初步设计所用，而且在其他社会和自然科学领域里也得到广泛应用 。

白鹤梁题刻 72 个枯水水位统计表

（公元 763~1963 年）

顺序号	年　代		石刻题记读数（古白尺）	吴淞高程	题刻者
	公元年	古历年（石刻纪年）			
1	763	唐广德元年	江水退石鱼出见下去水四囗	《太平寰宇记》137.54	郑令珪
2	827~836	唐大和年间	“如广德、大和所记云”	137.54	庞恭孙
3	890	唐大顺元年	唐大顺元年 镌石今诗甚多	137.86	《舆地纪胜》
4	971.3.9	宋开宝四年，岁次辛未二月朔十日	今又复见者，览此申报	137.54	谢昌瑜
5	989.1.24	宋端拱元年十二月十有四日（公元 988 年 12 月 31 日为是年的 11 月 20 日，那么元年的 12 月 14 日已是二年的元月 24 日）	石鱼再出水，未岁复稔	137.86	朱　昂
6	1049.2.16	宋皇祐元年正月十二日	七十二鳞波底镌	137.86	刘忠顺
7	1057.2.14	宋嘉祐二年正月八日	游石鱼题名记，	137.86	武　陶
8	1066.2.17	宋治平丙午年正月二十□日	同观石鱼于此	137.86	冯君锡
9	1068.2.25	宋熙宁元年正月二十日	观石鱼题名	137.86	徐　庄
10	1074.2.22	宋熙宁甲寅孟春二十九日	鱼去水四尺，今又过之	137.54	韩　震
11	1085.1.29 2.26	宋元丰乙丑年正月	游石梁观鱼	137.86	郑　顗
12	1086.2	宋元丰九年岁次丙寅二月七日	江水至此，鱼下五尺	137.45	吴　缜
13	1091.3.7	宋元祐六年辛望日	观唐广德鱼刻	137.86	杨嘉言
14	1102.2	宋崇宁元年	观鱼出水	137.86	杨太守
15	1107.2.1	宋大观元年正月	水去鱼下七尺	137.30	庞恭孙
16	1112.2.22	宋政和壬辰孟春二十三日	同观石鱼	137.86	蒲蒙亨
17	1122.1.14	宋宣和四年十二月十五日	今岁鱼石呈祥	137.86	吴　革
18	1129.2.11	宋建炎己酉正月二十一日	时鱼去水六尺	137.34	陈　似
19	1132.2.2	宋绍兴壬子开岁十有四日	登石梁观瑞鱼	137.86	王择仁
20	1132.1.22	宋绍兴二年十二月	观石鱼	137.86	贾公哲
21	1135.2.3	宋绍兴乙卯年正月十九日正月十九日同	观石鱼	137.86	蔡兴宗
22	1137.1.23	宋绍兴丁巳年十二月	来观，而石鱼出水面数尺	137.86	贾思诚

续表

顺序号	年代		石刻题记读数（古白尺）	吴淞高程	题刻者
	公元年	古历年（石刻纪年）			
23	1140.2.13	宋绍兴庚申正月念三日	共游观石鱼	137.86	潘居实
	1140.2.10	宋绍兴庚申正月□□	同观石鱼	137.86	晁公武
	1143.3.2	宋绍兴庚申仲春十有二日	来观石鱼	137.86	张彦中
24	1144.2	宋绍兴甲子春正月	鱼全出	137.86	李景嗣
	1144.2.11	宋绍兴甲子六日	同观瑞鱼	137.86	张　宝
25	1145.2.21	宋绍兴十五年正月二十八日	一出，予至又出（石鱼）	137.86	晁公朔
	1145.2.24	宋绍兴乙丑仲春上休日	石鱼出水四尺	137.54	杨　谓
26	1148.3.7	宋绍兴十有八年仲春望日	双鱼出水	137.86	杜与可
	1148.2.19	宋绍兴戊辰正月二十月八日	有鱼出水数尺	137.60	何　宪
27	1155.2.10	宋绍兴乙亥日	挈家观石鱼，共喜丰年	137.86	张　维
	1155.2.12	宋绍兴乙亥戊寅丙辰	重游石鱼	137.86	张　维
28	1156	宋绍兴丙子	来观，石鱼去水无尺许	137.74	张松兑
29	1167.2.6	宋乾道三年立春后一日	刺舡来观	137.86	向之问
	1167.2	宋乾道丁亥二日	来观石鱼	137.86	王宏甫
30	1171.2.7	宋乾道辛卯元日	读唐郑使君石刻验广德水齐	137.86	卢　棠
31	1178.2	宋淳熙五年正月三日	时水落鱼下三尺	137.62	刘师文
	1178.1.27	宋淳熙戊戌人日	来观石鱼，以庆有年之兆	137.86	冯和叔
32	1179	宋淳熙己亥年	年示屡丰，今春出水几四尺	137.54	朱永裔
33	1184.2.20	宋淳熙甲辰人日	因观石鱼	137.86	夏　敏
34	1198.3.11	宋庆元四年戊午中和节	旋观石鱼，历览前贤	137.86	徐嘉言
35	1201	宋嘉泰辛酉	石鱼见	137.86	赵时僎
36	1202.2	宋嘉泰壬戌仲春	石鱼两载皆见之	137.86	赵时僎
37	1208.2	宋嘉定戊辰开禧元宵前	来观石鱼	137.86	贾　涣
38	1226.2.6	宋宝庆丙戌谷日	石鱼出水面六尺	137.88	李公玉
39	1230.1.31	宋绍定庚寅	上元后一日，来观石鱼	137.86	谢兴甫
40	1243.1	宋淳祐癸卯冬	水落而鱼复出	137.86	张　霁
41	1244.1	宋淳祐四年癸卯甲辰	癸卯．甲辰鱼出者再	137.86	王季和
42	1248.1.28	宋淳祐八年	戊申正月，石鱼呈祥	137.86	邓　刚
43	1250.2.10	宋淳祐庚戌正月八日	观石鱼	137.86	赵汝廪
44	1254.2.6	宋宝祐甲寅（二年）	寻访旧迹则双鱼已见	137.86	刘叔子
	1254.2.15	宋宝祐三年人日	石鱼又出	137.86	蹇材望
45	1258.3.4	宋宝祐戊午正月戊寅	观石鱼之兆丰	137.86	何震午
46	1311.1.21	元至大辛亥十二月	因观石鱼，中旬三日	137.86	安　固
47	1329.1.31	元天历己巳春	水去鱼下二尺	137.70	宣　侯

续表

顺序号	年　代		石刻题记读数（古白尺）	吴淞高程	题刻者
	公元年	古历年（石刻纪年）			
48	1330	元天历庚午上元日	庚午复去五尺	137.46	宣　侯
49	1334.2.27	元至顺癸酉年仲春十有三日	次年始获见，率僚友来观（石鱼）	137.86	张八歹
50	1384.1.29	明洪武十七年正月人日	因水落石鱼呈瑞游观	137.86	刘冲霄
51	1405.3.2	明永乐三年仲春二日	复览鱼去水五尺秤斗不见	137.46	雷　谷
52	1452	明景泰四年癸酉	题刻下沿	137.43	无作者
53	1459.3	明天顺三年仲春吉旦	率诸僚往观其鱼在果显	137.86	晏　瑛
	1459.3.5	明天顺三年仲春月吉旦	祥鱼出水羡丰年	137.86	戴良□
54	1506.3.10	明正德元年仲春既望	众亦相继来观，石鱼果见	137.86	李　宽
55	1510.2	明正德庚午	石鱼果见	137.86	黄　寿
55	1510.2	明正德庚午	观石鱼题	137.86	张瓛等
56	1589.3.2	明万历己丑年上元后一日	观石鱼	137.86	罗　奎
	1589	明万历己丑年	水泛影浮刚一尺	137.78	江应晓
57	1672	清康熙十一年	涪陵水落见双鱼	137.86	王士祯
58	1684.3.14	清康熙二十三年甲子春正月二十九日	见石鱼复出	137.86	萧星拱
59	1685.2.13	清康熙乙丑年春望前二日	水落而鱼复出	137.86	萧星拱
60	1695.2.19	清康熙三十四年	约赋石鱼江上镌	137.86	徐上升
61	1706.2.17	清康熙丙戌年春正五日	江心石鱼报出	137.86	董维祺
62	1751.3.4	清乾隆十六岁次辛未二月初四	复往观，鱼高水面	137.86	罗克昌
63	1775.2	清乾隆乙未上元	不常逢	137.90	佚　名
64	1796	清嘉庆元年三月十八日	至题犹下八尺多	137.19	陈鹏翼
65	1813.2.4	清嘉庆癸酉岁新正四日	往观石鱼	137.86	张师范
66	1875.1.25	清光绪元年冬	鱼出	137.86	姚觐元
67	1881.2.18	清光绪七年辛巳春正月甲子朔二十	水涸鱼出	137.86	濮文升
68	1909.4.1	清宣统元年闰二月之十有一日	闻鱼出	137.86	范锡朋
69	1915.2.14	民国乙卯正月	江水涸石鱼出	137.86	施纪云
70	1937.3.13	民国丁丑仲春	观石鱼	137.86	文德铭
	1937.2	民国丁丑孟春	江水涸、石鱼出	137.86	刘镜源
	1937.3	民国二十六年三月	果见鱼出	137.86	何耀萱
	1937.3.13	民国二十六年三月十三日	重庆水位倒退一尺六寸	137.27	卢学渊
71	1941	民国三十年春	观石鱼	137.90	李　□
72	1963.2.14	1963 年 2 月 14 日	水枯江心石鱼现	137.86	林　樵
	1963.2.15	1963 年 2 月 15 日	石鱼距水 1.45 公尺	137.52	

从那以后，不少研究者开始对白鹤梁题刻产生的历史文化背景和文化特质进行考察，通过白鹤梁题刻与其他题刻比较分析，对白鹤梁题刻科学价值、历史价值、艺术价值作了更加广泛深入的研究。

1993 年长江三峡水利枢纽工程开始启动后，研究者除了进一步对白鹤梁历史枯水题刻在科学研究和工程建设中的应用进行研讨，以更深入地发掘白鹤梁水文题刻的科学价值外，考古、历史和文化研究者还继续对白鹤梁题刻进行了具体和深入地探讨。这些研究成果除了对白鹤梁题刻本身，同时也对涪陵地方文化的研究作出了贡献。

3. 重要文化遗产的保护研究阶段

这一阶段始于 1993 年，一直延续到现在。

1993 年，长江三峡水利枢纽工程正式动工。由于三峡工程建成后，白鹤梁将永远淹没于水下，不能再为人们所见。为保护和展示这一珍贵的文化遗产，要对其保护和展示问题进行研究。

这一阶段的研究工作情况，将在下面的章节予以介绍。

注释：

[1]《四川省志・地理志》（下册），四川省地方志编纂委员会编纂，成都地图出版社。《涪陵市志》，四川省涪陵市志编纂委员会编纂，四川人民出版社。

[2] 民国时期建立长江水文观测站后，尤其是 1891 年重庆玄坛庙水文站和 1938 年涪陵龙王嘴水文站成立后，白鹤梁的枯水水文记录已经失去作用，故民国时期的枯水记录数据不再计入。

[3] 有 3 则题记记录了两条水文信息，他们是 62 号谢昌珍等申状事记、86 号宣侯题刻、88 号雷轂题记。

[4] 白鹤梁水文题刻最早见于著录，是北宋初年乐史的《太平寰宇记》，该书记载了开宝四年（公元 971 年）江水枯落，唐始载石鱼出现的场景和唐广德题刻的大概内容。到了明代中期的成化七年（公元 1471 年），涪陵地方最高行政长官派人抄录的白鹤梁古代的诗文和题记。

[5] 白鹤梁 98 号张本仁等抄写石鱼文字记："成化辛卯二月望日，涪州太守龙（？）公遣差吏张本仁、王口抄写古文诗记。"

[6] 该调查报告由重庆市博物馆龚廷万先生执笔，完稿于 1972 年 3 月，全文未刊。

第二篇

勘察与保护

一　涪陵白鹤梁题刻保护方案的形成

（一）长江三峡水利枢纽工程

为了三峡工程，中华民族经过了几代人，70余年的构想、勘测、设计、研究、论证。1992年4月3日，第七届全国人民代表大会第五次会议审议并通过了《关于兴建长江三峡工程决议》，从此，三峡工程由论证阶段走向了实现阶段。1994年12月14日，三峡工程正式开工。

经过数十年的艰辛勘测、规划、论证、审定后，举世瞩目的长江三峡工程特选址于三斗坪。长江三峡工程采用“一级开发，一次建成，分期蓄水，连续移民”方案。大坝为混凝土重力坝，坝顶总长3035米，坝顶高程185米，正常蓄水位175米，总库容393亿立方米，其中防洪库容221.5亿立方米，三峡水库长度600公里。每秒排沙流量为2460立方米，排沙孔分散布置于混凝土重力坝段和电站底部。水力发电厂由三个部分组成：左坝后式厂房14台机组；右坝后式厂房12台机组和右岸地下厂房6台机组，总装机容量22400兆瓦。双线五级船闸航道工程，保证5000吨船队能从宜昌直达重庆。主体工程土石方开挖约10260万立方米，土石方填筑约2930万立方米，混凝土浇筑约2715万立方米，金属结构安装约28.1万吨。准备期2年，主体工程总工期15年，第9年开始启用永久通航建筑物和第一批机组发电。水库最终淹没耕地43.13万亩；最终将动移113.18万人。

由于白鹤梁题刻在长江三峡水利枢纽工程的建设中会受到影响，需要实施抢救性保护和展示工程。

（二）白鹤梁题刻保护工程的必要性

白鹤梁题刻所在的石梁在千百年的时间推移过程中，受到波浪冲刷、江水侵蚀和漂浮物碰撞等自然营力的破坏，题刻所在岩体表面已经产生了裂隙交切、板块剥落、表面侵蚀、崩塌位移、人为破坏等各种环境病害，再加上历代人为的损害，需要对石刻本体采取有效的保护。

三峡水库建成后，长江涪陵河段的水位将发生改变。从原来的枯水期低于高程138米，洪水期高达高程170米，改变为库区汛期运行水位高程145米，正常蓄水位高程175米。未来环境将发生很大变化。

白鹤梁石梁顶端的高程 139.96 米，三峡水库蓄水后白鹤梁题刻将永远淹没于江水之下。

三峡水库正常运行后，涪陵段长江水动力环境也将发生很大变化。随着涪陵段长江水流速减缓，泥沙淤积将日益增大，题刻区将被泥沙覆盖；而推移质的作用将影响河床主槽的发育，有可能导致主槽位置的摆动和偏移，从而影响题刻区的整体稳定性，这些因素将构成对古代题刻所在梁体的威胁。为了消除这些隐患，实施有效的保护，必须采取人为干预措施对白鹤梁题刻这一水下文化遗产及其环境进行科学的保护。

同理，三峡水库蓄水后的白鹤梁题刻将淹没于江水之下，使后来的人们难以亲眼目睹这处有着重要价值的文化遗产，所以，非常有必要进行保护工程的同时实现水下文化遗产的展示工程。

（三）白鹤梁题刻保护工程的七种方案

为了保护白鹤梁题刻，自 1993 年以来，由国家文物管理部门组织国内各科研机构和高等院校的专家们，对白鹤梁题刻的保护方案开展深入研究和论证，试图探索出一个最科学的保护和展示白鹤梁题刻的方式，有关机构的专家们先后提出过七种方案。

方案一：水下博物馆（1996 年）

该方案是天津大学杨昌鸣教授的团队构拟的保护与展示方案。方案的基本思路是：在白鹤梁题刻的中心区构建水下保护性建筑，达到水下原址保护、参观和研究的目的。该方案包括“双层拱式耐压覆室方案”和“蜂巢格式压力覆室”两种具体方案，都是在白鹤梁题刻集中区覆罩混凝土耐压覆室进行重点保护，其余散布的零星题刻则采用原地“封护”的方式水下原址保护，所不同的只是前者为双层拱式压力覆室，后者为蜂巢格式的压力覆室。此外，两个方案在水下展示与地面展示厅的连接方式和其他辅助建筑的设计有所不同。

方案二：高围堰方案（1998 年）

这是重庆市规划局陈材倜先生提出的方案。方案的基本思路是：鉴于修建白鹤梁水下博物馆还存在着一些技术障碍，目前实施还有困难，可先采取一种权益保护措施。该措施就是在白鹤梁题刻周围构筑一圈高大的围堰，将题刻本体围护其中，使之免受泥沙和石块的磨损，并给今后采取其他水下保护措施和展示措施预留下时间、空间和实施条件。该方案还包括在岸边修建古水文陈列馆，以展示白鹤梁题刻。

方案三：自然掩埋方案（1998 年）

鉴于方案存在着技术和资金上的一些问题，长江水利委员会原长江勘测规划设计研究院提出了一个简要方案。该方案的基本思路也是原址保护，模型展示，但着眼却在如何简便易行和如何节省工程投资。方案的基本内容是：在白鹤梁附近的岸上修建陈列馆，馆内展出白鹤梁题刻二分之一大小的复制模型，而白鹤梁题刻原址则保留江水之下，让库区淤积的泥沙自然掩埋白鹤梁。

方案四：隔流隧道方案（1998 年）

这是建设部综合勘察研究设计院汪祖进先生的团队提出的方案。该方案的基本思路也是原址保护和复原展示，保护设计是用钢筋混凝土修筑一座不封闭的隧道式覆室罩在白鹤梁题刻上，覆室的前端如船头形，两侧好似平行的夹墙，顶上加盖厚顶板，尾端却敞开让江水进入覆室，从而将白鹤梁题刻置于一个内容充满江水的覆室中，隔断了覆室外泥沙对覆室内石刻的冲刷，从而达到保护白鹤梁题刻的目的。

方案五：“石鱼出水”方案（1999 年）

这是国务院三峡建设委员会办公室黄真理先生提出的保护与展示方案。该方案借鉴埃及被阿斯旺水库淹没的 Abu simbel 太阳神搬迁复建经验，提出利用三峡水库水位变动特点，在白鹤梁近旁高程 166.2~175.6 米的变动汇水区选址，将按照大原样构筑的白鹤梁及从原址切割的题刻放置其上。这样当库区水位高于 165 米时，白鹤梁题刻淹没水中；当库区水位降到 165 米时，新建的白鹤梁题刻就会露出水面，并在石梁与南岸长江大堤间呈现原先鉴湖的形状。涪陵历史上的“石鱼出水”、“鉴湖渔笛”和“白鹤时鸣”三个独特的人文景观将因此再现。

方案六：自然掩埋方案（2000 年）

武汉大学在方案五的基础上，提出了《白鹤梁题刻保护规划设计方案报告》，就近复建题刻和陈列馆保护方案，即在涪陵城区长江大堤高程 165.78 米处设置复建平台，上置复建白鹤梁题刻，同时在平台或陆地上建一个小型博物馆，展览有关白鹤梁的资料和实物。博物馆被赋予一个诗意的名字：白鹤楼，隐喻“白鹤时鸣”。白鹤梁与复建题刻之间通过架设天桥平台的方式联结，观众在参观题刻的途中可一览江景。

2001 年 2 月的《涪陵白鹤梁题刻保护规划专家评审会意见》原则同意在《白鹤梁题刻保护规划设计方案报告》基础上修改，并且提出修改意见；同时，专家们认为，将白鹤梁题刻原地自然淤埋的保护方案仍不属理想方案，并且对中国工程院院士葛修润先生在会上提出的修建新型水下博物馆进行原址保护与展示的设想向国家主管部门推荐。

以上六种方案虽各有亮点，但究其根本，均未能同时实现这一水下文化遗产的原址保存与合理利用展示。一系列方案选择的过程也折射出中国学术界、规划建设界与政府对白鹤梁题刻保护相关问题的认识的不断深入和提高，对文化遗产保护的慎重态度，也是对白鹤梁题刻研究的延缓。

方案七：“无压容器”方案（2001 年）

这是中国科学院武汉岩土力学研究所葛修润院士提出的方案。其基本构想是：将白鹤梁题刻原址保护体看作一个容器，所谓“无压容器”不是指什么压力都没有，而是指作用在水下保护体外面的水压力压强与内壁面上的水压力压强相同，或基本相同，只差一个很小的量。这就是说在保护体内有水，且压力强度与当时作用在外壁面上的长江水压力压强同步变化。

水下博物馆实际上是在拟保护的白鹤梁题刻上修建一座“无压容器”，容器内是将长江水净化处理后的清水，容器采用专设的循环水系统与长江水连通，按需要将净化过的江水泵入或泵出容器内。

白鹤梁题刻保护与展示工程采用“无压容器”方案的基本重点是：

1. 白鹤梁题刻仍处于长江水保护之中，并可有效防止水库内的推移质对白鹤梁题刻可能造成的损坏。

2. 水下保护体结构基本上处于水压平衡的工作状态，只承受水库风浪力与若干年后水库淤积作用于外侧的压力，自重荷载和地震力，壳体结构简单、经济，且具有可修复性。

3. 水下建筑物内设耐压金属参观廊道和水下照明系统，人们可通过交通廊道自岸上进入参观廊道内，观赏在水中的白鹤梁题刻，也可通过水下摄像系统实时将影像等传播到岸上陈列馆展示厅，人们可通过遥控系统控制水下摄像系统的运动。

4. 特设潜水舱，供工作人员或其他人员在水中开展研究、观测和维修工作。

从前述的基本要点可以看出白鹤梁题刻保护与展示工程遵循了以下原则：

1. 符合国际有关文物保护的原则即原址原样、原环境的保护原则。

2. 由于白鹤梁题刻分布范围较广，但主要和重要部分集中在白鹤梁中段东区约 65 米的区段内，可以根据重点保护原则，保护体的保护范围集中在东区约 65 米地段。

3. 除了保护外，还可展示给人们观赏的原则。

4. 实现可行性原则。

5. 工程完整性原则。

6. 可持续发展原则。

（四）白鹤梁保护工程方案的选择

以上方案分为两大类型：一是水下原址保护，岸上复原展示；一是切割搬迁保护，岸边重建展示。根据国内和国际文化遗产保护界普遍遵循的保护原则，作为水文遗产的白鹤梁题刻不应离开它原来的位置，不应脱离它赖以存在的江水环境，原址保护成为保护白鹤梁题刻的基本前提条件。剩下的问题只是如何能够在原址保护的基础上，提出能够兼顾保护和利用、展示的最佳方案，设计出能够展示白鹤梁题刻原物的真正意义上的“水下博物馆”。

在上述七个方案中，符合原址原样、原环境原则的只有两个方案，一个是“水下博物馆”方案，一个是“无压容器”方案，这两个方案的共同点都是原址保护，前者尽管是保护和展示白鹤梁题刻的最理想方式，但该方案面临着工程技术和建设成本的巨大挑战；有压覆室的保护壳将承受 30~40 米水压力压强；岩基与壳体的密封处理需采用高压灌浆，极难处理；长期的渗流可能导致的白鹤梁薄砂岩层毁坏；水下施工周期长，时间紧迫，对航运和防汛的影响大；巨大的建设投资和未来可能较大的运行管理费用。经过反复研究论证，最后时刻提出的“无压容器”方案脱颖而出，成为所有专家都认可的方案。2002 年 1 月，重庆市人民政府组织召开了“白鹤梁题刻原址水下保护工程‘无压容器’可行性方案研究报告论证会”，与会专家一致认为：该方案建立在多年来国家对白鹤梁题刻保护所做工作的基础之上，充分吸取了原有保护规划工作成果，“无压容器”方案构想具有创新精神，克服了保护方案的技术难点，符合国际国内文化遗产保护原则，对生态环境无不良影响，可为其申报列入世界文化遗产名录创造条件。同年 10 月，重庆市文物局在北京组织召开了有6位中国科学院和中国工程院院士参加的“白鹤梁题刻水下保护工程初步设计方案评审会”，通过了“无压容器”的设计方案。国家文物局对《白鹤梁题刻原址水下保护工程可行性方案研究报告的意见函》和《白鹤梁题刻原址水下保护工程初步设计方案》进行了批复，原则同意，并要求尽快实施白鹤梁题刻原址水下保护工程。

二　涪陵白鹤梁题刻原址水下保护工程地质勘察报告

2002年4月5日，重庆峡江文物工程有限责任公司，就涪陵白鹤梁题刻原址水下保护工程地质、水文地质勘察工程，委托四川省蜀通岩土工程公司进行工程地质详细勘察工作，并签订了工程勘察合同。

（一）勘察工作概况

1. 勘察目的及任务

本次勘察工作的主要目的：按照经国家文物局审查批准的《涪陵白鹤梁题刻原址水下保护工程可行性方案研究报告》中的方案，即钢筋混凝土水下保护体（无压容器）方案，针对水下保护体和水下交通廊道部分进行工程地质详细勘察工作，查明场地工程地质及水文地质条件，供施工图设计使用。

本次勘察严格按照长江勘测规划设计研究院提出的《涪陵白鹤梁题刻原址水下保护工程地质勘察技术要求》执行，具体任务如下：

（1）查明工程保护区的区域地质条件、地形地貌、地层岩性、地质构造、岩体风化和水文地质条件等。

（2）查明文物保护软弱夹层或层间剪切带的空间分布，并有可能由此而形成的不良地质体。对不良地质体的成因、类型、性质、分布规律及危害程度进行分析，并提出治理意见。

（3）分析已有的地震资料，提供地震小区划分、水库诱发地震，基岩峰值加速度及校核地震烈度等资料。

（4）查明地下水类型、埋藏条件、补给关系、水质等，提出地表水和地下水对混凝土的侵蚀性评价。

（5）查明不同岩（土）体的物理力学参数，为设计提供准确依据。

（6）对工程地质、环境地质进行评价。

（7）对工程方案的地基处理方案提出建议。

2. 执行的主要技术标准

本次勘察执行的主要技术规范、规程如下：

《岩土工程勘察规范》（GB50021–94）

《水利水电工程地质勘察规范》（GB850287–99）

《建筑地基基础设计规范》（GBJ7–89）

《工程测量规范》（GB50026–94）

《涪陵白鹤梁题刻原址水下保护工程地质勘察技术要求》

3. 勘察工程工作布置原则及勘察方法

（1）勘察工作布置原则

本次勘察工作的布置原则是：长江勘测规划设计研究院根据相关规范，结合《长江三峡库区涪陵白鹤梁保护工程地质勘察报告》（可研阶段）等资料进行综合分析后，主要沿椭圆形钢筋混凝土水下和导墙外侧布置 12 个钻孔，沿两条交通廊道的中轴线各布置 6 个钻孔（计 12 个钻孔），共计 24 个钻孔。

（2）勘察方法和技术要求

①工程测量

测量内容：钻孔定位 24 个；实测地质剖面，比例尺为 1∶200，总长为 1.08 公里。

测量仪器：采用 J2 电子经纬仪和 D3030 测距仪对勘察钻孔定位。

测量精度：按国家标准 GB50026–93《工程测量规范》要求执行。

②工程地质测绘

测绘范围：涪陵白鹤梁题刻原址水下保护工程水下导墙和水下交通廊道位置处上游 50 米，下游 50 米范围内，比例尺 1∶500，测绘面积 0.24 平方公里。

测绘目的与要求：

调查场区内地形、地貌特征，地貌单元形成过程及其与地层、构造、不良地质现象的关系，划分地貌单元。

查明岩土的性质、成因、年代、厚度和分布，对岩层应查明风化程度，对土层应区分新近堆土、特殊性土和分布及其工程地质条件。

查明岩层产状及构造类型，软弱结构面的产状及其性质，包括断层位置、类型、产状、断距、破碎带的宽度及其充填胶结情况，岩、土层接触及软弱夹层的特性等，第四纪构造活动的形迹、特点与地震活动的关系。

查明地下水的类型，补给来源、排水条件、含水层的岩性特征，埋藏深度、水位变化及其与地表水的关系等。

测绘精度要求及测绘方法：

图上宽度大于 2 毫米的地质现象应尽量描绘，厚度大于 2 米的岩层应单独编录，对有特殊意义的岩层、标准层、软弱夹层等应单独分层。测绘方法采用追索法，要求每隔 20~30 米定点一个，对地质条件简单的，间距可适当放大；采用仪器法、半仪器法进行定位测绘，对重要的地质体应采用仪器法定位测量。

③钻探工作

钻探是本次勘察主要施工手段，在钻探工作中必须严格按有关操作规程和规范执行。采用多台钻机施工，钻探工艺采用硬质合金钻进，以清水为循环介质的方法，全孔取芯，并观察岩性、岩性分层、风化程度以及节理裂隙特征等。要求及时拍照，并保存六个钻孔的岩芯，进行防风化处理后，保存于岩芯库。同时应做好孔内有关物探测井及水文地质试验工作，务必做好上部江水和潜水层的止水隔离工作，以确保压水试验工作的有效进行。

钻孔孔径：开孔孔径不小于 Φ130 毫米，终孔孔径不小于 Φ91 毫米。

钻孔斜度及方位控制：采取定向钻探仪控制钻孔的斜度及方位，要求孔斜度控制在 1% 以内，方位角控制在 30° 以内。

钻孔深：沿椭圆形钢筋混凝土水下导墙外侧布置的钻孔，孔深要求 20 米；沿两条交通廊道的中轴线各布置 6 个钻孔，孔深要求 15 米。

回次进尺及采取率：回次进尺要求土层控制在 0.50~1.00 米，岩层控制在 1.50~2.00 米，其采取率土层 80%，基岩不小于 85%。钻探记录专人负责。

地质编录要求：每回次认真仔细描述岩芯，准确无误，对一些特殊地质情况（如软弱夹层、断层、涌水、漏水地下采空区等）需详细描述记录，岩芯摆放整齐，油漆编号、取样、拍照后按要求处理。野外原始资料必须做到真实、准确、可靠。

各项孔内试验工作完成后，对廊道孔采用水泥浆封孔。水下导墙采用 Φ127 毫米，钢质套管对孔口进行，套管封保护，以作为下阶段钢筋混凝土水下导堵的地锚孔。

④现场原位试验

本次勘察主要在靠近岸坡处的块石土层中进行超重型（N120）动力触探试验，以查明块石土层在水平方向和垂直方向的变化，并评价其均匀性；确定块石土层承载力和变形模量，为选择地基持力层提供依据。

⑤压水试验和抽水试验

为了查明白鹤梁题刻区地带基岩的透水性，进行岩石的透水性分级，评价岩体的渗透特征和为设计防渗措施提供参数，要求钻孔见基岩后一定深度开始做压水试验，要求每 5 米为一试验段。采用单管顶压式水栓塞，正向止水，随钻进深度加深，自上而下分段进行压水试验，严格按照《水利水电工程钻孔压水试验规程》操作。钻进过程中，起下钻间必须观测动水位，做好记录。钻孔终孔后，要求做抽水试验，以确定岩石的渗透系数。

⑥钻孔物探声波测井

钻探终孔后，要求在孔内进行声波测井。目的：测定岩体的弹性纵波波速，同时测定岩石试件的弹性纵波波速，计算岩体的完整性系数，并根据弹性纵波波速划分测井段的地层岩性和软弱夹层的分布位置，提出岩体的动力学参数等，为综合评价地层岩提供物探依据。

⑦采集岩、水样和室内测试

为了查明场地岩石的物理力学性质和评价地下水，地表水体对混凝土、钢材的腐蚀性，按规范要求采集岩、水样，进行室内试验。

岩样：在钻探岩芯中，根据不同岩性采有代表性的中等风化、微风化岩芯为岩样。

试验项目：物理性质试验——含水量、密度、吸水率、孔隙比等；

强度试验——天然及饱和抗压试验，确定天然岩石地基承载力值，为选择地基持力层提供依据；

变形试验——提地基的变形模量和弱弹性模量；

三轴试验——提供岩石的抗拉强度和 C、Φ 值；

岩石薄片显微镜鉴定，以便准确对岩石进行定名。

水样：在长江中采取地表水水样；在抽水试验中采取地下水水样。

（3）完成勘察工作

地质勘察单位根据《涪陵白鹤梁题刻原址水下保护工程地质勘察技术要求》编制了《涪陵白鹤梁题刻原址水下保护工程地质详细勘察方案》，通过业主和设计单位审定后，于 2002 年 4 月 8 日组织机具设备、人员进入现场实施施工工作，全部外业工作于 5 月 2 日结束，所有测试成果资料于 5 月 17 日获得。

本次勘察工作量统计

项目			单位	工作量	备注
工程测量		实测剖面	公里	1.08	
		钻孔定位	个	24	
1:200 工程地质测绘			平方公里	0.24	
钻探		钻孔	个	24	
		进尺	米	469.28	
原位测试超重型动力触探（N120）			米	5.70	
物探声波测井			米	440.68	
水文试验		压水试验	孔 / 段	12/32	
		抽水试验	台班 / 孔	4	
		综合水文观测	台班	48	
采集		岩样	组	53	
		水样	件	6	
室内试验	岩石试验	物理试验	组	7	
		干、湿压试验	组	42	
		岩石薄片分析	块	2	
		Ⅲ轴试验	组	3	
		变形试验	组	8	
		岩块波速测试	块		
		水质简分析试验	组	6	

（4）勘察工作质量评述

本次勘察工作严格按有关规范及勘察纲要执行，完成的各项工作均满足本次勘察的需要。

①工程测量：采用重庆独立坐标系统，黄海高程，用极坐标法定位，误差符合 CJJ8-85《城市测量规范》和《工程测量规范》要求。

②钻探：钻进过程中严格按勘察纲要及钻探操作规程执行，未出现安全质量事故。其土层采取率大于 80%，块石土层采取率大于 60%，中等风化和微风化基岩采取率大于 85%，钻孔合格率为 100%。

③物探综合测井工作：测试成果精度能满足《水利水电工程物探规程》（D25010-92）要求。

④压水、抽水试验：均符合《水利水电工程压水、抽水试验规程》要求，取得的成果真实可靠。

⑤采样及试验：采集岩样 53 件，均在中等风化、微风化基岩内取样，样品长度满足测试项目要求。

采水样 6 组（3 组地下水、3 组河水），做水质简分析试验。各项试验工作符合规范要求，均由重庆岩土工程检测中心承做。

总之，本次勘察室内外各项测试和试验工作，均严格按国家现行相关规范，规程执行，各项指标真实可靠，达到了《涪陵白鹤梁题刻原址水下保护工程地质勘察技术要求》要求，勘察工作质量优良。并将野外地质资料及室内测试成果汇总分析整理编制为详勘报告，供设计及施工使用。

（二）场地工程地质条件

1. 地理位置及交通概况

涪陵区位于四川盆地的东南边缘，重庆市的北东部，距重庆主城区 118 公里，长江和乌江交汇于此，涪陵城区位于长江和乌江的汇合处。地理位置东经 106°56′~107°43′，北纬 29°21′~30°01′之间。白鹤梁位于涪陵城北长江近南岸的江水中，距南岸 100 米左右，为一长 1600 米，宽 10~15 米，枯水露出江水面的巨大石梁，因早年白鹤群集梁上而得名，其地理坐标：X=3288650~3289000，Y=36440600~36440850。其濒临长江，扼守乌江，现有重庆主城区至涪陵高速公路相通，水陆交通方便。

2. 气象、水文资料

（1）气象

涪陵区属亚热带湿润季风气候，主要受西风带天气系统及西太平洋副高、西南低涡、西藏高压的影响。该区冬季受偏北气流控制，夏季受偏南季风影响，太平洋副热带高压向西伸抵达本区。其气候特点是：四季分明，春季湿暖多寒潮，夏季炎热多伏旱，秋季凉爽多绵雨，冬季天冷无酷寒。

根据涪陵区气象站历年气象统计（1955~2001 年），其气象要素如下：

降雨量：沿江地区年平均降雨量为 1000~1100 毫米，常年降雨量以 5 月份最多，月均降雨量可达 160 毫米以上；其次为 9~10 月份，月均降雨量 100 毫米以上，最少降雨量是 1~2 月份，月均不足 20 毫米；一次最大降雨量为 113.10 毫米。多年平均降雨量 1140.2 毫米，极端最大降雨量 1363.4 毫米，极端最小降雨量 955.7 毫米。

气温：多年平均气温 18.17℃，年之间的变化幅度为 1~1.6℃；月均气温最高月为 8 月（28.83℃），月均气温最低月为 1 月（7.1℃）；月均气温年际之间变化一般在 30% 左右，极端最低气温 -1.5℃，极端最高气温 42.2℃，属我国夏季气温最热地区之一。

历年无霜期为 315 天，平均雾日 302 天，多年平均相对湿度 79%，年均日照时数 129715 时，平均太阳幅射率 345.83 焦 / 平方厘米。从河谷到山脊气候随高度而变化，随着高度的增加，气温逐渐降低，日照逐渐减少，而霜期、降雨量、湿度与此相反，逐渐增大。

风：涪陵的主导风向为东北风（7%），次导风为北风（6%），静风率为 54%，平均风速为 1.4 米 / 秒，最大风速可达 24.4 米 / 秒。

（2）长江水文涪陵段概述

涪陵城区位于长江与乌江汇合处，长江自北西向东南流向涪陵，后向东又转向北东流去。本次勘察场地位于长江主河道右侧近南岸，距下游乌江入口处约 1 公里，故勘察场地河水受长江与乌江水位的共同影响。一般情况，长江 11 月至次年 4 月为枯水期，同年 6 月至 10 月为洪水期，其中 7、8、9 月三个月为最高洪水期。枯水期主河道位于长江左岸，水面宽约 400~600 米，水深约 13 米左右。

根据长江清溪水文站资料，长江年径流总量为 34834 亿立方米，多年平均运流量 4255 亿立方米，多年平均流量 13357 立方米 / 秒，最大流量 64360 立方米 / 秒，最小流量 2940 立方米 / 秒，常年枯水位 135.27 米左右，历史最高洪水 170.70 米；多年平均含砂量 1.240 千克 / 立方米，输砂率 17.2 千克 / 秒，输沙量 544 万吨；多年平均水位 139.90 米，最高水位 159.92 米，最低水位 135.24 米。

涪陵位于长江中上游，距下游三峡大坝 490 公里左右，三峡水库按 175 米方案蓄水后，回水末端长江在江津猫儿沱红眼碛。成库常年水位为 175.60 米，库区百年一遇洪水位 194.52 米。

3. 地形地貌

白鹤梁题刻区位于涪陵区龙王沱附近江心，为一条带状石质漫滩，距南岸约 100 米，距北岸 400 米。自西向东延伸，顺江分布，与江流平行。白鹤梁长约 1600 米，宽 10~15 米，题刻区集中区主要分布于白鹤梁东段近 200 米的地带，梁脊高程为 137.70~138.23 米，仅比常年最低水位高出 2~3 米，但低于最高洪水位达 30 米，几乎常年淹没于水中，只有每年冬春交替的最低水位时，才露出水面。

白鹤梁脊在其南侧，砂岩形成高约 0.80~1.60 米的自然陡坡，页岩形成缓坡，其与南岸之间的水道称鉴湖，宽 100~150 米，较为平坦的河床，湖底高程 134~136 米。鉴湖底基岩为页岩、泥岩，其抗冲能力较差，局部被冲刷成浅坑，坑底高程在 130~132 米之间。

白鹤梁以北为长江主河道，从白鹤梁往长江主河道方向约 40 米范围内，为砂岩形成的顺层面斜坡，坡度角 14°~18°；在 40 米外，高程 124 米左右，地形变缓，形成较平坦的河床。

4. 地层岩性

经工程地质测绘及钻探揭露，勘察区内主要地层为侏罗系中统自流井组砂岩、页岩、泥岩组成，近南岸地段被第四系人工填土所覆盖，白鹤梁仅在枯水季节部分基岩出露。地层岩性主要分布有：人工填（$Q4^{m3}$）、细砂（A^{al}）和基岩（jz1），基岩为砂岩、页岩和泥岩。各岩土层工程地质基本特征分述如下：

（1）素填土（$Q4^{ml}$）：由砂岩、泥岩碎块、卵石及少量黏性土等组成，硬杂物含量为 50%~60%，粒径一般为 100~200 毫米，最大达 30 毫米，结构稍密—中密状，均匀性差，稍湿。主要分布于南岸滨江路及防护堤上。堆积年限约 1~3 年。

（2）块石土（$Q4^{ml}$）：杂色。由砂岩、泥岩等组成，硬杂物粒径一般为 100~600 米，含量占 50%~70%，最大达 300 毫米，结构稍密，均匀性差，饱和状。钻探揭露厚层 1.20~7.00 米。主要分布于长江防护堤坡底处，为修建滨江路时堆积，堆积年限约 1~3 年。

（3）细砂土（Q^{al}）：灰白色。主要由石英、云母等组成。含圆砾，砾石粒径 5~15 毫米，含量占 10% 左右，结构稍密，呈饱和状。层厚为 1 米。

（4）基岩（JZ1）：由砂岩、页岩及泥岩互层组成。

砂岩：浅灰—灰白色。主要由长石、石英组成，含有少量云母和暗色矿物等组成，局部夹泥质结核或团块。中细粒结构，中厚—厚层状构造，钙质胶结。中等风化带岩体裂隙较发育，裂面多被铁质浸染，岩质较坚硬，岩芯呈柱状；微风化带岩体裂隙不发育，岩芯呈长柱状，岩质坚硬，强度高，钻探揭露最大厚度为 1.5 米。

页岩：灰黑色。主要由片状云母、水云母、碎屑石英、方解石等组成。泥钙质结构，层状构造。中等风化带，岩体微层理发育，岩芯呈短柱状、碎块状、薄饼状；微风化带，岩芯完整，多呈柱—长柱状，岩质较坚硬，节理裂隙不发育。其上部有 0.28~0.40 米介壳灰岩。钻探揭露最大厚度为 22.49 米。

泥岩：紫红色：主要由水云母、绿泥岩等黏土矿物组成，内含少量灰绿色砂质条带或钙质团块，局部砂质含量较高。泥质结构，巨厚层状构造。其中等风化带，裂隙较发育，岩芯多为短柱状，岩质较硬；微风化带岩体完整，裂隙不发育，岩芯多呈长柱状，少数为短柱状，岩质较硬。钻探揭露最大厚度为 11.00 米，主要分布于 6–6′ 剖面以北的地段。

（5）地质构造与地震

①地质构造

地质构造上白鹤梁题刻区位于川东弧形凹褶带东部，珍溪场向斜近南端的扬起端范围。该向斜轴部平坦宽缓，两翼相对舒展，向斜轴向为 NE 向，向南西延伸，其轴向发生了偏转，至本区轴向为 NNE 东向。区内地层呈单斜产出，总体产状向北倾，岩层产状 10° <14° 。

经地表工程地质测绘，并对裂隙调查统计，发现场地内砂岩层中构造裂隙较发育，主要有 IV 组：I 组裂隙产状 280°~290°<75°~86°，裂隙长大略弯曲或呈舒缓波状，面较平整或粗糙，部分呈雁行式排列，间距 2~3 条 / 米，延伸 10~20 米，宽一般 1~2 毫米，部分有钙膜充填，多切穿砂岩层，多为张性裂隙；Ⅱ级裂隙产状 10°~20°<80°~87°，间距 1~3 条 / 米，延伸一般 3~5 米，较直，面粗糙，倾角近直立多张开，为纵张或横张裂隙；Ⅲ组裂隙产状 45°~55°<75°~90°，间距 1~2 条 / 米，延伸长 2~3 米，面平直，多闭合，部分微张有钙膜充填，多切穿砂岩层，属扭性；IV 组裂隙产状 70°<85°~90°，面平直，一般延伸 3~5 米，多闭合，部分微张有钙膜充填，多切穿砂岩层，属扭性。

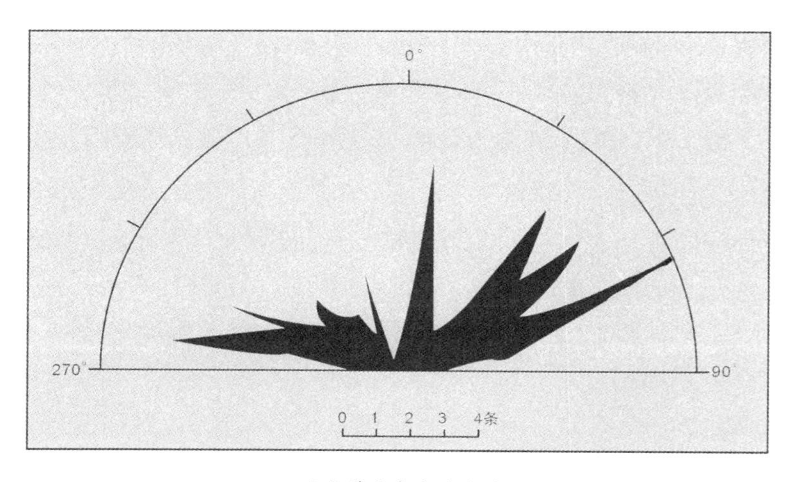

砂岩裂隙走向玫瑰花图

②地震

根据涪陵区域地质资料分析，涪陵地区无大的断裂构造和构造破碎带。据有记载以来，涪陵受历史地震影响较少。从“地震目录”中查知：在其半径150公里范围内发生中、强地震有六次。记载最早的中、强地震为1854年12月24日发生在南川陈家场的5.5级地震；最大的地震是1856年6月10日发生在湖北咸丰大路坝的6.5级地震，这些地震对涪陵的影响不超过VI度。在以涪陵为中心的50公里范围内，没有S4.75级以上的破坏性地震记载，微震活动也较少。因而认为本区属典型的弱震活动区。

涪陵150公里范围内中、强震统计

震中	发震时间	震级（m_s）	与涪陵的距离（公里）	涪陵影响烈度
南川	1854.12.24	5.5	75	IV
彭水	1955. 秋	4.75	80	
咸丰	1856.6.12	6.5	120	
利川	1931.7.1	5.0	150	
江北	989.11.20	5.2	48	
江北	1989.11.20	5.4	50	

本区属扬子准地台四川坳，其地质构造简单，断裂构造较少，第四纪以来本区主要表现为间歇性整体抬升运动，近区历史至今无中、强震记载，有感地震很少，地震活动微弱。

涪陵位于珍溪场向斜的南端，其周围有一系列近南北向、北东向的褶皱构造分布。附近只有少量与背斜构造伴生的小归规模断裂，在20公里以内更不存在地震活动断裂，区域性断裂分布在40公里以外，故本区是一个孕震条件较差的地区。本区地震的危险性主要来自外围地区地震的影响。在外围区域性断裂构造有长寿—遵义基底断裂、方斗山断裂和齐岳—金佛山基底断裂。这些断裂均为弱活动性断裂。外围区域性断裂地震活动水平不高，频率较低，对本区影响轻微。

根据国家地震局编制的《中国地震烈度区域图》表明，场地地震基本烈度为VI度。

场地内地层分布有素填土、块石土、细砂土和基岩。素填土、块石土为中硬场地土，细砂土为较弱场地土，基岩为坚硬场地土，场地覆盖层厚度0~7.00米，根据《水工建筑场地抗震设计规范》（SL203—97）分析：建筑场地类别为Ⅱ类，该区水平向设计地震加速度代表值an=0.1g；设计反应谱最大值的代表值Bmax=2.25；谱特征围期Tg=0.30S。

由于本工程为特级建筑物，要求设计的年限在100年，根据重庆市政府关于《重庆市建设工程场地地震安全性评价管理规定》，应作专门的地震测试工作。

（6）不良地质现象

经本次勘察查明，本场地内未发现断裂构造及明显的构造破碎带等不良地质现象，场地区域稳定性好。

5. 场地水文地质条件

（1）场地水文地质条件概述

本次勘察场地处于珍溪场向斜近南端（扬起端）地带，白鹤梁题刻区位于涪陵区龙王沱附近江心，为一条带状石质漫滩，距南岸约100米，距北岸约400米。自西向东延伸，顺江分布，与江流平行。南岸岸坡为已修筑好的滨江路，大部分被人工填土覆盖，并形成 50°~60° 陡坡，仅在白鹤梁题刻区地带基岩直接出露。岸坡高程 190~200 米，地下水受岩性、地形地貌和地质构造控制；白鹤梁梁脊高程为 137.70~138.23 米，仅此常年最低水位高出 2~3 米，但低于最高洪水位达 30 米，几乎常年淹没于水中，只有每年冬春交替的最低水位时，才露出江面，其地层主要为新田沟组页岩、泥岩和梁脊顶端分布的砂岩单斜岩层，因此基岩浅部中等风化带和裂隙发育的砂岩层中心的下水与江水联系密切。

（2）地下水类型

本勘察区地下水类型按含水介质可分为松散堆积原孔隙水和基岩裂隙水两种类型。

①松散堆积层孔隙水

分布于长江南岸滨江路一线的填土层中及河床河漫滩的块石土层中，直接受长江水影响，地质测绘调查未发现该层地下水天然露头。根据堆积层分布条件分析：堆积层厚度变化较大，一般 1.20~10.00 米，其地下水位埋深与江水一致，水位动态随长江水位季节性变化而变化，透水性强，赋水性差。

②基岩裂隙水

通过地面调查，基岩（中等—微风化层）裂隙水，主要赋予地表出露的白鹤梁梁脊砂岩层的裂隙中。该段砂岩层中裂隙发育，连通性好，为较强透水层和含水层，地下水位埋深与江水一致，水位动态随长江水位季节性变化而变化；页岩和泥岩层中裂隙不发育，仅见少量陡倾裂隙，多呈闭合状，延伸短，且互不连通，透水性较差，含水性较弱，为弱含水岩层。

③地下水径流的补给、排泄特征

松散土层中孔隙水沿基岩表面向地势较低的岸坡方向径流，排泄至长江中。基岩裂隙水径流排泄方式因含水层类型而异，基岩浅部风化带裂隙水在岩层露头部分为补给区，接受大气降水和长江水的补给，具有就近补给就近排泄的特点。微风化基岩裂隙水主要接受上部风化带裂隙水的补给和大气降水补给，在水压作用下，沿岩层裂隙向下径流，在相对低洼地段排泄至长江中。在勘察钻探过程中，根据钻孔抽水试验和简易水文观测成果分析，中等—微风化岩层中，砂岩层中裂隙密度、延伸长度均较页岩和泥岩层大，赋水性和透水性均强于页岩和泥岩层，为含水层；页岩和泥岩为相对隔水层。

④地表水和地下水水质分析

勘察过程中，对钻孔地下水和长江水取样分析，水质分析结果如下：

水样编号	PH	总碱度	总硬度	游离 CO_2	侵蚀 CO_2	SO_4^{2-}	NO_3^-	HCO_3^-	C_a^{2+}	mg^{2+}	Cl^-
D5	7.83	121.78	164.47	6.38	0.00	44.10	4.20	148.50	47.08	11.39	16.53
D7	7.88	119.19	160.57	5.10	0.00	40.30	3.80	145.34	47.48	10.20	14.82
D11	7.88	120.75	160.57	6.80	0.00	47.42	4.00	147.24	47.48	10.20	15.11
长江河心水 1	7.94	121.78	158.09	5.95	0.00	42.67	4.00	148.50	45.50	10.80	14.82
长江河岸水 2	7.87	117.50	163.93	6.59	0.00	47.86	3.90	143.28	47.92	10.75	15.76
乌江水	7.96	119.19	162.99	5.10	0.00	47.42	4.00	145.34	47.08	11.03	12.83
备注	1. 分析方法执行国际方法；2. 含量单位除 PH 值外均为 mg/*l*；3. 总碱度，总硬度以碳酸钙计。										

从水质分析结果表明，场地地表水和地下水均属中性淡水，水化学类型为 SO_4^{2-} · HCO_3^- – Ca^{2+} 型。

根据《水利水电工程勘察规范》附录 G 环境水对混凝土腐蚀评价标准判定：地下水对混凝土无腐蚀性。通过钻孔地下水与长江水的分析结果对比，两者水化学成分基本上一致，表明地下水为长江水的渗透水。

⑤水文地质测试

压水试验

为了查明白鹤梁题刻区地带基岩的透水性，评价岩体的渗透特征和为设计防渗措施提供参数，本次勘察各钻孔均做了压水试验。为保证在做压水试验时，不破坏白鹤梁题刻文物，压水试验仅选在布置与水平交通廊道处的钻孔做。试验方法采用正止水，即随钻孔加深自上而下分段采用单管顶压式栓塞分段止水，试段长 5 米，钻孔孔径 110 毫米，采用往复式水原供水，量测设备经过校验。现场试验及资料整理符合《水利水电工程钻孔压水试验规程》（CL25–92）要求。

通过压水试验结果分析，可以明显看出：页岩和泥岩层的透水率相差不大，对同一种岩层，岩层的透水率随深度的增加而减小。

勘察区白鹤梁顶部砂岩层裂隙发育，连通性好，为较强的透水层和含水层，其地下水位埋深与江水一致，水位动态随长江水位季节性变化而变化。依据钻孔压水试验结果综合分析，下部中等—微风化的泥岩、页岩及其泥岩中的砂岩夹层，其透水率一般在 0.30~3.50Lu，岩层透水性较小，均属弱透水岩层。

抽水试验

经场地钻孔简易提水试验表明：在止水效果良好的情况下，场地在钻探深度范围内，中等—微风化的泥岩、页岩及其泥岩中的砂岩夹层中仅含有少量地下水，其渗透系数 K=0.30~0.54m/d，这与钻孔压水试验的结果基本一致，仅比钻孔压水试验略有偏高。但在此基础施工时，需采取防水，隔水措施，防止长江水渗入基坑，影响基础的施工。

⑥水文地质条件综述

根据勘察期间的钻孔岩芯裂隙统计，抽、压水试验水质分析等资料综合分析，对勘察区的水文地质条件作如下综合评价：

拟建构筑物地段未发现断裂构造及构造破碎带，岩体完整，砂岩层透水性好，为含水层；页岩和泥岩透水性差，含水性较弱，为相对隔水层和非含水层。

通过勘察查明，基岩裂隙水主要赋存在地表出露的砂岩层中，与长江水有水力联系。

场地在钻探深度内无地下水，中等—微风化的泥岩、页岩及其泥岩中的砂岩夹层中无地下水。

场地地表水和地下水均属中性淡水，水化学类型为 $SO_4^{2-}\cdot HCO_3^{-}-Ca^{2+}$ 型。地下水对混凝土无腐蚀性。

在基础施工时，需采取防水、隔水措施，防止长江水渗入基坑，影响基础的施工。

6. 原位测试与岩石试验

（1）超重型（N120）动力触探试验

本次勘察主要在靠近岸坡处的块石土层中进行超重型（N120）动力触探试验，以查明块石土层在水平方向和垂直方向的变化，并评价其均匀性；确定块石土层的承载力和变形模量，为选择地基持力层提供依据。

经统计其试验结果，锤击数的变异系数为 0.82，大于 0.30，表明块石土层的锤击数在水平方向和垂直方向的变化均较大，均匀性较差，不能选做地基持力层。

（2）岩体声波测试 声波测井用以划分地层岩性、裂隙、破碎带及风化带，通过波速计算岩体工程力学参数，为综合评价地层岩性提供物探依据。

根据声波测试，场地中的主要地层中等风化和微风化的泥岩及页岩，其完整性系数KV值均大于0.75，表明岩体完整。

（3）岩石试验

本次根据岩石的风化程度分别采样，进行室内岩石物理力学性质试验，其各项指标统计取值按国家《岩土工程勘察规范》（GB50021-94）规定进行统计分析，物理性质指标取其平均值；变形指标及力学性质指标取其标准值。

①主要物理性质指标 颗粒密度、自然重度、饱和重度、饱和吸水量、吸水率、孔隙率取其平均值，并保留两位有效数字。

②主要力学性质指标

单轴饱和极限抗压强度、单轴自然极限抗压强度、极限抗拉强度和静弹性模具是根据《岩土工程勘察规范》中的相关公式计算其平均值、标准差、变异系数，标准值，并按《建筑地基基础设计规范》（GBJ7-89）确定其承载力设计值。

软化系数、岩体波速、岩块波速，均取其平均值。极限抗剪强度取图解法的数值，采用最小平均值法进行统计。

（三）场地稳定性评价

1. 区域稳定性评价

根据区域地质资料表明：新构造时期以来，本区没有发生过强烈的造山运动和断块差异运动，沿江各级阶地产状正常，位相基本连续，没有明显的断折和差异变化现象，也未见构造破坏痕迹。长江、乌江及各支流未见掠点，说明本区更新世以来没有差异性升降运动，整体处于稳定的间歇性抬升阶段。场地范围内无区域性大断裂构造，也无区域性滑坡、泥石流等不良地质现象。白鹤梁题刻保护工程的修建，对区域地形地貌无大的变化，不会破坏地区性的地应力平衡状态，区域稳定。

2. 场地稳定性、适宜性评价

根据工程地质测绘和钻探揭露表明：场地范围内无明显的断裂构造、构造破碎带和软弱夹层等不良地质现象，场地现状稳定，适宜修建构筑物。

3. 滨江大堤边坡的稳定性分析评价

在拟建场地位置段，已修建了滨江路防洪大堤，于2001年完工，白鹤梁保护工程中，三个最重要组成部分之一的交通廊道布置于其上。经现场收集资料和观测临近场地正进行滨江路防洪大堤的修建和人工回填地段，滨江路防洪大堤是采用钢筋混凝土挡土墙结构，从其现有河床（高程 134.00~137.00 米）至滨江路防浪堤（高程 178.00 米）分别按 1∶2.00、1∶2.50、1∶1.60、1∶1.60 坡比，分四级支护一级平台高程 140 米，二级平台高程 154 米，三级平台高程 164 米，四级平台高程 174 米，挡土墙高 42.50 米左右，挡土墙背的填料主要为泥岩和砂岩碎块石，分层碾压夯实。经现场观测，已完工的该段滨江路防洪大堤，没有出现变形、位移和沉降（陷），现状稳定。

4. 白鹤梁稳定性分析评价

为了保护白鹤梁题刻这一珍贵的文物，在 2002 年 2 月至 4 月，有关单位对白鹤梁题刻进行了加固治理。主要对白鹤梁顶部砂岩的裂隙，进行注浆封闭；对其南侧砂岩形成高 0.80~1.60 米的自然陡坡处，修筑了浆砌石加固，以防止水浪的冲刷；对其北侧砂岩形成的顺层面斜坡采用了锚杆加固治理。白鹤梁经加固治理后，其现状稳定。

（四）工程地质分析

1. 地基持力层及基础类型的选择

（1）坡形交通廊道

由于在滨江路防洪大堤段本次勘察没有布置勘察钻孔控制，其中等风化基岩面的埋深是根据滨江路防洪大堤的地质勘察资料推测确定，推测其埋藏在 5.00~30.60 米。因拟建坡形交通廊道荷载较大，中等风化基岩埋藏较深，建议采用桩基础形式。在桩基础的施工过程中，必须采取有效措施，防止基础因施工造成对滨江路防洪大堤的破坏，影响防洪大堤的正常使用。

（2）水平交通廊道

在水平交通廊道位置处，块石土层的锤击数在水平方向和垂直方向的变化均较大，均匀性较差，承载力低，不能选作地基持力层；场地基岩在该段无强风化层，中等风化基岩直接出露，中等风化基岩和微风化基岩分布广，厚度大，承载力较高，是本地的最为理想的地基持力层。水平交通廊道处于白鹤梁脊与南岸之间，该水道称为鉴湖，水面宽 100~150 米，常年基本处于淹没状态，场地在该段，中等风化基岩埋深较浅，局部直接裸露，拟建物荷载较大，建议采用围堰法施工，采用浅基础形式。在施工中需要采取防水、隔水措施，防止长江水渗入基坑，影响基础的施工。

（3）水下导墙

在水下导墙位置处，出露的地层主要为侏罗系中统自流井组砂岩和页岩。地基岩在该段无强风化层，中等风化基岩直接出露，中等风化基岩和微风化基岩分布广，厚度大，承载力较高，是本场地最为理想的地基持力层。但由于砂岩分布于白鹤梁顶，砂岩向长江主河道方向形成顺层面斜坡，坡度角 14°~18°；经钻探揭露，其最大厚度仅 1.5 米，被保护的题刻均分布于其上，为了保护该砂岩层不被破坏，不能选择该砂岩作地基持力层；宜选择中等风化和微风化页岩做地基持力层。

由于拟建物荷载较大，建议用围堰法施工，采用浅基础加地锚桩的基础形式，地锚桩设计参数：

C=0.35Mpa，Φ=29°43′，砂浆与岩石间的黏强度统计值取0.18MPa，采用M30砂浆。基础埋置深度，以满足三峡库区蓄水后构筑物整体稳定性要求为宜。由于场地基岩主要为砂岩和页岩，砂岩透水性较强，页岩具弱透水性，为了防止江水渗入水下保护体，基础施工时，必须采取防渗措施。

2. 施工中对白鹤梁题刻的保护措施

在进行水平交通廊道和水下导墙的施工中，特别是在施工水下导墙时，应严格控制爆破，并采取必要的减震措施，以免对白鹤梁题刻产生破坏。在施工水下导墙时，必要时应严禁爆破，采用人工开挖施工的方法。总之，任何施工方法的选用，必须以不破坏白鹤梁题刻为前提。

（五）结论与建议

1. 结论

（1）经本次勘察查明，本场地内未发现断裂构造及明显的构造破碎带等不良地质现象，区域稳定性好，适宜修建拟建构筑物。

（2）根据本次室内外试验成果，经统计修正，岩石的物理力学性质指标建议值见下表。

岩石物理学指标建议值

岩性	中等风化砂岩	中等风化泥岩	微风化波岩	中等风化页岩	微风化页岩
颗粒密度（克/立方厘米）	2.70	2.75	2.77	2.72	2.72
干重度 rd（克/立方厘米）	2.65	2.52	2.52	2.52	2.51
自然重度 r（克/立方厘米）	2.66	2.60	2.60	2.61	2.58
饱和重度 rsa（KN/m^3）	2.67	2.61	2.61	2.62	2.59
饱和吸水率 wsa（%）	0.76	3.52	3.57	2.27	3.01
吸水率 w（%）	0.66	3.40	3.44	2.16	2.91
孔隙率 n（%）	2.04	8.89	9.00	5.81	7.55
饱和抗压强度 Rb（mPa）	25.50	2.61	5.94	2.45	6.09
天然抗压强度 σco(mPa）	31.92	4.72	9.65	4.19	9.31
承功力设计值*f*（kpa）	5.87	0.60	1.37	0.56	1.40
软化系数 n	0.80	0.56	0.64	0.59	0.66
岩块纵波速 Vp（米/秒）		2540	3138		3280
岩体纵波速 Vp（米/秒）		2419	2844	2684	2732
静弹模 E（mPa）		21000*	21600	20000*	20600
静泊松比 u		0.29*	0.28	0.23*	0.22
抗拉强度 σt（mPa）		0.13*	0.15*	0.16	0.18
抗剪强度内聚力（mPa）				0.35	
抗剪强度内摩擦角 Φ(°)				29.72	
安装性系数 Kv		0.83	0.80		0.76
①承载力设计值以饱和抗压强度标准乘以0.23拆减确定；②泊松比采用标准值；抗减强度中内摩擦角Φ设计值以岩石的内摩擦角Φ的标准乘以0.80拆减确定；内聚力C设计值以岩石的内聚力C标准值乘以0.2拆减确定；③其余各值均为平均值；④带“*”为经验值。					

（3）根据国家地震局编制的《中国地震烈度区划图》表明，场地地震基本烈度为 VI 度。根据《建筑抗震设计规范》表明，场地抗震设防烈度为 VI 度。根据《水工建筑物抗震设计规范》分析：建筑场地类别为Ⅱ类；该区水平向设计地震加速代表值 an=0.1g；设计反应谱最大值的代表 Bmax=2.25；谱特征周期 Tg=0.30s。

（4）根据本次勘察资料，对场地内的水文地区条件作如下综合评价：

①拟建构筑物地段未发现断裂构造及构造破碎带，岩体完整，砂岩透水性好，为含水层；页岩和泥岩层透水性差，含水性较弱，为弱含水岩石，为相对隔水层和非含水层。

②通过勘察查明，基岩裂隙水主要赋存在地表出露的砂岩层中，与长江水有水力联系。

③场地在钻探深度内无地下水，中等—微风化有泥岩、页岩及其泥岩中的砂岩夹层中无地下水。

④场地地表水和地下水均属中性淡水，水化学类型一致，地下水对混凝土无腐蚀性。

⑤在基础施工时，需采取防水、隔水措施，防止长江水渗入基坑，影响基础施工。

2. 建议

（1）对于坡形交通廊道部分，宜采用中等风化基岩作地基持力层，采用桩基础形式。在桩基础的施工过程中，必须采取有效措施，防止因基础施工造成对滨江路防洪大堤的破坏，影响防洪大堤的正常使用。

对于水平交通廊道部分，宜采用中等风化和微风化基岩作地基持力层，用围堰法施工，采用浅基础形式。在施工中需采取防水、隔水措施，防止长江水渗入基坑，影响基础的施工。

对于水下导墙部分，由于砂岩分布于白鹤梁梁顶，砂岩向长江主河道方向形成顺层面斜坡，坡度角 14°~18°；经钻探揭露，其最大厚度仅 1.50 米，被保护的题刻分布于其上，为了保护该砂岩层不被破坏，不应选择该砂岩层作地基持力层；宜选择中等风化和微风化页岩做地基持力层。基础埋置深度，以满足三峡库区蓄水后构筑物整体稳定性要求为宜。由于场地基岩主要为砂岩和页岩，砂岩透水性较强，页岩具弱透水性，为了防止江水渗入水下保护体，基础施工时，必须采取防渗措施。

（2）若坡形交通廊道部分采用嵌岩桩单桩基础形式，建议采用《建筑桩基技术规范》中的 5.2.11 式计算嵌岩桩单桩竖向极限承载力标准值，岩石在天然湿度条件下的单轴受压强度标准值 Frk 取值为：泥岩为 4.72MPa。

（3）当采用桩基础形式，由于坡形交通廊道位处滨江路防洪大堤上，其挡土墙背的人工回填土层厚 5.00~30.60 米，因此需要考虑单桩负摩阻力。单柱负摩阻力标准值建议按《建筑桩基技术规范》中的 5.2.16 式计算，其中负摩阻力系数取 0.40。

（4）在进行水下交通廊道和水下导墙的施工中，应严格禁止爆破，采用人工开挖施工的方法，总之，任何施工方法的采用，必须以不破坏白鹤梁题刻为前提。

（5）建议基坑开挖，放坡允许坡度值：

块石土：1∶0.75　中等风化基岩：1∶0.20

三　涪陵白鹤梁题刻原址水下保护工程专题研究

鉴于白鹤梁题刻原址水下保护工作技术复杂，施工难度大，对所涉及的关键技术问题有必要进行专题研究，这对下阶段的工程设计和实施具有非常重要的意义。2001年12月~2002年6月，重庆峡江文物工程有限责任公司相继组织和委托重庆西南水运工程科学研究所、重庆交通大学、上海交通大学、长江水利委员会长江勘察规划设计研究院、国营武昌造船厂、铁道第四勘察设计院等机构对白鹤梁题刻原址水下保护工作中共计九项专题《对航道条件影响及航道安全保护措施论证研究报告》、《水工模型试验研究》、《三维非线性结构分析》、《水平交通廊道（沉管方案）专题研究》、《参观廊道专题研究》、《水下照明及CCD遥控观测系统专题研究》、《循环水系统专题研究》、《安全监测专题研究》、《施工专题研究》等工程技术方案及关键技术分别进行了专题研究。

2002年8月16日~18日，重庆峡江文物工程有限责任公司在武汉市主持召开了涪陵白鹤梁题刻原址水下保护工程专题研究中间成果评审会。会议对三维非线性结构分析、水下交通廊道（沉管方案）、参观廊道、水下照明及CCD遥控观测系统、循环水系统、安全监测系统和施工等七项课题进行了评审。会议组织了由水工、施工、结构、隧道、舰船、安全监测、建筑规划、给排水、电气、暖通、文物、堤防专家共14人组成专家组，对各专题承担单位提交的专题研究中间成果进行了认真深入的研讨和评审，形成评审会议纪要，对各项专题给予肯定的前提下提出十分中肯的意见，要求各专题应按评审意见进行补充和修改，使最终提交的专题研究报告尽量完善，以确保工程设计单位开展初步设计工作，为施工创造更为有利的条件。

同年7月和9月，重庆峡江文物工程有限责任公司又相继主持了对水工模型实验研究、对航道条件影响和航道安全保护措施论证研究进行了专家评审。

2002年10月23日~24日，重庆市文物局在北京主持召开了涪陵白鹤梁题刻原址水下保护工程初步设计评审会。会议由来自全国的水工、施工、结构、建筑、航运、文物保护、给排水和电气专家共16人组成专家组，其中两院院士2人，工程院院士6人，对设计单位提交的初步设计报告以及作为初设成果，附件的各专题承担单位提交的共计九项专题研究成果，进行了认真深入的研讨和评审，形成了评审纪要。

在纪要中对九项专题研究的评审是“各专题研究报告对所涉及的关键技术问题进行深入的研究论证，认真落实专题研究中间成果评审意见，提出了合理可行的解决方案和有效措施，为初步设计方案的比选和完善提供了科学依据”。

需要说明的是：涪陵白鹤梁题刻原址水下保护工程水下照明系统在专题研究、初步设计方案和设计施工图中，都是采用光纤照明并对其线缆和设备专门制作管道。2004 年 7 月，葛修润院士致函重庆市文物局领导，提出在制作参观廊道的同时，还要制作供水下照明系统所需的管道，并安装在水下保护体内，在工期安排上是不可能完成的。由此，葛院士提出取消设备管道，采用另一种照明方式。重庆市文物局领导责成重庆峡江文物工程有限责任公司组织设计单位进行论证。在葛修润院士的指导下，集思广益，决定采用当时尚属新产品的 LED 光芯照明，并委托上海交通大学海科集团公司进行研究和编制方案工作。

2004 年 11 月 1 日，重庆峡江文物工程有限责任公司在上海主持召开了白鹤梁题刻原址水下保护工程水下照明系统设计方案评审会。会议听取了水下照明系统设计方案的介绍，以及所选用的水下 LED 光源性能和试验研究成果的汇报。参会专家和与会人员进行了深入细致的研讨，形成评审会议纪要。在纪要中主要认为：相关单位开展了大量调研和论证工作，并完成相关试验研究，取得了较为丰富的成果，为设计方案的完善和比选提供了依据和条件，所选用的水下 LED 光源照明方案技术上可行，系统布置基本合理，耐压防水构造和插件基本可靠，同意在补充试验研究和优化完善的基础上应用实施于本工程。

由此，在涪陵白鹤梁题刻原址水下保护工程各项专题研究项目中，水下照明系统由两个单位承担并完成了研究工作。

本节将对涪陵白鹤梁题刻原址水下保护工程九项专题研究报告的主要内容予以介绍。

涪陵白鹤梁题刻原址水下保护工程水工模型试验研究报告

研究单位：重庆西南水运工程科学研究所

研究人员：张绪进、张晓敏等

完成时间：2002 年 9 月

（一）前言

根据“涪陵白鹤梁题刻原址水下保护工程可行性设计方案”，我们对该方案实施后从通航条件影响的角度出发，进行了研究论证工作，研究的主要工作是：

1. 观测白鹤梁题刻原址水下保护工程实施前，该河段在清水空库条件及三峡水库不同运行时期（即按 135 米方案、156 米方案及 175 米方案运行 30 年）的泥沙淤积及水流条件变化情况。

2. 进行系列输沙试验，模拟三峡水库运行 30 年白鹤梁题刻原址水下保护工程，按初步设计方案实施后，该河段在三峡水库不同运行时期的泥沙淤积及水流条件的变化情况，特别是白鹤梁附近水域的水位、流速、流态及水面比降等有关水力要素与航道尺度的变化情况进行详细观测，分析该保护方案实施后对航运及防洪可能造成的影响。

3. 在上述试验基础上，配合设计单位对该方案水下博物馆的具体布置、线形尺度及结构方案进行优化研究。

(二)工程概况及试验基本资料

1. 白鹤梁题刻原址水下保护工程概况（略）

根据水下保护体壳顶高程不同，设计单位提出了两套方案，即壳顶标高为143米方案（简称143方案）和壳顶标高为142米方案（简称142方案）。

2. 试验基本资料

（1）地形资料

（2）水文泥沙资料

（3）设计资料及说明

（4）三峡水库运行调度方案

（5）通航标准

3. 模型设计制作与验证试验

本项试验研究工作在重庆西南水运工程科学研究所内已建成的涪陵河段泥沙模型上进行。

（1）模型设计与制造简述

由于涪陵长江河段河势条件，水流结构及泥沙冲淤情况十分复杂，模型实验既要研究河道内的泥沙冲淤变化，又要研究与白鹤梁题刻原址水下保护工程及长江堤防工程有关的水力学问题，为满足水流运动的严格相似，特别是保证像龙王沱的泡漩水流，两江汇流条件及弯道的流速分布与流态的相似性，决定采用正态模型进行试验研究工作。在模型设计时，模型相关水力要素的比尺系根据Froud数相似准则推导而得，其中河道阻力相似由洪、中、枯三级流量的瞬时水面线验证实现。在确定泥沙特征参数的比尺时，考虑了以模拟悬沙运动为主，同时兼顾沙质推移和卵石推移质运动的相似问题。方法是首先适当选择反映模型和原型泥沙运动（包括悬移、启动、扬动等）规律的理论或经验公式进行初步推算，再通过模型试验的冲淤验证进行适当调整，以确保模型与原型泥沙运动的相似性。

根据试验任务的要求，模型范围、模型相似条件、模型沙的选取、综合考虑试验场地、供水能力等相关因素，决定模型为正态，几何比尺 $\lambda L=\lambda h=150$。模拟长江河段12公里，乌江河段6公里，模型总长120米（含乌江段40米），模型沙采用荣昌精煤粉，比重 Ys=1.33 吨 / 立方米，加工后其粒径范围可满足模型沙级配要求。

模型地形根据长江三峡枢纽测量总队1985年3月施测的1：5000河道地形图进行缩制，采用断面板法，长江河段全长约12公里共取110个断面，乌江选取70个断面控制地形。对特殊局部地形，如大灶、小灶、锯子梁、洗手梁、白鹤梁等石梁及江心洲、龙王沱和河岸突咀、溪沟等，则分别参照了不同单位实测的陆上和水下地形图，用特别断面板加密这些局部位置进行控制，并辅以等高线法相配合，进行精心特制。

（2）试验设备与量测仪器

浑水试验要求模型能够施放大小不同的流量，不同含沙量和不同粒径级配的挟沙水流。为此，建有专用浑水系统，设有地下水库一座，地上水库、水池七个、沉沙分沙池两个及相应的分水分沙和加水加沙管道网，底沙和卵石在模型进口由加沙机按时按量均匀加入，然后在尾门后的沉沙池内沉淀下来，即底沙和卵石不参加循环。

为重复使用悬沙，建有长约 30 米的选沙池和相应的管道网。为防止泥沙在进入模型前沉积，采用巴歇尔量水堰控制模型进口流量，悬沙含沙量由 100 毫升比重瓶称重并配合浑度仪进行监测，悬沙级配由光电测沙仪分析确定，淤积地形用电阻式测淤测量泥沙淤积厚度。

（3）模型相似性验证

试验表明，在涪陵河段内冲淤部位基本相似，淤积数量较为接近，这些说明模型的水流运动，河道阻力与河床的冲淤变化规律与原型基本相似。

本泥沙模型的设计，模型相似性验证，已由泥沙与航运专家组成的专家组进行评审通过。

（三）三峡水库运行 30 年系列输沙试验及成果分析

1. 试验条件及水沙过程的概化

（1）试验河段几何边界的调整与试验组次安排

随着涪陵长江、乌江防护大堤及相应的码头工程的建设，对原有河道岸线有较大改动，为更加真实地反映三峡成库后上述变化对试验成果的影响，在 1985 年制模地形及相似性验证的基础上，增加塑造了这些变化后的河道地形。在试验组次的安排上，为了对比分析修建白鹤梁题刻原址水下保护工程对水流条件及泥沙冲淤的影响，分别进行了修建和未建白鹤梁题刻的原址水下保护工程两种情况下的 30 年系列泥沙试验。

（2）试验水沙条件及概化

这项试验的主要目的是预演三峡成库后按坝前水位 135 米、156 米、175 米方案进行 30 年的过程中，白鹤梁河段的泥沙淤积与水流条件的变化情况，观测泥沙淤积与水流条件变化，对白鹤梁题刻原址水下保护工程的影响，以及白鹤梁题刻原址水下保护工程对河段水流结构及泥沙淤积的影响。

为满足试验操作的需要，对模型的水沙过程进行适当的概化，在概化时要注意下列三点：

①水沙总量相等原则，即模型和原型的输水、输沙总量必须相等。

②水库形成后，淤积主要集中在汛期流量和沙量较大，水位较高的时段及汛末蓄水期。概化时应尽可能注意水沙变化的时间过程，将汛期时段细分，并注意水库蓄水期及消落期的概化。

③受试验操作的控制，各概化时期不宜过短。

2. 三峡水库运行 30 年工程河段的泥沙淤积数量与淤积速率

在三峡水库蓄水初期坝前水位保持在 135 米运用时，涪陵河段受大坝壅水的影响较小，白鹤梁河段水位仅升高约 0.5 米，流速略有降低，此时上游来沙大部分能被水流带走，该河段泥沙淤积较少。当坝前水位按 156—135—140 米（正常蓄水位—防洪限制水位—枯季最低消落水位）运行时，其回水变动区位于长江铜锣峡与丰都之间，白鹤梁距三峡大坝约 490 公里，处于变动回水区下段。汛期 6~9 月，涪陵河段水位较天然情况抬高 0~3 米，汛后 10 月坝前水位由 135 米升至 156 米，使该河段水位较天然情况抬高达 19 米左右，流速亦随之减缓，水流挟沙能力降低，使汛期淤积于该河段的泥沙不能在汛末被水流冲刷输往下游，而造成泥沙累积性淤积。当三峡水库进入正常蓄水运行阶段，坝前水位按 175—145—155 米方案调度时，涪陵河段已处于水库常年回水区上段，其水位将进一步抬高，汛期水位较天然情况抬高多在 10 米以上，非汛期水位提高达 39 米左右，流速大大减缓，泥沙大量淤积。尤其在汛末由于水库蓄水，库水位的进一步提高，不仅使该河段的泥沙更易落淤，而且使其基本丧失了天然情况下的冲刷条件。这表明三峡水库蓄水运用后，天然河道自身的冲淤演变规律被打破，其结果造成该河段的泥沙淤积基本上呈单向累积性增长趋势。

3. 工程河段泥沙淤积的分布情况

根据 30 年系列泥沙输移试验成果，在三峡水库保持低水位运行的第七年底，白鹤梁以左的长江防护大堤沿岸（即鉴湖内）淤厚 0~4.5 米，白鹤梁题刻尚未受到泥沙淤积的影响。水库运行到第十年末，鉴湖内泥沙淤厚一般为 1~5 米，最大淤厚达 7 米，淤积泥沙逐渐逼近白鹤梁石刻。水库运行到第二十年末，白鹤梁局部河段泥沙淤积已达到 19.43 × 104 立方米 / 公里，鉴湖内一般淤厚达到 9~14 米，最大淤厚达到 18 米，白鹤梁上淤厚达到 2~6 米，白鹤梁局部河段已基本为淤积泥沙所覆盖。水库运行到第三十年末，涪陵河段的泥沙淤积进一步得到发展，白鹤梁局部河段淤积施度进一步增加到 272.36 × 104 立方米 / 公里，鉴湖内一般淤积厚度已达到 13~18 米，最大淤厚达到 23 米，白鹤梁题刻上淤沙厚度达到 4~10 米，此时，龙王沱已完全被淤积泥沙所填筑，整个涪陵河段发展成为单一规顺和微弯的河道。

4. 白鹤梁题刻原址水下保护工程实施后对泥沙淤积的影响

对比分析白鹤梁题刻原址水下保护工程修建前后，三峡水库运行三十年的系列输沙试验观测结果发现，该保护工程的修建对整个河段的泥沙淤积程度与河床演变情况，包括淤积物的分布和粒径尺寸影响均甚小。但是由于受到该保护工程及交通廊道（水平交通廊道）突出于原河床，对水沙运动有一定的阻碍作用，在该保护工程左右两侧边墙附近流速有一定程度加大，紊乱增强，对其附近局部的泥沙淤积有一定影响，试验对该保护工程附近河道的淤积变化过程进行了较详细观测，给出了三峡水库运行十年、二十年及三十年该保护工程局部的淤积地形，三峡水库运行十年时，部分的水下水平交通廊道被泥沙掩埋，但水下保护体壳体尚未受到淤沙的影响；水库运行二十年后整个交通廊道基本为淤沙所覆盖，淤沙已从右侧发展至水下保护体周界附近，受水下保护体阻水及贴壁绕流影响，在水下保护体顶部、尾端及右侧边墙附近已形成内低外高的椭圆形基坑，基坑外侧（主河槽边沿）淤沙高度从右到左逐渐降低，直至水下保护体左侧边墙约 10 米处与天然地形相接，使整个水下保护体横向处于不均衡淤沙压力之下。当三峡水库运行三十年末，水下保护体前缘的基坑已变得较浅，保护体壳顶已基本被淤沙掩埋，而左墙外淤沙较少，其高度尚未达到保护体顶部高程。

（四）白鹤梁题刻原址水下保护工程对水流条件的影响

1. 对工程河段洪水位的影响

为了研究白鹤梁题刻原址水下保护工程修建后对防洪的影响，分别计算了不同水位时工程所占据的河道过流面积。试验分别针对在河中修建和未修建白鹤梁题刻原址水下保护工程情况下，在清水空库时按照 175 米方案运行条件实测了 Q 长 /Q 乌 =88700/1700 立方米 / 秒、Q 长 /Q 乌 =75300/1400 立方米 / 秒、Q 长 /Q 乌 =61400/1400 立方米 / 秒及汛期一般流量 Q 长 /Q 乌 =30700/1600 立方米 / 秒共四级流量的水位变化情况，按照设计单位推荐的方案修建白鹤梁题刻原址水下保护工程后，由于所占据的过流面积不足 5%，在不同频率洪水流量情况下，该河段水位的最大升高值 0.03 米，其影响范围仅局限于白鹤梁头部以下河段，届时保护工程所占据的过流面积更小，对该河段行洪的影响也将一步减小。因此可以认为，白鹤梁题刻原址水下保护工程的修建不会对该河段的行洪产生明显的不利影响。

2. 对工程河段流速大小与分布的影响变化情况

根据模型试验现场观察，白鹤梁题刻原址水下保护工程修建后，将在一定程度上改变工程附近河段流速流态情况，主要表现在该保护工程的阻水使右岸鉴湖一侧过流量减少，流速相应降低，而左侧主河槽由于流量增加，流速相应略有增大。鉴于本工程水下交通廊道（水平交通廊道）横穿鉴湖，廊道顶部高程较高，阻水作用尤为明显，建议尽可能降低水下交通廊道的顶部高程，以减少其对局部流速流态的影响。

（五）白鹤梁题刻原址水下保护工程对航运条件的影响

1. 对航道尺度的影响

（1）对航深的影响

由于白鹤梁题刻原址水下保护工程的水下保护体紧临长江航道，顶部高程 143.0 米，根据《三峡工程通航标准》，在水位低于 147 米（=143+4 米）条件下，将造成航深不足而阻碍船舶在该区域内的航行。

在三峡水库按坝前水位 135 米运行时期（2003~2007 年），则水下保护体附近将因航深不足引起碍航，其碍航的年平均天数为 221.7 天，较未建保护工程增加 84.1 天；在三峡水库按 156 米方案运行的 2 年期间，修建白鹤梁水下保护工程后的年平均碍航天数为 51.5 天，新增碍航天数为 17 天；随着水库按 175 米方案运行时间的增长和水位逐步抬高，该工程影响通航时间也将逐步减小，其中三峡水库运行至第 2 个 10

年，年平均碍航天数不足 3 天；而在第三个 10 年，整个碍航时间仅为 2 天。因此，该保护工程减小航深的影响主要表现在三峡水库运行的前 10 年。

（2）对航宽的影响

白鹤梁题刻原址水下保护工程对航宽的影响主要表现在：当水下保护体顶部水深不足时，其右侧鉴湖内因水流紊乱或水深不足等因素，使在该水下保护体顶部至右侧大堤之间一定范围船舶无法航行，成为禁航区域。根据上述分析结果，在三峡水库按坝前水位 135 米运行期间年平均影响航宽天数为 84.1 天；水库按 156 米方案运行期间年平均影响航宽天数 38 天；175 米方案运行前 10 年期间年平均影响航宽天数 3.5 天。但是由于该项工程位于白鹤梁原址主河槽（主航线）右侧，距北岸约 350 米，根据三峡工程通航标准（航宽 100 米），其航宽完全满足要求，预计工程修建后，对主航道尺度影响较小。

2. 对通航水流条件的影响

（1）对水面比降的影响

白鹤梁题刻原址水下保护工程实施后，由于占据原河道部分有效过流面积，将是使该工程河段的水位发生一定变化，其水面比降的变化范围是 1.25‰ ~1.86‰，与工程修建前相比水面比降最大增加了 0.33‰。由此可见，该项工程的修建对水面比降影响较小。

（2）对流速、流态的影响

根据试验结果，修建白鹤梁题刻原址水下保护工程，对该河段流速流态的影响主要表现在以下几个方面：

①在流量较小、水位较低时，受水下保护体工程阻水影响，特别是受横穿鉴湖的两条交通廊道高程的影响，使得该区域过流量减小，流速相应降低，滩槽交界处流速梯度加大，主河槽流速增加 0.1~0.2 米 / 秒左右。

②由于贴坡廊道突出大堤堤面过多，该廊道具有明显挑流作用，致使在贴坡廊道下游存在较大范围的绕流区域，并伴有泡漩水流和波状水流向下游传递，影响范围在廊道以下 200 米左右。

③当河道水位较低，水下保护体尚未被完全淹没或淹没水深不大，在水下保护体头部存在较明显的绕流现象，水流在鉴湖一带受阻后，由右向左绕过头部，其左侧流速有所增加，尾部形成漩涡，并随水流向下的传递和扩散。当三峡水库按 175 米方案运行后，水下保护体对流速流态的影响甚微。

④各级流量情况下，该项工程的修建对该河段左岸航线附近的流速流态影响甚小，因此对上行船队的航行操作影响亦甚小。

特别提示：

由于白鹤梁题刻原址水下保护工程紧邻长江主航下行航线，对航道仍存在一些不利影响，因此，特别建议（建设单位和白鹤梁水下博物馆）委请航道主管部门研究航道管制措施，设置航道标志，划定禁航区，以避免船舶进入该区域出现海损事故。

3. 航模试验

（1）本试验分别在三峡水库按 135 米方案运行初期清水空库条件下及三峡水库运行 30 年泥沙淤积后的河道地形条件下进行，模拟船队航行河段为石谷溪—乌江河口，船模比尺与水工模型一致。

（2）船模试验主要成果及分析

①三峡水库按 135 米方案运行时期船队在工程河段航行试验：试验观测了长江、乌江流量为 11600/1600、20930/2390、35000/2390 立方米 / 秒的船队航行情况。试验表明，在 Q 长 /Q 乌为 11600/1600、20930/2390 时，只要操纵得当，船队可顺利从乌江对岸的石渡子附近上行，通过白鹤梁河段到石谷溪。在 Q 长 /Q 乌达到 35000/2390 立方米 / 秒以上流量时，因龙王沱对岸流速较大，船队在此的航速偏低，已不利于上行船队的安全航行，使船队与白鹤梁题刻水下保护工程保持一定距离（70 米左右），避开工程干扰区，同时避免龙王沱回流的影响，则船队可由石谷溪顺利通过白鹤梁保护工程及龙王沱回流区，向下游航行。

②三峡水库运行 30 年后（175 米方案）船队在工程河段航行试验：试验实测了长江、乌江流量依次为 11600/1600、35000/2390、50000/2390 立方米 / 秒的船队航行情况，试验表明，因白鹤梁题刻原址水下保护工程已基本被淤沙淹埋，其对该河段水流条件影响微弱，在流量为 11600/1600~35000/2390 立方米 / 秒时，只要操纵得当，三驳船队可在乌江河口下游的石渡子到白鹤梁上游的石谷溪之间顺利上、下航行；在流量超过 50000/2390 立方米 / 秒时，由于航道流速较大，上行船队航速偏低，下行船队航速偏高，上下行均较困难，已不利于船队的安全航行。

（六）白鹤梁题刻原址水下保护工程自身结构安全与工程措施的初步探讨

在三峡水库不同运行时期，白鹤梁工程同时承受着不均匀的动水压力，不均匀泥沙侧压力和泥沙覆盖后的自重压力，特别是来自上游的漂浮物与失控船舶的撞击，可能会给工程的结构安全造成重大影响。通过相关试验表明，白鹤梁题刻原址水下保护工程的防撞安全是一个十分重要的问题，应引起建设单位、设计单位和建成运营管理单位的高度重视。建议：

1. 增加水下保护体及交通廊道的自身安全储备，增设防撞设施；
2. 进行水下保护体及交通廊道结构防撞专门试验，以进一步确保结构安全；
3. 增设专门航标，划定禁航禁锚区域，增设信号台，以指挥和管制上、下行船舶的航行与停靠；
4. 委请水上交通主管部门制定《涪陵城区河段水上交通安全管理规定》，规范船舶上下行航行。

（七）结论

1. 涪陵长江白鹤梁河段地形条件和水流结构十分复杂，试验采用 1:150 正态泥沙模型，研究三峡水库不同运行时期白鹤梁河段的泥沙淤积与白鹤梁保护工程措施及与之相关的水力学和泥沙问题是可行的。在模型上通过水流条件及泥沙冲淤的验证试验，证明了该模型与原型河道是相似的，可以较为正确地反映该河段的泥沙运行特性和水流变化条件。

2. 三峡水库运行30年工程河段泥沙淤积特征

在三峡水库按135米和156米方案运行时期，由于白鹤梁河段汛期的水位抬高较小，泥沙淤积亦较小，水下保护体基本未受淤沙影响；当三峡水库按175米方案运行后，由于水位大幅度抬高，淤沙速率增快，在三峡水库运行到15~20年以后，淤沙已发展到水下保护体右侧，并将水平交通廊道掩埋，三峡水库运行30年后，淤沙基本将水下保护体覆盖。

3. 工程河段行洪问题

由于工程所占据的河道过流面积相对较小，不会对该河段行洪带来明显不利影响。

4. 白鹤梁水下保护工程对航运的影响

由于该工程突出原河床，并占据了河道的一定宽度，对长江主航道尺度有一定影响，特别在该河段水位较低时，因水深不足而碍航，同时因保护体阻水的影响使工程左侧主航槽的有效航宽有所减小。上述影响在三峡水库按135米方案和156米方案运行期间较为突出，当三峡水库按175米方案运行后，该工程对航道尺度的影响将大幅度减小，并随着水库运行时间的增长进一步减小。

5. 白鹤梁题刻水下保护工程自身结构安全问题

该工程位于涪陵长江河道之中，在三峡水库不同运行期，该工程均承受着不均匀的水压力、泥沙压力，特别是来自上游的漂浮物和失控船舶的撞击对该工程结构自身安全将造成重要影响，建议研究增加自身安全储备，增设防撞措施，划定禁航禁锚区域，制定工程河段水上交通安全管理规定等综合措施，以确保工程安全。

涪陵白鹤梁题刻原址水下保护工程三维非线性有限元结构分析专题研究报告

研究单位：上海交通大学岩土力学与工程研究所 中国科学院武汉岩土力学研究所

研究人员：葛修润、任建喜、李春光

完成时间：2002年9月

（一）问题的提出

重庆涪陵白鹤梁古水文题刻的保护工程，将采用中国工程院院士葛修润提出的“无压容器”设计概念修建水下原址保护工程。

白鹤梁题刻原址水下保护工程的关键性结构是呈椭圆形直立钢筋混凝土水下导墙和上覆的钢筋混凝土壳体，它们将承受来自外侧的泥沙压力。另外，壳体还要作为吊装和运输的承重支架。由于形体特殊，内跨大，受力复杂，在正式设计之前，急需对其整体稳定性和受力状态进行三维有限元分析，以指导工程设计。在设计工程完成时，还需要按照最终的壳体形态再调整值模型，对最终的壳体受力状况进行分析验算。

（二）计算方案

为了给工程设计提供可靠的壳体和导墙的受力情况、稳定情况的资料，本报告按照拱顶高程为143米（黄海高程）的方案，建立水下保护结构的三维有限元分析模型。总的来说，本报告的模型有两个：

模型A：整体结构模型（将工字钢肋的作用作为强度储备，1厘米钢模板作为整体结构的一部分）

模型B：考虑工字钢肋作用的局部结构计算模型，计算方案考虑的基本工况有15个，其中模型A12个，模型B3个。

计算方案是按模拟施工过程进行跟踪计算的。

1. 基于模型A的基本计算工况：

工况一：顶部壳体没有安装+水下墙体圈内无水+墙体圈外有水（按极端情况水位到墙顶）+自重。

工况二：顶部壳体没有安装+水下墙体圈内无水+墙体圈外有水（按极端情况水位到墙顶）+自重+参观廊道荷载。

工况三：顶部壳体已安装+水下墙体圈内无水+墙体圈外有水（按极端情况水位到墙顶）+自重+参观廊道荷载。

工况四：顶部壳体已安装+水下墙体圈内有水（高程156米运行）+墙体圈外有水（高程156米运行）+自重+参观廊道荷载。

工况五：顶部壳体已安装+水下墙体圈内有水（高程175米运行）+墙体圈外有水（高程175米运行）+自重+参观廊道荷载。

工况六：顶部壳体已安装+水下墙体圈内有水（高程175米运行）+墙体圈外有水（高程175米运行）+自重+参观廊道荷载+泥砂压力（泥砂5米厚）

工况七（极端情况）：顶部壳体已安装+水下墙体圈内有水（高程175米运行）+墙体圈外有水（高程175米运行）+自重+参观廊道荷载+泥砂压力（泥砂11.3米厚）。

工况八（极端情况）：顶部壳体已安装+水下墙体圈内有水（高程175米运行）+墙体圈外有水（高程175米运行）+自重+参观廊道荷载+泥砂压力（泥砂11.3米厚）+保护体外的压力比保护体内压力高1米水头。

工况九：顶部壳体已安装+水下墙体圈内无水+墙体圈外有水（高程145米运行）+自重+参观廊道荷载+泥砂压力（泥砂5米厚）（虚拟的检修工况）。

工况十：顶部壳体已安装+水下墙体圈内有水（高程175米运行）+墙体圈外有水（高程175米运行）+自重+参观廊道荷载+意外撞击（沉没）。

工况十一：顶部壳体已安装+水下墙体圈内有水（高程175米运行）+墙体圈外有水（高程175米运行）

＋自重＋参观廊道荷载＋锚抓（1000 吨船，作用点在导墙短轴顶部，拉力 300kN）。

工况十二：顶部壳体已安装＋水下墙体圈内有水（高程 175 米运行）+墙体圈外有水（高程 175 米运行）＋自重＋参观廊道荷载＋锚抓（1000 吨船，作用点在壳体顶部中央，拉力 300kN）。

2. 基于模型 B 的基本计算工况

工况一：顶部壳体已安装＋水下墙体圈内有水（高程 175 米运行）＋墙体圈外有水（高程 175 米运行）＋自重＋参观廊道荷载＋泥砂压力（泥砂 5 米厚）＋工字钢肋。

工况二：考虑工字钢模板作为施工期间的吊重支架时，在工字钢上加上 5 吨集中力。

工况三：研究钢板受到长期腐蚀后，厚度减少 5 毫米的情况下的壳体稳定性。

（三）三维有限元模型的建立与计算结果分析

1. 三维有限元模型 A 的建立

一是计算范围；二是模型与网格剖分；三是荷载分布。

2. 三维有限元模型 B 的建立

一是计算范围；二是模型与网格剖分；三是荷载分布。

3. 模型 A1~8 种工况结果分析

通过计算，得出下列结论和建议：

（1）在仅有墙体的情况下，按照现在设计的墙体尺寸，墙体可以承受住墙体外围水压力的作用，保持自身的稳定，也就是说，现在墙体的设计尺寸，完全可以满足墙体内施工的需要。

（2）在参观廊道安装后，墙体仍有很大的安全储备。

（3）壳体安装，白鹤梁水下保护体结构正常运行后，虽然壳体有三处拉应力集中区，但壳顶拉应力都小于 C30 混凝土的抗拉强度设计值，壳低有少部分的拉应力超过 1.5MPa，但由于钢模板的保护作用，故结构从整体上是安全的。更何况实际上还有工字梁、肋梁和钢筋的作用。

（4）在 8 种基本工况下，现有的导墙和壳体的设计是合理的，可以保证施工期和运行期白鹤梁水下保护体的稳定运行。若考虑到工字梁和肋梁的储备作用，施工期和运行期白鹤梁水下保护体具有很大的安全储备。

（5）为了有效地改变壳体的受力状态，建议导墙与壳体的连接处的形状最好为圆弧状。

4. 模型 A 维修工况计算结果分析

虚拟一种检修工况，来研究白鹤梁水下保护体的稳定性。假设在 145 米水位时，将壳体内的水抽空，此时顶部壳体已安装，墙体圈外有水（高程 145 米），考虑自重、参观廊道荷载和泥砂压力（泥砂 5 米厚）

（工况九）来进行结构体的三维有限元计算分析。

计算结果表明，在虚拟的维修工况下（工况九），由于此时水位不高，此时的应力状态和工况（正常运行时）相当，因此白鹤梁水下保护结构是安全稳定的。

5. 基于模型 A 的意外撞击（沉船）事件模拟计算

需要说明的，有关沉船荷载的计算没有规范可以采用，沉船荷载与船舶的吨位、沉没方式等有密切关系，沉船荷载的大小应视具体情况而定。本专题研究借鉴丹麦大海峡沉管隧道规范规定的沉船荷载（1万吨船舶，100kN/ 平方米，作用面积 250 平方米）进行估算，考虑到白鹤梁附近非主河道，以 1000 吨的船舶沉没在白鹤梁保护壳体上的荷载进行计算分析。作用面积取 25 平方米，荷载取为 100kN/ 平方米，假定作用地点在壳体顶部中央部位。计算结果表明，工况十时压应力的集中区有 3 处，最大值位于壳顶，最大的压应力值为 3MPa 左右，不会对壳体的安全带来影响。总之，在发生虚拟的 1000 吨船舶沉没时，白鹤梁水下保护壳体是安全稳定的。

6. 基于模型 A 的意外锚抓操作破坏事件模拟计算

丹麦大海峡沉管隧道规范有关锚抓荷载规定：锚锭有可能在水中自由下落，撞击沉管顶板上的混凝土保护层，这一级不要增加额外的钢筋。另一种可能的情况是锚锭链条经沉管的顶板边缘或侧墙上，而船舶还在拖动，此时，对沉管产生了一个侧向拉力，对于大船舶而言，拉力可能在 3000kN 的范围内。考虑到白鹤梁保护体可以被锚抓的情况，由于三峡蓄水后，白鹤梁附近运行的是 1000 吨左右的船舶，我们假设是 1 万吨船舶锚抓时的可能的拉力的 1/10 进行计算，即锚抓拉力估计为 300kN。作用点假定为两种情况：（1）作用点为导墙短轴顶部（模型 A 工况十一）；（2）作用点为壳体顶部中央（模型 A 的工况十二）。

通过计算结果分析，当有 1000 吨船舶意外锚抓在白鹤梁保护体上时，无论是作用点导墙短轴顶部还是作用点为壳体顶部中央，都不会对白鹤梁保护体的稳定和安全运行带来影响。

7. 模型 B 的计算工况结果分析

工况一表明，在此工况下，工字钢肋可以显著降低壳体中下部拉应力集中区的最大拉应力值。

工况二表明，在此工况下，壳体是稳定的，白鹤梁水下保护工程在施工期间可以用工字钢模板作为临时的起吊承重支架。

工况三表明，在此工况下，壳体是稳定的，白鹤梁水下保护工程可以正常运行。

（四）结论与建议

经过对 15 种模型工况的三维弹塑性有限元分析，给出下列结论和建议：

1. 按设计的墙体尺寸，可以满足墙体内施工的需要。

2. 在参观廊道安装后，墙体仍有很大的安全储备。

3. 在洪水突然来时，增加 2 米高的临时围堰后，墙体有很大的安全储备，可以保证墙体的安全。

4. 由于钢模板作为永久结构的一部分，有较好的保护作用，结构较为稳定。

5. 现有的导墙和壳体的设计是合理的，可以保证施工期和运行期白鹤梁水下保护体的稳定运行。若考虑到工字梁和肋梁的储备作用，施工期和运行期白鹤梁水下保护体具有很大的安全储备。

6. 在极端的情况下（工况八），水下保护壳体仍然是安全的。

7. 在虚拟的维修工况下，白鹤梁水下保护壳体是安全稳定的。

8. 在发生虚拟的 1000 吨船舶沉没时，白鹤梁水下保护壳体是安全稳定的。

9. 当有 1000 吨船舶意外锚抓在白鹤梁保护体上时，无论是作用点导墙短轴顶部还是作用点为壳体顶部中央，都不会对白鹤梁保护体的稳定和安全运行带来影响。

10. 工字梁和肋梁对提高壳体的安全稳定性，改善其受力状况的作用是明显的，工字钢肋可以显著降低壳体中下部拉应力集中区的最大拉应力值。

11. 白鹤梁水下保护工程在施工期间可以用工字钢模板作为临时的起吊承重支架。

12. 经过长时间的运行，假定钢模板的锈蚀量是 5 毫米时，壳体是稳定的，白鹤梁水下保护工程可以正常运行。

13. 建议导墙和壳体的连接应处理为圆弧状，以增加此处的刚度，减少其应力集中。

涪陵白鹤梁题刻原址水下保护工程水下交通廊道专题研究报告

研究单位：铁道第四勘察设计院

完成时间：2002 年 9 月

（一）工程地质及水文地质

1. 工程地质评价

白鹤梁题刻原址水下保护工程中的水下交通廊道位置处，出露的地层主要为块石土和侏罗系中统自流井组泥岩、页岩。块石土层厚较薄，厚度变化大，均匀性较差，承载力低，不能选作地基持力层；场地基岩在该段无强风化层，中等风化基岩直接出露，中等风化基岩和微风化基岩分布广，厚度大，承载力较高，是本场地最为理想的地基持力层。

水下交通廊道位于白鹤梁脊与南岸之间，该水道称为鉴湖，水面宽 100~150 米，为较平坦的河床，湖底高程在 134~136 米之间，常年基本处于水淹没状态；在枯水期，水深 2~3 米。该段场地，中等风化基石埋深较浅，局部直接裸露。

2. 水文地质评价

（1）未发现断裂构造及构造破碎带，岩体完整，砂岩层透水性好，为含水层；页岩和泥岩透水性差，含水性较弱，为相对隔水层和非含水层。

（2）基岩裂隙水主要赋存在地表出露的砂岩层中，与长江水有水力联系。

（3）中等—微风化的泥岩、页岩及泥岩中的砂岩夹层中无地下水。

（4）场地地表水和地下水均属中性淡水，水化学类型为 $SO_4^{2-} \cdot HCO_3^{-}-Ca^{2+}$ 型。地下水对混凝土无腐蚀性。

（5）当采用围堰施工时，需采取防水、隔水措施，防止江水渗入基坑，影响基础施工。

3. 地震

场地内地层分布有素填土、块石土、细砂土和基岩。场地覆盖层厚度 0~7 米，建筑场地类别为Ⅱ类。根据国家地震局编制的《中国地震烈度区划图》，场地地震基本烈度为Ⅵ度。

（二）主要技术标准及设计原则

1. 主要技术标准

水下交通廊道内净空要求如下：

（1）人行双向通道。

（2）宽度：3.4 米。

（3）高度：4.3 米。

2. 主要设计原则

（1）沉管抗浮稳定系数：运营阶段不小于 1.1。

（2）接头能满足施工临时止水、永久止水、耐久性和受力要求。

（3）管段混凝土采用防水混凝土，抗渗等级为 S10；限制裂缝宽度 ≤ 0.2 毫米，不允许出现贯穿裂缝，耐久性为 100 年。

（4）按 VII 度地震设防

（三）方案比较

1. 廊道平面布置方案比较

水下交通廊道考虑了两个方案：合建廊道方案和分建廊道方案。

（1）分建廊道方案

客流分成两个方向，游客通过一个廊道进入参观廊道，然后通过另一个廊道从地面出口离开。

优点：

①断面小，管段形式单一，制作相对简单，浮运也易于操作。

②与参观廊道连接简单方便。

③游客从两个廊道单向进出，安全性好。

缺点：

①因分成上、下游两个廊道，根据纵断面的形状，共需要划分为8个管节，管段数较多，增加了施工循环。

②由于管段数量增加，接头数量也相对增多。

③开挖回填数量相对较大。

（2）合建廊道方案

将上、下游两个廊道合并建设成一个廊道，在廊道内设置隔墙划分成两个部分，实现客流的进出需要。

优点：

①断面可以做成八角形，受力条件好。

②由于只有一条廊道，根据沉管的形状和施工要求可划分为5个管节，管节数量减少，可以相对缩短施工工期。

③沉管的回填数量比分建廊道方案减少。

缺点：

①由于断面增大，增加了管节施工难度。

②由于上、下游管段并在一起，增加了游客的绕行距离。

③增加了管节施工，浮运和沉放的难度。

④廊道与参观廊道连接复杂，技术要求高，质量难以保证。

⑤进出游客在一个管内流动，安全性相对较差。

考虑以上因素，本沉管廊道推荐分建廊道方案

（四）沉管结构造型

1. 结构材料

沉管廊道有两种基本类型：钢壳沉管和钢筋混凝土沉管。

通过分析、比较，推荐采用钢壳结构。

2. 沉管形式

考虑工期和结构受力的要求，有两种结构形式：单层钢壳和双层钢壳结构。

根据工期的要求和节省投资，推荐采用单层钢壳。

（五）沉管段设计

1. 廊道纵断面设计

水下交通廊道为水下参观廊道和坡形交通廊道的连接工程。根据总体设计，与坡形廊道连接点高程为136.20米，与参观廊道连接点高程为137.20米，为减少工程造价，尽量减少水下开挖，水下交通廊道纵断面设计时尽量提高沉管顶标高。同时考虑游客行走的舒适性及排水需要，于沉管内设置单面坡。

2. 管节划分

管节长度的选定主要受河段水文、航道条件、制作场地、管节重量、工期等因素影响。水流流速及流向对管节浮运沉放过程中的系泊缆受力影响较大。在水流速度较大时，管节不宜过大。根据本工程具体情况，上、下游廊道各划分为4节为宜。

3. 管节横断面

沉管横断面由两部分组成，一部分为钢壳，另一部分为内衬钢筋混凝土。

4. 附属设施

主要附属设计有测量塔、系缆柱、导索滑轮组、端钢壳和钢封门、调压箱和各种预埋件等。

5. 结构计算

管段横断面内力按弹性支承箱形框架结构计算，纵向内力按弹性地基梁计算。管段计算根据管段在预制、浮运、沉没和运营等各不同阶段进行荷载组合，选用不同的安全系数计算。

计算荷载

内力计算时参与组合的作用有结构自重、土压力、混凝土收缩、设计高水位压力、设计低水位压力、设计平均水位压力、镇载、升温、降温、人行荷载、不均匀沉降、沉船荷载、地震荷载。

①永久荷载：钢壳及龙骨混凝土自重；钢筋混凝土结构自重；土压力；水压力。

②可变荷载：温度作用力；人行荷载；施工荷载。

③偶然荷载：地震力；沉船荷载。

④荷载分项系数：永久荷载1.2；可变荷载1.1；偶然荷载1.0。

⑤运营期荷载组合。

6. 计算结论

结构横断面最大配筋率为1.54%。

7. 纵向计算

地质条件、基床系数、计算工况、内力计算及分析。

8. 计算结论

结构纵向配筋率为 0.58%。

9. 管段接头

（1）沉管接头类型的选择

管段接头是沉管结构及防水的薄弱环节，沉管的水密性、施工性及适应温度变化、混凝土收缩、不均匀沉降、地震等所引起的变形和应力。接头按刚度大小可分为刚性接头、柔性接头、半柔半刚性接头。由于水下交通廊道与参观廊道和坡形廊道采用刚性连接，参观廊道和坡形廊道分别建筑在混凝土导墙和桩基础上，存在不均匀沉降，同时，随着三峡水库水位的增高，廊道上泥沙淤积将达到 17 米，故本沉管廊道采用柔性接头，以适应温度变化、混凝土收缩、不均匀沉降、地震等所引起的变形和应力。

（2）沉管接头的构造形式

本沉管廊道接头分两个部分：一是预制接头，即运营期接头；二是现浇接头，即管节与管节之间的施工接头。

（3）运营接头

管段接头应具有以下功能和要求：一是水密性，即在施工和运营阶段均不漏水；二是接头应具有抵抗各种荷载作用和变形的能力；三是接头的各构件功能明确，造价适度；四是施工质量能保证，并尽量做到能检修。在保证管段接头的柔性外，还要采用一定的措施，防止接头在地震工况下发生过大的轴向变形。

（4）施工期沉管与沉管的连接

施工时采用防水板法施工，在水下通过连接钢板分别与两节沉管的端部焊接起来，抽干水后在干燥的环境中浇筑钢筋混凝土，形成刚性连接，以保证接头良好的防水性能和结构受力能力。

10. 管段防水

（1）防水原则

本沉管廊道最大水深为 42 米，承受较大的水压。为使廊道具有完善的防水性和可靠的水密性，拟采取以防为主的综合防水措施。

（2）防水等级

由于本工程为水下沉管廊道，故防水要求为：管段面接头和墙体均不允许漏水，结构表面没有可见湿迹。

（3）管段防水

采用钢壳沉管，利用钢壳达到结构自防水要求。

（4）管段预制接头防水

根据调研、分析，本工程 GINA 止水带采用 G155-109-50 型，OMEGA 止水带采用 B300-701 型。

（5）管段现浇接头防水

利用焊接好的钢板进行防水。

（6）钢壳防腐

在钢壳外壁涂刷 WF301 环氧煤沥青鳞片重防腐涂料。

11. 端部连接

水下交通廊道两端分别与坡形交通廊廊道和参观廊道相连。

（1）与坡形廊道连接

与坡形廊道采用刚性连接，预埋钢筋，设置两道止水带，外侧设橡胶止水带，内侧设镀锌钢板，为楔形接头。

（2）与参观廊道连接

采用刚性连接，参观廊道穿过水下导墙后与沉管上预埋的钢接口焊接在一起，在靠通水下保护体 2 米的范围内，采用与水下保护体同标号的混凝土进行水下浇筑基础，使沉管与参观廊道作用在共同的基础上，以防止产生不均匀沉降，拉裂接头，由于沉管其他地段位于砂碎石基础上，在管段上设置一个柔性接头，以适应温度变化、混凝土收缩、不均匀沉降、地震等所引起的变形和应力。

12. 基槽开挖和回填

（1）基础开挖及基底处理

本沉管廊道所处的地层主要为上部 2~3 米厚的淤泥或 7 米厚的块石土，其下为页岩或泥岩，廊道坐落在其上，需开挖基槽。基槽底宽 8.7 米，基底超控 0.7 米。基槽开挖后往往会在底部产生凹凸不平的现象，需要进行基础处理，并将沉管沉放于平整的基础上。

根据本工程具体条件，无须进行地勘加固处理，仅需进行基础的垫平处理。

（2）回填

为保障沉管段的永久稳定，防止抛锚、沉船意外事故对沉管结构的影响，除在管段上设置防锚层外，应及时回填覆盖。沉管顶部采用块石覆盖，两侧采用砂加碎石或块石回填。

涪陵白鹤梁题刻原址水下保护工程参观廊道专题研究报告

研究单位：国营武昌造船厂

完成时间：2002 年 8 月

（一）参观廊道的总体说明

1. 何为参观廊道

廊道是承压钢结构管件，设有观察玻璃窗、设备舱、潜水舱等。

2. 平面布置

参观廊道与钢筋混凝土水下保护体对应而布置，整体平面布局为“U”字形，沿外江侧水下导墙内壁单边设置。

3. 结构设计及材料

参观廊道结构设计水深为水下48米，主体材料为Q345D结构钢。

4. 参观廊道主要尺寸

总长70.8米，总宽16.2米。

廊道外形尺寸2.412米 × 2.80米，廊道净空尺寸2.0米 × 2.2米。

总重：264吨。

整个参观廊道由1个“U”形参观廊道和2个附属舱室组成，“U”形参观廊道共由5道水密舱壁分隔成4个水密舱，每个水密舱壁上设两只水密门（尺寸1.65米 ×0.65米），该型水密门双重紧固，双面承压。附属舱室与参观廊道之间设水密舱壁，与廊道分隔。

5. 观察窗

观察窗为双层水密窗。由内窗和外窗组成，内窗为钢质水密窗，外窗为透明航空玻璃窗。外窗采用Φ600毫米圆窗，厚30毫米为航空玻璃窗。内窗采用Φ600毫米圆窗，为钢质水密舱。

6. 固定压载

为减小参观廊道浮力对水下导墙产生过大的作用力，通过压载方式保持廊道重力与浮力的平衡。参观廊道平台以下设置固定压载，压载材料为铸铁。 整个参观廊道通过33个预埋在水下导墙上的支座与导墙相连，廊道对导墙在以下两种不同状态下产生两种不同方向的作用力：

状态一：参观廊道全部安装完毕，尚未入水前，耐压壳体仅承受重力影响。整个廊道的重力对导墙产生向下的作用。

状态二：正常使用状态下水下保护体内充水时，水对参观廊道产生的水压力将对导墙产生较为复杂的作用力。

7. 电器部分

主要有：电力系统、照明系统、火灾报警系统、电话系统等。

8. 通风及管系

主要有：疏排水系统、通风系统。

（二）参观廊道主体强度计算

详见计算报告书。

（三）观察窗及水密耐压窗计算

详见计算报告书。

（四）参观廊道涂装方案

1. 为满足设计要求，通过对国内外大型钢结构产品防腐工艺及技术的研究，结合本项目对使用年限的要求，制定涂装方案为：

钢材表面喷砂处理→钢材表面喷铝→环氧封闭漆一度→环氧中间漆一度→厚浆环氧面漆二度。

2. 特点

（1）经过对钢材表面严格的处理，对易产生锈蚀的钢材表面进行全方位的喷铝，以达到保护结构钢材不锈蚀的目的。

（2）选用环氧封闭漆对喷铝层进行全位置的表面封闭，增强喷铝层的表面强度及密实性。

（3）选用环氧中间漆可提高底漆和面漆的结合性能，同时提高防锈性能。

（4）厚浆环氧面漆具有漆膜坚固、耐磨损、耐水、耐化学品等优点，且具有较好的外观特性。

白鹤梁题刻原址水下保护工程通航安全评估研究报告

研究单位：重庆交通大学

研究人员：许光祥、杨斌、杨胜发等

完成时间：2002 年 8 月

1．航道、港口现状及发展规划

（1）航道现状及发展规划

长江重庆至宜昌河道长度为 660 公里，流速一般为 1~3 米 / 秒，平均比降 0.2‰。目前，重庆至宜昌最小航道尺度维护在 2.9 × 60 × 750 米（航深 × 航宽 × 弯曲半径）。

白鹤梁题刻原址水下保护工程位于长江涪陵河段长、乌两江交汇处附近，航道里程约为 537 公里。从河势上看，工程附近河道属弯曲性河段，而两江汇流口正处于弯道的顶端。长江涪陵河段河宽 500~900 米，弯道最小曲率半径约 2000 米，凹岸位于南岸（市区）一侧。河中靠北岸一侧有锯子梁、洗手梁，南岸则有白鹤梁纵卧于江中。乌江出峡谷后，江面突然展宽，河宽也由峡谷出口前的约 150 米，拓宽至 300 米左右，河道也由峡谷出口时的向右岸弯曲到白浪滩后逐渐过渡到向左微弯，并与长江有近 70° 的交角入汇。由于涪陵城区河道岸线参差不齐，并常有石盘和石咀突出于江中，加之该河段河床底部起伏不平，急流险滩与缓流深沱交替存在，以及两江汇流相互顶托的作用，使该河段水流结构十分复杂，著名的龙王沱深达 50 米以上，该处在通常情况下均形成大面积的回流区域，回流流速可达到 2 米 / 秒左右，并伴随着泡漩水流影响，船舶航行。

根据国家有关部门颁发的《关于内河航道技术等级》，涪陵河段属国家 I 级航道。三峡大坝蓄水后，长江涪陵河段的水位将升高，江面扩宽，水深和水流流态亦有较大改善。因此，《三峡通航标准》按通行万吨级船队安全运行的需要，将重庆—武汉航道尺度标准定为：最小航宽（单行）100 米，双向航宽 180~200 米，在弯段应加宽；最小水深 3.5 米，远景水深 4 米；最小弯曲半径 1000 米。

（2）港口现状及发展规划

白鹤梁题刻原址水下保护工程位于涪陵长江段河道右侧，靠近涪陵主城区一岸。在该岸布置有涪陵城区堤防工程，该工程由长江段和乌江段组成。长江段西起石谷溪，东至汇合口麻柳嘴，全长 3186 米，其间有龙王沱客运港区和糠壳湾货运港区；乌江段北起汇合口麻柳嘴，南至老车渡口，长 1363 米，其间有大东门港区和崩土坎港区；在麻柳嘴处，两段平顺衔接成一条规顺的整体防护堤线。此外，在长江和乌江汇合口东岸还规划有江东防护工程。该工程东起新光造纸厂，南至涪陵师专，全长约 2700 米。乌江防护大堤及老东门港区、崩土坎港区作为涪陵的重要组成部分，有利于分流长江客货运输，缓解涪陵长江港区的运力运量紧张状况；江东防护堤则是为整治江东镇沿岸的大滑坡，保护乌江主航道畅通而设置，两者均不会对长江主航道带来不利影响。

2. 白鹤梁水下保护工程航段交通安全现状

（1）工程河段航道自然条件

①三峡水库建成前航段水势、流态

A. 鬼门关以下至锯子梁（宜上 539 公里）航道顺直。枯、中水期水流缓，洪水期水流较急。三枝香（541.1 公里）以下至黄旗场（540 公里）航段，江面宽敞（约 450 米），流态平稳。南岸可设囤船，北岸大河坝为全年锚地。其下木匠石（高约 3.7 米），锯子梁（最高处 6.7 米）自北岸伸出，明阳咀至谷溪间航槽较窄。主流至鬼门关移出河心，至锯子梁脑则顺河心下，木匠石至锯子梁脑部水势扫弯，淹没不能过船时明显泡花。南岸荔枝园溪口以下水势内泻，石谷溪淹没前有斜流闷埂。

B. 锯子梁至黄巴碛(宜上 536 公里)航段: 北岸锯子梁、洗手梁(高 10.4 米)与南岸白鹤梁(梁脑 5.2 米、梁尾 0.3 米、梁长 1.6 公里）纵卧于南北两岸处，中、枯水期，其间航道顺直，水流平缓。白鹤梁淹没不能过船时，有明显水花，梁腰外侧礁浅无花；北岸洗手梁内侧石梁淹没后泡花明显，水势内拖。枯水期坳马石（石梁高 1.5 米）自北突出河心，与南岸龙王嘴至锦绣洲一带凹陷之岸形相对形成急弯窄槽，水流紊乱随水位上涨河道拓宽，水流平顺主流顺河心下。长江与乌江汇于麻柳嘴、锦绣洲，当长江水位陡涨并高于乌江水位时，乌江口以上一带成为壅水；反之，乌江水位陡涨高于长江时，龙王沱以上一带也呈现壅水。枯水期龙王沱沱面较大，水位 4.5 米以下时，关码头至灌口一带是慢回流，水势内困，水位 4.5 米以上至 6 米时，呈现两函水，中洪水交替时期，泡喷较大，内压达及岸边，当锦绣洲尚未淹没前遇乌江水位陡涨，强流由灌口冲进沱内，俗称竹筒水，此时关码头水势尤为紊乱。洪水期遇乌江水位陡涨，涪陵上游一带呈现壅水时可达及金川碛（宜上 564 公里）附近，李渡比青岩子水位约高 1.5 米。

C. 黄巴碛至和尚滩：南岸大灶（石梁高 7.3 米），外有 0.6 米、1.2 米暗礁潜伏，美女碛向河心伸出，其下河心偏南有小和尚石，北岸王八碛与砚石台间 1.5 米、1.3 米、2.2 米暗浅相连。枯水期此段航槽狭窄，水流较急。随水位上涨，航道拓宽并逐渐形成常流水。和尚滩乱石坝自南岸突出河心，与此岸群猪滩及郭字嘴石梁（宜 532.5 公里）交相对峙，阻束水流，水位 9 米以上成滩，15~18 米当季，22 米以上滩势减弱。成滩时水乱、流急、泡漩凶猛，为川江著名急流滩之一。当两江同时涨水时，滩势尤为凶猛，现今整治，滩势有所减弱。

②三峡成库后工程河段的河床演变

考虑到白鹤梁题刻保护工程实施后，三峡已进入三期蓄水，因此工程河段的河床演变仅考虑三峡成库后的河床冲淤变化。本次分析所用的基础资料为工程河段在无保护方案情况下的水工模型试验成果。试验的主要目的是预演三峡成库后按坝前水位 135 米、156 米、175 米方案，运行前 30 年白鹤梁河段的泥沙淤积与水流条件的变化情况。试验水沙过程采用 1961~1970 年水文系列年循环施放，模型进口水沙过程和出口水位过程均按照长科院计算成果进行控制。

A. 泥沙淤积量

在三峡大坝施工期当坝前水位保持在 135 米运行时，回水末端位于涪陵附近，涪陵河段受大坝壅水的影响较小，白鹤梁河段水位略有升高，流速略有降低，泥沙冲淤变化接近天然情况。

当坝前水位按 156—135—145 米方案（正常蓄水位—防洪限制水位—枯季最低消落水位，下同）运行时，其回水变动区位于长江铜锣峡与丰都之间，白鹤梁距三峡大坝约 490 公里，处于变动回水区下段。汛期 6~9 月，坝前水位控制在 135 米，此时涪陵河段水位较天然情况抬高 0~3 米；汛后 10 月水库蓄水至 156 米，届时该河段水位较天然情况抬高达 19 米左右。由于汛末水库蓄水，坝前水位由 135 米蓄水至 156 米，使该河段水位明显抬高，流速减缓，水流挟沙能力降低，汛期淤积于该河段和泥沙不能在汛末被水流冲刷输往下游，而造成泥沙普遍淤积。

当三峡水库进入正常蓄水运行时，坝前水位按 175—145—155 米方案调度时，该河段已处于水库的常年回水区，汛期水位较天然情况抬高 10 米以上，非汛期水位抬高达 39 米左右。由于水位的进一步抬高，流速大大减缓，泥沙大量淤积，不仅使该河段的泥沙更易落淤，而且使其基本上丧失了天然情况下的冲刷条件，其结果造成该河段的泥沙淤积基本上呈单向累积性增长趋势。

B. 泥沙淤积速率

在三峡水库按 135 米运行和 156 米运行的前 7 年，工程河段泥沙淤积量较少，淤积速度较低； 在三峡水库按 175 米运行后，泥沙淤积发展较为迅速，淤积量较多，淤积强度和淤积速度均较大，呈现单向累积性增长趋势。

C. 泥沙淤积分布

在三峡水库按 135 米水位运行的前 5 年，由于受水库回水影响较小，涪陵长江河段泥沙淤积较少；当三峡水库按 156 米水位运行以后，涪陵河段处于水库回水变动区，其泥沙淤积的分布在总体上符合回水变动区泥沙淤积的一般规律。

三峡水库运行至第七年底，工程河段边滩已基本形成，河道向着顺直微弯和高滩深槽方向已有一定的发展。泥沙淤积的部位主要是在白鹤梁以右的大堤沿岸（即鉴湖内）、龙王沱内及两岸边滩。从第八年开始以后，水库按 175 米水位运行，此时涪陵河段已处于常年回水区，水位大幅度抬高，使整个涪陵河段泥沙普遍落淤，即淤滩、又淤槽，但相对而言，边滩淤积更多，深槽淤积相对较少。水库运行到第十年末，鉴湖内泥沙淤厚 1~5 米，最大淤厚达 7 米，淤积泥沙逐渐逼近白鹤梁石刻。水库运行到第二十年末，白鹤梁局部河段淤积已达到 191.43 × 104 立方米 / 公里，鉴湖内一般厚达 9~14 米，是大淤厚达 18 米，白鹤梁上淤厚 2~6 米。水库运行到第三十年末，涪陵河段的泥沙淤积进一步得到发展，白鹤梁局部河段淤积强度进一步达到 272.36 × 104 立方米 / 公里，鉴湖内一般淤积厚 13~18 米，最大淤厚 23 米，白鹤梁题刻上淤沙厚 4~10 米。龙王沱已完全被淤积泥沙所填筑，整个涪陵河段发展成为单一规顺和微弯的河道。

③三峡水库运行时的航道条件

在三峡水库按坝前水位在 135 米运行时，回水末端位于涪陵附近，白鹤梁河段水位略有升高，悬移质淤积量甚少，流速略有降低，航道条件影响受水库调蓄影响较小、和天然情况基本相同。

当三峡水库按 156 米运行以后，水库回水变化区将位于长江铜锣峡—丰都之间，涪陵河段处于回水变化区下段，汛期 6~9 月，坝前水位一般控制在防洪限制水位 135 米运行，涪陵河段的水位较建坝前的天然河道水位升高 0~3 米，流速有一定的减缓，通航条件稍优于天然情况。汛后 10 月水库开始蓄水，到 10 月底水库达到正常蓄水位 156 米，此时涪陵河段的水位较天然情况抬高 19 米左右，泥沙淤积量较为有限，因此中、枯水期流速将明显减缓，可改善该河段的通航条件。

当三峡水库按 175 米运行后，汛期水库按防洪要求，坝前水位控制在 145 米，汛后水库开始蓄水至坝前水位达到 175 米，枯水期水库最低消落水位为 155 米，枯水期由于涪陵河段水位抬高达 19~39 米，使该河段水流十分平缓，流速较小，最大表面流速仅 0.5~1 米 / 秒左右，平均比降至约 0.05‰，河道宽度在 500~900 米以上，航道、港区水流条件较 156 米运行时更加良好，对船舶航行及进出港区作业十分有利。随着水库运行年限的增加，河道泥沙淤积量亦逐年增加，由于龙王沱逐渐被泥沙所填筑，鉴湖和两岸淤厚增大，缩窄了河道过水面积，使得河道主槽流速又渐渐回升。在水库运行 30 年末，河道流速较 20 年末已有一定的增加，但幅度不大，仍小于天然情况下的流速。

另一方面，由于河道向顺直微弯和高滩深槽的方向发展，尤其至水库运行 30 年末，长防大堤外的边滩淤积高程可达 160 米以上，致使船舶不能靠堤停泊，码头停靠处离岸 70~100 米，对船舶停靠作业将造成影响。

综合以上结果，在三峡水库按 135 米和 156 米运行的汛期，涪陵河段的航道条件与天然情况基本一致，稍优于天然情况，在 156 米的枯水期以及 175 米运行期间，该河段的航行条件有较大改善；随着三峡水库按 175 米运行时间的增长，该河段沿岸边滩将产生大量的泥沙淤积，过水面积的缩窄增大了河道的水流流速，致使通航水流条件产生一定的变化，同时对船舶在防护大堤沿岸的停靠及作业也将产生不利的影响。

（2）枯、中、洪水期船舶航路、航法及规定

①船舶流量

根据涪陵港口管理局提供的统计资料，1998 年实际进出涪陵港的船舶及过往涪陵长江河段的船只共计 48861 艘（次），其中进出长航码头的船只计 24386 艘（次），进出地方码头船只约 12659 艘（次），过境船只约 13816 艘（次）。

②近期交通安全状况及建议

南岸白鹤梁与北岸锯子梁、洗手梁纵卧南北两岸处，枯水期航道顺直，水流平缓；洗手梁淹没水势内拖力强。其下，坳马石自北岸凸出河心，与南岸龙王沱、锦绣洲对峙，形成急弯，窄槽河段水流紊乱，该河段是长江和乌江的交汇水域区，枯、中水期由于港池狭小，流态较坏，进出港口和过往船舶多，囤船的挡距也较小，是事故多发地段。

鉴于工程河道航道条件复杂，港池狭小，事故多发，水下保护工程建设期和建成后通航安全应引起相关部门的高度重视，除完善必要的导航设施外，还应严格制定和执行安全保障的有关措施，以保证船舶航行的安全。

3. 白鹤梁水下保护工程对通航环境的影响分析

（1）工程对主航道自然状况的影响；

①对航道尺度的影响

A. 对航宽的影响

根据设计方案，白鹤梁题刻保护工程水下部分主要是水下保护体、鱼嘴防撞墩和上、下游交通廊道组成，实际占据河床区域最大宽度为 24 米（横水流方向）和 70 米（顺水流方向）。由于保护工程位于主河槽右侧滩槽交界处，临近主航道，因此对航道宽度的影响可作以下分析：

在枯水期，当水位低于 138 米时，白鹤梁露出，梁上不能过船，此时水下保护体对航宽的直接影响可取保护工程一半的宽度；保护体对航道宽度的间接影响实际为保护体的绕流影响范围，根据现有经验，可取最大船体（队）型宽的一半进行估算。因此枯水期保护工程对航道有效宽度的影响约为 32.5 米。

当水位高于 138 米但小于 142 米时，白鹤梁淹没但水深不足以过船，此时工程对航道有效宽度的影响与上基本相同，也约为 32.5 米。

当水位介于 142 米和 147 米之间时，虽然主航槽在北岸一侧，但由于天然情况梁顶可以过船，工程实施后，将缩窄航道有效宽度，缩窄值为工程所占水域宽和两侧的影响宽度，约为 65 米。

在洪水期或三峡成库水位高于 147 米时，保护工程之上满足通航水深的要求，对航道宽度不产生直接影响，但由于水流条件的改变（主要是流速增加、流态紊乱、比降加大），船舶（队）通航水域将受到一定的限制（视保护体上水深及船舶、船队大小而定），实际上间接的缩窄了航道的有效宽度。随着三峡水库运行年限的增加及工程处的水位抬高，其影响程度将逐渐减小。

由于枯水期河道航宽较窄，工程对船舶（队）航行的干扰相对较大；随着水位的抬高，河道宽度的自然增加，工程对船舶（队）航行宽度的相对影响有减弱的趋势。

B. 对水深的影响

经计算，在各级流量条件下，工程修建后河道水位变化不大，在工程上段的最大壅水高度为 7 厘米，工程下段的水位降低值最大为 6 厘米。因此，本报告主要讨论保护工程本身对航道水深的影响。

根据三峡水位运行调度方案，在三期导流期间，坝前水位为 135 米，水库对该河段无调蓄，涪陵河段基本保持天然流势；当中、洪水期白鹤梁的水位超过 142 米时，天然状况下，白鹤梁处水深满足通航要求，而工程的兴建将导致该处水深不足而影响通航；只有当水深超过 147 米后，保护工程保护体拱顶上方能满足通航的水深要求。

在初期蓄水阶段，枯水期正常蓄水位为 156 米，工程处水深满足通航要求；当汛期前水位按 135 米运行时，由于河道天然水位较高，加之受大坝的影响，涪陵河段水位也有一定的抬高，保护工程处水深满足船舶通航的要求；但在水库处于消落期时（水位 156 米→ 135 米），根据有关研究成果，虽然涪陵河段的最低通航水位有所提高（增加 1 米），但仍有少部分时间水位低于 147 米。

当三峡水库进入正常蓄水运行，涪陵河段水位大大提高，最低通航水位增加了 7 米以上，仅在消落期（4 月末、5 月初）的极少天数保护工程之上水深低于 147 米；随着水库运行年限的增加，由于泥沙淤积，河床抬高，河道水位亦有所提高，保护工程对河道（包括水深）的影响将逐渐减弱直至无影响。

②对水流条件的影响

A. 对河道水面比降的影响

水面比降为船舶通航的一个重要水流参数，为了更好地反映工程修建前后白鹤梁附近河道水面纵比降值及其变化，在计算整理时本报告以保护工程纵轴线（顺水流方向）为对称轴，将河道分为左右两侧，分别予以讨论。

在三级流量组合情况下，天然情况工程附近左右 100 米内，水面平均纵比降最大分别为 0.540‰、0.576‰、0.364‰；成库后由于水位的抬高，比降有减小的趋势，至 30 年末，工程河段水面平均纵比降最大分别为 0.258‰、0.234‰、0.259‰。另外也不难看出，工程虽对其周围局部水域的水面比降影响较大，但至工程附近 100 米左右处，其比降变化值未超过 0.05‰。保护工程两侧 30 米附近局部水面比降变化较大，在三峡成库前最大可达 0.2‰ ~0.3‰。

B. 对流速、流态的影响

为了分析工程附近的流场变化，集中反映保护工程对航行水流条件的影响，本报告在整理时仍然以保护工程为纵对称轴，分别给出了工程左右 50 米、上下 200 米范围内运行年末的流速及其变化值。其结论是：

a. 在相同运行年限，随着流量的增加，工程附近的水流流速有增加的趋势。天然情况工程左侧主流带流速可达 5 米 / 秒以上。

b. 与天然情况相比，三峡成库后各运行年末的河道流速均有不同程度的减小，其中在三峡运行 7 年末减小幅度最大，这主要是由于此时河道泥沙淤积量尚少，但水位抬高较多的缘故；在水库运行 20 年末、30 年末，由于河道淤积量迅速增加，河床逐年抬高，流速减小幅度愈来愈小。

c. 由于保护工程占据了一定的河道水域，使得工程处流速有所增加，最大增加值接近 0.5 米 / 秒，但影响范围不大。在工程左、右 50 米处，各级流量的流速改变值未超过 0.2 米 / 秒；在上、下游 60~70 米位置处，流速变化也不甚明显。

另外，保护工程的修建，对流态的影响仅限于工程附近水域，具体表现为工程处及工程左侧流速有一定增加，工程上下游流速有一定减缓，但影响工程和流量的大小关系不甚明显。

（2）工程对船舶航行、停泊、作业的影响

①对船舶航行的影响

船舶一般沿缓流区上行，根据该河段的现行航道条件，船舶上行过黄巴碛后一般沿河道左（北）岸取适当距离抱洗手梁而上，至锯子梁处方过河至右（南）岸继续上驶。由于白鹤梁保护工程位于主流带右侧，远离上行航线，加之保护工程实施后对河道左岸水流条件影响甚小，因此工程的修建对船舶上行影响较小，将不改变现行的上下航法及航路。

根据工程河段的现行航法，在白鹤梁附近河段船舶下行枯水期基本沿河心主流下；中洪水期则分心稍挂北岸下驶。由于保护工程距河道主槽较近，紧邻下行航线，因此工程的实施将对船舶下行产生一定的影响。根据前面的阐述可知，工程对附近水域的水面比降和流速均有一定的影响，影响范围约工程附近左右 50 米内，流速最大增加值约在 0.2~0.5 米 / 秒之间，加之工程本身对航槽宽度有一定的缩窄，无形中将减小船舶下行的有效宽度。因此保护工程实施后，下行船舶应避开工程附近的不利水流，根据不同水位时的水势，顺主流稍挂北侧而下。

另外，若采取后述所提出的炸礁整治方案，将大大改善船舶的航行尤其是下行条件，使得下水船只也可沿北岸下行，从而避开工程附近的不利水流，并使保护工程的自身安全得以保障。

②对港区停泊、作业的影响

白鹤梁水下保护工程紧邻涪陵城区一岸，距长江防护大堤约 100 余米，沿岸上下游布置货运港区，客运港区以及乌江入汇处港区，其中糠壳湾港区距工程约 1.2 公里，大东门港区位于汇合口以上的乌江河段内，两者均在保护工程的影响范围之外，工程的实施将不会影响两港区船舶的停靠及作业。但保护工程紧邻龙王沱客运港区上段，该处码头较多，尤其和白鹤梁右侧鉴湖一带的两个泊位相距过近（码头轴线和保护工程交通廊道轴线相距 60 米），使得工程水域与船舶的调头、靠泊作业所需水域形成交叉，两者之间有一定的相互影响。建议工程建设方和码头业主相互协商，对该码头泊位作适当调整，尽量远离保护工程。

另外，在保护工程上游也有较多的码头泊位。保护工程位于长江水运公司区间客运码头之下约 260 米处（码头轴线和交通廊道轴线距离），船舶停泊靠岸应在港监部门的规定水域内作业，以避免和保护工程产生干扰。

③船舶航行、停泊、作业对保护工程的影响

由于涪陵处于长江和乌江的交汇处，是三峡库区重要的中心港区，过往涪陵港及进出涪陵港的船舶较多；加之港池较小，下驶大型船舶（队）易形成大浪，从而诱发碰撞等水上交通事故，给工程安全带来不利影响。一方面应避免船只操作失控、停泊船只断缆和浪损等交通事故，另一方面在对水下保护工程设计时还应考虑一定的抗冲击荷载能力。

④风浪等因素对保护工程的影响

长江上游系山区河流，C 区航区、丁级航段，风、浪自然因素不会对保护工程的使用功能及其结构安全造成影响。

4. 存在的问题及有关安全保护措施

（1）存在的主要问题及建议

①保护工程对过往船舶航行影响较大。工程河段航道条件复杂，水下保护工程紧邻主航道，几何尺度较大，对船舶的下行有一定影响；尤其是在施工期，施工船舶及材料运输船舶必将占据一定的河道水域，将给该河段的水上交通安全带来较大隐患。

②保护工程占据了一定的河道岸线，其所在处及附近水域已不能设置码头，建议工程建设方和码头业主相互协商，对紧靠其下游的三峡轮司区间客运码头的两个泊位实施搬迁；为保障船舶和保护工程的安全，位于工程上游的码头泊位船舶作业应在港监部门的规定水域内进行，以避免和保护工程产生干扰。

③白鹤梁保护工程意义重大，应做到万无一失，河道行船安全也尤为重要。为保障工程建设和通航两不误，特提出以下建议：

a. 将坳马石（高 1.5 米）炸至当地零度水位。当地水位 4 米时，礁石面能过船，炸低该礁石可以调整该河段水势及增大航道转弯半径，并拓宽枯水期船舶航路。

b. 将冼手梁（高 2.2 米、5.2 米）石梁炸至当地水位 0.5 米高程，其 10.4 米高的石梁可根据现场实际勘测结果适当炸低，以达到调整岸形，增加航宽及过水断面、改善流态的目的。随水位上涨至4.5米以上，上下水航线均沿北岸，过往船舶尽量远离白鹤梁保护工程区。

c. 水下交通廊道的安全与保护体同等重要，为避免船舶失控而危及交通廊道的安全，在设计时应考虑一定的防撞能力。

d. 当水位 6 米以下，客轮仍可在龙王沱囤船及靠泊作业；囤船移至龙王咀码头后，若该囤有碍白鹤梁保护工程施工，则应选择在白鹤梁以上或荔枝园港区。

e. 枯水期，黄巴碛至白岩山为禁止会船地段，上行船应在黄巴碛尾等让，靠泊龙王沱囤船舶无论上行或下行都必须加强联系，防止盲目开船。

f. 在施工期，上下船舶经过此段，应尽量远离航行并减速，谨慎操作，防止浪损事故。

（2）安全保障措施

白鹤梁水下保护工程在建设期间和建成后，通航安全环境的维护很重要，应采取必要措施以保障船舶航行及工程的安全。

①施工期通航安全保障措施

a. 根据国家相关规定，在保护工程开工以前，建设单位应向港航监督部门申请办理施工许可证，并商请水上交通部门颁布《工程施工期间水上交通安全管理规定》，提供现场监督、安全维护、发布航行警告，实现水上交通安全管制。

b. 由于工程施工对主航道船舶通行影响较大，应禁止施工船舶在工程附近水域掉头、横渡等违章作业，并严格制定相应的安全措施。

c. 为防止工程弃土淤塞航道，改变河床形态及水流条件，所有工程弃土、弃渣应在建设中及时搬运，严禁向江中倾倒，并在工程竣工前全部清除。

②工程建设运行期通航安全保障措施

a. 工程建成后，应在工程水域设置禁航区和安全航行警示标志，划定安全水域，并由水上交通安全部门发布“安全管理通告”，以保障工程、航行船舶及港口码头的正常作业。

b. 为确保船舶及工程安全，应加大航道设标范围，应尽早引导船舶沿着指定的航路航行。

c. 为提高对意外事故（如船舶失控、沉船等）的防范能力，建议相关各方应高度重视，相互沟通、建立协调机制，以消除可能存在的事故隐患。

③水上安全监督设施建设

为加强工程水域的安全管理，保障工程、工程施工和船舶返通航安全，根据交通部《内河安全管理条例》，必须配套建设水上安全管理机构和监督设施，并实行强制性的水上安全航行秩序。水上安全监督设施主要包括：监督艇、监督艇囤船、配套站房、通讯设备等。

5. 评估意见

（1）工程建成前的通航环境条件

①工程附近河道属弯曲性河段，两江汇流合口正处于弯道的顶端，航道条件较为复杂。上水船舶通过该河段沿北岸取适当距离至锯子梁，斜过石谷溪沿南岸上行；下行船舶可沿河心稍挂北岸而下。

②中枯水期涪陵港池狭小，过往船舶及进出龙王沱船舶多，加之流态复杂，该区域是事故的多发地段，过往船舶及进出港船舶应谨慎操作。

③在三峡水库按 135 米和 156 米运行的汛期，涪陵河段的航道条件与天然情况基本一致，稍优于天然情况；在 156 米的枯水期以及 175 米运行期间，该河段的航行条件有较大改善；随着三峡水库 175 米运行时间的增长，河段内泥沙将发生累积性淤积，淤积的部位主要集中在白鹤梁以右的大堤沿岸（即鉴湖内）、龙王沱深潭及两岸边滩，整个河道形态向高滩深槽、微弯方向发展。泥沙淤积将缩窄河道的过水面积，增大了河道的水流流速，致使通航水流条件发生一定的变化；同时由于大堤沿岸淤积边滩较宽，也将对船舶的停靠及调头作业产生不利的影响。

（2）保护工程建成的通航环境条件

①通过分析，保护工程对河道有效航宽的影响分别为：

a. 当白鹤梁露出，水位低于 138.23 米（白鹤梁顶高程）时，梁上不能过船，有效航宽的缩窄值约为 32.5 米。

b. 当水位高于 138.23 米但小于 142.23 米，白鹤梁淹没但水深不足以过船，航宽影响值与上基本相同。

c. 当水位介于 142.23 米和 147 米时，天然情况梁顶可以过船，工程实施后，航宽缩窄约为 65 米。

d. 在洪水期或三峡成库水位高于 147 米时，保护工程之上满足通航水深的要求，对航道宽度不产生直接影响，但由于水流条件的改变（主要是流速增加、流态紊乱、比降加大），对航宽将有一定的间接影响，根据计算和分析，随着三峡水库运行年限的增加及工程处的水位抬高，其影响将逐渐减小。

②通过二维水流数字模型计算，保护工程建成后，河道水位变化不大，在工程上段的最大壅水为 7

厘米，工程下段的水位降低最大为6厘米；计算还表明，保护工程两侧30米范围内局部水面比降变化较大，在三峡成库前（0年）最大可达0.2‰~0.3‰，至100米附近，其比降变化未超过0.05‰。

③通过三级流量条件下三峡成库0年、7年末、20年末、30年末的流场计算得知，由于工程的兴建，将使工程处流速有所增加，最大增加值接近0.5米/秒；在工程左、右侧50米处，各级流量的流速改变值未超过0.2米/秒；在工程上、下游60~70米位置处，流速变化已不甚明显。

④由于白鹤梁保护工程位于河道右岸，远离上行航线，加之保护工程实施后，对河道左岸水流条件影响甚小，因此工程的修建对船舶上行影响较小，将不改变现行的上行航法及航路；但保护工程临近之主航槽，缩窄了航宽，改变了水流流态，对船舶下行影响较大。尤其是施工期，施工船舶及材料运输船舶将占据一定的河道水域，将给该河段的水上交通安全带来较大隐患。

⑤为保障工程建设、运行及船舶航行、作业的安全，特提出以下建议：

a. 对紧靠保护工程下游的客运码头的两个泊位实施搬迁，另外位于河道右岸工程上游的码头泊位船舶作业应在港监部门的规定水域内进行，以避免和保护工程产生干扰。

b. 加大航道设标范围，尽早引导船舶沿着指定的航路航行；同时设置安全专用标志，划定安全水域，实现水上交通安全管制。

c. 保护工程水下保护体和交通廊道在设计时应考虑一定的防撞能力。

d. 将坳马石（高1.5米）炸至当地零度水位，将洗手梁（高2.2~5.2米）石梁炸至当地水位0.5米高程，其10.4米高的石梁可根据现场实际勘测结果适当炸低，以达到调整岸形、增加航宽的弯道半径和改善流态的目的。

涪陵白鹤梁题刻原址水下保护工程水下照明系统及CCD遥控观测系统专题研究报告

研究单位：长江勘测规划设计研究院　上海交通大学海洋水下工程科学研究院

完成时间：2002年8月~2004年9月

（一）水下照明系统研究

涪陵白鹤梁题刻原址水下保护工程的水下照明的成败是整个工程的关键。针对白鹤梁题刻的特点，在满足人们对白鹤梁题刻观赏的最佳视觉的前提下，找到对可视度产生影响的主要因素，比选出理想的水下照明方案，以确定形成文物保护、技术先进、安全可靠、操作简便、便于维护的系统方案，为下一步的设计、实施、运行管理服务。

1. 水下照明光源选择

自从第一只灯泡问世以来，人类社会开始使用电灯照明。随着科学技术进步，对照明提出了更高要求，照明方式和设备逐渐完善。同时，电力设备的种类、品质的提高，为照明系统的多样化创造了条件。在现行众多的照明系统中，特别是近些年发展较快的新设备，有发光二极管照明、光纤照明、LED 光芯照明等。为了适应水下照明需要，可以选择多种形式的水下照明设备，主要有：

（1）普通水下照明设备，由常规灯头和防护罩组成；

（2）军事专用水下照明设备，除了和普通水下照明设备相同的特点外，对电源进行改造，对防护罩进行加强，可以承受较大的压力；

（3）光纤照明设备，是通过电源和光源的分离，不需防护，不会受潮湿、水压的影响；

（4）LED 光芯照明设备，采用独特的恒压稳流和水密技术，具有可靠的耐压防水功能。

2. LED 光芯照明方案

LED 光芯灯是本世纪初出现的大功率照明设备。LED 光芯灯的发明是自从爱迪生发明灯泡以来，在照明史上最具革命性的突破，其主要特点是：比其他光源的寿命更长；减少维护费用；能源效率更省；具有鲜艳饱和的色彩而不需滤光镜；具方向性光源可增加系统效率；坚固的半导体照明；动态的色彩控制；光源中没有水银；光束没有紫外线和红外线；具有很强的冷启动能力；仅需较低的操作直流电压。 由此得出：

（1）LED 光芯灯的光源没有紫外线和红外线，对文物没有直接破坏作用。

（2）工作寿命长，维护成本低。

（3）电源为低压，半导体照明设备，在水中安全系数高。

综上所述，LED 光芯照明设备，适应白鹤梁题刻原址水下保护工程的使用要求，因此，决定采用 LED 光芯照明方案。

3. 水下照明照度

LED 光芯照明，是将 LED 光芯灯模组合灯具安装固定在题刻上方，其分布间距与安装位置要充分满足对题刻均匀布光的要求，即水下均匀光场分布。同时，为克服后向散射光背景噪声和视距受限的问题，对远距离的照明目标，采用高能量密度的光进行照明，而近距离的照明目标，用低能量密度的光进行照明，此时远距离与近距离的照明目标的强弱基本相等，即水下非均匀光场分布。

LED 光芯灯的光源经水中传导投射到题刻表面，在题刻上的照度决定于以下因素：光源的强度、水的吸收性能、水中多种颗粒的散射性能、点光源对区域照射的扩展性能、多光源照射的叠加性能等。这些因素与照明设备的布置高度、距离、照明器的数量等均有密切关系。

（1）光源的处置

LED 光芯照明为深度配光（集中向下照射），在 0° ~40° 范围内光强最强，在 50° ~90° 时光强将减弱。光源到题刻表面的安装高度受保护体空间的限制，设定高度为 3 米，光源直径相对于照明距离来说仅为 1/200~1/300，所以可以视此光源为点光源，其照度特征曲线如图所示：

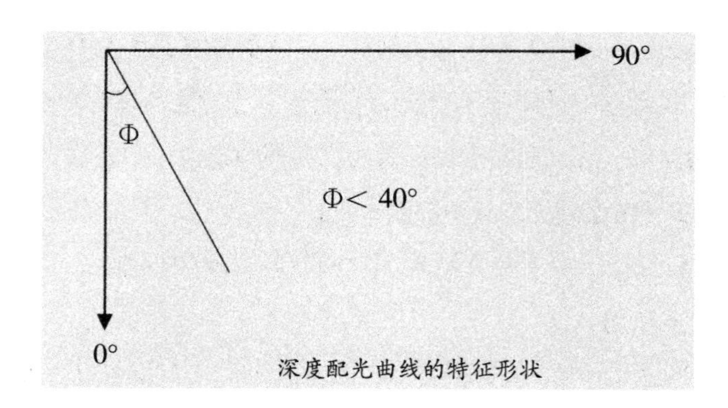

深度配光曲线的特征形状

由于本系统为水下照明，水对光的吸收率太高，实际曲线与此稍有偏差，但在聚光罩的作用下得到克服。

参照配光曲线进行合理的灯具布置以达到基本照度要求，布置方式为均匀布置和非均匀布置两种，以均匀布置为主。

均匀布置分为正方形顶点布置和棋式布置，布置图如下：

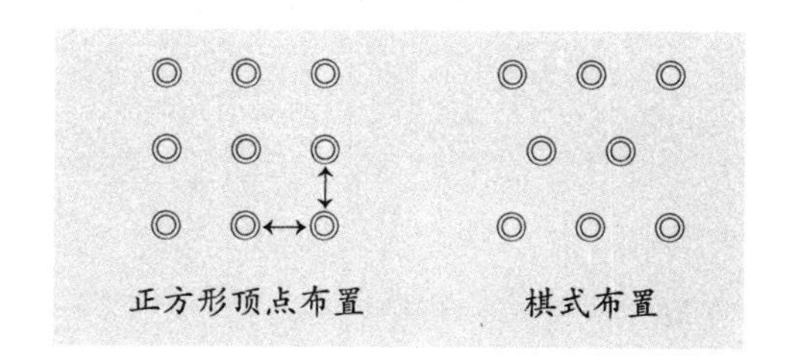
正方形顶点布置　　棋式布置

（2）光在水体中传播损耗

光在水体中传播受到两方面的损耗—吸收与散射。光的吸收：光是以光波的形式传送，光波在水体中传播，使水分子作受迫振动，光的部分能量供给水分子振动的能量，振动的能量可转变成分子运动的平均功能，则分子热运动能量增加，水体发热，光能量转变为热能，光能消失，即导致光的吸收。

光的散射：光的波长在300~800纳米范围，即为10^{-4}毫米级，当水中含有悬浮物及微粒，其直径大于波长数量级时，即产生对光的反射作用，大量杂乱无序的悬浮微粒对光的随机反射，均成为对光的散射效果，被散射的光不能到达题刻表面，使光强减弱，照度受损。

经过计算得出：LED光在水中的照度不得小于200Lx。

（3）光强扩展效应

通过一系列试验工作而得出白鹤梁题刻水下整体照明分布及点光源布置方式。

（4）本系统照明质量分析

①照度、均匀度、可见度分析

按中华人民共和国建筑行业标准《民用建筑电气设计规范》JGJ/T16–92，其中电气照明设计规范指出，博物馆照明照度要求如下：

类别	最小照度	一般照度	最大照度
纸质书画、纺织品、皮革	50Lx	70 Lx	100lx
博物馆、陈列室、视听室	75 Lx	100 Lx	150 Lx
接待室、会议室	100 Lx	150 Lx	200 Lx

经过计算和实验，均满足规范要求。

②眩光限制

眩光是由于亮度分布大小不适宜，存在极端亮度对比，以致引起不舒适并降低目标可见度的视觉条件。按照我国建筑行业标准《民用建筑设计规范》，在一般房间，办公室按Ⅱ级眩光控制，即可有轻微眩光感觉。本系统中光源聚光束直接照射题刻表面，参观者均在光照范围之外，且光源聚光角限于60°，无光线直接作用参观者，而所选用的LED光芯灯，其在纯净水中的光色无色彩，更接近天然色，所以本系统无眩光，可达到高等质量要求。

③散射补偿

水中的物体在空气中成像会产生较大散射，所观察到图像失真较大。为解决这一问题，需要在设计观察窗时，选用具有聚光性的镜面，可对散射作适当补偿，能使文物题刻观赏效果更为真实。

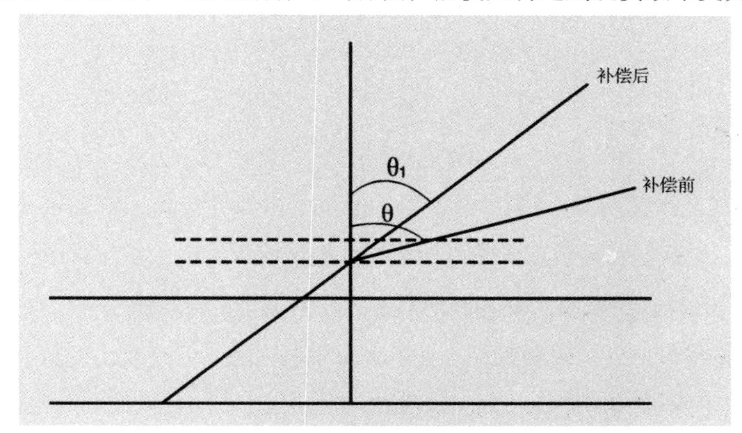

白鹤梁题刻原址水下保护工程水下摄像系统研究

（一）技术方案

1. 方案要点

采用顶部观察和局部观察相结合的基本方案。

顶部观察拟采用24套可变焦且带有转动云台的CCD水下摄像机来完成。其基本思路是：将24套水下摄像机呈2行12列的矩阵排列安装在被观察的白鹤梁题刻上方。从水下摄像机引出的控制与信号电缆，顺着摄像机固定支架向上到达桥架，通过水下可卸式穿舱连接器进入参观廊道内设备间的CCD控制柜，再经过光端机和光缆将控制与信号与岸上陈列馆内的控制、操纵显示系统（浏览终端、演示终端）相连接，供观众观赏。

局部观察拟分别采用 4 套可变焦且带有转动云台的 CCD 水下摄像机来完成。其思路是：将带有转动云台的水下摄像机安装在指定的待观察白鹤梁题刻附近，调整到最佳观察位置后予以就位。从水下摄像机引出的控制与信号电缆，顺着摄像机固定支架向上到达桥架，通过水下可卸式穿舱连接器进入参观廊道内设备间的控制操作台，可由观众通过显示器，自由地观察题刻的编辑细部情况。

2. 固定摄像机取景分辨率分析

白鹤梁题刻全长约 45 米，全梁宽约 10 米，该平面长与宽的比为 45/10=4.5。

如果取一个平方厘米对应一个像素，则全景平面需要 4500×1000 个像素，可分解成（12×400）×（2×500）个像素，即（400×500）×（12×2）像素，此即分辨率为（400×500）的摄像机取用 24 只，即可满足上述要求。另外 4 只摄像机为局部观察之用。

对于 400×500 像素，在水下密封、高压环境下可用的摄像头，按规格化要求可选用 400TVL 分辨率的摄像机，使每行数字化成不少于 500 个像素点。

每只摄像机的取景方格大小为 4 米 ×5 米；为使各像素对应的取景面积相对均匀，不致带来显示失真，摄像机安装相对物面的高度应为 3 米。所有摄像机均安装在水内，对景物反射的光线无折射发生，图像不失真。

3. 多摄像机取景合成方式

对白鹤梁题刻的全景使用 28 只摄像机取景，但每个摄像机安装后其实际取景面积不可能恰好等于所要安排的面积，一般都是完全包容所安排面积略大于该面积。由此相邻摄像机的取景形成重复交叉部分，这重复交叉部分在图像拼接显示前必须切割去除，否则会在合并显示时出现交叠重影。

因此，在选用多摄像机联合取景时，解决了大面积题刻的图像获取，也满足了取景图像的高分辨率和显示的高清晰度，但需实现三个方面的图像处理：

（1）对每个摄像机取景的图像进行必要的边缘切割去除；

（2）在投影显示前对所有经切割的图像进行无缝拼接，合并成一幅全景题刻图；

（3）由软件将全景图平均分割成 1000×800 像素，传送到连接的控制系统，使实现无缝组合显示投影。

图像处理技术研究在本文后续予以叙述。

每台摄像机的可控动作用三类：

（1）可控水平角度和俯视角度旋转，通过控制云台起作用；

水平角度旋转使改变围绕中心的不同方位角度观赏；

俯视角度旋转使在中心正下方相对观察边缘区改变角度；

（2）可控远、近观察调节，通过电可控镜头起推动、拉近作用；

推远即仔细观赏处于半径为 4~6 米范围的区域；

拉近即将摄像机拉回到半径为 2 米以内的范围；

（3）聚焦控制，使调节观赏清晰度。当镜头被推远、拉近调节后，为了清楚地固定观赏某个局部，即进行聚焦控制，使清晰度达到最高。

（二）研究工作——视频图像处理研究

1. 视频图像高分辨率数字化方式

关于图像取景分辨率如前所述，28 只摄像机取景的分辨率均已达到 500×400，这在当今的摄像机中属于中等分辨率。伴随而来的是对所取数量的像素应及时完成数字化，以满足视频帧率的要求。

此处在每个像素的彩色按 RGB 三基色取值并数字化，对三个基色的数字化均按 1 个字节（8bit）的精度进行。按中国的视频标准 PAL 制式考虑乃每秒 25 幅（25F/S），则像素数字化的速度率应为：500×400×25×3=15×106 ≈ 15Mpixels/s。

所以，必须使用不少于 15Mpixels/s 数字化速率的图像数字化卡。由于显示屏都是使用计算机方式，故此处数字化应达到逐行效果。

2. 视频图像校正与滤波

本系统中视频图像校正主要做以下方面的工作：

图像灰度的真方图调整；

输入图像的数字化滤波。

（1）图像灰度的直方图调整

由于全景共用 28 只摄像机分别取景，而每只摄像机对亮度的敏感度是有差异的，所以即便同样的景物经不同摄像机取得的图像在亮度分布上也存在差异；其次是照在大面积题刻不同部位的灯光也会有差异，同样会带来图像亮度分布的差异。

把这些图像不经处理直接拼接在一起，会使人感觉到整体全景图像在不同方块上亮度不均，形成明显“拼接”感觉，这是不合适的。所以宜于在拼接前对所有 28 幅图像都进行亮度真方图规范化处理，使它们的明暗效果都规范到统一尺度。

直方图处理原理算式如下：

B（x，y）=Dm P1 [A(x，y)]

（2）图像数字化滤波处理

对图像经过数字滤波处理以得到用于匹配的原始图像。在此数字滤波主要介绍平滑化和噪声的消除。

图像中包含着多种噪声，在进行图像处理之前有必要除去噪声。通常噪声产生的机理往往是未知的，而且即使知道了产生的机理，有时也不能对此进行有效的数字上的模型化。在这样的情况下，可采用根据噪声所具有的一般性质进行噪声消除的平滑化方法。

①移动平均法

根据把输入图像中点领域的平均灰度确定为输出对象点的值，可以降低由于图像中的噪声而引起的灰度偏差。从另一个角度看，这一操作是利用所有元素的加权矩阵进行空间滤波。用这种方法，如果把灰度平均值的领域取得太大，或者反复进行操作，则会使图像模糊，图像质量也会随之降低。为了尽量抑制图像中出现的模糊，可以考虑在加权矩阵中心的周围赋予较大的权重。

②中值滤波

在移动平均法中，把在局部区域中的灰度平均值设在区域中央的像素的输出灰度。而在中值滤波中，是把局部区域中的灰度的中央值作为输出灰度。用这种非线性的滤波，比起移动平均法来可以在很大程度上防止边缘模糊。

③有选择的局部平均法

移动平均法中边缘模糊的原因是不管在局部区域内存在的边缘与否，都同样求出灰度平均值的缘故。因此，在各像素周围寻找不含有边缘的局部区域，如果把这一区域的平均灰度设为在该像素位置上的输出灰度，那么可以使边缘不模糊并且可以消除噪声。

在这种方法中，当在局部区域内包含边缘时其灰度的方差就会变大，利用这一性质，尽可以在各像素周围寻找同样的区域。寻找不含有边缘领域的方法是首先检测出边缘，再求出沿着边缘方向的区域中的灰度平均值。

不管哪一种平滑方法，去噪声的能力没有显著的不同。但是，如果比较边缘上的模糊程度，那么，按照移动平均、中值滤波、保持边缘平滑化的顺序，模糊逐渐减少。另一方面，保持边缘平滑化方法的缺点是计算量大。从模糊程序和计算成本两方面来考虑，中值滤波比较优越。

④孤立噪声的消除

当噪声是规则的或者成为与周围灰度相差大的孤立点时，利用这种噪声的性质，可以很好地把噪声去掉。

消除周期性细线噪声的方法有两种：

一是用内插法由线的两侧像素的灰度求出线上像素的灰度（取平均），再沿着每条线的位置依次进行这种操作。

二是把图像进行傅立叶变换，求出其功率谱、周期性噪声成分的能量，因为对应于该周期的空间频率的位置上，所以处于功率谱空间，后者把这一空间频率成分去掉，或者用周围的值进行校正（内插）。然后进行傅立叶逆变换。

为了消除芝麻盐状的雪花噪声，对每个像素分别比较像素的灰度值和周围像素的灰度值，当具有相近灰度的像素数目很少时，就认为是噪声。这里把该像素的灰度值置换成周围像素的平均灰度。另外，这一方法也可以用于二值图像中孤立噪声的消除。

2. 多路视频图像画面合并拼接处理

本系统中对白鹤梁题刻全景使用28只摄像头联合摄取，保证了对题刻字迹予以厘米级分辨率的清晰反映，但为了在地面陈列馆恢复白鹤梁题刻整体宏大形象，所以又必须把28个摄像头的画面合并连接起来。这个分解摄取、合并展示的过程表现为以下几个步骤。

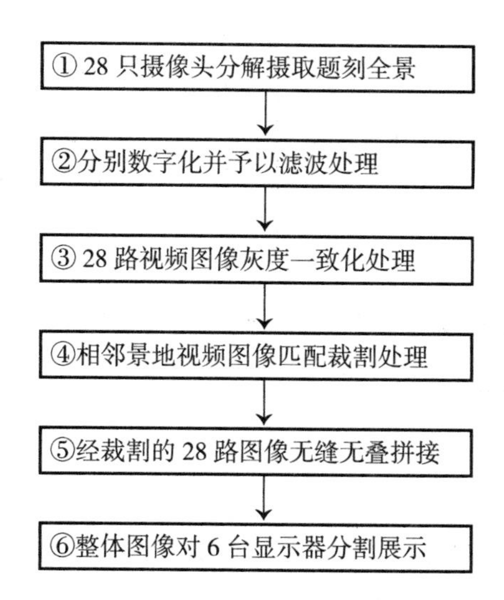

其中①②③步前文已予以说明，下面主要解决④⑤的处理。

（1）相邻图像匹配裁割处理

如图示，每两幅相邻图像在邻接处都有交叉重叠之处，其中封闭圆形表示各摄像头的实际取景，各个方块表示图像的无叠拼接，邻接片的扇区即应为被裁割部分。欲达裁割目的，首先从邻接图像中找出相同部分，使用匹配算法。

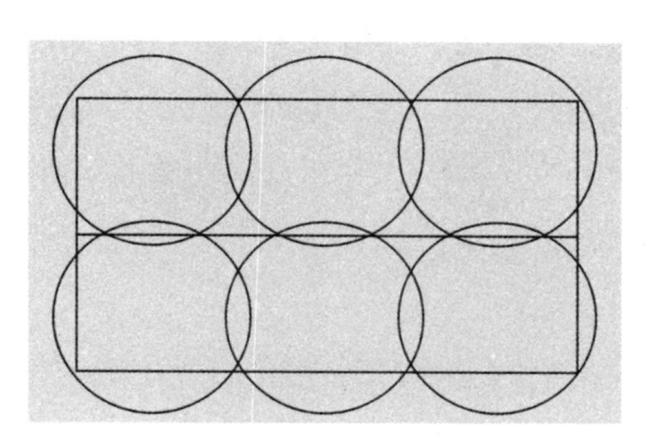

取景和包容情况示意图

匹配算法：多幅图像作为对象的图像处理中，求得某一幅图像哪一部分对应于另一幅图像的哪一部分的处理一个重要问题。有图像之间的匹配，也有研究对应于某一特定对象物的图案存在于图像中的什么地方，进而识别像的匹配问题。

匹配算法是基于两图像重叠部分对应像素的相似性。现在在这方面一般有基于面积、特征等方法。基于面积算法，即取前一幅图像中的一块作为模板，在第二幅图像中搜索具有相同（或相似）值的对应块，从而确定二幅像重叠范围。而基于特征的方法不是直接利用图像像素值，而是通过像素值导出符号特征来实现匹配。

① 基于面积的匹配：用基于面积的匹配方法寻找图像的重叠位置，实际上可以归结为如下模式识别。

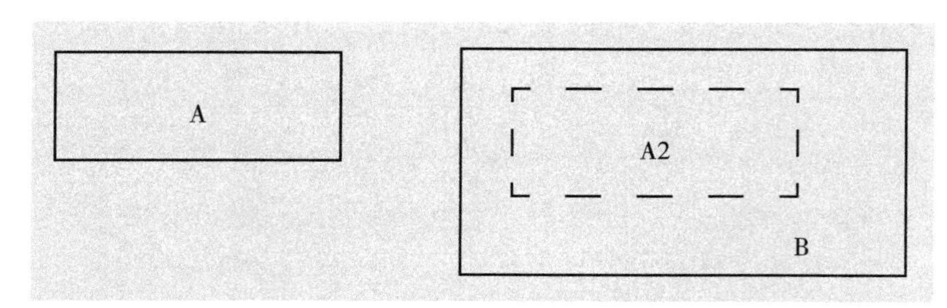

在两个矩形区域A和B中，已知B中包含一个区域A2，A与A2是大小相同的模块，求B中A2的位置。

典型的算法是从B的左下角起，把每一块与A大小相同的区域C与A比，得出评价函数最小的区域就是A2。

在第一幅图像中，如果确定了区域A，根据50%重叠原理，在第二幅图像中，加上误差范围，即可得区域B。区域A必须包括足够多的物体特征，否则容易导致算法失败。如果区域A足够大，必然包含足够多的物体特征，但区域太大，则匹配时间会加长。如何选择比较小但包括足够多的物体特征的区域A，成为提高此算法效率的关键。

②基于特征线的匹配：基于面积的匹配算法计算量很大所需处理时间长。相比之下基于特征线的匹配可以通过像素值导出符号特征来实现匹配，因此计算量大大减少。

重叠区域的确定如果只取一系列像素经常造成误匹配，所以算法的思路是利用图像间隔一定距离的两列上的部分像素。即在前一幅图像的重叠区域中分别在两列上取出部分像素，用它们的差值作为模板，然后在第二图像中按搜索最佳的匹配。即对于第二幅图像，由左至右依次从间距相同的两列上取出部分像素，并逐一计算其对应像素值比值；然后将这些比值依次与模板进行比较，其最小差值对应的列就是最佳匹配。这样在比较中只利用了一组数据，其实可以说是利用了两列像素及其所包含的区域的信息。

（2）多路图像无缝无叠拼接处理

①图像的连接

在前节经过匹配找到相邻图像和重叠范围后就需将图像连接起来。提供两种方法，一种是将图像简单地接在一起，如用户有需要还可进行图像拼接处亮度的调和，以获得较好的连接处理。另一种是进行图像的混合，用淡入淡出的效果将两幅图像连接在一起，这种方法的效果更好。

②调和图像亮度

图像定位以后，如简单地把两幅图像拼接起来，由于亮度差的存在，拼接处会有明显的一条缝。可用颜色拟合的方法来调和相邻图像的亮度，生成基本无缝的合成图像，可基本达到无缝拼接的效果。

③混合图像

图像的直接拼接，有时会造成图像的模糊和明显的边界，平滑连接就是要使拼接区域平滑，提高图像质量。因此采纳淡入淡出的思想，利用渐入渐出的方法，即在重叠部分由前一幅图像慢慢过渡到第二幅图像并删去垂直方向错开的图像部分。

混合后得出的新图像的效果在实践中是令人满意的，也证明了采用的这种混合方法是切实可行的。

3. 多路视频图像虚拟现实处理

本系统虚拟现实处理主要指以下两种显示方式的处理：

①宏大全景图整体投影显示；

②使用多台视频终端同时分别实现点播与漫游显示方式。

（1）全景图整体投影显示

系统处理逻辑关系：

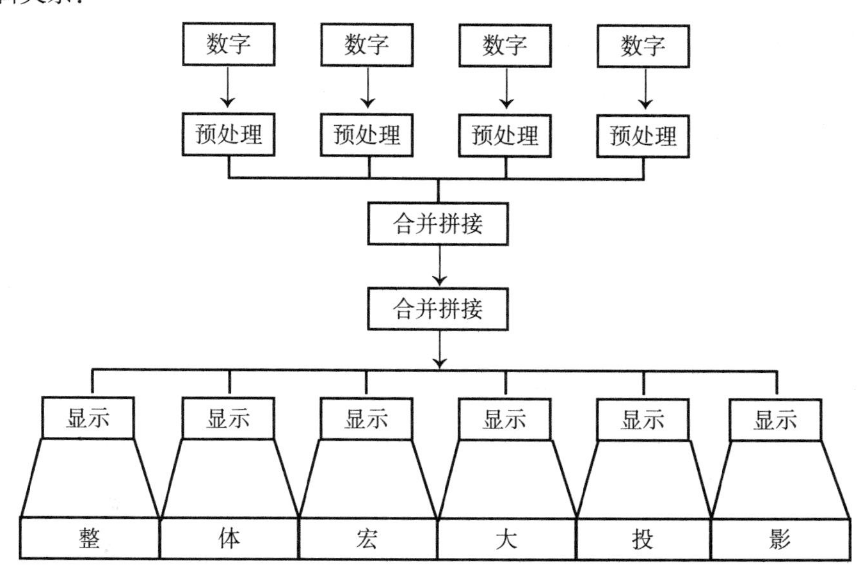

（2）多台图像终端漫游显示

用户在图像终端上以及漫游方式拖动查看整幅题刻图，又称作浏览器方式。

浏览器是提供给最终用户漫游虚拟实景空间时使用的。在虚拟实景空间中，用户可以用键盘、鼠标控制漫游方式。当用户向左看时，全景图像向右移动。当用户向右看时，全景图像向左移动。当用户俯视时，全景图像向上移动。当用户仰视时，全景图像向下移动。

为使用户看到的场景是连续平滑的，浏览器需要解决一些关键技术。首先是存储调度的问题，以协调在硬盘、内存和显示缓存中的图像文件，使系统做到实时显示。其次是处理边界问题。

①存储调度

一开始，所有的图像文件都存储在硬盘中，系统运行过程中，一部分文件被调入内存处理。我们在显示图像时，利用了双显示缓存功能。操作系统显示的是前缓存中的内容，用户对显示缓存进行操作，改变的是后缓存中的内容。操作系统定时交换前后缓存。双缓存的功能可以使系统获得平滑的动画效果。

存储调度的目的是协调在硬盘、内存和显示缓存中的图像文件，使系统做到实时显示。为了实现使缓存中的内容得到最快速度的更新，以节点包为单位组织内存和硬盘之间的数据交换。每个节点包包括此节点所能看到的所有图像。当视点移动到某个节点上，该节点包图像一次全部调入内存。之所以选择这样的交换方式是根据人的视觉特性决定的。

在更新显示缓存时，先在内存中开辟一块与显示缓存一样大小的区域，把数据在区域中准备好，然后用一个系统调用把它们全部写入显示缓存中。这样比一行一行写或一个一个写快得多。

系统采用多线程的体系结构实现虚拟实景空间的内存调度。根据实时漫游的需要，将系统中运行的线程分为用户代理线程和系统服务线程。用户代理线程追踪用户状态，响应用户交互行为，并且负责调度系统服务线程。系统服务线程负责实现局部全景缓存、向显示缓存的写入等工作。系统引入事件同步机制，对状态迁移的原因定义同步事件完成各线程间的同步与调度。

系统中的若干线程并行运行，各不同线程之间的同步是系统正常高效运行的保证。线程之间的同步需求体现在两方面：数据访问同步和线程状态同步。

②数据访问同步

数据访问同步包括共享资源的一致性访问要求和数据访问有效性保证。

系统中的共享资源包括：用户状态、用户视图、局部全景后存等。共享资源的访问特点是允许多个线程的访问，只允许单个线程写访问。系统实现了资源同步对象作为各种共享资源对象的基类。

对共享资源的访问，各线程首先获得相应的访问权限，访问结束后释放该访问权限，从而保证各线程对共享资源对象的一致性访问。共享对象的访问协议包括：一是允许多个读访问，有读访问时禁止写访问；二是互斥写访问，有写访问时禁止其他写访问和读访问。

数据访问有效性是指线程访问的数据是有效的，为此系统对访问有效性要求的对象引入人工重置同步事件，对象数据更新时重置该事件为无效状态。数据更新后再置为有效状态，线程对对象的访问必须首先等待数据有效事件，然后进行数据访问。

③线程状态同步

系统中的线程功能分为两类：用户代理线程（前台）和数据加载线程（后台），线程之间的状态同步是指各线程状态的正确转换，完成对用户交互行为的实时响应。用户代理线程始终处于活动状态，监视用户的状态和交互。并唤醒相应的后台线程进行数据加载。后台线程在其所等待的事件到来之前休眠，事件到来后被唤醒进行相应处理，然后等待下一次事件到来。系统主线即用户线程退出时唤醒所有后台线程设置其退出信号，主线程等待后台线程已退出信号后结束。

涪陵白鹤梁题刻原址水下保护工程循环水专题研究报告

研究单位：长江勘测规划设计研究有限公司

研究员：范跃华、王环武

完成时间：2002 年 8 月

（一）概述

1. “无压容器”与循环水系统

葛修润院士从文化遗产原址保护考虑，提出利用“无压容器”概念修建白鹤梁题刻原址水下保护工程的构想。其基本思路是：在拟保护的白鹤梁上建造一个无压容器，容器内设有专门的循环水系统与长江水相通，以通过容器内水压抵消外部的长江水压力，同时对进出容器的长江水进行过滤，以确保容器内的水质清澈透明。

2. 专题研究的必要性

基于“无压容器”是白鹤梁题刻保护工程构想的核心和安全实施的要点，循环水系统成为本工程的关键系统。因此，需要对循环水系统有关的关键技术和设备展开具体细致的专题研究，对于科学、安全、经济和有切实把握地做好下一阶段初步设计工作是非常重要的。

3. 研究内容

本工程循环水系统的主要功能，一是可靠保持容器内外水压的动态平衡，以确保水下保护体结构的稳定安全；二是保持水下保护体内水质的清澈透明，以提高水下观景质量。主要研究内容是：

（1）外江水位起落时水下保护体内外水压变化规律模型实验；

（2）水下保护体外水压差测定与控制方法；

（3）循环水质标准选用和循环周期；

（4）水下保护体沉积物清洗方法与技术措施；

（5）循环水净水设备造型及专用过滤器性能测试。

（二）循环水系统方案

1. 系统布置与组成

在本工程两条交通廊道高程 139 米和 156 米处，各设置取水管及循环水加压泵一台，抽取长江原水或保护体内的清澈度和透明度变差的水，送至岸上一体化净水设备进行处理。制取的合格清水通过循环水箱，自流到循环水系统中，更新保护体内的水质。循环水系统由分别设置在两条交通廊道内的两条 DN300 循环水管道与保护体连接组成，使得该系统将保护体内的水体与长江水体相通，形成一个“连通器”系统，以保证保护体内外的水压自动平衡。在实际运行中，两条管道和专用过滤器可互换使用。专用过滤器的作用，是既让保护体内外的水体顺利连通，又能在江水涨落变化时，使江水经过一定程度的过滤净化才能进行循环水系统，从而保护了循环水系统的水质。

2. 正常运行程序

循环水系统主要按照以下三种程序进行周期运转。

（1）自动平衡程序

水泵停止工作，保护体内水体与外江水体通过连通管及过滤器相通，在循环水管上紧靠过滤器设置的自动平衡控制阀处于常闭状态，保护体内的水压力将与外江水压力保持一致，内外水压差为零，且不随外江水位与波浪涨落而发生变化。这是一种自动平衡状态。但外江水中的浑浊物质将因沉淀、扩散和循环水系统中水的渗流所造成的水传输作用，穿透滤层进入保护体内，影响水质。设置专用过滤器可将浊质穿透量控制在一定限量内，使得在水循环周期内，系统内的水的浊度和透明度不超标。进入系统内的浊质，将在充水置换和封闭循环程序中被去除。

（2）充水置换程序

水泵从外江取水，通过压力管输送至岸上净水器处理，合格清水经循环水箱自流进入两条循环水管之一，挤压和置换保护体内的水经另一循环水管道上的过滤器，排至外江。按水泵运行 20 天（每天晚上运行 6 小时）计算，将保护体内的水（约 4500 立方米）置换一次，泵流量约为 37.5 立方米 / 小时，置换水流经过滤器时，同时对过滤器进行反冲洗。

（3）封闭循环程序

水泵自保护体顶部集气管取水（集气也随之排除），压送至岸上净水器处理，然后回流到两条循环水管内，回流水经设在保护体底部的两条穿孔布水管进入保护体内，水从底部两侧均匀地朝向顶部集气管方向流动，减少了水流短路。

由于本程序具有明显的降低运行成本，对净水设备的操作要求也不高，应作为经常运转的程序。

每日运行本程序时，要对各过滤器进行反冲洗，控制冲洗流量 3.5~4 立方米 / 小时（即冲洗强度 13.8~15.7L/S・m^2），则冲流一台过滤器所用水量约 0.6~0.9 立方米，因冲洗而损失的部分水量，水压测定仪表和控制设备将同步启动岸上自来水补充水箱，及时向系统补水，使保护内外水压迅速恢复到平衡状态。

3. 工作周期

循环水的一个循环周期拟定为 20 天，每天补充洁净水 5%。初步设定每四个循环周期组成一个 80 天的工作周期，在一个工作周期中执行一次充水置换程序和三次封闭循环程序。

4. 特别情况下的运行程序

循环水系统的运行在下列三种特别情况下，应采用特定的运行程序，其目的是为了保持水下保护体内外的水压平衡或控制水压差在规定的安全限度内。

（1）水下保护体形成后初次充水运行程序

在水下保护体建成完工后，循环水系统第一次充水运行时，保护体内已有的浑浊水如何处置？此时，外江水位约 140 米，如先抽空保护体内的浑水再充以清水，则在充清水之前保护体内外水压差将达到 5 米左右，这对保护体无影响，但对白鹤梁题刻岩体所产生的上浮力将危及其稳定性。因此，需要采用以下特定的“两阶段”运行程序：第一阶段进行“充水置换，”浑水由下游廊道的水泵取水口排放，而不通过专用过滤器排放。运行时间约为 20 天，保护体内水体浊度降为 50~100NTU 以下。第二阶段进行“封闭循环”，运行时间约为 20 天，循环水浊度降为 5NTU。

（2）枯水期保护体内清洗时的运行程序

三峡水库水位达到防洪限制水位 140 米时，本工程也将在这一期间对水下保护体内进行清洗和检修工作，白鹤梁题刻与保护体内壁表面的清洗采用“抽吸”方法，此时，系统内的水量有所损失，及时进行补水，从而保持内外水压平衡。

（3）突发事故时的运行程序

当所有专用过滤器同时发生意外堵塞，或者其他不可预见的突发事故出现，必须实行内外水体直接连通而别无他法来保障保护体安全时，则运行以下程序：开启取水泵取水口阀门和泵吸水管与保护体的连接阀门，外江水将直接进入保护体内。事故平息后重新启动，即按前述“保护体形成后初次充水运行程序”执行。

（三）专题研究内容与成果

1. 外江水位起落时保护体内外水压变化规律模型实验

通过试验，从中得到保护体内外水压变化的两条规律：

（1）不论模拟江水是涨是落，保护体内外测压管水头高度均是同步变化的：阀门开启时，由于有水流正向或逆向通过过滤器，故内外水压有一定差值；阀门关启时，由于没有水流通过过滤器，故内外水压一致。

（2）如果系统内没有水的流动，内外水压将保持一致，外江水位的涨落以及连通管上设置的过滤器，都不会影响内外水压的平衡。

2. 保护体内外水压差测定与控制方法

测定保护体内外水压及基差值，是保证循环水系统安全运行最为重要的数据。测压设备的选型尤为重要。通过比较，推荐采用扩散硅压力传感器。

3. 水压差控制方法

利用扩散硅压力传感器测定输出的与系统内外水压差成正比的电流信号，来控制岸上平衡水箱的充水阀门的开度，使得内外水压力差保持在规定的范围内。实现这一控制过程不存在技术上的困难。

4. 循环水质标准选用

研究者认为，在本项目的循环水质标准中，最重要的指标是水的透明度及与之相应的浑浊度。

以游泳池水的浑浊度和透明度的标准二者基本相同。我国游泳池的水体透明度规定，大致是相距12.9米能看清池底4.5泳道线，这一透明度与浑浊者5NTU对应，这一规定与本工程白鹤梁水下题刻的最大观赏距离14米差不多。故循环水浑浊度标准拟采用5NTU。

影响景观的水质项目还有色度、铁、锰等。考虑到长江原水通过常规处理后，这几项指标一般都能符合生活饮用水的要求，故本工程循环水质指标采用生活用水标准值：即色度15度、铁0.3mg/L、锰0.1mg/L。

循环水其他水质标准，应以对水下题刻岩石，保护体混凝土和钢构件不产生侵蚀和腐蚀作用，也不在水中形成沉淀物为标准。

5. 循环水循环周期

在水下环境中引起循环水水质变化的因素，主要是外江水中无机物与有机物的侵入，特别是水生生物与微生物利用水中有机污染物而大量繁殖，将对循环水水质产生较大的影响。因此，循环水需要采取一定措施控制水中生物的生长，并定期换水或进行封闭循环净化处理。经过比较，考虑采用“微电解”设备来控制生物生长，而不采用消毒药剂来控制生物生长，以保护岩石、混凝土、金属等设施。“微电解”的基本原理是在微电解状态下水中将产生具有较强灭菌能力的“活性”物质，可以在不向水中添加任何化学成分的条件下有效地杀灭水中的细菌和藻类，灭菌率 > 98%，这种工艺的缺点是持续灭菌能力不强。在这种消毒灭菌方式下，水循环周期采取用 20 天也是合适的。

6. 保护体内沉积物清洗方法与技术措施

（1）保护体内沉积物的来源

①外江水中的浊质穿透连通过滤器进入系统内；

②系统内循环水中的浊沉淀；

③系统内各种水生动植物和微生物活动形成的沉积物；

④系统内各种金属设备和混凝土的腐蚀所形成的沉积物；

⑤其他意外情况下进入系统的杂质。

（2）减少沉积物的方法

①保证净水设备出水质浊度达标；

②在日常操作中，应尽可能减少外江水经过连通过滤器的水量；

③采用“微电解”法或使用适量化学药剂，控制水生生物的繁殖生长。

（3）清洗沉积物的方法

抽吸方案：在保护体内的参观廊道下方设置两根 DN50 排水管，排水进入交通廊道内的排水井内，利用保护体内水压作用对题刻岩石凹凸表面杂质进行抽吸、清洗和排除。

7. 循环水管道系统布置

（1）基本要求

循环水管道系统应做到布水均匀，减少死水区，以便于保护体内水中的沉积物在常规循环中随水流排除，并应防止和消除在保护体顶形成“气囊”的可能。“气囊”是因循环水压力变化和生物活动释放出来的气体聚积而成。“气囊”的压缩变形，一方面使内外水压差产生瞬时较大的变动，可能引起不可预知的保护体形变；另一方面也会影响水压测定设备的正常工作。

（2）布置方案

按保护体内水流方向，循环水管路系统可以有水平流布置和竖向流布置两类，在进行多种方案比较后，决定采用两类可换水流向布置，其特点是：①保护体内只有两根穿孔配水管和顶部三孔集气排水管，不影响题刻的观赏视线；②水流方向运动可以人工控制为左右的水平流或自下而上的竖向流，在各循环周期采用不同的流向，有利于水体的更新置换；③保护体内产生的气体聚集于集气排水管内，避免了“气囊”对保护体内顶混凝土的气蚀破坏作用；④控制循环水竖向流动，兼有排气功能；⑤集气排水管上预留有两个安装通气软管的接口，保护体排气的安全性将更加可靠。

（四）结论

1. 本工程循环水系统方案既能可靠保证保护体内外水压自动平衡和循环水质量，而且具有系统简单、管道设备和土建工程量少，造价较低以及运转管理灵活方便等特点。

2. 本专题研究的重点是在各运行程序时系统内外水压平衡问题，以及外江水浊质穿透滤层对循环水质影响程度的估计问题。严格控制系统水的渗漏、设置自动平衡控制阀和按“自动平衡程序”运行，可实现保护体内外水压差为零。在外江水高浑浊度期间，一个运行周期的循环水浑浊度增量不超过2NTU，可以确保系统的景观水质质量。

3. 本专题研究对循环水水质、保护体内壁和题刻表面清洗方法、测压控制设备、净水设备和专用过滤器等提出了设计方案、具体要求和推荐意见，希望能在初步设计中予以采纳。

涪陵白鹤梁题刻原址水下保护工程安全监测系统专题研究报告

研究单位：长江勘测规划设计研究院有限公司

研究人员：胡长华、罗敏等

完成时间：2002 年 8 月

（一）必要性

为确保白鹤梁题刻原址水下保护工程各建筑物在施工期及运行期的安全和健康运行，应对各建筑物整体性的全过程持续监测，采集建筑物的变形、渗流状况、应力应变、温度变化、裂缝情况、运行期的泥沙淤积情况、保护体内外水压平衡情况，水下保护在船舶意外撞击的损伤情况等效应量的初始值和在分阶段中变化过程的各种数据，进行及时处理分析，及时对建筑物的稳定性、安全度及结构的健康状况作出评价，及时发现各效应量异常现象和可能危及各建筑物的不安全因素，予以及时报警，便于提出处理措施和进行决策，以达到白鹤梁题刻原址水下保护工程安全健康运行的目的。因此，在白鹤梁题刻原址水下保护工程中设置安全监测系统，对其在施工期和运行期进行实时持续的监测是十分必要的。

（二）主要研究内容

根据涪陵白鹤梁题刻原址水下保护工程的特点，遵照国家有关规程、规范、标准等，参照国内外建筑工程安全监测系统的理论研究和技术的最新进展情况，研究人员进行了研究，其主要研究内容是：

1. 安全监测系统建立原则

设计了九项原则。

2. 安全监测项目的拟定

要建立一套有效的监测系统，本工程中原因参量和效应参量是随时间而不断地变化，要了解建筑物对各种静态和动态工况的反应，必须对此进行测量。而这种测量要在建筑物寿命期限内系统重复地进行很多次，其解决的办法是建立一套安全监测系统，而建立一个有效的监测系统，必须选好监测物理量和相应的监测设施，这就是安全监测项目拟定和仪器选型。

3. 监测部位和监测项目

通过分析研究，明确了原因量与效应量。原因量主要是：水压力、泥沙压力、壳体自重、地质条件及岩力学性能等；效应量主要是：深陷或抬动变形、钢筋应力、混凝土结构应力、温度、接缝错动，钢结构应力等。

监测部位选定为：

（1）水下保护体；（2）水下交通廊道；（3）参观廊道。

主要监测项目：（1）沉陷或抬动变形；（2）钢筋应力；（3）混凝土应力应变；（4）施工期混凝土温度变化；（5）保护体与交通廊道接合缝的错动；（6）保护体内外水压平衡；（7）裂缝与变形；（8）结构应力应变；（9）泥沙淤积；（10）船舶意外撞击。

4. 安全监测系统总体构成

白鹤梁题刻原址水下保护工程安全监测系统主要由：采集系统和安全决策支持系统两大部分组成，而采集系统又由电测传感器系统和光纤传感器系统这两部分组成。

水下保护体是控制整个工程结构安全的重要部位，在这个部位既需布设电测传感器，也布施有光纤传感器，两者相互配合，互为补充。

交通廊道由于电测传感器的布设基本不可能，只能采取光纤传感器对其安全进行监测。

参观廊道是工业成品，该部位将采用光纤传感器进行安全监测。

5. 电测传感器子系统构成

具体组成如下：

应变计、无应力计、水压计、钢筋计、位错计、基岩变形计、土压力计、渗压计等。

6. 光纤传感器子系统构成

具体组成如下：

光纤光栅应变计、光纤光栅温度计、光纤光栅钢筋计等。

7. 安全决策支持系统

主要组成如下：

信息管理分系统；分析评价和报警分系统；辅助决策分系统、系统支持库群。

8. 电测监测设施布置

主要在设计图上体现。

9. 光纤传感器的布置

主要在设计图上体现。

10. 监测系统自动化

自动化系统由：电测子系统、光纤传感子系统和 1 个监控站组成。

本工程安全监测自动化系统为分层分布式智能化网络结构。监控室作为监测自动化系统的核心管理层，通过有线通信管理，将所采集的各项数据进行管理和资料整理分析、网络管理、自诊断、自诊和报警等。

（1）本工程安全监测自动化系统总体性能

监测性能、操作性能、综合信息管理性能、系统自检性能、功能强大的软件、抗干扰和防雷、可用人工直接采集、精度满足要求等。

（2）电测子系统构成

电测子系统由：2 个 MCU 和接入这 2 个 MCU 的土压力计、基岩变形计、位错计、钢筋计、应变计、无应力计、水压计等组成。

（3）光纤传感子系统构成

主要由分布于水下保护体、交通廊道、参观廊道和光栅混凝土应变计、光栅钢筋应力计、光栅温度计和光缆及调解系统所构成。各光纤传感器按检测要求将把与光栅对应波长的光通过光缆反射回解调系统，由解调系统确定应变或温度变化值。

（4）光纤传感子系统主要功能

①光纤传感器能够实时测量沿光纤的应力分布或温度分布，可进行分布式测量；

②可实现无电检测，本质安全防水、防雷击、防爆、抗腐蚀、抗电磁干扰，可进行远程传输；

③体积小，埋入结构内对结构无不利影响；

④工作寿命长，可靠性高，且无零飘现象；

⑤精度高；

⑥解调系统主要功能为将应变或温度信息的光信号转化为电信号（数字信号）；

⑦适用范围广。

（5）监控站系统构成及功能

监控站主要由：监控主机、激光打印机、交流静化电源、扫描仪、刻录机、管理软件等组成。

主要功能：

①监测信息的可视化查询、输出功能；

②通讯抗干扰功能；

③错误报警功能和“黑匣子”功能；

④系统扩充功能；

⑤远程登录维护；

⑥显示功能；

⑦接入安全管理；

⑧操作功能；

⑨数据通信功能；

⑩综合信息分析管理功能；

⑪电源管理功能；

⑫系统具有防雷、防潮、抗干扰能力；

⑬资料分析处理和评价。

（6）数据采集与处理软件的功能实现

管理软件主要由六方面的内容组成：在线监控、离线分析、安全管理、数据库管理、网络系统管理、远程监测及远程辅助服务系统。

①采集软件包括人工采集和自动化采集两部分。

②监控管理软件——分析处理功能；数据库管理功能；模型库管理功能；安全管理功能；网络系统管理功能；远程监控和远程辅助服务功能。

（三）工程安全决策支持系统的研究

1. 研究目的及要实现的目标

研究目的：

（1）各监测点提取反映白鹤梁题刻原址水下保护工程形态变化的各种信息资料，并进行数据转换和存储，遇到测值超限或其他异常情况能自动报警；

（2）对数据进行处理和管理，并及时做出定性和定量的分析和解释，通过综合分析和评判，对白鹤梁题刻原址水下保护工程安全状况做出评价；

（3）提供有效的专家会商和辅助决策功能，为决策者提供技术支持，对出现的问题应采取哪些应急措施起到参谋作用。

本系统要实现的目标：

（1）对由自动、半自动、人工等不同方式，按规定频度获得的各类监测资料以及与安全决策有关的各类信息进行处理和管理；

（2）对白鹤梁题刻原址水下保护工程安全状态进行实时分析和评价；

（3）若白鹤梁题刻原址水下保护工程出现异常和不安全症状，进行分类分级报警，并提出辅助决策建议。

2. 安全决策支持系统的组成

安全决策支持系统是一个复杂而庞大的信息采集、管理、分析、决策和反馈系统，是白鹤梁题刻原址水下保护工程安全监测系统的重要组成部分。

该系统由安全信息管理分系统、分析评价与报警分系统、辅助决策分系统和一个支持库群（工程数据库、图库、知识库和方法库）四个部分组成。

3. 信息管理分系统

该系统作用是有效地组织管理和提取数据库中的各种信息，包括对进入系统的各类监测原始数据进行转换、处理、加工和存储，并可作一些初步分析。

该分系统下有 7 个子系统：信息录入子系统、信息转换子系统、信息初步分析子系统、文档管理子系统、资料输出子系统、数据库维护子系统、系统管理子系统。

4. 分析评价和报警分系统

该系统的作用是依据实测资料及其正、反分析成果及建筑物的工程背景资料和专家知识，对白鹤梁题刻原址水下保护工程的安全进行综合评价、成因分析和报警，为主管部门提供决策支持。　该分系统由资料评价子系统、检查分析子系统、观测故障检查子系统、物理成因分析子系统、综合分析评价子系统和报警子系统组成。

5. 辅助决策分系统

该系统的作用是根据分析评价分系统的结论，提出安全决策建议。

该分系统由资料查询子系统、技术支持单位专家综合诊断子系统、会商好系统和辅助决策子系统组成。

6. 系统支持库群

该系统是本系统的一个底层支持结构，其作用是存储和提供的白鹤梁题刻原址水下保护工程安全决策支持系统三个分系统所需要的全部数据、资料、知识、方法和图表。该库群由工程数据库、方法库、知识库、图库组成。

（四）结论

涪陵白鹤梁题刻原址水下保护工程安全监测系统是根据白鹤梁题刻所处水文、地质等环境条件和水下建筑物的结构受力特点等综合因素，有针对性建立的一套安全监控系统。通过这套安全监测系统，能够对建筑物的安全状况全天候在线实时监控，能够对建筑物的安全进行综合评价，当建筑物的安全受到威胁时，还能够进行报警，及时通知管理单位采取处理措施。本套安全监测和统对验证设计，指导施工和科学研究以及今后类似工程的建设都具有指导和借鉴意义。2002 年 8 月，涪陵白梁题刻原址水下保护工程安全监测系统专题研究报告通过了专家评审会的评审，并为工程设计单位的工作给予指导和参考。

涪陵白鹤梁题刻原址水下保护施工专题研究报告

研究单位：长江勘测规划设计研究院有限公司

研究人员：丁福珍、姚勇强等

完成时间：2002 年 8 月

（一）研究的范围及内容

地面陈列馆为一般建筑物，水下交通廊道采用沉管施工已列专题研究，参观廊道也列为专题研究项目，本专题重点研究水下保护体和坡形交通廊道的土建施工方案，以及水平交通廊道采用小围堰形成小基坑干地浇筑方案，主要包括施工方案（围堰方案含围堰设计）、水下混凝土施工方法、施工程序及施工进度、施工强度等，对与之相关连的地面陈列馆及水平交通廊道、参观廊道等施工也作了简要分析。

（二）施工方案

白鹤梁题刻原址水下保护工程中的水下保护体顶拱、坡形交通廊道和地面陈列馆基本上均可在水上干地施工，水下保护体导墙和水平交通廊道位于枯水位以下，这是施工方案的重点。

1. 无围堰方案

无围堰方案即不修建围堰，直接在水中修筑水下保护体导墙和水平交通廊道，必要时可适当加高导墙，以保证水下保护体顶拱在水面以上施工。

在水下混凝土施工技术中采用水下不分散混凝土浇筑，用溜筒直接浇筑于水中，不加振捣，混凝土自流平、自密实。

根据白鹤梁的分期设计水位资料，导墙顶高程为 141.0 米，拱顶高程为 143.0 米，拱顶基本上可在干地施工，如果施工需要，可将导墙加高至 143.0 米，与拱顶同高，这样，保护体顶拱在水面以上施工的保障率更高，并可以防浪。顶拱的施工时段选在 11~5 月，考虑施工期洪水的影响，可利用的时间以 4 个月计。

水下保护体导墙分段浇筑，各段依次立模浇筑成型，顶拱采用一次立模一次浇筑成型，水下混凝土采用搅拌车运输，混凝土泵输送配导管浇筑。

水下交通廊道采用沉管施工，钢外壳及龙骨混凝土在工厂分段预制，浮运至鉴湖浇筑内衬混凝土，然后就位后沉入水中，安装后浇筑相邻两段间接段混凝土。

坡形交通廊道采用立模分段浇筑。

该方案优点：

①节省围堰工程量，减少工程投资，降低工程造价；

②水下保护体与水下交通廊道的施工相对独立，互不干扰；

③不需要修筑临时围堰，施工准备时间短，主体工程施工时间相对充裕。

主要缺点：

①水下浇筑钢筋混凝土导墙，水下作业量大，施工质量相对较差；

②水下钢筋架立及模板安装较困难，模板钢材用量大；

③顶拱施工过程中受施工期洪水影响，可能会间断作业，对施工进度有一定影响；

④沉管施工较复杂，施工费用高，导墙水下混凝土浇筑费用也较高。

2. 围堰方案

大围堰方案：在水下保护体外侧用混凝土或土石修建顺流向纵向过水围堰，在水平交通廊道上下游各修建一道土石过水围堰，并进行防渗处理，形成一个大的封闭圈，然后抽干基坑，使水下保护体及交通廊道均在干地施工。

小围堰方案：利用水下保护体导墙作为纵向围堰一部分，在导墙上下游修筑混凝土纵向围墙，水下交通廊道上下游各修建一道土石过水围堰，并进行防渗处理，然后抽干基坑，使水平交通廊道在干地施工。

围堰设计

①设计标准

根据相关国家标准，白鹤梁题刻原址水下保护工程为 1 级建筑物，导流建筑物为 4 级临时建筑物。白鹤梁工程围堰按 4 级临时建筑物设计。采用枯水期挡水，汛期过水的围堰形式，挡水标准采用枯水期 12~3 月份，5 年一遇洪水相应水位为 141.91 米；围堰运行时间为 3 年。

②结构设计

堰顶高程：考虑风浪（爬）高与安全超高，确定堰顶高程为 143.5 米。

堰顶宽度：考虑机械施工及交通要求，确定土石围堰堰顶宽为 8 米，根据计算，混凝土纵向围堰的堰顶宽度为 9 米和 6 米。

根据白鹤梁水下保护体结构平面布置特点，施工围堰由两道横向围堰和一道纵向围堰组成，横向围堰为土石围堰，纵向围堰按土石围堰、混凝土围堰及混凝土围堰结合导墙三种形式进行比较。通过比较，推荐选用横向土石围堰 + 纵向混凝土围堰结合导墙方案。

③围堰防渗设计

横向土石围堰采用高喷墙防渗，防渗顶高程 142.5 米，喷底伸入基岩 0.5 米。横向土石围堰与纵向混凝土围堰相接的 3 米范围内，高喷墙由一排增至三排，即在围堰轴线上、下游侧各增加一排高喷墙，排距为 0.6 米，横向土石围堰与岸坡段相接部位采用高压旋喷加灌浆防渗。

④围堰填料设计

围堰堰体填料主要是石渣、混合料和块石料，填料需分压碾压密实。

⑤围堰防冲特征

纵、横向围堰保证枯水期主体工程干地施工，汛期基坑充水，因此土石围堰堰顶及背水侧汛期需加强防冲保护，保护方案采用干砌石护坡。

横向土石围堰的迎水侧直接受长江水流及过往船舶航行浪冲刷，采用大块石护坡。堰顶及背水侧采用干砌块石护坡。

3. 主体工程施工

在抽干后的基坑内修建临时施工道路，水下交通廊道均采用分段浇筑，混凝土采用搅拌车运输，混凝土泵浇筑。

该方案优点：

①水平交通廊道干地施工，采用常规施工技术，施工难度小，工程质量保证；

②水平交通廊道采用常规分段立模浇筑混凝土，无水下作业量，施工费用低，且不需钢外壳，节省投资。

主要缺点：

①增加围堰填筑和拆除工程量。

②修筑围堰需在长江防洪堤修建进入基坑道路，对防洪堤有一定影响，后期需拆除道路恢复防洪堤原貌。

③围堰水下拆除量较大，混凝土围堰拆除需水下爆破，且离水下导墙很近，要采取保护措施。

④临建工程量大，需要的准备工期相对较长，水平交通廊道土建工程须在 4 个月内建成。

4. 方案比较

比较以上两个方案，无围堰方案比围堰方案施工难度大。围堰方案中，推荐采用土石围堰 + 混凝土围堰结合导墙方案，即水下保护体导墙采用水下不分散混凝土浇筑，交通廊道水平段采用小围堰形成基坑后干地浇筑。

（三）施工程序及施工进度

1. 施工程序

白鹤梁题刻原址水下保护工程主要分为水下保护体、交通廊道和地面陈列馆三大部分，施工时段为2002年汛后至2006年汛前，地面陈列馆等地面建筑物可全年施工，水下保护体及交通廊道等建筑物因汛期长江水位较高，在枯水期施工（每年10月至次年5月）。各部位主要施工程序如下：

地面陈列馆施工不受水位等条件影响，施工时间充裕，与其他建筑物施工干扰较小，可单独安排施工。先进行施工道路修建及场地平整，再进行陈列馆基础处理及陈列馆建筑施工，最后完成陈列馆内部设备安装及装修。

水下保护工程施工程序见图示：

坡形交通廊道施工程序图

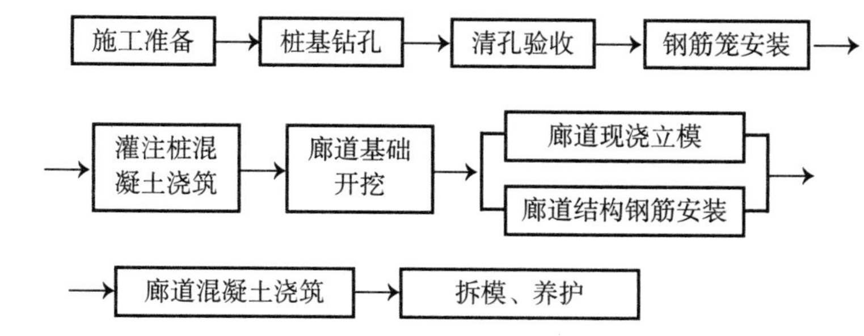

水平交通廊道施工程序图

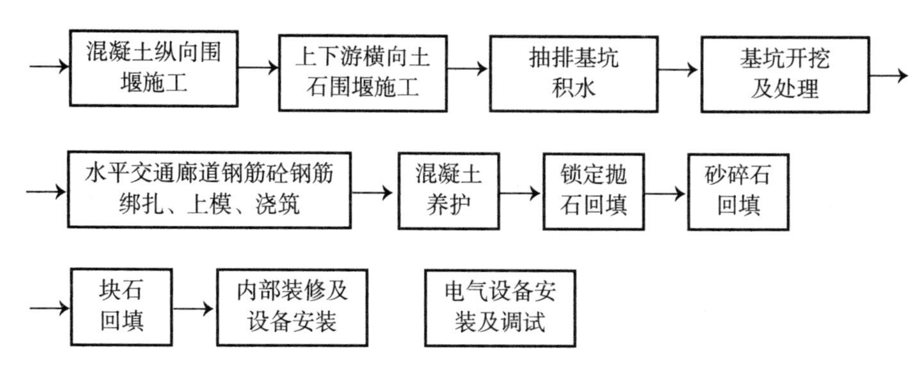

水下保护体施工程序图

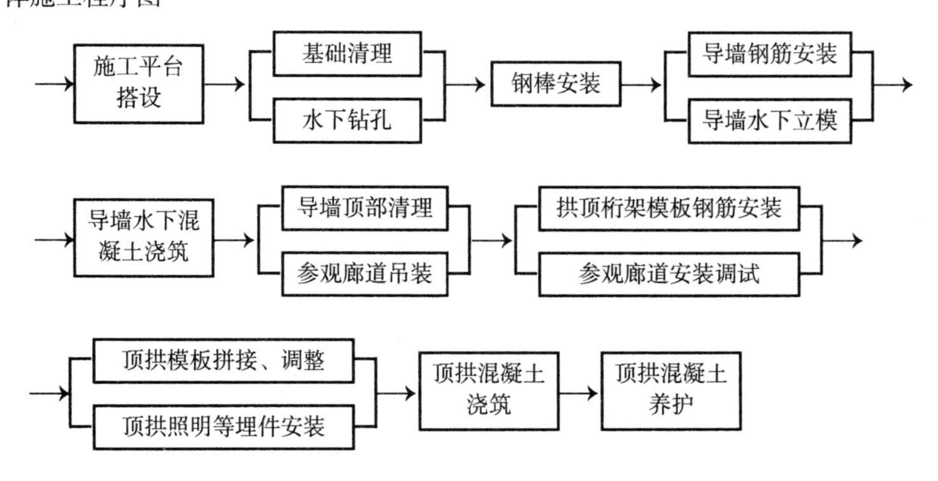

2. 控制性进度

涪陵白鹤梁题刻原址水下保护工程总工期为 2 年 10 个月，跨 4 个年度，主要控制性工期如下：

（1）2002 年 12 月 ~2003 年 5 月，直线工期 6 个月，进行施工准备、水下保护体桩基和坡形交通廊道的桩基施工，同时修建围堰填筑用下基坑道路，浇筑混凝土纵向围堰，并填筑上下游土石围堰岸坡段进行防渗墙试验性施工。

（2）2003 年 10 月 ~2004 年 5 月，直线工期 8 个月，完成水下导墙混凝土浇筑和坡形交通廊道施工，完成上下游土石围堰填筑及其防渗墙施工。

（3）2004 年 10 月 ~2005 年 5 月，直线工期 8 个月，完成参观廊道安装、焊接、水下保护体顶拱施工，水平交通廊道施工及其尾工项目。2005 年 4~6 月完成廊道内装修和设备安装。2004 年 6~9 月完成顶拱模板桁架加工及模板、钢筋焊接拼装。

（4）2005 年 7~8 月，直线工期 2 个月，交通廊道及参观廊道内设备调试及试运行。

3. 施工强度

本工程为水下保护结构工程，其施工特点为非汛期施工实施，难点在于主体工程为水下作业，施工控制在 2003 年 10 月 ~2004 年 5 月，即水下导墙的施工，是整个工程能否按计划完成的关键所在。

混凝土浇筑强度主要由水下混凝土浇筑控制，导墙周长约 157 米，宽 4.5 米，高 4~7 米，分 4 段浇筑，最大仓面面积 180 平方米左右，各段浇筑时水平上升，按导管每次提升 0.5 米，2 小时提升一次，浇筑强度约 180 × 0.5 ÷ 2=45 立方米 / 小时，最大浇筑强度约为 50 立方米 / 小时。

顶拱浇筑采用台阶法，顶拱厚 1 米，分 2 坯浇筑，浇筑坯厚 0.5 米，如考虑采用 6 立方米混凝土吊罐浇筑，台阶宽度约 3.5 米，最大浇筑条带长约 16 米，每条台阶需用 6 立方米混凝土罐 5 罐，混凝土覆盖时间按 2 小时控制，混凝土浇筑强度约为 5 × 6 × 3 ÷ 2=45 立方米 / 小时，最大浇筑强度约 50 立方米 / 小时。

其他部位混凝土浇筑仓面较小，混凝土施工强度取 50 立方米 / 小时，按此配备相应的施工设备。

（四）主体工程施工

1. 混凝土原材料及主要设计指标

（1）混凝土原材料

①胶凝材料

水泥：选用 525# 中热硅酸盐水泥。水泥熟料含碱量不超过 0.6%，水化热 3 天不超过 251kJ/kg，7 天不超过 293kJ/kg。另外，为使混凝土具有一定的膨胀性能，要求氧化镁含量控制在 3.5%~5%。

为降低水泥用量，混凝土中可掺用 15%~20% Ⅰ级粉煤灰。

②骨料

工程附近无天然砂石料，混凝土骨料采用人工骨料，水下混凝土粗骨料一般选用一级配，粒径为 5~20 毫米。细骨料细度模数为 2.6~2.9。水上结构混凝土粗骨料采用二级配，最大粒径为 40 毫米，分为

40~20毫米、20~5毫米两级，要求使用连续级配。

③水

用于混凝土拌和的用水必须新鲜、清净、无污染、可采用自来水。

④外加剂

水下不分散混凝土应掺加抗分散剂及其他要求掺加的外加剂，如掺气剂等。

⑤聚丙烯网状纤维

为提高混凝土自身抗裂性能，在顶拱混凝土中掺入适量聚丙烯网状纤维，纤维长度20毫米左右，掺量暂定0.9千克/立方米。混凝土中掺入聚丙烯网状纤维还可提高混凝土抗冲击性能。

（2）混凝土设计指标

根据工程特点、水工结构运用要求及工程经验，按建筑物标号分区和不同结构部位要求，拟定混凝土设计标号及主要指标见下表。

部位		设计标号	级配	限制最大水灰比	极限拉伸值（$\times 10^{-4}$）	抗渗抗冻
水下	导墙、桩基	C30	一	0.35	≥ 0.85	S6、D250
水上	双人步梯、锚块	C20	二	0.50	≥ 0.85	
	顶拱、桩承台	C30	二	0.45	≥ 0.88	S8、D250
	水平交通廊道结构	C40	二	0.38	≥ 0.88	S12、D250

水下不分散混凝土应在水中不分散、不离析、流动性较好，自流平，自密实，不需振捣，强度保持在空气中成型的同等级强度的80%以上。

混凝土施工配合比应根据混凝土主要设计指标及其他相关要求通过试验选定。

2. 混凝土温控防裂

水下保护体防裂难度较大，以下主要对水下保护体温度进行计算分析。

（1）基本资料

①气温

多年平均气温18.17℃，年间的变化幅度为1~1.6℃。

②水温

用宜昌水文站1958~1987年实测水温资料，多年平均水温为17.9℃。

③混凝土热学性能

应作相关试验而得采用值。

④胶凝材料用量及胶凝材料水化热

应作相关试验而得用量值。

⑤墙厚、墙高及施工进度等

参照设计施工图及施工组织设计等。

（2）水下保护体施工期温度

①水下导墙

鉴于水下导墙混凝土浇筑后期内部最高温度高，温度降幅大，为避免产生危害性裂缝，导墙混凝土浇筑时设置临时施工缝。初步考虑设置4个宽槽（后浇块），将导墙混凝土分成4段浇筑，其中中间两段长30米左右，上下游两段为小圆弧，分段长度相对长一些。在两段中间设长约2米的宽槽（后浇块），原则上在2004年10月采用微膨胀混凝土回填，如果导墙混凝土浇筑在3月份完成，且4月底导墙顶部露出水面时，也可在4月底将导墙宽槽（后浇块）回填。

②水下保护体顶拱

鉴于顶拱混凝土浇筑后其内部最高温度较低，且在混凝土弹性模量较低时已降至当年最低温度，另考虑到顶拱混凝土分块浇筑相对较复杂，顶拱混凝土水上干地施工，施工质量相对较好，并可通过掺加聚丙烯纤维等措施提高自身抗裂性能，且顶拱底部结合结构设计采用厚10毫米钢板，对混凝土防裂有利，此外，现阶段结构设计未设结构缝，初步拟定顶拱混凝土全部一次浇筑完成，必要时也可考虑设置后浇块（封闭块）分段浇筑。混凝土浇筑后流水养护15天，随后覆盖保温材料保持混凝土外露面湿润，直至江水将其淹没。

（3）混凝土温控防裂措施

①选用优质原材料，提高混凝土自身防裂能力；

②分段措施；

③控制混凝土最高温度；

④加强养护。

（五）分项建筑物施工

1. 围堰施工

（1）混凝土纵向围堰施工

采用水下不分散混凝土浇筑。

（2）上下游横向土石围堰施工道路

施工道路采用单车道，路宽5米，基坑左右各一条，一上一下形成封闭回路，总长度约700米。

（3）围堰填筑施工

围堰填筑分两个枯水期施工，2002年12月至2003年3月完成纵向混凝土围堰及靠近岸边的土石围堰填筑及防渗墙施工，2003年12月至2004年3月完成其余的土石围堰及防渗墙施工。

围堰填筑采用端进法，自岸边向纵河床进占，在填筑至堰顶高程143.5米后，进行高喷防渗墙施工。

水下部分填筑施工时，上下游围堰混合料同时进占，石碴料填筑随后跟进。

水上部分填筑施工时，分层加高，分层碾压。

（4）防渗墙施工

高压摆喷防渗墙沿围堰轴线布置，在围堰填筑至堰顶高程143.5米后，进行高喷墙施工。靠近岸边的部位由于原堤防基础可能存在较大块石，可能需要采用挖槽成墙施工。

高喷防渗墙可采用摆喷结合旋喷的方法施工，采用地质回转钻或潜孔钻钻孔，成孔后插入喷浆管，由下而上进行喷射作业。成墙施工时，分序加密，分两序加工。

2. 水下保护体施工

水下保护体为钢筋混凝土水下导墙支撑钢筋混凝土拱壳，顶拱与下部导墙形成整体，导墙与基础的锚固采用水下钻孔设置小型钢桩。

桩基施工：利用搭设的施工平台或水上钻船安装多台钻机，进行导墙基础的钻孔施工，水下钻孔形成后，用导管进行孔内注浆，然后插入钢棒（或先插钢棒再注浆），逐次形成水下小直径钢桩。

①清基：清基范围应满足水下立模要求，不小于结构线以外 1.5 米左右，采用吸泥机械水力冲洗（由内侧向外侧冲洗）。

②钢筋架立与沉放：水下混凝土中布置的钢筋，事先在岸上分段组装成钢筋网，并进行预拼装，组装时应考虑吊点位置，起吊时应使钢筋网保持铅垂状态，必要时用型钢加固，钢筋的接头采用焊接或机械连接。钢筋网采用船舶分段运输，浮吊下沉，由潜水员用拉条、垫块架立，并与埋入基础的钢棒牢固连接。

③水下立模：采用整体大模板，在陆地分段拼装导墙模板及其组合构件，采用船舶分段运输，浮吊沉放就位，水下拼接。模板应有足够重量，并应与预埋钢棒和钢筋网连接牢固，防止在水下混凝土拌合物浇筑过程中，顶托钢筋网，造成移位。

④水下混凝土浇筑：浇筑前先在模板上部利用钢棒支撑搭设浇筑平台。混凝土浇筑时混凝土受料坑固定在浇筑平台上。

导墙水下混凝土采用导管浇筑，一次立模，一次浇筑成型。导管内径 20~25 厘米，导管沿导墙顶呈梅花形均匀布置，间距 3 米，距模板最小距离 1 米。

⑤顶拱施工：顶拱施工基本上在水上进行。考虑到顶拱与参观廊道空间窄小，且顶拱形成后顶拱底部模板拆除困难，可考虑支撑顶拱混凝土底部模板的桁架布置在顶拱内，顶拱混凝土浇筑时埋入混凝土中，同时顶拱底模板也不拆除，桁架和底模联成整体，分段在岸上组装并进行预拼装，同时钢筋网也在岸上安装并分段，与桁架形成一体，船舶分段运至安装地，浮吊吊装到位。顶拱混凝土采用泵浇，软管振捣器振捣。

3. 参观廊道安装

水下保护体内的参观廊道在工厂分段制造，船舶运至安装地点，浮吊吊装到位，焊接并检查焊接质量。

4. 交通廊道施工

交通廊道布置在堤防岸坡，连接着地面陈列馆和水下参观廊道，由坡形交通廊道和水平交通廊道组成。

（1）坡形交通廊道钻（挖）孔灌注桩施工

在上下游坡形交通廊道下，共布置有 24 根桩基，桩孔直径为 1.8 米，深度 30~45 米。桩基建在原堤防的迎水面上，该部分地层为碾压碎石或砾石及填土，结合地基及桩基特性，可选用冲击钻成孔结合人工挖孔的方式。

钻孔灌注桩主要施工程序为：施工准备→设置护筒→安装冲击钻机→冲击钻进→清除沉渣→继续钻进、清渣直至钻孔完成→清孔验收→下放钢筋笼→安装导管→灌注混凝土。

（2）坡形交通廊道施工

桩基施工完成以后，采用立模现浇的方式进行坡形廊道施工，由于坡形廊道离长江护岸高度较近，采用钢管脚手架方式支撑立模，自下向上分段立模、扎筋浇筑，由混凝土泵将混凝土送入仓内，软轴振捣器结合平板式振捣器进行振捣，拆模以后立即进行洒水养护并覆盖草袋进行保护。

（3）水平交通廊道施工

基坑抽水完成后，开始基坑清理及廊道基础处理，然后进行水平交通廊道的施工，采用立模现浇的方式，分段立模、扎筋浇筑，采用软轴振捣器结合平板振捣器进行振捣。拆模以后，立即进行洒水养护并覆盖草袋进行保护。整个廊道浇筑完毕且混凝土有一定龄期后回填廊道周边砂碎石及块石，拆除围堰。

5. 地面陈列馆施工

地面陈列馆为三层框架结构，施工时先进行地基施工，主要为地基开挖和基础混凝土浇筑，然后进行地面主体工程施工，施工方法与普通房屋建筑施工一样。

封顶以后，进行电气安装及室内外装修，同时可进行相关配套设备的施工。

6. 混凝土拌合及运输

混凝土拌合：白鹤梁题刻原址水下保护工程混凝土量虽然不大，但品种多，且大部分为水下混凝土，施工强度较高，为保障供应，原则上就近布置混凝土拌合系统，采用强制式混凝土拌合机拌合。

混凝土运输：混凝土采用搅拌运输车运输至江堤边混凝土泵内，由混凝土泵送至浇筑地点。要求运输过程中应保持混凝土的匀质性及和易性，并使坍落度损失较少。

7. 混凝土养护

浇筑完毕的水下混凝土在未达到一定的强度前，应继续采取措施避免不利环境水的影响。若顶部裸露出水环境中，表面软弱层混凝土或在顶面露出水面后或混凝土初凝后凿除不另加保护，但要求在混凝土浇完 24 小时后才能进行。侧面保护及养护主要是控制拆模时间，同时防止外来硬件的撞击。水上混凝土的养护与常规干地浇筑的混凝土养护方法一样，用保湿材料覆盖保湿养护。

水下混凝土养护特别对棱角部位要重点保护，拆模时间控制如下：水上按常规混凝土拆模时间控制。水下混凝土则根据水温、气温、龄期控制。见下表：

水温或气温（℃）	5	10	15	20	25
拆模时间（天）	5	5	4	3	2

8. 混凝土质量检查

质量检查分三个阶段：

第一阶段：混凝土浇筑前的各种工况检查，并填报混凝土浇筑许可证；

第二阶段：混凝土浇筑过程中，填写混凝土浇筑记录；

第三阶段：拆除模板后的混凝土外观检查，有缺陷的提出缺陷处理意见。

9. 模板工程

（1）混凝土纵向围堰及水下保护体导墙模板

混凝土纵向围堰及水下保护体导墙采取水下浇筑混凝土，水下模板的一般要求：

①能满足建筑物的轮廓尺寸要求；

②能承受未凝固的水下混凝土拌和物及冲击作用下的侧压力；

③在水压力、统建、浪击等作用下及其他特殊情况下保持不变形、不渗漏等；

④模板结构要求装拆简便、迅速、经济可靠；

⑤所有模板缝隙应钉压缝板、塑料、油毡止漏。

水下保护体导墙施工最大水深为 7.3 米，流速约为 1.0 米 / 秒，不便采用水下直接立模方法。根据有关工程施工经验，导墙外侧模板采用钢围图结构型式，内侧模板采用整体模板。单个钢围图的结构尺寸为长 × 宽 × 高 =10 米 ×3 米 ×6 米，重约 15 吨，共需 16 个钢围图。内侧墙体模板也在岸上拼装成尺寸为长 × 宽 × 高 =10 米 ×3 米 ×6 米的整体模板。

（2）顶拱模板

水下保护体顶拱施工在导墙完成后进行，顶拱模板结合结构设计采用厚 10 毫米的钢板，钢板采用钢桁架进行支撑。顶拱模 S 桁架在岸上拼装成型后，再分组吊装就位，吊装重量控制在 30 吨以内。

10. 施工交通运输

（1）场外交通

涪陵白鹤梁题刻原址水下保护工程所在地交通十分方便，对外交通以公路为主，水运为辅的运输方案。

（2）场内交通

根据工程布置及场地条件，场内采用水运和公路运输并存，施工区岸上采用公路运输，水中采用船运。

11. 施工工厂设施

（1）砂石料

水下保护工程混凝土量不大，工程施工所需的混凝土粗、细骨料均在当地建材市场购买，工区不设砂石料加工系统，仅设置骨料调节堆场。

（2）混凝土拌合系统

由混凝土拌合站、成品料堆场、水泥库房等组成。

拌合站：承担混凝土总量 1.32 万立方米，混凝土最大浇筑强度 50 立方米 / 小时。

（3）综合加工厂

综合加工厂主要为钢筋加工厂和模板拼装场。

（4）施工供电供水

（六）施工总布置

1. 布置原则

（1）根据水下保护工程施工季节性强的特点，尽量简化施工企业，减小临建工程规模；

（2）场地布置便于施工；

（3）充分利用堤顶和河滩，采用集中布置的方式，进行规划布置；

（4）拌合站、综合加工厂、金结安装场均布置在地面陈列馆下游长江南岸；

（5）临时生活、办公区不足部分就近租借。

2. 场地布置规模

场地布置规模约 20000 平方米。

（七）各阶段施工文物保护

1. 保护原则

（1）水下保护工程各阶段施工过程中，必须采取有效措施对原址题刻进行防护及保护，各种施工机械不得进入文物上部。

（2）施工过程中不得将建筑垃圾抛入文物区域，并采取有力措施防止水流将建筑垃圾带入文物区域。

（3）施工前在水位较低文物出露时采用合适材料将文物区域进行覆盖保护，并在上部挂设安全网。应采取有效措施将覆盖材料及安全网固定。

（4）施工过程中起吊物不得从文物上部通过，应从外侧吊入。

2. 各阶段保护措施

（1）水下保护体导墙施工期保护

施工方案选用导墙混凝土水下浇筑，以避免形成基坑干地时渗水对文物产生顶托破坏。

基坑冲洗由内向外进行。

钻孔：施工平台或钻船锚固设在文物区域外。

钢棒安装：注浆量按孔内插入钢棒后容积并留一定余量注入，避免过多砂浆流出。

立模：内侧模板不设外拉条，不设外支撑。

钢筋立架：一次吊装到位，吊装时外侧吊入。

混凝土浇筑：模板须密封，避免漏浆，混凝土浇筑露出水面弃除表层混凝土时应将弃料用船运至弃渣场。

（2）水下保护体顶拱施工期保护

模板桁架安装时要确保安全，顶拱模板间接缝要确保焊接质量，不得出现漏浆等现象。

（3）水平交通廊道施工期保护

先浇筑混凝土纵向围堰，在水下保护体导墙上游圆弧段浇筑后，回填上游横向土石围堰靠近混凝土纵向围堰部分，防止或减少石渣流入文物区域。

（4）参观廊道安装期施工期保护

认真组织，确保安全。

焊接时焊接部位下部设置平台，以免焊渣或施工物件掉入文物区域。

（八）结论和建议

1. 白鹤梁题刻原址水下保护工程分为地面陈列馆，交通廊道，水下保护体三部分，地面陈列馆及坡形交通廊道具备干地施工条件，水下保护体顶拱在枯水期也位于水面之上，可在水上干地施工。对水平交通廊道及水下保护体导墙施工重点比较了无围堰水下施工及修建围堰干地施工两个方案，从保护文物及节省投资等方面考虑，推荐小围堰方案，即采用横向土石围堰 + 混凝土纵向围堰结合导墙形成小基坑，水平交通廊道干地浇筑，水下保护体导墙采用水下不分散混凝土浇筑。

2. 水下保护导墙施工时，采用优质原材料，分四段浇筑。导墙钢筋及模板在岸上预绑扎及拼装后运至导墙处沉放，钢筋及模板主要由钢棒支撑固定。水下混凝土用导管浇筑。水下保护体顶拱底模采用埋设于顶拱内桁架支撑，桁架、模板及钢筋在岸上拼装后用浮吊吊装，焊接后一次浇筑混凝土。

3. 交通廊道水上部分在钻孔灌注桩完成后采用立模现浇，采用小围堰方案，水平交通廊道干地浇筑，可提高施工质量。参观廊道在工厂预制后运至水下保护体处分段吊装，水上焊接。

4. 各阶段施工过程中应特别注意文物保护，除在文物表面覆盖合适材料并挂网保护外，各阶段施工应选用对文物无损害的施工方法，并采用有效措施保护文物。

5. 建议：工程实施前，应委托国家认定的权威机构，进行水下不分散混凝土的配合比室内试验和现场实验，优化混凝土配合比，降低胶凝材料用量，提高混凝土抗裂性能。

第三篇

设计与施工

一　涪陵白鹤梁题刻保护工程设计工作

2002年6月5日，白鹤梁题刻原址水下保护工程代理业主单位——重庆峡江文物工程有限责任公司（以下简称峡江公司）与长江水利委员会长江勘测规划设计研究院（以下简称长委设计院）正式签订了《涪陵白鹤梁题刻原址水下保护工程及地面陈列馆》工程项目设计合同书。由此开始了白鹤梁题刻原址水下保护工程施工设计工作。

在此之前，峡江公司委托长委设计院按照葛修润先生提出“无压容器”方案开展了《白鹤梁题刻原址水下保护工程可行性方案研究报告》，2002年1月16日，重庆市人民政府在北京主持召开该报告的论证会，专家组原则同意该报告。国家文物局2002年3月21日《关于对涪陵白鹤梁题刻原址水下保护工程可行性方案研究报告的意见函》中原则同意该报告。随后长委设计院进行了白鹤梁题刻原址水下保护工程初步设计工作并完成。2002年10月24日，重庆市文物局主持召开了白鹤梁题刻原址水下保护工程初步设计评审会，专家组同意初步设计报告。国家文物局2003年1月8日《关于白鹤梁题刻原址水下保护工程初步设计方案的批复》中原则同意。

重庆涪陵白鹤梁题刻原址水下保护工程施工图审查是由重庆大学建筑设计院承担，该院按国家有关规定、规范、标准等进行了审图工作并出具《白鹤梁题刻原址水下保护工程施工图审查报告》。

（一）白鹤梁题刻保护工程设计工作概况

1. 保护工程范围

白鹤梁题刻中段东区长约45米、宽约10米范围为石刻密集区域，包括著名的唐代双鱼等重要题刻138则，为题刻重点保护区域。从题刻重要性、工程一次性投资及运行维护费用等综合分析，拟定白鹤梁题刻原址水下保护区域为中段东区长约45米，宽约10米的范围。对其他区域零散的脱落题刻拟搬入博物馆陈展，其他少量题刻让其自然淤积掩埋。

地理位置为：东经106° 56′ ~107° 43′，北纬29° 21′ ~30° 01′；海拔高程136.15米~138.0米。地理坐标为：X=3288650~3289000，Y=36440600~36440850。

2. 设计依据及范围

（1）主要设计依据为

《白鹤梁题刻原址水下保护工程可行性方案研究报告及专家组论证意见》；

《白鹤梁题刻原址水下保护工程设计合同书》；

《白鹤梁题刻原址水下保护工程地质详细勘察报告》；

《白鹤梁题刻原址水下保护工程初步设计报告及审查意见》； 国家颁布的有关法律、法规、标准及规范等。

（2）设计范围

①土建工程（含装饰工程）；地面陈列馆；坡形交通廊道；水平交通廊道；参观廊道；水下保护体。

②给排水工程。

③电气工程。

④通风、空调工程。

⑤消防工程。

⑥安全监测工程。

⑦临时工程。

3. 控制坐标及高程系统

本设计采用黄海高程和北京坐标系统（注明者除外），桩号参考涪陵长防堤大坝轴线桩号。各建筑物的控制点坐标或桩号见有关图纸。

4. 工程等级及建筑物级别

①规划保护方案：原地保护。

②建筑类别：石刻。

③占地面积：30690 平方米。

④保护面积：450 平方米。

⑤工程等级为一级，耐久年限为 100 年。

⑥水下建筑耐火等级为一级，地面建筑耐火等级为二级。

⑦地面陈列馆屋面为一级防水，交通廊道抗渗等级为 S12。

⑧地震烈度：基本烈度为Ⅵ度，交通廊道及水下保护体按Ⅶ度设防。

5. 河段概况

涪陵区位于重庆市东南部，是长江上游重要的港口城市和乌江流域最大的物资集散地，属于三峡库区部分淹没城市。长江由西向东、乌江从南向北在涪陵汇合。涪陵地处汇合口的河谷地带，其主要城区被长江、乌江分隔成三大区，即李渡区、江东区和南岸浦片区。涪陵主城区城市面积 12 平方公里，海拔高程 160~400 米。

6. 涪陵城区河段天然水位情况

（1）由长江涪陵清溪场水文站的水文资料统计，分期设计水位见下表：

涪陵清溪场地站分期设计水位成果表

项目	设计值				
	5%	10%	20%	33.35%	50%
10~4 月最高	152.80	151.42	149.90	148.64	147.40
11~5 月最高	151.07	149.55	147.87	146.48	145.12
1 月平均	137.81	137.70	137.56	137.44	137.32
2 月平均	137.50	137.40	137.28	137.16	137.05
3 月平均	138.11	137.89	137.64	137.43	137.21
4 月平均	140.87	140.26	139.57	138.98	138.41
5 月平均	143.63	143.10	142.47	141.91	141.34
10 月平均	146.85	146.25	145.54	144.91	144.26
11 月平均	142.30	141.89	141.41	140.99	140.55
12 月平均	139.07	138.88	138.67	138.47	138.27

注：水位：冻结基面以上米，+0.063 米为资用吴淞基面，－ 1.634 米为黄海基面。

（2）涪陵距长江清溪场水文站约 9 公里，根据三峡库区蓄水水位变化的规划计算，按 5 年一遇洪水频率（P=20%）和 20 年一遇洪水频率（P=5%），涪陵与清溪场汛后天然水位相差分别为 0.4 米和 0.6 米，由上表可推算出涪陵白鹤梁题刻所处长江河段按 5 年一遇洪水频率(P=20%)和 20 年一遇洪水频率(P=5%)的非汛期水位见下表：

项目	设计值	
	20%（5 年一遇洪水频率）	5%（20 年一遇洪水频率）
10~4 月最高	148.67	151.77
11~5 月最高	146.64	150.04
1 月平均	136.33	136.78
2 月平均	136.05	136.47
3 月平均	136.41	137.08
4 月平均	138.34	139.84
5 月平均	141.24	142.60
10 月平均	144.31	145.82
11 月平均	140.18	141.27
12 月平均	137.44	138.04

（3） 1997~2001 年长江水文涪陵段水位变化表

年 月	1997	1998	1999	2000	2001	范围值
1	137.62~138.95	137.48~138.05	137.79~137.90	138.02~138.83	137.92~138.71	137.48~157.90
2	137.57~139.20	137.14~137.64	137.60~138.15	137.87~138.81	137.92~138.37	137.14~139.20
3	137.76~139.50	137.30~138.50	137.03~137.84	138.23~139.97	137.72~138.26	137.03~141.13
4	138.61~143.21	137.43~140.74	137.28~139.26	138.30~141.62	138.34~141.13	137.28~143.21
5	139.98~145.69	139.09~145.43	139.87~145.23	139.01~143.03	138.34~141.13	139.01~145.69
6	141.05~147.74	140.55~149.69	141.59~156.54	137.70~153.39	141.79~151.39	137.70~157.77
7	144.59~154.72	149.47~157.77	148.54~156.54	137.70~153.39	141.79~151.39	137.70~157.77
8	142.49~148.82	151.80~159.65	144.77~151.98	143.79~153.30	144.08~153.23	142.49~159.65
9	141.47~146.87	142.13~145.49	142.77~145.72	145.33~149.66	143.28~148.92	140.09~149.66

续表

年 月	1997	1998	1999	2000	2001	范围值
10	141.19~146.56	142.13~145.49	142.77~145.72	143.33~149.66	143.28~148.92	140.09~149.66
11	138.72~140.82	139.24~142.27	142.07~144.39	139.83~144.56	140.09~144.04	138.72~144.56
12	137.85~138.88	138.01~139.86	138.49~141.91	138.67~139.90	138.89~139.94	137.85~141.91
备注	地点：清溪水文站、黄海高程，零水位高程 137.00 米					

7. 三峡水库拟定的调度方案对涪陵河段水位的影响

三峡工程分三期施工，总工期 17 年，一期工程自 1993 年 ~1997 年共 5 年；二期自 1998 年 ~2003 年共 6 年；三期自 2004 年 ~2009 年共 6 年。三峡库区 2003 年 6 月中旬将蓄水至围堰挡水发电水位 135 米（吴淞高程）；2007 年汛前右岸大坝具备挡水条件，2006 年 11 月开始至 2007 年 5 月导流底孔封堵后水库库水位汛期将超过 135 米（吴淞高程），汛后水位将蓄至初期发电水位 156 米（吴淞高程）。另外，三峡工程导流底孔在大坝具备提前挡水条件及其他条件时，导流底孔可能提前封堵。

三峡水库拟定的调度方案：2003~2007 年汛期坝前运行水位为 135 米（吴淞高程）；2007 年汛后 ~2009 年汛期水库按 156 米（吴淞高程）方案调度运行；2009 年汛后三峡水库具备蓄水至 175 米（吴淞高程），达到按最终规模运行的条件。在水库蓄水初期涪陵河段将分别处于水库回水末端和回水变动区中下段，从水库正常运行期开始该河段处于常年回水区上段，届时的白鹤梁题刻将长期淹没于水中。

根据三峡库区蓄水水位变化的规划计算和《三峡库区重点文物白鹤梁题刻保护及迁建工程水工模型试验报告》，三峡水库运行 30 年，涪陵河段水位变化如下：

（1）2003 年 ~2007 年汛期，坝前运行水位为 135 米（吴淞高程），回水末端位于涪陵附近。期间，涪陵河段汛期 5% 洪水天然水位约为 165.5 米，因大坝壅水，涪陵河段水位升高 1.5 米，水位约为 167.0 米；涪陵河段非汛期水位与天然情况一致。

（2）2007 年汛后 ~2009 年汛期，三峡水库按 156 米（吴淞高程）方案调度运行，汛期 6~9 月坝前水位控制在 135 米（吴淞高程），此时涪陵河段水位较天然情况抬高 0~3 米；汛后 10 月水库蓄水位至 156 米（吴淞高程），其回水变动区位于长江铜锣峡与丰都之间。白鹤梁距三峡大坝约 490 公里处于变动回水区下段，届时该河段水位较天然情况抬高达 19 米左右，河段汛期水位约为 166.2 米（按 20 年一遇洪水频率）。

（3）2009 年汛后，三峡水库具备至 175 米（吴淞高程），达到最终规模运行的条件，坝前水位按 175—145—155 米（吴淞高程）方案调度时，涪陵河段已处于水库的常年回水区，水位将进一步抬高，汛期水位较天然情况抬高 10 米以上，非汛期水位抬高达 39 米左右。按 20 年一遇洪水频率，这时涪陵河段汛期水位在 168.8 米；汛后涪陵河段水位在 175.6 米。

（4）2003 年 10 月，三峡水库蓄水至 139 米（吴淞高程），涪陵河段外汛期水位与天然情况基本一致，按 5 年一遇洪水频率，汛后 12~3 月涪陵河段最高水位在 140.80 米。

8. 流量、流速、泥沙

（1）根据长江寸滩水文资料及有关研究成果，涪陵长江河段多年平均流量为 11200 立方米 / 秒，三峡工程坝区最高通航流量 56700 立方米 / 秒。

（2）三峡水库按拟定的 156 米方案运行时，白鹤梁河段最大流速 5.6 米 / 秒，最小流速 3.4 米 / 秒；按 175 米方案运行时，白鹤梁河段最大流速 4.3 米 / 秒，最小流速 2.5 米 / 秒。

（3）泥沙淤积分布与白鹤梁的覆盖情况

根据重庆西南水运工程科学研究所《三峡库区重点文物白鹤梁题刻保护及迁建工程水工模型试验报告》，三峡水库不同运行时期白鹤梁局部河段泥沙淤积特性见下表：

三峡水库运行年份	CS100—CS108			淤积厚度（m）		
	淤积量（10^4立方米）	淤积强度（10^4立方米/公里）	淤积流速（10^4立方米/公里年）	一般淤厚	最大淤厚	白鹤梁上淤厚
运行 5 年	24.39	21.39	4.28	0~3	4	0
运行 7 年	46.57	40.85	5.84	0~4.5	5	0
运行 10 年	84.9	74.51	7.45	1~5	7	0
运行 20 年	218.2	191.43	9.57	9~14	18	2~6
运行 30 年	310.2	272.36	9.08	13~18		4~10

①根据寸滩水文站提供的资料，涪陵长江河段多年平均悬移质输沙量为 4.6 亿吨（0.028 毫米），多年平均沙质推移质为 600 万吨（0.014 毫米），卵石推移质为 28.97 万吨（51 毫米），汛期淤积，汛后冲刷，年内基本保护平衡。

②在三峡水库按 135 米（吴淞高程）水位运行的前 5 年，由于受水库回水较小，涪陵长江河段泥沙淤积甚少；当三峡水库按 156 米（吴淞高程）方案运行后，涪陵河段处于回水变动区，其泥沙淤积分布在总体上符合回水变动泥沙淤积的一般规律，水库运行至第七年底，防护大堤以外河段边滩已基本形成，河道向着顺地微弯和高滩深槽方向已有一定的发展。在防护堤所在河段，泥沙淤积的部位主要是在白鹤梁以右的大堤沿岸（即鉴湖内）、龙王沱内及两岸边滩。

③到第七年底鉴湖淤厚 0~4.5 米，白鹤梁上尚未受到泥沙淤积的影响。从第八年开始以后，水库按 175 米（吴淞高程）方案运行，此时涪陵河段已处于水库常年回水区（上段），由于水位骤然大幅度抬高，使整个涪陵河段泥沙普遍落淤，即淤滩、又淤槽，但相对而言，边滩淤积更多，深槽淤积较少，特别是鉴湖和龙王沱深潭内泥沙淤积较多，淤积速度更快。水库运行十年末，鉴湖内泥沙淤厚 1~5 米，最大淤厚 7 米，淤积泥沙逐渐逼近白鹤梁石刻。水库运行到第二十年末，白鹤梁局部河段淤积已达到 191.43×10^4 立方米 / 公里，鉴湖内一般淤厚达到 9~14 米，最大淤厚达 18 米，白鹤梁上淤厚达到 2~6 米，此时白鹤梁题刻已完全为淤积泥沙所覆盖。到水库运行到第三十年末，涪陵河段的泥沙淤积进一步发展，白鹤梁局部河段淤积强度达到 272.36×10^4 立方米 / 公里，鉴湖内一般淤积厚度已达到 13~18 米，其最大淤厚 23 米，白鹤梁题刻上淤沙厚度达到 4~10 米。龙王沱已完全被淤积泥沙所填筑，整个涪陵河段发展成为单一规顺和微弯的河道。

④水库运行到第十年末，淤积泥沙已逐渐逼近白鹤梁题刻，从第十五年起开始全面覆盖白鹤梁题刻，到第二十年末白鹤梁题刻已完全为淤积泥沙所覆盖。

9. 城市景观及防洪设计

由于工程需要，地面陈列馆拟建于沿江大道与长防堤之间的绿化带中，景观设计遵循涪陵滨江区规划思想，结合长防大堤及沿江大道建设要求。

（1）坡形交通廊道穿堤处，对原防洪堤进行原样恢复。

（2）总体布置上保持沿江景观带的连续性，保持观景平台和人行道高低两条观赏路线的贯通。对原有行堤路面、人行道及绿化进行原样恢复。

10. 环境影响

（1）环保项目及控制指标

本工程施工过程中，将产生污（废）水，垃圾、废渣、噪声等污染物。另外，土石方开挖、弃渣等也可能造成不同程度的局部水土流失。因此，必须采取妥善措施将上述污染控制在下述规定范围之内。

①排水水质

生活污水排放执行《污水综合排放标准》（GB8978—1996）规定的一级标准。在施工现场合适位置搭建数量适宜的无害公厕。对工区内的生活垃圾、生产废料、废渣等固体污染物，不得直接倒入长江中。在施工机械设备拼装、维修保养、清洗过程中产生的含油废水、不应任意排放。应采取收集和就地处理措施，使该含油废水处理后，含油浓度达到 GB8978—1996 规定的一级标准。

②环境空气

工程区域所处位置，按环境空气质量功能区分类为二类区，执行《环境空气质量标准》（GB3095—1996）规定的二级标准。工程施工所使用的车辆和以燃油为动力的机械设备，均应配备尾气净化装置，使尾气达标排放。工区内交通道路和堆填土料采用洒水除尘，对多尘物料宜尽可能采用洒水打湿，密闭等运输方式。对操作产生粉尘量较大的现场作业人员，应按国家有关劳动保护的规定，发放防尘用品。

③环境噪声

本工程所处位置距周边城镇较远，施工现场作业区噪声防护执行《城市区域环境噪声标准》（GB3096—93）规定的三类标准，交通主干道两侧执行四类标准。

④水土流失和废渣治理

在施工过程中，土石方开挖形成的边坡、工程取土、弃渣堆填按照有关技术要求予以妥善处理，防止水土流失。在工程区内设置专用施工道路运输工程材料、设备、垃圾及工程废渣，并配专用人员管理和维护。将工程弃渣运至设定的弃渣场，不得随意倾倒或堆放。工程结束后，应按有关要求或指示及时清理、平整、压实，工程完工后，必须拆除和清理所有施工期内的生产、生活临时设施，并及时恢复植被绿化，防止水土流失。

11. 抗震设防烈度

根据《中国地震烈度区划图》，涪陵地区地震基本烈度为Ⅵ度。本工程为特殊建筑物，地面陈列馆工程抗震设防烈度为Ⅵ度，设计基本地震加速度 a=0.05g；交通廊道及水下保护体工程抗震设防烈度为Ⅶ度，设计基本地震加速度代表值 a=0.1g。场地类别为Ⅱ类，设计反应谱最大代表值 Bma=2.25，反应谱特征周期 Tg=0.4S。

（二）　施工设计要点——功能及作用、主要技术参数

1. 白鹤梁本体及题刻表面加固保护

2000年初，受重庆市文物局委托，原中国文物研究所和建设部综合勘察设计院承担了白鹤梁本体及题刻表面加固保护工程的设计工作。

该项工程由整体加固、表面加固和表面防冲蚀处理三项工程内容组成，其目的是为了确保白鹤梁题刻所在岩体的整体稳定性，防止白鹤梁题刻表面遭受漂移质的腐蚀及进一步的破坏。

（1）总体设计

①为确保题刻所在梁体砂岩的整体稳定性，拟对梁体实施长锚杆支护处理，对岩体内部的纵横宽大裂隙及下部淘蚀空间实施灌浆，使梁体表层砂岩与岩体联为整体。

②为防止岩体分离块体破坏面积的进一步加大，而导致题刻的彻底破坏，需对题刻厚层板状剥落严重部位，实施小锚杆加固工程。

③对砂岩体下部页岩陶蚀凹槽及分离体间，实现原岩砌筑和连续墙支护，以防江水进一步淘蚀，造成崩塌区域的扩展。

④题刻岩体和地质体间未脱离，题刻岩体下部的潮气无法切断，表面加固采用浸渍防水工艺，采用弹性硅酸乙酯为主要材料，以注射黏结和点滴渗透增强相结合的工程措施。

⑤表面防冲蚀处理拟采用双面层保护结构，下层为柔性保护层，上层为刚性防冲蚀保护层。面层以锚固方式与岩体相近，以确保面层自身的稳定性。

（2）锚杆支护

锚杆加固的工程效用主要靠主筋强度和锚固与岩体间的黏结强度共同来完成。在设计单根锚杆的技术参数时，主要依据危岩体平衡抗力来计算单根锚杆的极限锚固力和有效锚固长度。其中有效锚固长度是指锚杆打入岩体，在裂隙组和破碎带以后的完整岩体内锚杆的锚固长度。

为确保题刻所在梁体砂岩的整体性，防止岩体分离块砖坏面积的进一步加大，而导致题刻及梁体的彻底破坏，需对题刻砂岩块体，实施小锚杆加固工程。锚杆采用 Φ12 螺纹钢，锚孔外口孔径 40 毫米，内孔孔底将扩大至约 25 毫米，以增加锚固体的抗拔力。锚杆长度为 1~3 米，锚固度长度 1~2 米。锚固砂浆选用 525# 防水硅酸盐水泥，灰砂比 1∶1，水灰比 0.5，填料选用 < 1 毫米的砂。

故现水面以上东段拟布置 42 根，西段拟布置 68 根，共计锚固长度约 332 米。考虑到现水下可能发生的工作量，预计总锚固长度在 500 米左右。

（3）围堰

因本体保护工程内的部分工程项目必须要求在较干燥的环境下完成，所以，只有通过临时围堰方能将江水与题刻区隔离。

从临时围堰工程目的出发，该部分工程必须达到以下技术要求：

时限要求——保证 4 个月工期；

安全要求——确保自身结构的稳定性；

功能要求——半封闭至封闭型，具备良好的隔水防渗功能；

结构要求——易组装，易拆卸；

施工作业面要求——确保长 220 米，宽 15~20 米的操作空间；

工程特殊要求——对文物主体影响最小，且不影响主航道。

拟采用预制钢支架及结构面板充填砂卵石重力坝体。

主要技术参数：

围堰长度——322 米；

围堰宽度——20 米；

坝顶高程——139 米。

整体结构设计：整个堰体分为上、下两段，上段为单面线形，高 60 米，长 193 米，坝顶高程 138 米；下段为封闭状椭圆形，北侧高 7 米，长 48 米，南侧高 3 米，长 48 米，坝顶高程 139 米。

防渗措施：

因主体结构为刚性结构，而斜坡面多起伏不平，因此，坝体底部拟采用水下现浇混凝土封闭，要求混凝土与岩面间的黏结强度必须大于江水压力。

钢板与连接器及钢板间的渗漏问题，主要通过两方面的技术措施来解决，一是在部件加工时提高结合部位的加工精度，使其吻合性较好；二是安装时在结合部位采用水下封胶封堵及 PVC 防渗膜防止江水渗入。

围堰整体的稳定性分析及措施：

围堰整体主要受坝体自重、江水的静水压力、上游江水的动水压力的共同作用。为确保坝体的整体稳定，在围堰上游部位将增加挡水钢板的支撑，并减少椭圆的短轴长度。

（4）砌筑支护

对岩体下部淘蚀凹槽及分离体间，实施原岩砌筑，以防江水进一步淘蚀，造成崩塌区域的扩展，砌筑体断面选用梯形，为确保其稳定性内部暗插筋，钢筋与岩体相连，底部清至新鲜岩石，材料选用原岩块石和 M7.5 的防水水泥砂浆。

东段砌筑总体积约为 240 立方米，西段砌筑总体积约为 880 立方米，砌筑总体积约为 1120 立方米。为确保砌筑质量和岩体整体性，拟对西段部分块体在有充分依据的前提下进行归安，总体积约 61 立方米。

（5）裂隙灌浆设计

为确保岩体的整体性，拟对岩体内部的纵横宽大裂隙实施灌浆处理。锚固砂浆选用 425# 防水硅酸盐水泥，灰砂比 1:1，水灰比 0.5，填料选用 < 1 毫米的砂。其中东段约 120 立方米，西段约 900 立方米，灌浆总体积约为 1020 立方米。

（6）表面化学加固工程设计

采用注射黏结和点滴渗透增强相结合。

①主要技术标准

强度增加——增强适中

脆性增加程度——脆性程度低

表层深度的均一性——均一性好

渗透深度——达到并超过未风化的界面（表层约 2~3 厘米）

憎水性——加固前后变化不大

②材料的技术特点

采用弹性硅酸乙酯为本次保护工程的主要加固材料。其化学原理为：硅酸乙酯和空气或基材的水蒸气发生化学反应，固化后形成类似玻璃的 SiO_2 胶体，加固增强矿物材料，副产物为挥发性的乙醇，并增加了弹性集团，从而降低了材料的脆性，是石质古迹保护的理想材料。

（7）表面防冲蚀工程设计

白鹤梁题刻在水位抬升过程中，该区域水流在一定阶段呈现紊流状态，河床底部细粒推移质在水流携带下，将不断磨损题刻表面，所以必须采取相应的保护措施，以确保白鹤梁题刻的安全。

本工程对题刻表面防冲蚀保护采用底层柔软的土工织物和表层刚性砂浆层结合的方法。

①主要技术标准

强度——达到抗磨损要求

柔性——适合起伏凹凸的岩壁

可逆性——保护面层可拆卸，对题刻表面无伤害

透水性——面层材料具备良好的透水性，以保证内外水压平衡，确保面层的稳定性

②材料

采用 JMSN 聚酯纺粘无纺布，不含化学添加剂，也不经热处理，环保材料。具有良好的力学性能，透水性好，能抗腐蚀、抗老化，具有隔离、反滤、排水、保护、稳固、加强等功能，并能适应凹凸不平的基层，还能抵抗施工外力破坏，蠕变小，在长期荷载下仍能保持原有功能。

③刚性保护层

采用厚 100 的 C30 豆石钢筋混凝土，钢筋网采用 Φ8@150 的网片。

2. 水下保护体及鱼嘴防撞墩

水下保护体以壳体结构覆盖白鹤梁题刻，永久保护题刻不受泥沙淤埋和冲淘破坏。水下保护体由水下导墙、钢筋混凝土拱顶拱壳和鱼嘴防撞墩三部分组成。

（1）水下导墙

①水下导墙平面由四段圆弧相切组成的弧状，外顺水流方向圆弧半径为 145.45 米，两端圆弧半径为 9 米，内长向长 64 米，短向 16 米。

②水下导墙厚度由两端的 3 米渐变至中间的 3.5 米。

③在外江侧水下导墙外缘顶高程为 141.80 米，内缘顶高程由两端的 140.20 米渐变至中间的 141.20 米；在鉴湖侧水下导墙外缘顶高程为 140.50 米，内缘顶高程为 140.20 米。

④水下导墙的锚固：水下导墙与基础的锚固采用水下钻孔小型钢桩，小型钢桩采用 Φ50 钢棒，计 302 根。水下钻孔间距为 1000 毫米，直径为 Φ110 毫米，成孔孔径为 Φ58 毫米。其作用有二，一是对岩体加固，二是对模板进行支撑。

（2）水下保护体穹顶拱壳

①水下保护体穹顶平面成椭圆布置，顶板上缘在外江侧为长轴 70 米，短轴 23 米的半椭圆，顶板上缘在鉴湖侧为长轴 70 米，短轴 23 米的半椭圆；顶板下缘为长轴 64 米，短轴 16 米的椭圆。

②水下保护体穹顶以水下导墙为基础，顶标高 143 米，外江侧与水下导墙在 141.80 米高程相接，近鉴湖侧与水下导墙在 141.50 米高程相接。

③穹顶顶板在外江侧水下保护体中心处下缘高程为 141.20 米，在鉴湖侧水下保护体中心处高程为 140.20 米，外江侧穹顶顶板下缘沿水下导墙高程由 140.20 米渐变至 141.20 米。

④水下保护体穹顶与水下导墙分期实施，形成整体。

⑤穹顶拱壳施工以钢桁架作为底模，钢桁架与拱壳混凝土一起浇筑形成整体。

⑥在水下保护体上方穹顶拱壳上设置两个 1.2 米 ×0.6 米的吊物检修孔，盖板为特制的不锈钢盖板。

（3）结构计算

详见《白鹤梁题刻原址水下保护工程三维非线性有限元结构分析专题研究报告》部分计算方案、工况。

（4）构造措施

①结合水下保护壳体施工，设计中考虑桁架钢模板与钢筋混凝土壳体共同作用形成钢骨混凝土，以有效减小壳体中央下缘的拉应力。

②近鉴湖侧壳体与水下导墙连接处下缘加厚，下缘高程降至 140.20 米，上缘予以局部削弱，近外江侧壳体与水下导墙连接处上、下缘均加厚，上缘高程为 141.80 米，下缘高程为由两端 140.20 米渐变至中间 141.20 米。

（5）水下钻孔钢桩抗拔、应力验算

①取 1 米水下导墙为计算单元，导墙底部拉应力为最大 0.366MPa。

②通过计算，水下钢桩（Φ50 钢棒）桩顶上拔力 201.1kN；钢棒嵌入基石 13 米（有效嵌固长度 8 米），采用 M30 水泥砂浆对基岩以下 5 米起的钢棒进行注浆，钢棒抗拔力为 402kN，水下钻孔钢桩抗拔满足规范要求。

③通过计算水下钻孔钢桩的应力达到 103MPa，小于 Φ50 钢棒的设计强度，满足规范要求。

（6）水下导墙稳定验算

①计算工况

导墙内外有水压差，外江侧水位 141.91 米，未安装参观廊道；

导墙内外有水压差，外江侧水位 141.91 米，安装参观廊道。

②通过计算，在各工况下单片水下导墙稳定及基底应力满足规范要求。

（7）混凝土施工

①采用水下不分散混凝土，混凝土强度等级为 C30，钢筋 Ⅰ、Ⅱ级。

②水下导墙按四段分开浇筑，施工缝按弯弧段交接处，共四段施工。

③参观廊道在水下导墙的埋件及其连接还需进一步深化。

（8）鱼嘴防撞墩

位于水下保护体上游，平面由四段圆弧相切形成凸凹弧状，顺水流方向圆弧半径为 8.1 米，前端圆弧半径为3.2米，高程由前端的139米渐变至143米，在142米高程与水下保护体相邻接。鱼嘴长20.6米，最宽处17米，最窄处1米，高5.8米。鱼嘴与基础的锚固采用水下钻孔小型钢桩Φ50钢棒，计58根。混凝土采用C30，计806立方米，钢筋Ⅱ级。

（9）技术参数

①水下保护体建筑面积：1375平方米，其中参观廊道220平方米。

②水下导墙周长约157米，宽3~3.5米，高5~9米。

③穹顶顶拱厚1米，顶拱内跨径18米。

④混凝土设计标号及主要技术指标

部位	设计标号	级配	限制最大水灰比	极限拉伸值（$\times10^{-4}$）	抗渗、抗冻
水下导墙	C30	一	0.35	≥0.85	S6、D250
穹顶拱	C30	二	0.45	≥0.88	S8、D250

水下导墙及鱼嘴防撞墩水下钻孔主要工程量

序号	工程项目	简要说明	单位	数量
1	水下钻孔	Φ110钻孔，清孔底封	米	4944
2	封孔套管	Φ108封孔套管，顶封标识	米	510
3	Φ50钢棒		米/吨	6954/140
4	钻孔灌浆	米30水泥砂浆灌注	米	4944

3. 白鹤梁题刻在施工中的保护原则

（1）水下保护工程各阶段施工过程中，必须采取有效措施对原址题刻进行防护及保护，各种施工机械不得进入文物上部。

（2）施工过程中不得将建筑垃圾抛入文物区域，并采取有效措施防止水流将建筑垃圾带入文物区域。

（3）施工前在水位较低文物出露时采用合适材料将文物区域进行覆盖保护，并在上部挂设安全网。应采取有效措施将覆盖材料及安全网固定。

（4）施工过程中起吊物不得从文物上部通过，应从外侧吊入。

4. 参观廊道

设计单位：中国船舶重工集团公司第七一九研究所

参观廊道是白鹤梁题刻原址水下保护工程的一个重要组成部分，它安装于水下保护体内，两端分别同交通廊道相通。观众通过参观廊道的观察窗可以观赏白鹤梁题刻。参观廊道有潜水员舱，作为潜水员进入水中对参观廊道的舱外设备进行维修和更换时的过渡舱室。另外还配有设备舱，作为照明、摄像、供气等设备的布置舱室及电缆集中通道。

设计要点

参观廊道由结构部分、系统部分和电气系统三个部分组成。

结构部分

（1）参观廊道结构

参观廊道的结构由廊道主体、设备舱和潜水员舱组成。

参观廊道按最高水位 179 米（黄海高程）来计算其强度，其主体为直径 3150 毫米的带肋圆柱壳，壳板厚度 t=28 毫米。两端为 8 字体结构，直径 3150 毫米，两圆心距为 1600 毫米，廊道两端与交通廊道土建预埋钢套管连接。

潜水员舱与设备舱均为球形结构。直径为 2400 毫米，壳板厚度 t=20 毫米。潜水员舱设有三个通道，侧通道和参观廊道主体连接，通道直径为 1000 毫米，其上装有耐压门；下通道内径为 1000 毫米，设有上下两个承压门盖。另外设有通道通向设备舱，内径为 700 毫米。通道两端设有承压门盖，各通道的围壁厚度均为 40 毫米。参观廊道全长约 70 米。

（2）观察窗

参观廊道主体内水平中轴线偏上 222 毫米位置，设有 23 个观察窗，窗体前倾 8° ，沿廊道走向均匀分布。观察窗为双层玻璃结构，所起作用一方面是确保安全，另一方面是在保护体内蓄水后便于更换玻璃。玻璃直径为 800 毫米，厚度为 88 毫米。

（3）参观廊道支撑形式

参观廊道主体中间部分的底座焊接在其下的 17 个“牛脑”基座上悬臂梁，其座与混凝土水下导墙预埋钢板用螺栓连接，连接后不再加焊放松。参观廊道主体弯道部分与 8 字体部分底部焊接在土建预埋钢板上，潜水员舱及设备舱均通过四根 Φ203 × 18 钢管座焊接在土建的预埋钢板上。

（4）吊运观察窗装置及走道

参观廊道外窗上部设有维修时吊运观察窗的轨道，潜水员更换外观察窗时，可通过安装在轨道上的手动葫芦及轨道小车，将外层观察窗从潜水员舱吊运至工作点。维修轨道下方设有维修平台。

系统部分

（1）潜水员舱控制系统

潜水员作业系统由综合控制台系统和潜水员舱舱内系统两部分组成。综合控制台实施对潜水员舱的供气、加压、减压、舱内氧气和二氧化碳含量的监测以及舱外水深的显示。潜水员舱的最大加压速度最大为 10 米 / 分钟，最大减压速度为 10 米 / 分钟。

（2）参观廊道供气系统

参观廊道供气系统的主要作用是为参观廊道通风闸阀、排水闸阀提供应急切断以及开关气源、吹降观察窗内水汽以及在应急状态下为“8”字体舱内的待救人员提供纯净的空气。供气系统由地面气站供应，穿舱处均采用通舱管件以及不锈钢球阀。

（3）疏排水系统

在参观廊道主体底铺板下设有疏水槽，疏水槽经“8”字体两端隔壁处设有气动蝶阀，端部连接至交通廊道的排水管。其功能包括：

①当更换观察窗外层玻璃时，疏排两层玻璃窗之间的积水（在每个窗座的底部均有阀和管路，将水排至廊道的疏水槽内）。

②清洗廊道时的水通过地漏排至疏水槽内。

③如果参观廊道受损进水，在修复受损部位后，廊道内的水通过地漏流至疏水槽内，再通过交通廊道的排水排出。

（4）文物清洗管路系统

利用舱内外的压差，将题刻表面的积尘和水通过软管抽吸至参观廊道主体内的排水总管，再排至交通廊道的排水管。整个参观廊道主体设有四处连接软管点，各点的壳体上均设有阀件和快换接头座，供软管插接，在舱内阀后接有管路通至排水总管。

（5）空调通风及防排烟系统

参观廊道空调通风系统风源及冷源由设在地面陈列馆的空调设备提供。参观廊道夏季设空调和通风，冬季设通风。排烟风管与回风管共用。风管中送风管和回风管采用焊接钢管，并在水密门设蝶阀，使之形成密封止水接口。参观廊道及“8”字体舱段合为一个防火分区，发生火灾时，排风管上的排烟口直接切换为排烟。火灾发生在参观廊道舱段以外时，关闭“8”字体舱段内的气动蝶阀。

（6）自动喷淋系统

自动喷淋系统按中危险级Ⅰ级设计，喷水强度为 6L/min·m^2，系统设计流量为 32L/S。系统给水管由两侧交通廊道喷淋干管接入，接入点压力不小于 0.4MPa。DN80 干管上设闭式喷头，每 2.8 米一只。

（7）火灾自动报警及联动控制系统

参观廊道内火灾自动报警及联动控制系统与交通廊道及地面陈列馆火灾的自动报警及联动控制系统统一设计，该系统的消防控制室位于地面陈列馆一层。火灾发生时，烟感探测器报警，将信号传至消控室内火灾报警控制器，控制器发出指令，通过中继器启动警铃，也可通过手动报警按钮将火灾信号发至火灾报警控制器。发生火灾区域与消控室通讯由消防专用电话及消防广播完成。

电气部分

（1）照明系统

①电源进线

电源进线为 380V，50Hz 三相四线，分两路由岸上引至参观廊道入口与出口设备间内的配电箱中。每路电源进线又以双电源的形式分成两根电缆引下来。

②参观廊道照明

a. 在廊道进出口照明

在廊道的入口水密门内，设有一个防水翘板开关，用来控制廊道入口的照明，用户在开启廊道入口的灯具后，即可进入。设备间的门口也设有一个防水翘板开关，用来控制设备间的照明。在廊道的出口处，也同样设有翘板开关以方便在原始状态下进入设备间。

b. 参观廊道正常照明

在廊道顶部每隔 4.8 米布置一盏嵌入式吸顶灯，共计 13 盏。其中电源分两路由 1# 设备间的配电箱 1P 和 2# 设备间的配电箱 2P 供给。在两个设备间中，分别布置了一个防水插座箱。

c. 参观廊道观赏照明

当观赏题刻时，为保证观赏效果又不影响走路，廊道内共设置了 13 盏地灯，分别由设备间的两个配电箱控制。

在参观廊道入口及出口的“8”字体舱段内，各布置了 2 盏嵌入或吸顶灯，以便出入。

d. 应急照明

廊道内共设置了 13 个带应急装置的疏散指示灯，分别由两个设备间的应急箱供给电源，在观赏题刻时也参与观察照明，停电时便自动转为应急照明。两个设备间及出入口的吸顶灯也由应急箱供给。

③潜水员舱照明

布置一盏防水耐压灯具，可承受 0.7MPa 的压力，它的电源级别为 24VAC，由低压照明箱 3L 控制。

④设备舱照明

与潜水员舱照明相同。

⑤水下题刻照明

题刻照明配电系统的任务是为 108 盏 60W24V LED 灯具照明供电，照明总功率为 12kW。题刻照明低压配电板安装在上游设备间，电源由主配板引入，经两个 10KVA 三相变压器变为相互独立的六路 24V 电源，每路功率 3kW，由带熔器的闸刀开关控制。三相变压器初级有三个抽头，用于提高输出电压以补偿供电线路压降。

低压配电舱内六个配电箱分别对应设备间低压配电板的六路输出，用 2×50 平方毫米的电缆连接。每个配电箱最多有 5 路输出，每路均有接触器、熔断器控制和保护，输出用 2×50 平方毫米电缆通过穿舱件后接舱外的插拔件连接到每盏灯上。

⑥保护措施

a. 在参观廊道距地面 200 毫米处的不同位置，共设置 4 个浸水传感器；在潜水员舱及设备舱也各设置 1 个浸水传感器用来监测事故进水，进水信号引入设备间的监控柜内进行报警提示，监控柜同时将报警信号传给岸上。为避免误操作，在确认发生事故漏水后，可由工作人员手动切断配电柜内的电源，使廊道内断电。每个参观廊道做了可靠的接地处理，并在廊道相应位置设置了多个电位接地端子。

b. 配电柜内所有与照明相关的小型断路器均带漏电保护装置。

c. 所有开关、插座及其他用电设备均做保护接地处理。

d. 参观廊道入口与出口的水密门外，各设置一个应急操作箱，其应急电源由岸上供给。

（2）通讯系统

①外部通讯

两个设备间及参观廊道两端均设电话分机与地面陈列馆总机相连。所有分机均为并联。

②内部通讯

设备间与潜水舱以及设备舱的通讯采用内部对讲电话方式。设备间控制台上为嵌入或对讲电话主机，潜水员舱与设备舱为壁挂式对讲电话分机，主机电源可由 220VAC 供电，也可由 24V 蓄电池直流供电。每个分机均可免提通话，双工工作。

③潜水通讯

潜水员舱壁设有两个潜水员专用电话插座，该插座直接到上游设备间的潜水电话主机。在潜水作业前，潜水员将头盔上的电话线插头插入电话插座，设备间的操作员可通过潜水电话主机与潜水员通话或接通潜水员舱的通话回路。

④内部电视监视系统

潜水员舱上方安装一个1/2型CCD超低照度彩色摄像机，配6毫米固定光圈镜头，水平视角为56° 7′，垂直视角为43.5°。电源由设备间控制台提供。视频信号通过75Ω 同轴电缆送到设备间控制台上的彩色监视器。

安全措施

参观廊道设计在满足使用功能的情况下，将安全性置于首要位置，采用的主要措施是：

①廊道结构有足够的强度，并按能使用100年考虑。除油漆涂层保护外，浸水部分留有6毫米腐蚀容量，非浸水部分留有2毫米腐蚀裕量。

②观察窗采用双层玻璃结构，万一外层玻璃破损，则由内部玻璃承压，确保水不会浸入廊道内。

③保护体内照明等用的设备安装在专设的设备舱内，以减少参观廊道主体上的开孔，提高安全性。

④参观廊道两端的“8”字体舱段作为应急时的救生舱。“8”字体舱段两端均设有承压的水密隔壁和水密门，各系统通过隔壁口处均设有阀件。对平时常开的阀件采用气动手动阀，在参观廊道出现损漏进水时，工作人员首先关闭和交通廊道接口处的水密门，然后关闭有关阀门，将廊道内的观众引入两端“8”字体舱段后，再关闭该处的水密门。当水密门关闭后，“8”字体舱段内的进水可通过疏水管道排出，待水排除后舱内外压力相等时，人员即可从“8”字体舱段进入交通廊道返回地面。人员在“8”字体舱段时可启动供气系统向舱内提供新鲜空气，使舱内的氧气和二氧化碳的含量保持在正常的范围内。

5. 临时围堰

白鹤梁分期设计水位11~5月各月5年一遇的平均水位在142米以下，1~3月各月5年一遇的平均水位在136.50米以下。根据水下保护体工程各部位施工条件，坡形交通廊道和地面陈列馆均为干地施工，均可采用常规施工技术，水下保护体顶拱也可保证在水上干地施工，采用现浇方案。水下保护体导墙和水平交通廊道的施工方案采用围堰方案施工。

（1）设计标准

根据原水电部颁布的《水利水电枢纽工程等级划分及设计标准》（SDJ12—78），白鹤梁题刻水下保护工程为特级建筑物，导流建筑物为IV级临时建筑物。白鹤梁题刻水下保护工程施工围堰按IV级临时建筑物设计。由于相应河段洪枯水位变幅大，达20米以上，若采用全年挡水围堰，围堰规模过大，不够经济合理，确定采用枯水期挡水，汛期过水围堰形式，挡水标准采用1997~2001年12~3月份涪陵段长江最高水位141.91米（高于12~3月份5年一遇洪水水位）；围堰设计运行时间4年。

（2）设计基本资料

①地形地质

地形地质情况采用四川省蜀通岩土工程公司的涪陵白鹤梁题刻原址水下保护工程地质详细勘察报告。

②水文

水文资料采用《涪陵白鹤梁题刻原址水下保护工程可行性报告》中涪陵白鹤梁分期设计水位表。

③高程及坐标系统

高程采用黄海高程，坐标采用北京坐标系。

④围堰设计

a. 结构设计

堰顶高程：考虑风浪（爬）高与安全超高，确定堰顶高程为 143.50 米。

堰顶宽度：考虑机械施工及交通要求，确定土石围堰堰顶宽为 8~9 米，根据结构计算，混凝土纵向围堰的堰顶宽度确定为 6 米。

根据白鹤梁水下保护体结构平面布置特点，施工围堰由两道横向土石围堰和十纵向混凝土围堰结合导墙方案。

横向土石围堰主要由混合料、石渣料、块石填筑而成，上、下游边坡均为 1:1.5，围堰最大堰高约 11 米，围堰防渗采用高喷墙，防渗墙顶高程 142.50 米。

纵向混凝土围堰分为两部分，分别位于钢筋混凝土导墙的两端。为便于施工立模，围堰的上、下游坡均采用垂直坡，围堰最大堰高约 9 米。围堰轴线总长约 388 米。

b. 围堰平面布置

白鹤梁题刻原址水下保护工程施工围堰按“[”形布置，混凝土纵向围堰轴线与白鹤梁题刻水下保护壳形体的长轴在同一线上，为了形成封闭的防渗体系，混凝土纵向围堰分为两部分，位于钢筋混凝土导墙壳形体长轴两端，上、下游横向土石围堰一端与混凝土纵向围堰相连，另一端与长江岸坡相接。

围堰轴线控制点坐标表（北京坐标系）

点号	坐标	
	X	Y
1	3288778.575	36440657.590
2	3288914.305	36440700.070
3	3288748.036	36440749.360
4	3288899.992	36440796.912
5	3288921.039	36440719.199
6	3288905.221	36440674.258
7	3288885.355	36440814.356
8	3288910.295	36440784.634

c. 围堰防渗设计

横向土石围堰采用高喷墙防渗，防渗顶高程 142.50 米，墙底伸入基岩内 0.5 米。横向土石围堰与纵向混凝土围堰相接的 3 米范围内，高喷墙由一排增至三排，即在围堰轴线上、下游侧各增加一排高喷墙，排距为 0.6 米。横向土石围堰与岸坡段相接部位采用高压旋喷墙加灌浆防渗。

d. 围堰填料设计

围堰堰体填料主要是石渣、混合料和块石料。填料需分层碾压密实。

e. 围堰防冲设计

纵、横向围堰保证枯水期主体工程干地施工，汛期基坑充水，因此土石围堰堰顶及背水侧汛期需加强防冲保护。防护方案采用干砌石护坡。干砌块石的厚度为 0.3 米，采用料径 0.05~0.2 毫米，弱风化以下岩石开挖料码砌。

横向土石围堰的迎水侧直接受长江水流及过往船舶航行浪冲刷，防护方案采用大块石护坡。块石厚度为 1.5 米，采用粒径 0.7~1.2 米的弱风化以下岩石挖料抛护。

围堰工程量表

项目		单位	工程量
填方	块石	万立方米	0.60
	干砌石	万立方米	0.15
	混合料	万立方米	0.70
	石渣料	万立方米	1.65
	合计	万立方米	3.10
高喷墙		万立方米	0.35
混凝土		万立方米	0.41
编织袋黏土		立方米	320

6. 坡形交通廊道

坡形交通廊道为连接地面陈列馆和水平交通廊道的交通通道，上、下游结构形成一致。坡形交通廊道采用干地施工。

（1）纵断面

①坡形交通廊道在 176.20 米高程与地面陈列馆相接，基本沿长防堤堤坡向下， 136.20 米高程与水平交通廊道相连，嵌入堤内 1.7~3.2 米。

②坡度为 27° ，坡比 1:1.963，高差 40 米，水平长约 77.7 米，斜向长 88 米，设 1.4 米宽单坡自动扶梯。步梯二次混凝土浇筑共分 16 跑，每跑 15 级，休息平方宽 900 毫米，踏步尺寸 263 毫米 ×178 毫米，共计 240 级。梯步下设 0.8 米宽循环水管道沟。

③坡形交通廊道沿水平方向每 11 米设置变形缝，中间不设施工缝。

（2）横断面

①采用箱形截面，正截面外轮廓尺寸 5.0 米 ×5.8 米（宽 × 高），正截面内空净尺寸 3.4 米 ×4.2 米（宽 × 高），侧墙、顶板、底板厚度均为 0.8 米。

②底部两侧设墙趾，外挑净宽 0.7 米，厚 0.8 米，底板内外侧腋角均为 300 毫米 ×300 毫米。混凝土强度等级 C40。

（3）基础

①采用浅基础（补偿地基），长防堤为碾压堆石体，坡形交通廊道底以下设 C20 混凝土垫层，底部配置 Φ12@200×200 钢筋网，基底总宽 9.4 米。

②坡形交通廊道基脚为钻孔桩基础，钻孔桩顶部设置钢筋混凝土承台，承台坡度与坡形交通廊道补偿垫层一致。

③地基承载力标准值要求不小于 250KPa。

④补偿地基下碾压堆石体采用压密注浆法加固。浆液为C30细石混凝土，注浆孔孔径100毫米，孔深为补偿地基C20混凝土垫层底面以下7米。

（4）材料

混凝土为C40，抗渗标号S12，钢筋HPB235、HRB335级。混凝土外加剂：ZY型抗裂高强防水剂，掺入量约为8%~12%（替代水泥量）。

（5）开挖及回填

①坡形交通廊道局部嵌入长防堤，需对长防堤面层及碾压堆石体进行开挖，开挖至坡形交通廊道底以下1.5米，基槽底净宽8.0米，开挖坡比1∶1.5。

②对长防堤采用C30细石混凝土注浆加固后，进行基槽开挖，浇筑基底混凝土补偿垫层和坡形交通廊道混凝土，垫层与结构之间以界面剂和外防层连接，并对碾压堆石体、堤面进行恢复处理。③为防止坡形交通廊道基底受江水冲淘，保护廊道自身稳定，保持较好的水流条件，坡形交通廊道两侧采取碎砂石回填及块石护脚，面层铺砌与长防堤堤面一致的20厘米厚预制混凝土块。回填平台顶部宽为3.0米，干砌块石护脚坡度为1∶1.5。

（6）结构计算

坡形交通廊道的计算进行了三维非线性有限元结构分析和静力计算复核。

①坡形交通廊道的三维非线性有限元结构分析重点为沉降分析，主要考虑长防堤堆石体在库区蓄水情况下沉降分析和坡形交通廊道内力与堆石体沉降协同分析。

②以参观廊道、基底垫层和长防堤碾压堆石体建立整体分析力学模型，主要荷载：

a. 廊道顶部荷载，包括水压力、泥沙压力以及沉船荷载等，考虑水压力时泥沙采用有效密度；

b. 廊道侧面水压力，覆土压力（按照土压力公式将廊道顶面处压力测算为侧压力）等；

c. 廊道底面水浮托力（按透水考虑）；

d. 廊道内荷载，包括步梯、自动扶梯、给排水设备、展廊橱等恒载和人行荷载等活载；

e. 基础上面的覆土、碎砂石和泥沙淤积等引起的附加压力，有水时采用有效重度，无水时采用自然重度；

f. 基础对廊道支撑力，其反力即为廊道对基础的附加压力。该力随着沉降而发生变化，整体分析时作内力考虑。

③长防堤堆石体在库区蓄水情况下，涪陵长防堤水位至173.9米和159米时，其沉降见：长防堤在库区蓄水情况下沉降值。

	173.9米水位						159米水位					
	饱和重度下变形			有效重度下变形			饱和重度下变形			有效重度下变形		
Rsa1/Y	1	1.25	1.5	1	1.25	1.5	1	1.25	1.5	1	1.25	1.5
U X	0.0104	0.118	0.134	0.076	0.090	0.104	0.103	0.107	0.112	0.097	0.100	0.104
U Y	0.261	0.295	0.295	0.205	0.227	0.255	0.260	0.265	0.271	0.245	0.250	0.255
USUM	0.271	0.311	0.352	0.207	0.233	0.266	0.270	0.277	0.284	0.252	0.259	0.266

④坡形廊道内力与堆实体沉降协同分析

a. 工况分析

坡形廊道由于建立在深度接近 40 米的软弱地基上（长防堤碾压堆石体），变形较大，对施工和变形缝构造处理有较大影响，故重点进行沉降分析。主要考虑如下几个工况。

		廊道自重等恒载	活载	施工荷载	覆土抛石	泥沙压力	水压力	温度应力	沉船荷载
施工期	a	√	√	√					
	b	√	√		√				
运行期	c	√	√		√	√	√		√
	d	√	√		√	√	√	√	√
	e	√	√		√	√	√	√	√
	f	√	√		√	√	√	√	
	g	√	√		√	√	√		

施工荷载按 1.5kN/m^2 考虑，沉船荷载按 50kN/m^2 考虑；

温度应力按交通廊道内外 ±15℃考虑，且整体温升、温降按 20℃计；水压力最高水位 173.9 米，泥沙压力按泥沙淤积高程最高 148 米计。

工况 a、b 为施工期荷载，c、d、e 为运行期不利荷载；工况 c 考虑动水压力且只考虑一边有泥沙淤积；工况 d 为温度上升，e 为温度下降，f 为 d 工况下无沉船荷载，g 为 c 工况下无沉船荷载。

b. 沉降分析

各工况下，最大沉降量如下表：

各工况最大沉降值

工况	a	b	c	d	e	f	g
沉降量 UYCmm	15.6	54.0	50.1	51.2	51.8	33.6	33.9

各工况沉降是在附加力作用下完成的，其值相对于原始沉降已经完成，区段最大相对沉降均小于 0.3%。

c. 廊道内力

对于工况 a、b，廊道第一主应力均小于 C40 混凝土的抗拉强度标准值，第三主应力小于 C40 混凝土的抗压度标准值。

对于工况 c，廊道第一主应力介于 –1.84MPa 和 9.12MPa 之间，且在廊道内部腋角处出现拉应力集中区，拉应力达到最大，超过 C40 混凝土抗拉强度 1.8MPa。第三主应力介于 –20.3MPa 和 0.56MPa 之间，在廊道变形缝区段内部腋角处出现压应力集中，最大值稍稍超出 C40 混凝土的轴心抗压强度 19.5MPa，但小于弯曲抗压强度 21.5MPa。

对于工况 d，廊道第一主应力介于 –3.3Mpat 和 6.73MPa 之间，且在廊道区段端部下表面出现拉应力集中区，拉应力最大值超过 C40 混凝土的抗拉强度 1.8MPa。第三主应力介于 –17.1MPa 和 0.71MPa 之间，在廊道变形缝区段两端底部出现压应力集中，均未超出 C40 混凝土的抗压强度标准值。

对于工况 e，廊道第一主应力介于 –3.15MPa 和 7.24MPa 之间，拉应力集中区出现廊道变形缝区段两端底部，最大拉应力值超过 C40 混凝土的抗拉强度 1.8MPa。第三主应力介于 –16.9MPa 和 0.58MPa 之间，压应力集中区出现在腋角处，没有超出 C40 的抗压强度。

对于工况 f，廊道第一主应力介于 –1.7MPa 和 6.29MPa 之间，拉应于集中区出现廊道变形缝区段两端底部和腋角处，最大拉应力值超过C40混凝土的抗拉强度1.8MPa。第三主应力介于–14.8MPa和0.722MPa之间，压应力集中区出现在腋角处，没有超出 C40 混凝土的抗压强度。

对于工况 g，廊道第一主应力介于 –1.92MPa 和 8.66MPa 之间，且在廊道内部腋角处出现拉力集中区，拉应力达到最大，运超过 C40 混凝土的抗拉强度 1.8MPa。第三主应力介于 –19.7MPa 和 0.658MPa 之间，在廊道变形缝区段内部腋角处出现压应力集中，最大值稍稍超过 C40 混凝土的轴心抗压强度 19.5MPa，但小于弯曲抗压强度 21.5MPa。

⑤廊道变形

廊道的沉降变形，主要是影响止水连接，沿着廊道从上至下在各个变形缝处两端各取了一个节点进行观测。工况 c 变形差最大，沉降差值见下表：

工况 c 沉降差降表

node	x	y	ux	uy	uz	usum
935	20.544	31.145	–0.19700E–01	–0.39388E–01	0.67509E–02	0.4455E–01
2258	20.574	34.130	–0.024817E–01	–0.43597E–01	0.18550E–01	0.53486E–01
			5 毫米	4.2 毫米		
2171	31.544	28.680	–0.19284 E–01	–0.32724E–01	0.25964E–01	0.46009E–01
3477	31.574	28.665	0.26630 E–01	–0.38860E–01	0.38719E–01	0.60979E–01
			7.4 毫米	6 毫米		
4651	53.544	17.752	–0.15926 E–01	–0.85115E–02	0.35976E–01	0.40253E–01
5957	53.574	17.737	–0.11534 E–01	–0.13044E–01	0.22307E–01	0.28298E–01
			4 毫米	5 毫米		
5895	64.544	12.288	–0.63032 E–02	–0.30389E–02	0.15067E–01	0.16613E–01
7492	64.574	12.273	–0.85888 E–02	–0.90447E–02	0.13468E–01	0.18357E–01
			2 毫米	6 毫米		
7405	75.544	6.8235	–0.46420 E–02	–0.16502E–02	0.12696E–01	0.13618E–01
7131	75.574	6.8086	–0.15979 E–01	0.10137E–01	0.14396E–01	0.23776E–01
			11 毫米	9 毫米		

各种工况下，变形缝处最大沉降差不超过 10 毫米，最大水平位移差为 11 毫米。因此设置 20 毫米变形缝满足要求，各区段既不会发生碰撞，也不会影响止水连接。

⑥通过分析三维计算成果以静力计算进行复核，静力计算是以钢筋混凝土箱涵通过横断面在各工况下进行内力计算和截面设计，裂缝等级为三级。

a. 按有泥沙压力运营阶段计算工况：廊道自重及其内荷载十水压力（高水位 173.9 米）+ 泥沙压力（泥沙淤积至高程 148 米）+ 覆土压力 + 沉船荷载（50kN/m^2）作为强度设计的最不利工况。

b. 通过计算，坡形交通廊道抗浮安全系统取 1.4，满足规范要求。

c. 混凝土等级 C40，抗渗等级 S12，抗冻等级 D200，钢筋为 HRB335 级，混凝土中掺入 ZY 型抗裂高强防水剂，配合比由试验确定。

d. 采用拱形截面，正截面内空净尺寸 3.4 米 ×4.2 米（宽 × 高），外轮廓 5.0 米 ×5.8 米（宽 × 高），侧墙、顶板，底板厚度均为 0.8 米，顶板在两端起拱，内拱半径 0.9 米。

e. 受力钢筋按计算配筋，配筋率：1.3%，Φ25@100–150，构造加强。

f. 裂缝控制按三级，跨中满足要求，支座处通过加腋构造来满足规范要求。

⑦坡形交通廊道稳定及滑移计算

a. 坡形交通廊道下设 C20 混凝土垫层，长防堤开挖时在每一变形缝处设 1.5 米宽马道，基底处以 C30 细石混凝土对碾压堆石体进行灌浆加固，廊道与垫层间摩擦系数取 μ=0.75。摩擦系数 μ=0.75，每延半下滑力 107.2kN，通过计算坡形交通廊道抗滑移安全系数为 1.45，满足规范要求，另外在坡形交通廊道底部设置 C20 混凝土基础。

b. 通过分析在最不利工况下，计算动水压力、泥沙压力、浪压力、地震动水压力等的作用，坡形交通廊道的抗倾覆安全系数为 2.15，坡形交通廊道稳定满足规范要求。

⑧防撞设施

根据三峡水库后库区通航要求，万吨级船队直达重庆市九龙港保证率不低于 50%，航道最小维护尺寸为 2.9 米 ×60 米 ×750 米（航深 × 航宽 × 弯曲半径）。

白鹤梁题刻保护体距南岸约 100 米，距北岸约 400 米，主航道宽约 200 米，白鹤梁保护体的兴建和运行将对水流条件产生一定影响。为防止船只出现意外事故而影响廊道安全，有必要在坡形交通廊道侧设置防撞设施，并在白鹤梁题刻区为中心的 300 米范围内未设置码头，设立永久禁航区并设置警示标志。

7. 水平交通廊道

分上、下游两条设置，一端与坡形交通廊道相接，另一端通过预埋钢套管与参观廊道相连，形成环形通道。

（1）纵断面

①水平交通廊道在 136.20 米高程与坡形交通廊道相接，在 137.20 米高程与保护体内参观廊道相连。

②上游廊道长约 147 米，下游廊道长约 154 米，坡比约 0.7%，高差 1 米，以利排水。

③沿水平方向每 9 米左右设置变形缝。

（2）横断面

①采用箱形截面

②正截面外轮廓尺寸 5.0 米 ×5.8 米（宽 × 宽），正截面内空净尺寸 3.4 米 ×4.2 米（宽 × 高），侧墙、顶板、底板厚度均为 0.8 米。

（3）结构计算

水平交通廊道的计算进行三维非线性有限元结构分析和静力计算复核。

①水平交通廊道直接建立在泥岩上（或回填碎砂石垫层），故需重点分析水平交通廊道的内力分布。主要考虑以下几个工况：

a. 泥岩在自重作用下完成原始沉降。荷载仅有自重，以惯性力的方式施加。

b. 施工阶段（无水）。荷载有廊道自重及其内荷载和施工荷载。施工荷载按 1.5kN/m^2 考虑。

c. 水位和泥沙均达到最大高程，廊道内外温差 ±15℃，整体温度上升 20℃。此种工况下廊道内力达到最大，主要荷载：廊道自重及其内荷载 + 水压力（最高水位 173.9 米）+ 泥沙压力（泥沙淤积高程 148 米）+ 覆土压力 + 沉船荷载（50kN/m^2）+ 温度应力。其中泥沙和覆土均按有效重度考虑。

d. 水位和泥沙均达到最大高程，廊道内外温差 ±15℃，且整体温度下降 20℃。此种工况下廊道内力达到最大，主要荷载：廊道自重及其内荷载 + 水压力（最高水位 173.9 米）+ 泥沙压力（泥沙淤积高程 148 米）+ 覆土压力 + 沉船荷载（$50kN/m^2$）+ 温度应力，其中泥沙和覆土均按有效重度考虑。

对于工况 c、d，考虑廊道底部碎砂石的透水性，对廊道底部要施加水压力。

②通过计算水平交通廊道工况下沉降量如下表：

各工况最大沉降值

工 况	沉降量（毫米）
a	2.9
b	0.89
c	4.7
d	4.7

表中工况 b、c、d 的沉降是在附加力作用下完成的，其值相对于原始沉降（即附加力引起的基础附加应力是相对于自重应力而不是前一阶段的基础实际应力）。可见，水平交通廊道在各种工况作用下沉降均很小，不会对结构构造处理构成影响。

③水平交通廊道内力

廊道内力分析只需考虑工况 c、d，下表给出了两种工况下的应力应变上下限：

水平交通廊道内力

	工况 c	工况 d
EX	−0.757e~0.202e−3	−0.171e−3~0.735e−3
EY	−0.183e−3~0.278e−3	−0.394e−3~0.113e−3
ό 1	−0.222e+7~0.824e+7	−0.799e+6~0.186e+8
ό 3	−0.201e+8~0.225e+6	−0.177e+8~−0.134e+7

a. ε X–X 向应变；ε Y–Y 向应变；ό 1 第一主应力；ό 3 第三主应力；以下同。

b. 对于工况 c，水平交通廊道第一主应力介于 −2MPa 和 7.87 MPa 之间，且在廊道内部腋角处出现拉应力集中区，拉应力达到最高，远超过 C40 混凝土的抗拉强度 1.8 MPa。第三主应力介于 −19.2 MPa 和 0.18 MPa 之间，在廊道变形缝区段两端底部出现压应力集中，最大值达到 19.2 MPa，连接 C40 混凝土的抗压强度 19.5 MPa。

c. 对于工况 d，水平交通廊道第一主应力介于 −0.8 MPa 和 18.6 MPa 之间，拉应力集中区出现廊道变形缝区段两端底部，拉应力最大值达到 18.6 MPa，远远超过 C40 混凝土的抗拉强度 1.8 MPa，但在该区域周围拉应力迅速下降至 3.5 MPa。而在第三主应力介于 −17.5 MPa 和 1.05 MPa 之间，压应力集中区出现在腋角处。

d. 以上结果表明拉压应力集中区域在工况 c、d 下具有反对称性，从而说明温度应力的影响比较大，特别是在变形缝端部，因此变形缝处连接刚度应尽量小。

④通过分析三维计算成果以静力计算进行复核，静力计算以横断面静力计算进行复核。 强度计算与坡形交通廊道计算步骤一致，结果如下：

a. 通过计算，水平交通廊道的抗浮安全系数 1.4，满足规范要求。

b. 混凝土采用 C40，抗渗等级 S12，抗冻等级 D200，钢筋为 HRB335 级，混凝土中掺入 ZY 型抗裂高强防水剂，掺入量按试验确定。

c. 采用拱形截面，外轮廓正截面尺寸 5.0 米 ×5.8 米，内净空 3.4 米 ×4.2 米，壁厚 0.8 米，顶板在两端起拱，内径半径 0.9 米。

d. 裂缝控制等级按三级，支座处出现超限，通过构造来解决，如加腋或壁厚增加。

e. 受力钢筋通过计算 Φ25@100-150，配筋率 <1.3%，端部及腋角处进行构造处理。

⑤基础开挖至基岩面，以碎砂石或 C15 素混凝土作垫层回填至设计高程，垫层与结构之间以油毡、涂刷沥青或界面剂隔开。

⑥为保障水平交通廊道的永久稳定，防止抛锚、沉船事故对结构的影响，在水平交通廊道上设置防锚层，并及时回填覆盖。

（4）交通廊道变形缝及连接

由于廊道内外侧混凝土存在着温差，管段纵向可能产生很大的拉应力而导致混凝土开裂，地基的不均匀沉降等影响也会导致管段开裂。为此，交通廊道按计算及构造要求需设置变形缝。

①变形缝、施工缝的设置

a. 坡形交通廊道每 11 米左右设变形缝一道。

b. 水平交通廊道每 9 米左右设变形缝一道。

c. 坡形交通廊道与水平交通廊道的连接处按结构形式平顺过渡，端部加强配筋。

②变形缝设计

变形缝的防水不仅要考虑结构沉降、伸缩的位移变形，而且在充分变形的状况下保证其水密性。本工程变形缝宽度根据计算 20 毫米，缝内止水带应能承受 0.5 MPa 左右水压。据此，变形缝采用外贴橡胶止水带、中埋式可注浆式钢边橡胶止水带、内装可卸式 Ω 橡胶止水带三道防水及聚胺酯密封胶、遇水膨胀腻子止水条、SM 胶等辅助防水措施。止水橡胶均采用氯丁橡胶。

a. 外贴橡胶止水带宽度为 320 毫米，厚 8 毫米，沿缝周设置。

b. 中埋式可注浆式钢边橡胶止水带宽度为 350 毫米，厚 100 毫米，沿缝周设置。

c. 内装可卸式 Ω 橡胶止水带宽 200 毫米，厚 10 毫米，内设帆布夹层，沿缝周设置。

③水平交通廊道（混凝土）与参观廊道（钢结构）接头设计

交通廊道端部预埋 12 毫米厚钢板与参观廊道端部焊接在一起，交通廊道内预埋两道环向金属止水环，由于金属板与混凝土极易产生收缩裂缝，因此，施工时应提高变形缝两侧混凝土的密实性，并在预埋钢板时，钢板与混凝土接触面设置遇水膨胀密封胶。

（5）交通廊道外防水、护脚及回填覆盖

交通廊道混凝土浇筑后对其外层进行防水涂层，涂层施工完毕后及时对坡形交通廊道进行护脚和水平交通廊道回填覆盖。

坡形交通廊道护脚见“坡形交通廊道开挖与回填”部分。

在水平交通廊道底板两侧的回填垫层上以浆砌块石锁定护脚，2 米厚浆砌块石防锚，回填土石料分层压实，压实系数 0.94，边坡 1∶2，C15 混凝土覆盖。

8. 地面陈列馆

位于沿江大道与长防堤之间含盖上、下游交通廊道出入口，贴长防堤布置，矩形平面，三层框架结构，建筑面积约 3088 平方米，地面高程 180 米，层高 5.4 米。陈列馆外墙距长防堤大坝轴线 4 米，长防堤轴线桩号 0+000.00。陈列馆全长 130 米，宽 39.4 米，总高 14.5 米。相对标高 ±0.000 为黄海高程 180 米。建筑密度：37%，容积率：0.78, 绿化率：30%，室外设备用地 580 平方米。陈列馆由参观展览用房，设备用房，办公管理三大功能区组成。同时提供沿江观景平台，改善沿江景观，形成以白鹤梁题刻为背景的人文景点。

（1）设计参数

地面建筑耐火等级为二级，层面防水为一级防水，安全等级为二级，结构抗震等级为Ⅲ级。

基本风压：0.3kN/m^2。走廊、门厅、楼梯荷载：2.0kN/m^2。

卫生间荷载：2.0kN/m^2。会议室荷载：2.0 kN/m^2。展览厅荷载 2.5 kN/m^2。

屋顶：3.0 kN/m^2。混凝土容重：25 kN/m^2。黏土砖：19 kN/m^2。建筑外表面积：4886 平方米；建筑物体积：15734 平方米；建筑朝向：南偏西 25°；屋顶总面积：1477 平方米；屋顶透明部分面积：14.3 平方米；夏季制冷限值：73.6；冬季采暖限值：13.68；保温形式：外保温。

（2）基础设计

基础采用钢筋混凝土柱下独立基础和局部墙下条基，以原大堤碾压堆石体为基础持力层，地基承载力设计值按 150kPa 采用，基础埋深 1.5 米。

（3）上部结构

上部结构采用全现浇钢筋混凝土框架结构。柱轴压比按不大于 0.9 控制，框架梁按 1/10~1/12 确定梁高，连续次梁按跨度 1/14~1/16 确定梁高，板厚根据不同跨度、使用要求取为 100~20 毫米。

（4）材料

①混凝土：柱下独立基础、墙下条基 C25，柱、梁板 C25。

钢筋：HPB235（Φ）.HPB335（Φ）级钢。

②墙体：±0.000 以上采用 Mu7.5 加气混凝土空心砌块，±0.000 以下采用 Mu10 灰沙砖。

③砂浆：±0.000 以下及卫生间采用 M5 水泥砂浆，±0.000 以上采用 M5 混合砂浆。

9. 装修设计

（1）地面陈列馆

作中级装修，主要装修材料为：

室外地面：彩色广场砖；

室内地面：花岗岩地面，地砖地面；

室内吊顶：铝合金扣板；

内墙：高级内墙涂料，高级木装修；

外墙：面砖饰面；靠滨江大道外墙面用石材雕塑 9 面白鹤梁题刻有代表性的作品为装饰面。

门窗：塑钢门窗，防火门窗；

屋面：保温、上人、一级防水屋面；

拱壳屋顶：铝合金屋面板。

（2）交通廊道及参观廊道

注重防火、吸音、防结露、无污染等功能要求，结合宣传灯箱等作展廊式装修，力求简洁、明快，主要装修材料及做法。

钢筋混凝土地面（或二次混凝土地面）：

素水泥浆结合层一道；

20 厚 1:2 水泥砂浆找平；

801 胶水泥腻子批嵌平整；

202 胶或 XY401 胶剂粘法；

1.5~2.0 厚高级塑胶地板（防火、防滑）。

交通廊道吸音墙面：

预埋 60 × 60 × 120 埋件，双向间距 600；

工厚 APP 改性沥青卷材防潮层；

轻钢龙骨双向间距 600，龙骨间填 40 厚岩板；

1.5 厚穿孔铝合金扣板（穿孔率 30%）；

水平交通廊道设置展示橱窗 60 个（尺寸：3 米 × 1.8 米）；

坡形交通廊道设置展示橱窗 38 个（尺寸：1.6 米 × 1.1 米）；共计 98 个。

交通廊道吸音吊顶：

轻钢龙骨；

玻璃布色岩板 50 厚；

1 厚铝板网，网眼 5 × 125。

参观廊道地面：

钢板地面；

防锈漆二道；

202 胶或 XY401 胶粘剂黏结；

高级塑胶地板（防火、防滑）。

参观廊道吸音墙面：

钢质廊道壁（防锈处理）；

轻钢龙骨；

玻璃布色岩棉 40 厚；

1.5 厚穿孔铝合金扣板。

参观廊道吸音吊顶：

轻钢龙骨；

玻璃布色岩板 50 厚；

1 厚铝板网，网眼 5 × 12.5。

（三）主要设备

白鹤梁题刻原址水下保护工程的设备有：供配电系统（柴油发电机组）、防雷与接地系统、普通照明、水下照明系统、水下摄像系统、给排水系统、循环水系统、自动喷水灭火系统、火灾自动报警及联动控制系统、通风及空调系统、工程安全监测系统、供气系统、安全视频监测系统、隧道式公共电动扶梯、通讯系统等。下面将介绍本工程主要设备的设计。

1. 供配电系统（含柴油发电机组）

白鹤梁题刻原址水下保护工程供配电按一级负荷方式进行供电，供电系统由城市区域变电所引来两回 10kV 专用电源，采用 10kVYJV223 × 50 电缆埋地直敷至高压配电室。正常工作时同时供电，互为备用。当两回 10kV 专用电源同时发生故障时，由一台 300kW 的柴油发电机组提供第三电源，满足本工程应急电源负荷的需求，确保人员及建筑物安全。本工程变配电房及柴油发电机组设在地面陈列馆内。

本工程消防及应急电源负荷为 230kW；动力负荷为 360kW；照明负荷为 220kW，全部用电负荷均为 AC380V/AC220V 用电设备，采用需要系数法计算，工程总用电负荷为 1040kW（Kx=0.85），故选用 2 台 630kVA 干式变压器，平均负荷率为 92%。计费方式按供电部门规定采用高压计量，即在 10kV 电源进线侧装设专用计量柜，变压器低压侧装设总有功和总功电度表。

无功功率按用电负荷功率因素（COSΦ）应在 0.9 以上的原则进行补偿，本工程采用低压集中自动补偿方式。补偿容量约为 2 × 180kar。

低压配电系统采用三相五线或单相三线接线，接地形式为 TT 系统，要求按地线保护线与工作零线严格绝缘分开。低压配电干线采用放射式和树干式相结合的组合方式，按设备用途和区域供电。干线电缆采用阻燃电缆由低压配电室通过穿 PVC 管沿墙、地暗敷至各配电箱。水下部分的强、弱电电缆采用矿物绝缘电缆沿交通廊道侧墙、参观廊道侧墙通长布置，在电缆穿过水密门处应密封、承压，采取适当保护措施。电缆进入配电箱的连接防护应与该配电箱防护等级一致。

所有配电箱内设漏电保护开关及分路开关。地面建筑物内配电箱的防护等级为 IP4X，水下建筑物内配电箱防护等级为 IP65。外壳应可靠接地。

2. 循环水系统

本工程通过循环水系统使水下保护体成为一个特殊的“无压容器”，循环水系统有两个基本功能：

第一，通过控制循环水系统内水的浊度，获得纯净的水质，保证观众良好的视觉效果观赏白鹤梁题刻。

第二，通过控制循环水系统运行程序，将保护体内外压力差控制一定范围，确保水下保护体的“无压容器”概念构想得以实施。

（1）循环水系统布置及运行程序

①循环水系统布置

利用坡形交通廊道作为取水设施，分近、远期在廊道不同高程处从长江取水，即近期（2009年以前）在两个廊道高程139米和156米处各设置取水管及循环取水泵一台，抽取长江原水，送至岸上一体化净水处理后，通过循环水池自流到循环水系统中。分别设置在两条交通廊道内的两条DN300循环水管道与保护体连接，近期在高程138米处在两条管道上各安装一台专用过滤器与长江水相通，远期在高程156米处在两条管道上各安装一台专用过滤器与长江水相通，形成一个“连通器”系统，以保证保护内外的水压系统。循环流量Q=70m3/h。

②系统运行程序

a. 自动平衡程序

循环取水泵停止工作，保护体内水与外江水通过连通管及专用过滤器相通，在循环水管上紧靠过滤器设置的自动平衡控制阀处于常闭状态，系统处于自动平衡状态。

b. 充水置换程序

循环取水泵从外江取水，通过压力管输送至岸上净水系统进行处理，合格清水经循环水池自流进入一根循环水管，挤压和置换保护体内的水经另一根循环水管道上的过滤器，排至外江。

c. 封闭运行程序

循环取水泵自保护体顶部集气管取水，压送至岸上净水器处理，然后同时回流到两条循环水管内，回流水经设在保护体底部的两条穿孔水管进入保护体内，水从底部两侧均匀地朝向保护体集气管方向流动，以减少水流短路。

d. 特别情况下的运行程序

包括保护体完工后的初次充水运行程序、枯水期保护体内清洗的运行程序、突发事故的运行程序等。

（2）保护体内外压力差控制办法

拟用扩散硅传感器测定系统内外水压差。具体方法：将传感器两个测压点设在专用过滤器前后，测定出的4–20mA电信号与系统内外水压差成正比，用来控制岸上电动二阀（循环水补水阀）的开度，使得内外水压保持在规定的范围内。

（3）工作内容及技术要求

①循环水净水方案

长江高浊度水净化方案包括系统流程、设备型号、尺寸及布置等。技术要求：长江原水浊度按3000NTU计，净水处理后，出水浊度应小于1NTU。

②循环水泵

技术要求：水泵流量Q=70立方米/小时，近期水泵扬程H1=55米，远期水泵扬程H2=36米。水泵应采用立式离心泵，材质为不锈钢。

③阀门

廊道内阀门采用电动碟阀，岸上部分阀门可采用手动碟阀，阀门采用不锈钢材质。PN=16MPa。

④专用过滤器

技术要求：

a. 滤料采用均质石英砂滤料，有效直径 d10=0.85 毫米，当量粒径 de=1.14 毫米，不均匀系数 K80=1.65。

b. 滤层厚度 L=600 毫米，L/de=526，空隙率 e=0.43。

c. 高 H=1000 毫米，Φ=400 毫米，具有与 DN300 的接口。

d. 材质为不锈钢。

e. 具有方便拆卸与更换滤料的功能。

f. 应满足正反双向过水，滤料不致流失。

⑤循环水管

采用焊接水管，PN=1.6MPa。

⑥设备安装、运行、调试后，提交运行维护操作规程及人员培训。

3. 水下照明系统

为了给白鹤梁题刻在水下提供照明，经过专题研究和试验，同时比较了多种照明方案后，决定采用 LED 光芯灯照明系统。

（1）LED 水下照明系统组成与功能

白鹤梁题刻原址水下保护工程水下 LED 光芯灯照明系统共采用 108 套 LED 光芯灯模组组合灯具。这些灯具均匀布置于题刻在表面上方 1.5~3 米处，重点题刻的局部照明灯具布置于题刻表面，兼有附光配置作用，使其为白鹤梁题刻提供均匀照明的同时，保证人眼对题刻的观赏和水下摄像系统的观赏的亮度要求，使观众在参观廊道内观赏题刻时不会产生眩光和遮挡。

水下 LED 光芯灯模组组合灯具采用水下插拔接插件连接水密电缆，再通过穿舱连接器接至电源及控制柜处。从而保证电源与灯具可靠连接和正常供电。

（2）水下 LED 光芯灯模组组合灯具组成

水下照明系统的每个 LED 光芯灯模组组合灯具由六个模组组成，每个模组内含六个大功率 LED 光芯和一个驱动器，灯具壳用不锈钢制作，每个灯具由 3W 共计 20 颗灯芯组成，配以专用透镜使光线散角为 45°，照度在 350–450LUX。电压等级为 24V。LED 光芯灯模组组合灯具具有可靠的耐压和防水性能，可承受 5MPa。将六个经过密封处理的模组紧凑排列，固定在支架上，组成一个 LED 光芯灯模组组合灯具。

4. 水下摄像系统

观众在参观廊道内观赏白鹤梁题刻最远直线距离为 16 米，而观众观赏题刻上字迹的分辨能力是有限的，因此要清晰并完整观赏题刻有一定的难度。为解决这一问题，决定在水下保护体内设置水下摄像系统。

系统组成功能

水下摄像系统由布置在白鹤梁题刻表面上方的 24 个内置云台半球形水下摄像机、视频切换控制系统和能远程遥控操作的浏览终端、演示终端等组成。

内置云台半球形水下摄像机具有变焦、调焦和光圈控制能力，能带动摄像头水平、垂直转动，所有的控制和摄像部件均安装在有的半球形球面罩内，具有耐压防水能力。将其安装在白鹤梁题刻上方的支架上，其分布间距与安装位置要充分满足对题刻采用实时摄取局部图像，无缝无叠拼接，全景图像展示，还要有水下摄像照明的亮度要求。

水下摄像机的信号和电源通过穿舱连接器连接到参观廊道的设备间内。

陈列馆内设置6台浏览终端、演示终端；参观廊道内设置10台。视频切换控制系统之间通过光缆连接，视频信号和通信信号的发射和接受由光端机来实现。

浏览终端采用触摸显示屏，具有多媒体演示和互动操作功能，观众用手指在屏上点击就能远程操作水下摄像机，实现自己的浏览要求。

5. 供气系统

白鹤梁题刻原址水下保护工程的供气系统，主要是为参观廊道的“8”字体舱段、潜水员舱和观察窗等设施提供气源，即要满足人员在压力条件空气呼吸气体的要求，同时该系统为间断式供气系统（潜水系统的供气系统均为间断式供气系统）。

（1）任务要求

为参观廊道内的以下设备提供压缩空气。

①为“8”字体舱段内待救人员提供洁净空气；

②为潜水员舱加压和减压的气源；

③为通风闸门和排水闸阀提供应急切断和开启的气源；

④为更换观察窗内、外玻璃（顶开）和吹除观察窗内外玻璃间的水汽的气源。

（2）标准规范

①参考标准

压缩空气站设计规范　GB50029-2003

甲板减压舱　GB/T16560-1996

潜水呼吸气体　GB18435-2001

②主要技术指标

高压力 30bar（3.0MPa）

在 20~30 分钟内连续供给 5~30bar 的压缩空气，储气量 480m3/atm；

空气中灰尘颗粒级别≤ 0.01μm；

压力露点：2~5℃。

（3）主要设备

①空气压缩机

型号：WM-1.2/30（风冷式）　数量：2 台

工作压力：3.0MPa　排量：1.2 立方米 / 分钟

机组重：680 千克　电机功率：11kW

外形尺寸（长 × 宽 × 高）1270×810×850 安装在陈列馆设备间内

②储气罐

根据要求设置 4 个 4 立方米的储气罐，总储气量为 480 立方米。同时可按潜水有关规范将储气罐分成两组，以达到互为备用目的。参数如下：

工作压力：3.0MPa 容积：4 立方米

数量：4 只 形式：立式

外形尺寸：Φ1200×4200

按使用余压 0.5MPa 计，储气系统有效储气容积为 400 立方米。

设置在陈列馆与长防堤防浪墙之间的设备场地内。

③空气处理设备

包括：油水分离器、空气干燥器、空气过滤器等，主要是将空压机输出的气体经处理可达到满足有关呼吸气体规范的要求。这里的空气处理设备所达到的要求是按照《潜水呼吸气体》中压缩空气的指标进行，该标准对压缩空气中的二氧化碳、一氧化碳、水分、油雾与颗粒、气味等有相应的规定。

a. 油水分离器：是安装在空气压缩机后，可对压缩空气中的油水混合物进行初级分离。

数量：2 台；工作压力：3.0MPa。

b. 空气干燥器：设置一台无热再生式空气干燥器，除去空气当中的水分及油雾颗粒等。可使空气的压力露点达 -40℃，以满足潜水呼吸气体标准要求。

型号：TCXM-3.0/30 无热吸附式压缩空气干燥机。

最高工作压力：3.0MPa 吸附量：3 立方米 / 分钟

c. 空气过滤器

为潜水气体专用空气过滤器，主要是用来进一步过滤、吸附、清除压缩空气的有害气体成分和细微杂质，使气体的纯度达到标准要求。

上述设备均设置在陈列馆设备间内。

d. 综合控制台：是对潜水员舱的供气、加压、减压、舱内氧气和二氧化碳含量的监测以及舱外水深的显示。设置在参观廊道设备间内。

e. 阀门管路等其他材料

（4）供气系统工艺流程

空气压缩机→油水分离器→储气罐→压缩空气无热干燥机→空气过滤器→分两路进入交通廊道和参观廊道。

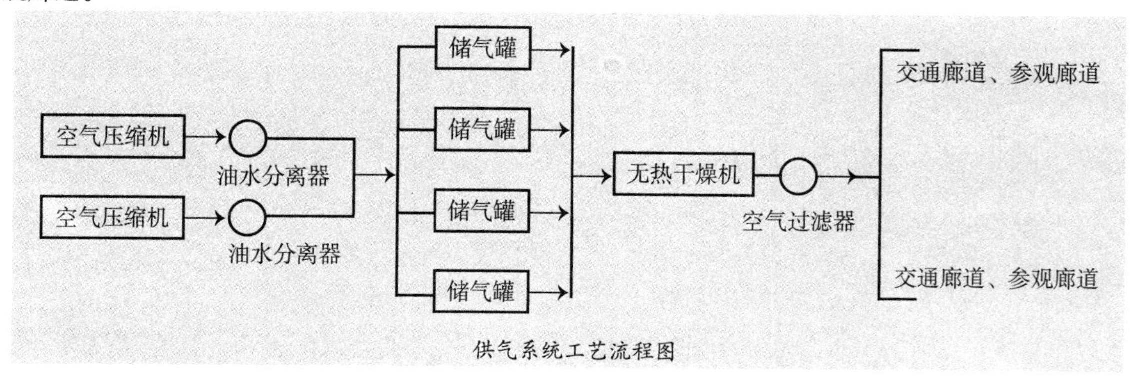

供气系统工艺流程图

隧道式公共交通型自动扶梯

白鹤梁题刻原址水下保护工程在上、下游坡形交通廊道内设置了两台隧道式公共交通型自动扶梯，以方便观众的出行。

自动扶梯由俄罗斯通用机械厂股份有限公司基洛夫工厂制造，技术参数如下：

型号：3 TX–40–27–1　理论载客量：人 / 小时：9000

长度：90 米　扶梯基带倾角：27°

运动速度——米 / 秒：运行速度 0.5；

乘客期待（节能）速度：–0.25；检修速度 0.04。

梯级数量：462 个

梯级尺寸：宽：1003 毫米；深：400 毫米；间隙：梯级间不小于 6 毫米；

梯级与栏杆间不小于（一侧面）4 毫米；（二侧面）7 毫米；

扶手带与栏杆间不大于：3 毫米　扶手带中心线距离不大于：1280 毫米。

递级和扶手带速度差——相对梯级 2%。

自动扶梯主轴和传动装置型式：齿轮式传动。

电流和电压种类

电路名称	电流	电压（伏）
动力	交流	220/280
控制	直流	24
检修照明	交流	220
工作照明	无	无

电动机特性

电动机	型号	功率（千瓦）	额定频体、转速（转 / 分钟）
主传动	DV225M4/BM62/HR/TF	45 × 2=90	1470
辅助传动	无		

链条和扶手带特性

链条名称	破坏负载、千牛顿	实际强度备用系数
牵引	570	5.33（按照 EN–115）
传动	无	
扶手带	25	6.02

注 1：当地吴淞高程 + 黄海高程 +1.7 米。

注 2：涪陵长防堤轴线桩号 +000.00。相对标高 ±0.000 为黄海高程 176.20 米。长防堤长江二段第二相当规模段终点轴线为 K2+119.040。相邻码头大坝轴线为 K+2+125.841

二　涪陵白鹤梁水下工程施工

（一）本体保护工程施工（前期工程）

1. 留取资料与题刻岩石表面保护工程施工

2001 年 1 月，重庆市文物局请中国文物研究所（现名为中国文化遗产研究院）对白鹤梁题刻留取资料及岩石表面保护进行方案设计。对白鹤梁题刻岩石表面片板状剥落严重区域及表层张开性细微裂隙发育区域实现加固保护，该所制定了《白鹤梁题刻留取资料阶段表面保护工程设计方案》。2001 年 1 月 15 日，重庆市文物局组织专家对该方案进行了论证并原则通过。2001 年 1 月 17 日国家文物局予以批复。

由中国文物研究所设计和施工的白鹤梁题刻留取资料及表面保护工程分两年实施完成。协作单位是涪陵区文化局。

（1）2001 年 2 月 2 日至 3 月 30 日，施工单位对白鹤梁题刻进行了题刻拓片、翻模、文字编录和摄录像工作，建立了题刻区精密工程控制系统和三维数字模型；开展了对题刻梁体的工程地质、地层岩性取样、分析实验工作；实现了对题刻岩石表面部分保护工程，采用了微锚加固、注射粘法和点滴渗透相结合的方法。

（2）材料的技术特点

弹性硅酸乙酯（KSE 500STE）

这是目前唯一大量使用于石质古迹保护的材料，由德国研制。其化学原理为：硅酸乙酯和空气或基材的水蒸气发生化学反应，固化后形成类似玻璃的 SiO_2 胶体，加固增强矿物材料，副产物为挥发性的乙醇。

采用注射技术，主剂的主要特点：

组成：单一组合，含有微矿物粉末，可以添加填料

固含量：500 克 / 升

固化物：二氧化碳胶体

增强：约 150%~200%

渗透深度：约 10 毫米

憎水：憎水特点在 2~4 星期后消失

耐酸：性能很好

副产品：乙醇（挥发掉）

SAE 注射砂浆

固化开始时间：约 2~24 小时（与温度、施工量、厚度等有关）

固化结束时间：约 2~3 星期（ > 95% 的固体）

注射砂浆速度：约 5~10MPa

黏结强度： > 1MPa

3~4 星期后的吸水量：大约 5%~8%（重量）

副产物：乙醇（挥发）

特殊注射清浆

由超细耐硫酸盐水泥和促流剂组成的双组分注射清浆，其优越性在于低碱，抗硫酸盐，流动性极佳，不分层。可以进入到微裂隙中，可以在潮湿的基面施工。硬化后防水、耐水的侵蚀，抗风化和冰冻。可用于水下构件的 > 5 毫米宽的裂隙的填充补强。

成分：组分 A：注射液体，密度：约 1.1 千克 / 立方分米

组分 B：干混超细耐硫酸盐的干粉，堆积度约 1.0 千克 / 立方分米

A+B 混合后：密度约 1.7 千克 / 立方分米，空气含量约 1% 体积比。

强度：7 天 > 5MPa

28 天 > 20MPa

（3）施工工艺

①细微裂纹 / 片状剥落的注射黏结增强施工步骤

步骤 1：打眼，孔径 2 毫米，深度约 20 毫米，孔距约 50~100 毫米。

步骤 2：压缩空气清洁针眼。

步骤 3：插入支管，深度约 10 毫米，支管用特殊腻子封护。

步骤 4：裂纹边缘用特殊腻子封护，隔 5~10 厘米留注射孔。

步骤 5：注射增强剂 300E，约 5~10 毫升 / 孔。

步骤 6：0.5~1 小时在同一针孔注射 SAE 砂浆，饱和为止，顺序从下而上，顶部留 1~2 排气孔。

步骤 7：2~4 小时后，顶部排气孔注射 SAE 砂浆。

步骤 8：12~24 小时后，拔除支管，清除腻子和多余砂浆，针孔部位喷洒细砂，养护 24 天。

②宽大裂隙注射填充增强施工步骤

步骤 1：使用 SAE 注射砂浆 + 细干砂（1:1 体积比）配制成勾缝砂浆，封堵裂缝，欲留灌浆孔，间距 0.5 米。

步骤 2：插入灌浆管，深度为 30 毫米。

步骤 3：灌注潮湿环境下的抗酸盐水泥 + 速凝剂，目的在于封堵深入贯通的大型裂隙，灌至表面下 30 毫米停止。

步骤 4：注射特殊注射砂浆，约 1 升 / 孔，饱和为止，顺序从下到上，留 1~2 排气孔。

步骤 5：12~24 小时后，封堵灌浆孔。

③点滴渗透增强施工步骤

步骤 1：题刻表面贴脱脂棉，然后用薄膜覆盖。

步骤 2：参照医生点滴方法，将弹性硅酸乙酯点滴到脱脂棉中，时间 24 小时。每平方米约 0.5~1 升。

（4）2002 年 3 月 15 日至 4 月 7 日，实施了未完成的题刻岩石表面保护工程。

（5）通过施工，提高了白鹤梁题刻岩石表面的强度，以抵抗外界的破坏力，增加题刻岩石表面的完整性和均一性，同时注意加固深度要求，并使之吸水性和渗透性的变化不大，岩石表面性状变化不大，稳定性要好，所使用的材料对岩石的健康无害，老化产物与石材组成接近，具备可重复性，以确保白鹤梁题刻在淹没之前，其岩石表面严重破坏区域病害发展趋势得以缓解。

2002 年 4 月，白鹤梁题刻留取资料及岩石表面保护工程通过专家验收。

白鹤梁题刻岩石表面保护工程量表

项目	单位	数量	备注
微锚加固	根	277	总计加固的区域面积在 300 平方米
微缝黏结	米	14.3	
注射加固	区域	12	
淋涂加固	幅	33	

2. 白鹤梁题刻原址水下保护工程加固工程施工

2001 年 12 月建设部综合勘察研究设计院对白鹤梁题刻本体保护工程进行了设计，2002 年 2 月 18 日由湖北省大冶市殷祖园林古建公司中标进行施工，并向海事部门办理了水上水下施工作业许可证。北京蔷薇工程监理公司对本项工程进行施工监理，代理业主单位重庆峡江文物工程有限责任公司白鹤梁项目部驻现场对工程进行建设管理。

（1）本项加固工程施工重点

①对白鹤梁梁体实施长锚杆支护施工，岩体内部的纵横宽大裂隙及下部淘蚀空洞实施灌浆处理；

②对砂岩体下部页岩淘蚀凹槽及分离体间，实施原岩砌筑和连续堵支护施工；

③表面防冲蚀采用双面层保护结构，下层为柔性保护层，上层为钢性防冲蚀保护层，面层以锚固方式与岩体相连。

重庆峡江文物工程有限责任公司（以下简称峡江公司）主持设计单位相继进行了施工技术交底。

（2）施工方法

①表面防冲蚀工程

打钻轻型锚杆眼。用树脂砂浆安装锚杆，冲洗岩面，干后铺设无纺布和防渗薄膜两层并连接于锚杆，浇筑 3 厘米豆石 C30 混凝土，放置 Φ8 钢筋网连接锚杆后，浇筑 7 厘米混凝土，清理施工面，初凝后养护。总面积：930 平方米。

②本体锚杆支护工程

锚杆点位定位，搭建施工平台，钻孔直径 100 毫米，深度 3 米，向孔中注入高压水冲洗孔壁，灌入 1:1

水泥砂浆，插入 Φ12 螺纹钢锚杆，砂浆初凝后，拆去螺母和垫板，实施二次补灌砂浆，安装垫板及螺母，充填砂浆，盖上圆形岩石板。锚杆总数：104 根，长度约 500 米。

③砌筑支护工程

在题刻表面铺设土工织布和薄膜，将直径 8 毫米钢筋编织成钢筋网铺设，与锚杆连接，浇筑 C30 混凝土，厚度为 10 厘米，在浇筑时上提钢筋网，使钢筋网处于混凝土中部偏下位置。面积为 1120 平方米。

④修筑防浪堤工程

清洗岩面泥沙，浇筑毛石和 C15 砂浆，初凝后，在其上浇筑一层碎石和 C15 砂浆，埋设加固桩的主筋，砌筑条石，并在条石上添加拉力筋。

⑤文物保护工程

为确保施工阶段文物主体的安全，在题刻上部架设施工平台，以隔离施工人员和设备与题刻间接接触，预留 20~30 厘米空间，同时在题刻表面铺设沙袋保护垫层。

2002 年 4 月 9 日完工。4 月 29 日初步验收合格。

3. 工程分标

白鹤梁题刻原址水下保护工程的组成及实施情况，将工程分为前期工程和 A、B、C 三个标段：前期工程：留取资料与题刻岩石表面保护、加固工程。

A 标段工程：水下导墙钻孔钢桩，鱼嘴防撞墩及纵向混凝土围堰

B 标段工程：主体工程土建及安装（包括参观廊道制造及安装）

C 标段工程：地面陈列馆土建及安装

（二）A 标段工程施工

2003 年 2 月，通过工程招标，白鹤梁题刻原址水下保护工程 A 标段工程正式开工。设计单位是长江勘测规划设计研究院（现名为长江勘测规划设计研究有限公司），审图单位是重庆大学建筑设计研究院，施工单位是青岛海防筑港工程北海总队，监理单位是长江水利委员会工程建设监理中心。重庆市涪陵区建设工程质量监督站对本工程建设质量进行了施工全过程监督。这一标段工程内容是对题刻文物区域进行保护覆盖施工；水下导墙及鱼嘴防撞墩基础钻孔和钢筋混凝土；扩宽航道洗手梁、坳马石炸礁；上下游纵向混凝土围堰等工程。

1. 对题刻文物区域实施保护覆盖施工

用无纺土工布对题刻进行全覆盖，其上用砂袋覆盖，砂袋之间互相搭接，砂袋中严禁有石块，装砂不能装砂太满以承受冲击力。每块土工布压砂袋时应留出 3 倍搭接长度的空位，以便后一块土工布的铺设和搭接严密。另外，施工平台的搭设和钻机锚固都在题刻区域外进行，还要防止施工机具撞击和施工船舶抛锚定位时对题刻的不利影响。2 月 28 日对题刻保护工程进行验收合格。

2. 水下导墙及鱼嘴防撞墩基础钻孔和钢筋混凝土工程施工。

在施工准备期间业主单位组织了技术交底和移交工程控制性坐标等文件，施工单位在监理单位的监督下完成了定位放线工作。

施工工艺流程

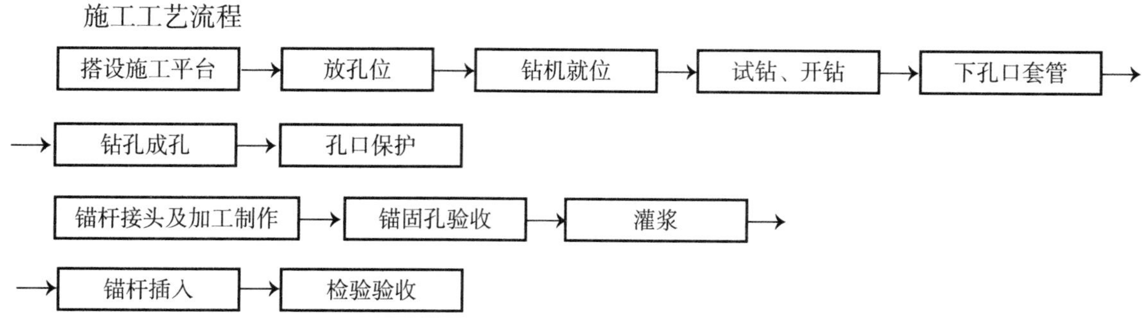

（1）钻孔作业平台搭设

分近岸与远岸两种方式进行。

近岸作业平台搭设采用Φ50钢管从钻孔弧线内侧中间向两端进行搭设，平台纵横钢管及立管间距为1米，并设剪刀撑增强整体稳定性，平台顶部高出水面2~4米，以保证施工不受小幅江水上涨的影响。平台顶部铺设木板。

远岸作业平台搭设采用钢结构，立柱为锚入岩石的钢管锚柱，锚柱间采用槽钢及角钢剪刀撑连成整体，然后在形成整体的骨架上铺设木板。

（2）钻孔

锚固孔采用液压回转钻机普通硬质合金钻进成孔。钻机在作业平台上就位，用全站仪测量逐孔就位，用Φ146导向管开孔，钻孔开口口径Φ150，进入基岩1~2米后，将套管留在岩层内，换用Φ108钻具钻进至终孔。孔深13~15米，倾斜度不小于1%，方位角度小于30°，沉淀厚度不大于500毫米，终孔后对孔口进行封堵保护。

（3）锚杆的安装及灌浆

按设计要求，锚杆采用Φ50毫米钢棒，钢棒采用AC钢，含碳量不超过0.25%，防腐方式为涂刷J41~31水线漆，长度5~6米，焊接方式为对接，V形坡口，坡口角度为60°，焊缝有效厚度为8毫米，接头数量2~3个，焊接好后进行拉拔试验，合格后用三角架起吊安装，测量校准，加固。

（4）灌浆及插棒

钻孔达到设计要求深度并经验收合格后，方可进行灌浆施工。浆液为M30水泥砂浆。钻孔底部砂浆必须饱满密实，以确保锚杆与撑力层页岩的有效锚固，为此灌浆采取返浆灌注法。将注浆管下至离孔底0.5米，用清水进行压力冲孔，然后按设计要求的配合比试验确定搅拌好的砂浆通过泵送入孔内，注浆量按孔内插入钢棒后容积并留一定余量注入，避免砂浆流出而影响题刻。

拔出注浆管，将已加工好的钢棒立即下入孔内，在下棒过程中，如钢棒不能一次下至孔底，应通过升降机来回提升下降，对孔底浆液进行搅动，必要时通过工具进行旋转，直到钢棒下入设计要求部位。

该项工程划分为5个单元进行施工，每个单元抽检20个孔，施工过程中进行取样，钢棒2组，焊接4组，砂1组，砂浆试块2组。检验评定：5个单元全部合格，合格率100%。该项工程于2003年4月6日完工，

4 月 13 日对钻孔工程及鱼嘴防撞墩基槽进行验收合格。

（5）鱼嘴防撞墩钢筋混凝土

施工工艺流程

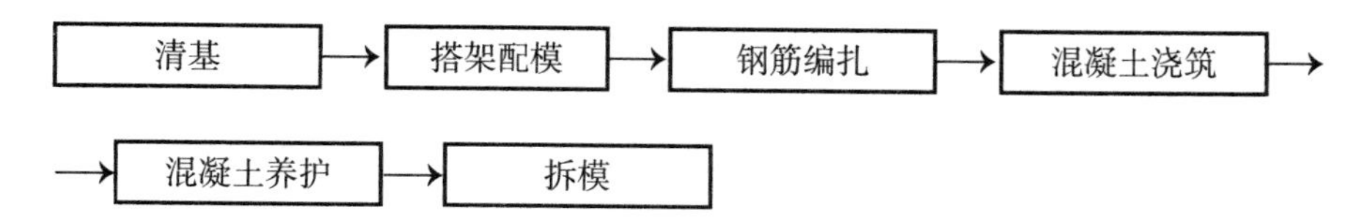

清基：对基岩面的浮渣、松动的岩石、淤泥等采用高压泥泵和高压水枪进行清理。

模板：采用组合钢模板，顶部曲线段模板用定型模板实施。

钢筋编扎：钢筋为 Φ22@200 双向布置。

混凝土浇筑：采用商品混凝土浇筑，强度为 C30，泵送至作业仓内，分三层浇筑，振动棒振捣，待达到设计标高和强度后拆除模板。

养护：混凝土浇筑完 8~10 小时后，采用草袋覆盖清水养护，养护时间不小于 14 分钟。

该项工程在施工过程中进行了取样报检工作，钢筋取样 1 组，水泥 9 组，外加剂 1 组，砂 1 组，碎石 1 组，混凝土试块 8 组，均合格。

该项工程 5 月 7 日完工，5 月 19 日进行验收合格。

水下导墙及鱼嘴防撞墩基础钻孔和钢筋混凝土工程量

序号	项目	单位	数量
1	钻孔	米	4944
2	封孔套管	米	510
3	钢棒	米 / 吨	6954/140
4	水下注浆	米	4944
5	钢筋	吨	16.5
6	混凝土浇筑	立方米	1057

3. 扩宽航道冼手梁、坳马石炸礁工程施工

工程地点：位于长江涪陵河段乌江与长江汇合处上游约 1.2 公里处。

工程规模：冼手梁炸礁基线全长 455 米，最大宽度 45 米，最大厚度 2.38 米；坳马石炸礁基线全长 215 米，最大宽度 40 米，最大厚度 2.20 米。

工程目的：为了清除冼手梁和坳马石两处石梁因挑流与滑梁江水对船舶航行安全的不利影响，确保白鹤梁题刻原址水下保护工程的安全，须切除冼手梁突入江中部分，炸除坳马石石梁，以平顺岸线，改善流态，拓宽航槽。

施工工艺流程

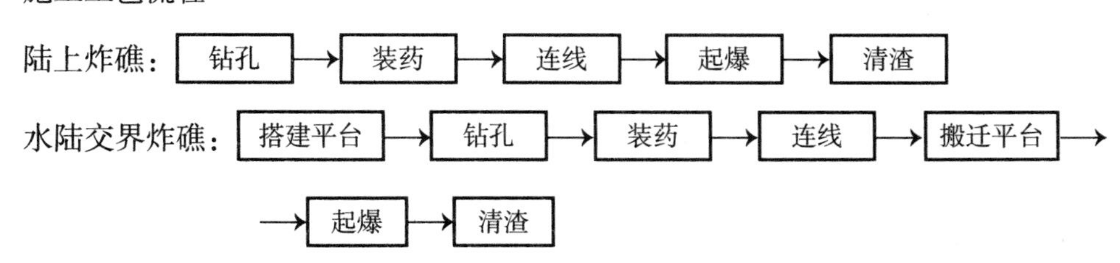

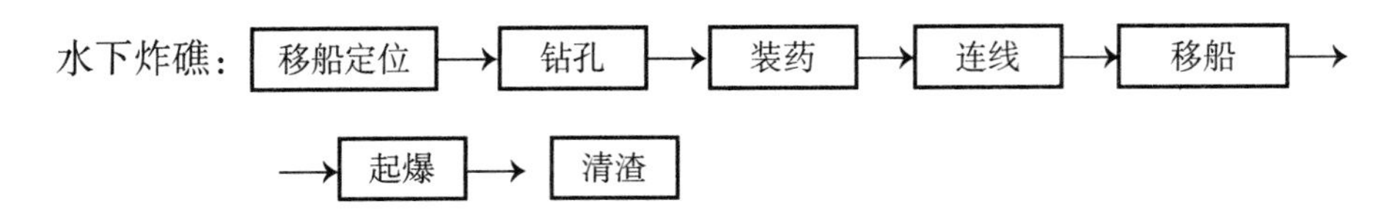

施工方法：陆上部分采用风钻钻孔；水深小于1米以下的浅水区采用搭设钻孔平台作业；水深大于1米的采用船钻爆进行钻孔作业。

（1）定位

对炸礁区平面控制网点按设计坐标进行定位，在施工区附近增设控制点，设立水尺，并放出炸礁区首尾断面坐标。施工期为不影响船舶航行，采用非禁航施工，钻爆船定位时主航道一侧采用沉链，以确保船舶通航安全。

（2）钻孔

陆上采用手风钻钻孔，钻机一次钻至设计深度，要避免石渣淤孔和碎石堵孔。水下部分用潜孔钻机一次钻至设计深度，为避免泥沙及石渣淤孔，采取“一管一钻”法，即钻孔前先下套管，再下钻杆钻孔。

（3）装药及堵塞

对于炮孔露出水面外的，装药后用黏土堵塞；对于炮孔在水面以下的，成孔后应立即装药，用装药杆将炸药装入孔底。水下钻爆炸药在水中的浸泡时间较长，爆破采用微差爆破，炸药选用防水性能较好的乳化炸药，雷管采用毫秒延期电雷管。

（4）爆破网路及起爆方式

每个起爆体采用两发同段电起爆雷管，起爆网路采用串联起爆，并保证通过每个电雷管的起爆电流不小于2A。

（5）炸礁爆破参数

钻孔排距、间距、深度、药量、水下、陆上、爆破地震安全距离、警示标志与警戒等参数都按设计要求并根据现场实际情况经过严密计算而形成的。

（6）清渣

水下清渣采用抓扬式挖泥船和运渣驳船；陆上清渣采用挖掘机来进行清渣工作。弃渣区在龙王沱内。

该项工程于2003年3月6日开工，7月15日完工，7月25日验收合格。

主要工程量：陆上炸礁：1296.45立方米；

水下炸礁：18198.55立方米；

水下清渣：19495立方米。

4. 上下游纵向混凝土围堰工程施工

工程规模：上游纵向混凝土围堰长41.77米，一端与鱼嘴防撞墩相邻。

下游纵向混凝土围堰长37.6米，一端与水下导墙圆弧段相邻。

上游纵向混凝土围堰基底高程为134.556~136.316米。

下游纵向混凝土围堰基底高程为133.087~134.958米。

围堰顶高层143.5米，围堰宽6米。

上下游纵向混凝土围堰各分三包浇筑，分段长为 13.05 米、14.12 米、14.6 米和 13.36 米、11.36 米、12.88 米。

施工工艺流程

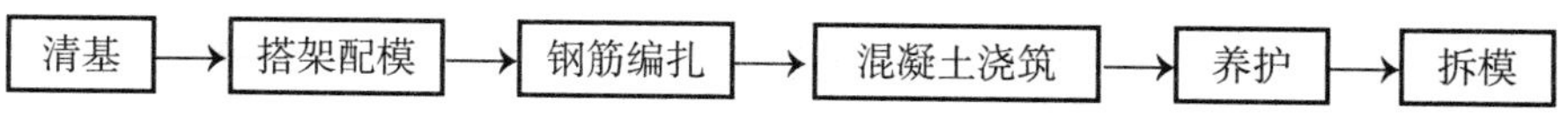

（1）清基

将基底的浮碴、松动的岩石清除，并将基岩面冲洗干净。

（2）模板

组合钢模板采用双排架钢管作业平台形式，钢模靠紧排架。

（3）钢筋制作与绑孔

钢筋结构为 Φ22@200 构造布筋。纵横编扎，形成钢筋网。

（4）混凝土浇筑

采用自动搅拌站，泵送混凝土灌筑技术。分段分包浇筑，分三段，段与段之间留垂直施工缝，埋设橡胶膨胀止水带。混凝土泵送至作业仓内，振动棒振捣。

（5）养护与拆模

草垫覆盖清水养护，达到设计强度后拆除模板。

在施工过程中进行了取样：水泥 3 组、外加剂 1 组、砂 2 组、碎石 2 组、混凝土试块 29 组。均满足施工规范要求。

该项工程于 2003 年 4 月 2 日开，4 月 24 日因长江水位上涨停工。2004 年 2 月 1 日复工，2 月 24 日完工。2 月 26 日验收合格。

上下游纵向混凝土总浇筑量为 3930 立方米。

（三）B 标段工程施工

2004 年 3 月，涪陵白鹤梁题刻原址水下保护工程 B 标段工程开始施工。

这一标段是白鹤梁文物保护工程的核心部分，包括水下保护体、上下横向土石围堰、上下游交通廊道、参观廊道、水下照明系统、水下摄像系统、循环水系统、工程安全监测系统、供气系统、通风空调系统、疏排水系统、自动喷淋系统、火灾自动报警及联动系统、安全防范视频系统、防雷与接地系统、防烟与排烟系统、通讯系统、自动扶梯等工程项目。

1. 主要控制工期

长江勘测规划设计研究院在 2003 年 10 月编制的《涪陵白鹤梁题刻原址水下保护工程招标设计报告》中对工程进度的安排是：三峡水库在 2003 年已蓄水至高程 135 米（吴淞高程），根据三峡工程施工总进度安排，2006 年 11 月开始至 2007 年 5 月导流孔封堵后水库水位汛期将超过 139 米（吴淞高程），汛后水位将蓄至初期发电水位 156 米（吴淞高程）。白鹤梁题刻保护工程需在三峡水库水位达到 156 米前完工，即在 2006 年 6 月竣工。工程剩余工期约 2 年 3 个月，实际水下建筑物施工工期为 2 个半枯水期。主要控制工期如下：

A 标段：

（1）目前已完成鱼嘴防撞墩，水下导墙基础钻孔，纵向混凝土围堰，扩宽航道炸礁等工程。

B 标段：

（2）2003 年 11 月 ~2004 年 4 月直线工期 6 个月，完成水下导墙和上下游横向围堰工程施工。

（3）2004 年 11 月 ~2005 年 3 月，直线工期 5 个月，先修复围堰及基坑抽水，然后完成上下游水平交通廊道及坡形交通廊道下端施工，2005 年 4 月以后完成坡形交通廊道上部施工。

（4）2005 年 11 月 ~2006 年 3 月，直线工期 5 个月，完成参观廊道制造、安装、焊接、水下保护体顶拱施工，交通廊道内的设备安装及内装修工程。

同时进行 C 标段工程——地面陈列馆工程施工。

（5）2006 年 3 月 ~5 月，直线工期 2 个月，白鹤梁题刻原址水下保护工程设备调试及试运行。同时有消息发布，原计划 2007 年三峡库区水位抬升至坝前 156 米高程将要提前一年。白鹤梁题刻原址保护工程 B 标段工程要在一个枯水期内完成原定三个枯水期的工程量，也就是主要控制工程中步骤（2）、（3）、（4）中的全部工程内容：

a. 完成水下导墙和上下游横向围堰施工。

b. 完成上下游水平交通廊道及坡形交通廊道下端施工。

c. 同时完成参观廊道制造、安装、焊接。水下保护体穹顶顶拱施工。

d. 2005 年汛后完成坡形交通廊道上部施工。完成参观廊道和交通廊道设备安装及装修施工。处理不可预见的问题。同时进行地面陈列馆工程施工。

为此，作为水下土建施工的主要施工单位中铁大桥局集团公司根据新的主要控制工期计划，按照重庆市政府的布置重新安排控制性网络施工工期，并据此编制了切合实际的施工组织设计。峡江公司分两次组织专家对施工组织设计进行反复论证并通过。

新的控制性网络工期计划，按照以下时间节点必须完成水下施工工作：

a. 水下导墙施工计划时间：2004 年 11 月 10 日 ~12 月 30 日。

b. 参观廊道吊装计划时间：2005 年 1 月 15 日 ~2 月 9 日。

c. 穹顶施工计划时间：2005 年 2 月 19 日 ~3 月 31 日。

d. 横向围堰施工计划时间：2004 年 10 月 24 日 ~2005 年 1 月 15 日。

e. 围堰抽水计划时间：2005 年 1 月 15 日 ~1 月 25 日。

f. 水平交通廊道施工计划时间：2005 年 2 月 5 日 ~4 月 16 日。

2. 对题刻文物区域实施水下保护覆盖施工

经检查发现，上一次对题刻文物区域实施的覆盖保护有部分已被江水冲毁，这次又采用先用编织袋装沙然后将编织袋装入麻袋，同时用麻袋水平挤拔竖向多层叠加的办法进行堆码保护，这些工作都是由潜水作业人员在水下操作完成的。

3. 水下保护体工程施工

水下保护体为钢筋混凝土水下导墙支撑钢筋混凝土拱壳，顶拱与下部导墙形成整体。水下导墙基础为水下钻孔钢棒锚固。

通过工程招标，水下建筑物土建的施工单位是中铁大集团股份有限公司。2004 年 3 月中旬动工。由于水下施工区域有许多杂物需清除，部分钢棒损坏要采取措施进行恢复处理，一些爆模混凝土要水下凿除，加之长江水位上涨，到 5 月 4 日已涨至 144.6 米，不得已停业了这个枯水期的施工活动。

施工工艺流程

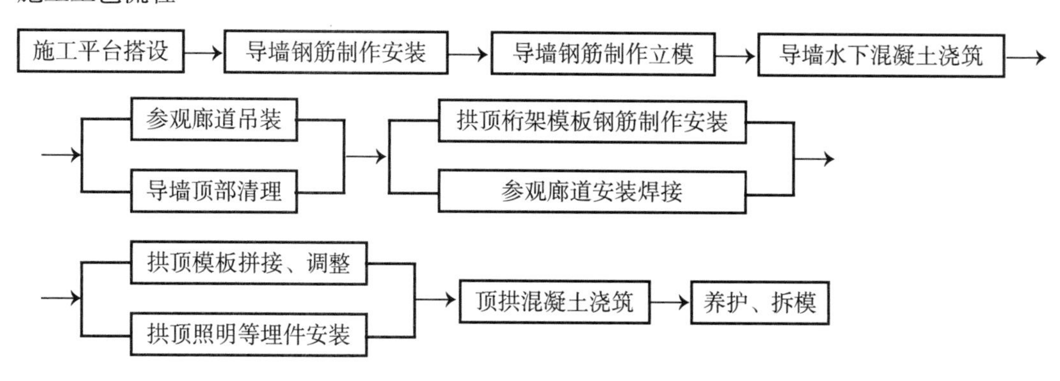

水下导墙施工时间是 2004 年 11 月 14 日，长江水位 140 米，导墙的施工工作法是，使用劲性骨架将钢筋、撑脚钢管、一次性模板、水封平台连成整体，整体吊装沉放下水到位。每节段重量控制在 40 吨以内。

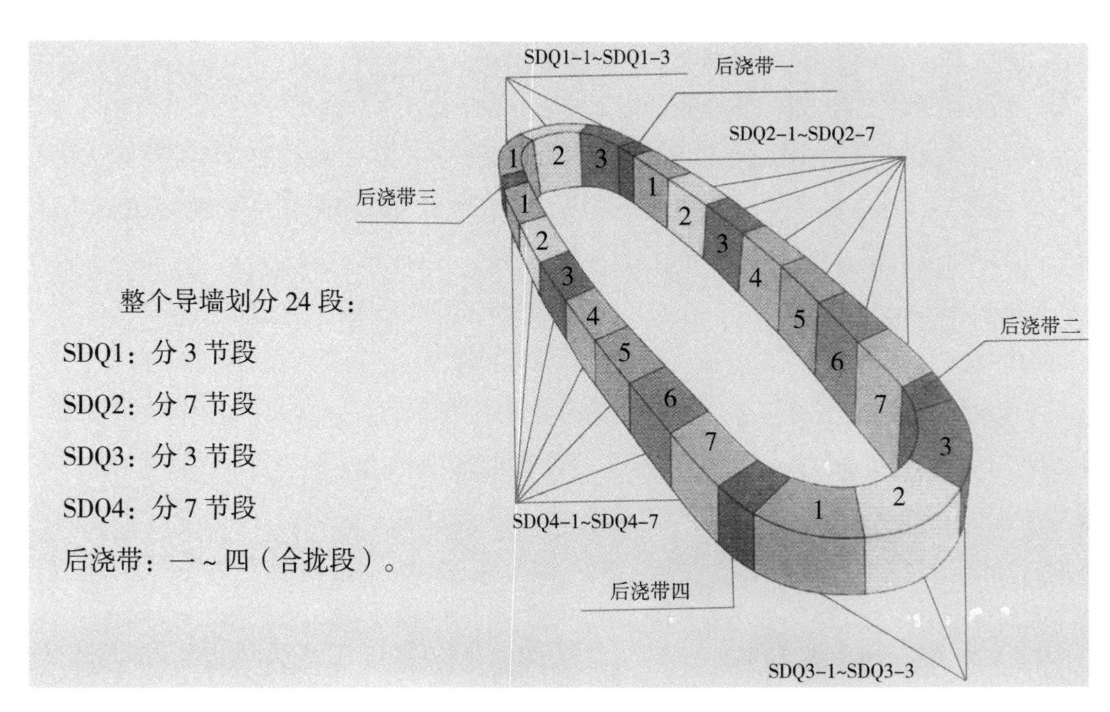

每个单元骨架通过现场加固焊接骨架，在骨架上绑扎钢筋成形，预植钢撑脚、预埋件、免拆模板、拼装内外模板与水封平台支架连接后形成整体，然后整体吊装按预定位置沉放到位，且通过单元体的撑脚水上钻孔定位，才能与纵向参差不平，横向向外侧地基岩面高差达 3.5 米、坡度达 45° 的斜坡基岩牢固结合，既要与原 A 标段预植的钢棒准确吻合，又要保证所吊放的组合拼装本体的稳定，还要确保各吊

放的组合拼装本体之间联合在一起后自由立放在水中的稳定，模板之间连接的可靠，以便进行混凝土水下浇筑。

要完成水下导墙的施工，必须做好以下几项工作：

（1）水下精确勘测工作，精度要求达到2~3厘米。特别是SDQ2的安装精度要求更高，因为其与参观廊道的牛脑悬臂梁（14个）通过预埋螺栓相连接，其位置是否准确将直接影响到参观廊道的准确安装。

（2）在水上设置钢结构加工厂，作为劲性骨架、钢模板及钢筋加工组装的场地。

（3）两艘分别为40吨和35吨的浮吊船轮番对组合拼装的钢结构吊装下水。

（4）吊装下放到位后，还要测量调整检查，高程和平面位置是否满足设计要求，钢撑脚是否打入基岩，两片骨架端部钢筋的相对位置、滑道与滑道、模板与模板是否有碰撞和错位。下放到位调整好后将劲性骨架和钢管撑脚在水下部分焊接，水下相邻段模板栓接。

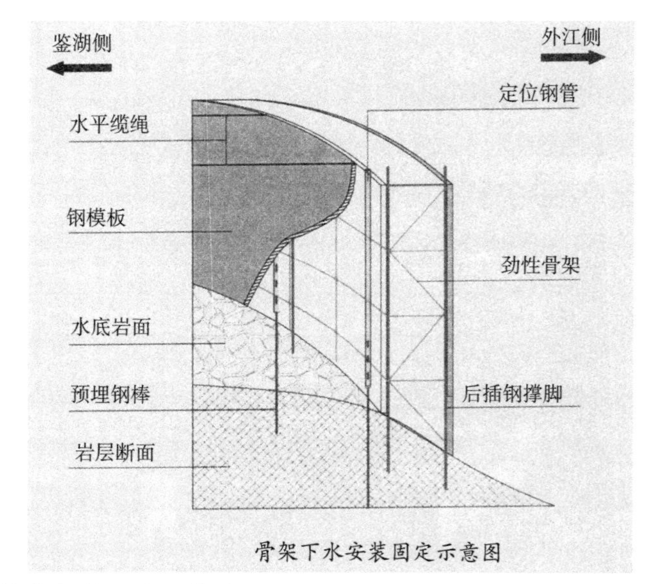

骨架下水安装固定示意图

（5）钢结构下放到位后如何与基岩面吻合，确保混凝土浇筑时混凝土不涌出。将钢结构底部按基岩面曲线进行切割加工，再在钢模板底口外侧加焊可上下活动的插板，内衬胶皮以防止混凝土渗漏。

与此同时，水下导墙混凝土浇筑前的准备工作正紧张有序地进行。为保证混凝土供应的连续性，安装了三套混凝土输送设备，其中一套备用。水下导墙混凝土强度等级为C30，抗渗标号S12，抗冻标号D200，浇筑方法采用垂直多导管法水封混凝土施工。搭设能满足至少40吨的首次混凝土浇筑重量水封平台。由于SDQ2和SDQ4面积较大，决定采用免拆模板技术将SDQ2和SDQ4分两次浇筑，各节段浇筑时混凝土的水平上升，按导管每次提升0.5米，1小时提升一次计算。浇筑速度约为45立方米/小时，最大浇筑速度约50立方米/小时。混凝土浇筑时采用两艘浮吊船配合吊装大储料罐施工。

预留槽口施工：为满足水下保护体内参观廊道焊接和穹顶安装钢梁基台的需要，在水下导墙SDQ2内侧设计有预留槽口，共计三个，槽口宽度1.6米，深度1.0米。施工时预留槽口的钢筋与导墙各节段钢筋一并制作沉放，由于免拆模板柔性较大，采取在模板外侧纵横向设角钢支撑加固。在钢筋制安时，适当把槽口内中部钢筋间距增大，以利后浇筑混凝土时安放导管方便。

预埋钢导管施工：水下保护体的后浇带共四个，待导墙SDQ1~SDQ4混凝土浇筑完成后再进行施工。其中外江侧后浇带一、后浇带二宽2米，施工方法同导墙。岸侧后浇带三、后浇带四中间预埋钢套管，这是为交通廊道与参观廊道相连接的通道，直径3150毫米，长7米，重22530千克。由于该后浇带重量大，入水定位难，施工时将钢套管与劲性骨架连为一体，在劲性骨架上设2排4个撑脚，为减轻重量，水面以上部分水平钢筋及模板暂不安装，待下放就位后再进行安装。下放时利用已施工导墙的一侧单个锁口作导向，使其余各端处于自由状态，便于调整定位，其余模板连接均采用栓接，下放就位后，将锁口位置焊死，模板栓接部位与已施工导墙模板栓接，露出水面部位电焊连接，确保了施工定位一次完成，施工误差控制在5厘米之内，有效避免了混凝土浇筑时钢导管的平移及上浮。

在水下导墙施工中，按照设计要求，相继进行了循环水系统管路安装和工程安全监测系统相关设备、线缆的安装及预埋件的安装。

水下导墙于2005年1月12日完成施工。

导墙内参观廊道8字舱基础施工：首先将施工部位的江水抽干，但不可以将保护体内的水全部抽干，为此，将题刻区域与8字舱基础之间用土袋进行隔离，保护文物题刻处的水位高度，以缩小导墙内外水压差，确保水下文物的整体安全。由于施工部位的水位降低，8字舱基础的长江水相连的管涌更加猛烈，采用强力8台水泵每天24小时不间断抽水。用一台800毫米砸机在主要透水孔处砸孔3米深，潜水员用袋装混凝土进行水下封堵，解决了8字舱基础范围内的泉涌问题，其他地方影响施工的涌水采用挖水沟、集水井、水泵强排办法一并解决，方才完成8字舱基础的施工。

4. 参观廊道制作组装工程施工

2004年9月，通过工程招标，由中船重工集团公司第719研究所设计的参观廊道工程施工单位是成都化工压力容器厂，监造单位是中国船级社实业公司重庆分公司。工程内容是参观廊道本体与土建预埋钢套管相连接的环焊缝以内的钢结构的制作组装。参观廊道钢结构部分由上、下游8字舱、廊道主体、潜水员舱、设备舱等组成。采用在厂内分段制作（分为8段），现场按组装焊接的方式完成，在现场组装时，上、下游8字舱设置在其基础上并分别与预埋在水下导墙内的钢套管焊接实现与交通廊道的连接相通，主体沿水下导墙弧度预设在14个牛脑（悬臂梁上），要求廊道实际中心线和理论中心线基本相符，参观廊道地面高程137.20~137.30米，顶部高程139.90~140.00米。

（1）参观廊道钢结构制作

钢结构材料为船用D级钢板。其所有筒节分段连接处的断面均为椭圆，断面角度及尺寸要求高，厂方采取了椭圆断面半自动一次切割成型以及环焊半自动焊接的工装，有效解决了质量控制和制作进度的问题。

（2）观察窗的制作与焊接

观察窗位于参观廊道主体水平中轴线编上222毫米处，窗体前倾8°，沿廊道走向均匀分布共23个，它主要由内观察窗座、外观察窗座、内层玻璃、外层玻璃，压紧环及密封，连接件构成。其制作的难度是：窗座加工、窗座密封和玻璃压力试验等。厂方取专用工装予以处理，均符合设计要求。

（3）参观廊道安装及焊接

原计划参观廊道吊装的180吨大型浮吊由于长江水位原因不能到达白鹤梁工地，峡江公司立即安排中铁大桥局公司白鹤梁工程项目部承担参观廊道吊装任务。他们紧急调遣一艘正在其他工地使用的60吨浮吊船，安排有经验的专业安装施工队伍，仅用7天时间于2月27日将参观廊道全部安全吊装并摆放到位。

先将8字舱吊装进入保护体内，以交通廊道预埋钢套管标高为基准，确定8字舱标高及走向，并固定在其基础上，同时在14个牛脑悬臂梁上划出参观廊道理论摆放中心线，将参观廊道其他各节段依次吊入保护体内，其摆放中轴线与理论中心线基本重合，关键是要把参观廊道各节段的支座准确的摆放在每个牛脑的中心，让其有均匀的受力分布。焊接工作仍由成都化工压力容器厂进行，组装焊接后，参观廊道主轴线方向水平度偏差最大为3毫米，沿周向方向水平度偏差最大为3毫米，符合设计要求。2005年3月4日全部完成。

（4）检验、检测及试验

参观廊道所有焊接部位均有合格的焊接工艺评定支持，施焊焊缝通过力学和弯曲性能检验为合格；所有对接焊缝均按规范和标准进行了100%射线检测，对开口公称直径≥250毫米的D类角接焊缝进行了100%UT检测，结果均满足相关规范和标准要求；观察窗玻璃、观察窗整体，八个分段部分、水密门、潜水舱门、供气系统、疏排水系统、消防喷淋系统等分别按设计要求进行了现场压力试验和密封性实验，均合格。重庆市特种设备质量安全检测中心对参观廊道质量进行了复检，结论为合格。

5. 水下保护体穹顶施工

由于工期紧迫，参观廊道吊装到位后，穹顶拱壳钢梁的安装于3月7日开始，这就形成双层作业现象，安全施工隐患非常严重。峡江公司项目部组织各参建单位在抓施工进度和施工质量的同时，更加强调施工安全，并将这一措施贯穿到整个施工过程，没有出现安全事故。

水下保护体穹顶以水下导墙为基础，采用在钢拱底模上浇筑钢筋混凝土顶板结构形成。穹顶标高143毫米；外侧与水下导墙在141.80毫米高程相接，近岸侧与水下导墙在141.50毫米高程相接。平面为不等径圆弧相切成的圆弧面，穹顶顶板在外江侧水下保护体中心处下缘高程为141.20毫米，在近岸侧水下保护体中心处高程为142.20毫米，外江侧穹顶顶板下缘沿水下导墙高程由140.20毫米渐变至141.20毫米。水下保护体穹顶与水下导墙分期实施，形成整体，穹顶拱壳上、下游侧各设置一个800毫米×1100毫米的检修孔，并用钢板进行栓接密封。

水下保护体穹顶钢底模由工字钢梁、肋梁、肋板、底摸复合不锈钢板及上部支撑等构件组成。由于施工现场场地有限，穹顶钢结构委托加工并进场监造。加工完成后，业主、监理、设计、施工方共同到加工厂验收，合格后水运至施工现场，吊装到位后，安装复合不锈钢底板及肋板，复合钢板由8毫米厚普通钢板和2毫米厚不锈钢板组成型号为奥氏体304。

穹顶钢筋混凝土施工：首先安装穹顶底层钢筋，然后进行顶层钢筋的绑扎。穹顶底层钢筋直接在穹顶钢结构上绑扎，在绑扎上层钢筋时，为对钢筋准确定位，在绑扎过程中采取钢筋马架及焊定位筋措施，保证钢筋位置的准确。

穹顶内电缆吊架及桥架预埋件（水下照明系统和水下摄像系统用）：

在穹顶钢结构安装的同时将电缆吊架埋件安装定位并焊接牢固。电缆吊架立柱预埋件为不锈钢材料，其埋入穹顶混凝土内的长度为500毫米，吊架系统连接件应能承受安装阶段的拉力和设备运行阶段的浮力，还要便于水中更换，其配线槽每隔15米应留有20毫米的伸缩缝。穹顶循环水系统预埋件安装与钢筋绑扎同步进行，施工中对各个预埋件进行放线定位，并将预埋件焊接固定在钢筋网架上。

工程安全监测系统预埋件安装施工：电测钢筋计按施工图所示方向焊接在穹顶上层钢筋上；电测应变计安装在电测钢筋计附近；光测钢筋计短轴方向均焊接在工字主梁的腹板下端，长轴方向上焊接在肋梁边缘；光测温度计和混凝土应变计埋设在光测钢筋计附近。

穹顶混凝土浇筑：C30混凝土，抗渗标号S12，抗冻等级D200；混凝土中掺入ZY型高性能高效混凝土膨胀剂以抗渗防水。混凝土采用在大堤上混凝土工厂集中拌制，用输送泵输送入模。采用三套泵管，两套实用一套备用，两套管路同时进行浇筑，各负责浇筑一边。混凝土采用台阶法分层浇筑，分层厚度为 30 厘米。浇筑顺序为从保护体下游端向上游端倒退浇筑，一边浇筑一边拆管。对已浇筑完毕的混凝土及时收浆、抹面。在保护体长轴方向上的一次浇筑宽度以穹顶工字钢梁一挡划分，每次浇筑一挡。混凝土浇筑完毕后，及时用麻袋覆盖，洒水养护。4 月 6 日下午开始混凝土浇筑，4 月 8 日深夜完成水下保护体穹顶工程，4 月 10 日江水就已经将水下保护体淹没。

水下保护体工程量表

序号	项目	单位	数量
1	混凝土	立方米	4376.64
2	钢筋	吨	287.307
3	劲性骨架	吨	240
4	免拆模板	平方米	318.4
5	钢模板	吨	535.6
6	拱壳钢桁架	吨	155.6
7	管套筒	吨	46.36
8	预埋件	吨	37.977
9	顶板不锈钢板	吨	69.08

6. 上下游横向土石围堰工程施工

调整后的围堰方案由土石围堰，混凝土围堰和水下保护体三部分组成。堰顶高程为 143.50 米，堰顶宽度：土石围堰顶宽为 8 米，横向土石围堰上，下游边坡均为 1∶1.5，最大堰高约 11 米，围堰防渗体系采用咬合桩灌浆、帷幕灌浆等，防渗墙顶高程 142.50 米，围堰轴线总长约 388 米，合拢段设在下游侧。

围堰施工首先是解决土源问题，经多方联系并与当地交管部门取得支持以确保城市运输道路的畅通。第二是解决土石料如何运至河下，办法是拆除一段大堤使之与地面平齐，沿堆石体大堤斜坡面修筑下土通道。第三是解决堆石体大堤斜面下没有路,就抛填大石料修路，机械设备才能上去大规模施工。第四是解决围堰施工的止水，确保交通廊道干地施工条件。由于围堰填筑料为人工填筑的堆石料，在这种特殊地质条件下只有采取砸机冲击成孔咬合桩防渗施工，这是本工程成败的关键，也是施工的难点。

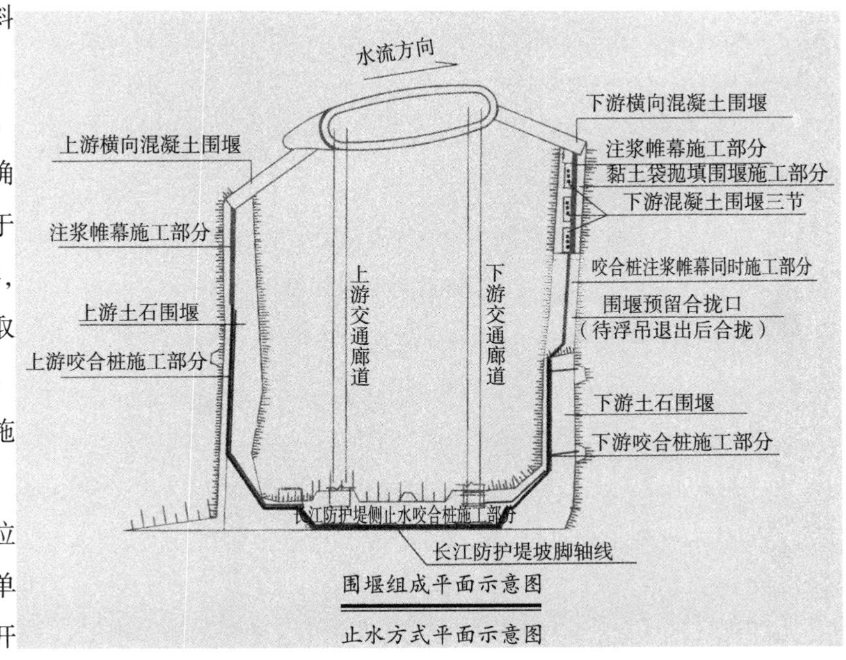

围堰组成平面示意图
止水方式平面示意图

2004 年 11 月初，长江水位还在 143 米高程徘徊时，施工单位就开始围堰施工，11 月 7 日开始咬合桩的施工，短时间内迅速形成工作面，投入砸机、钻机 38 台。同时平行施工在上游侧注浆帷幕，下游侧利用原混凝土围堰抵抗大部分的侧压力，将装好土的编织袋运至混凝土围堰处人工抛填在其外侧并用块石夯实，两端设钢模支撑。

2005 年 1 月 12 日，水下保护体导墙的最后一个合拢段后浇带三吊装完毕，大型浮吊船退出围堰预留出口后，围堰合拢工作正式开始。为了确保围堰施工一次成功，先在合拢口强度较低，不稳定的土石方上做帷幕灌浆，促使土石方土体板结固化，之后进行水桩施工，止水桩基本施工完毕后方可进行围堰抽水施工。

围堰抽水时，3 台 300S32 型水泵同时排水，其排水口直径为 30 厘米，理论抽排水量为 790 方每小时。围堰内按 140 米长，70 米宽，平均深 5 米计量，围堰内水的体积约为 5 万余方，在 24 小时内可以将围堰内的水全部抽排完毕。为了确保围堰整体安全，防止抽排水速度过快而造成围堰局部土石方的坍塌，故采取反复多次抽排、停滞、观察、再抽排、再停滞、再观察的作业方式，于 1 月 25 日围堰内积水基本抽排完毕，随后进行积水及淤泥的清除工作。

土石围堰工程量表

序号	项目	单位	数量
1	土石方	立方米	76101
2	片石	立方米	10183
3	黏土袋	立方米	13723
4	混凝土	立方米	850
5	钢护筒及模板	吨	186.51
6	钻孔桩 Φ0.8 米	延米	3636.3
7	Φ1.2 米	延米	1161.7
8	Φ1.5 米	延米	293.9
9	C20 混凝土	立方米	4238.1
10	钢筋	吨	39.15
11	帷幕注浆	延米	2342

7. 交通廊道工程施工

交通廊道分上下游两条，垂直堤岸布置，钢筋混凝土承压廊道，连接地面陈列馆及水下保护体内参观廊道，形成交通疏散环路。交通廊道由坡形交通廊道和水平交通廊道组成。坡形交通廊道在高程 136.20 米与水平交通廊道相接，最高程 176.312 米与陈列馆相接。水平长约 77.7 米，斜向长 88 米，内空 3.4 米 ×4.2 米（宽 × 高），设 16 跑共计 240 级步行梯道，安装两部长约 90 米，垂直落差 40 米，坡度 27° 的隧道式自动扶梯。水平交通廊道上游长约 147 米，下游长约 154 米，厚度为 0.8 米，坡比约 0.7%，高差 1 米（以利排水）。

2005 年 1 月 30 日交通廊道工程开始施工。

（1）水平交通廊道为 C15 混凝土垫层，其建面为基岩，混凝土浇筑前基岩面清理干净，利于结合面黏结牢固。混凝土浇筑完毕初凝前，预埋件按测量好的点位植入垫层混凝土中，之后进行养护。廊道施工前在垫层基础顶面涂刷界面剂材料。

垫层施工采用跳仓法，既从前向后，上、下游交通廊道共分 19 段，先进行双号节段施工，后进行单号节段施工，上、下游交通廊道同时进行施工。

（2）廊道施工：交通廊道正载面外轮廓尺寸 5.0 米 ×5.8 米（宽 × 高），正载面内净空尺寸 3.4 米 ×4.2 米（宽 × 高），侧墙、顶板、底板厚度均为 0.8 米。顶板在两端起拱，内拱半径 0.9 米，底板内侧腋角为 300 毫米 ×300 毫米，坡形交通廊道底部两侧设墙趾，外挑宽 0.7 米，厚 0.8 米。交通廊道沿水平方向每 11 米设置一道变形缝，变形缝宽 20 毫米，缝内塞丁晴软木橡胶，其止水设施有三道：外贴式橡胶止水带、中埋式可注浆式钢边橡胶止水带，内嵌可卸式橡胶止水带。

坡形交通廊道基础为 Φ110 毫米注浆孔，孔深为开挖基底面以下 7m，注浆加固浆液采用 C30 细石混凝土，C20 混凝土补偿垫层。交通廊道混凝土强度等级为 C40，抗渗等级 S12，抗冻等级 D200，混凝土中掺入ZY型高性能高效混凝土膨胀剂抗渗防水。钢筋: HPB235(Φ)级，HRB335(Φ)级。配比率 < 1.3%。主筋的混凝土保护层厚度为 70 毫米。侧墙主筋混凝土保护层厚度 30 毫米。

施工工艺流程

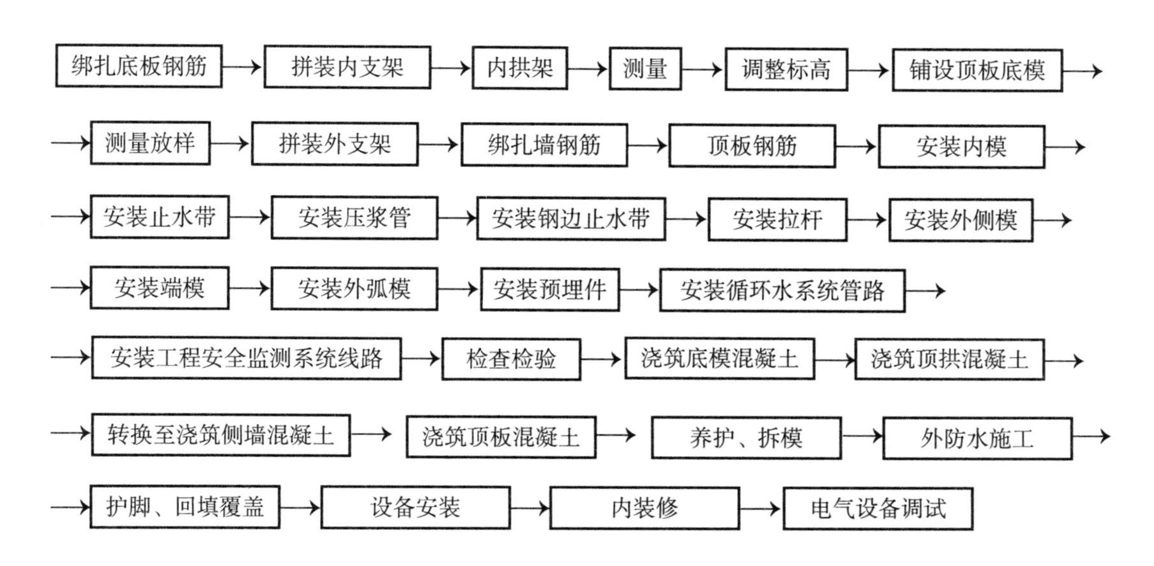

（3）镇脚施工：镇脚是水平交通廊道与坡形交通廊道结合部下的一段基底处理段，由三部分组成：钢筋混凝土钻孔浇筑桩、坡脚桩承台及 C20 钢筋混凝土镇脚。上、下游廊道镇脚基础各有直径为 1.2 米的桩基础 6 个，设计长 8.5 米，桩底标高 125.65 米，保证嵌岩深度 2~2.5 米，桩顶设承台，承台为一个梯形结构，靠长防堤侧高 4.853 米，长江侧高 2 米，宽 8 米，长 5.6 米，从里程 0—067—0—074.683 米为交通廊道坡脚 C20 混凝土镇脚，内部设 Φ20 钢筋网。

（4）坡形交通廊道施工方法与水平交通廊道不同的是不能进行跳仓法施工。因为一仓混凝土加上钢筋、模板、支架的重量即使在是 27° 的坡度上的水平分力，也是能使目前任何密度的支架产生变形，从而使该节段廊道不符合设计几何尺寸的要求而报废。因此，只能按变形缝位置分为 7 段，从下往上逐段施工。

（5）交通廊道施工顺序

①底板界面剂施工时垫层要清理干净，在垫层上弹出廊道中线、边线及控制线。

②钢筋采用现场绑扎，钢筋接头及搭接长度应符合设计规范要求，不能在同一断面上。预埋件及预留钢筋的位置要准确，且定位要牢固。

③采用钢模对拉体系，模板采用新制钢模架，内外搭设钢管脚手架，一次立模，一次浇筑混凝土完成。

④底板施工时在埋设用于侧墙及顶板立模的预埋角钢上设止水环。

⑤混凝土浇筑前，复侧廊道结构断面尺寸，满足要求后才能进行混凝土浇筑。

⑥浇筑混凝土采用现场搅拌站集中搅拌，从泵送入模。拌好的混凝土要及时浇筑，在侧墙顶外侧开一下料仓口，混凝土浇筑时不能一次下料太多，必须分层连续浇筑，分层厚度为20~30厘米，相邻浇筑面必须均衡，不留垂直高低茬。浇筑时左右墙身混凝土高差控制0.6米以内。

⑦混凝土浇筑时要检查模板、预留孔洞，预埋件等有无位移变形或漏浆并及时处理。

⑧混凝土浇筑使用插入式振捣器，振捣时要快插慢拔，插点要均匀列，逐点移动，按顺序进行，不得遗漏，做到均匀振实。移动间距不大于振捣器作用半径的1.5倍（一般为300~400毫米）。分层浇筑中振捣上层砼应插入下层混凝土50毫米以上，以消除两层间的接缝，避免漏振，欠振和超振。当混凝土浇筑到侧墙外侧下料仓口位置时，封闭侧墙仓口改为从顶部下料、振捣。振捣时要注意顶部与侧墙连接处圆弧位置砼的密实性，振捣到表面泛浆无气泡为止，不能漏振。廊道顶板在表面用铁锹拍平拍实，待混凝土初凝后用铁抹子抹压，以增加表面致密性。

⑨当混凝土达到拆模规定的要求后，拆除模板。拆模后及时对混凝土进行洒水并覆盖草袋进行养护，养护时间不宜少于14天。

⑩水平交通廊道与水下保护体结合处连接处理：水平交通廊道通过预埋钢套管与水下保护体内的参观廊道连接，钢套管构件为焊接，满焊焊牢，焊缝高度为8毫米。交通廊道内预埋两道环向金属止水环，水平交通廊道浇筑混凝土时，其钢筋与预埋钢套管冲突处截断并焊牢在钢套管上。为保证预埋钢套管与水平交通廊道间隙混凝土密实，在钢套管上开设振捣口以利混凝土的振捣，并在预埋钢板时，钢板与混凝土接触面设置遇水膨胀密封胶。

⑪变形缝施工：橡胶止水带埋设时其中心与变形缝中心线重合，现场要严格控制埋设精度。止水带在浇筑混凝土前，固定于专用的钢筋套中并在止水带的边沿处用镀锌铁丝绑牢，以防位移。内装可卸式止水带有帆布夹层，其小齿与预埋角钢接触部位平铺未硫化丁基橡胶腻子薄片，同时将止水带上的压条连续排布。钢边橡胶止水带在设置时要保证止水带盆形安装（水平夹角18度）。在交通廊道变形缝两侧预埋全断面注浆管（Φ12）各一套，每4~6米设置注浆管引管和出浆管引管各一根。钢边橡胶止水带在转角处采用圆弧转角，止水带接头设在边墙较高位置。外贴橡胶止水带接茬设在顶板中部，收口处用密封胶作封头处理。预埋螺母每隔0.2米设置一个，转角处适当加密。

⑫交通廊道回填覆盖施工：交通廊道结构施工完毕后，先在整个廊道外部进行防水层施工，然后进行廊道护脚、回填覆盖施工。

在水平交通廊道底板两侧的垫层上以浆砌块石锁定护脚，然后进行土石料回填并分层压实，边坡1:1.5；其上浇筑0.6米厚C15混凝土面板，廊道顶部浇筑1米厚。C15混凝土按6米一段浇筑，分段间以2厘米厚沥青杉板塞缝，混凝土面板斜坡上按2米 ×2米间距埋设排水管。

在坡形交通廊道两侧先在混凝土补偿层和混凝土基础上回填碎砂石多层压实，压实系数0.94，边坡1:1.5；其上为1:2浆砌块石护脚。顶厚按原长防堤堤面标准恢复200原预制混凝土护面。

（6）交通廊道外防水工程施工

交通廊道外防水工程施工是按照交通廊道工程的施工进度同步开展的。根据设计要求，交通廊道垫层混凝土外防水施工完成后，需喷涂底部黏结剂一层（界面剂），以达到垫层防水层与交通廊道钢筋混凝土底板有效粘接和交通部道整体防水效果。

交通廊道防水工程施工单位是武汉欧艺建筑技术工程有限公司。该公司于 2005 年 2 月 2 日进场施工，2006 年 10 月 2 日完工。交通廊道外防材料采用由瑞士生产的 XH160A/B 防水涂膜和 XH130A/B 新旧混凝土界面剂。其做法是：

名称	构造简图	层次	构造做法	工程量（平方米）
交通廊道外防水处理	1 2 3	1	防水层：XH160A/B 防水涂膜二层	11075
		2	防水层：XH160A/B 渗入混凝土中 20 毫米	
		3	结构层：交通廊道底层钢筋混凝土	
交通廊道底部处防水处理	1 2 3 4	1	结构层：交通廊道底层钢筋混凝土	2592.4
		2	粘接层：XH130A/B 新旧砼界面剂一层	
		3	防水层：XH160A/B 防水涂膜二层	
		4	垫层：C20 素混凝土垫层	

水平交通廊道施工完毕时间是 2005 年 4 月 11 日。

坡形交通廊道施工前高程 154.43 米（还剩 2 个节段）时间是 2005 年 5 月 20 日。

交通廊道回填覆盖施工完毕时间是 2005 年 5 月 6 日。

至此，本工程 B 标段施工所完成的工程量已完全能满足三峡大坝提前一年蓄水 156 米高程的需要。

交通廊道工程量表

序号	项目	单位	数量
1	土石方开挖	立方米	39456.5
2	拆除砼块	立方米	759.5
3	垫层砼	立方米	3743.36
4	钻孔灌注桩	米	4425.5
5	钻孔灌注桩浇注砼	立方米	143.9
6	廊道混凝土	立方米	7785.91
7	钢筋	吨	1387.663
8	预埋铁件	吨	91.966
9	模板	平方米	6421.8
10	土石回填	立方米	29.7
11	橡胶止水	米	985
12	金属止水	米	138

（7）交通廊道渗漏水施工

2005 年 5 月 16 日长江白鹤梁工程水域的水位上涨到 143.9 米，交通廊道出现 12 处渗漏水情况。峡江公司组织施工单位编制了渗漏水处理方案，并进行了堵漏处理，同时对交通廊道局部渗漏处理方案进行了专家论证，专家对方案和处理效果予以肯定。2007 年 1 月 23 日峡江公司，组织了专家和相关参建单位对交通廊道渗漏处理进行了阶段性验收。与会专家经过现场查勘，认为渗漏水处理方案可行，廊道具备后续施工条件。由于尚未经过 175 米设计水位的检验，施工单位必须加强观测，发现问题及时处理，负责到底。随着三峡大坝试验性蓄水至设计水位 175 米后，施工单位相继对几处渗漏点进行了堵漏处理，经全面检查未发现新的漏点。

（四）主要设备系统安装工程施工

1. 水下摄像系统

为提供多种观赏途径和提高观赏效果，白鹤梁文物保护工程设计了水下摄像系统，提供地面陈列馆遥控观赏和参观廊道内遥控观赏相结合的两种观赏方式。由于深水运行的特殊工况，存在设备及配件的耐压、密封、穿舱、控制、水中维护等系列的问题。

水下摄像系统由 28 台球型水下摄像机、电脑触摸屏、控制演示终端以及多媒体实时控制软件等组成，需要将视频实时监控技术，计算机控制技术、多媒体资料检索播放技术结合在一起，同时，还要解决水下摄像设备的密封、信号传输等技术问题。这项工程由上海交通大学海科集团公司承担。

施工单位按照设计要求研制了 28 台内置云台半球形水下摄像机，它具有变焦、调焦和光圈控制能力，内置云台能带动摄像机水平、垂直转动，所有的控制和摄像部件均安装在透明的半球形面罩内，具有可靠的耐压、防水功能。

水下摄像机的信号和电源通过参观廊道下游设备舱穿舱连接器连接到水下保护体内的水下插拔件，再接到悬挂在不锈钢吊杆上的摄像机，便于设备在水中维护和更换。

视频转换控制系统以现场服务器为核心，它通过串行控制信号线将控制信号传输到摄像机云台镜头控制器、16 逐面处理器、视频矩阵切换器等设备，并通过串行通信线路与浏览终端、演示终端相连。它根据浏览终端、演示终端送来的观察或显示要求实现如下操作：对指定摄像机进行变焦、调焦、光圈控制以及摄像头在水平、垂直方向转动、体现观众的操纵意图；通过视频切换矩阵将摄像机的信号切换到传输通道，送到浏览终端供观众观赏。16 画面处理器将多路电视信号组成一幅合成图像，作为视频矩阵切换器的输入信号之一，也能根据观众的要求切换到浏览终端，使观众能同时看到多幅图像。

陈列馆内的浏览终端、演示终端与参观廊道内的视频切换控制系统之间通过光缆连接，视频信号和通信信号的发射和接受由光端机来实现，浏览终端采用触摸显示屏，具有多媒体演示和互动操作功能。参观廊道内设置有 10 台，陈列馆设置有 6 台。

水下摄像系统的设备制作在进入施工现场前已完成。2006 年 3 月进入施工现场水下保护体内进行安装。2009 年 2 月再次进行控制系统安装，调试后投入使用，截至目前运行情况基本正常。

2. 水下照明系统

白鹤梁文物保护工程建成后，文物题刻处在约 40 米深水之中，水下照明的成败是整个工程的关键之一。由于到目前我国还没有详细的水下照明规范和标准，因此我们针对白鹤梁题刻的特点，局部模拟工程建成后观众在参观廊道内观赏题刻的环境，对设计研究提出的多套照明方案进行实验验证，在满足观众对白鹤梁题刻观赏的最佳视觉要求的前提下，找到了对可视度影响的主要因素，确定了水下照明设计方案和技术参数以及对其他专业的特殊要求。

从文物保护、工期安排，设备安装维护方便和安全等因素考虑，水下照明系统采用技术先进、安全可靠、寿命长、耐高压、光度高、显色性好、便于水下维护的大功率LED为光源的照明灯具。该光源光束中汞，没有紫外线辐射，低压直流电源工作，能够冷启动，同时由于采用了独特的恒压稳流技术和水平插拔技术，使得光源系统设备的安装与使用更为简单、方便、可靠。

水下LED光芯灯照明系统原采用含铝材料制作的灯罩共150套模组组合灯具，这些灯具安装在白鹤梁题刻上方的不锈钢吊杆上，其分布间距与安装位置充分满足对题刻的均匀布光的要求，还兼有附光配置，不会产生眩光和遮挡。组合灯具通过水密电缆及穿舱连接器连接至电源及控制箱处（在参观廊道上游设备间内）。水下照明系统工程由上海申乾锐达水下工程有限公司承担。

水下照明系统设备制作在进入施工现场前已完成。2006年3月进入施工现场水下保护体内进行安装。2009年2月再次进场进行控制系统安装、调试后投入使用。

由于水下照明系统的灯具的灯罩是由含铝材料制作而成。在水下保护体内的水中，存在有200~300吨的钢铁材质，当铁元素过饱和时，处于过饱和的铁将于铝发生反应，结果是灯罩里的含铝材料产生“浮渣”并不断增加，这些浮渣掉落在文物题刻表层，将其全部覆盖，且浮渣又轻又漂，潜水员多次进入保护体内难以将其吸排出外。为此，必须将这批灯具全部更换。现采用不锈钢材料制作灯罩，共108盏，每盏灯具由3W光芯灯20颗组成，照度有明显提高，从根本上解决了题刻表层被浮渣覆盖问题。截至目前运行情况基本正常。

3. 循环水系统

2004年8月，通过工程招标，白鹤梁题刻原址水下保护工程循环水系统工程施工单位是江苏兰天水净化设备有限公司。循环水系统有两个基本功能：一是通过控制循环系统的运行程序，将水下保护体内外压差控制在一定范围，确保水下保护体结构的安全，“无压容器”原理得以实施；二是通过控制循环水系统内水的蚀度、灭菌，使水下保护体内的水质体清流透明，保证观众良好的观赏效果。

（1）工程范围

水净化处理设备的制造、安装；净化水流入保护体内循环水系统供回水干管管阀的制作、安装；长江取水系统、保护体取水系统取水管管阀的制作、安装；保护体压力控制系统管阀的制作、安装；水处理系统电气、仪表和通信制作、安装；循环水系统的调试。

（2）主要技术参数

水源；长江水或自来水。

系统产水量：≥ 50立方米/小时（单套）。

出水蚀度：≥ 1NTU。

管路：DN300，DN150。

系统工作压力：Pz=1.6MPa。

（3）工艺流程

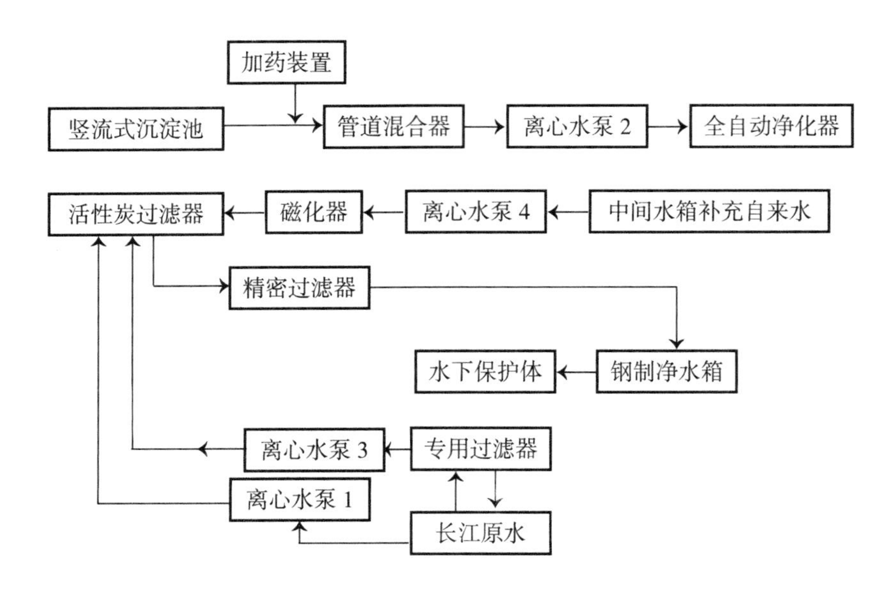

管路布置采用水流方向布置

（4）系统组成及控制方法

在陈列馆水泵房内。A、B、C 三站触摸屏能显示水泵和阀门状态及仪表数据。C 站触摸屏能操作相关运行程序及相关水泵阀门的开启和关闭。A、B 两站所有水泵与阀门能在 C 站触摸屏上控制和操作。

（5）运行程序

循环水系统运行程序：充水置换、封闭循环、自动平衡、紧急平衡、反冲洗。主要运行程序为封闭循环。

（6）施工工作

循环水系统设备及管道的制作在进入施工现场前已完成。2005 年 3 月进入施工现场配合完成水下保护体、上、下游交通廊道的管路安装、焊接工作。2006 年 4 月对管路焊接进行超声波检测和冲洗试压试验，均合格。2008 年 11 月再次进场，配合地面陈列馆布置一体化净水设备及管路安装、电缆敷设、自控程序编制，2009 年 5 月 1 日开机调试、运行，多次将净化后的水体送检，均符合设计要求。

4. 隧道式公共交通型自动扶梯

施工单位：重庆韩代电梯工程有限公司。

2006 年 3 月签订施工合同。

生产厂家：俄罗斯通用机械厂股份公司基洛夫工厂。

型号：ЭTX–40–27–1，2 台。2007 年 3 月 28 日制造。

主要技术参数

理论载客量人 / 小时 9000 人	梯级数量 462 个
扶梯基带倾角 27°	梯级尺寸 003 毫米 深 400 毫米
运动速度米 / 秒： 运行速度 0.5 检修速度 0.04 乘客期待（节能）速度 -0.25	间隙 梯级间不大于 6 毫米 梯级与栏杆间不小于（一侧面）4 毫米 （二侧面）7 毫米 扶手带与栏杆间不小于 3 毫米
梯级和扶手带速度差 相对梯级 2%	扶手带与口孔边隙间不大于 3 毫米
自动扶梯主轴的传动装置形式 齿轮式传动	扶手带中心线距离不大于 1280 毫米

电流和电压各类

电路名称	电流	电压（伏）
动力	交流	220/280
控制	直流	24
枪修照明	交流	220
工作照明	无	无

电动机特性

电动机	型号	功率（千瓦）	额定频率转速、转 / 分钟
主传动	DV225M4/BW62/HR/TF/	45 × 2290	1470
辅助传动	无		

链条和扶手带特性

链条名称	破坏负载、千牛顿	实际强度备用系数
牵引	570	5.33（按照 EN-11S）
传动	无	
扶手带	25	6.02

土建尺寸：

基坑深度：1200 毫米，上站中间刨沟：1032 毫米 ×80 毫米 ×2200 毫米，刨斜沟：1032 毫米 ×270 毫米 ×2600 毫米，下站中间刨沟：1032 毫米 ×30 毫米 ×2300 毫米。上机头水平段基坑长度：3200 毫米，下机头水平段基坑长度：3070 毫米。上、下站支撑间距水平投影长度：84505 毫米。

2007 年 7 月设计技术交底，监理单位批复施工组织设计。施工单位进入现场进行基坑、斜坡段平整施工，2008 年进行设备型式试验，扶梯导向型钢、桁架支撑、扶梯本体、梯级、扶手装置、电气装置等安装施工，整梯调试、检测、运行。

5. 供气系统

主要是为白鹤梁工程中的参观廊道的 8 字舱和潜水舱设施供气，又要满足人员在压力条件空气呼吸气体的要求。该供气系统为间断式供气系统（潜水系统的供气系统均为间断式供气系统），因此其气源站的设计施工在参照国家的压缩空气站的设计规范和标准外，主要是满足潜水系统中供气系统的设计要求，如气体的质量、供气系统的配置等。

（1）主要用途——可为参观廊道内的以下设备提供压缩空气

①进水工况时为“8”字舱段内待救人员提供洁净空气及少量的通风；

②为潜水员舱加压和减压提供气源；

③为通风闸阀、排水闸阀、火灾状况时回风阀等提供应急切断和开启的气源；

④为更换观察窗内、外玻璃（顶开）和吹除观察窗夹层的水汽提供气源。

（2）采用规范和标准

GB50029—2003　压缩空气站设计规范

GB/T16560—1996　甲板减压舱

GB18435—2001　潜水呼吸气体

CCS 中国船级社　潜水系统和潜水器入级与建造规范（1996）

（3）主要技术参数

高压为 30bar（3.0MPa）；

在 20~30 分钟内持续供给 5~30bar 的压缩空气，储气量 480 立方米 /atm；

空气中灰尘颗粒级别≤ 0.01μm；压力露点：2℃ ~5℃。

（4）系统构成及主要设备功能

①空气压缩机：2 台，工作压力：3.0MPa 排量：1.2 立方米 / 秒

机组重：680 千克　　电机功率：11kW

②储气罐：数量：4 只　工作压力：3.0MPa

容积：4 立方米　型式：立式

设计温度：50℃　设置位置：室外

按使用余压 0.5MPa 计，有效储气容积为 400 立方米。

③空气处理设备：包括油水分离器、空气干燥器、空气过滤器等，主要是将空压机输出的气体经处理可达满足有关呼吸气体规范的要求。

④阀门管路等材

阀门，最高工作压力为 4.0MPa，阀门类型有球阀、截止阀等。

管路，主管路为不锈钢无缝钢管，Φ57×3.5，Φ45×3.5；仪表管路 Φ6×1 紫铜管；排污管 Φ32×3 镀锌自来水管。

⑤电器控制设备：本系统设总电源控制箱一只，可为两台空气压缩机、一台压缩空气干燥机提供用电电源。另设两只空气压缩机电源控制箱，分别对两台空压机进行控制。

（5）主要设备布置及工艺流程

①气源站平面布置图

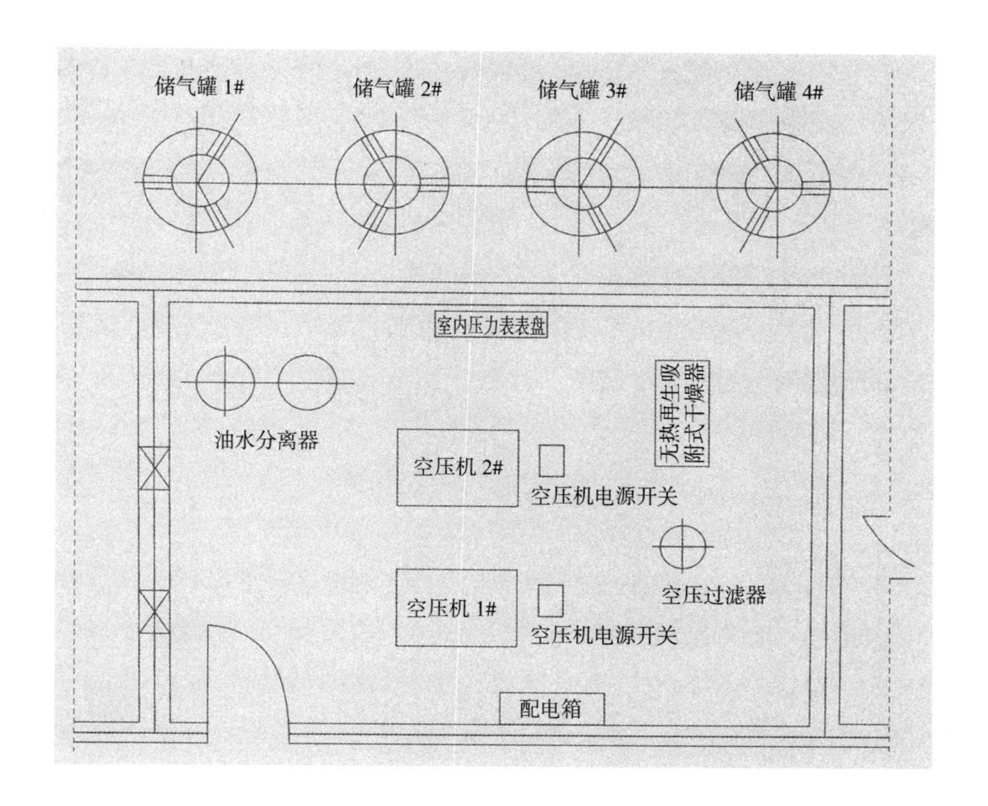

②系统工艺流程

空气压缩机⟶油水分离器⟶储气罐⟶压缩空气无热干燥机⟶空气过滤器⟶分两路进入上、下游交通廊道⟶ LS50–3 型综合控制台⟶潜水员舱。

供气装置⟶通风蝶阀、排水蝶阀，火灾状况时回风的关闭与开启，观察窗内除水、雾，进水工况时为 8 字舱段内的待救人员提供洁净的空气及少量通风。

施工单位：主要是上海交通大学海科集团公司。2008 年 12 月进场施工，2009 年 3 月施工完毕，对管路及设备进行吹管及气密试验，4 月由当地技术监督局进行管路探伤、试压，各设备及仪表检验后发放使用许可证。供气系统投入运行后情况正常。

6. 工程安全监测系统

主要是对水下建筑物整体性状的全过程持续监测，采集建筑物的变形、渗流状况、应力应变、施工期温度变化、裂缝情况，运行期的泥沙淤积情况，保护体内外水压平衡情况以及水下保护体在船舶意外撞击情况下的损伤情况等效应量的初始值和分阶段中变化过程的各种数据，进行及时分析处理，及时对建筑物的安全和健康状况作出评价。 施工单位是中铁大桥局集团公司。2004 年 10 月施工，2005 年 6 月完工。本工程的工程安全监测系统设施包括：电测传感器和光纤传感器两大类。主要布设在水下导墙、穹顶和水平交通廊道。

系统工艺流程：

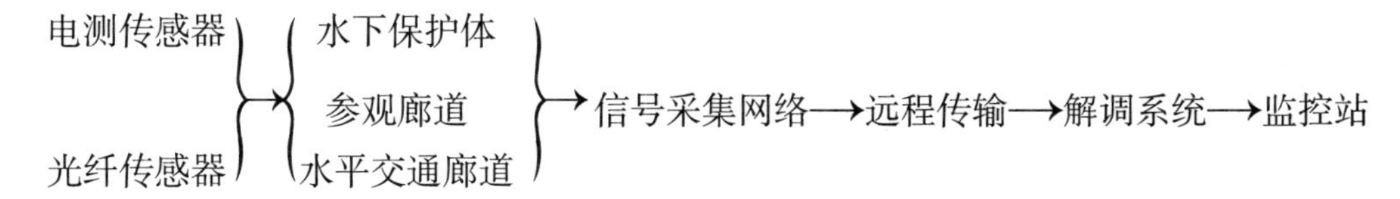

电测部分监测仪器共计 60 支，光纤部分监测仪器共计 96 支。

截止到 2010 年 3 月，电测监测仪器完好率为 82%，光纤监测仪器完好率为 88%。工程安全监测系统的观测数据整理分析情况：监测仪器测点反映的应变状态为受压状态，其数据表现为：钢筋计最大压应力 22.89kN（R02D），受拉的只有一只（R07D），拉应力 3.09kN；基岩变形计表现为闭合状态（数据为 0.98~ － 0.09 毫米，数据在误差范围内）；界面土压力计表现为受压，压力在 0.13~0.14MPa；测缝计为 0.93 毫米，表现为闭合，说明施工结构缝没有张开，处于闭合状态。从所有仪器监测数据整理分析来看，白鹤梁工程水下建筑物经历了汶川大地震余震和三峡库区水位蓄水的考验，水下建筑物结构处于弹性工作状态，表明结构安全。

7. 参观廊道各系统设备

（1）潜水员舱控制系统：由综合控制台系统和潜水员舱舱内系统两部分组成。是对潜水员舱的供气、加压、减压、舱内氧气和二氧化碳含量的监测以及舱外水深的显示。其最大加压速度为 10 米 / 分钟。

（2）参观廊道供气系统：见供气系统。

（3）疏排水系统（包括文物清洗管路）：利用舱内外的压差，将文物题刻表层的积尘和水通过不锈钢软管抽吸至参观廊道内的排水管，再排至交通廊道的集水井中。在参观廊道外部设有四处连接软管点，各点均设有阀件和快换接头座，供软管插接。由于吸排压差力量不够而分别设置了两台抽水泵予以解决。

（4）空调通风及防排烟系统：冷（热）源及风源由设在陈列馆的空调设备提供。参观廊道夏季设空调和通风，冬季设通风。排烟风管和回风管共用。

（5）自动喷淋系统：给水管由参观廊道两侧交通廊道及陈列馆喷淋干管接入，接入点压力不小于 0.4MPa，喷水强度为 6Lmin，流量为 32LS。

（6）火灾自动报警及联动控制系统：与交通廊道及陈列馆火灾自动报警及联动控制系统统一。发生火灾区域与陈列馆消防控制制定通讯由消防专用电话及消防广播完成。

（7）照明系统：电源进线（阻燃电缆）为 380V，50Hz 三相四线，分两路由陈列馆及交通廊道引入参观廊道两端设备间内的配电箱中。每路电源进线又以双电源的形成分成两根电缆引下来。照明系统分为：廊道照明、应急照明、诱导疏散指示标志照明、潜水员舱照明、水下题刻照明。

（8）通讯系统：两个设备间及参观廊道两端均设电话分机与陈列馆总机相连。所有分机均为并联。另外，还设有潜水员舱电话和潜水员专用电话插座。电信、移动、联通均有信号，通讯通畅。

（9）防雷与接地系统：均匀布置等电位接地板（端子排）8 处以上，接地电阻小于 4Ω，并用接地铜排（40 毫米 ×4 毫米）作可靠连接。该铜排作为 PE 干线贯穿整个参观廊道，就近与配电箱、控制箱，控制台等设备可导电外壳部作可靠连接。

施工单位：广厦重庆第一建筑集团公司安装工程分公司

2008 年 8 月进场安装施工，各管路均按设计要求进行吹管、试压试验，各系统相继进入调试、运行。运行情况基本正常。

8. 交通廊道设备

（1）排水：在上、下游交通廊道内设置两个集水井，其废水由潜水泵提升到陈列馆并排入城市管网。潜水泵2台，Q=50立方米/小时，H=45米。

（2）自动喷淋系统：采用内外热镀锌钢管，喷水强度6升/分钟·平方米，保护面积200平方米，每个喷头最大保护面积12.5平方米，采用易熔金属元件闭式喷头。取水自陈列馆由城市供水管网供水，并配有贮水池。

（3）照明：按照设计要求分别设置了广告照明、工作照明、应急事故照明及诱导疏散指示标志照明。在上、下游交通廊道内各设有一个0.4kV双电源配电箱，其电源由陈列馆通过矿物绝缘电缆引入。

（4）火灾自动报警及联动控制系统：与参观廊道相同。

（5）空调通风及防排烟系统

通风与空调系统组成示意图

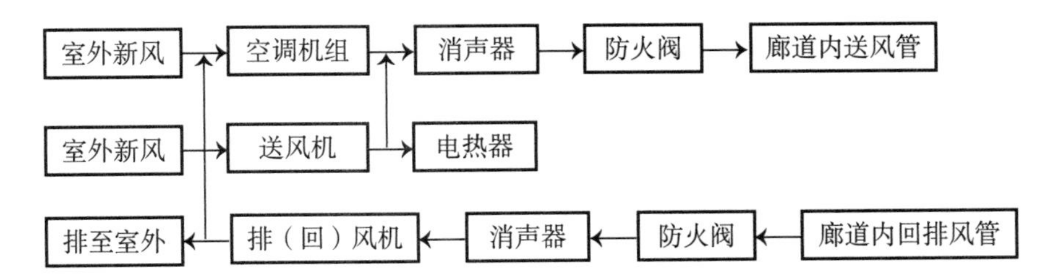

回风机与冬季排风机共用。廊道内的除湿，空调或通风系统每天应定时运行，湿度控制在50%~60%之间。

风管尺寸为1000×400，参观廊道内送、回风管尺寸为D300，送排风口每隔10m均匀布置，材质为铝合金。

排风机为双速消防排烟风机，平时低速运转（L=11600立方米/小时），火灾发生时高速运行（L=25000立方米/小时）排烟，送风机同时运行，保证烟气顺利排出。

施工单位：重庆建工（集团）工业设备安装公司

2008年10月进场安装施工，各管路均按设计要求进行吹管、试压试验，各系统相继进行调试、运行。运行情况基本正常。

9. 交通廊道、参观廊道装饰工程施工

设计要求：防火、防滑、吸音、防结霜、无污染。

（1）交通廊道部分

①地面：二次混凝土地面，由136.20米高程上升为137.20米高程。素水泥浆结合层一道；20厚1:2水泥砂浆找平；202胶粘剂黏结；2.0厚蓝色高级塑胶地板（防火、防滑）。

②吸音墙面：2厚铝合金板；金属幕墙配套轻钢龙骨双向@600，与廊道埋件连接；离心玻璃棉毡25厚；浅米色2厚穿孔铝合金板（穿孔率>30%）。

③吊顶：Φ8带栓吊杆与埋件焊接；UC40轻钢龙骨；V40轻钢次龙骨；浅米色2厚300宽穿孔铝合

金条形板网（穿孔率 > 30%），网眼 5 × 125。

④橱窗：水平交通廊道，每个长 3 米，宽 1.8 米，板面为亚克力，底面为铁板，框架为铝合金，日光灯照明，共计 60 个。

坡形交通廊道，每个长 1.6 米，宽 1.1 米，板面为亚克力，底面为铁板，框架为铝合金，日光灯照明，共计 38 个，总计 98 个。

（2）参观廊道

与交通廊道相同。

施工单位：重庆东方建筑装饰工程有限公司

2009 年 1 月进场施工，2009 年 4 月下旬完工。

10. 文物石刻从江水中打捞

2005 年 2 月，根据涪陵区博物馆提供的线索，峡江公司组织中铁大桥局集团股份有限公司，安排潜水员、浮吊从江水中打捞起 13 块从白鹤梁岩体脱离的石刻，并移交给涪陵区博物馆。

三　涪陵白鹤梁 C 标段工程——地面陈列馆

地面陈列馆沿长江南岸滨江大道与长防堤之间绿化带布置，由参观用房、设备用房、办公管理三大功能组成，建筑面积 3088 平方米，红线内用地 3946 平方米，室外设备用地 560 平方米。建筑密度 37%，容积率 0.78，绿化率 30%。节能情况：建筑外表面积 4886 平方米，建筑物体积 15734 平方米，建筑朝向：南偏西 25 度。层顶总面积 1477 平方米，层顶透明部分面积 14.3 平方米。建筑物全年耗电表（千瓦时 / 平方米）：夏季制冷限值：73.6；冬季采暖限值：13.68，保温形式：外保温。 建筑结构安全等级为二级。设计使用年限 50 年。建筑抗震设防类别为丙类。地基基础设计等级丙级，基本风向 W_o=0.40kN/m^2。

（一）结构部分

1. 陈列馆均布活荷载标准值

部位	活荷载 kN/m^2	部位	活荷载 kN/m^2
上人屋面	2.0	消防楼梯	3.5
不上人屋面	0.5	卫生间	2.5
楼面	3.5	空调机房	7.0

2. 主要结构材料

钢筋：HPB235 级（Φ），HRB335 级（Φ），预埋铁件：A3

焊条：E43（HPB235），E50（HRB335）

3. 混凝土

构件部件	混凝土强度等级
柱	C30
梁	C30
板	C30
现浇过梁	C20
构造柱	C20
基础垫层	C10
独立基础	C25
独立基础拉梁	C25

4. 墙体材料

±0.000 以下采用 Mu 蒸压灰砂砖，水泥砂浆；

±0.000 以上采用加气混凝土砌体，混合砂浆。

5. 钢筋混凝土结构构造

结构类型：框架，抗震等级：四级。

6. 主筋的混凝土保护层厚度

独立基础：40 毫米　　基础梁：40 毫米　　柱：30 毫米

梁：25 毫米　　现浇楼板：15 毫米　露天雨篷、阳台：20 毫米

注：各部分主筋混凝土保护层厚度同时应满足不小于钢筋直径的要求。本工程基础、拉梁、露天阳台环境类别为二类，其他为一类。独立基础及基础梁下均设 100 毫米厚 C10 素混凝土垫层。

7. 规范控制拆模时间，悬挑构件及跨度大于 8 米的梁、跨度大于 3.6 米的板，应待混凝土强度达到 100% 后方可拆模，其他构件应待混凝土强度达到 75% 后可拆模。

8. 结构设变形缝，缝宽 100 毫米，将防震缝、沉降缝、伸缩缝合一。

9. 框架填充墙厚度 250 毫米，采用抗压强度不小于 A2.5 加气混凝土砌块、Mu10 的页岩砖、M5 的混合砂浆砌筑，卫生间砌体采用 M7.5 水泥砂浆砌筑。

10. 屋面为上人屋面，防水采用改性沥青防水卷材，面贴地砖，屋面保温系统采用 50 厚的聚苯乙烯保温板。

11. 外墙面采用聚苯乙烯保温墙面，保温体系外进行外墙干挂幕墙处理，干挂幕墙分为金属幕墙、石材幕墙、玻璃幕墙。

12. 内墙为混合砂浆涂膜墙面，卫生间为白色面砖墙面；室内地面均为黄色防滑地砖镶贴，一层设备间均为耐磨涂料地面。室内吊顶为轻钢龙骨矿棉板，卫生间及消防控制室为铝合金方形吊顶。外墙及卫生间墙体为 SBS 涂膜防水。

13. 窗玻璃材料为中空，可见光透射比 0.4，窗框材料隔热铝合金。室内有特殊要求及功能的房间为乙级防火门，其余为成品实木门，一层展厅大门采用自动感应门。

14. 靠滨江路外墙面采用 9 块大型石材雕刻墙面，内容为白鹤梁题刻经典作品，施工单位是重庆市美术公司。

地面陈列馆工程于 2008 年 8 月通过工程招标，施工单位是重庆一品建设集团公司。10 月 8 日动工，2009 年 5 月 10 日完工。

（二）主要设备部分

1. 供配电系统

本工程按一级负荷方式进行供电，供电系统由城市区域变电所引来两回 10kV 专用电源。正常工作时同时供电，互为备用。当两回 10kV 专用电源同时发生故障时，由一台 300kW 的柴油发电机组提供第

三电源，满足本工程消防，应急电源及自动扶梯负荷的需求，确保人员及建筑物安全。本工程变配电房及柴油机房设在陈列馆内。本工程总用电负荷为1040kW（Kx=0.85），故选用2台630kVA箱式变压器，平均负荷率为92%。低压配电系统采用三相五线或单相三级接线，接地形式为TT系统，利用建筑物基础做接地体，其接地电阻值小于1欧姆。低压配电干线采用放射式和树干式相结合的组合方式，接设备用途和区域供电。干线电缆采用阻燃电缆由低压配电室通过穿PVC管沿墙、地暗安装至各配电箱。水下部分的强、弱电电缆为矿物绝缘电缆沿交通廊道侧墙及参观部廊道侧墙桥架穿结构通长布置，电缆进入配电箱的连接防护应与该配电箱防护等级一致，地面建筑物内配电箱防护等级为IP4X，水下廊道内配电箱防护等级为IP65，外壳可靠接地，所有配电箱内设漏电保护开关及分路开关。

施工单位：重庆建工（集团）工业设备安装公司。

2. 空调通风系统

①室内外设计计算参数

室外主要气象参数 夏季空调室外计算干球温度：36℃ 冬季空调室外计算相对湿度：81%

冬季空调室外计算干球温度：3℃ 夏季通风室外计算干球温度：33℃

夏季空调室外计算湿球温度：27.4℃ 冬季通风室外计算干球温度：8℃

室内空调计算参数

	温度		湿度		新风量（$m^3/H\cdot P$）
	夏	冬	夏	冬	
水下廊道	27℃	18℃	60%	40%	30
办公室	26℃	20℃	60%	40%	40
展厅	28℃	18℃	60%	50%	25
多功能厅	26℃	18℃	60%	50%	20

②本工程空调分为两个系统，水下部分和地面陈列馆部分，均采用风冷热泵机组。水下廊道采用全新风，设排风系统及排烟系统，排烟与排风合用风管。地面陈列馆办公部分采用新风+风机盘管形式，其余采用吊顶式空调机组。空调供、回水系统采用两管，冬、夏两季合用一套同程式管道系统，夏季供、回水温度7/12℃，冬季供、回水温度55/45℃。

风管采用GM-Ⅱ整体不燃型复合氯氧镁通风管道。

DN < 32的水管采用镀锌钢管，丝扣连接，DN > 32的水管采用无缝钢管焊接。

③设备及附件

风机盘管的支架应便于拆卸和维修并采用减振措施，带回风箱。要确保存水盘的排水坡度，其进、出水管采用专用风机盘管金属软接头连接，在最高点设置DN20自动排气阀，在吊顶部位预留检修孔。

④保温

管道和设备的保温材料、消声材料和黏结剂应为不燃材料或难燃材料。空调供回水管，凝结水管采用“阿乐斯”难燃B1级闭泡式橡塑材料保温，且必须密实，错缝搭接，严防结霜。

⑤空调水系统试压按《建筑给排水及采暖工程施工质量验收规范》（GB50242-2002）执行。试压合

格后应对系统进行冲洗，至水色不浑浊时方为合格，冲洗前应除去过滤器的滤网。

2008 年 12 月通过工程招标，施工单位是重庆升泰楼宇设备有限公司，2009 年 5 月完工。

3. 给排水系统

包括生活给排水系统、消火栓系统、自动喷淋系统、循环水系统及灭火器配置等。

①生活给排水系统：市政给水管网供水压力为 0.4MPa。本工程生活用水定额取 5L/ 人・场，每场使用时间 2 小时，开放时间 10 小时，Kh=1.2，观众按 2000 人 / 日计；办公区生活用水定额取 50L/ 人・班，用水时间 10 小时，Kh=1.2，用水人数 40 人计。最高日用水量为 12 立方米，最大小时用水量为 1.44 立方米。最高日污水排水量为 10.8 立方米，最大小时用水量为 1.3 立方米。生活给水管接自市政给水管网，采用下行上给式；采用污、废水合流排水体制，室外设置生化池及地埋式污水处理设施，污水经处理达标后排入市政下水道。

②消火栓系统：采用常高压消火栓给水系统，消火栓系统取水自市政供水管网，底层消火栓管网成环状布置。室内消火栓用水量为 10 升 / 秒，火灾延续时间 2 小时，一次火灾用水量为 72 立方米。

③自动喷淋系统：按中危险等级Ⅰ级考虑，喷水强度取 6 升 / 分钟・平方米，作用面积 160 平方米，火灾延续时间 1 小时，一次火灾用水量为 57.6 立方米。采用三套常高压喷淋系统；陈列馆及交通廊道高区（156 米高程以上）喷淋系统直接引自市政供水管网，交通廊道低区（156 米高程以下）喷淋系统由设置在陈列馆的沉淀池供水。

④循环水系统：水处理间布置在室外，采用的净水工艺为：原水——加药——沉淀池——全自动过滤器——中间水箱——水泵——磁化器——活性炭——精密过滤器——净水箱——循环水系统。

⑤灭火器装置：陈列馆内按 A 类火灾，中危险等级配置灭火器，每层相邻两处灭火器间距不大于 30 米，每处设置 2 个干粉灭火器。

⑥管道穿过建筑外墙应设刚性防水套管，陈列馆与交通廊道接合部位管道设可曲挠橡胶接头。

⑦管材及连接：生活污水管采用 PPR 给水塑料管，管道工作压力 0.3MPa；排水管采用 PVC-U 管，粘接；消火栓给水管道采用塑钢管，卡箍连接，阀门、水泵处用法兰连接，管道工作压力 0.4MPa；喷淋系统管道采用内外热浸镀锌钢管，丝扣连接，管道工作压力 0.4MPa。

⑧防腐及油漆：在涂刷底漆前，应清除表面灰尘、污垢、锈斑、焊渣等，涂刷油漆厚度应均匀，不得有脱皮、起泡、流淌及漏涂现象。消火栓管道刷樟丹两道，红色调和漆两道；自动喷水管道刷樟丹两道，红色黄环调和漆两道。管道支架除锈后刷樟丹两道灰色调和漆两遍。

⑨管道试压、冲洗：严格按国家相关验收规范执行。

（三）主要变更设计情况

在白鹤梁题刻原址水下保护工程的建设施工中，因地形地质情况、施工场地、施工工期和施工工艺措施等影响，在土建、给排水、电气、参观廊道等方面发生了工程项目的变更设计，主要如下：

1. 因工期紧张，且受砂石材料运输和施工场地狭窄影响，通过工程技术工作组研究，设计对水平交通廊道基础垫层进行了变更设计，将水平交通廊道基础碎砂石垫层变更为混凝土垫层。

2. 坡形交通廊道基础镇脚。在原设计中，坡形交通廊道基础为 C20 混凝土大基础，为确保长防堤安全和方便施工，设计变更为钻孔基础、钻孔桩顶部设置钢筋混凝土承台，承台坡度与坡形交通廊道补偿垫层一致。

3. 水平交通廊道回填覆盖。原设计中采用碎砂石回填，浆砌块石锁定护脚，2 米厚浆砌块石防锚，交通廊道施工完后及时对其进行护脚后和回填覆盖，为确保工程安全度汛，设计变更为采用混凝土覆盖。

4. 参观廊道预埋件及设备基础。参观廊道厂家确定后，设计对参观廊道预埋件及设备基础进行了修改和设计补充。

5. 水下题刻照明方案及保护体内 CCD 摄像机安装方式的变更。根据葛修润院士提出的取消原设计“设备管道”，将水下照明方案改为水下灯具方案的紧急建议，经本工程相关各方研究，决定取消设备管道，水下照明采用 LED 照明方案，照明灯具的布置按原设计考虑，照明灯具及摄像机线缆由新增的球形设备舱穿出。

6. 为确保循环水系统具有可靠的水源，考虑到长江水位的变化及泥沙淤积的因素，将原给排水施工图取水设施位置作适当调整，增加取水口和中心电控装置。

7. 交通廊道的阻燃电缆变更为矿物绝缘电缆。

8. 与地面陈列馆御接的第一节段坡形交通廊道进行调整修改。

（四）在环境保护和节能措施方面的实施情况

文物保护工程的环境保护，是文物工作者在文物保护中为解决现实的或潜在的环境问题，合理地利用自然资源，在确保文物本体安全的前提下，采取工程技术的方法，防止环境的污染和破坏，以求自然环境同人文环境、经济环境共同平衡可持续发展。本工程为特别建筑工程，要求设计中注意建筑材料和设备的选用，施工过程中采取积极的预防措施，运行过程中加强管理，使其对环境的不利影响达到国家有关标准要求。

1. 对工程区域进行详细地质勘察，在此基础上对场地区域和文物本体进行生态保护，维护地形地貌，主要采取防止水土流失、策划水系疏浚、防止风蚀沙化等措施，确保文物本体、工程区域和生态环境的安全，并为下阶段施工创造条件。

2. 水下保护体采用流线型椭圆平面的模型结构形式，顺应了江水流态，并严格控制拱顶高程，对长江行洪及航运影响较小。

3. 注意选用环保型的低（无）污染、低能耗设备，如空调设备、水泵设备、风机、配电设备、电梯的选用等。

4. 采用环保节能型的建筑材料，墙体采用轻质保温隔热粉煤灰砌体；外墙窗采用隔热密封性能好的塑钢玻璃窗；卫生洁具选用节水型；照明选用节能型的灯具等。

5. 设备安装均采用软接装置，风机、泵房、空调机房等噪声源房间采取减噪措施，设备基础布置减震垫块，管道采用保温性能好的保温材料，以降低冷热源的损失。

6. 在施工阶段，强化施工现场管理，注重文明施工，严格执行施工现场安全生产制度，保持项目所属生活区、生产区及未验收工程等处于有序状态，使全工区达到环保、卫生和安全标准。在施工过程中，将产生污（废）水、垃圾、废渣、噪声等污染物，另外，土石方开挖、弃渣等可能造成不同程度的局部水土流失，因此，必须采取符合国家相关控制标准的措施将上述污染实施治理和控制在规定范围之内。

①排水水质：对工程项目所属营区的生活污水采取适当的处理措施，生活污水排放执行《污水综合排放标准》规定的一级标准。

施工中产生大量的生产废水，采取相应的措施予以处理，并重点控制第二类污染物的PH值、悬浮物、CODer三种污染因子的浓度，使其达到《污水综合排放》规定的一级标准。

在施工现场合适位置设置无害化公厕，并定期清理，以保持工区的环境卫生，避免疾病传播。对于工区内的生活垃圾、生活废料、废渣等固体污染物，不得直接倒入长江水体中。

在施工机械设备拼装、维修保养、清洗过程中，产生的含油废水，不任意排放，采取了收集和就地处理措施，使其油浓度达到《污水综合排放》规定的一级标准。

②环境噪声：施工现场作业区噪声防护执行《城市区域环境噪声标准》规定的二类标准。

对室内噪声大的操作场所，采取消音、隔音措施，使噪声降到规定标准；对室外噪声特大的地区控制噪声时段和范围，对现场工作人员应配发防护工具。

在办公生活区，设置限制车辆行驶禁鸣标志，并限速行驶，合理安排运输时间。

③环境空气：根据工区所处位置，按环境空气质量功能区分类为二类区，执行《环境空气质量标准》规定的二级标准。

工程施工所使用的车辆和以燃油为动力的机械设备，其尾气必须达标排放。

工区内交通道路和堆填土料采用洒水除尘，对多尘物料宜尽可能采用洒水打湿、密闭等运输方式。

对操作产生粉尘量较大的现场作业人员，应按国家有关劳动保护的规定，发放防尘用品。

④水土流失和废渣治理：在施工过程中，土石方开挖形成的边坡、工程取土、弃渣堆填按照有关技术要求予以妥善处理，防止水土源流失。

在工程区内设置专用施工道路运输工程材料、设备、垃圾及工程废渣并配专用人员管理和维护，保持所经过的道路的清洁，不致污染。

将工程弃渣运至设定的弃渣场，不得随意倾倒或堆放。工程结束后，应按照有关要求及时清理、平整、压实。

工程完工后，必须拆除和清理所有施工期内的生产、生活临时设施，对原有的垃圾场或废水应进行搬迁或拆除。

⑤防疫和食品安全：对施工人员的健康和食品安全采取防治保护措施，在“非典”期间，规定施工人员原则上不得随意流动，请卫生防疫机构派员检查和进行消毒处理，对食堂卫生严格进行卫生安全管理。

（五）安全生产与文明施工

施工现场必须执行《重庆市建设工程施工现场安全防护标准》，现场人员要戴好安全帽，高处作业人员要系好安全带；非施工人员未经允许不得进入施工现场，入场应服从有关人员指挥；遵守劳动纪律，不得酒后上岗，不在架子或塔臂下逗留，不得违章指挥或违章操作；各类架经验收后启用，“临边”、“四口”防护符合标准，未经批准不得拆改；施工现场设置警示牌，危险区域在夜间设红灯警示；特种作业人员必须持证上岗，配备有效的劳动保护用品；出入施工场地走人行通道，不得从架子上爬上爬下，不准从高处向下抛掷物料；各种机械、工具、设备等要经常检查，防护装置齐全有效，不带故障不超负荷运转；从业人员必须经过安全生产教育与操作技能培训，经考核合格后方可上岗作业，施工前必须按分部分项工程进行逐级的安全技术交底，并履行书面签字手续。

施工现场必须执行《重庆市建设工程施工现场场容卫生标准》，现场门口实行“三包”，场内保持清洁卫生，作业面活完料清；机具材料严格按照平面图布置，设置标识，划分责任区，责任到人；施工区与生活区明显分开，设置标志；现场半成品、成品要有保护保卫措施并指定专人负责；现场无长流水、长明灯，制定安全用电、节水节电，材料节约等措施。

（六）主要系统设备调试与运行

白鹤梁题刻原址水下保护工程各系统设备是：水下照明系统、水下摄像系统、文物清洗系统、潜水员舱控制系统、紧急救援系统、供气系统、循环水系统、工程安全监测系统、防雷与接地系统、给排水系统、安全防范视频系统、通讯系统、配电系统、自备发电机组、自动扶梯、通风与空调系统、自动喷淋系统、火灾自动报警及联动控制系统、防烟与排烟系统、照明系统等20项。上述各系统设备，技术先进，自动化程度高，除特殊设备外，操作简便，但维护、维修强度大。

上述各系统设备按照设计要求，遵照国家有关标准和规范进行施工和调试，相继通过专业工程验收，达到设计要求，有些设备按国家相关规定取得使用许可证。

上述各项设备除少数在参观廊道设备间进行控制外，大部分控制装置设在陈列馆内。

上述各系统设备各相关施工单位均对各系统设备操作人员进行了培训。

主要设备运行情况（2010年4月24日～2011年4月30日）

①水下照明系统：负荷6kV/L，平均每天运行9小时。有两盏灯具出现故障并排除。灯架不锈钢螺丝更换10颗。运行基本正常。

②水下摄像系统：负荷6kV/L，平均每天运行9小时，有3个摄像机出现故障并排除。运行基本正常。

③供气系统：负荷30kV/L，平均每60天运行10天，每天8小时。按期将各压力表送当地技监单位测试，定期清洗过滤网，更换滤芯。制气、储气、管路输送及控制运转正常。

④自动扶梯：负荷90kV/L，2台，平均每天运行8小时。上游扶梯出现故障8次，主要是扶手带速度、接触器转换、梯级错误等，故障已排除。运行基本正常。下游扶梯出现故障10次，主要是扶手带偏移，接触器转换，梯级错误等，故障已排除，运行基本正常。

⑤消防、安全防范控制：负荷40kV/L，每天24小时运行。运行正常。

⑥供配电控制（含两台箱式变压器）：运行正常。

⑦自备发电机组：当出现停电时启动，3分钟内自备发电机组提供电源，自动转换。每月启动一次，

运行正常。

⑧循环水系统：负荷40kV/L，除停电外，一直在运行。平均每月排泥10次，反冲洗2次。精密过滤器滤芯更换4次，活性炭更换1次。工作阀门机封易损件更换。净水池经常清洗，运行基本正常。

⑨水下保护体内“清洁”维护：主要工作是：对水下保护体内的文物题刻表层进行清洗，水下照明系统灯具，水下摄像系统机具擦拭，对观察窗迎水面玻璃进行清洁，取样，检查设备设施等，全年共进行了7次，由潜水员进行工作。

⑩工程安全监测系统：光纤传感：对监测数据初步分析，测点反应的应变状态为受压状态，受压应变幅值不大，全部测点反应变化在合理范围内，特别是白鹤梁工程经历了汶川大地震余震和三峡大坝蓄水的考验，工程应变变化较小，表明结构安全。电测传感：对其数据初步分析，钢筋计最大压应力22.89kN，基岩变形计表现为闭合状态，界面应力表现为受压，测缝计表现为闭合，说明水下保护体形成以后到现在（2010年），数据变化在设计允许范围内，结构处于弹性状态，建筑物处于安全状态。

（七）工程建设档案

在白鹤梁题刻原址水下保护工程施工之前，建设工程档案就开始产生并积累了。峡江公司对各参建单位在建设工程档案的要求、责任给予明确告知，并进入合同。对建设工程档案实行专人负责，全程跟踪，经常性业务指导，发现问题及时整改；工程竣工前对建设工程档案进行预验收，工程质量监督站查验施工资料后备案，再完整向重庆市城建档案馆报送移交，通过建设工程档案管理促进建设工程质量的提高。

本工程共有工程档案180册，其中建设单位40册，各参建单位140册。

本工程建设档案通过重庆市城市建设工程档案馆专项验收，评定为优良。

四 涪陵白鹤梁工程竣工验收、竣工决算及工程移交

（一）单项工程验收情况

1. 白鹤梁题刻整体加固、表面加固保护工程 2003 年 3 月 11 日进行了完工验收，评定合格。
2. 白鹤梁保护工程混凝土导墙和防撞墩基础钻孔工程 2003 年 4 月 13 日进行了完工验收，评定合格。
3. 白鹤梁保护工程鱼嘴防撞墩工程 2003 年 5 月 19 日进行了完工验收，评定合格。
4. 白鹤梁保护工程洗手梁、坳马石炸礁工程河床 2003 年 11 月 19 日进行了完工验收，评定合格。
5. 2009 年 4 月 9 日，陈列馆外墙艺术雕刻进行验收，评定合格。
6. 白鹤梁保护工程空调与通风系统 2009 年 6 月 25 日进行了完工验收，评定合格。
7. 白鹤梁保护工程循环水系统 2010 年 1 月 26 日进行了完工验收，评定合格。
8. 白鹤梁保护工程地面陈列馆工程 2010 年 3 月 26 日进行了完工验收，评定合格。
9. 白鹤梁保护工程 B 段工程 2010 年 4 月 27 日进行了完工验收，评定合格。
10. 白鹤梁保护工程水下照明系统、水下摄像系统 2011 年 1 月 20 日进行了完工验收，评定合格。
11. 白鹤梁保护工程参观廊道 2011 年 3 月 2 日进行了完工验收，评定合格。

（二）专项工程验收

1. 白鹤梁保护工程 2010 年 2 月 13 日进行了竣工环境保护专项验收，“达到环评”审批要求，原则同意该项通过竣工环境保护验收。

2. 白鹤梁保护工程 2010 年 3 月 2 日通过防雷工程竣工专项验收，获得验收合格证。

3. 白鹤梁保护工程消防工程 2010 年 3 月 19 日进行了专项验收，9 月获得消防合格证。

4. 白鹤梁保护工程 2010 年 3 月 26 日通过节能专项验收，评定合格。

5. 白鹤梁保护工程 2011 年 4 月 18 日通过自动扶梯竣工专项验收，获得安全检验合格证。

6. 白鹤梁保护工程 2011 年 6 月 15 日通过建设工程档案专项验收，达到国家工程档案验收标准，评

定为优良。

（三）工程验收存在问题及整改完成情况

1. 白鹤梁题刻整体加固、表面加固工程，通过业主、监理督促，施工单位完善了施工资料，散落的一块石刻交给涪陵区博物馆，施工区域清理完成。

2. 混凝土导墙和防撞墩基础钻孔工程，施工单位补充了音像资料，对松动岩石进行了清理，完善了钢筋焊接实验报告及材料复检资料，整改完成。

3. 鱼嘴防撞墩工程，施工单位对少量边角出现的蜂窝麻面进行了整改，完善了隐蔽工程资料及试块检验报告整改完成。

4. 本工程 B 标段工程，施工单位完善了施工资料，整改完成。

5. 本工程 C 标段工程，施工单位对不符合规范的防火门重新进行安装，对给排水管、排水沟有渗漏处进行强、更换、重新敷设了不合规范的线缆桥架、灯具线路，完善材料进场审核手续，整改完成。

6. 参观廊道工程施工单位完善施工资料，对潜水舱电缆舱件补漏，整改完成。

7. 水下照明系统、水下摄像系统工程，施工单位完善施工资料，整改完成。

（四）工程竣工综合验收

2011 年 7 月 27 日，国家文物局在重庆组织专家组对白鹤梁题刻原址水下保护工程进行了竣工综合验收。专组查勘了工程现场，查阅了工程建设相关资料，听取了业主及运行单位、设计单位、监理单位、施工单位以及工质量监督机构的汇报，形成综合验收意见。

1. 白鹤梁题刻原址水下保护工程是按照原址保护的方案采用无压力容器理念，集成文物、水利、建筑、市政航道、潜艇、特种设备等多专业、多学科的技术，保证水下文化遗产的真实性和完整性，实现了白鹤梁题刻的原水环境保护和观赏，是迄今水下文物保护中涉及工程技术学科最多、难度最大的项目，是世界上在水深 40 余米建立遗址类水下博物馆的首次尝试，为水下文化遗产的原址保护提供了范例。目前，该工程按已批准的设计方案全面完成并开放。工程建设管理有序、监理到位、档案完整规范、规章制齐全、各系统设备运行基本正常，保护体内水质达到设计要求，取得了直接观赏文物的效果。

白鹤梁题刻本体加固工程、水下保护体工程、水下参观廊道工程、交通廊道工程、外防水工程、水下照明系统水下摄像系统、自动扶梯工程、环境工程、消防工程、循环水工程、安全监测工程、地面陈列馆工程等 13 个分项竣工验收合格；节能、消防、防雷接地 3 个专项工程验收合格。分项、专项验收中发现的问题已整改到位，工程设档案验收合格，质量优良。工程经受了 2008 年汶川大地震和三峡大坝蓄水至 175 米的考验，试运行期间未出现全问题，工程质量符合设计要求。

工程竣工财务决算已通过审计。

专家组一致同意该工程通过竣工综合验收。

2. 由于该工程在水下文化遗产保护中具有开创性意义，没有先例可循，为此提出以下建议：

（1）根据设计文件及工程实施情况制订本工程运行基本要求和应急预案，并根据试运行情况制定工程运行册，保障工程安全正常运行。

（2）建立系统完善的文物本体和保护体内沉淀物监测体系，观测分析保护体内沉淀物的成分及来源。加强交通和参观廊道、自动扶梯、特殊设备等保护设施、设备运行的监测，确保文物安全。

（3）加强保护体内水环境对文物本体及设备防腐蚀的影响研究，改进水下照明、摄像及通风系统，使观众更清晰地参观文物。

（4）增修交通廊道外防撞设施。

（5）根据专家意见修改完善竣工验收鉴定书。

（五）竣工财务决算编制和竣工审计情况

项目法人单位根据《长江三峡工程库区移民经费财务管理办法》、《三峡工程库区移民经费会计制度》、《基本建设财务管理规定》，于 2011 年 6 月 20 日编制完成白鹤梁工程建设项目竣工决算报告，报告中对项目资金计划和到位情况、投资完成情况、项目内容、预计未完工程及费用、交付资产进行了详细分项说明。并上报重庆市文物局接受竣工财务决算审计。2011 年 6 月 30 日受重庆市文物局委托，重庆万隆方正会计师事务所有限公司对白鹤梁题刻原址水下保护工程进行竣工财务决算审计，出具了《三峡工程重庆库区涪陵白鹤梁题刻原址水下保护工程项目竣工财务决算审计告》（重方会审字 [2011] 第 405 号）。报告主要内容如下：

1. 审计情况

（1）计划资金：计划资金总额为 182,882,300.00 元；①重庆市移民局累计下达移民迁建资金计划资金（动态）162,366,300.00 元。②重庆累计下达白鹤梁题刻原址水下保护工程项目补偿资金 20,516,000.00 元。

（2）完成投资：完成投资总额 193,712,930.17 元，其中：完成建安投资 148,417,822.79 元；完成设备投资 8,540,309.00 元；完成待摊投资 36,754,798.38 元。

（3）投资计划执行情况：完成投资总额 193,712,930.17 元。

（4）工程投资概算及执行情况：根据国务院三峡工程建设委员会 2004 年 3 月 19 日“国三峡工委发办字 [2004]11 号”《关于涪陵白鹤梁题刻原址水下保护工程投资概算的批复》，该工程批复的投资概算为 123,232,400.00 元（概算投资评审的价格基期为 2003 年第 3 季度），其中：项目投资 121,417,100.00 元；市级管理费 1,815.300.00 元。

涪陵白鹤梁题刻原址水下保护工程项目实际投资为 193,712,930.17 元（动态投资）。概算批复的项目投资中的建设单位管理费为 7,327,800.00 元（含监理费），占批复的投资概算总额的 5.946%。本项目建设单位管理费实际发生额为 10,447,601.84 元（含监理费 2,582,368.00 元）。建设单位管理费按下达计划资金总额及管理费占计划资金总额的比例 5.946% 计算，本项目建设单位管理费可在 10,872,843.75 元范围内列支。实际发生额 10,447,601.84 元（含监理费 2,582,368.00 元）尚在上述可列之范围内。

2. 下达项目计划资金（动态析为静态）与三建委下达项目包干经费（静态）比较

三建委下达项目计划包干费（静态）	下达项目计划资金（动态）	下达项目计划资金动态折为静态	下达项目计划资金（动态折为静态）比项目包干经费（静态）超(+)少(－)	下达项目计划资金，按动态（按2009年专业设施复建价格指数折算）比项目包干经费超(+)少(－)
90,833,470.49	141,363,800.00	92,348,843.27	1,515,372.78	3,364,733.72

经费动态折为静态的析静系数专业设施复建价格指数，各年度的析静系数如下：

年度	析静系数
1997	1.3041
2000	1.3030
2001	1.3025
2002	1.3053
2003	1.3367
2004	1.4993
2005	1.5550
2006	1.6154
2007	1.7487
2008	1.9607
2009	2.2204

3. 特别事项说明

（1）重庆市审计局于2006年4~7月对建设单位1997~2005年的三峡库区文物保护资金的管理使用情况进行了审计。对白鹤梁题刻原址水下保护工程项目存在的问题要求建设单位进行整改，并完成整改工作。

（2）国家审计署驻重庆特派员办事处于2011年11月至2012年1月对重庆市本级三峡工程移民资金财务决算情况进行了审计，同时对三峡工程移民安置规划任务完成、移民工程项目建设管理以及其他与移民工作相关的政策措施执行情况进行了调查，延伸审计了重庆市文物管理等部门以及其他相关单位，审计抽查了部分移民资金迁建项目，对重要事项作了必要的延伸和追溯。对白鹤梁题刻原址水下保护工程在建设项目竣工决算基础上审减100.07万元，并对存在的问题提出整改要求，峡江公司完成整改工作。经国家审计的白鹤梁题刻原址水下保护工程竣工完成投资总额为：192,712,230.17元。

（六）工程移交

2009年5月18日，重庆白鹤梁水下博物馆正式成立。

2010年4月28日，重庆白鹤梁水下博物馆完成布展工作、各系统设备综合调试和收尾工程后投入试运行，正式对外开放。

重庆峡江文物工程有限责任公司参与了重庆白鹤梁水下博物馆试运行的管理工作，主要承担设备设施运行及维护、操作人员培训和文物保护工作。

2012 年 1 月，经重庆市文物局专题会议研究，决定从 2012 年 1 月起，重庆涪陵白鹤梁题刻原址水下保护工程正式由重庆峡江文物工程有限责任公司移交重庆中国三峡博物馆管理使用。

五　涪陵白鹤梁题刻原址水下保护工程在科技创新方面的贡献

白鹤梁题刻原址水下保护工程是按照中国工程院院士葛修润先生提出的“无压容器”概念修建的水下原址保护工程，全国30多家科研、设计、工程单位通过多种方式合作研究与实践，集成文物、水利、建筑、市政、航道、潜艇、特种设备等多学科专业的技术，实现了白鹤梁题刻的原址原样原环境保护和观赏。

白鹤梁题刻原址水下保护工程已建成开馆，成为世界上唯一深水下建立的遗址类水下博物馆，为水下文化遗产的原址保护提供了成功的工程范例，也为我国伟大的三峡工程增添了光彩，获得国家文物局2009年度全国文物保护和技术创新一等奖。下一步，本工程还将申报国家科学技术进度奖，申报文本、科技查新、科学技术成果鉴定、专家测试报告等已准备就绪，待2014年11月报国家文物局审查后，由国家文物局向国家科学技术部报告。

主要科技创新

1. 创建性提出“无压容器”的保护原理，实现文物“原址、原样、原环境”保护

“无压容器”保护方案基本原理：在需保护的白鹤梁题刻上兴建一保护壳体结构——容器，容器内是经专门的循环水系统处理后的长江清水，保护容器内水压与外部的江水压力平衡，保护壳体只承受自重荷载、水库风浪力、浮力及淤积泥沙作用于外侧的压力，使容器基本处于平压的工作状态。

保护体结构采用椭圆形平面、拱壳顶结构，内空长轴64米，短轴17米，由于不再考虑巨大的水头压力，拱壳结构高度大大降低，壳体结构简单、体量较小，所占据的河道过流面积相对较小，不会影响该河段行洪。在三峡水库低水位运行条件下，不影响长江航道的通航，解决了通航对保护工程带来的安全问题。平压净水系统按需要定期将滤过的江水泵入或泵出保护体内，并通过“双向水质专用过滤器”与外江连通，使保护体内的水压力与壳体外的长江水压力保持平衡，题刻处于水压平衡的状态，避免了题刻受渗透水压力扰动而遭破坏，题刻仍处于长江清水的保护之中。

为满足观众、专业研究及潜水员出舱进入保护体内进行潜水作业的需要，在保护体内设置了承压的金属参观廊道，参观廊道上设置了供参观的玻璃观察窗。参观廊道和观察窗均为专利技术。参观廊道设计借鉴了潜艇设计的一些技术（类似于沉在水下的潜艇），考虑了出现意外情况时观众及工作人员的逃生安全等问题。

保护体内设计了水下照明和遥控观测系统，人们经岸上的地面陈列馆及交通廊道进入参观廊道，通过玻璃观察窗观赏题刻，也可通过遥控观测系统在参观廊道或陈列馆内实时观赏题刻。

在参观廊道内设置蛙人孔，供工作人员或其他人员潜水进入保护体内开展研究、观赏和维护工作。根据监测资料，平压净水系统已安全运行 4 年，保护壳体内外水压差不超过 $\pm 0.2mH_2O$，保护体内的水压力与壳体外的长江水压力保持了平衡，保证了结构安全和文物题刻安全。

2. 创建了独特的平压净水系统，实现“无压容器”构想和原环境保护

（1）提出了水质及压差控制指标

在对国内外游泳池与生活饮用水的水质标准进行分析比较后，通过试验选择适合本工程需要的净化水质指标，提出平压净水系统出水浊度控制指标不超过 1NTU，且在一个循环周期内系统中水的浊度不超过 3NTU，在此标准下水的透明度能够满足水下观赏题刻的要求。

合理控制保护壳体内外水压差，实现“无压”。考虑到外江水涨落及风浪带来的保护壳体内外瞬时压差，设定保证壳体内外水压差限值不大于 $\pm 0.5mH_2O$，保证壳体及文物安全。

（2）设计了独特的水净化循环处理、自动控制、自动平压净水系统

涪陵河段长江水位在汛期日最大变幅均为 9.5 米，全年江水浊度在 300 至 500NTU 之间变化，在 40 米的深水下如何实现以上复杂环境下的水质及压差控制标准，尚无工程先例。为攻克这一难题，通过反复试验，创建了一套具有水净化循环处理、自动控制及自动平压等多种功能的平压净水系统，通过一体化净水器、净水管道、专用过滤器、循环水泵、阀门、浊度仪及压差计等一系列设备及部件的协调动作，启动自动平衡程序和循环处理程序，有效保证了保护壳体结构在“静水”及“动水”状态下的“无压差”。为保证特殊情况下保护壳体的安全和维护需要，系统特别设计了壳体竣工后初次充水运行程序、枯水期壳体内清洗时的运行程序、突发事故时的运行程序，以及壳体自动排气和补水装置。

（3）研制了“双向水质专用过滤器”及反冲洗装置

针对平压系统在“静水”状态下受高浊度长江水的渗透及汛期长江水位大幅度变化的特殊情况，为满足净化周期内水质及压差的控制要求，特别研制了“双向水质专用过滤器”反冲洗装置。专用过滤器在平压净水系统中的作用功能十分重要，即使外江水与平压净水系统有可靠的连通，以保持内外水压平衡，又要阻止外江水浊质对系统渗透不产生明显的影响。专用过滤器采用均质滤料为填料，这种双向流的过滤技术为国内首创。研究中通过实物模型，验证其过滤功能和反冲洗效果，取得专用过滤器的基本工艺参数及反冲洗措施。目前，平压净水系统已安全运行 4 年，保护壳体内外水压不超过 $\pm 0.2mH_2O$，实践证明“双向水质专用过滤器”技术的成功应用起到了关键作用。

3. 创建了深水照明与遥控观测系统，满足观赏、研究需要

白鹤梁题刻位于水下 40 米的深水中，照明设备需承受水的压力，设备安装及维护均在深水中进行；题刻为深色砂石，保护体为密闭容器，为了安全照明设备需采用低压直流供电；特殊的使用环境及观赏的需要，需要研究特殊的布光方式。

（1）提出了深水照明照度参数

照度值高低是决定观赏效果主要因素之一，由于国内外当时尚无深水照明照度标准，针对白鹤梁题刻的特点，通过大量研究和试验，确定了深水下白鹤梁题刻表面照明的照度为 350Lux，特别关注的部位题刻表面照明的照度为 400Lux。经过 4 年的使用证明能满足人们观赏和摄像要求。

（2）创建了深水大面积大功率 LED 照明技术及专用遥控观测系统

针对白鹤梁题刻的特点，从文物保护、设备安装维护方便和安全等因素考虑，在比较研究了大量照明方式后，采用了可靠性高、寿命长、耐高压（承受 5atm 压力）、亮度高、显色性好、水中维护方便的 LED 照明方案，并专门设计了以大功率节能 LED 为光源的专用照明灯具。

根据题刻分布特点，研究照明设备的布置方案，满足了观众和文物专家清晰观察要求，所有灯具采用分组控制方式并能在设备舱进行现场控制、在地面陈列馆进行运程遥控，每个灯具具有自我保护和提示功能，从而实现了智能管理。是国内最早成功应用 LED 照明技术的照明工程，也是国内唯一的深水大面积大功率 LED 照明工程。

为提供多种观赏途径和提高观赏效果，工程设计了深水下 CCD 遥控观测系统。它基于闭路电视监控技术，以可遥控操作的水下摄像机作为观赏题刻的主要手段，解决了水下摄像设备的密封、信号传输等技术问题，提供了地面陈列馆遥控观测和参观廊道遥控观测相结合的两种观测方式；融合了计算机控制技术、闭路电视监控技术和资料检索技术，创造性地将实时图像与图片资料集成到一个操作界面上，使得观众不但能够亲手操控摄像机，通过镜头观赏白鹤梁题刻，还能浏览观看白鹤梁题刻的图片录像资料，为观众提供了一条了解浏览观赏白鹤梁题刻的有效途径；具有景点位置记忆功能，观众通过预置景点调用，能够迅速地将摄像机定位到想要观赏的题刻。

（3）研制了专用的水中脱卸水中插拔的穿舱连接器

为了便于水中安装和更换照明和摄像设备，摒弃了传统的挤压式密封穿舱技术，采用了专利技术——水下可卸式穿舱连接器，并以此专利技术设计制造了水中脱卸水中插拔的穿舱连接器。这种穿舱连接器既能将电源及信号从地面连接到水中的灯具和摄像机，达到地面与水下的电气连接功能，又能在水中脱卸插拔，满足系统维护的要求，使得水下照明摄像设备维修更换变得轻而易举。

（4）在施工技术上，采用围护壳体与围堰相结合方案，实现水平交通廊道干地施工；采用了水下不分散混凝土新材料、新工艺。

水下保护体（围护壳体）采用椭圆形平面、拱壳顶结构，内空长轴 64 米，短轴 17 米，水下导墙基面高程约 131 米～136 米，墙厚 3 米，保护壳体厚 1.0 米，尺寸较大，且水下导墙混凝土必须水下施工，保护壳体混凝土整体浇筑。水下保护体和交通廊道为水下建筑物，施工难度较大，同时为适应三峡工程提前蓄水要求，本工程需要在 2 个枯水期施工完成，即在 2004 年 10 月至 2005 年 4 月枯水期完成水下导

墙浇筑、参观廊道安装、保护体穹顶浇筑、水平和坡形交通廊道浇筑，施工上可考虑不修建围堰，直接在水中建筑水下保护体导墙和水平交通廊道，但水下施工钢筋架立及模板安装困难，模板钢材用量大；顶拱施工过程中受施工期洪水影响，间断作业，对施工进度有很大影响；水平交通廊道需采用沉管施工，施工难度大，费用高。

根据白鹤梁水下保护体结构平面布置特点，鉴于文物保护工程的特别重要性和事故后不可修复性，要确保工程质量，采用修筑围堰，实现主体工程干地施工为切实可行方案。

考虑到长江水位变化情况，在枯水期修筑围堰。施工围堰由两道横向围堰和一道纵向围堰组成。传统围堰是指修建临时围堰，主体工程与围堰相对独立，在水下保护体外侧用混凝土或土石修建顺流向纵向过水围堰，在水平交通廊道上下游各修建一道土石过水围堰，并进行防渗处理，形成一个大的封闭圈，然后抽干基坑，使水下保护体及交通廊道均在干地施工。但形成大基坑抽干后，渗水压力对文物所在岩体有较大的顶托力，将对文物造成损害，纵向土石围堰防冲难度较大，同时受到航运影响，本项目采用传统围堰是不合适的。

为解决以上诸多矛盾，在施工技术上，主体工程结构的导墙作为围堰的一部分结合设计，即围护壳体与围堰相结合。利用水下保护体导墙作为纵向围堰一部分，在导墙上下游修筑混凝土纵向围堰，水下交能廊道上下游各修建一道土石过水围堰，并进行防渗处理，然后抽干基坑，使水平交通廊道实现干地施工，顶拱施工也基本上在水上进行。经工程实践，确保了工程进度和质量。

采用水下不分散混凝土施工水下导墙，使混凝土在水中不分散、不离折，流动性好，自流平，自密实，不需振捣，减少了施工难度，缩短了施工工期。

4. 本项目研究与国内外同类研究的比较

白鹤梁题刻位于涪陵城北长江水中，长江主航道边，水文地质条件复杂，三峡工程正常蓄水后白鹤梁题刻将隐于水下 40 米深处，此类水下文化遗产保护问题在国内乃至全世界罕见，并无成功范例。白鹤梁题刻原址水下保护工程研究采用“无压容器”概念兴建，保护方案解决了复杂软弱地质条件下文物的安全保护，达到了“原址原样原环境”的保护目的，实现了人们常年观赏白鹤梁题刻的梦想，是我国也是世界博物馆类型当中唯一的遗址类水下博物馆。

平压净水系统适应江水涨落变化，维持保护体内外水压平衡，保护体结构处于无压差工作状态，确保主体结构及文物在变动深水中的长期运行安全；平压净水系统还净化了水下保护体内水质，让题刻处于长江水的保护之中，实现了观赏白鹤梁题刻的目的。该系统为国内首创。

深水大功率 LED 照明系统为观赏题刻提供了可能，是国内最早成功应用 LED 照明技术的照明工程，也是国内唯一的深水大面积大功率 LED 照明工程。

埃及亚历山大港发现的水下皇宫从提出至今已经多年，迟迟没有进展，重要原因就是技术和经济问题——挑战这一海湾昏暗水域以提高隧道内的能见度，如何确保博物馆的坚固性，以经受住水流考验，以及建设所需的高昂费用。

墨西哥海滨旅游胜地坎昆水下博物馆于 2011 年 11 月建成开馆，号称世界首创海底博物馆，他仅仅是将当代艺术家雕刻的水体雕像放入海底，目的是把大量游客从珊瑚礁吸引过来，保护海洋生态环境。

在2010年联合国教科文组织与中国国家文物局召开的水下文化遗产保护展示与利用国际学术研讨会上，专家们一致认为白鹤梁水下博物馆是三峡文物保护工作的重点工程，这座博物馆按照“原址建馆，原址保护、原状态展示”的全面保护理念建设，与联合国教科文组织《保护水下文化遗产公约》中强调的“让公众了解、欣赏和保护水下文化遗产，鼓励人们以负责和非闯入的方式进入仍在水下的文化遗产，以对其进行考察或建立档案资料”的理念是完全一致的。

六　永恒的记忆

眼前这些石梁，它们是来自哪儿呢？为什么上面有这么多精美绝伦的书法题刻？这让人无不惊叹的高超的雕工，这栩栩如生的石鱼背后又寓意着怎样的故事？带着这些疑问，让我们揭开这张神秘的面纱，共同去拜访这大自然与人类文明共同创造的完美结晶——富有神奇魅力的白鹤梁题刻。

我们看到的这些石梁是从被誉为“世界第一古代水位站”的涪陵白鹤梁上自然断裂在江中，出于对文物的保护，我们将它保护起来并在原址上建起博物馆，以此作为人类永恒的记忆。

得此殊荣，说明白鹤梁并非只是简单的几块石梁。白鹤梁题刻是位于涪陵城北长江中的一道天然巨型石梁，它是由中侏罗纪的青紫砂岩构成，岩面较光洁，便于题刻，石质极为坚硬，不易侵蚀。硕长的石梁在亿万年的洪波巨浪冲刷淘洗之下，被江水的自然伟力切割成上、中、下三段，因其独特的文化载体和隐藏于江中的自然保存方式，成为举世无双的历史文化孤本。它几乎是常年没于江中，只有在江水极枯的冬末春初才能全部露出水面，多数年份只能露出石梁的背脊，它就像一条顺江而下的巨龙，藏头露尾，时隐时现。要想目睹白鹤梁的全貌，欣赏到那些诡谲而神奇的题刻，一般是十年才能一遇。在滔滔东去的大江面前，人们才能真正体会到这一份可遇而不可求的幸运与无奈。

在这些坚硬的石梁上，我们可以看见上面的文字记录。今天，白鹤梁上近600人留下了几百段题刻文字。去者又来，来者又去。俯首细看这些文字就像是一部浸透古韵的风俗长卷，它跨越千年的时空，折射出长江古城涪陵的生活投影和历史的变迁，以一种完全真实的方式讲述着不同时期发生的事件。既有抵御外辱、朝代更迭的重大事件，也有生死跌宕、成败枯荣的人生感叹；既有气象变幻、江水盈亏的真实记录，也有能工巧匠、文人骚客的珠章玉句；既有经天纬地、吐风纳云的壮志豪情，也有晓风残月、感伤时怀的离别愁绪……欣赏这些题刻，像和历代古人亲切交谈，仿佛进入一个雅趣盎然的神奇世界。

我们看到的这些文字不仅反映出一千多年来各个时代的兴衰，它就像一部特殊的历史残简，而更重要的是这些文字详细、准确地记录长江的水位变化。我们祖先经过长期的观察，发现依据石梁露出江面的高度可以确定出长江的涨落情况，因而采取“刻石记事”的方式，记录了自唐广德年间到本世纪初1200余年的枯水年份。它不仅是我国而且是世界上目前发现的时间最早、延续时间最长、而且数量最多的枯水水文题刻。被誉为世界第一长河的尼罗河虽也有类似水文石刻题记，但在数量却远逊于白鹤梁。

葛州坝工程和三峡工程的建设，都先后受惠于白鹤梁题刻准确的水文记录。1988 年 12 月国务院将白鹤梁题刻公布为全国重点文物保护单位。

石梁上不仅可以看到文字记录，更特别的是它还有另外一种特殊的记录方式。在这块石梁上雕刻有一条造型优美、栩栩如生石鱼。白鹤梁碑林中所刻的石鱼，实际上是前人用来记录江水水位最枯的标志，因而也可称为石鱼水标。迄今为止，共发现石鱼 18 尾。长江涪陵段最低水位的准确位置其独特的参照物就是唐代的这对石鱼，令人称奇的是，双鱼鱼眼平均高度与黄海海拔零点水位仅差 7 厘米；鱼腹的平均高度相当于涪陵地区现代历年枯水位平均值；鱼眼高度与英国人 1868 年在武汉首设的长江上的第一根水尺零点相当，然而白鹤梁的水位标尺至少比英国人设长江水位标尺还要早 1100 多年。根据这些鱼标题刻，可以推算出共 72 个断续的枯水年份的水位高度，这不仅为长江水利建设提供了大量的枯水水文资料，也为研究长江水文、区域及全球气候变化的历史规律提供了极好的实物证明，具有很高的历史价值和科学价值。

俗话说“石鱼现，兆丰年”，这神奇的传说给白鹤梁也增添了令人神往的色彩。其实这句话并非只是一种传说，也是有一定的科学依据的。勤劳的人们在长期生产、生活实践中对江水枯荣与气候变化的内在联系，雨量多寡与农业丰歉的因果关系做了科学的总结，并以石刻双鱼的独特形式保留和传承。一千多年来，涪陵人民通过长期对石鱼与水位的观察，总结出长江枯水的周期规律。石鱼出水一般三五年一小现，十年一大现。在建国后的 1953 年、1963 年、1973 年石鱼大现，涪陵地区当年农业都获得了大丰收，由此也验证了“石鱼出水兆丰年”的古代记录是正确的。因此，白鹤梁被科学工作者称为“长江水文资料的宝库”。有西方学者对东方神秘文化感到惊讶，认为此前已知万里长城的博大，如今又有一处神气的“水下科学长城”，堪称罕见的人类水文奇观。

长江三峡工程兴建，这些华夏瑰宝将不再露出水面。白鹤梁的保护引起了全国人民的热情关注也受到党中央、国务院的高度重视，将白鹤梁题刻列为三峡工程文物保护的重点项目之一。党和国家领导人对白鹤梁保护作过重要的指示。海内外近 80 余家新闻媒体对白鹤梁的保护工作进行了多年的全方位跟踪报道。先后有 30 余家大学和科研单位的近 400 余名专家和科技工作者，对白鹤梁保护工程进行了长达 10 年的勘察、规划、设计。更值得一提的是，汇集我国当今科技、学术界精英的中国科学院、中国工程院的 14 位资深院士也参加了白鹤梁保护工作。经过反复研究和论证，最终确定采用中国工程院葛修润院士设计的“无压力容器”的理念修建白鹤梁题刻水下保护方案。该方案利用工程压力原理进行设计，在现在的白鹤梁题刻上，修建成一个内外都有水的无压力的保护壳体，将长江的水经过一种过滤装置之后再注入在保护壳体内，这样不仅可以免除长江长年累月的冲刷，也可以抵消壳内的外部压力。在白鹤梁题刻相对应的长江防护大堤上建设一座陈列馆，陈列馆主要展示白鹤梁题刻的拓片、书籍、资料、录像等。通过陈列馆的交通廊道进入约 40 米水深的白鹤梁题刻保护体内的参观廊道，观众可以通过观察窗进行观赏。这样的科学的设计方案不仅把白鹤梁题刻的保护研究和旅游观赏有机地结合起来，又可以在举世瞩目的三峡工程建成以后，为子孙后代留下了一份珍贵的历史文化遗产。

白鹤梁是史、是诗、是画，是全人类永恒的记忆，永远铭记着长江母亲河的脉动，记录着长江流域古往今来的呼吸，演奏着当今时代的音符。高峡平湖，白鹤梁正和长江三峡一起散发着新的魅力，迎接全球观众的来访。

七　涪陵白鹤梁工程大事记

1. 1992 年 3 月，中共中央政治局委员，国务委员李铁映在涪陵视察时，提出保护白鹤梁题刻。

2. 1994 年 10 月，中共中央总书记、国家主席江泽民在涪陵视察时，对白鹤梁题刻保护工作作了重要指示。

3. 2001 年 2 月 23 日 ~24 日，重庆市文化局组织的《涪陵白鹤梁题刻保护方案专家论证会（黄真理方案）》，

中国工程院院士葛修润先生为组长、中国历史博物馆研究员周宝昌先生为副组长，由来自全国的 13 位专家组成专家评审组，会议原则通过了黄真理博士的设计方案，论证会后，葛修润院士提出一个新的保护方案设想提交参会的专家讨论，并经专家组同意同时进行深化。

4. 2002 年 1 月 15 日 ~16 日，重庆市人民政府在北京主持召开了《重庆涪陵白鹤梁题刻原址水下保护工程可行性方案研究报告论证会》。来自全国的文物、建筑、水工、航运、科研、设计、施工、地震等方面的 12 人组成了专家组，其中有 9 人是中国科学院、中国工程院院士。专家组对白鹤梁题刻保护的有关问题进行了咨询，对葛修润院士的“无压容器”方案进行充分讨论研究后，原则通过了“无压容器”保护白鹤梁题刻的方案。

5. 2002 年 3 月，重庆市委书记贺国强、市长包叙定一行视察白鹤梁题刻，听取本体保护工程技术人员的工作汇报。贺国强、包叙定对白鹤梁题刻的保护工作给予高度评价，并对保护工作的具体工作作了重要指示。

6. 2002 年 8 月 16 日 ~18 日，重庆市文化局三峡办、重庆峡江文物工程有限责任公司在武汉长江勘测规划设计研究院举行了白鹤梁题刻原址水下保护工程研究中间成果评审会。专家评审组由来自全国水工、施工、结构、隧道、船舶、建筑、给排水、电气、文物、堤防工程等方面的 14 位专家组成。通过评审，专家组原则上通过了各研究课题单位提交的白鹤梁题刻原址水下保护工程三维非线性结构分析、水工模型试验、交通廊道、参观廊道、水下照明系统、水下摄像系统、循环水系统、工程安全监测、施工专题、航道安全保护等研究报告。

7. 2002 年 10 月 23 日 ~24 日，重庆市文化局在北京举行了《重庆涪陵白鹤梁题刻原址水下保护工程

初设报告》评审会。专家组由中国工程院院士王三一先生任组长，中国文物研究所原所长，著名石质文物专家黄克忠先生任副组长，来自全国水工、建筑、施工、结构、航运、文物、给排水、电气等方面的院士、专家共16人组成专家组。专家组对由葛修润先生领衔的长江水利委员会白鹤梁题刻课题组提出的《重庆涪陵白鹤梁题刻原址水下保护工程初设报告》，相关科研单位实施的九项课题研究报告进行了深入细致的研讨与评审，原则同意初设报告的结论与建议方案，同意各专题报告，要求并按照专家组提出的修改意见进行深化和优化，使保护方案更加完善可行。

8. 2002年3月，国家文物局下发了《关于对涪陵白鹤梁题刻原址水下保护工程可行性方案研究报告的意见的函》。

9. 2003年1月，国家文物局下发了《关于白鹤梁题刻原址水下保护工程初步设计方案的批复》。

10. 2003年2月13日，重庆涪陵白鹤梁题刻原址水下保护工程正式开工。

11. 2004年4月，国务院三峡工程建设委员会下发了《关于涪陵白鹤梁题刻原址水下保护工程投资标准的批复》。

12. 2005年2月16日，重庆峡江文物工程有限责任公司白鹤梁工程项目部组织潜水员打捞白鹤梁石刻13则，经请示重庆市文物局，移交给涪陵区博物馆收藏。

13. 2005年12月24日~26日，重庆市文物局在北京组织召开了专家论证会，包括多位院士在内的各方面专家对白鹤梁文物保护变更设计进行评审并通过，形成会议纪要。

14. 2006年1月，国家文物局批复同意本工程的变更设计报告。

15. 2008年11月7日，重庆市特检中心技术人员到参观廊道对焊缝进行全面测试检查，出具报告：合格。

16. 2009年2月27日，陈列馆主体结构验收，评定合格。

17. 2009年3月3日，对参观廊道、交通廊道安装工程进行验收，评定合格。

18. 2009年5月18日，在白鹤梁举行了"5·18国际博物馆日"中国区主会场活动暨白鹤梁水下博物馆开馆仪式，中央电视台进行了4小时的现场直播，在全国引起强烈反响。

19. 2010年4月24日~25日，重庆白鹤梁水下博物馆正式运行，接待首届三峡国际旅游节代表。4月26日正式对外开放。

20. 2010年4月27日，峡江公司组织对本工程B标段工程进行验收，评定合格。

21. 2010年11月24日~26日水下文化遗产保护展示与利用国际学术研讨会在重庆召开，支持单位：国家文物局、重庆市人民政府；主办单位：联合国教科文组织、中国文化遗产研究院、重庆市文物局。承办单位：国家水下文化遗产保护中心、重庆中国三峡博物馆、重庆文化遗产保护中心。11月25日上午参观白鹤梁水下博物馆，下午葛修润院士做《白鹤梁古水文题刻——世界第一古代水文站的原址水下保护工程》报告，并回答国外专家的提问。

22. 2011年5月22日，重庆涪陵白鹤梁题刻原址水下保护工程综合验收预备会议在重庆白鹤梁水下博物馆召开，由国家文物局主持，会议组成了专家组，勘察了白鹤梁水下博物馆，认真考察各分项工程现状，查阅了工程资料，听取参建单位的汇报，形成专家意见，评定合格。

23. 2011 年 6 月 15 日，重庆市城建档案馆组织专家对白鹤梁题刻原址水下保护工程档案进行了专项验收，评定为优良。

24. 2011 年 7 月，重庆市文物局委托重庆万隆方正会计师事务所有限责任公司对白鹤梁题刻原址水下保护工程竣工财务决算编制报告进行了审计，出具了《三峡工程重庆库区涪陵白鹤梁题刻原址水下保护工程项目竣工财务决算审计报告》。

25. 2011 年 7 月 27 日，国家文物局在重庆组织召开了白鹤梁题刻原址水下保护工程竣工综合论证会，会议组成了专家组。专家组会前查勘了工程现场，查阅了工程建设相关资料，听取了业主及运行单位、设计单位、监理单位、施工单位以及工程质量监督机构的汇报，经认真研究讨论，形成验收意见，专家组一致同意该工程通过竣工综合验收。

26. 重庆市审计局于 2006 年 4 月 ~7 月对建设单位 1997~2005 年的三峡库区文物保护资金的管理使用情况进行了审计。对白鹤梁题刻水下保护工程项目存在的问题要求建设单位进行整改，峡江公司按要求整改完成。

27. 国家审计署驻重庆特派员办事处于 2011 年 11 月至 2012 年 1 月对重庆市本级三峡工程移民资金财务决算情况进行了审计，同时对三峡工程移民安置规划任务完成，移民工程项目建设管理以及其他与移民工作相关的政策措施执行情况进行了调查，延伸审计了重庆文物管理部门以及其他相关单位，审计抽查了部分移民资金迁建项目，对重要事项事项作了必要的延伸和追溯。对白鹤梁题刻原址水下保护工程项目进行了审计并提出整改要求，峡江公司按要求完成整改工作。

28. 2012 年 1 月 17 日，经重庆市文物局专题会议研究，决定从 2012 年 1 月起，重庆涪陵白鹤梁题刻原址水下保护工程正式由重庆峡江文物工程有限责任公司移交重庆中国三峡博物馆管理使用。

八　涪陵白鹤梁工程主要参建单位名录

重庆峡江文物工程有限责任公司
四川省蜀通岩土工程公司
长江勘测规划设计研究有限公司
中船重工第七一九研究所
建设部综合勘察研究设计院
河南东方文物建筑监理有限公司
北京蔷薇工程监理有限责任公司
长江水利委员会建设工程监理中心
中国船级社实业公司重庆分公司
中国文化遗产研究院
湖北大冶殷祖园林古建公司
青岛海防筑港工程北海总队
中铁大桥局集团公司一公司
成都化工压力容器厂
江苏兰天水净化设备有限公司
上海交通大学海科集团公司
重庆韩代电梯工程有限公司
武汉欧艺建筑技术工程有限公司
重庆升泰楼宇设备有限公司
重庆一品建设集团有限公司
重庆东方装饰工程有限公司
重庆市美术公司
重庆工业设备安装集团有限公司
广厦重庆一建筑（集团）有限公司
重庆西伯乐斯楼宇工程有限公司
重庆富刚装饰有限责任公司
重庆长江轮船公司中山舰救助打捞工程部
四川广安智丰建设工程有限公司
重庆华运虫害防制技术研究所有限公司
重庆天位科技有限公司
重庆合智环保工程有限公司

附　　录

一　国务院三峡工程建设委员会移民开发局关于对白鹤梁题刻石宝寨张桓侯庙保护方案征求意见函的复函

国峡移函规字〔1999〕21 号

方案征求意见函的复函国峡移函规字 [1999]21 号

国务院三峡工程建设委员会办公室：

你办《关于征求对重庆市人民政府关于白鹤梁题刻石宝寨张桓侯庙保护方案意见的函》收悉，经认真研究，现复函如下：

一、关于白鹤梁题刻、石宝寨、张桓侯庙的保护方案，原则同意重庆市政府的意见。

二、有关保护方案的后续工作，也原则同意重庆市政府的安排，建议督促有关承担单位限期完成。白鹤梁题刻保护方案中，应把精力、财力重点放在地面陈列馆的勘察设计和水下题刻表面的处理上。水下题刻的围堰保护方向研究，建议另作专题研究，不列为规划范围。

三、关于勘测设计等工作经费问题。文物保护方案一经确定，保护方案实施的勘察设计一等费用，同其他移民工程一样，均应在其工程项目总概算中列支。为开展张桓侯庙和石宝寨的勘察设计工作，早在 1997 年就分别下达了部分经费 (张桓侯庙 96 万元、石宝寨 117 万元)，今年需增加，请说明工作进度，再分项目上报计划。白鹤梁题刻可以单独上报勘察设计计划，以便安排相关费用。

一九九九年三月二十六日

二　国家文物局关于对白鹤梁题刻、石宝寨及张桓侯庙保护规划方案的意见函

文物保函〔1999〕160号

国务院三峡工程建设委员会办公室：

你办《关于征求对重庆市人民政府关于白鹤梁题刻石宝寨张桓侯庙保护方案意见的函》(国三峡办发技字[1999]014号)收悉，经研究，我局现对白鹤梁题刻、石宝寨、张桓侯庙的保护规划方案提出如下意见：

一、白鹤梁题刻是三峡库区内唯一的一处全国重点文物保护单位，其保护规划方案的核心应是如何保护好这处具有极其重要的历史、科学、艺术价值的文化遗产。

从现阶段经济和技术等因素考虑，围堰保护白鹤梁题刻的设想是可行的，亦给将来采取其他水下保护措施预留了时间和空间。目前，应抓紧深入研究，切实解决泥沙、石块、污水等对题刻的侵害。对题刻本体保护的研究也应同时进行，并要研究利用各种技术手段全面、准确地获取所有资料，包括录像、拓片、翻模复制等，为研究和地面陈列与展示创造条件。

二、石宝寨作为三峡库区内的一处重要的省级文物保护单位，其保护规划方案的制订应综合考虑护坡仰墙方案和围堤方案的合理因素，切实解决好文物建筑和玉印山的山体保护、地下水处理以及环境景观处理等问题。同时也要处理好交通、参观空间和视线走廊等问题，但不应新建其他假“文物”。

三、张桓侯庙同样也是三峡库区内一处重要的省级文物保护单位，其保护规划方案的核心是搬迁选址问题。我局同意张桓侯庙搬迁至云阳县新县城对岸的陈家院子的方案。但方案中应充分考虑文物建筑与周围环境的协调，处理好低水位时的景观问题，同时也应包括揭示和了解张桓侯庙早期建筑历史等工作内容。

四、鉴于目前尚无可供审批的白鹤梁题刻和石宝寨的保护规划方案，建议你办敦促重庆市人民政府根据我局上述意见，并吸纳重庆市组织的“三峡库区白鹤梁题刻、石宝寨、张桓侯庙保护方案论证会”专家组意见，尽快组织力量，抓紧研究制订白鹤梁题刻和石宝寨的保护规划方案，再按规定程序报批。

五、鉴于张桓侯庙搬迁至陈家院子的保护规划方案已基本成熟，在根据我局上述意见做适当修改后，

建议可先行批准，并请重庆市人民政府委托有关专业机构制订设计搬迁施工方案。按照《中华人民共和国文物保护法》第十一条、第十三条和《中华人民共和国文物保护法实施细则》第十五条的规定，其设计搬迁施工方案需报我局审批。

六、考虑到白鹤梁题刻、石宝寨、张桓侯庙保护工程的技术难度和工程量，以及水位增高对工程影响等诸多因素，上述有关工作应尽早完成并付诸实施。

此复。

一九九九年四月九日

三　重庆市文化局三峡文物保护工作领导小组办公室白鹤梁题刻设计方案及前期工作洽谈会议纪要

渝文三峡办函字〔2000〕98号

白鹤梁题刻是受三峡库区淹没影响的唯一一处全国重点文物保护单位，根据国家有关法律法规的要求，为了搞好题刻的保护工作，自1994年以来有关部门就开始进行了多种可行性方案的研究，积累了大量的资料。2000年3月，黄真理博士：提出的利用库区“变动回水区”水位落差，在145~175米高程间的某一位置复制白鹤梁题刻，对原题刻采取措施进行保护，并在堤岸的适当位置修建水文陈列馆的保护方案，受到各界专家及有关部门的普遍肯定，议定该方案为进一步深化方案。

2000年9月7日，重庆市文物局邀请长江水利委员会长江勘察设计院、天津大学设计研究院、武汉大学、中国文物研究所、建设部综合勘察设计院、交通部西南水运工程科学研究所、中港第二航务工程局第二工程公司、市移民局、涪陵区文化局、涪陵区博物馆等有关单位在重庆市文化局三峡文物保护工作领导小组办公室举行了该项目设计工作洽谈会。

会上，各单位对该方案的文物保护、旅游、水文、地质、航运、防洪、环境、文保等方面进行了积极的讨论，并初步达成了以下共识：

1. 白鹤梁题刻不能切割，应采取原地保护的方案，但必须研究建库后泥沙对白鹤梁的磨蚀及在变动回水区涪陵段的淤积情况和汛期冲砂情况下，白鹤梁段大颗粒推移质的运动特征。

2. 由于时间紧迫，应尽快完成白鹤梁题刻的基础资料留取，水文地质资料的留取及精确模型制作等基础工作。

3. 采取陈列馆与白鹤梁题刻复制合一的方案，建筑风格应与白鹤梁题刻的环境风貌及文化氛围相协调。复制平台应为设置防撞设施及专用航标的可上人平台，平台的具体形式应根据水文、泥沙、航运防洪等情况确定。

4. 应充分利用仅剩的三个枯水工作季，各有关单位必须在2001年全力做好资料留取等基础工作，设计单位应在今年年底前完成白鹤梁的初步规划设计方案上报国家文物局审批，给施工作业留出足够时间。

5. 在作各种设计时应充分考虑到施工的可行性、经济的合理性。会后，与会各单位就各自领域互相进行了更详细的交流。重庆市文化局三峡文物保护工作领导小组办公室与参会的有关单位，就防洪、泥沙、航运、工程地质、水文地质、地形测绘、题刻留取资料、原地保护及题刻复制、水文陈列博物馆等科研设计工作，初步达成了工作意向，待工作计划审定后，立即开展工作。

附：参会人员名单

重庆市文化局三峡文物保护
工作领导小组办公室
2000年9月8日

白鹤梁题刻设计方案及前期工作洽谈会议参会人员

姓名	单位	职务
杨朝权	中国文物研究所	副处长
李宏松	中国文物研究所古建筑、古遗址保护研究中心	副主任
王金华	中国文物研究所古建筑、古遗址保护研究中心	工程师
郑书民	建设部综合勘察设计院	高　工
杨昌鸣	天津大学建筑设计院	院　长
赵　冰	武汉大学建筑系	主　任
董　荧	中港第二航务工程局第二工程公司	高　工
张绪进	交通部西南水运工程科学研究所	所　长
彭　凯	交通部西南水运工程科学研究所	副所长
刘亚辉	交通部西南水运工程科学研究所	副研究员
刘少林	长江勘测规划设计研究院	高　工
黄真理	国务院三建委办公室技术与国际合作司	博　士
王川平	重庆市文物局	副局长
刘豫川	重庆市文化局三峡文物保护工作领导小组办公室	主　任
孙　阳	重庆市移民局	博　士
吴盛成	涪陵区文化局	副局长
黄德建	涪陵区博物馆	馆　长

四　重庆市人民政府关于印发重庆市三峡工程淹没及迁建区文物保护管理办法的通知

渝府发〔2001〕47号

各区县(自治县、市)人民政府，市政府各部门：《重庆市三峡工程淹没及迁建区文物保护管理办法》已经市政府同意，现印发给你们，请遵照执行。

2001年7月10日

重庆市三峡工程淹没及迁建区文物保护管理办法

第一章 总 则

第一条 为进一步加强重庆市三峡工程淹没及迁建区的文物保护工作，切实有效地实施对三峡历史文化遗产的抢救保护，根据《中华人民共和国文物保护法》、《中华人民共和国文物保护法实施细则》、《长江三峡工程建设移民条例》和国家有关法律、法规，制定本办法。

第二条 重庆市三峡工程淹没及迁建区(以下简称库区)内的一切文物保护实施工作，均适用本办法。

第三条 库区内一切具有历史、艺术、利学价值的不可移动文物和可移动文物，均受国家保护。

第四条 市文物局主管库区的文物保护工作，负责库区文物保护工作的组织实施和管理，实行任务、经费双包干。市移民局负责库区文物保护项目计划的衔接、调整，项目的销号管理以及移民资金使用的监督管理。市建设、规划、国土等有关部门应积极支持库区的文物保护工作，为文物保护实施提供必要的条件。

第五条 库区各级人民政府负责保护本行政辖区内的文物，应切实采取有效措施，打击和防范库区盗掘古遗址、古墓葬、损毁文物、走私文物等犯罪活动，确保库区的文物安全。

库区各区县(自治县、市)文物部门应积极协调、配合库区文物保护工作的实施，并负责组织实施库区县级以下地面文物保护单位的保护工程。

一切机关、组织和个人都有保护文物的义务。

第六条 库区内地下、水下遗存的一切文物(含古脊椎动物化石和古人类化石)，地面遗存的古文化遗址、古墓葬、石窟寺、古桥梁等均属于国家所有。

属于集体所有和私人所有的古建筑、纪念建筑等，凡列入库区文物保护规划范围的，经办理移民补偿后，属于国家所有。

任何单位和个人不得对文物进行盗掘、哄抢、藏匿、变卖、拆除或改建。一切破坏、损毁和走私文物的活动均属于犯罪行为。

第二章 计划和资金管理

第七条 库区文物保护资金是三峡库区移民资金的一部分，应纳入移民资金计划统一管理。

第八条 市文物局应根据国务院三峡建设委员会审批的三峡库区文物保护规划，按照三峡工程蓄水进度的要求，编制库区文物保护年度计划，经市移民局综合平衡后，纳入库区年度移民投资计划。

第九条 在库区文物保护年度计划执行过程中，市文物局按计划进度向市移民局提出项目的资金使用计划，由市移民局核准实施。

在计划的执行过程中，市文物局可根据实际情况对项目及经费作适当调整，调整幅度及审批程序按国务院三峡建设委员会移民开发局有关规定执行。

第十条 库区文物保护资金按照移民资金管理规定进行管理。市、区县(自治县、市)文物部门须设置库区文物保护资金账户，确保文物保护资金的专款专用，并定期向移民部门报送资金使用情况及相关报表。

第十一条 库区文物保护项目的法人应对项目经费进行严格管理，并在项目完成时向市文物局提交项目资金的使用情况报表。

任何单位和个人不得挪用、挤占、拆借、侵吞库区文物保护资金。

第十二条 库区文物保护项目的招投标、方案评审等费用按有关规定在项目前期费中直接列支；地下文物的重要遗迹留取和标本测试等经费可在计划实施中统筹使用；宣传出版、培训等工作经费按国务院三峡建设委员会移民开发局有关规定进行开支。

第三章 项目管理

第十三条 库区文物保护项目按保护工作性质分为非工程性项目及工程性项目，凡经国务院三峡建设委员会审批列入规划的地下文物考古发掘及地面文物留取资料项目属非工程性项目，地面文物原地保护和搬迁保护项目属工程性项目。

第十四条 库区文物保护实行项目法人负责制。

非工程性项目的项目法人为市文物局。

工程性项目中涉及市级以上文物保护单位的，由市文物局委托项目法人负责项目的实施管理。涉及县级以下文物保护单位的，由所在地区县(自治县、市)文物部门委托项目法人进行管理。

第十五条 库区地下文物考古发掘项目，由市文物局依法向国家文物局履行有关考古发掘的报批手续。

库区地面文物保护项目，属于县级以下文物保护单位的，其搬迁保护方案由市人民政府负责审批，其设计方案，由市文物局会同市移民局组织审批；属于市级以上文物保护单位的搬迁保护方案，按国家有关法律法规履行报批程序。

第十六条 库区地面文物搬迁保护项目的迁建用地，在选址前应进行地质灾害危险性评估。搬迁保护方案审批后，由项目法人向所在地区县(自治县、市)国土部门办理土地征用手续，其用地面积在原文物占地面积的基数上可适当考虑环境因素有所增加，具体面积指标和征地费用须经区县(自治县、市)移民部门商同级国土部门核定。

第十七条 凡在库区承担文物保护非工程性项目的单位，由市文物局核查其考古发掘及文物保护的相关资质。

凡在库区承担文物保护工程性项目的施工及监理单位，必须具备工程施工三级、监理乙级以上资质，具体准入审批由市文物局会同市建设主管部门根据其技术力量、相关资质材料以及文物保护工程履历资料核发证书，并标明投标范围。

从事水文、地质勘察、地形测绘工程的单位，其资质审核和准入管理按国家基本建设管理程序和有关规定进行。

香港、澳门、台湾地区及国外、国际组织和单位申请承担库区文物保护项目的，按国家文物涉外管理办法执行。

第十八条 库区文物保护工程性项目中，单项资金在50万元以上的，均实行招投标制。非工程性项目及50万元以下的工程性项目，可直接进行委托。

工程性项目的招投标工作均由项目法人负责组织，同时须邀请文物、移民、建设、监察等部门进行监督。市文物局牵头成立重庆市三峡库区文物保护工程性项目招标工作领导小组，负责项目评标委员会及评标结果的审批。

第十九条 库区文物保护推行项目监理制。

非工程性项目可试行综合监理；工程性项目可逐步实行单项监理。合同经费在100万元以上的地面文物搬迁保护工程性项目，必须实行单项监理。

文物保护项目监理的具体管理办法由市文物局商市建委参照国家基本建设的监理规定另行制定。

第二十条 库区文物保护项目的管理实行合同制。

项目法人为合同甲方，负责根据合同检查项目进展情况和工作质量，按项目进度拨付经费并组织项目初步验收。

承担项目实施的单位为合同乙方，负责根据合同和行业规范实施项目计划任务，保证项目工作质量，按进度提交工作简报和竣工资料，及时报告重要发现和重大成果，并负责工作期间的文物安全和人身安全。

承担项目单位不得进行项目转包。总承包单位经甲方批准后可进行项目分包，项目主体工程不得进行分包。

项目所在地区县(自治县、市)文物保护管理所为非工程性项目的协作方，负责项目实施中的工作协调、提供出土品或文物构件的存放、整理场地以及文物安全管理等工作。

第二十一条 库区文物保护项目质量实行法人负责制。项目法人对文物保护项目质量负总责。勘察设计、施工、监理等单位的法定代表人按各自职责对所承担项目的质量负责。

第二十二条 库区文物保护工作中的出土品、文物构件及档案资料的移交由市文物局负责统一管理。

第二十三条 项目实施过程中，除市文物局另有指定外，库区的出土品和文物构件由项目合同的协作方负责提供寄存和整理场地，并负责其安全管理。

未经市文物局批准，任何单位和个人不得将出土品和文物构件携离库区。需作鉴定或测年的各类标本，必须经市文物局批准，并在指定期限内交还。

第二十四条 除国家文物局另有指定外，库区的出土品和文物构件由市文物局根据重庆市及库区文物事业发展的实际需要，以及有关大专院校和科研机构的教学、研究需要，按照统筹兼顾、合理调剂的原则，统一指定具备条件的国有博物馆单位收藏保管，并办理移交手续。任何单位和个人不得扣压出土品和文物构件，阻挠文物的妥善保管和科学研究。

市文物局负责筹备建立重庆中国三峡博物馆，以系统收藏、研究和全面展示三峡文物抢救保护工作成果。

第二十五条 各级公安部门、工商行政管理部门和重庆海关在查处库区违法犯罪活动中依法没收、追缴的除返还受害人以外的所有文物，须按国家有关规定在结案后立即无偿移交市文物局，由市文物局统一指定具备条件的国有博物馆单位收藏保管。

第二十六条 库区文物保护工作的有关项目资料、文物资料以及管理资料等，由市文物局负责统一建档、保存和管理。

第二十七条 库区文物保护项目由市文物局、移民局统一组织验收。

涉及工程性项目的验收应有当地建设主管部门和质检机构参加。

对验收不合格的项目，乙方单位负责限期进行整改，并承担整改费用。

第二十八条 地下文物保护项目的验收资料应包括：考古发掘、勘探的文字、测绘、影像等原始记录资料；出土品及入藏或寄存手续；考古发掘报告或简报；各类测试、鉴定报告；经费结算报告；有关资料的反转片、磁盘、光盘等。

地面文物保护项目的验收资料应包括：文物调查报告及测绘、拓片、影像等原始记录资料；留取资料项目的重要文物构件及清单；原地保护工程的施工原始记录资料；搬迁保护工程的施工原始记录资料；经费结算报告；有关资料的反转片、磁盘、光盘等。

第二十九条 文物保护工程性项目验收合格后，项目法人应按照基本建设程序和移民资金的使用规定对项目组织竣工决算审计。

第三十条 库区文物保护项目的销号，由市文物局与市移民局制定具体办法，并负责办理相关手续。

第四章 奖 惩

第三十一条 在库区文物抢救保护工作过程中，有下列情形之一的单位、集体或个人，可给予表彰和奖励：

（一）坚决与盗掘古遗址、古墓葬、损毁文物、走私文物等犯罪行为作斗争，确保文物安全，成绩显著；

（二）长期从事库区文物抢救保护工作，认真履行文物保护项目合同，按时保质完成项目任务，做出显著贡献；

（三）积极探索库区文物保护工作管理模式，在项目、资金等文物保护管理工作中成绩显著；

（四）有重大发现或取得重要研究成果。

第三十二条 对有下列情形之一的单位、集体或个人，应依法给予行政、经济处罚，情节严重的由司法部门追究刑事责任：

（一）盗掘古遗址、古墓葬、损毁文物、走私文物，或发现文物隐匿不报，不上交国家；

（二）不履行文物保护项目合同，造成文物毁损或重大经济损失；

（三）因工作失职或渎职，造成文物毁损、流失；

（四）侵占、贪污或盗窃国家文物；

（五）擅自截留文物，拒不按规定办理文物移交；

（六）挪用、侵占、浪费、贪污文物保护资金，或因失职、渎职造成文物保护资金严重损失。

第五章 附 则

第三十三条 本办法实施中的具体问题，由市文物局负责解释。

第三十四条 区县（自治县、市）人民政府可根据本办法制定实施细则。

第三十五条 本办法自发布之日起执行。

五　涪陵白鹤梁题刻保护规划专家评审会意见

2001年2月25日~26日，专家组在涪陵区受重庆市文物局委托，就涪陵白鹤梁保护规划进行了评审，意见如下：

1.《白鹤梁题刻保护规划设计方案报告》符合文物保护原则，较为全面地考虑了白鹤梁题刻的本身保护和复制、展示，技术可行，经费相对合理，具可操作性，原则同意《报告》方案。

2. 涉及题刻的原地保护问题，规划就题刻的表面保护和岩体加固都提出了较为科学、系统的技术措施。专家组认为应尽快进行围堰设计和施工，并建议增加相应经费。在施工中要确保质量和文物安全，要进一步优化加固措施，同时应注意水下零散题刻的收集工作。

3. 涉及规划相关《水工模型实验研究报告》，其基础数据和模型可靠，主要结论基本可信。希望下一步应对水库进行淤积平衡后的水流、水位、泥沙淤积和河势变化等进行相应的研究工作，以确保题刻在三峡水库运行后的长期安全。

4. 关于题刻的复制应坚持原材料、原工艺、原形制的原则，做到整旧如旧，形神兼备。复制和陈列方案原则同意在《报告》方案一的基础上进一步修改。复建平台应退居堤顶堤线之后。陈列馆的馆址、造型、建材选用和辅助建筑要进一步优化设计。

5. 专家组认为白鹤梁水文题刻原地自然淤埋的保护方案仍不属理想方案。有专家在会上提出了修建新型水下博物馆进行原址保护的设想。评审组认为此新设想能够有效确保三峡水库运行后的题刻安全，也有利于今后相关研究、保护工作的开展，建议国家主管部门在加紧实施现有规划的同时，抓紧开展对此新设想的研究和论证工作。

2001年2月26日

六 《白鹤梁题刻原址水下保护工程可行性方案研究报告》专家组论证意见

2002 年 1 月 15 日 ~16 日，重庆市人民政府在北京市重庆饭店主持召开了《白鹤梁题刻原址水下保护工程可行性方案研究报告》(以下简称《可研方案报告》) 论证会。国家文物局、三峡建委办公室、三峡建委移民开发局、中国工程院、重庆市文物局、重庆市移民局、长江重庆航道局、涪陵区人民政府、上海交通大学、长江委设计院、中科院武汉岩土力学研究所、重庆西南水运科学研究所等有关方面的领导和代表参加了会议。来自全国的文物保护、建筑、水工、航运、科研、设计、施工等方面的院士和专家共 12 人组成了会议专家组 (名单附后)。专家组就《可研方案报告》进行了认真研究和广泛的讨论，形成论证意见如下：

一、白鹤梁题刻具有重要的科学、历史、艺术价值，其保护既是三峡工程文物保护的重中之重，也是国家文物保护的形象工程之一。根据三峡工程当前进展的情况，进行本项工程对白鹤梁题刻进行原址水下保护是十分必要的，也是非常紧迫的。

二、原则同意葛修润院士提出的对白鹤梁题刻以“无压容器”方式进行保护的方案构想和长江委设计院等三家设计单位提出的《可研方案报告》。

三、《可研方案报告》建立在多年来国家对白鹤梁题刻保护所做的调查、测绘、地勘、水工实验等工作的基础之上，充分吸取了原有保护规划工作的成果，“无压容器”方案构想具有创新精神，克服了有关保护方案的技术难点、提出的保护思路和初步方案符合国际、国内文化遗产保护原则。技术上是可行的，施工时间虽然紧迫，但完成本方案在时间上也是可能的。

四、该方案具有良好的社会效益，也具有一定的经济效益，对生态环境无不良影响。如果实施，可为其申报列入世界文化遗产名录创造条件。

五、建议

1. 在下阶段的设计中要充分吸收评审专家在会上提出的意见，研究各学科的成果，进一步优化方案，使之在安全、节约和现代化方面臻于完善。

2. 降低白鹤梁题刻水下保护工程的顶部高程，缩小其空间体积，以减少对航运、行洪的影响。

3. 请有关主管部门抓紧开展该方案的总体布置、建筑艺术、水工模型、泥沙试验研究工作，为下一阶段设计提供依据。

2002 年 1 月 16 日

重庆市《白鹤梁题刻原址水下保护工程可行性方案研究报告》论证会专家组名单

时间：2002年1月15日~16日

地点：北京市重庆饭店

姓　名	单位及职务
傅熹年	中国建筑设计研究院、工程院院士
吴良镛	清华大学、工程院院士
陈厚群	中国水利水电科学研究院、工程院院士
朱伯芳	中国水利水电科学研究院、工程院院士
叶可明	上海建工集团总公司、工程院院士
梁庆辰	交通部三峡办公室、工程院院士
荣天富	长江航道局教授级高工
谢辰生	国家文物局原顾问、教授
黄克忠	中国文物研究所研究员
周宝中	中国历史博物馆研究员
顾宝和	建设部综合勘察研究设计院、勘察大师
王士毅	长江航道局教授级高工

2002年1月16日

七　国家文物局关于对涪陵白鹤梁题刻原址水下保护工程可行性方案研究报告的意见函

文物保函[2002]141号

重庆市文物局：

你局《关于报请审批〈白鹤梁题刻原址水下保护工程可行性方案研究报告〉的请示》(渝文物[2002]4号)收悉。经研究，我局提出如下意见：

一、原则同意《涪陵白鹤梁题刻原址水下保护工程可行性方案研究报告》，可按报告中的第一方案，即钢筋混凝土水下保护体(低拱)，进行初步设计。

二、应在确保航道、行洪、长江堤防和白鹤梁题刻水下保护体安全的前提下，综合计算并考虑划定白鹤梁题刻保护范围。

三、地面陈列馆的设计应以满足功能为主，外观要与周围环境相协调，规模和体量不宜过大。

四、请你局组织有关单位尽快开展与白鹤梁题刻水下保护工程有关的航运、泥沙和水下观察等专题研究和相关试验，补充必要的地形测量、地质勘探等工作，为下一阶段的设计提供科学依据。

五、请你局按照我局文物保函[2001]553号的意见，抓紧组织有关单位实施白鹤梁题刻本体保护工程。

六、请你局根据上述意见，抓紧组织开展白鹤梁题刻原址水下保护工程方案设计工作，形成正式方案后，连同经费总预算，按程序报批。

国家文物局

二〇〇二年三月二十一日

八 涪陵白鹤梁题刻原址水下保护工程专题研究中间成果评审会纪要

2002 年 8 月 16 日 ~ 18 日，重庆峡江文物工程有限责任公司在武汉市主持召开了涪陵白鹤梁题刻原址水下保护工程三维非线性结构分析、水下交通廊道 (沉管方案)、参观廊道、水下照明及 CCD 遥控观测系统、循环水系统、安全监测和施工等七项专题研究中间成果评审会。重庆市文物局、重庆航道局、涪陵区文体局、涪陵区博物馆、重庆交通学院、长江水利委员会长江勘测规划设计研究院、上海交通大学、中国科学院武汉岩土力学研究所、铁道第四勘察设计院、武昌造船厂、华中科技大学和武汉大学等有关方面的领导和专家参加了会议。会议由水工、施工、结构、隧道、舰船、安全监测、建筑规划、给排水、电气、暖通、文物和堤防专家共 14 人组成专家组，对各专题承担单位提交的专题研究中间成果进行了认真深入的研讨和评审，形成评审会纪要如下：

一、根据葛修润院士“无压容器”方案构想，对具有重要的科学、历史和艺术价值的白鹤梁题刻进行原址水下保护的可行性方案已得到主管部门审批。因工程技术复杂，施工难度大，时间又十分紧迫，对所涉及的关键技术问题进行专题研究十分必要，对工程设计和实施具有重要意义。

二、长江水利委员会长江勘测规划设计研究院、上海交通大学、中国科学院武汉岩土力学研究所、铁道第四勘察设计院和武昌造船厂等专题承担单位，本着对业主和工程高度负责的精神，在较短时间内完成大量的工作，对各专题进行了较为深入的研究论证，所提出的专题研究中间成果为设计方案的完善和优化提供了科学依据。

三、关于总体设计

1. 同意交通廊道采用双向分廊、水下保护体采用拱顶 143.0 米高程方案作为推荐方案。

2. 鉴于该工程的重要性及复杂性，设计中应采取措施，提高建筑结构及设备的安全度、耐久性，确保工程质量。

3. 地面陈列馆将成为涪陵城区标志性建筑，建筑方案建议考虑进行方案征集。

4. 水下保护体应考虑低水位检修及维护吊装等问题。

5. 设计应注意斜坡式交通廊道与涪陵长江防护大堤的结合。在满足大堤安全的前提下，尽量减少突出堤外的廊道高度。

6. 建议水平交通廊道自动扶梯留待以后安装。

7. 暖通空调系统非常重要，设计中应注意参观廊道、交通廊道内侧壁面结露问题，建议结合壁面装饰、吸声减噪等增设防潮措施处理。建议夏天用空调降温去湿，冬天采用新风流经廊道热交换取暖。

四、关于三维非线性结构分析专题

1. 计算模型、计算工况及分析结果基本合理。

2. 对壳体结构进一步优化以改善应力分布是必要的，建议开展进一步的应力状态和稳定性分析计算，供设计参考。

3. 补充维护工况的三维有限元分析计算，即在145水位时，水下保护体内空作为检修工况进行分析。

4. 补充特殊情况下(如意外撞击)的三维有限元分析计算。

五、关于水下交通廊道(沉管方案)专题

1. 采用沉管法修建交通廊道在技术上是可行的，且有一定优势。

2. 同意采用分建管廊方案，以利安全。

3. 根据本工程的实际情况，采用单层钢壳沉管是合适的。

4. 需进一步优化的问题：

①管廊纵断面设计中，管顶标高尽可能往上抬。

②基槽开挖边坡坡率可适当提高。

③施工组织设计应尽可能平行作业，钢壳制作可适当提前。

5. 需进一步落实的问题：

①河工模型试验关于管顶标高的验证意见。

②施工期隧址水域的流速(枯水期)。

③钢壳制作地点，应优先选择离隧址最近的地点。

6. 沉管与参观廊道的连接点应加强总体协调。

六、关于参观廊道专题

1. 参观廊道的总体设计及结构设计是合理可行的，以目前国内的施工工艺可以满足设计要求。

2. 采用有机玻璃观察窗设计方案是合理可行的，为了维修方便建议对其直径进一步论证比较。

3. 为了提高参观人员观赏的舒适度，建议参观廊道适度加宽。

4. 注意参观廊道与交通廊道接口的协调。

5. 参观廊道的通风、照明、疏排水、消防与交通廊道应统一考虑，便于维修保养。

6. 观察窗应能在低水位时水中更换。补充研究在枯水期时水下保护体内抽水，使观察窗座露出水面便于更换的可能。

7. 水下保护体顶部应设维修、保养的吊运装置。

8. 由于参观廊道和导墙是对应布置的，间隙较小，在参观廊道分段安装对接时，必须在导墙上预留1.2米×1.2米的位置，便于施工人员对接头进行焊接和密性试验，此问题应由相关课题组进行充分协调。

七、关于水下照明及CCD遥控观测系统专题

1. 水下照明的研究方向是正确的，光纤照明方案可行，但实际应用经验较少，应加强研究和试验。照明光源的布置应考虑到题刻为斜面的影响，以保证照明的均匀度。

2. 除光纤照明方案外，应增加场致发光的研究，以便进行照明方案的比较。

3. 照明试验应引一组光源作为试验样本，水质及观察孔要尽量符合以后实际情况，以便与实际应用情况更吻合。

4. 应增加照明计算内容，以简化对试验的要求和互相印证。

5. CCD 遥控观测系统可按不同功能形成多套方案以便业主选择，对重点文物及观测死角应采用特殊观测措施。

八、关于循环水系统专题

专家认为循环水系统对保证本工程中“无压容器”概念至关重要，与会专家充分肯定了廊道方案的设想。但以下几点应作进一步研究：

1. 专用过滤器及一体化净水器是保证循环水系统水质的关键设备，研究工作应更细化。

2. 水泵设备选型应经精确计算。

3. 循环水管顶部漏斗应确保在最高水位以上。

4. 合理布置管道，尽量避免水流短路。

5. 系统内压力分布和阻力计算应细化。

6. 非常事故以后壳体内浊度处理，应采取一定的工程措施。

7. 循环水系统压力控制方面应作进一步研究。

8. 应考虑紧急平衡压力措施。

九、关于安全监测专题

1. 安全监测系统应目的明确，突出重点，鉴于安全监测概算偏高，故“工程安全决策支持系统”只作为专题研究阶段的理论研究内容，不列入安全监测概算。

2. 监测仪器应在原设计的基础上尽量优化。

十、关于施工专题

基本同意专题报告中推荐的施工方案及施工方法，建议对下面几个方面进行优化：

1. 施工进度安排中，沉管安装提前一个枯水期，且基础处理及沉管安装在一个枯水期内。

2. 水下导墙段浇筑设施工缝，中间分段长度 30~40 米，混凝土浇筑水平上升，施工缝可为宽缝，下一枯水期回填微膨胀混凝土，或等前一段混凝土完成温度变形后再浇筑下一段混凝土。

3. 混凝土原材料及配合比

骨料：建议采用较纯灰岩骨料，以降低混凝土线膨胀系数，提高混凝土拉压比。

水泥：建议选用三峡工程正在使用的中热 525# 水泥，可掺 15% ~20% I 级粉煤灰。

混凝土配合比设计时，应尽量提高混凝土抗冻性、抗裂性及耐久性，并尽快开展混凝土配合比试验研究。

4. 施工时施工单位资质应为水电工程施工单位，文明施工，施工期间文物表面应覆盖保护，对施工各阶段均应提出文物保护要求。

5. 水下交通廊道沉管与干地浇筑两方案相比费用相差较大，建议补充小围堰有关工作。

十一、关于下一步工作

1. 各专题应按评审意见对中间成果进行补充和修改，使最终提出的专题研究报告尽量完善。

2. 因工期较紧，各有关单位应尽快完成专题研究工作，以确保有足够的设计周期开展初步设计。

3. 请业主抓紧协调其他专题研究工作，并尽快提供设计所必需的基础资料，如游客人数预测、城市规划要求、堤防工程资料等。希望通过各方努力，为工程年内动工创造条件。

2002 年 8 月 18 日

涪陵白鹤梁题刻原址水下保护工程专题研究中间成果评审会专家组名单

序号	姓 名	单 位 名 称	职务、职称
1	谭靖夷	水电八局	工程院院士
2	葛修润	上海交大、中科院武汉岩土所	工程院院士
3	文伏波	长江委	工程院院士
4	吴 维	铁四院	教授级高工
5	华菊平	武昌造船厂	高工
6	瞿伟廉	武汉理工大学	教授、博导
7	王友明	武汉建筑设计院	教授级高工
8	刘明祯	武汉建筑设计院	教授级高工
9	刘景禧	长江委	教授级高工
10	易卜吉	长江委	教授级高工
11	金 峰	长江委	教授级高工
12	吴云翔	长江委	教授级高工
13	刘豫川	重庆市博物馆	研究员
14	邓文君	涪陵长防堤工程处	高工

时间：2002年8月18日

九　涪陵白鹤梁题刻原址水下保护工程初步设计评审会议纪要

2002年10月23~24日，重庆市文物局在北京主持召开了涪陵白鹤梁主题刻原址水下保护工程初步设计评审会。国务院三峡工程建设委员会办公室、国家文物局、重庆市人民政府、重庆市移民局、长江重庆航道局、重庆海事局、重庆市涪陵区政府、重庆峡江文物工程有限责任公司、上海交通大学、长江水利委员会勘测设计研究院、中国科学院武汉岩土力学研究所、武昌造船厂、铁道第四勘察设计院、重庆西南水运科学研究所等有关方面领导和代表参加了会议。会议由来自全国的水工、施工、结构、建筑、航运、文物保护、给排水和电气专家共16人组成专家组（专家名单附后），对设计单位提交的初步设计报告以及作为初设成果附件的各专题承担单位提出的专题研究成果进行了认真深入的研讨和评审，形成了评审会议纪要如下：

一、在葛修润院士“无压容器”方案构想基础上完成的《白鹤梁题刻原址水下保护工程可行性方案研究报告》已得到国家文物局审批，根据审批意见和专家意见，重庆市文物局组织有关单位开展了水工模型试验、航道、循环水、施工、水下照明、水下参观廊道等十一个专题研究及初步设计工作，提出了《涪陵白鹤梁题刻原址水下保护工程初步设计报告》，完成了大量工作，取得较为丰富的成果，为工程的实施提供了坚实的基础。

二、各专题研究报告对所涉及的关键技术问题进行了深入的研究论证，认真落实专题研究中间成果评审意见，提出了合理可行的解决方案和有效措施，为初步设计方案的比选和完善提供了科学依据。

三、同意初步设计报告的主要结论与建议，主要意见如下：

1. 初设报告内容全面，依据可靠，采用标准适当，其深度满足国家有关文件规定，工程规模和功能符合可研报告审批意见的要求。

2. 同意初设报告提出的总体布置方案，交通廊道采用双向分廊现浇方案。

3. 水下保护工程结构布置及设计基本合理可行，结构分析内容全面，结论可靠。为保证保护体安全，上游端部的形状应结合河势和水流条件进行优化，做成鱼嘴型式，增加分流、分沙和防撞功能；鱼嘴部分可与水下保护主体分开，本身具有防撞能力，且与保护体主体间留有间隙，其中可填加弹性耐久性物质，以保护主体部分。主体边顶改尖角为光滑曲线或作成斜坡形，以防船舶搁置顶拱上，顶拱可向外江侧倾斜以减少淤积。

4. 混凝土结构的防裂、防漏及耐久性设计措施尚可进一步优化，适当加强。

5. 水下参观廊道的总体设计合理可行，建议下阶段对观察窗的尺寸和材料进一步优化。

6. 无压容器的循环水系统设计思路正确，方案可行，作了较多的实验研究工作。建议下一阶段设计中考虑适当提高循环水的浑浊度标准；设备及管路系统需留有余地，以适应特殊水质变化的需要；进一步优化循环水管路系统，确保循环水布水的均匀性；水的浊度、照明与观察窗的透视度三者关系国内尚无具体数据，应做进一步研究论证；应在“专用过滤器”等重要部位增设水质监测设备。

7. 水下照明采用光纤照明方案可行。建议在施工图设计时增加第三电源，确保人员及建筑物安全。供电电缆采用清洁、防火电缆；光源发生器布置位置应进一步论证；水下建筑物内宜就地设置安全监控、联锁控制及诱导疏散的控制设备，确保在第一时间内及时解决非常状况下的问题。

8. 空调及通风设计合理可行，下阶段应对通风系统进一步优化。

9. 同意安全监测系统设计方案及功能构成，在下阶段宜进一步对仪器布置进行优化，保证监测设施的长期可靠运行，并增加水质对题刻影响方面的监测项目。

10. 为进一步减小工程对航运的影响并增加工程安全度，同意实施局部炸礁方案，应对航道整治措施进一步细化。

11. 同意推荐的施工总体安排和主要施工方案（小围堰方案），水下保护体导墙采用水下浇筑混凝土。建议对横向围堰亦采用混凝土围堰形式进行技术经济比较，并对混凝土配比、施工分缝、温控措施等进一步优化和深化。

12. 涉及文物本体保护的施工措施和技术措施还要进一步深化，应努力通过技术保障减少环境对文物的不利影响，今后常年所需的文物维护措施应方便可行。

13. 地面陈列馆规划及建筑设计应体现特定的文化内涵，结合堤防采用低矮的建筑体量，形式简朴，注重环境景观设计，并留有发展余地。地面陈列馆建筑方案应进行方案征集。

四、建议重庆市及有关部门尽快完成该项目报批程序，以使本项目尽时实施。

2002 年 10 月 24 日

涪陵白鹤梁题刻水下保护工程初步设计方案评审会专家名单

地址：北京国谊宾馆　　　　　　　　　　　　　　日期：2002 年 10 月 23~24 日

序号	姓 名	单 位 名 称	职务、职称
1	王三一	国电公司中南勘测设计研究院原院总工	工程院院士
2	陈肇元	清华大学、中国土木工程学会副理事长	工程院院士
3	马洪琪	云南澜沧江水电开发有限公司总工程师	工程院院士
4	叶可明	上海建工集团顾问总工	工程院院士
5	吴良镛	清华大学	中国科学院、工程院院士
6	傅熹年	中国建筑设计研究院	工程院院士
7	周干峙	建设部原副部长	中国科学院、工程院院士
8	梁应辰	交通部三峡办	工程院院士
9	黄克忠	中国文物研究所	研究员
10	谢辰生	国家文物局原顾问	研究员
11	王士毅	长江重庆航道工程局原总工	教授级高工
12	刘豫川	重庆市博物馆馆长	研究员
13	荣天富	交通部长江航道局总工	教授级高工
14	傅文华	中国建筑设计研究院顾问总工	教授级高工
15	孙成群	中国建筑设计研究院六所副总工	教授级高工
16	冉毅泉	重庆长江轮船总公司	总船长

一〇　重庆长江港航监督局关于印发《〈重庆市涪陵白鹤梁题刻原址水下保护工程通航环境安全评估研究报告〉专家组审查意见》的通知

渝长督通[2002]214号

重庆峡江文物工程有限责任公司：

现将《〈重庆市涪陵白鹤梁题刻原址水下保护工程通航环境安全评估研究报告〉专家组审查意见》印发给你们。请按专家组的意见和建议，采取相应的有效措施，以保障工程建设中、建成后通航的安全和工程顺利实施。

附件：《〈重庆市涪陵白鹤梁题刻原址水下保护工程通航环境安全评估研究报告〉专家组审查意见》

重庆长江港航监督局

二〇〇二年十月八日

一一　国家文物局关于白鹤梁题刻水下保护工程初步设计方案的批复

文物保函 [2003]28 号

重庆市文物局：

你局《关于上报白鹤梁题刻原址水下保护工程初步设计方案及概算经费的请示》(渝文物 [2002]74 号）收悉，经研究，我局批复如下：

一、原则同意《白鹤梁题刻原址水下保护工程初步设计报告》和初步设计补充说明的内容。白鹤梁题刻原址水下保护工程可在修订后的方案一的基础上进行施工图设计，总体布置要达到水下保护体拱顶高程 143 米、平面形状为四段不同半径圆弧相切组合的流线弧形、交通廊道采用双向分廊现浇方案等方面的要求。

二、水下保护体防撞设施、通风系统、安全监测系统等设计和航道整治措施应在施工图设计中进一步细化。

三、同意推荐的施工总体安排和小围堰施工方案，水下保护体导墙采用水下浇筑混凝土。

四、白鹤梁题刻本体保护和地面陈列馆建设，应符合我局文物保函［2001］1553 号和文物保函 [2002]141 号文件， 以及 2002 年 10 月初步设计专家评审意见的有关精神。

五、白鹤梁题刻原址水下保护工程施工图设计由你局审批。

六、请你局负责组织该工程的施工建设，应在切实保证工程质量和确保文物本体安全的基础上，抓紧时间开展工作。请及时将工程进展情况报我局。

七、白鹤梁题刻原址水下保护工程所需经费，请你局按规定程序申请。

此复

国家文物局

二〇〇三年一月八日

一二　关于涪陵白鹤梁题刻原址水下保护工程投资概算的批复

国三峡委发办字[2004]11 号

重庆市人民政府：

你市《关于报请审批白鹤梁题刻原址水下保护工程初步设计概算的函》（渝府函［2003］20 号）收悉。经委托中国国际工程咨询公司审核，现批复如下：

一、同意中国国际工程咨询公司的评审意见，核定白鹤梁题刻原址水下保护工程投资概算为 12323.24 万元（该项目概算投资评审的价格基期是 2003 年第 3 季度），由你市负责包干实施，其中项目投资 12141.71 万元，市级管理费 181.53 万元。

二、白鹤梁题刻保护意义深远，极具影响。请你们认真贯彻国务院三峡工程建设委员会《关于三峡工程淹没区及移民迁建区文物保护总经费及切块包干测算报告的批复》（国三峡委发办字［2003］6 号）精神，督促有关部门和项目建设单位，严格执行移民工程建设资金和项目管理有关规定，加强项目建设管理，坚持投资与任务的“双包干”原则，统筹使用好核定的包干总投资，圆满完成白鹤梁题刻保护任务。

特此批复。

附件：中国国际工程咨询公司关于白鹤梁题刻原址水下保护

工程初步设计概算的评审报告（咨农水［2004］88 号）

国务院三峡工程建设委员会

二〇〇四年三月十九日

一三　白鹤梁题刻原址水下保护工程 B 段施工组织设计方案调整论证及协调会会议纪要

2004 年 6 月 19 日至 6 月 21 日，重庆峡江文物工程有限责任公司在重庆市组织召开了白鹤梁题刻原址水下保护工程 B 段施工组织设计方案调整论证及协调会。会议由葛修润院士、徐麟祥总工主持。参加本次会议的单位有：重庆市政府办公厅、重庆市文化局、重庆市移民局、重庆海事局、涪陵区政府、涪陵区文体局、重庆峡江文物工程有限责任公司、长江水利委员长江勘测规划设计研究院、长江水利委员会监理中心、中国船舶重工集团七一九所、南京春辉科技实业有限公司、上海交大海科集团有限公司、中铁大桥局集团有限公司（参加会议人员名单附后）。

会议首先由中铁大桥局集团代表对白鹤梁题刻原址水下保护工程 B 段工程的调整施工组织设计进行了具体介绍。由于三峡工程坝前▽ 156 米蓄水可能提前至 2006 年汛后，客观上减少了白鹤梁水下保护工程的施工期，使整个工程必须在 2006 年汛期前完成水下部分施工，造成施工与协调的难度增加和投入加大。

与会专家对中铁大桥局集团公司拟定的调整方案进行了认真的论证。专家们一致认为该调整方案是积极的，基本可行，在各参建单位齐心协力和通力合作下，在各级行政主管部门的大力支持下，工程是可以如期完成的。

与会专家对调整方案提出以下意见：

1. 围堰施工必须达到设计挡水标准，为交通廊道达到干地施工创造条件，确保交通廊道工程质量并如期完成。

2. 为了确保交通廊道处于干地施工，沿长防堤一侧增加一道防渗墙。

3. 在本施工组织设计调整方案的基础上，施工单位应制定保障措施，确保调整方案的顺利实施。同时也应制订预备方案，以应对可能出现的非常情况。

4. 业主尽快协调解决施工用电、场地及生活用水等问题，为工程施工提供必要条件。

5. 本工程是一个系统工程，涉及多家单位，需要协调的工作很多，各专用设备的制造安装必须与主体施工密切衔接。建议业主方每周召开一次工程协调会议。

6. 对参观廊道（含设备廊道）的设计需要进一步深化。参观廊道是本调整方案能否成功实施的关键，设备制造的可能工期只有 6 个月时间，所以参观廊道和循环水系统必须在 7 月下旬落实制作安装单位。

7. 同意水平交通廊道的碎砂石垫层改为混凝土垫层。

8. 穹顶安装后，通风、供电系统未正式安装前，为确保施工安全，施工总承包单位需增加临时、通风、供电、抽水设施。

9. 施工单位应在此调整方案的基础上，补充制定材料、设备运输方案，并结合各专业设备制作、安装单位编制出深化、详细的总体方案报送监理、业主单位审批。

10. 为了确保文物安全，施工中应采取一定措施，严格控制水下保护体外江侧与体内水位差不高过 2 米。

11. 考虑到需利用陈列馆场地作为 B 标施工用地，同意陈列馆在工程后期建设。

与会专家和参建单位一致认为该工程的工期十分紧迫和严峻。施工单位必须进一步加强管理，加大人力、物力和机械设备的投入，做到专款专用，严格控制每道工序完成的时间，才能确保本施工方案的完成。本工程得到了地方政府的重视和支持，希望在后续施工中继续予以大力支持。

附表 1：论证会专家组名单

附表 2：参会人员名单

2004 年 6 月 21 日

白鹤梁题刻水下保护工程B段施工组织设计方案调整论证会专家组名单

	姓 名	单 位	职务职称
专家组组长	葛修润	上海交大	中国工程院院士
	徐麟祥	长江委勘测规划设计院	总 工
专家	杨光煦	长江委勘测规划设计院	副院长
	吴建军	长江委勘测规划设计院	副处长
	姚勇强	长江委勘测规划设计院	高 工
	章荣发	长江委勘测规划设计院	高 工
	朱庆福	长江委监理中心	总 监
	刘海林	长江委监理中心	高 工
	邢洁本	中国船舶重工集团七一九所	研究员
	刘忠铭	中国船舶重工集团七一九所	高 工
	殷志东	南京春辉科技实业有限公司	副所长、高工
	陈 强	南京春辉科技实业有限公司	高 工
	谢长江	上海交大海科集团有限公司	所 长
	任旭初	中铁大桥局集团有限公司	教授级高工
	陈开玉	中铁大桥局集团有限公司	教授级高工
	杨齐海	中铁大桥局集团有限公司	高 工
	朱光霁	中铁大桥局集团有限公司	高 工
	陈祖林	重庆峡江公司	总经理
	殷礼建	重庆峡江公司	总 工
	申正金	重庆峡江公司	工程部主任、高工

白鹤梁题刻水下保护工程 B 段施工组织设计方案调整论证及协调会参会人员名单

序号	姓名	单　位	职务、职称
1	葛修润	上海交大	中国工程院院士
2	王声斌	重庆市政府七处	处　长
3	钟杰英	重庆市移民局	规划处长
4	王川平	重庆市文化局	副局长
5	鞠　飞	涪陵区政府	副区长
6	邵卫东	重庆市文化局三峡办	主　任
7	袁　泉	市文化局三峡办地面项目室	主　任
8	唐　军	重庆市文化局三峡办	
9	吴盛成	涪陵区文体局	副局长
10	沈　建	重庆海事局	处长助理
11	徐麟祥	长江委勘测规划设计院	总　工
12	杨光煦	长江委勘测规划设计院	副院长
13	吴建军	长江委勘测规划设计院	副处长
14	姚勇强	长江委勘测规划设计院	高　工
15	章荣发	长江委勘测规划设计院	高　工
16	朱庆福	长江委监理中心	总　监
17	刘海林	长江委监理中心	高　工
18	邢洁本	中国船舶重工集团七一九所	研究员
19	刘忠铭	中国船舶重工集团七一九所	高　工
20	谢长江	上海交大海科集团有限公司	研究员
21	陈　强	京春辉科技实业有限公司	高　工
22	殷志东	南京春辉科技实业有限公司	副所长、高工
23	任旭初	中铁大桥局集团有限公司	教授级高工
24	陈开玉	中铁大桥局集团有限公司	教授级高工
25	杨齐海	中铁大桥局集团有限公司	高　工
26	雷治强	中铁大桥局集团有限公司	付总经理
27	朱光霁	中铁大桥局集团有限公司	高　工
28	刘　胜	中铁大桥局集团有限公司	副总工
29	陈一兵	中铁大桥局集团有限公司	项目经理
30	张卓伟	中铁大桥局集团有限公司	项目总工

31	王会刚	中铁大桥局集团有限公司	工程师
32	吕家瑞	中铁大桥局集团有限公司	重庆地区指挥长
33	冯广胜	中铁大桥局集团有限公司	总　工
34	朱云翔	中铁大桥局集团有限公司	指挥长
35	武　斌	中铁大桥局集团有限公司	经营部长
36	李德坤	中铁大桥局集团有限公司	高　工
37	周庆化	中铁大桥局集团有限公司	项目副经理
38	李跃斌	中铁大桥局集团有限公司	项目工程部部长
39	邱　勇	中铁大桥局集团有限公司	工程师
40	陈祖林	重庆峡江公司	总经理
41	殷礼建	重庆峡江公司	总　工
42	申正金	重庆峡江公司	工程部主任、高工
43	杨泽献	重庆峡江公司	高　工
44	陈　涛	重庆峡江公司	总经理助理

一四　葛修润院士的《紧急建议》

为确保白鹤梁水下保护体主体工程能在今、明两个枯水季内胜利完工，必须坚决取消原设计的“设备廊道”并改用其他先进的水下照明技术取代原设计的光纤导光照明方案的紧急建议。

一、当前的严峻形势

国家有增发电量的急需，三峡水电站将在2006年下半年较原计划提前一年蓄水到坝前的▽145米水位。

“后门”已经关死。水下的全部土木工程和主要的金属结构的制造、吊运、水下焊接和安装都必须在2006年4月的枯水季节结束之时全部完工。大家都意识到，我们已经到了“背水一战”的紧急关头。工程量大，施工难度大，局势十分严峻。毫不讳言，如工作安排上稍有不当、或有疏漏、或技术上考虑不周，整个工程面临有失败的危险。

我们肩负着国家的重托，要上对得起祖宗，下对得起子孙，一定不能容许水下保护工程施工失败的发生，一定要胜利完成白鹤梁古水文站原址水下保护工程，为国争光。为此除了十分细致做好施工方案的调整，在枯水季节到来之前，研究清楚施工过程中可能出现的技术难点和找出相应的对策外，还应从对国家负责的角度十分谨慎地对目前水下工程在保证功能不变的条件下对方案作出合理的改进。本紧急建议就是从这个原则出发。建议人认为，取消“设备廊道”和变更光照技术方案和相应的设计将是一个重大的战略决策，它将极大地简化水下保护壳体内的结构施工和安装，从而在很大程度上缓解水下保护体总体工程施工和安装的难度，为确保在两个枯水季节内胜利完成任务创造良好条件。

二、取消“设备廊道”和变更光照方案是缓解施工难度，保证胜利完成水下保护体施工的重大战略性措施

白鹤梁古水文站水下保护工程的主体是由水下导墙、斜坡和水平交通廊道、参观廊道和穹顶等组成的一个水下工程。参观者通过参观廊道观察水中的白鹤梁题刻。水下照明工程按现设计有160只左右(这数字可能会有出入，依设计为准)水中光导纤维束灯具，在水中布成一个照光比较均匀的水下照明系统。即使这样，为了看清题刻和每个字还必须依靠先进的具有内置云台和可变焦的水下摄像仪来解决。

在水中采用光纤导光的优点：是安全、耐用和新颖性，但光纤导光灯也带来如下不利之处。1.功耗大、

效率低，总功率达20~30千瓦。2. 在廊道内发热量大。3. 在廊道内噪声大。4. 每一束光纤灯都必须“度身定制”，很难变动位置。变动长度和改变弯曲度等都会引起光的传输串和光照度的变化。5. 安装工程量大。6. 安装完毕后， 如果发现照度不够。基伞无法再增加光照量，而目前光照度是否够还需经实践验证。7. 为了前述1~3点专门设计了一个廊道，这就是所谓的“设备廊道”。将160束光纤灯和28台摄像仪的188只的接口单独放在这个设备廊道内。实际上摄像仪的穿舱电缆直径仅20毫米左右，远比光纤灯的穿舱部件要小得多。为了设计的方便用统一的水下密封穿舱件，在钢板上穿孔直径为140毫米，外接法兰盘直径为300毫米。这个“设备廊道”全长约45米，直径约2米，重量约40余吨，安排有前述的188只水下密封穿舱件。廊道内设专门的通风降温装置和工作人员进出专用车。可以这么说：这个“设备廊道”并不是我们水下保护工程的需要，而纯粹是为了光纤照明而专门设计的。这个廊道整体是挂在水下保护体的穹顶下，大大增加了水下保护体内空间的拥挤度。大家可以设想一下，当穹顶还没有安装时“设备廊道”将由起重机分节吊入导墙内并必须临时储存，然后将在保护体内焊成整体。但导墙内除文物外，仅存“参观廊道”安装固定的位置，确还没有从图纸上看到“设备廊道”临时储存的位置，拼装的位置和方法。封顶后整条管道还要整体悬挂在穹顶上，此时已不可能利用外面吊机。这样大的管道即使利用水浮力抬升也一定还需要许多辅助起重设备，工作是相当困难的。要在一个枯水季内吊运和安装一条参观廊道已经显得时间十分紧张，如果要吊装两条管道并进行焊接和安装，而且封顶后还要将“设备廊道”固定在穹顶上，难度实在太大，时间上也不太可能。有鉴于此，为了将白鹤梁水下施工难度降到最低，确保主体工程能胜利完成，取消“设备廊道”是一项关键性的战略决策，是明智之举。

三、采用直流24伏水下灯具的照明方案完全可以替代光纤灯方案，且优越性更大，更先进

1. 水下直流24伏灯具的安全性完全符合国际标准。

2. 密封灯具可用在深水中，在水中50~100米绝无问题。

3. 与光纤照明相比可大量节能。

4. 基本上无噪声，散热问题不严重。

5. 一根电缆直径很细，水下密封穿舱件尺寸可大为缩小。

6. 电缆长度变化和弯曲不影响光照，可任意变动，安装方便。

7. 灯头目前可采用卤素灯，这是十分成熟的技术。缺点是寿命较短。也可采用21世纪最新光源技术——“光蕊”，即半导体照明技术代替卤素灯，这样的“灯具”的耗电仅为常规的照明灯具电量的1/10，寿命为它们的一百倍。这将是国际上21世纪最先进的光照技术。

8. 可以设想如用160只上述灯具，仍采用光纤灯布局方式，只要每只灯具的光量和光散射角与光纤灯相类似，那么总体效果也将是相当的。

9. “光蕊”技术已有成熟的原器件供应，国家已在50项新工程上推广。如来得及，我们将直接采用半导体光蕊灯。也可两步走，先用卤素灯，将来再改用光蕊。因为有水下更换技术，更换不存在困难。

10. 电缆布局十分方便，不会影响文物。

11. 整个系统的安装时间较短，估计只需一个月的安装时间。

四、采用新的光照系统后取消“设备廊道”是顺理成章之事

现在参观廊道的设计是安排了34只观察窗。我个人认为数量过多，似无必要。也听到过不少同志

有类似的意见。

由于水下保护体体积狭小，不宜容纳太多人同时在水下参观。我认为大概有 24 个观察窗户足可以接纳一个 20~25 人的团队。这样就可以空出十扇窗的位置，约为 12~14 米左右参观廊道的长度，利用它们安排光照系统的接口和遥控摄像仪的接口是完全足够的。

建议预留 40 只摄像仪接口和 40 只光照系统的接口，每只光照系统接口在水中可挂接 8 只灯。

建议重新设计水下密封穿舱件，使其更为小型化，钢板上穿孔直径完全可以控制在不大于 100 毫米。这样在约 12 米的舱体上安放 80 只水下密封穿舱件是完全没有困难的。利用这些穿舱件可以挂接 40 只摄像仪和 320 只灯具，大大超过原定的 160 只灯具和 28 只的摄像仪。其光照度等较原设计大为增加。

参观廊道由两种舱体标准的环节组成，一种是安放观察窗的，另一种安放光照和摄像仪设备接口的，安装设备的舱可以设一与走道平并与走道分隔的门，此门还可作为悬挂液晶显示屏的位置。这方面的改变不会引起参观廊道设计的很大改动。

五、改变光照系统的好处十分明

最最主要的好处是减少了水下工程中的一条 45 米长，直径 2 米的金属管道的加工和水下施工中的吊装、焊接和定位工作，使枯水季节中要完成的水下施工和安装的工程量大幅度减少。这为及时完成水下工程主体工程将创造十分有利条件，成功把握性增大，失败的风险大幅度减小。同时，经济上也带来很大的节约：

1. 减少了 40 多吨没备廊道的加工费用。
2. 减少了 20 只窗框及特制玻璃的加工费用。
3. 照明系统方大概也可以节省费用 200 万左右。
4. 节省水下施工费用。

六、当机立断，及早决策，使白鹤梁原址水下保护工程的施工得以顺利完成

上述紧急建议是经过近一个多月的反复思考并且对许多技术问题进行实地考察后作出的。

现在参观廊道和“设备廊道”正在招标过程中。机不可失，时不再来。希望各级领导及早决策，取消“设备廊道”，改用新型的水下照明技术以缓解两个枯水期内完成全部水下施工任务中存在的危急之情，以期白鹤梁古水文石刻原址水下保护工程得以如期胜利完成。

中国工程院院士
白鹤梁工程业主单位顾问
白鹤梁工程设计总成单位顾问
上海交通大学岩土力学与工程研究所所长，教授
中国科学院武汉岩土力学研究所研究员
中国岩土工程研究中心技术委会员主任 葛修润
2004 年 7 月 3 日　深夜　于上海

一五　重庆市文化局三峡文物保护工作领导小组文件会议纪要

文物保函 [2004]21 号

2004 年 7 月 7 日，由重庆市文化局三峡办主持召开了关于葛修润院士《取消白鹤梁题刻原址水下保护工程设备廊道和变更光照方案的紧急建议》讨论会。参加会议的有重庆市文化局副局长王川平，三峡办副主任邵卫东，地面项目室袁泉、唐军，工程业主单位重庆峡江文物工程有限责任公司殷礼建、陈涛。会议认真细致地研究了葛修润院士的紧急建议，一致决定：

一、同意葛修润院士建议的主要内容，由三峡办和峡江公司前往武汉，与葛修润院士一道就设计修改问题与设计单位研究落实；

二、按程序对施工作计划作出相应调整；

三、一切工作从速进行，对设计单位可适当支付修改设计费用，对前期照明、摄像等设备购置合同做相应调整，对造成的相关单位损失予以适当补偿；

四、关于白鹤梁原址水下保护工程主材问题，请峡江公司专题报三峡办审批。

2004 年 7 月 7 日

一六　重庆涪陵白鹤梁题刻原址水下保护工程建设施工中工程项目变更设计评审会议纪要

2005年12月25日，重庆市文物局在北京重庆饭店主持召开了重庆涪陵白鹤梁题刻原址水下保护工程施工中项目变更设计评审会。国务院三峡建委办公室、国家文物局、重庆市人民政府、重庆市文物局、重庆市移民局、涪陵区人民政府、重庆峡江文物工程有限责任公司、长江勘测规划设计研究院、中国船舶重工集团第七一九研究所、长江委建设工程监理中心等有关方面领导和代表参加了会议。会议由来自全国的水工、施工、结构、建筑、船舶、电气、文物保护专家组成的专家组（专家名单附后），对该工程项目的变更设计进行了认真深入的研讨和评审，形成了评审会议纪要如下：

一、为适应三峡大坝提前蓄水至156米的要求，该工程施工周期由原计划三个枯水期缩短为两个枯水期，为此在施工过程中对一些必要的项目变更了设计，这些变更是合理的，必要的，行之有效的。

二、同意《涪陵白鹤梁题刻原址水下保护工程变更设计报告》，主要意见如下：

1. 该报告依据可靠，采用标准适当，其深度满足国家有关文件规定，工程规模和功能符合初设报告审批意见和要求。

2. 同意交通廊道垫层和覆盖变更为混凝土。

3. 同意坡形交通廊道基础变更为钻孔灌注桩加承台。

4. 同意参观廊道及水下照明系统的变更设计。该变更设计充分考虑了参观廊道的使用功能、特殊性、安全保护措施及工期紧张等因素，采用了国际最新的照明技术。在实验、生产和安装过程中，应符合相关标准、规范。

三、建议

1. 进一步研究交通廊道上游侧防撞问题，采取相应措施。

2. 进一步加强对结构变形、渗漏等的监测，确保工程安全。

二〇〇五年十二月二十五日

重庆涪陵白鹤梁题刻原址水下保护工程
建设施工中工程项目变更设计评审会
专家签到单

姓 名	单 位	职称、职务
叶可明	上海建工集团	工程院院士
周干峙	建筑部	工程院院士
梁应辰	交通部	工程院院士
葛修润	上海交大	工程院院士
谢辰生	国家文物局	研究员
刘豫川	重庆博物馆	研究员
古 林	中煤国防集团重庆设计研究院	教授级高工
李维嘉	华中科技大学	教授
杨光煦	长江勘测规划设计设计研究院	教授级高工

2005 年 12 月 24 日

一七　国家文物局关于白鹤梁题刻原址水下保护工程建设施工中有关项目变更设计的批复

文物保函[2006]121号

重庆市文物局：

你局《关于对白鹤梁题刻原址水下保护工程建设施工中有关项目变更设计予以审批的紧急请示》（渝文物[2005]37号）收悉。经研究，我局批复如下：

一、原则同意你局所报涪陵白鹤梁题刻原址水下保护工程建设施工中有关项目变更设计的方案。

二、请你局加强对该工程的监督管理，组织专业单位进一步研究交通廊道上游侧防撞问题，加强对结构变形、渗漏等监测，确保工程质量和文物、人员安全。

国家文物局

二〇〇六年一月十七日

一八　重庆涪陵白鹤梁题刻原址水下保护工程综合验收预备会议专家咨询意见

2011年5月22日，国家文物局在涪陵白鹤梁水下博物馆组织召开了白鹤梁题刻原址水下保护工程综合验收预备咨询会。参加会议的单位有国务院三峡工程建设委员会办公室、重庆市文物局、重庆市文广局三峡文物保护领导小组、重庆市移民局、涪陵区政府、涪陵区文广新局、涪陵区质监站等相关部门，参加综合验收会议的还有葛修润院士，以及业主单位重庆峡江文物工程有限责任公司、设计单位长江委勘测规划设计研究有限责任公司、监理单位长江委监理中心、施工单位中国船级社实业公司重庆分公司、中铁大桥局集团有限公司一分公司、中船重工集团公司第七一九研究所等六家主要施工单位。会议组成了由杨光煦为组长的专家咨询组(专家名单附后)。专家组实地踏勘了涪陵白鹤梁水下博物馆，认真考察各分项工程现状，查阅了相关工程资料，听取了业主单位、设计单位、监理单位及部分参建施工单位的报告，经认真讨论，形成如下意见：

一、工程评价

白鹤梁题刻原址水下保护工程，是按照原址保护的理念采用无压力容器方案，有效地保护水下文化遗产的成果实践，是迄今水下文物保护中涉及工程技术学科最多、难度最大的项目。目前工程已经按照设计方案基本完成，效果和质量均达到了设计要求，并已对外开放。

目前工程管理有序，规章制度齐全，仪器设备运行基本正常，无压容器内水质清晰，取得了直接观测水下文物的效果，赢得了国内外的专家的高度评价和赞赏，并列入了申请世界文化遗产预备名单。因此该工程从设计、施工、运行、管理是成功的，为今后类似的工程提供了宝贵的经验，具有较高的学术价值和社会效益。

二、分项工程验收情况

已完成白鹤梁题刻原址水下保护工程整体加固；表面加固保护工程；循环水系统工程；消防工程；地面陈列馆工程；水下照明工程；水下摄像工程；参观廊道工程；自动扶梯安全工程等共13项。

三、综合竣工验收应准备的文件

按照水利水电工程验收规范要求，应准备工程建设管理工作报告；工程建设大事记；工程施工管理工作报告；工程设计工作报告；工程建设监理工作报告；试运行管理工作报告；工程质量监督报告；工程安全监测报告等技术文件。

在此基础上编制工程竣工技术预验收工作报告。

四、召开综合验收会议的意见

1. 对分项验收会议意见，应该进行整改，提供整改到位情况报告。

2. 在竣工技术预验收的基础上，准备竣工验收鉴定书草稿。

3. 竣工技术验收应该由国家、地方相关管理部门、行政单位和专家组成。

4. 工程资料档案的验收应形成专项验收报告。

5. 提供财务审计报告及竣工财务决算审计意见的整改报告。

五、下一步开展的工作

从这项可以称之为史无前例的保护工程长远要求来看，这项工程具有极高的科研要求，由于它是专业方面的首例，在水下本体保护、水质保护、设备保护、参观廊道的维修等都存在着一些不可预见的潜在问题，都需要把这项工程的研究工作延续下去。建议下一步开展相关的研究工作。

2011 年 5 月 22 日

重庆涪陵白鹤梁题刻原址
水下保护工程综合验收会
专家签到单

姓　名	单　　位	职称、职务
杨光煦	长江勘测规划设计设计研究院	教授级高工
付洁远	中国文化遗产研究院	研究员
沈　阳	中国文化遗产研究院	高　工
张宪文	广西文物保护研究中心	研究员
邓一章	国务院三峡办	巡视员
赵时华	长江委建管局	教授级高工

2011 年 5 月 22 日

重庆涪陵白鹤梁题刻原址水下保护工程综合验收会签到单

姓 名	单 位	职称、职务
葛修润	上海交大	中国工程院院士
王川平	重庆市文广局三峡文物保护领导小组	组长、研究员
张 磊	国家文物局文物司考古处	副处长
倪 莉	国务院三峡办规划司	处 长
程武彦	重庆市文物局	副局长
何澹澹	重庆市移民局	
幸 军	重庆市文物局文物处	处 长
王建国	重庆市文物局文物处	副处长
何 生	涪陵区建设工程质量监督站	总 工
张仁宣	重庆中国三峡博物馆	处 长
胡黎明	重庆白鹤梁水下博物馆	处（馆）长
谭京梅	重庆市文物局	
舒庆荣	长江工程监理咨询公司	工程师
李 进	重庆市文物局	
鞠 飞	涪陵区政府	副区长
杨 华	涪陵区文广新局	局 长
胡剑强	涪陵区政府	科 长
袁 泉	重庆市文物局三峡办	主 任
胡 泓	重庆峡江文物工程公司	总经理
殷礼建	重庆峡江文物工程公司	总 工
陈 涛	重庆峡江文物工程公司	副总经理
车家斌	重庆峡江文物工程公司	经 理
张永强	重庆一品建设集团公司	技术负责人
陈一兵	中铁大桥局一公司	经 理
张根祥	中国船级社实业公司重庆分公司	高工、监造

刘忠铭	中船重工集团公司第719研究所	高　工
李学安	长江设计院	教授级高工
朱庆福	长江委监理中心白鹤梁工程监理站	总　监
董建顺	上海交大海（集团）有限公司	高　工
陈礼飚	成都化工压力容器才厂	质保师
章荣发	长江设计院	高　工
王环武	长江设计院	高　工
吴晓东	长江设计院	高　工
孙亚力	长江委监理中心白鹤梁工程监理站	高　工
陆志冲	江苏兰天水净化设备公司	经　理

2011年5月22日

一九　涪陵白鹤梁题刻原址水下保护工程竣工综合验收意见

2011年7月27日，国家文物局在重庆组织召开了涪陵白鹤梁题刻原址水下保护工程竣工综合验收会。国务院三峡办、重庆市文物局、重庆市移民局、涪陵区政府、涪陵区文广新局、涪陵区质监站等单位的有关领导出席了会议。工程建设业主单位重庆峡江文物工程有限责任公司，工程主体设计单位长江勘测规划设计研究有限责任公司、中国船舶重工集团第七一九研究所，监理单位长江委监理中心、中国船级社实业公司重庆分公司，工程承担单位中国文化遗产研究院、中铁大桥局集团有限公司一分公司、成都化工压力容器厂、上海交大海科（集团）有限公司、江苏蓝天水净化设备有限公司、重庆一品建设有限公司、重庆韩代电梯工程有限公司有关负责同志参加了会议。会议组成了由杨光煦为组长的专家组（专家名单附后）。专家组会前查勘了工程现场，查阅了工程建设相关资料，听取了业主及运行单位、设计单位、监理单位、施工单位以及工程质量监督机构的汇报，经认真研究讨论，形成如下意见：

一、验收意见

白鹤梁题刻原址水下保护工程是按照原址保护的方案采用无压力容器理念，集成文物、水利、建筑、市政、航道、潜艇、特种设备等多专业、多学科的技术，保证水下文化遗产的真实性和完整性，实现了白鹤梁题刻的原址水环境保护和观赏，是迄今水下文物保护中涉及工程技术学科最多、难度最大的项目，是世界上在水深40余米处建立遗址类水下博物馆的首次尝试，为水下文化遗产的原址保护提供了范例。目前，该工程按已批准的设计方案全面完成并试开放。工程建设管理有序、监理到位、档案完整规范、规章制度齐全、各系统设备运行基本正常，保护体内水质达到设计要求，取得了直接观赏文物的效果。

白鹤梁题刻本体加固工程、水下保护体工程、水下参观廊道工程、交通廊道工程、外防水工程、水下照明系统、水下摄像系统、自动扶梯工程、环境工程、消防工程、循环水系统工程、安全监测工程、地面陈列馆工程等13个分项竣工验收合格，节能、消防、防雷接地3个专项工程验收合格，分项、专项验收中发现的问题已整改到位，工程建设档案验收合格，质量优良。工程经受了2008年汶川大地震和三峡蓄水至175米的考验，试运行期间未出现安全问题，工程质量符合设计要求。工程竣工财务决算已通过审计。

专家组一致同意该工程通过竣工综合验收。

二、建议

由于该工程在水下文化遗产保护中具有开创性意义，没有先例可循，为此提出以下建议：

（一）根据设计文件及工程实施情况制订本工程运行基本要求和应急预案，并根据试运行情况制定工程运行手册，保障工程安全正常运行。

（二）建立系统完善的文物本体和保护体内沉淀物监测体系，观测分析保护体内沉淀物的成分及来源。加强交通和参观廊道、自动扶梯、特殊设备等保护设施设备运行的监测，确保文物安全。

（三）加强保护体内水环境对文物本体及设备防腐蚀的影响研究，改进水下照明、摄像及通风系统，使观众能更清晰地参观文物。

（四）增修交通廊道外防撞设施。

（五）根据专家意见修改完善竣工验收鉴定书。

2011 年 7 月 27 日

重庆涪陵白鹤梁题刻原址水下
保护工程综合验收会
专家签到单

姓 名	单 位	职称、职务
杨光煦	长江勘测规划设计设计研究院	教授级高工
兰立志	辽宁有色勘察研究院	教授级高工
任卫东	中国文化遗产研究院	研究员
汤羽扬	北京建筑工程学院	教 授
邓一章	国务院三峡办	巡视员
赵时华	长江水利委员会	教授级高工

2011年7月27日

重庆涪陵白鹤梁题刻原址水下保护工程综合验收会签到单

姓　名	单　　位	职称、职务
陈礼飚	成都化工压力容器厂	质保师
刘安年	中国文化遗产研究院	高　工
章荣发	长江设计院	高　工
孙亚力	长江委监理中心白鹤梁工程监理站	高　工
董建顺	上海交大海科集团	高　工
张根祥	中国船级社实业公司重庆分公司	高　工
刘忠铭	中船重工第 719 研究院	高　工
陈一兵	中铁大桥局	高　工
陆志冲	江苏兰天水净化设备公司	经　理
谢求福	重庆一品建筑公司	工程师
胡　泓	重庆峡江文物工程公司	总经理
陈　涛	重庆峡江文物工程公司	副总经理
殷礼建	重庆峡江文物工程公司	总　工
杨邦德	涪陵区文广新局	副局长
黄　海	涪陵区博物馆	馆　长
张　磊	国家文物局文物司考古处	副处长
倪　莉	国务院三峡办规划司	处　长
程武彦	重庆市文广局	副局长
何澹澹	重庆市移民局	
鞠　飞	涪陵区政府	副区长
胡黎明	重庆白鹤梁水下博物馆	馆　长
王川平	重庆市文广局三峡文物保护领导小组	组　长
张仁宣	重庆中国三峡博物馆	处长
何　生	涪陵区质监站	总　工
幸　军	重庆市文物局文物处	处　长
王建国	重庆市文物局文物处	副处长
谭京梅	重庆市文物局三峡办	
许　雨	重庆市文物局三峡办	
李　进	重庆市文物局三峡办	
詹　斌	重庆市文物局三峡办	

2011 年 7 月 27 日

二〇　涪陵白鹤梁题刻原址水下保护工程移交纪要

根据国家文物局《关于涪陵白鹤梁题刻原址水下保护工程初步设计方案的批复》(文物保函C2003)28号)，受市文广局委托，重庆峡江文物工程有限责任公司作为该工程代理业主精心组织实施，经过11年的努力，顺利完成了该工程，并通过国家文物局组织的竣工验收。根据工程竣工决算报告，形成了1.93亿的资产。经过2年的试运行，未出现安全问题。经2012年1月17日专题会议研究，决定将该工程正式移交重庆中国三峡博物馆管理使用。现将有关事项纪要如下：

一、从2012年1月起，涪陵白鹤梁题刻原址水下保护工程正式由重庆峡江文物工程有限责任公司移交重庆中国三峡博物馆管理使用。

二、2011年12月，重庆峡江文物工程有限责任公司已经将该工程所有档案移交重庆中国三峡博物馆（详见移交清单），2012年1月底前双方对移交的房屋、设施设备等资产进行点交。

三、白鹤梁题刻原址水下保护工程双电源工程继续由重庆峡江文物工程有限责任公司组织设施，并在工程竣工验收后移交重庆中国三峡博物馆。

四、该工程形成的固定资产根据国家有关规定，双方及时完善相关手续。

五、水下文物保护体现状经双方确认后，移交重庆中国三峡博物馆管理，并加强保护。

六、根据该工程竣工验收意见，需要整改和完善的工程部分，由重庆峡江文物工程有限责任公司按照三峡文物保护工程的要求，继续组织实施。

2012年1月17日

重庆涪陵白鹤梁题刻原址水下
保护工程移交仪式
签到单

姓 名	单 位	职称、职务
吴渝平	重庆市文广局博物馆处	处 长
杨柱逊	重庆中国三峡博物馆	
高 杨	重庆中国三峡博物馆	
程武彦	重庆市文广局	副局长
黎小龙	重庆中国三峡博物	馆 长
王建国	重庆市文广局文物处	副处长
王川平	重庆市文广局三峡文物保护领导小组	组 长
胡黎明	重庆中国三峡博物馆白鹤梁管理处	处 长
张仁宣	重庆中国三峡博物馆	处 长
胡 泓	重庆峡江文物工程有限责任公司	总经理
陈 涛	重庆峡江文物工程有限责任公	副总经理
谭京梅	重庆市文物局	

2012 年 1 月 17 日

实测设计

与施工图

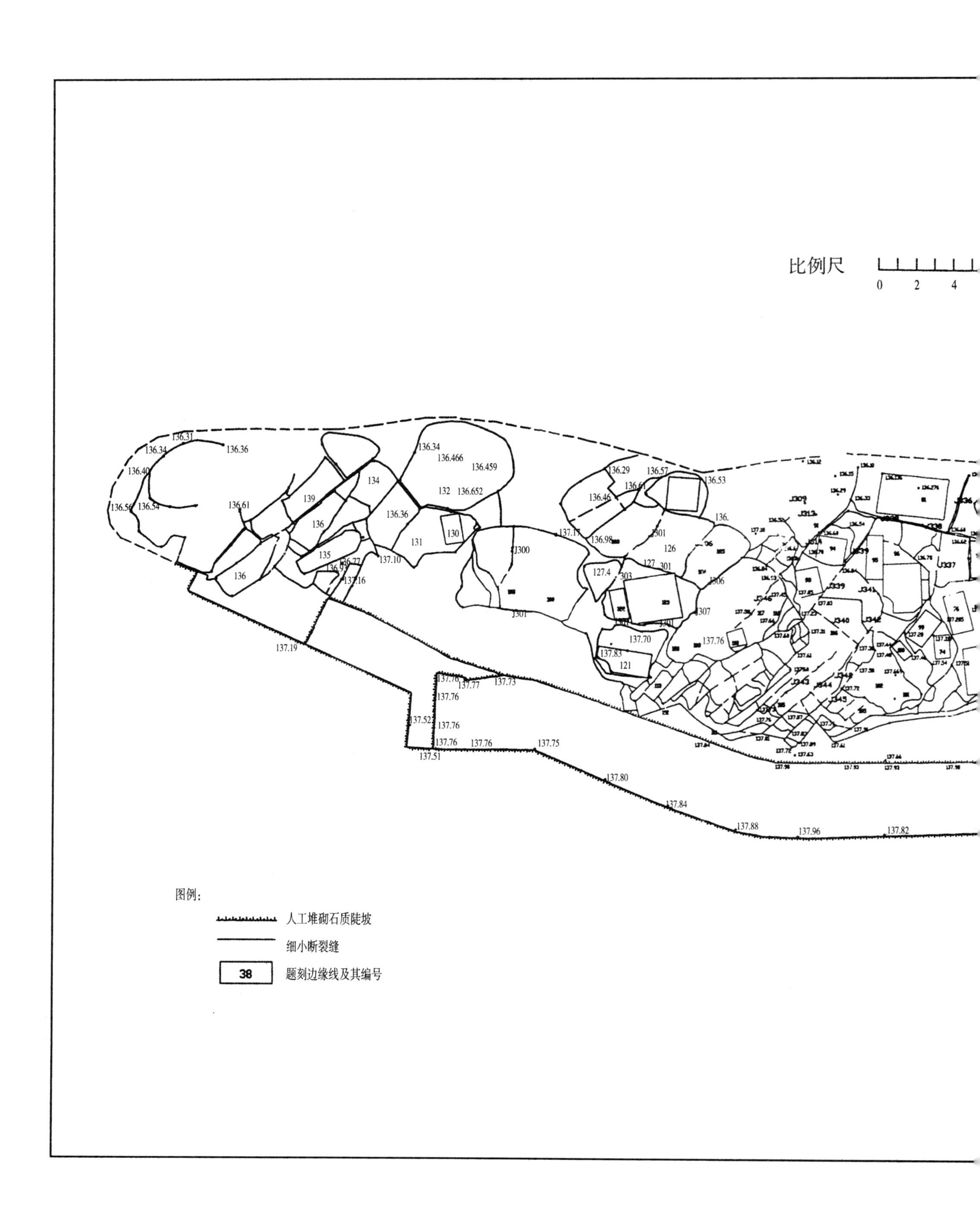
比例尺
0
2
4
图例：
人工堆砌石质陡坡
细小断裂缝
38
题刻边缘线及其编号

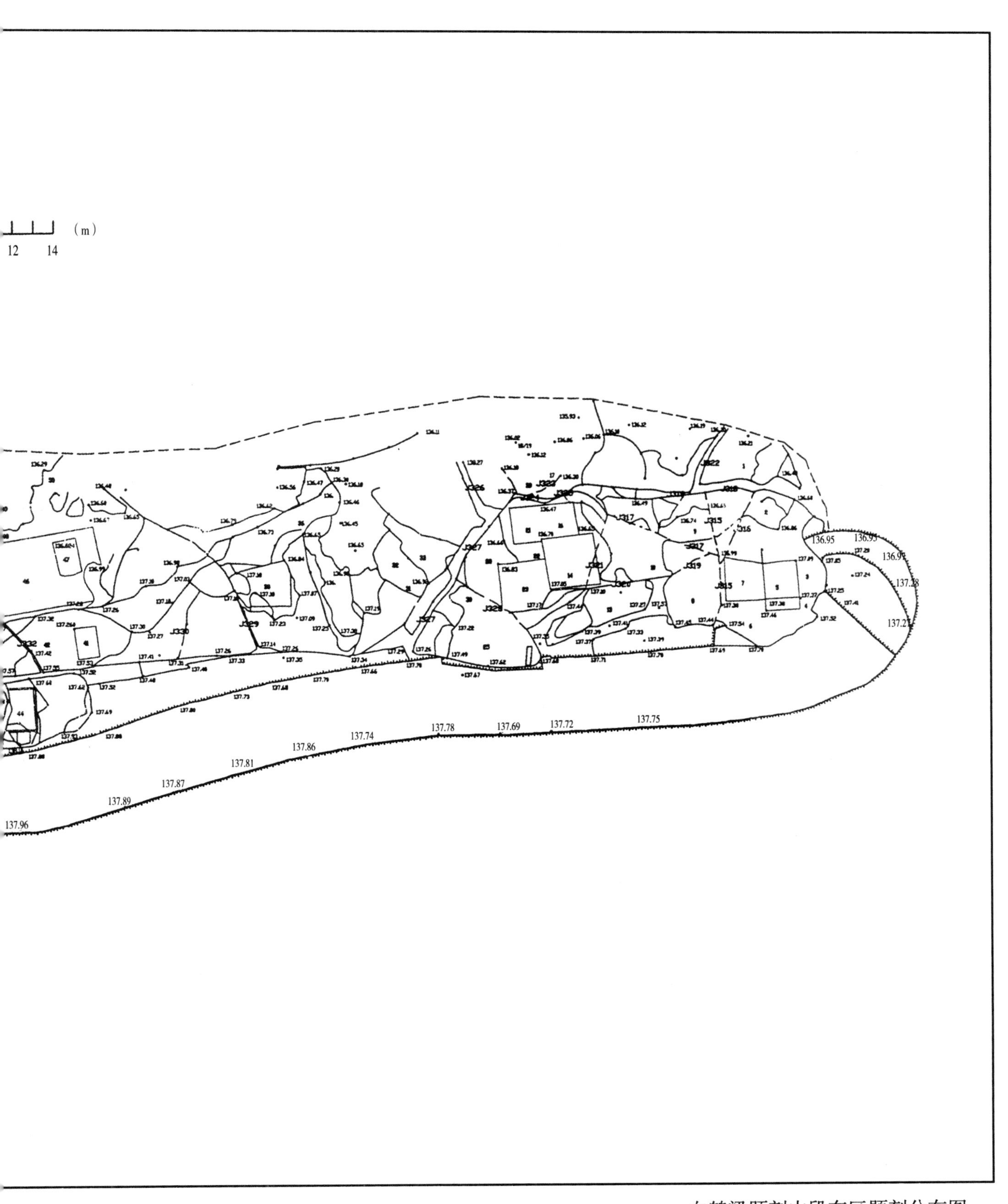

一　白鹤梁题刻中段东区题刻分布图

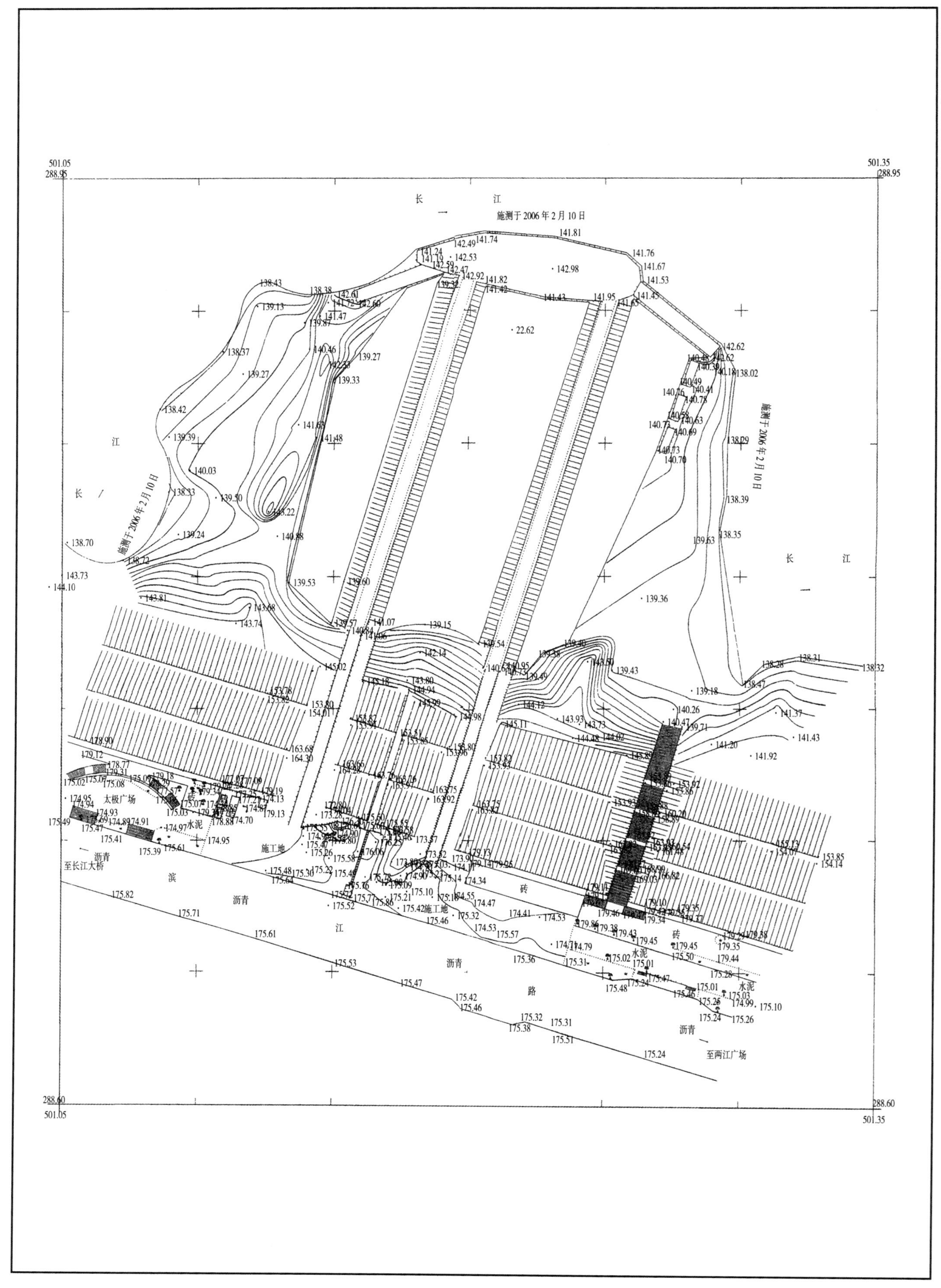
长　江
施测于2006年2月10日
长　江
施测于2006年2月10日
长　江
施测于2006年2月10日
太极广场
水泥
施工地
沥青
至长江大桥
滨
沥青
江
砖
施工地
沥青
路
砖
水泥
水泥
沥青
至两江广场

二　白鹤梁地形图

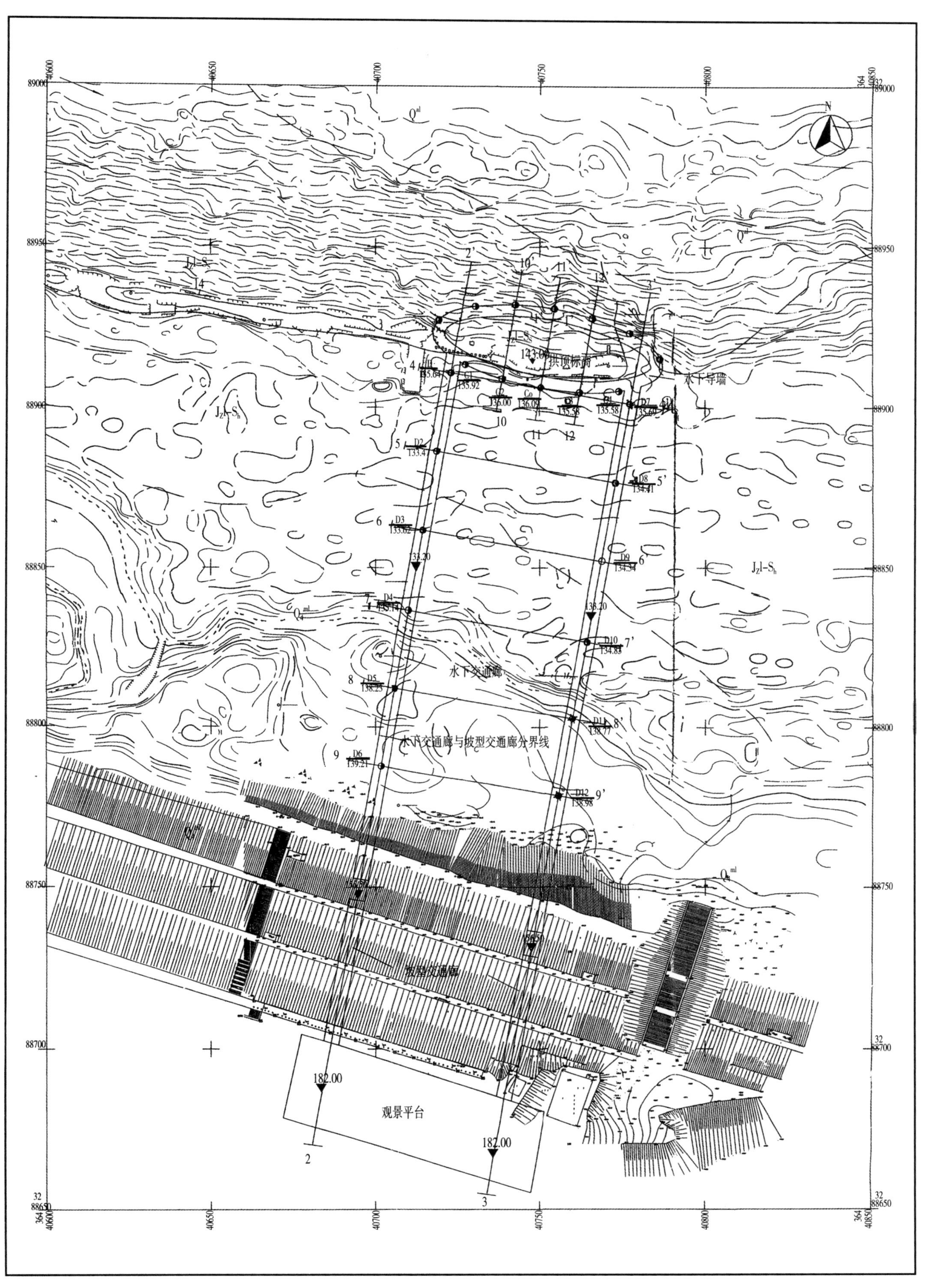

三　白鹤梁题刻综合工程地质平面图

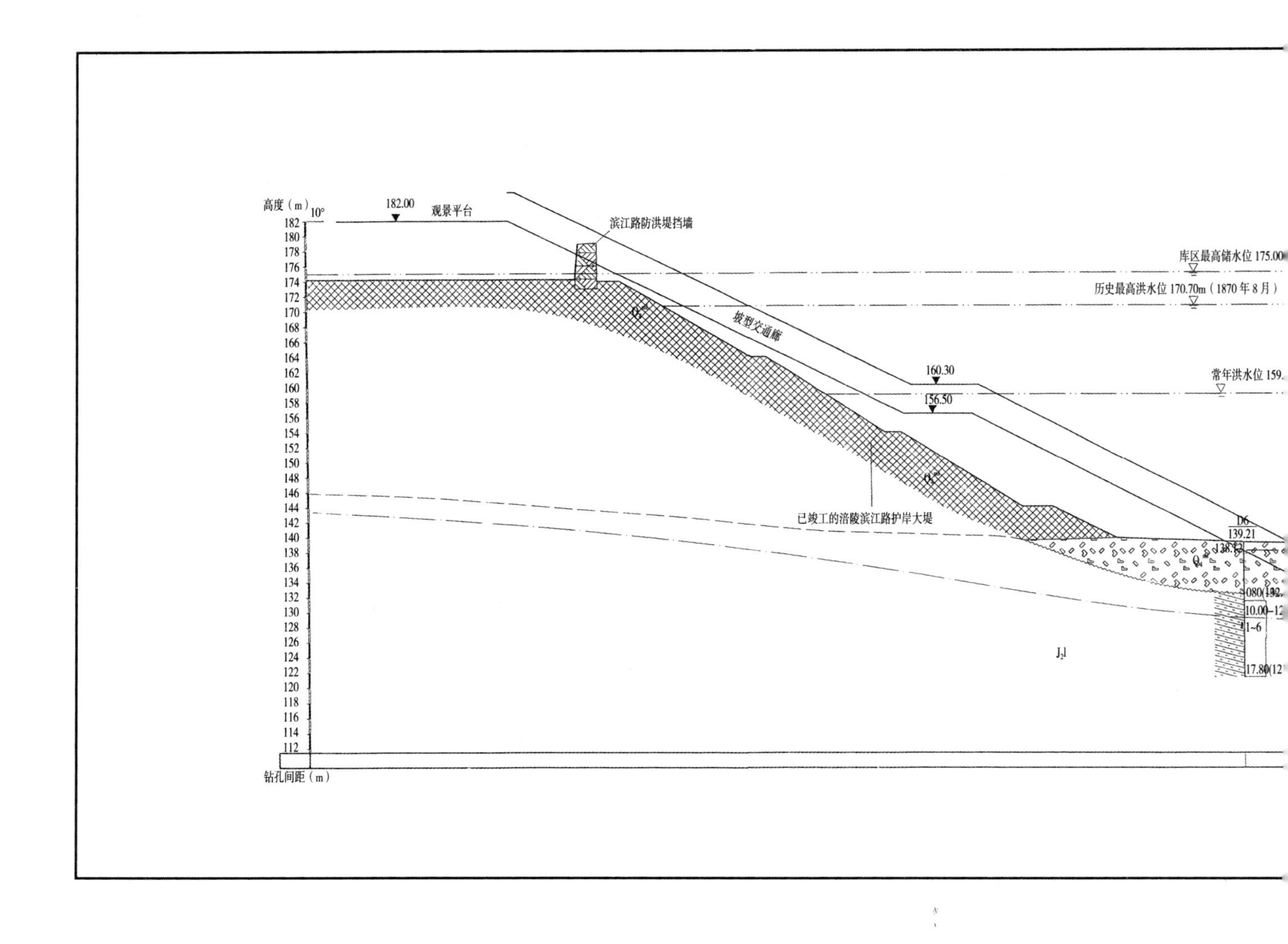
高度（m）
10°
182.00
观景平台
滨江路防洪堤挡墙
库区最高储水位 175.00
历史最高洪水位 170.70m（1870 年 8 月）
坡型交通廊
160.30
156.50
常年洪水位 159.
已竣工的涪陵滨江路护岸大堤
D6
139.21
J_2l
钻孔间距（m）

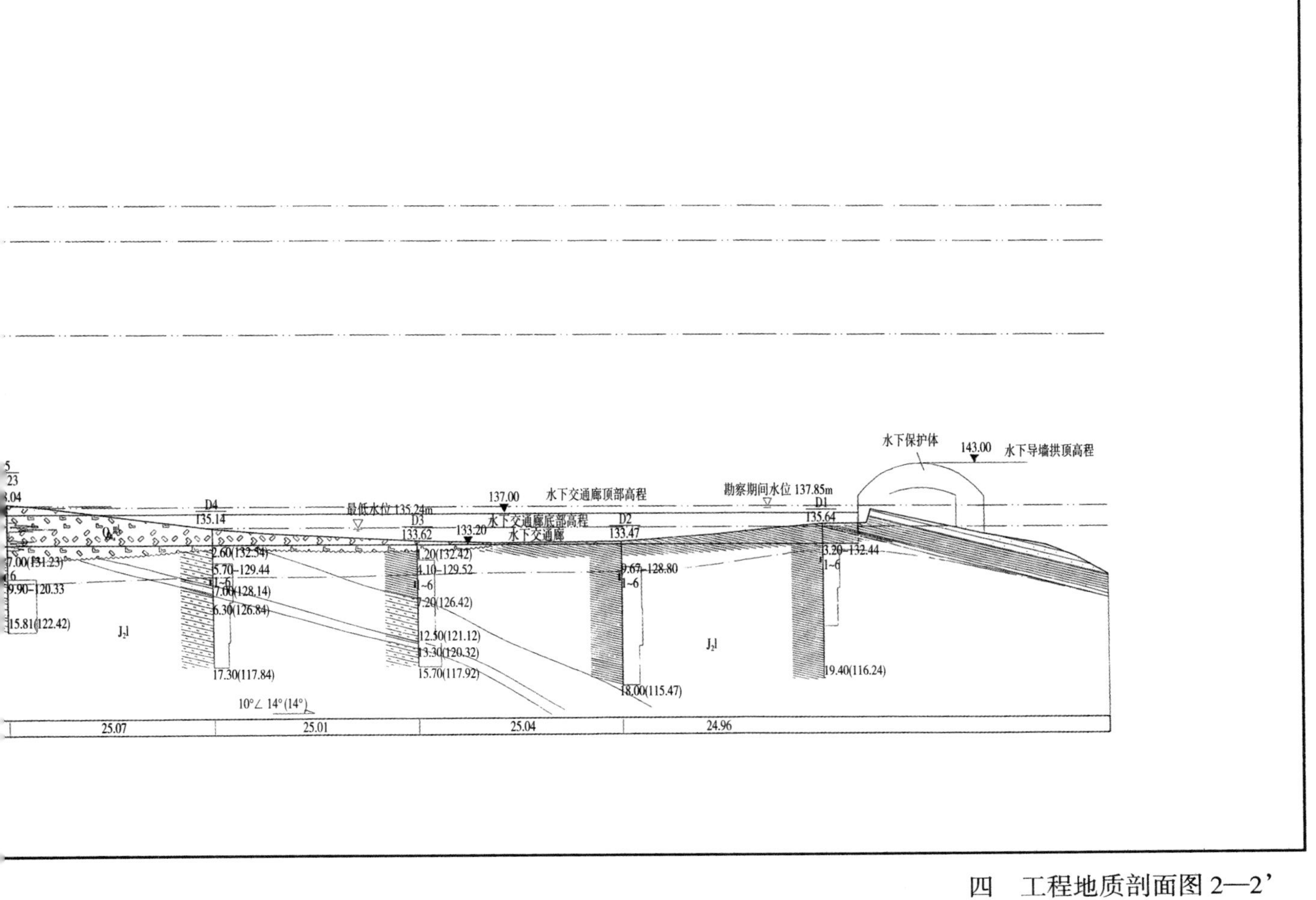

水下保护体
143.00 水下导墙拱顶高程
137.00 水下交通廊顶部高程
勘察期间水位 137.85m
最低水位 135.24m
水下交通廊底部高程
水下交通廊
133.20
D4
135.14
D3
133.62
D2
133.47
D1
135.64
J₂l
25.07
25.01
25.04
24.96

四 工程地质剖面图 2—2’

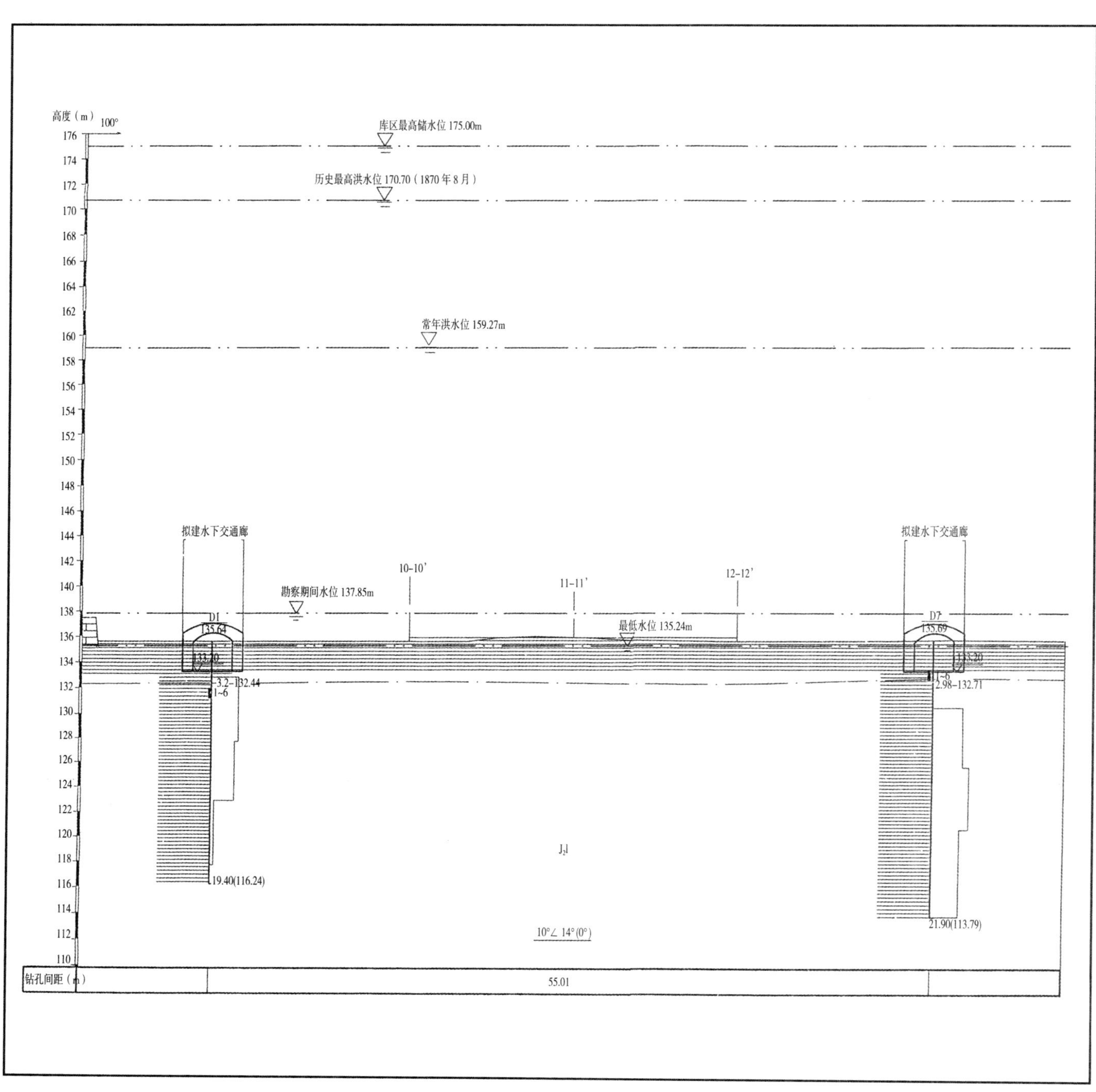

高度（m）
100°
库区最高储水位 175.00m
历史最高洪水位 170.70（1870 年 8 月）
常年洪水位 159.27m
拟建水下交通廊
拟建水下交通廊
10-10'
11-11'
12-12'
勘察期间水位 137.85m
最低水位 135.24m
D1
135.64
133.20
3.2-132.44
1~6
19.40(116.24)
D7
135.69
133.20
1~6
2.98-132.71
21.90(113.79)
J_2l
10°∠14°(0°)
钻孔间距（m）
55.01

五　工程地质剖面图 4—4'

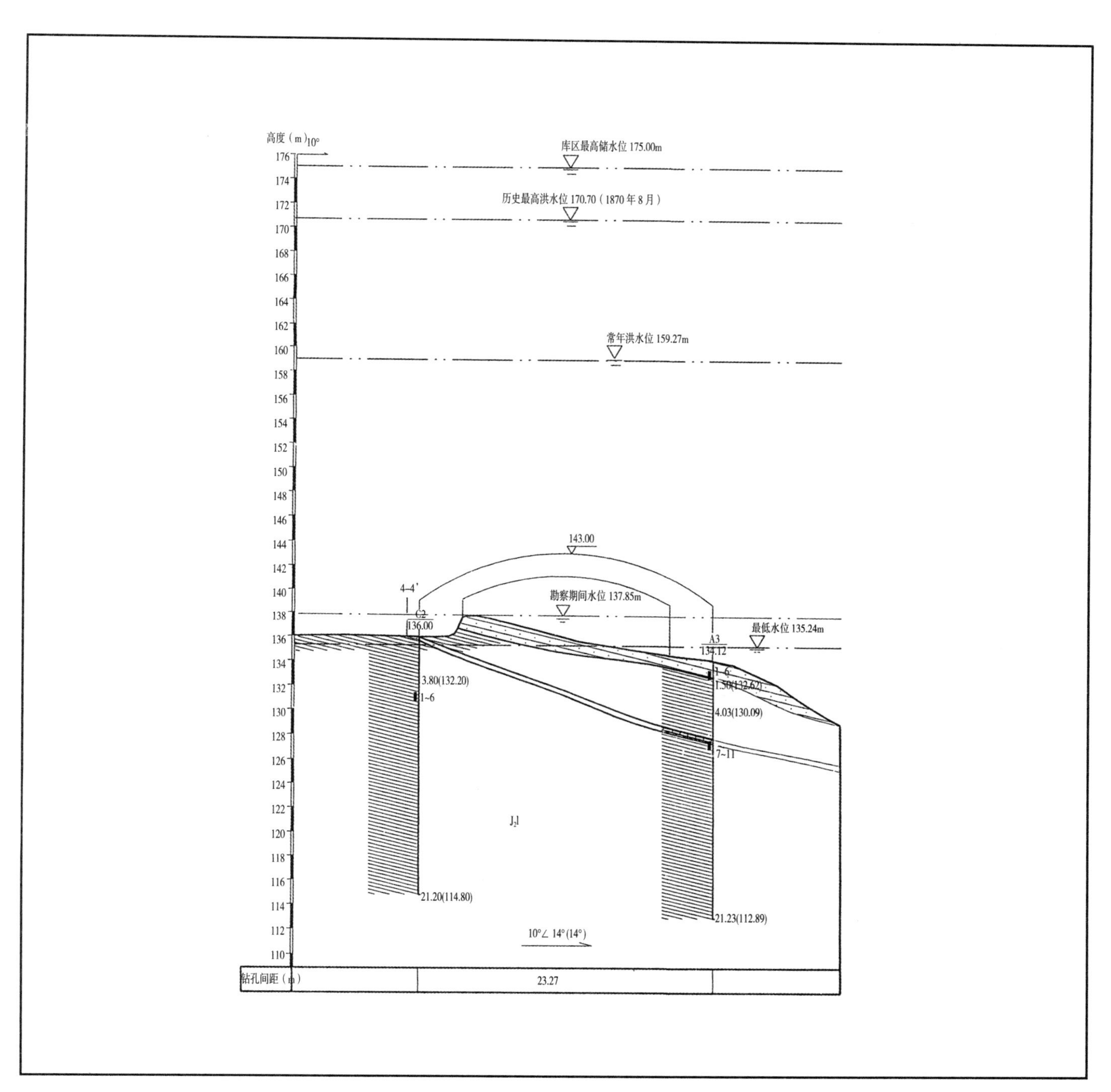

六　工程地质剖面图 10—10'

钻 孔 柱 状 图

工程编号	2002渝峡协字14号						
工程名称	涪陵白鹤梁题刻原址水下保护工程			钻孔编号	A0		
孔口高程	133.41m	坐标	x = 3288930.51m	开工日期	2002.4.16	静止水位	无
孔深	21.18m		y = 36440754.71m	竣工日期	2002.4.17	测量水位日期	2002.4.17

时代代号	层底深度（m）	层底高程（m）	分层厚度（m）	岩芯采取率%	柱状图	岩土名称及其特征	取样	静止水位(m)和水位高程	声速曲线（km/s）1.0 2.0 3.0 4.0 5.0	附注
J_2l	0.70	132.71	0.70	81		砂岩：浅灰、灰白色。主要由石英、长石、云母等矿物组成。细粒结构，中厚层状构造。呈接触式或孔隙式钙质胶结。垂直裂隙较为发育，裂面被铁质浸染，岩芯呈短柱状～柱状，质较硬，为中等风化带。	1~6 2.50~3.42 7~11 4.46~5.30	无		止水效果良好，经简易提水试验，4小时后无水位恢复。
				86						
				89						
				87	7~11					
	3.96	129.45		88						
				97	1~6					
				93						
				96						
				91		页岩：灰黑色。主要由片状云母、水云母、碎屑石英、方解石等组成。泥钙质结构，层状构造。 0.70~3.96m岩芯呈短柱状，碎块状，薄饼状，微层理发育。为中等风化带。 3.96m以下岩芯完整，多呈柱状，节长8~38cm，质较硬，为微风化带。 3.96~4.36m为介壳灰岩夹层。偶见垂直闭合裂隙，裂面平直、光滑，被钙质薄膜充填。 4.36~6.06m岩芯呈碎块状，主要由机械破碎造成。				
				93						
				89						
				93						
				89						
				90						
				96						
				91						
				95						
	21.18	112.23	20.48	97						

七 钻孔地质柱状图（A0）

钻孔柱状图

工程编号	2002 渝峡协字 14 号					
工程名称	涪陵白鹤梁题刻原址水下保护工程			钻孔编号	A3	
孔口高程	134.12m	坐标	x = 3288931.85m	开工日期	2002.4.13	静止水位	无
孔深	21.23m		y = 36440742.79m	竣工日期	2002.4.14	测量水位日期	2002.4.14

时代代号	层底深度（m）	层底高程（m）	分层厚度（m）	岩芯采取率%	柱状图 1:100	岩石名称及其特征	取样	静止水位(m)和水位高程	声速曲线（km/s） 1.0 2.0 3.0 4.0 5.0	附注
J_2l	1.50	132.62	1.50	83, 87	1~6	砂岩：浅灰～灰白色。主要由石英、长石、云母等矿物组成。细粒结构，厚层状构造。呈接触式或孔隙式钙质胶结。在 0.60m 见轴夹角 78° 左右的裂隙，裂面平直，被铁质薄膜浸染，岩芯呈柱状～短柱状，质较硬，为中等风化带。	1~6 0.8~1.50	无		止水效果良好，经简易提水试验，4 小时后无水位恢复。
	4.03	130.09		89, 86, 89, 92	7~11		7~11 6.50~7.70			
	21.23	112.89	19.73	90, 95, 96, 94, 94, 95, 91, 92, 98, 94, 97		页岩：灰黑色。主要由片状云母、水云母、碎屑石英、方解石等组成。泥、钙质结构，层状构造。1.50~4.03m 岩芯破碎，呈短柱状，碎块状，薄饼状，为中等风化带。4.03m 以下多呈柱状，节长 6~40cm，质较硬，为微风化带。6.50~6.83m 为介壳灰岩夹层。偶见垂直闭合裂隙，裂面平直，被钙质充填。				

八　钻孔地质柱状图（A3）

工程名称	涪陵白鹤梁题刻原址水下保护工程	钻孔编号	AO	孔口高程(m)	133.41	终孔深度(m)	21.18	钻孔斜度		测井日期	2002.04.17

地层代号	钻孔柱状图	孔深/高程(m)	岩性	坐标 X 3288931.85 Y 36440742.79	声速曲线（km/s）1.0 2.0 3.0 4.0 5.0	岩体波速 Vpm（m/s）	岩块波速 Vpr（m/s）	完整性系数 Kv	完整性评价	备注
J_{2x}		0.70 / 132.71	砂岩							
		3.96 / 129.45	页岩弱风化层	1, 2, 3		2431~2685				
		4.36 / 129.05	介壳灰岩	4						
			页岩微风化层	5, 6, 7, 8, 9, 10, 11						
				11, 12		2750	3110	0.78	完整	
		21.18 / 112.23		13, 14, 15, 16, 17, 18, 19, 20, 21		2515~3250				
				22, 23, 24						

九　声波测井成果图（A0）

工程名称	涪陵白鹤梁题刻原址水下保护工程	钻孔编号	A3	孔口高程(m)	134.12	终孔深度(m)	21.23	钻孔斜度		测井日期	2002.04.14

地层代号	钻孔柱状图	孔深(m)/高程	岩性	坐标 X 3288931.85 Y 36440742.79	声速曲线（km/s） 1.0 2.0 3.0 4.0 5.0	岩体波速 Vpm（m/s）	岩块波速 Vpr（m/s）	完整性系数 Kv	完整性评价	备注
J_{2X}		1.50 / 132.62	砂岩	1						
		4.03 / 130.09	弱风化层页岩	2, 3, 4		2454~2684				
		6.50 / 127.62	微风化层页岩	5, 6						
		127.62 6.83 / 127.62	介壳灰岩	7						
			页岩微风化层	8~13					完整	
				14		2638	3030	0.76		
		21.23 / 112.89		15~21		2500~3288				
				22, 23, 24						

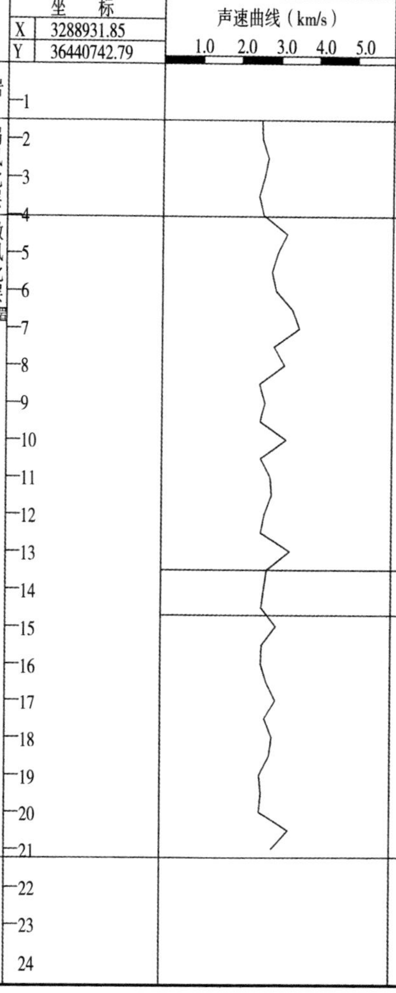

一〇　声波测井成果图（A3）

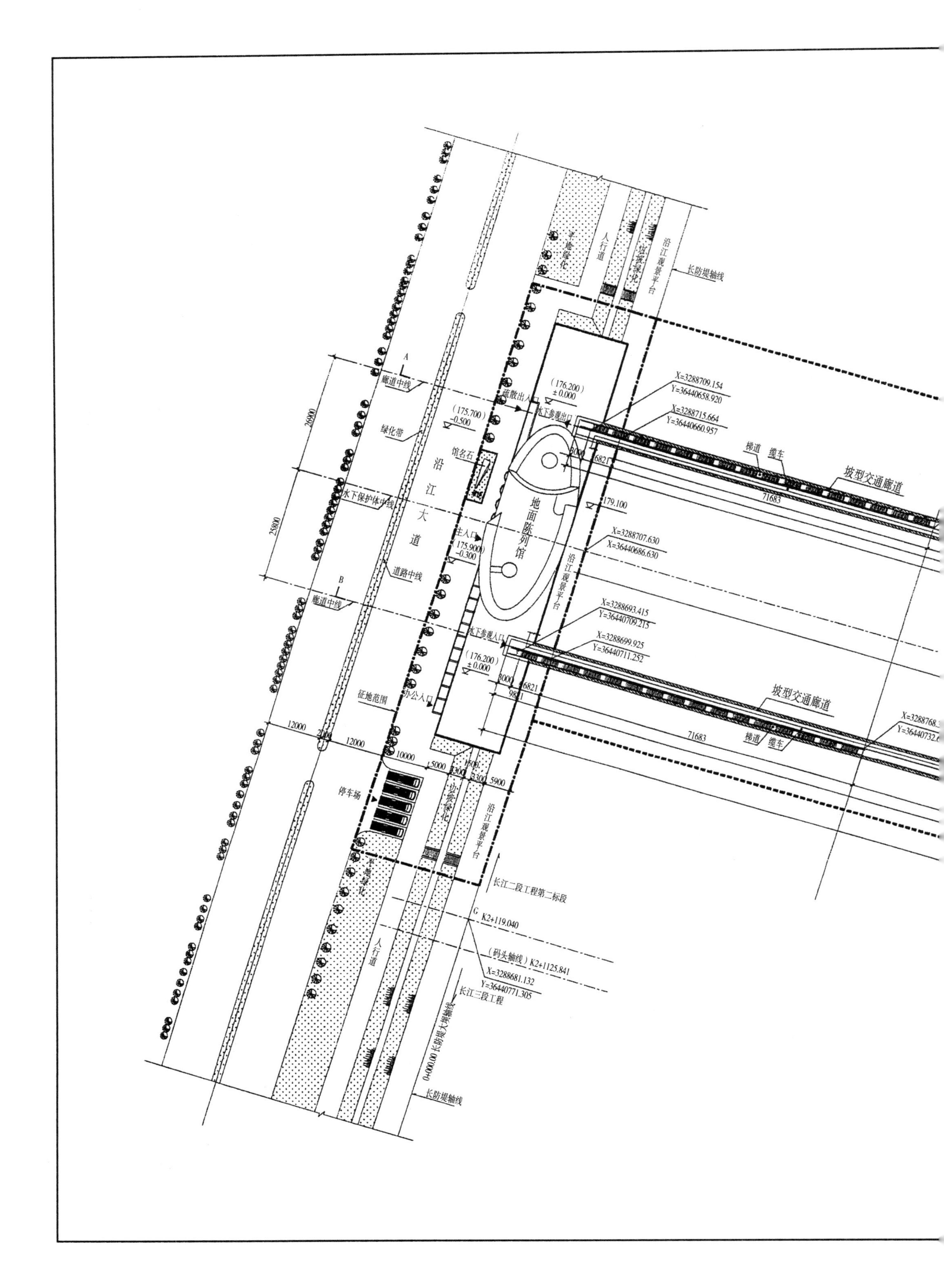
长防堤轴线
沿江观景平台
人行道
平地绿化
坡地绿化
廊道中线
绿化带
沿江大道
水下保护体中线
道路中线
征地范围
停车场
馆名石
地面陈列馆
疏散出入口
水下参观出口
水下参观入口
主入口
办公入口
梯道
缆车
坡型交通廊道
长江二段工程第二标段
长江三段工程
K2+119.040
(码头轴线) K2+1125.841
X=3288681.132
Y=36440771.305
X=3288709.154
Y=36440658.920
X=3288715.664
Y=36440660.957
X=3288707.630
X=36440686.630
X=3288693.415
Y=36440709.215
X=3288699.925
Y=36440711.252
71683
26900
25800
12000
10000
179.100
0+000.00 长防堤大坝轴线

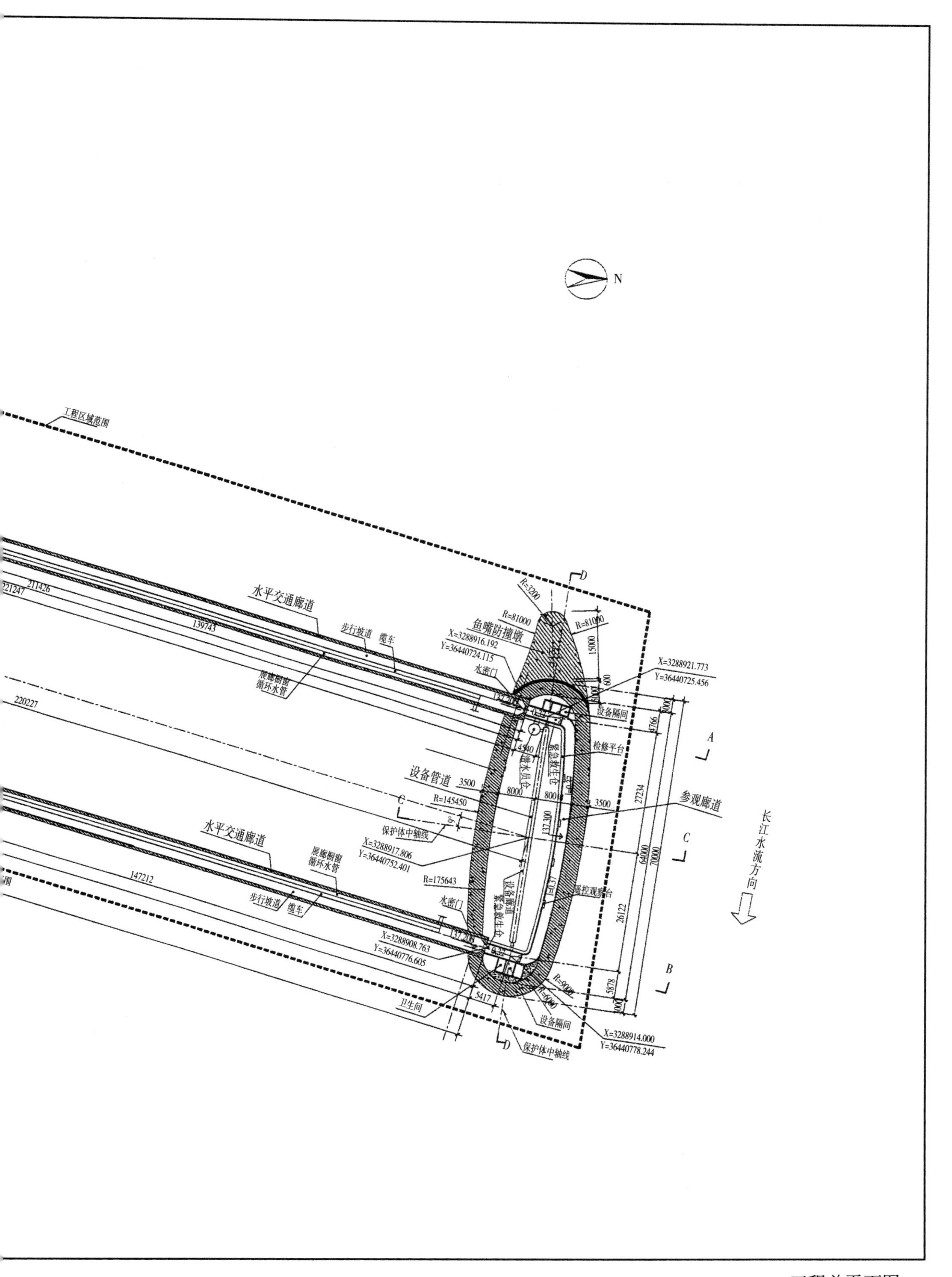
工程区域范围
水平交通廊道
步行坡道
缆车
展廊橱窗循环水管
设备管道
参观廊道
鱼嘴防撞墩
水密门
设备隔间
检修平台
紧急救生仓
遥控观察台
卫生间
保护体中轴线
长江水流方向
X=3288916.192
Y=36440724.115
X=3288921.773
Y=36440725.456
X=3288917.806
Y=36440752.401
X=3288908.763
Y=36440776.605
X=3288914.000
Y=36440778.244
R=3200
R=81000
R=145450
R=175643
139743
147212
211426
221247
220227
27224
64000
70000
26122
5878
15000
3500
8000
5417
N

一一　工程总平面图

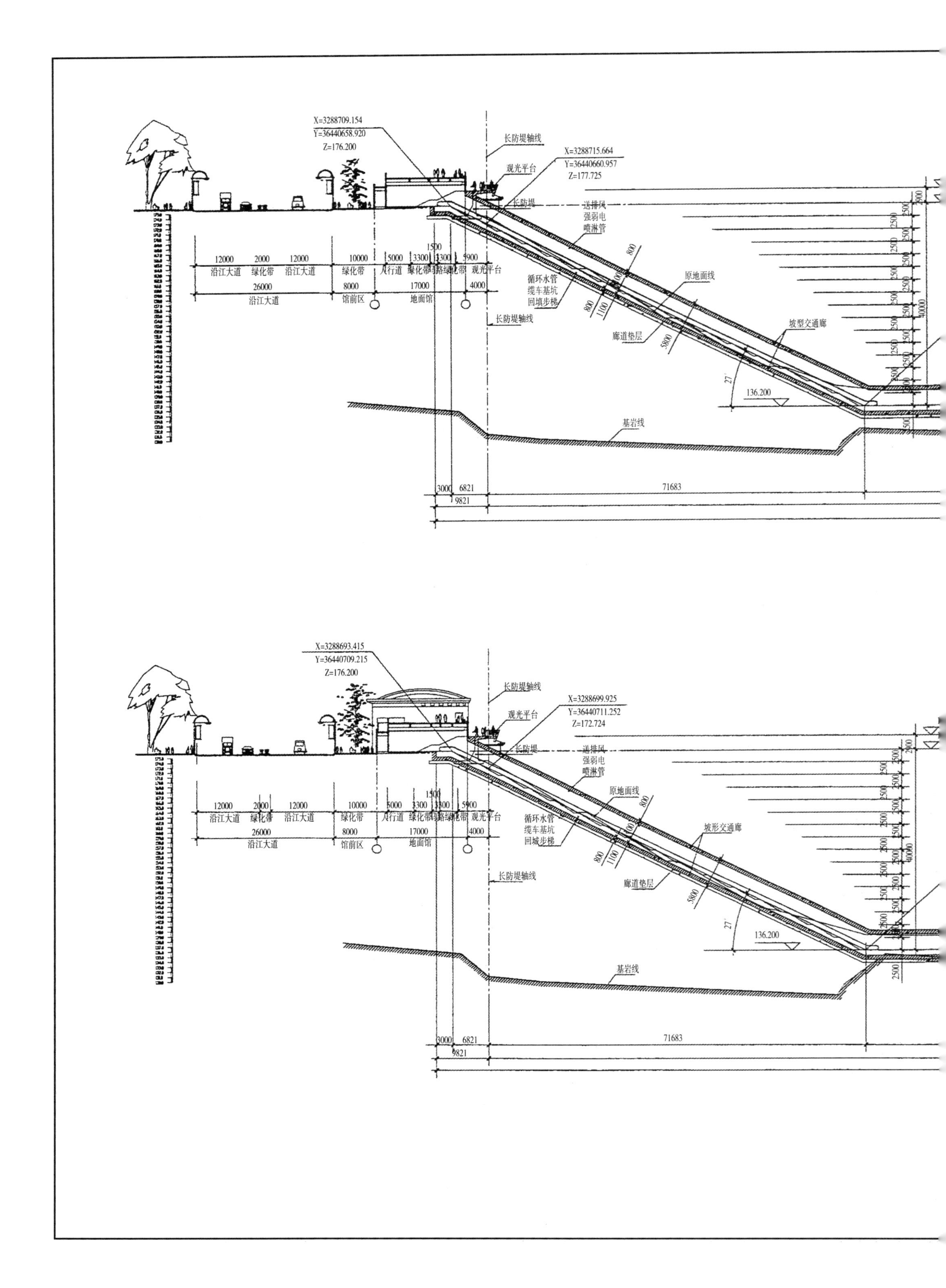
X=3288709.154
Y=36440658.920
Z=176.200
长防堤轴线
X=3288715.664
Y=36440660.957
Z=177.725
观光平台
长防堤
送排风
强弱电
喷淋管
循环水管
缆车基坑
回填步梯
原地面线
廊道垫层
坡型交通廊
136.200
基岩线
沿江大道
绿化带
人行道
馆前区
地面馆
71683
X=3288693.415
Y=36440709.215
Z=176.200
X=3288699.925
Y=36440711.252
Z=172.724
回城步梯
坡形交通廊

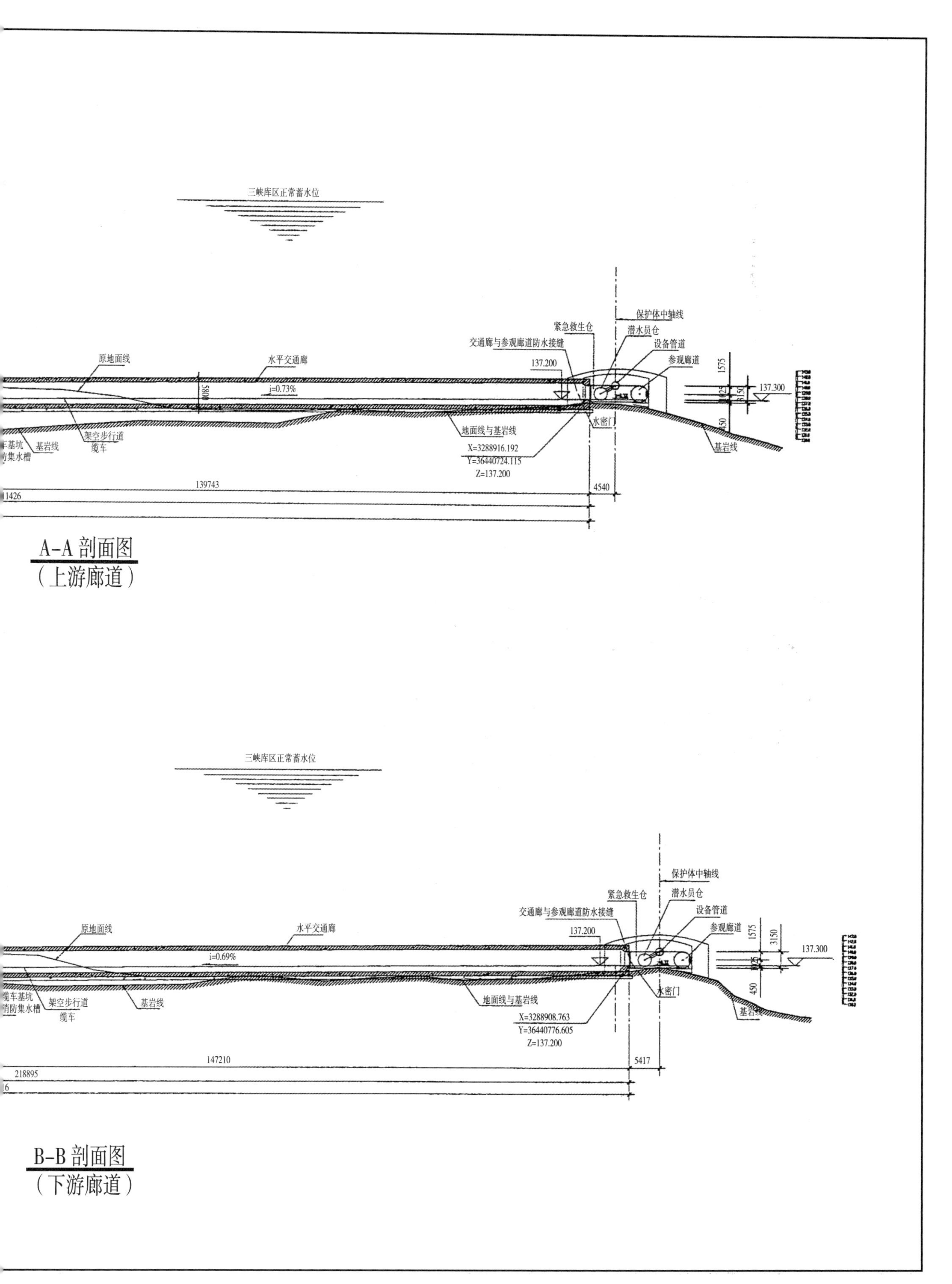

一二 上、下游交通廊道剖面图

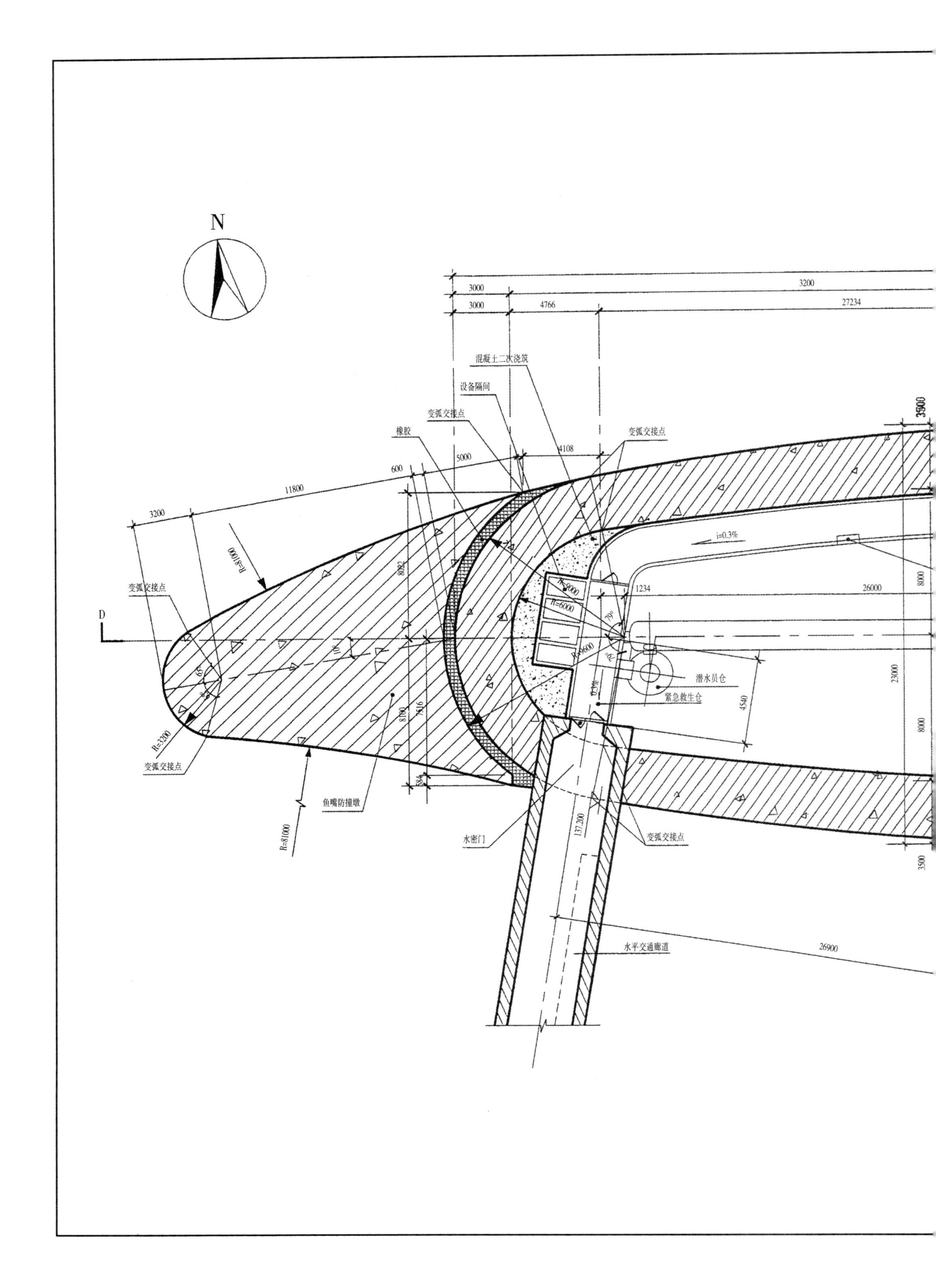
N
混凝土二次浇筑
设备隔间
变弧交接点
橡胶
变弧交接点
变弧交接点
变弧交接点
变弧交接点
鱼嘴防撞墩
水密门
潜水员仓
紧急救生仓
水平交通廊道
i=0.3%
R=81000
R=3200
R=81000
R=6000
D
3000
3200
3000
4766
27234
5000
4108
600
11800
3200
1234
26000
8000
23000
8000
3500
4540
137.200
26900
584
8100
7516
8092
65°
10°
70°

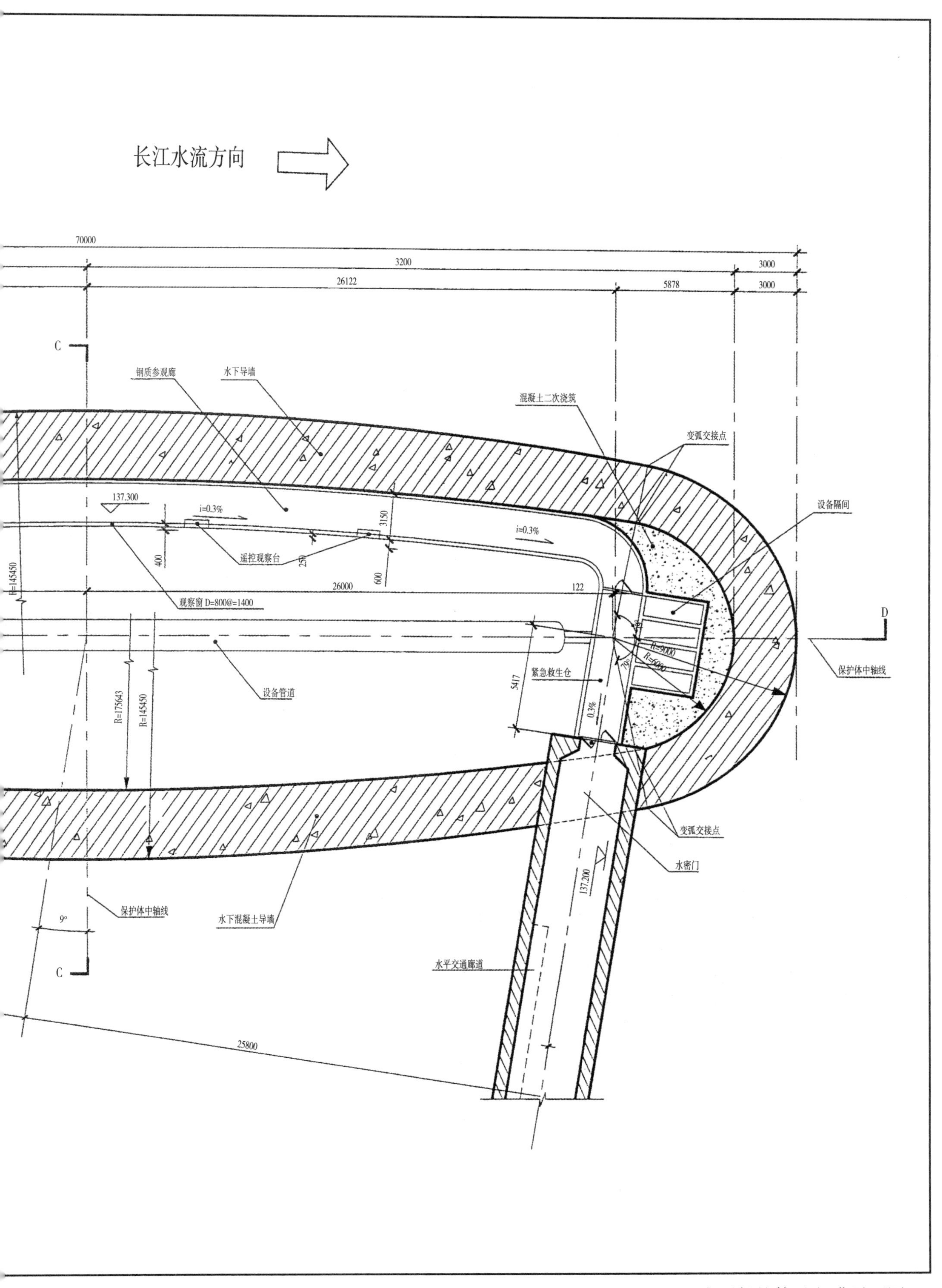

一三　水下保护体及鱼嘴平面图

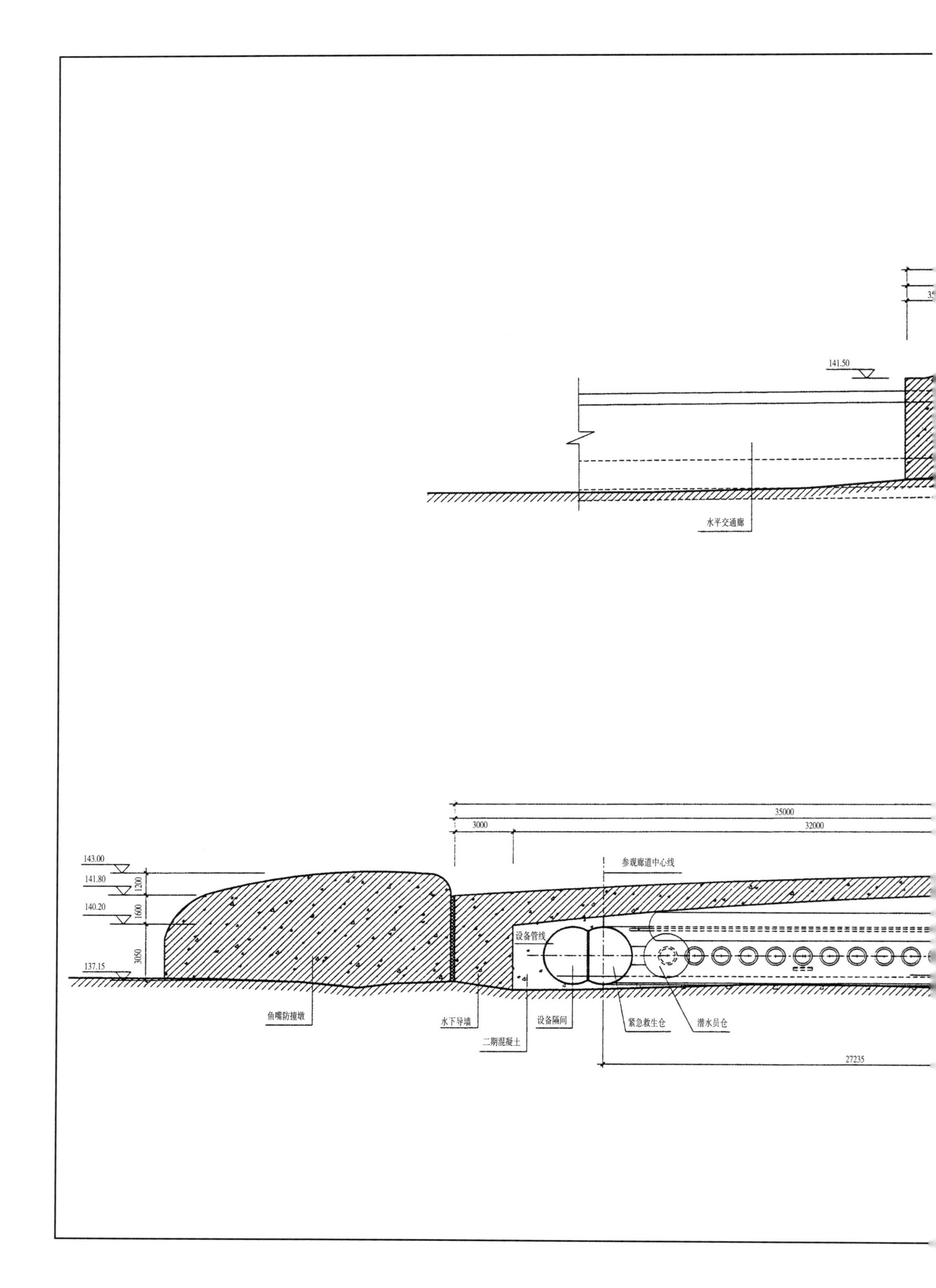
141.50
水平交通廊
35000
3000
32000
143.00
141.80
140.20
137.15
1200
1600
3050
参观廊道中心线
设备管线
鱼嘴防撞墩
水下导墙
二期混凝土
设备隔间
紧急救生仓
潜水员仓
27235

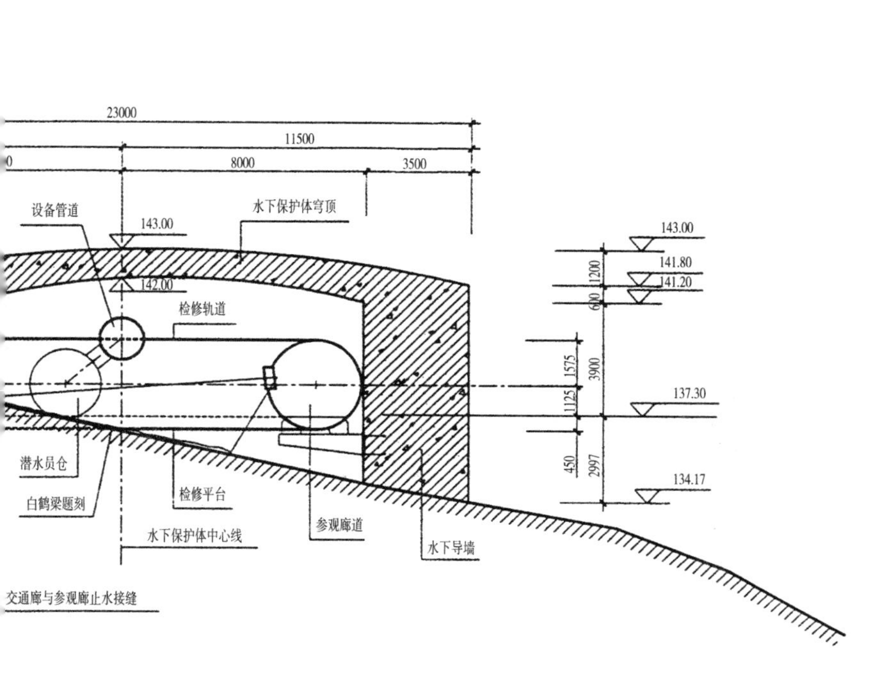

C-C 剖面图

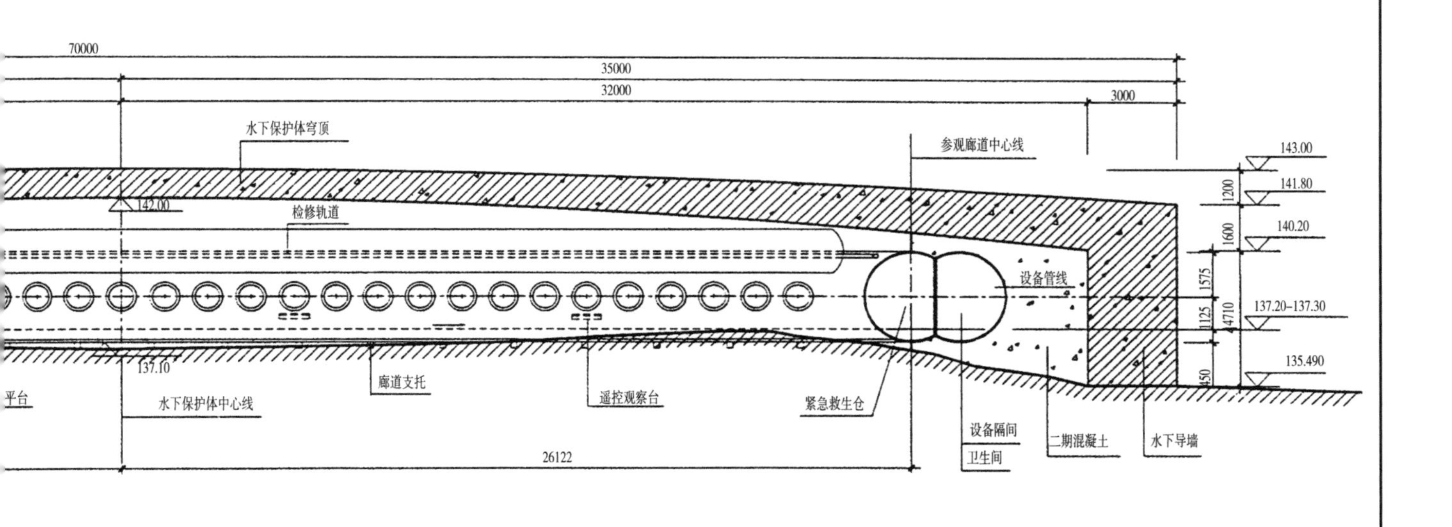

D-D 剖面图

一四 水下保护体剖面图

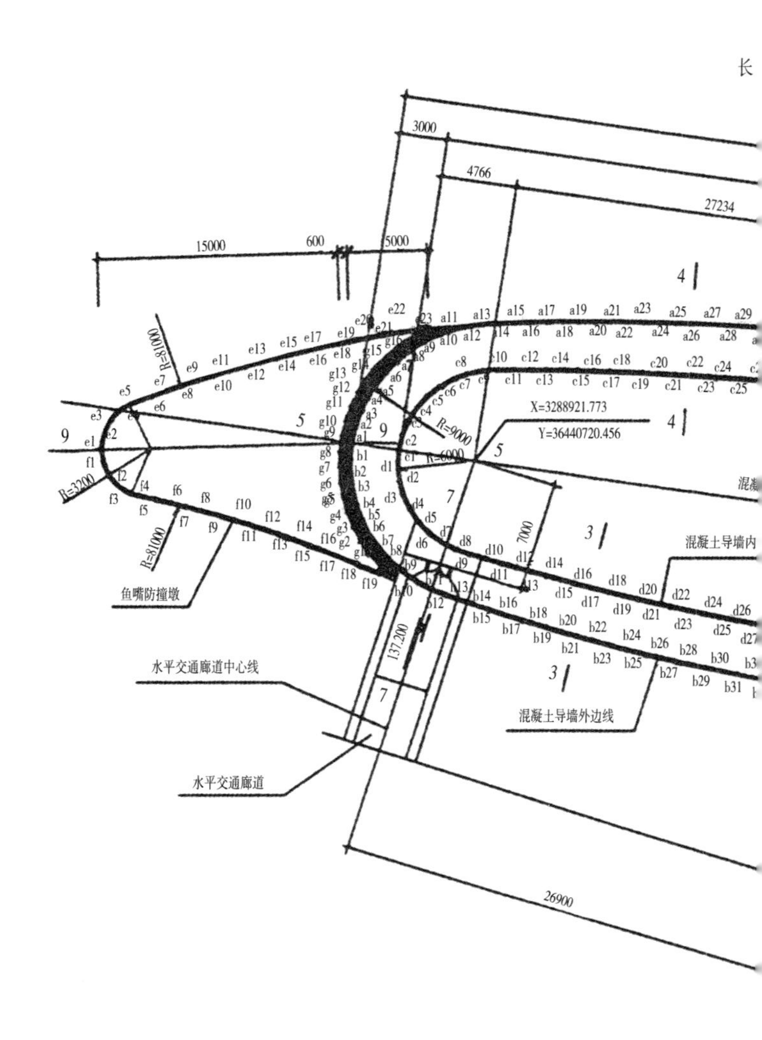

说明：

1. 图中高程以米计，余均以毫米为单位；高程采用黄海高程。
2. 外江侧混凝土导墙顶高程为 141.80m，鉴湖侧混凝土导墙顶高程为 141.50m。
3. 水平交通廊道、混凝土导墙及鱼嘴防撞墩结构另详。
4. 水下钻孔间距沿内外环均为 1000m。
5. 水下钻孔直径为准 Ø110mm，成孔孔径 Ø108mm，孔内插入 Ø50 钢棒，并以 M30 水泥砂浆灌注。
6.1-1~9-9 剖面图另详。

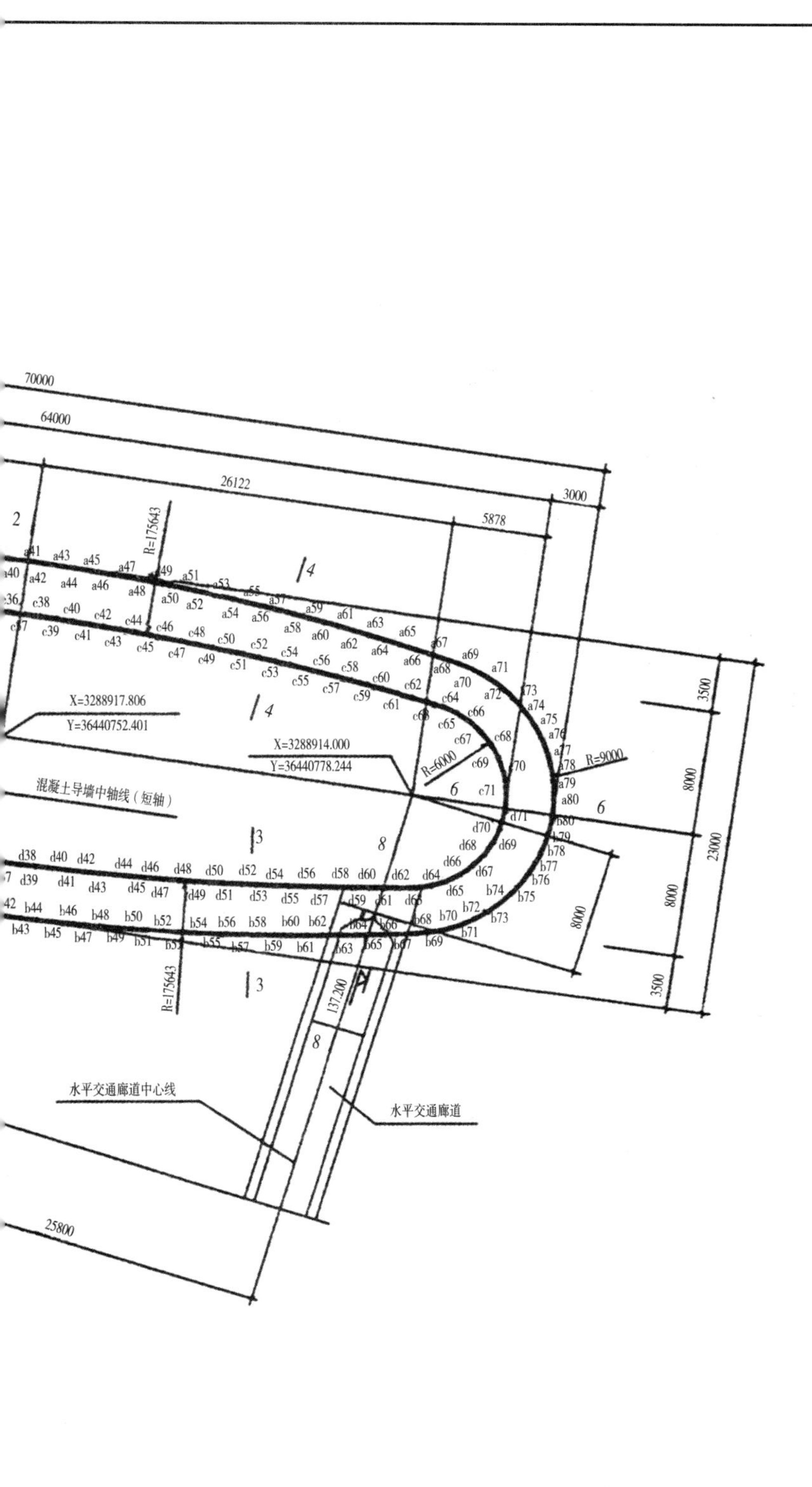

一五　混凝土导墙及鱼嘴防撞墩水下钻孔平面布置图

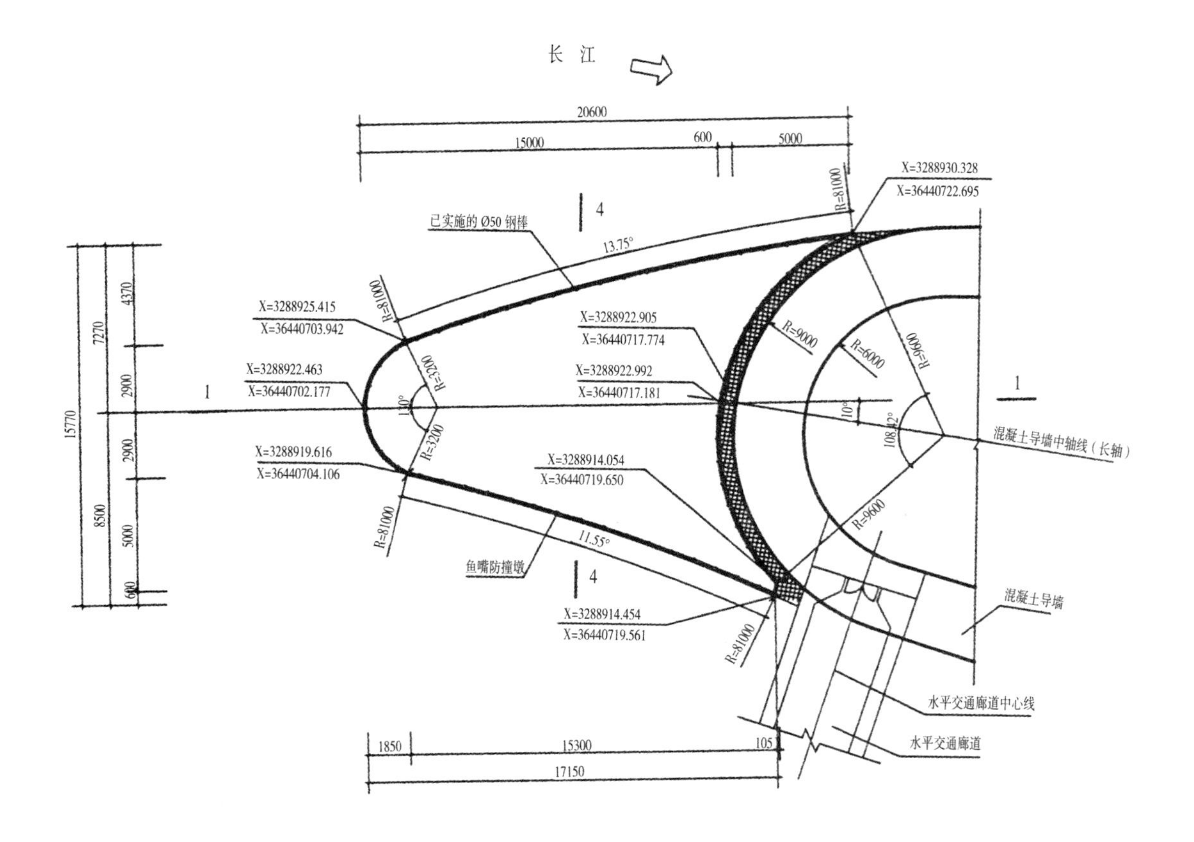

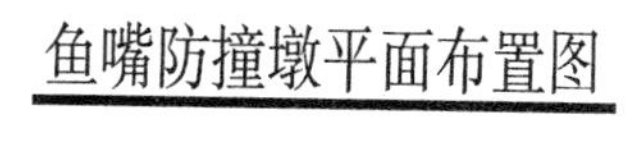
鱼嘴防撞墩平面布置图

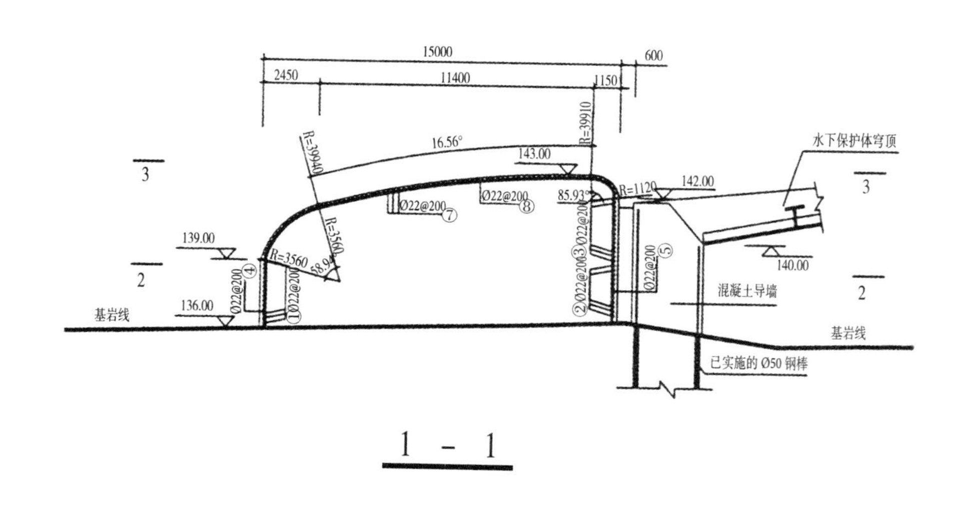

1 - 1

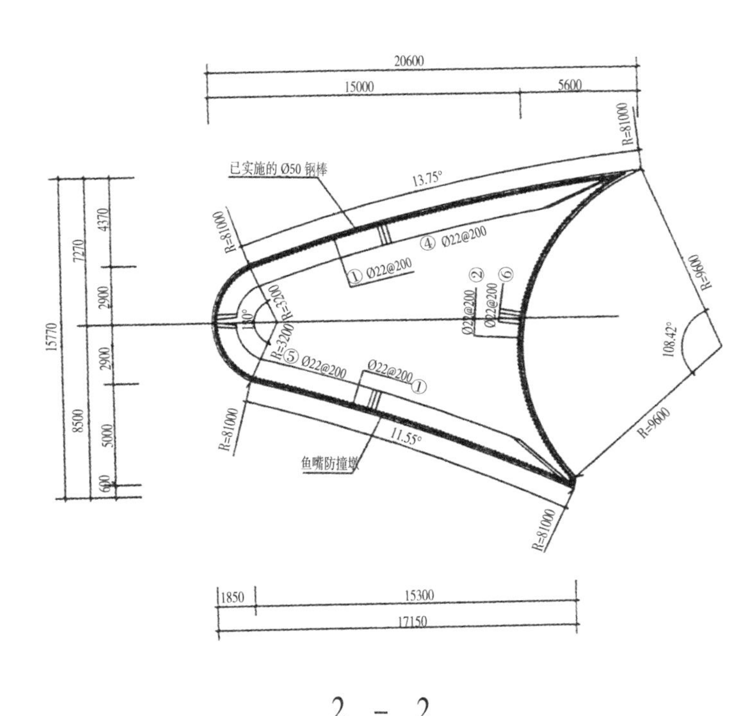

2 - 2

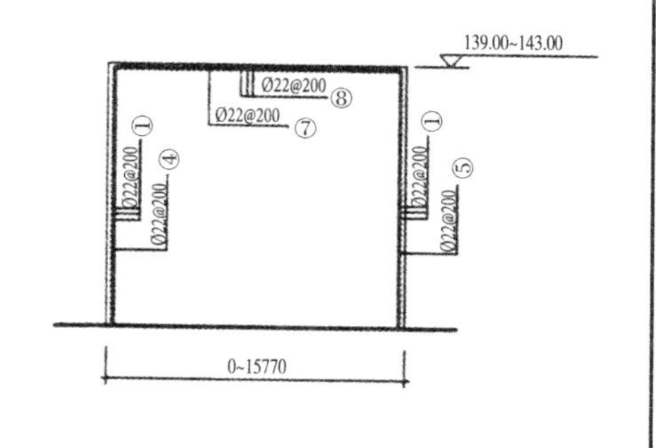

4 - 4

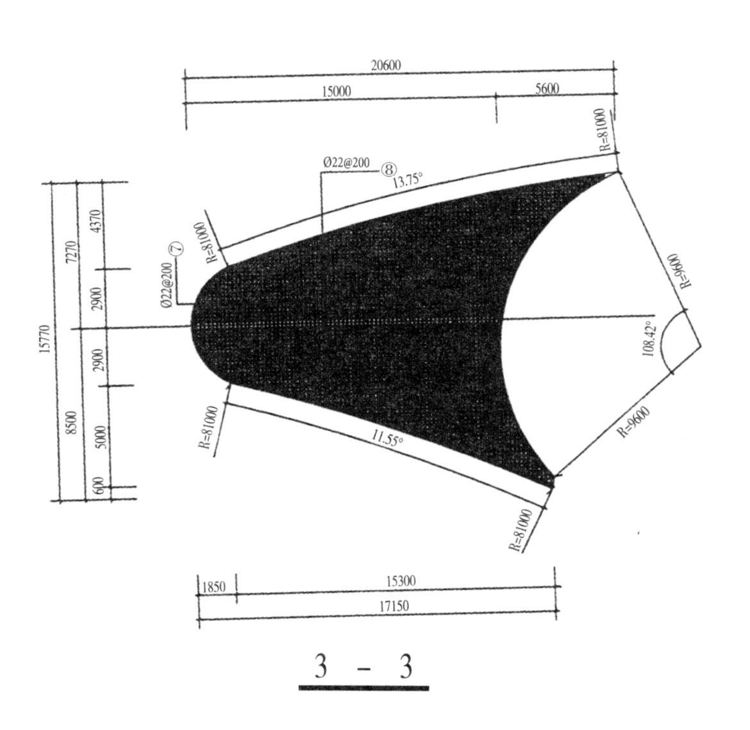

3 - 3

钢筋材料表

编号	形状尺寸（mm）	直径（mm）	单位长度（mm）	根数	总长度（m）	重量（kg）
①	19100, R=80860, 6940, 16000, R=80860	Ø22	42040	15	630.60	1881.7
②	17510, 900, 540, R=9740, 900	Ø22	19850	15	297.75	888.5
③	9800（平均值）, 900, R=80860, R=9740, 900, 8200（平均值）, 17510, 540	Ø22	37850	15	567.75	1694.2
④	900 3000~6000	Ø22	3900~6900	116	626.40	1869.2
⑤	900 3000~6000	Ø22	3900~6900	100	540.00	1611.4
⑥	900 6000	Ø22	6900	92	634.80	1894.2
⑦	6676(平均)	Ø22	6820	100	750.20	2238.6
⑧	7770(平均)	Ø22	7770	79	613.83	1831.7

Σ 13909.5kg

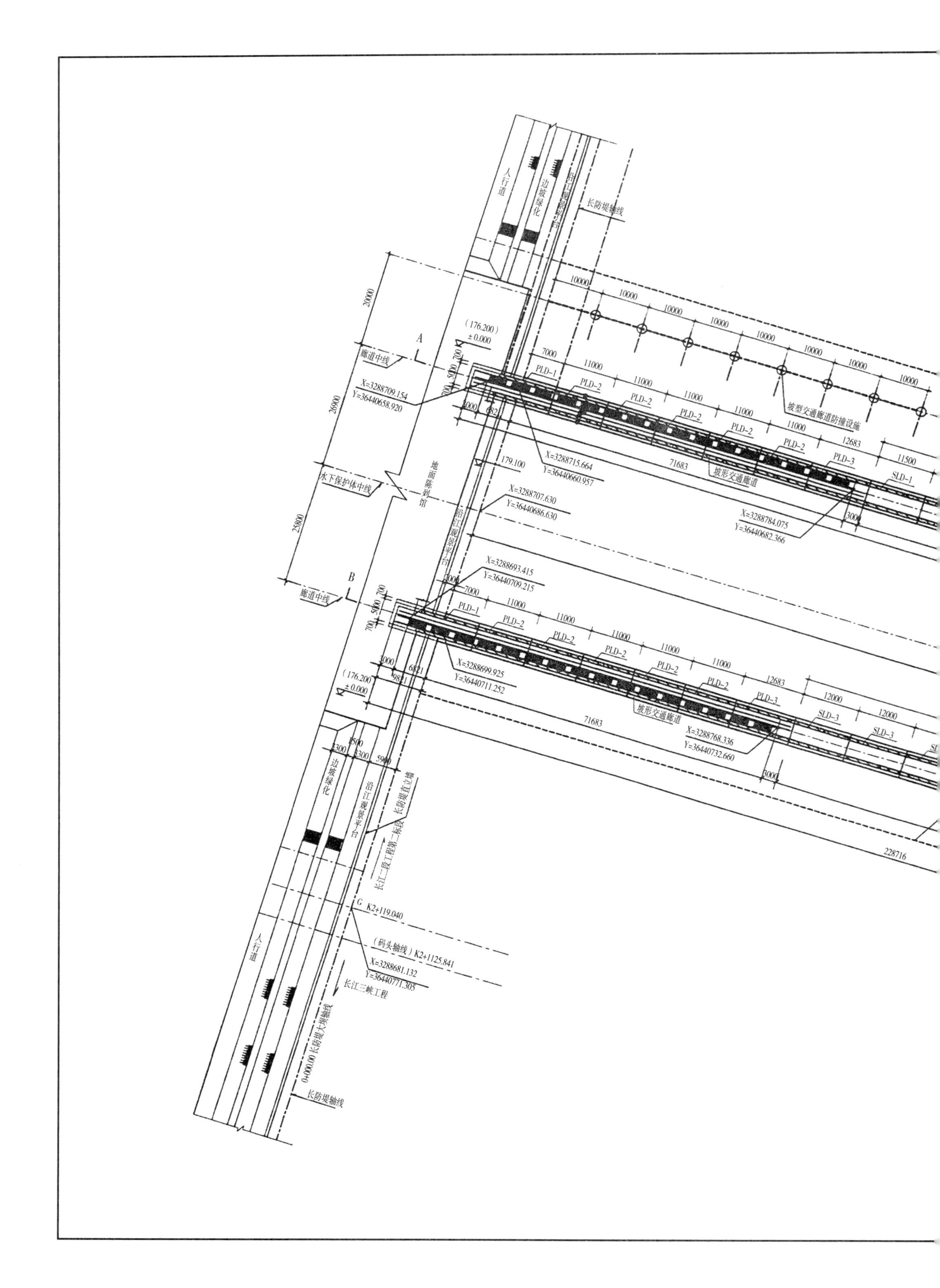

人行道
边坡绿化
长防堤轴线
廊道中线
水下保护体中线
地面陈列馆
沿江观景平台
坡型交通廊道防撞设施
坡形交通廊道
71683
228716
X=3288709.154
Y=36440658.920
X=3288715.664
Y=36440660.957
X=3288707.630
Y=36440686.630
X=3288784.075
Y=36440682.366
X=3288693.415
Y=36440709.215
X=3288699.925
Y=36440711.252
X=3288768.336
Y=36440732.660
K2+119.040
（码头轴线）K2+1125.841
X=3288681.132
Y=36440771.305
长江三峡工程
长江二段工程第二标段
长防堤直立墙
0+000.00长防堤大坝轴线

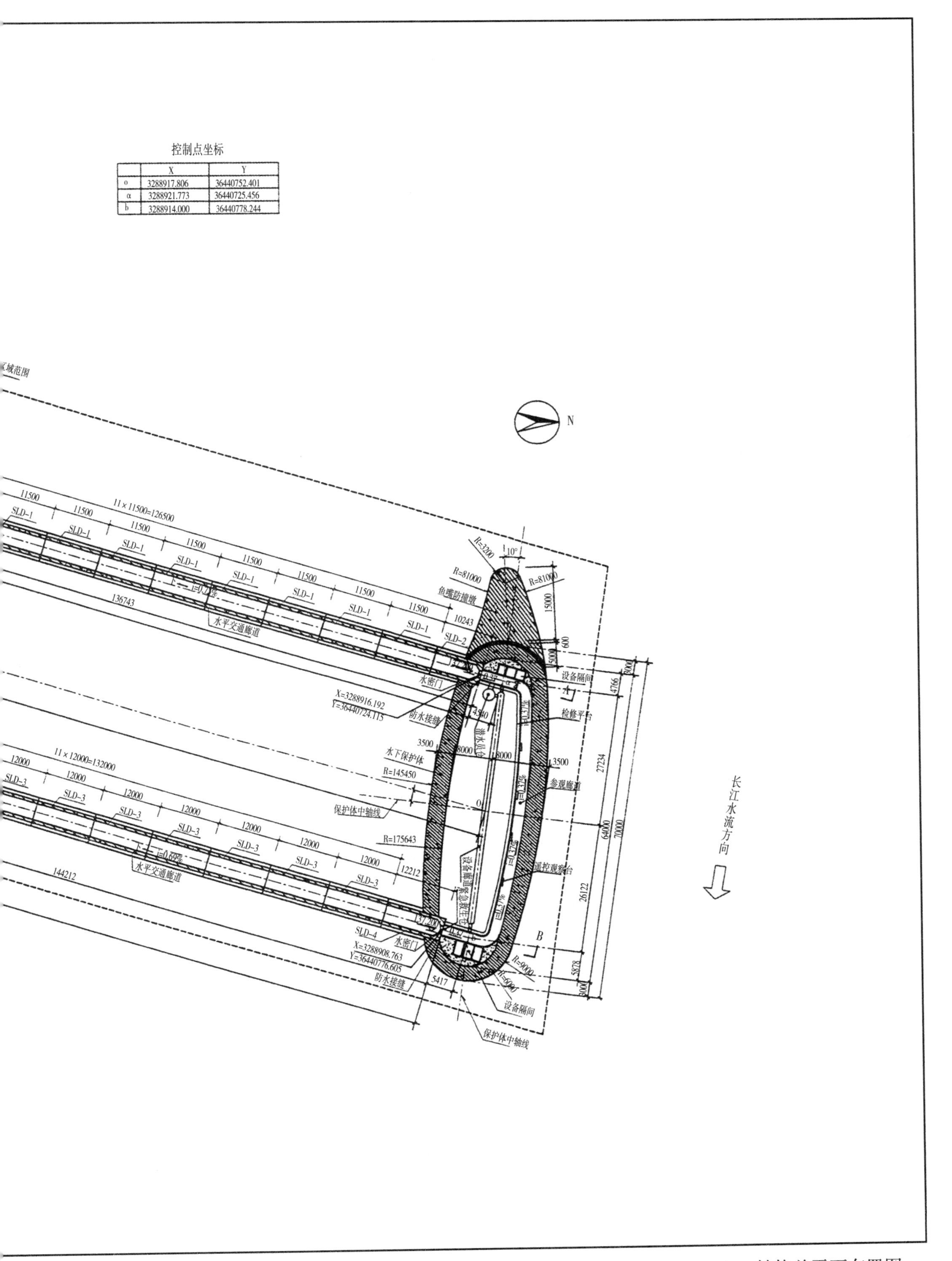
控制点坐标

	X	Y
o	3288917.806	36440752.401
α	3288921.773	36440725.456
b	3288914.000	36440778.244

一七　结构总平面布置图

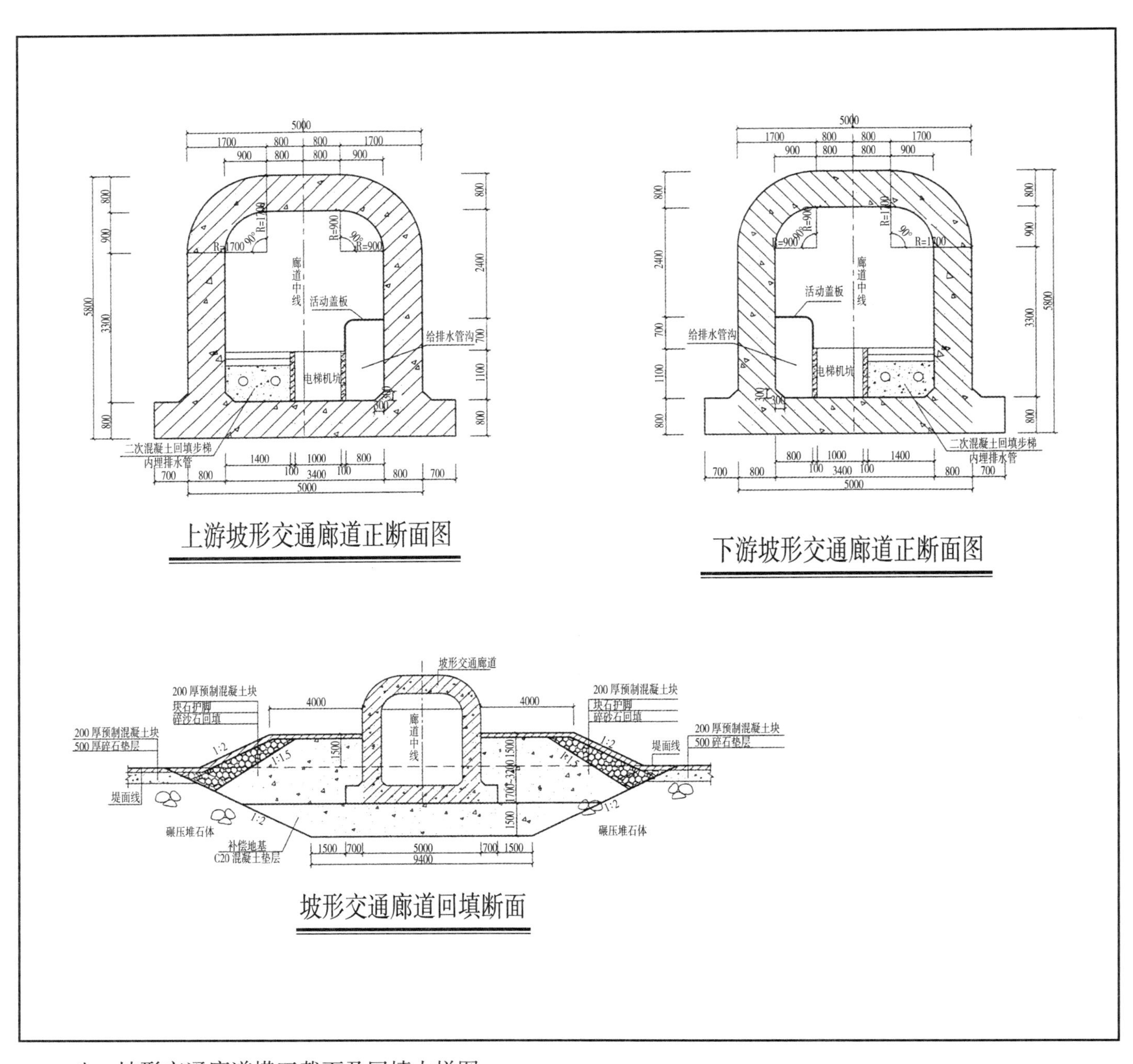

一八　坡形交通廊道横正截面及回填大样图

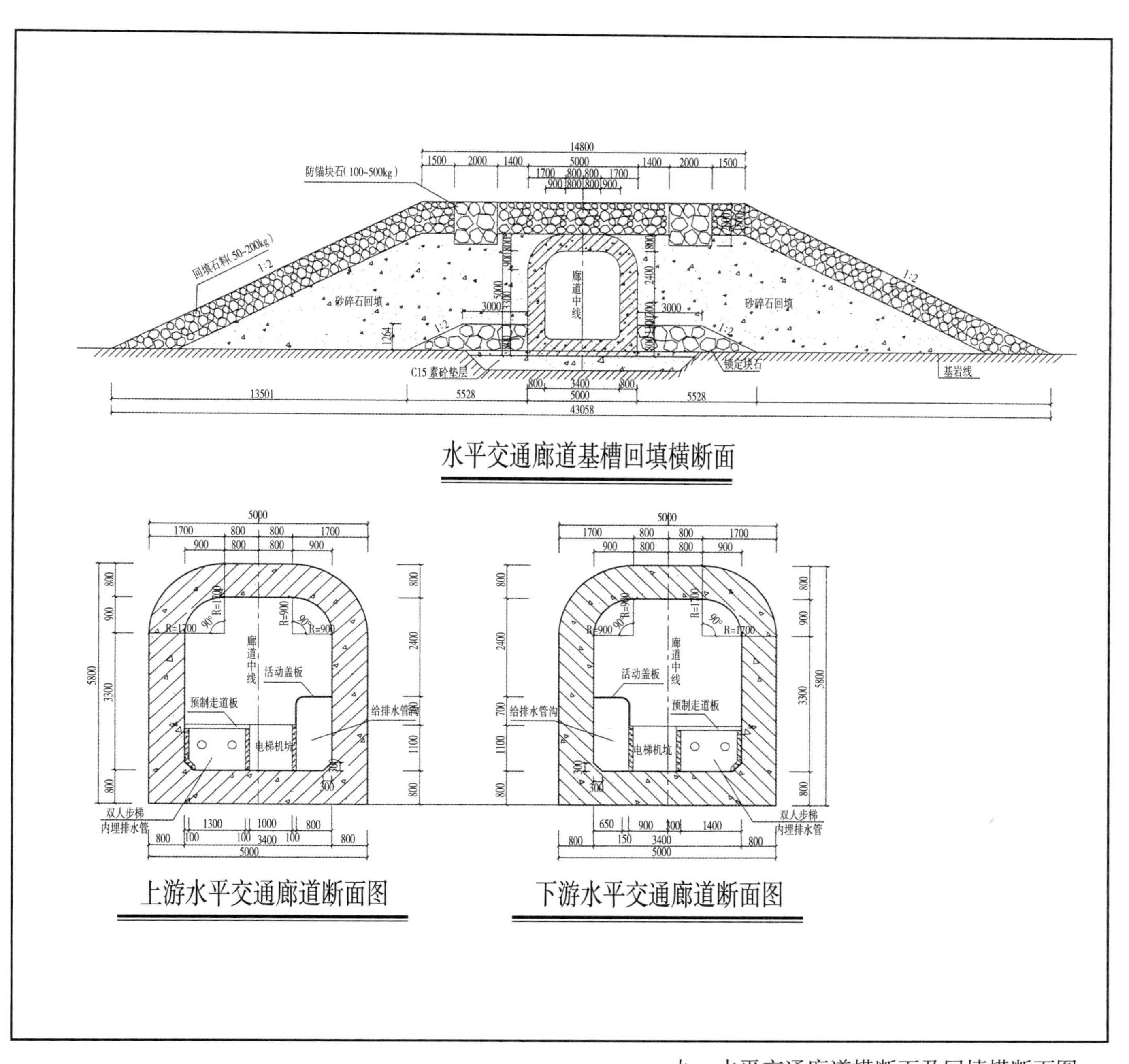

一九　水平交通廊道横断面及回填横断面图

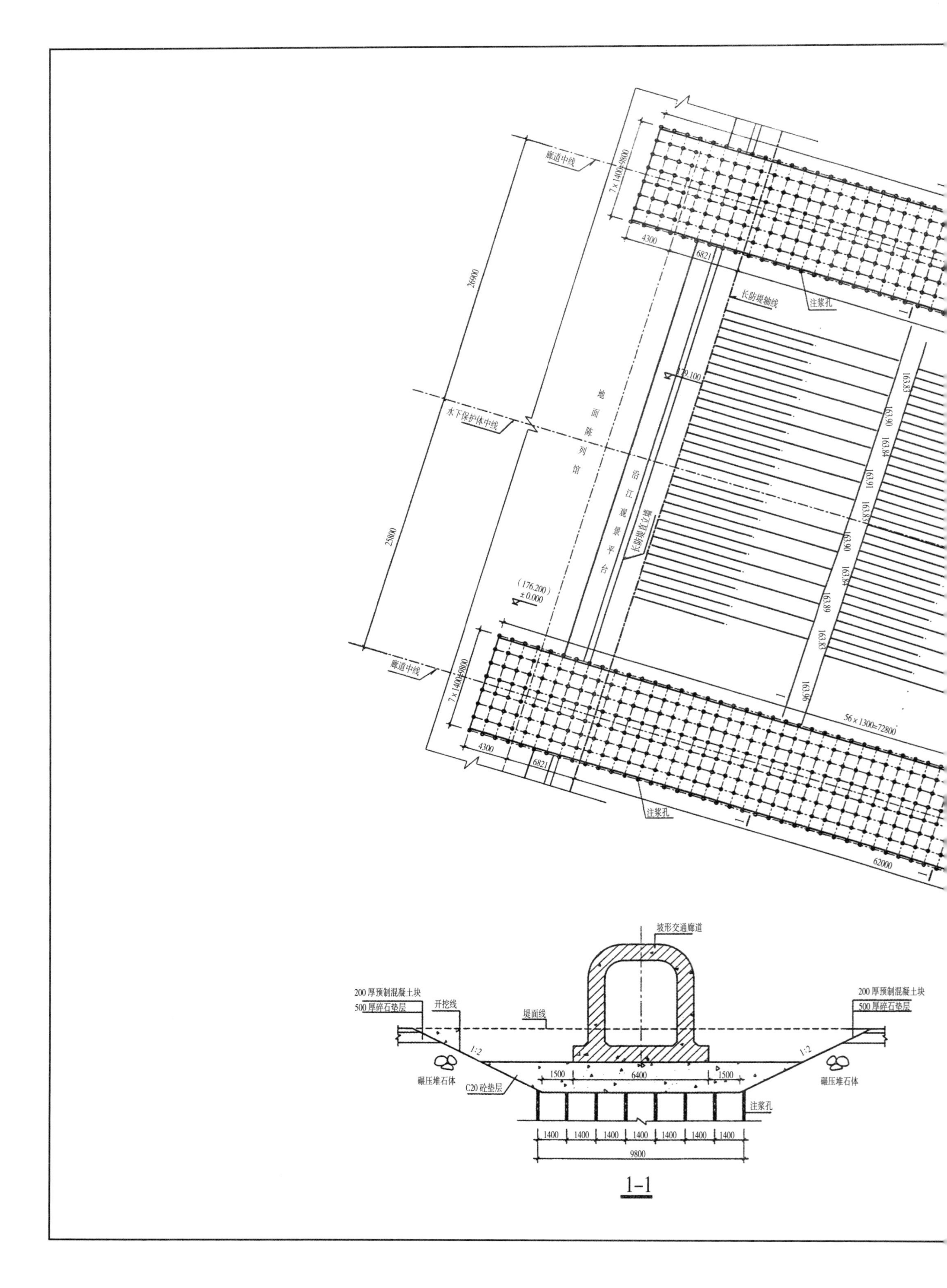
廊道中线
7×1400=9800
4300
6821
注浆孔
长防堤轴线
26900
179.100
水下保护体中线
地面陈列馆
沿江观景平台
长防堤直立墙
25800
(176.200)
±0.000
163.83
163.90
163.84
163.91
163.83
163.90
163.84
163.89
163.83
163.96
56×1300=72800
62000
坡形交通廊道
200 厚预制混凝土块
500 厚碎石垫层
开挖线
堤面线
1:2
碾压堆石体
C20 砼垫层
1500
6400
1500
注浆孔
1400
9800
1-1

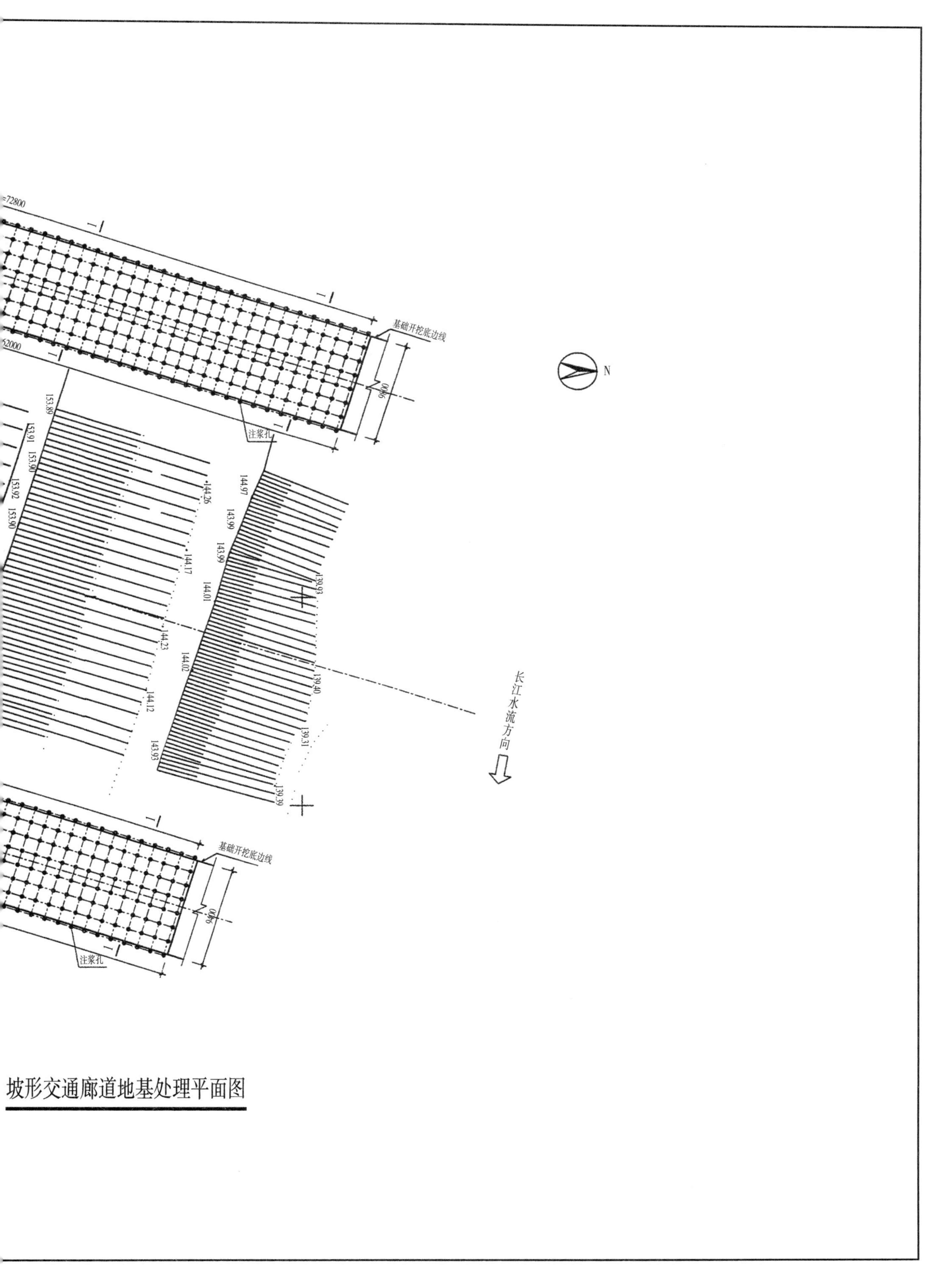

二〇　坡形交通廊道地基处理平面图

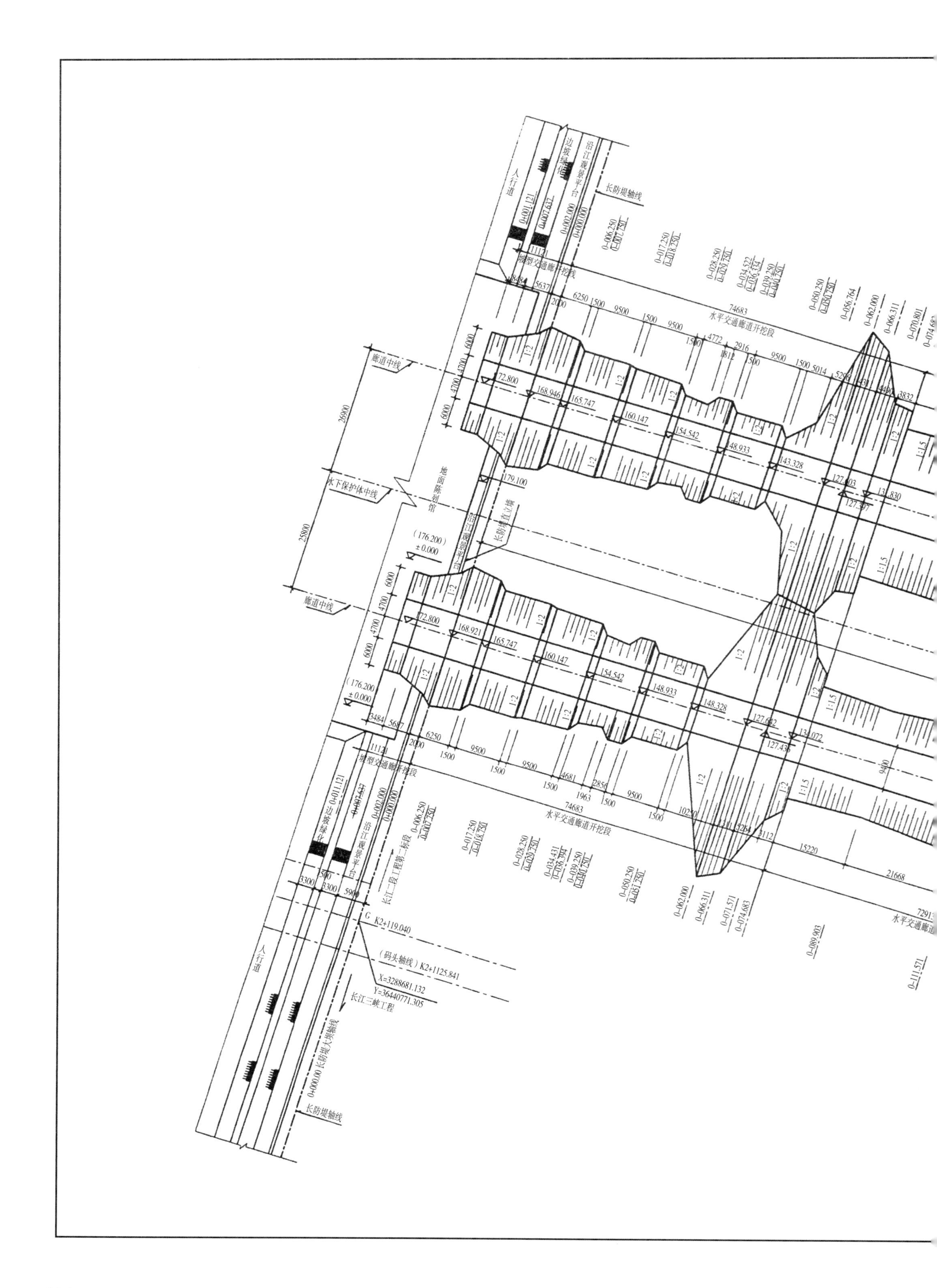

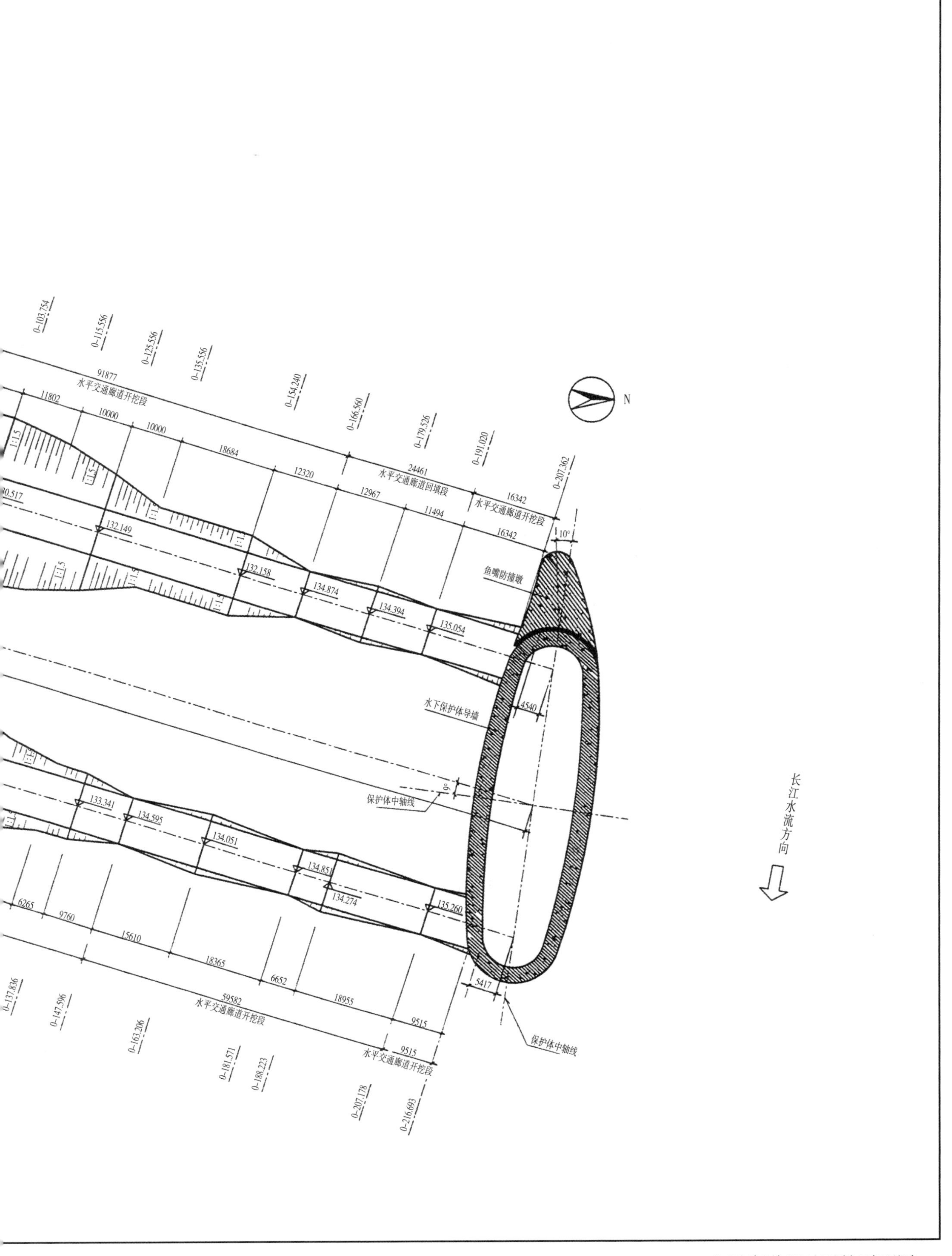

二一　交通廊道基础开挖平面图

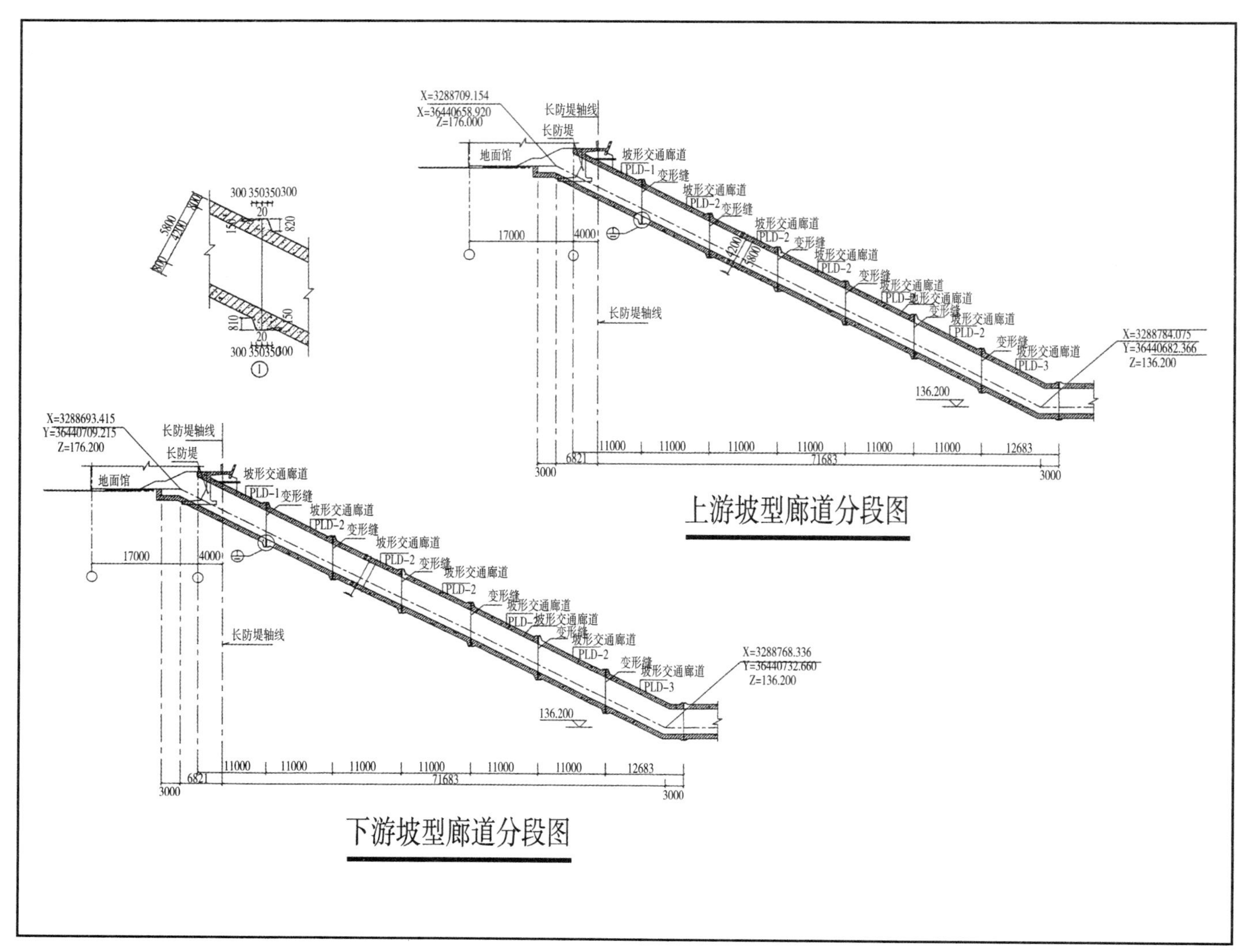

二二　坡形交通廊道分段图

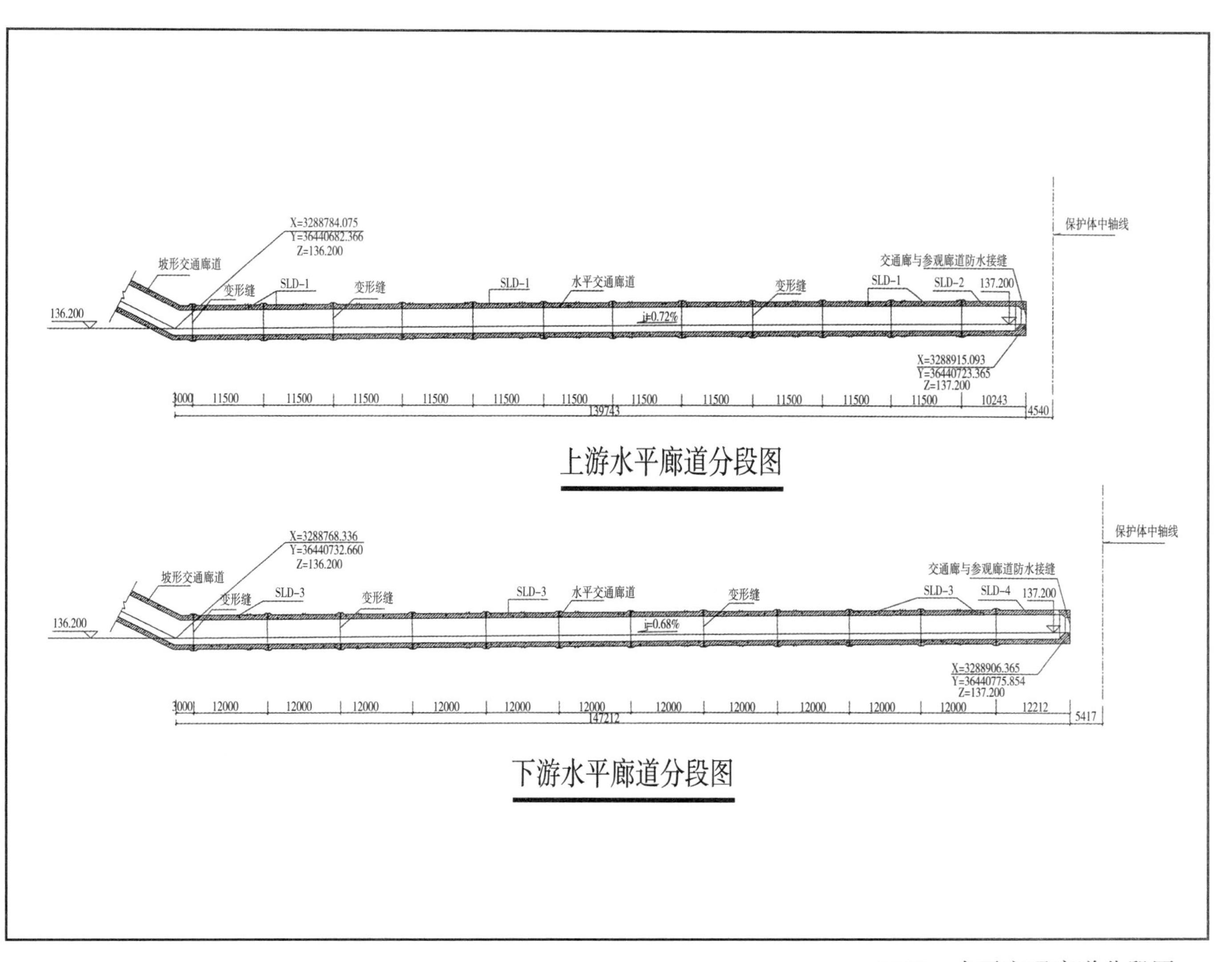

二三　水平交通廊道分段图

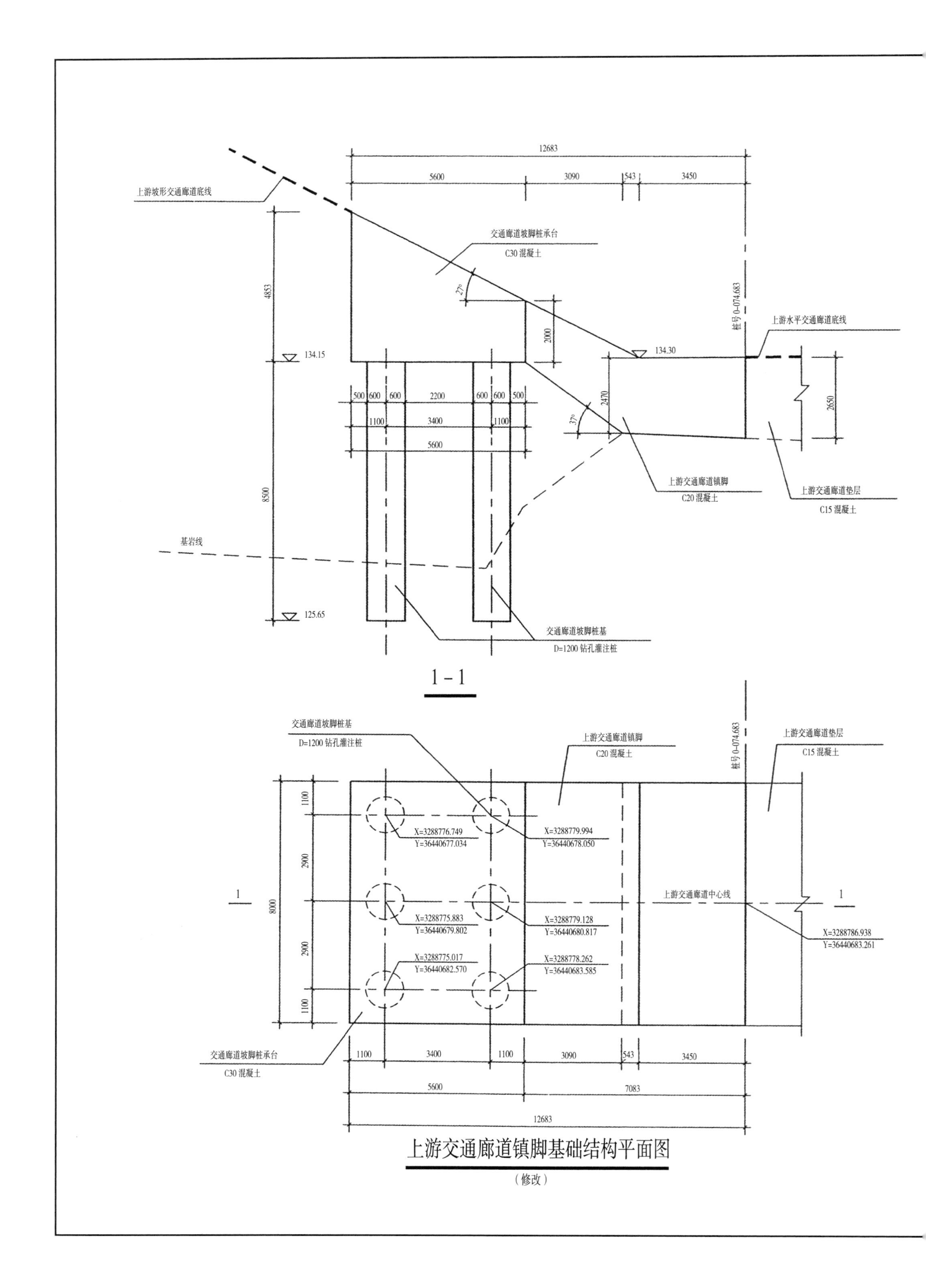

上游交通廊道镇脚基础结构平面图

（修改）

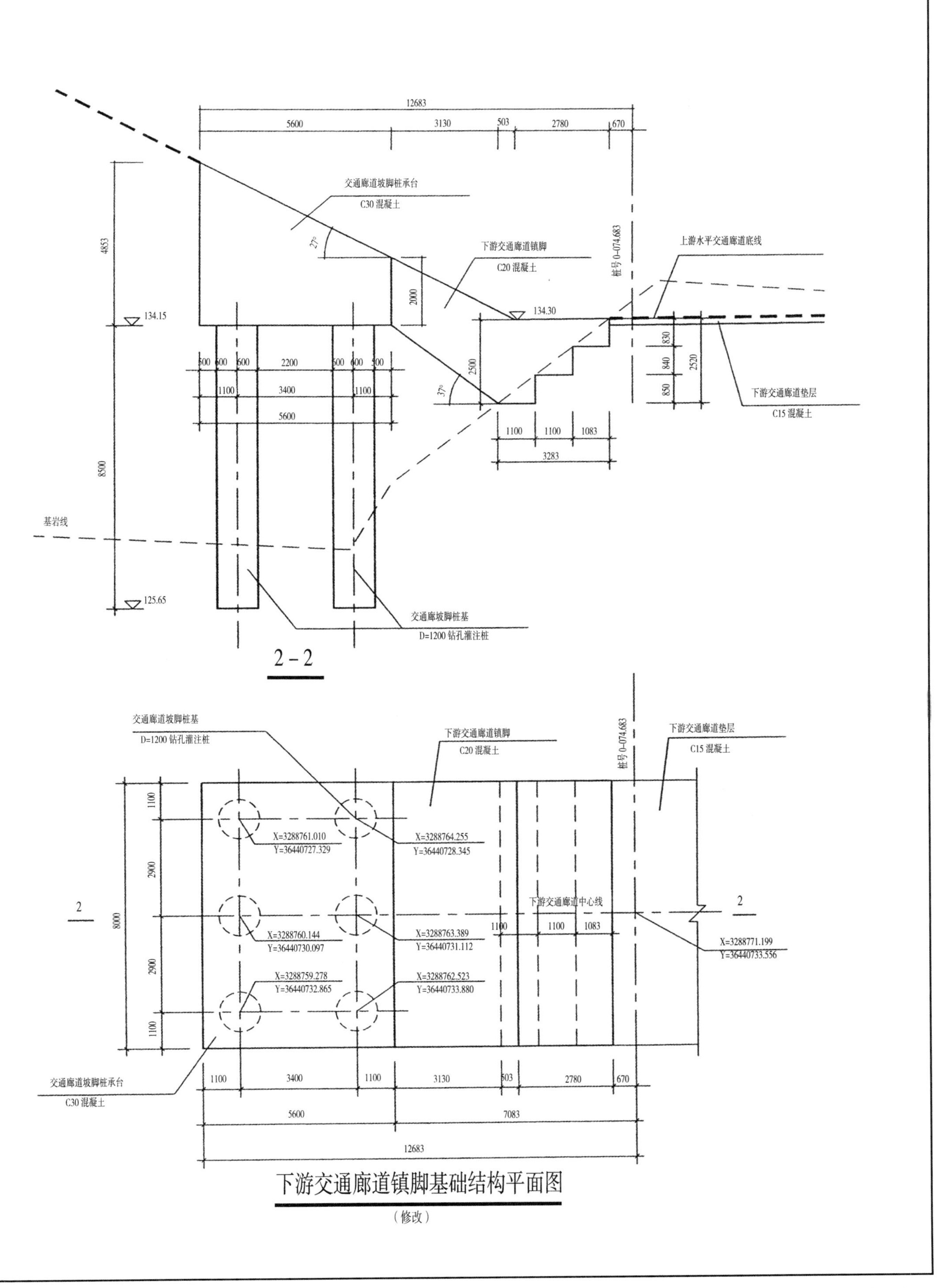

下游交通廊道镇脚基础结构平面图

（修改）

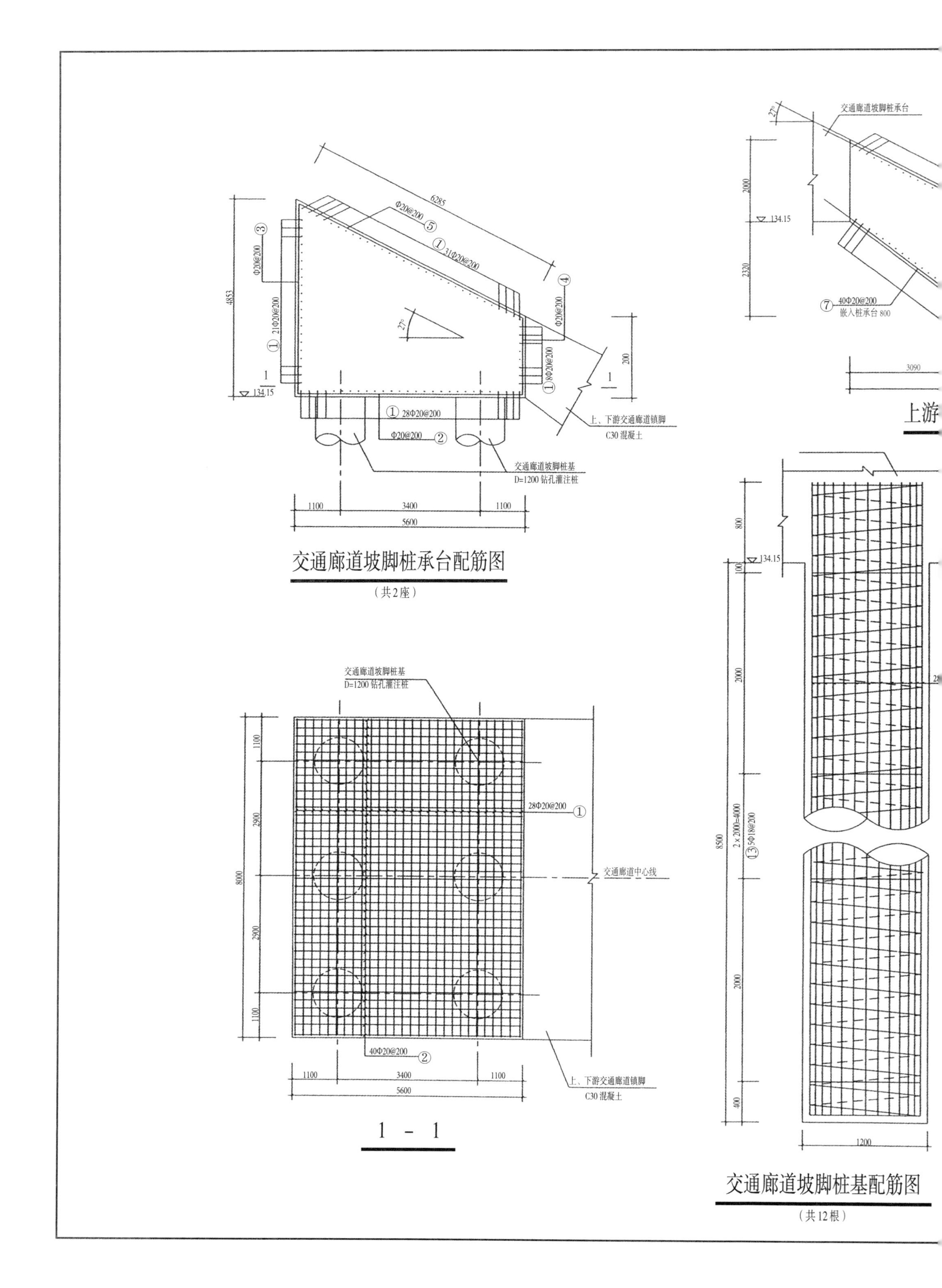
6285
Φ20@200 ⑤
① 31Φ20@200
③
Φ20@200
4853
① 21Φ20@200
27°
④
Φ20@200
①8Φ20@200
200
1
134.15
① 28Φ20@200
Φ20@200 ②
上、下游交通廊道镇脚
C30 混凝土
交通廊道坡脚桩基
D=1200 钻孔灌注桩
1100
3400
1100
5600
交通廊道坡脚桩承台配筋图
（共2座）
交通廊道坡脚桩基
D=1200 钻孔灌注桩
1100
2900
8000
2900
1100
28Φ20@200 ①
交通廊道中心线
40Φ20@200 ②
1100
3400
1100
5600
上、下游交通廊道镇脚
C30 混凝土
1 - 1
27°
交通廊道坡脚桩承台
2000
134.15
2320
⑦ 40Φ20@200
嵌入桩承台 800
3090
上游
800
134.15
100
2000
8500
2×2000=4000
⑬5Φ18@200
2000
400
1200
交通廊道坡脚桩基配筋图
（共12根）

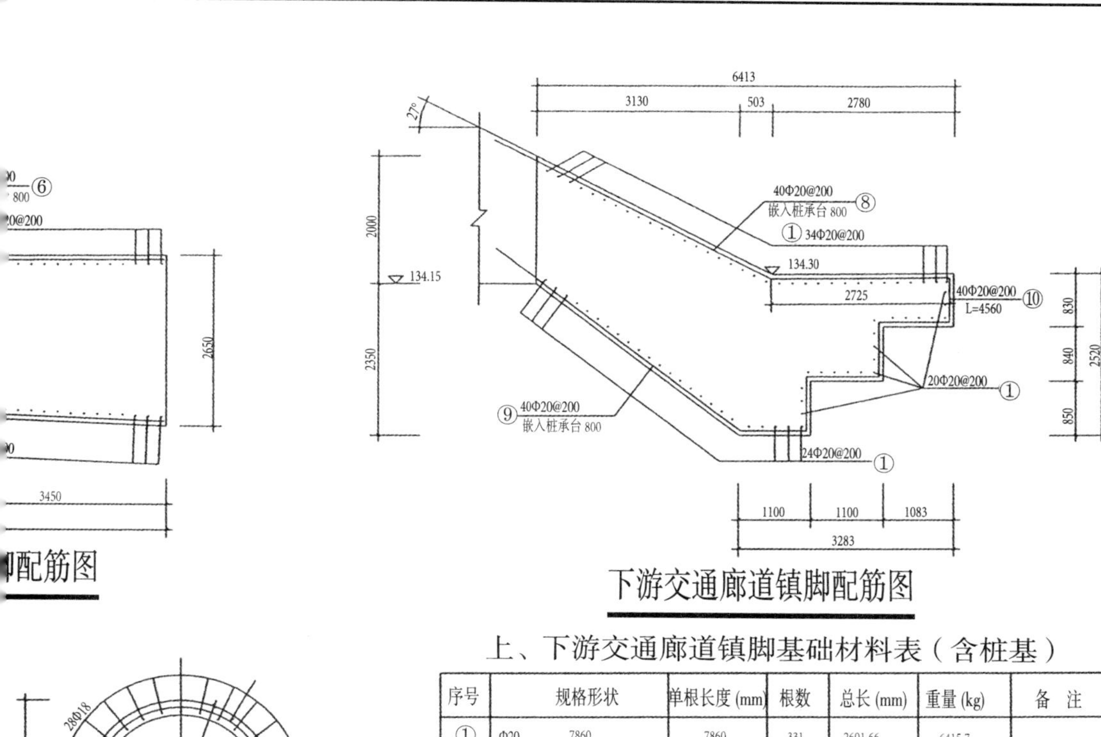

下游交通廊道镇脚配筋图

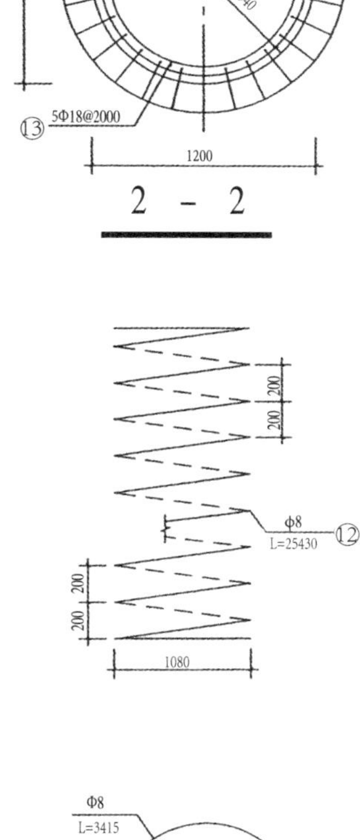

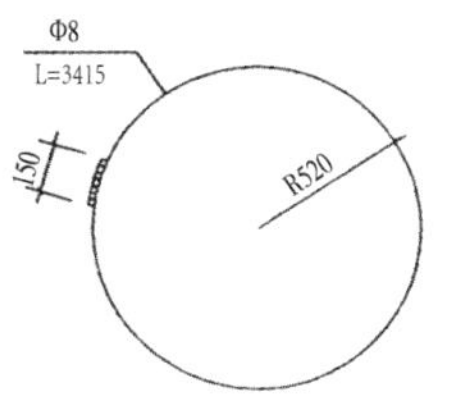

上、下游交通廊道镇脚基础材料表（含桩基）

序号	规格形状		单根长度 (mm)	根数	总长 (mm)	重量 (kg)	备 注
①	Φ20	7860	7860	331	2601.66	6415.7	
②	Φ20	5460	5460	80	436.8	1077.1	
③	Φ20	4710	7860	80	376.8	929.2	
④	Φ20	1860	7860	80	148.8	366.9	
⑤	Φ20	6150	7860	80	492.2	1213.3	
⑥	Φ20	4860 3430	8290	40	331.6	817.7	
⑦	Φ20	4690 3940	8630	40	345.2	851.3	
⑧	Φ20	4860 2730	7590	40	303.6	748.7	
⑨	Φ20	4750 1000	5750	40	230.0	567.2	
⑩	Φ20	L=4560	4560	40	182.4	449.8	
⑪	Φ18	9230	9230	336	3101.28	6196.4	
⑫	ϕ8	L=166600	166600	12	1999.2	789.7	
⑬	Φ18	L=3415	3415	60	204.9	409.4	
合计			钢筋：20832kg C30 混凝土：422.5m³， C20 混凝土：242.5m³				

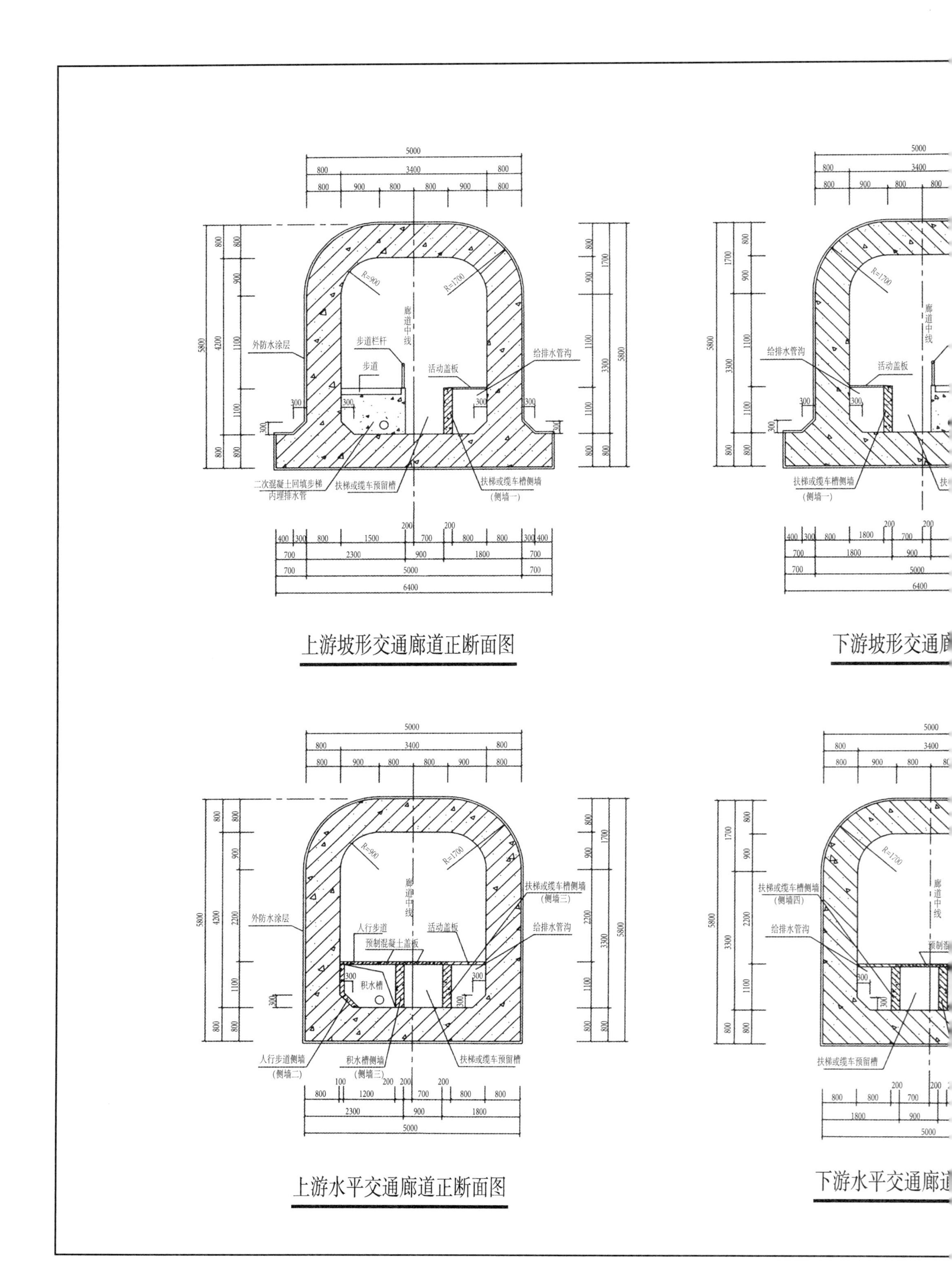
上游坡形交通廊道正断面图
外防水涂层
步道栏杆
步道
活动盖板
给排水管沟
廊道中线
二次混凝土回填步梯
内埋排水管
扶梯或缆车预留槽
扶梯或缆车槽侧墙
(侧墙一)
下游坡形交通廊
上游水平交通廊道正断面图
人行步道
预制混凝土盖板
积水槽
扶梯或缆车槽侧墙
(侧墙三)
人行步道侧墙
(侧墙二)
积水槽侧墙
扶梯或缆车预留槽
下游水平交通廊道
扶梯或缆车槽侧墙
(侧墙四)

交通廊道侧墙一～四工程量

编号	名称及规格		单位	数量	备注
一	坡形交通廊道				
1	侧墙一	C20 混凝土	m^3	38.8	侧墙一长 88.1m
2		Ø6 钢筋	t	0.47	单根长 88.1m，共 24 根
3		Ø12 钢筋	t	2.414	单根长 3.09m，共 880 根
二	水平交通廊道				
4	侧墙二（上游侧）	C20 混凝土	m^3	15.5	侧墙二长 133.3m
5		Ø6 钢筋	t	0.176	单根长 133.3m，共 6 根
6		Ø12 钢筋	t	0.95	单根长 1.6m，共 668 根
7	侧墙三（上游侧）	C20 混凝土	m^3	27.5	侧墙三长 133.3m
8		Ø6 钢筋	t	0.352	单根长 133.3m，共 12 根
9		Ø12 钢筋	t	1.75	单根长 2.95m，共 668 根
10	侧墙四（上游侧）	C20 混凝土	m^3	29.0	侧墙四长 140m
11		Ø6 钢筋	t	0.37	单根长 140m，共 12 根
12		Ø12 钢筋	t	1.871	单根长 2.95m，共 700 根
13	侧墙二（上游侧）	C20 混凝土	m^3	16.4	侧墙二长 140.8m
14		Ø6 钢筋	t	0.188	单根长 140.8m，共 6 根
15		Ø12 钢筋	t	1.002	单根长 1.6m，共 705 根
16	侧墙三（上游侧）	C20 混凝土	m^3	29.0	侧墙三长 140.8m
17		Ø6 钢筋	t	0.375	单根长 140.8m，共 12 根
18		Ø12 钢筋	t	1.847	单根长 2.95m，共 705 根
19	侧墙四（上游侧）	C20 混凝土	m^3	29.0	侧墙四长 146m
20		Ø6 钢筋	t	0.376	单根长 146m，共 6 根
21		Ø12 钢筋	t	1.855	单根长 2.95m，共 730 根
三	合计				
22	C20 混凝土		m^3	184.5	
23	钢筋		t	13.945	

二六　交通廊道正断面及侧面墙一～四大样图

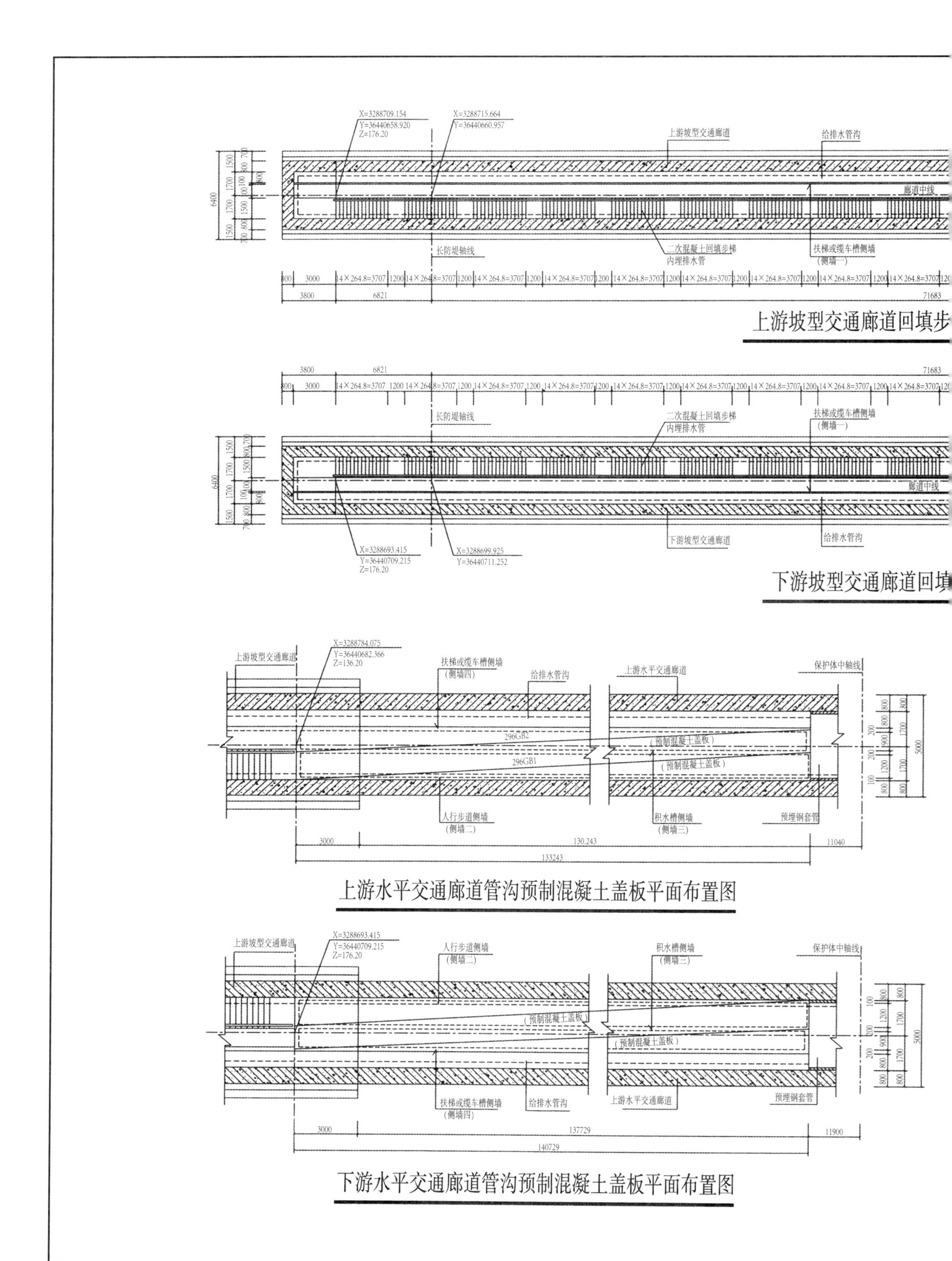

X=3288709.154
Y=36440658.920
Z=176.20
X=3288715.664
Y=36440660.957
上游坡型交通廊道
给排水管沟
廊道中线
长防堤轴线
二次混凝土回填步梯
内埋排水管
扶梯或缆车槽侧墙
(侧墙一)
上游坡型交通廊道回填步
下游坡型交通廊道
X=3288693.415
Y=36440709.215
Z=176.20
X=3288699.925
Y=36440711.252
下游坡型交通廊道回填
X=3288784.075
Y=36440682.366
Z=136.20
上游坡型交通廊道
扶梯或缆车槽侧墙
(侧墙四)
上游水平交通廊道
保护体中轴线
(预制混凝土盖板)
人行步道侧墙
(侧墙二)
积水槽侧墙
(侧墙三)
预埋钢套管
上游水平交通廊道管沟预制混凝土盖板平面布置图
下游水平交通廊道管沟预制混凝土盖板平面布置图

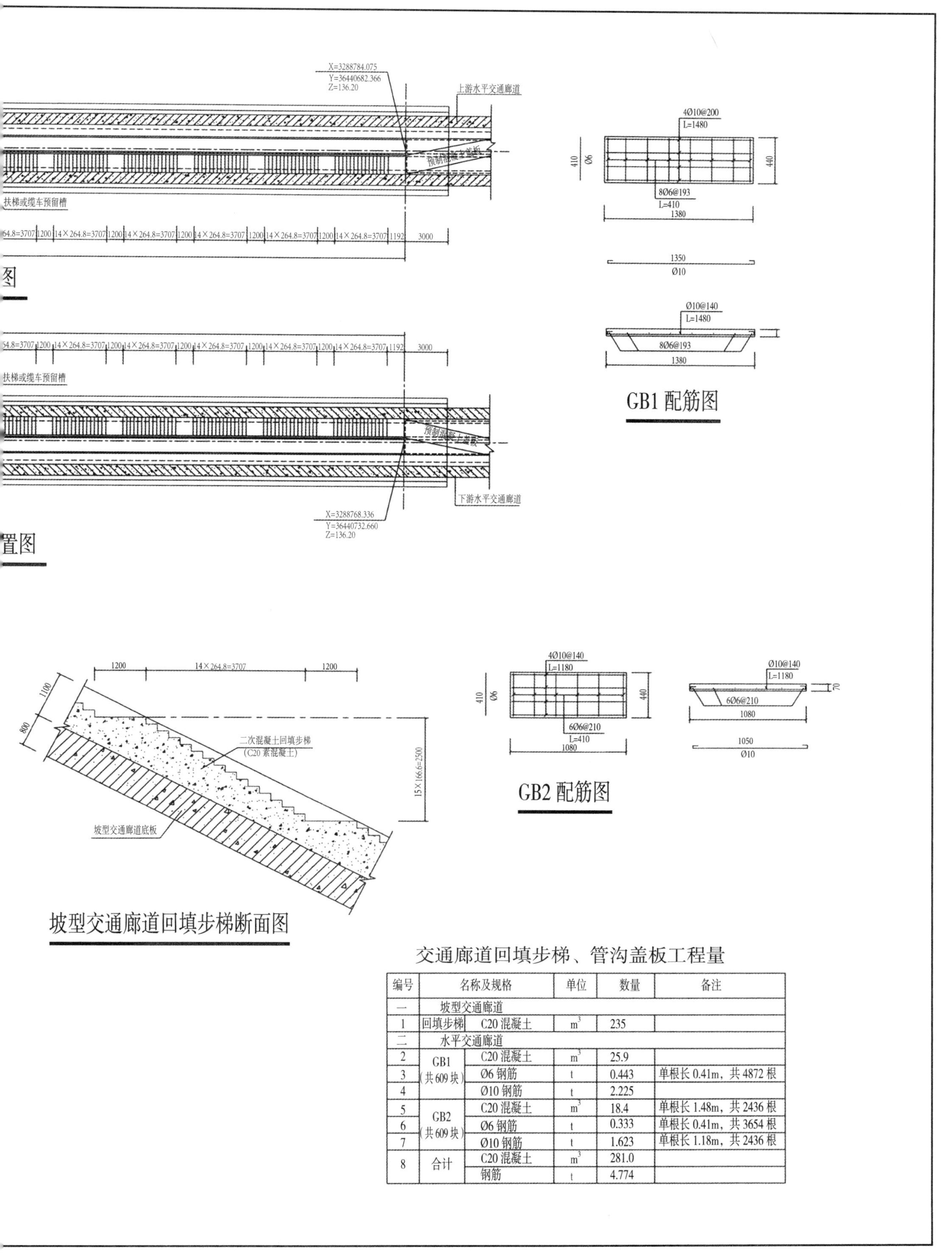

交通廊道回填步梯、管沟盖板工程量

编号	名称及规格		单位	数量	备注
一	坡型交通廊道				
1	回填步梯	C20 混凝土	m^3	235	
二	水平交通廊道				
2	GB1（共609块）	C20 混凝土	m^3	25.9	
3		Ø6 钢筋	t	0.443	单根长 0.41m，共 4872 根
4		Ø10 钢筋	t	2.225	
5	GB2（共609块）	C20 混凝土	m^3	18.4	单根长 1.48m，共 2436 根
6		Ø6 钢筋	t	0.333	单根长 0.41m，共 3654 根
7		Ø10 钢筋	t	1.623	单根长 1.18m，共 2436 根
8	合计	C20 混凝土	m^3	281.0	
		钢筋	t	4.774	

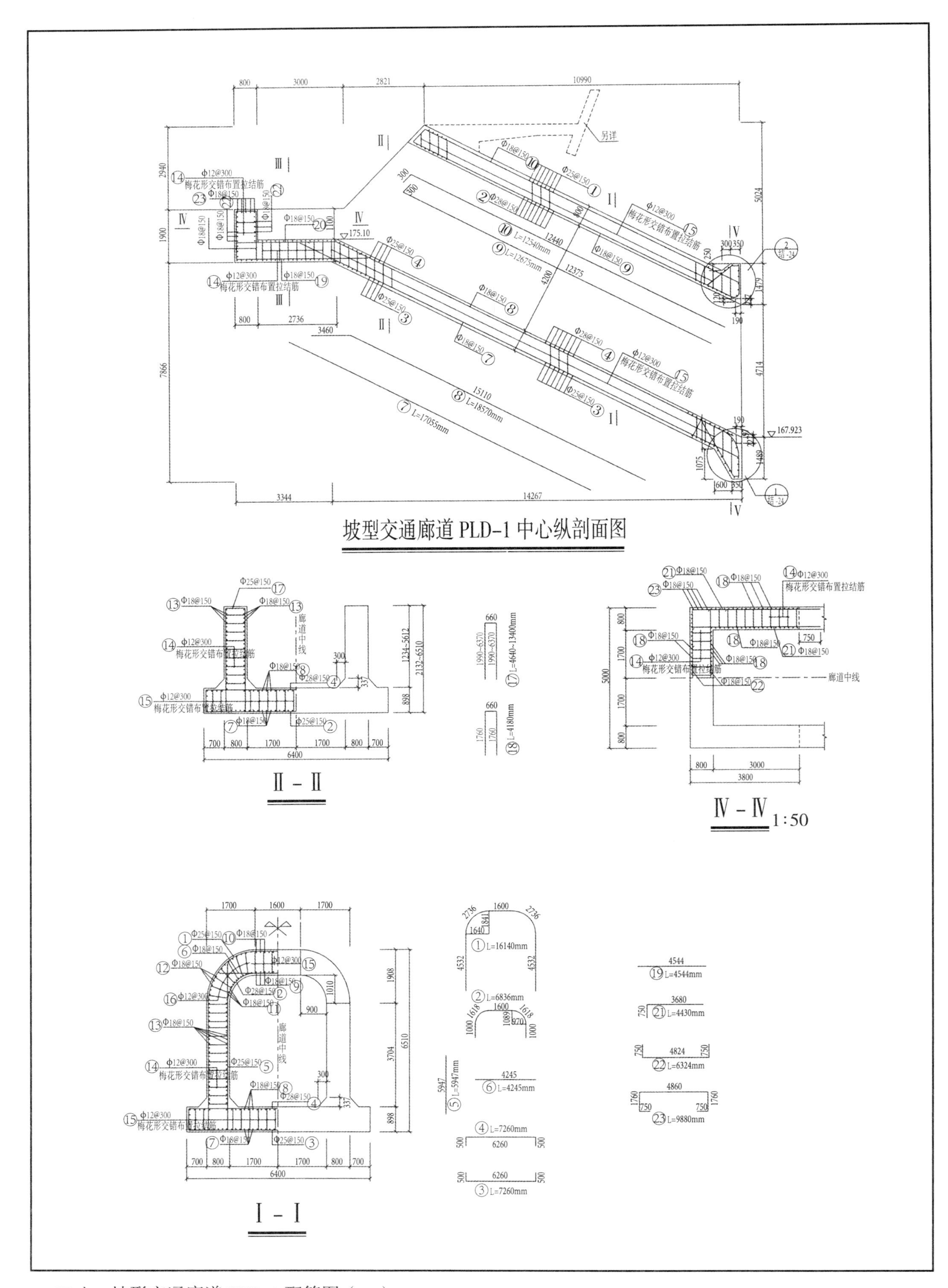

二八　坡形交通廊道 PLD-1 配筋图（一）

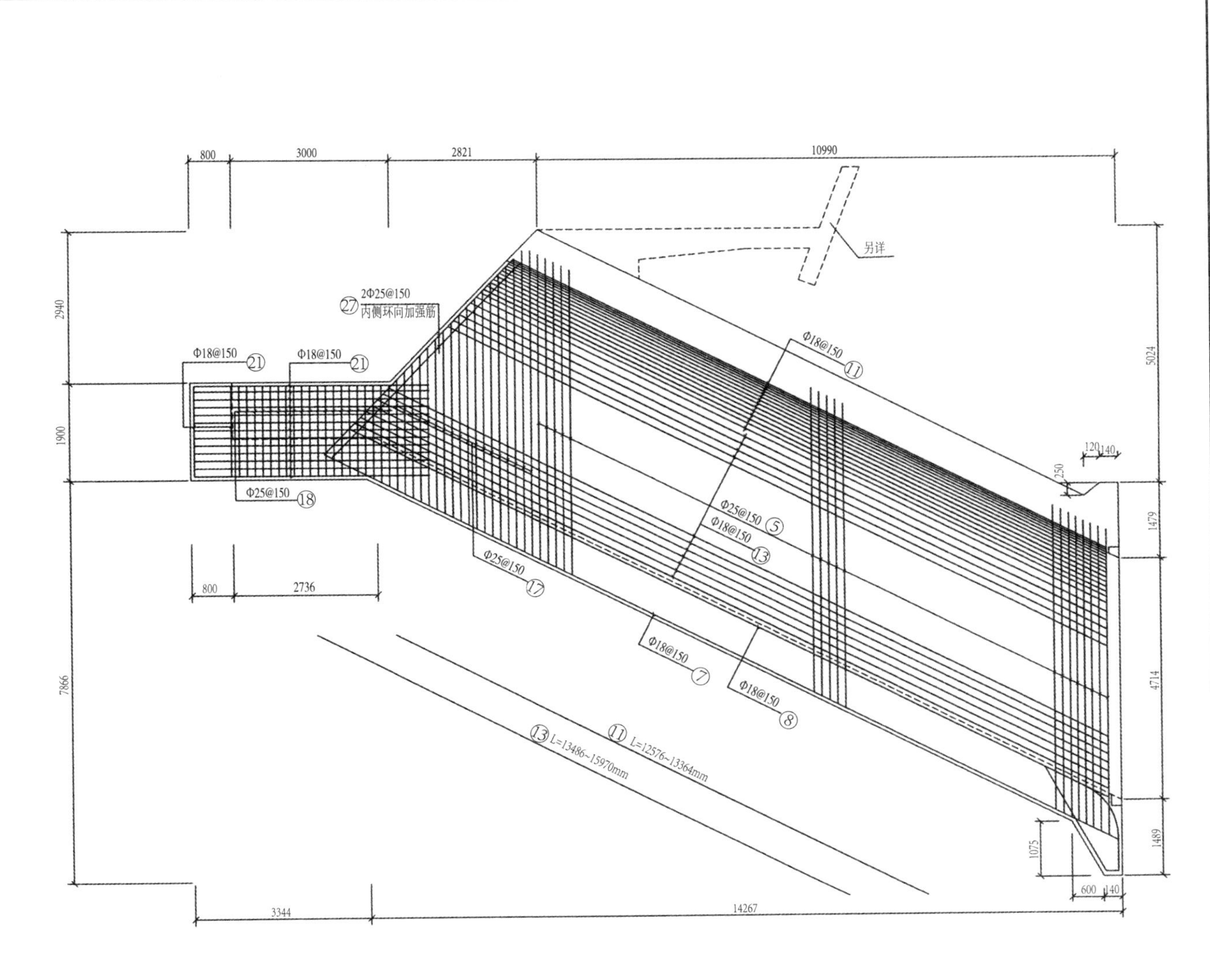

坡型交通廊道 PLD-1 侧墙内侧配筋图

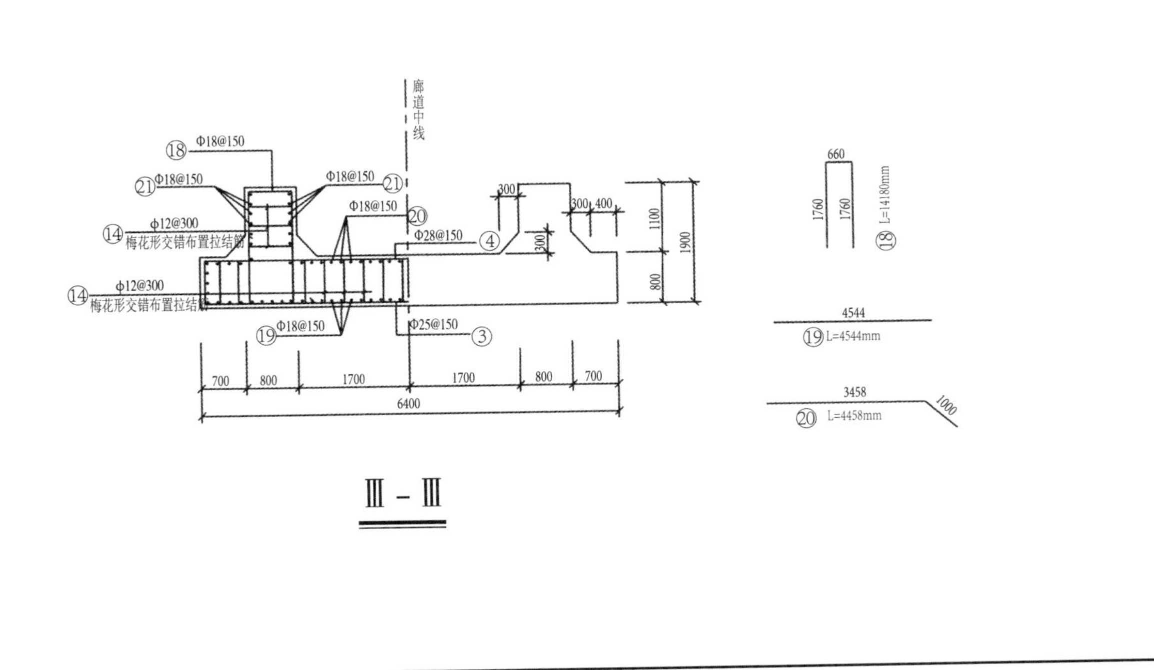

Ⅲ－Ⅲ

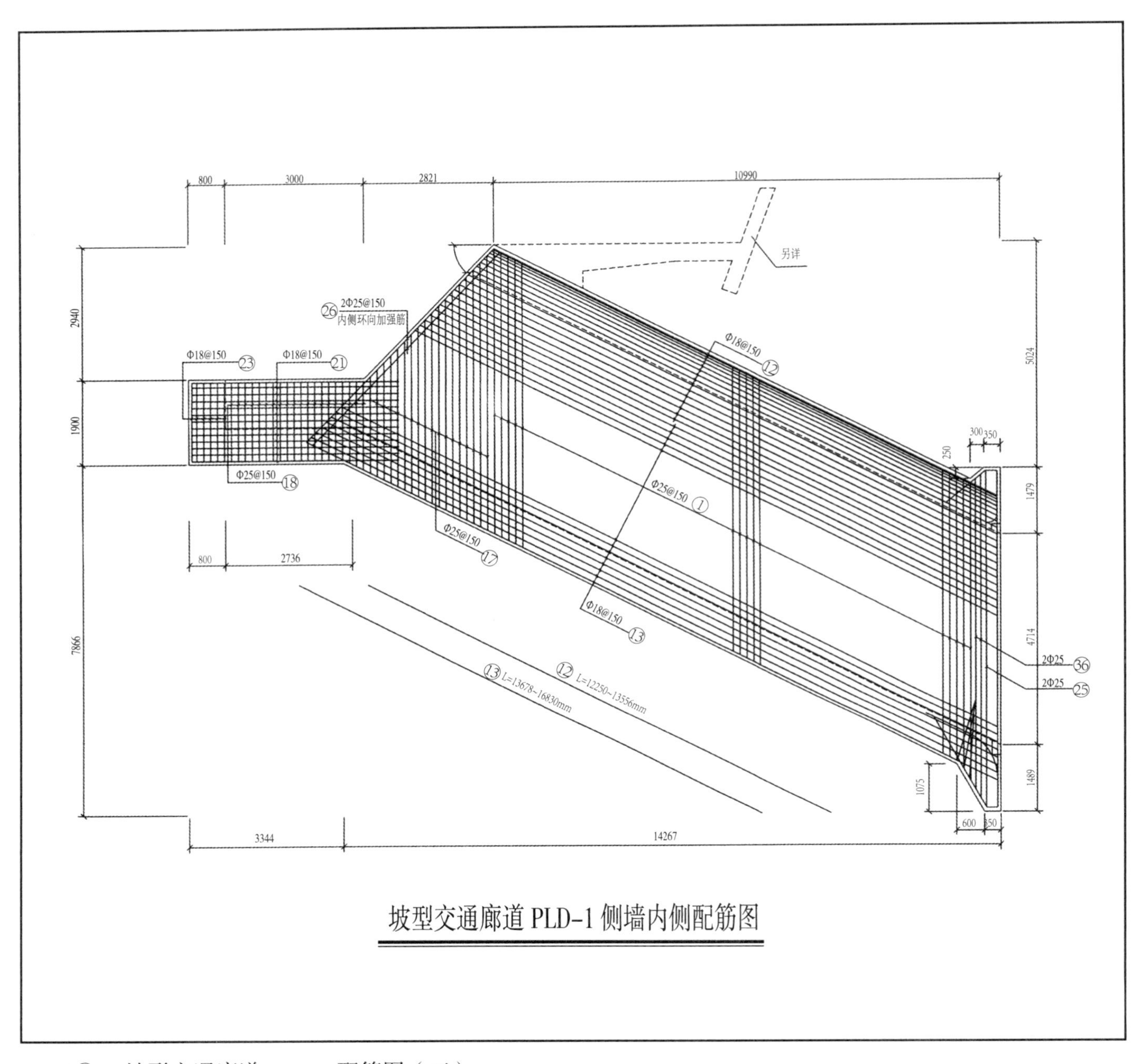

坡型交通廊道 PLD-1 侧墙内侧配筋图

三〇　坡形交通廊道 PLD-1 配筋图（三）

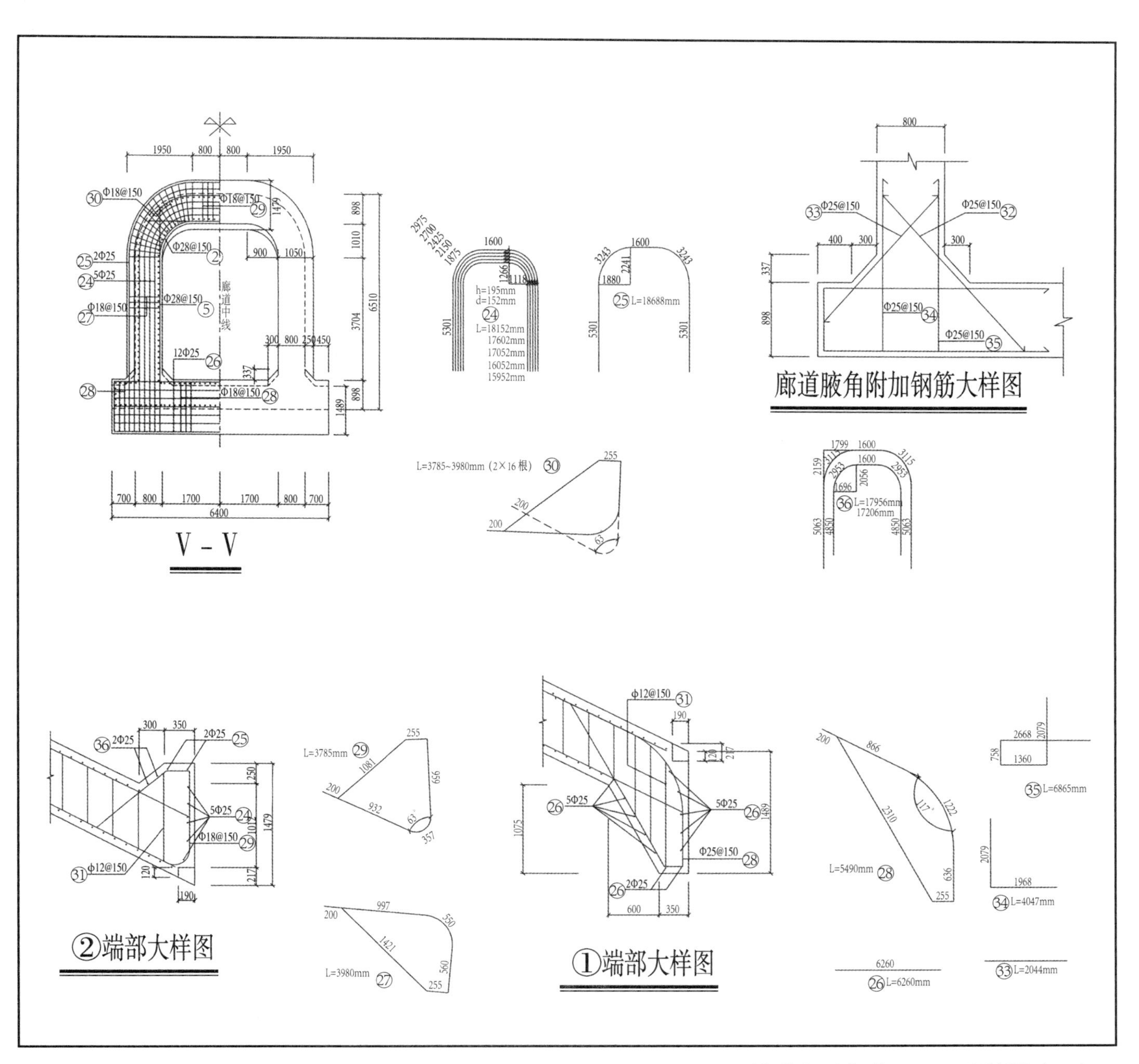

三一　坡形交通廊道 PLD-1 配筋图（四）

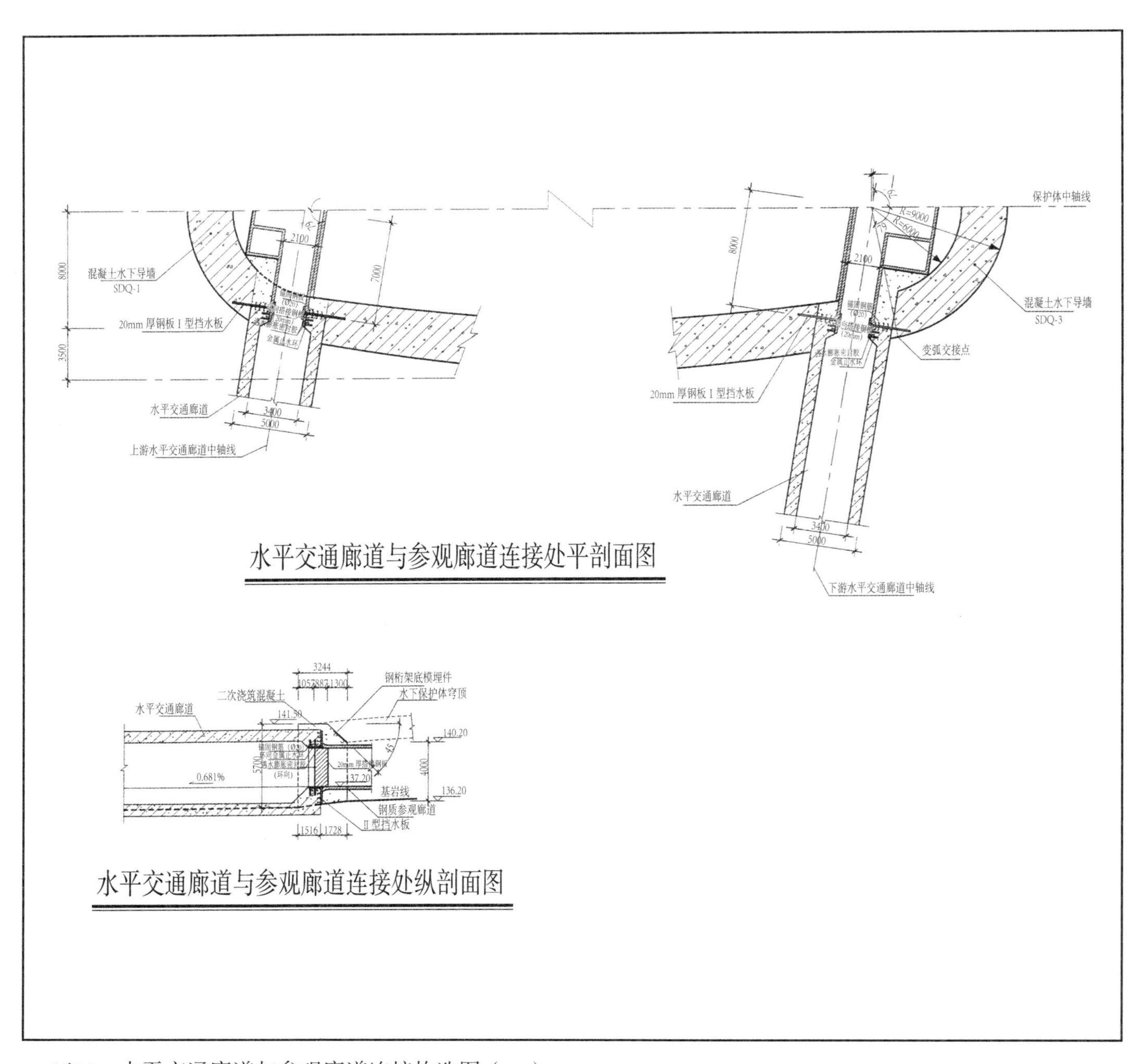

三二　水平交通廊道与参观廊道连接构造图（一）

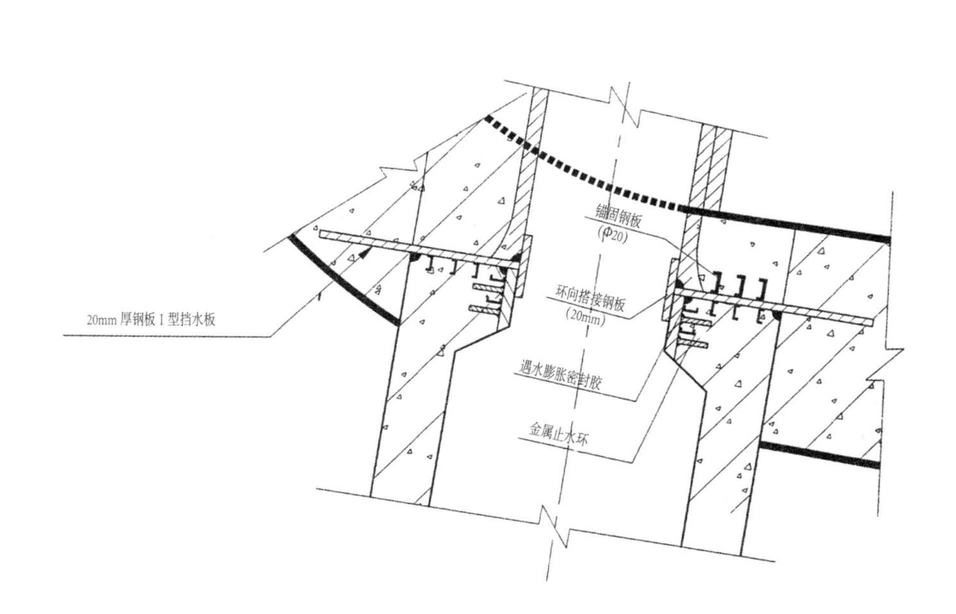

水平交通廊道与参观廊道连接处平剖面图

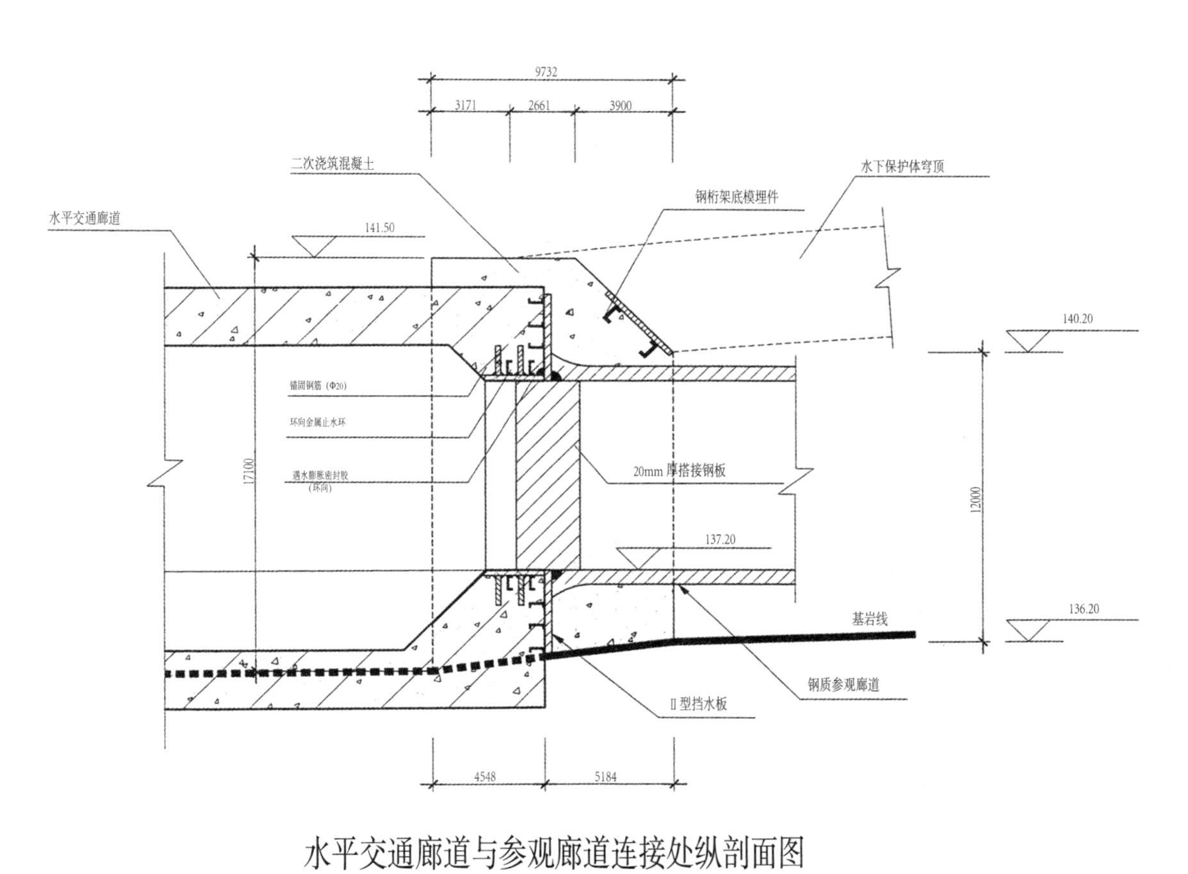

水平交通廊道与参观廊道连接处纵剖面图

三三　水平交通廊道与参观廊道连接构造图（二）

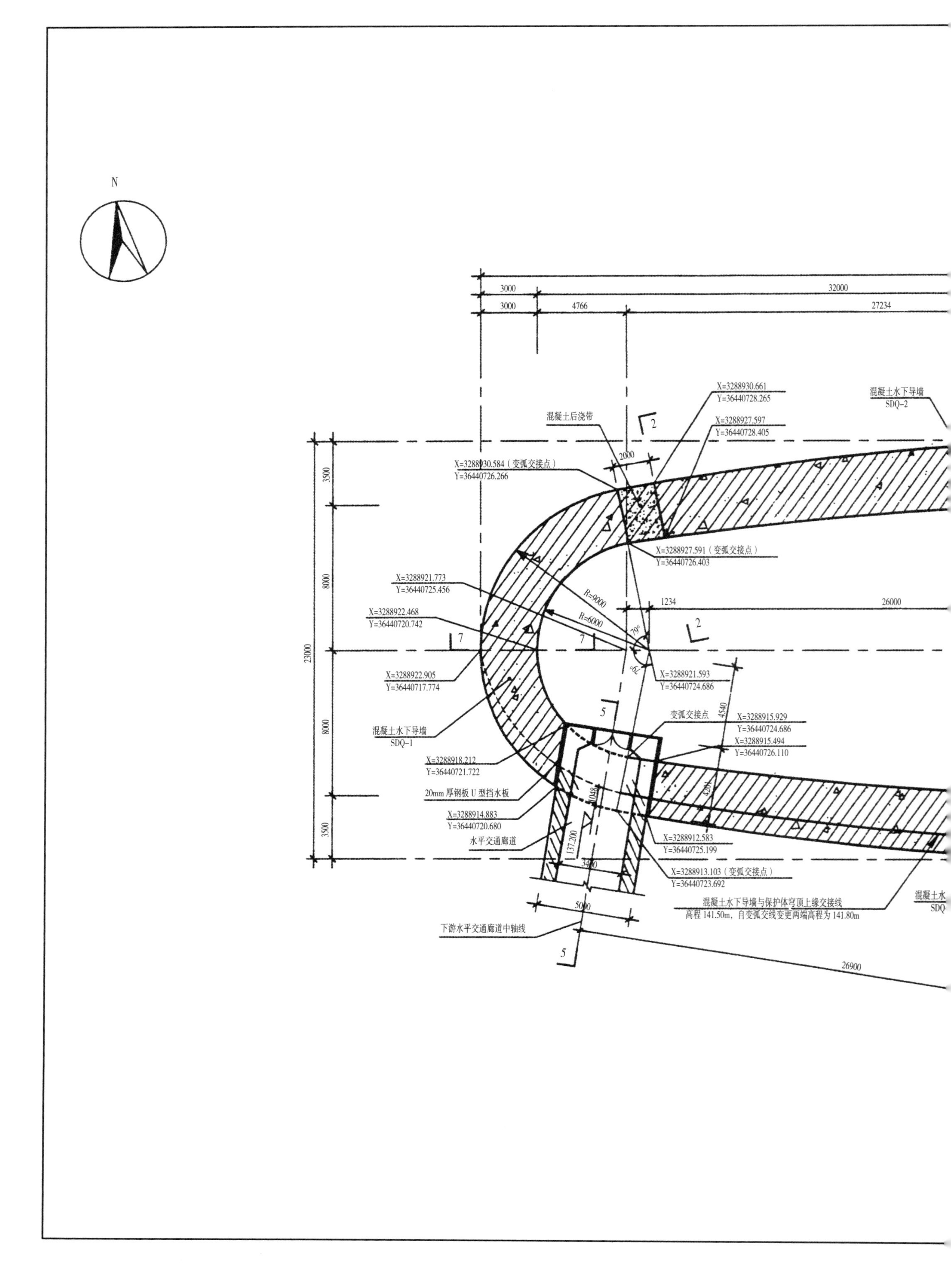
N
3000
32000
3000
4766
27234
X=3288930.661
Y=36440728.265
混凝土水下导墙
SDQ-2
混凝土后浇带
X=3288927.597
Y=36440728.405
2000
X=3288930.584（变弧交接点）
Y=36440726.266
X=3288927.591（变弧交接点）
Y=36440726.403
X=3288921.773
Y=36440725.456
R=9000
R=6000
1234
26000
X=3288922.468
Y=36440720.742
79°
X=3288922.905
Y=36440717.774
X=3288921.593
Y=36440724.686
变弧交接点
4540
X=3288915.929
Y=36440724.686
X=3288915.494
Y=36440726.110
混凝土水下导墙
SDQ-1
X=3288918.212
Y=36440721.722
20mm 厚钢板 U 型挡水板
X=3288914.883
Y=36440720.680
水平交通廊道
X=3288912.583
Y=36440725.199
X=3288913.103（变弧交接点）
Y=36440723.692
混凝土水下导墙与保护体穹顶上缘交接线
高程 141.50m，自变弧交线变更两端高程为 141.80m
5000
下游水平交通廊道中轴线
26900
3500
8000
23000
8000
3500
137.200
3400

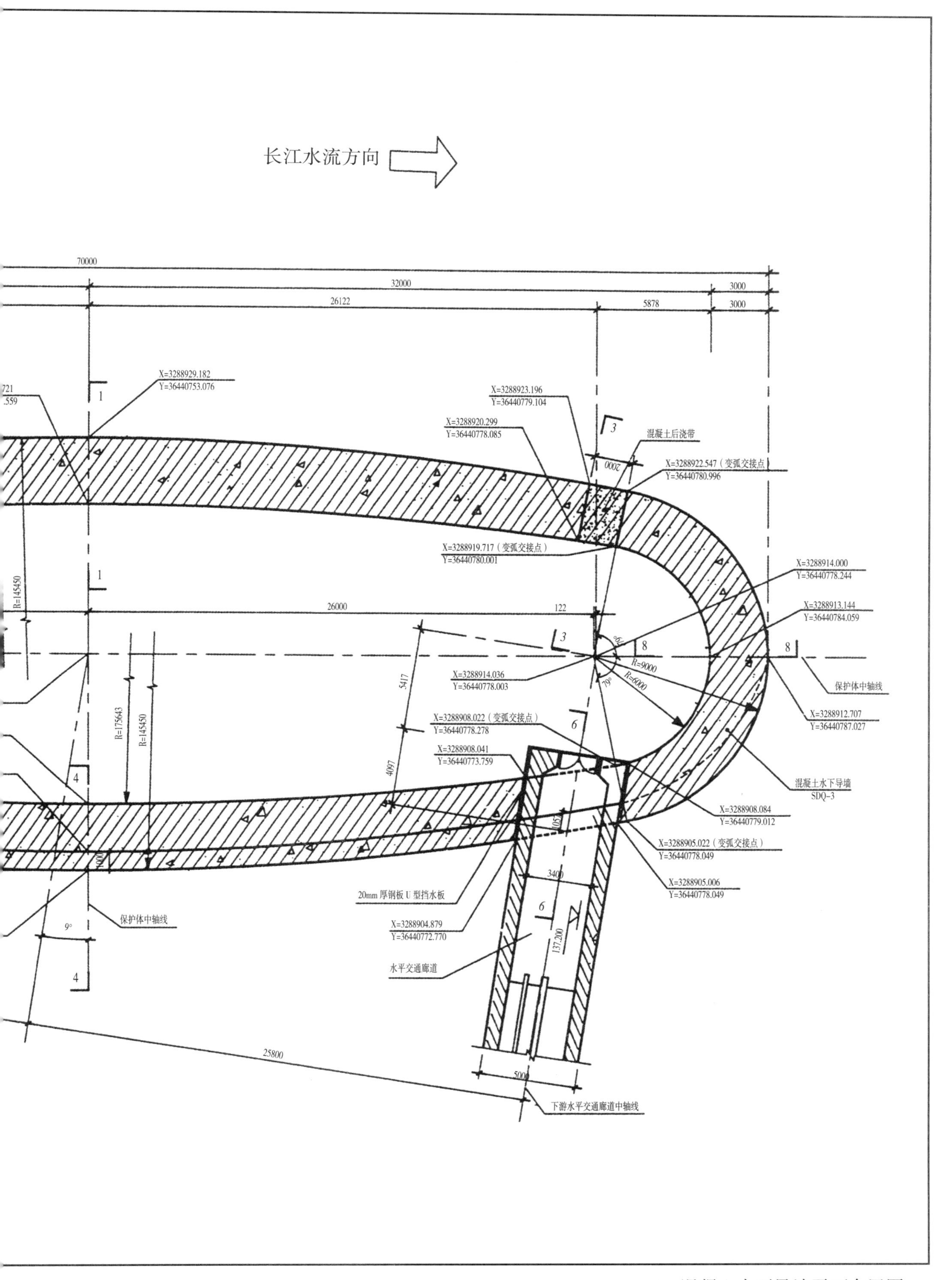

三四　混凝土水下导墙平面布置图

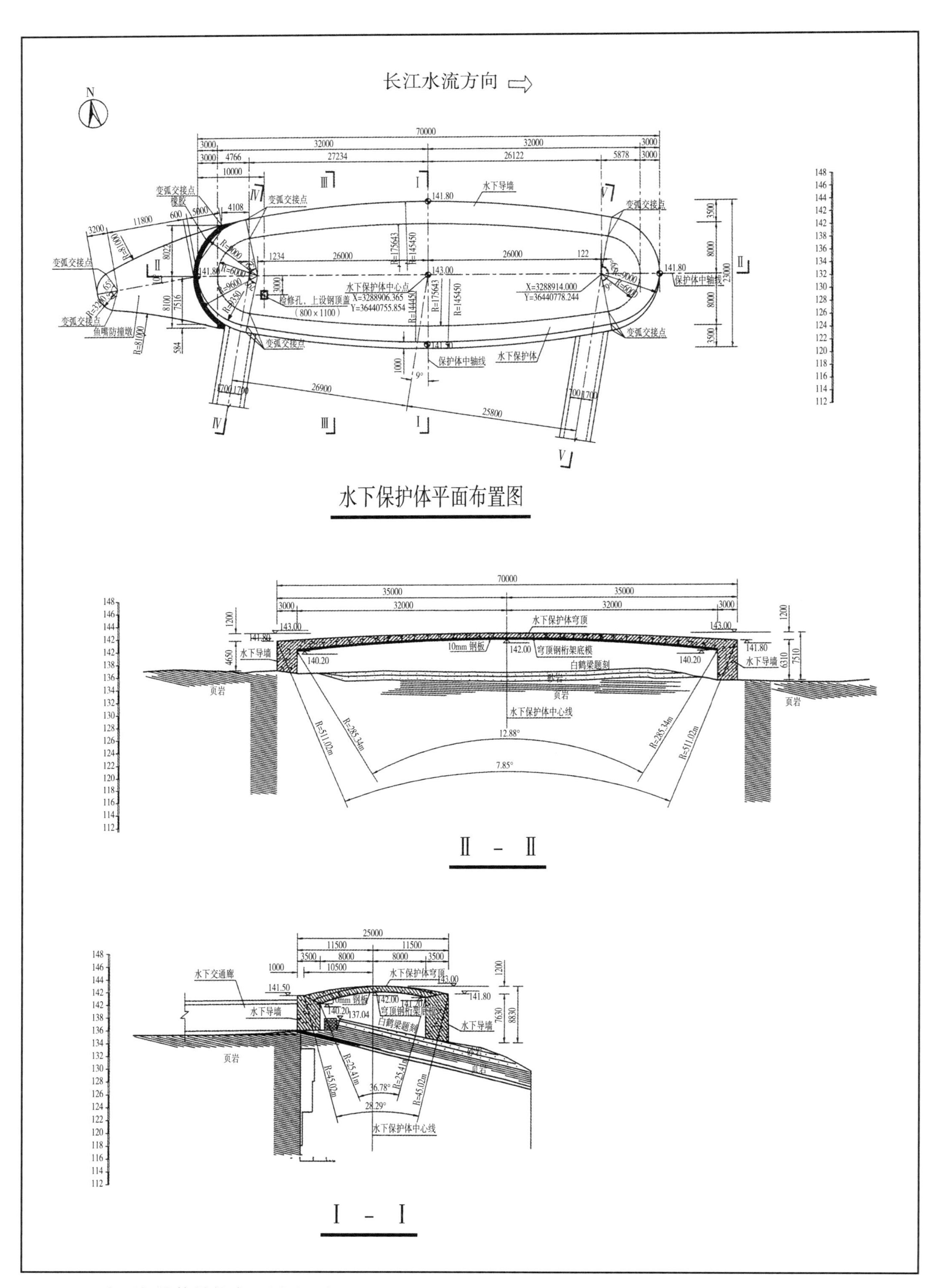

三五　水下保护体结构布置图（一）

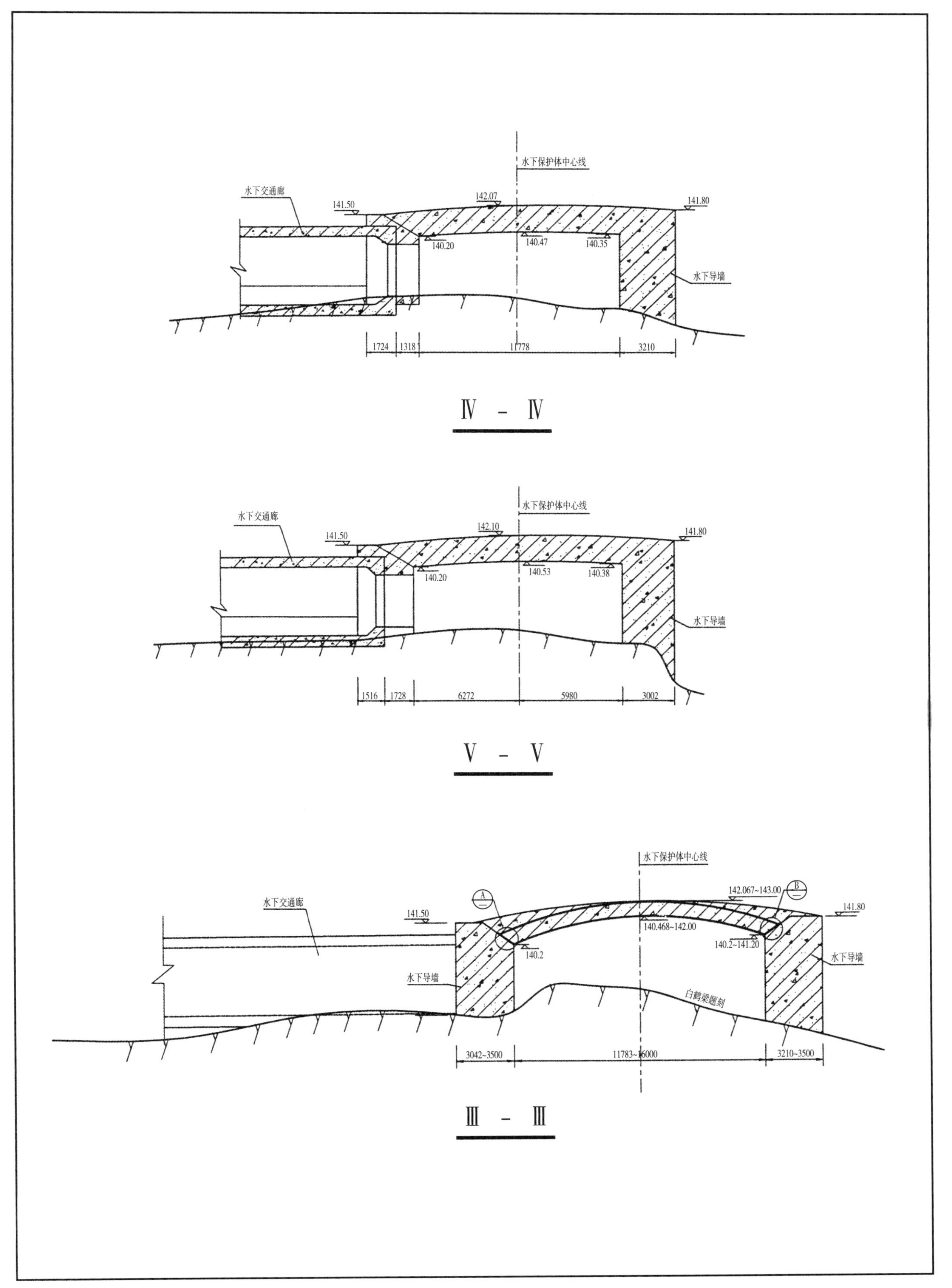

三六 水下保护体结构布置图（二）

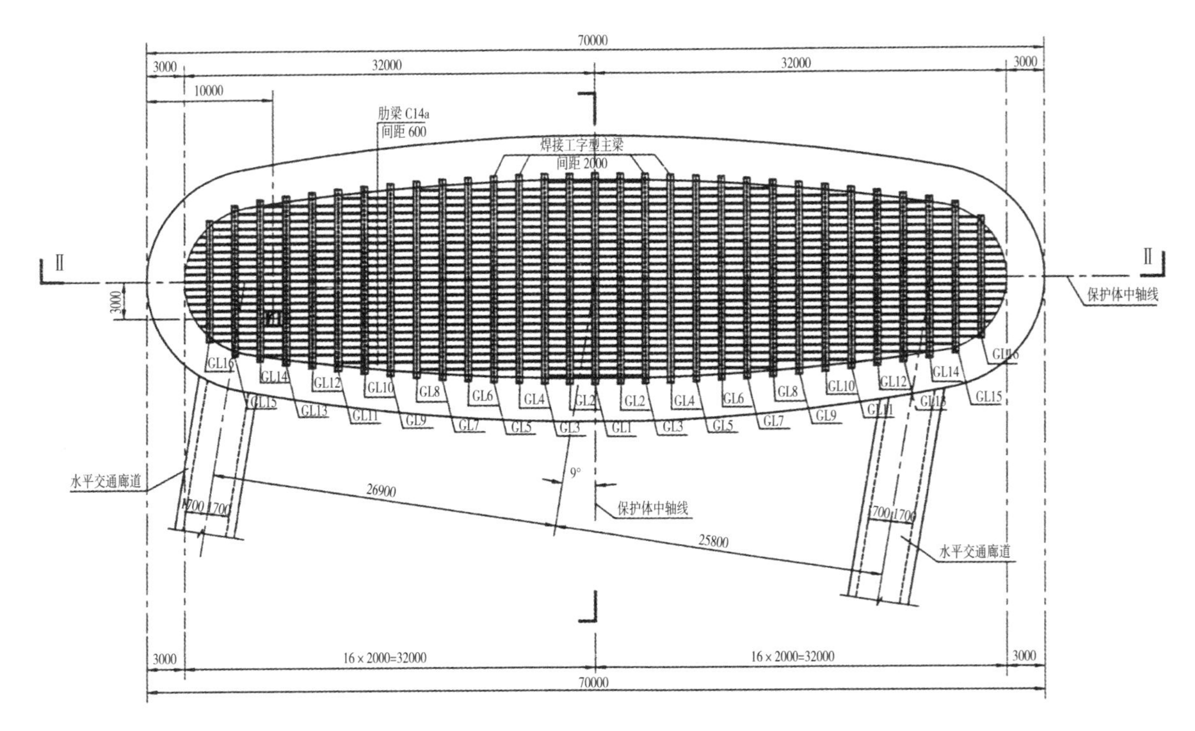

水下保护体穹顶钢底模平面布置图

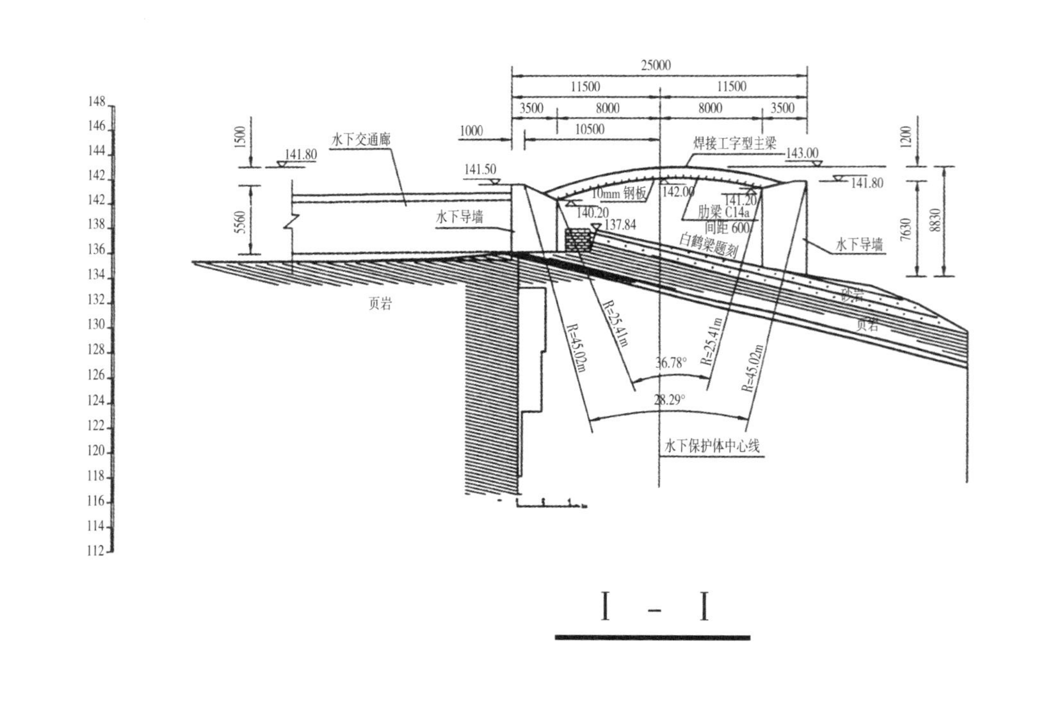

I - I

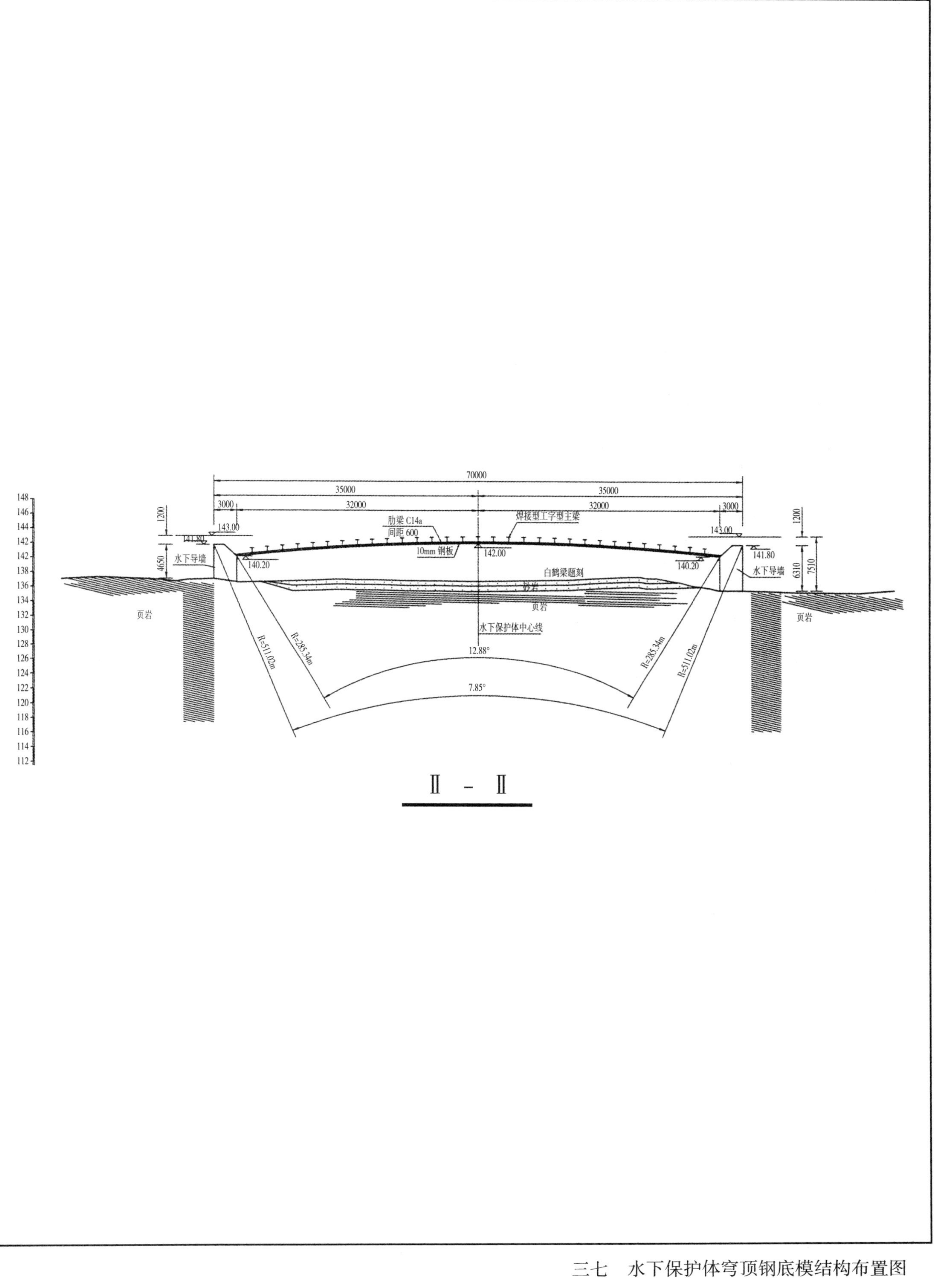

Ⅱ - Ⅱ

三七　水下保护体穹顶钢底模结构布置图

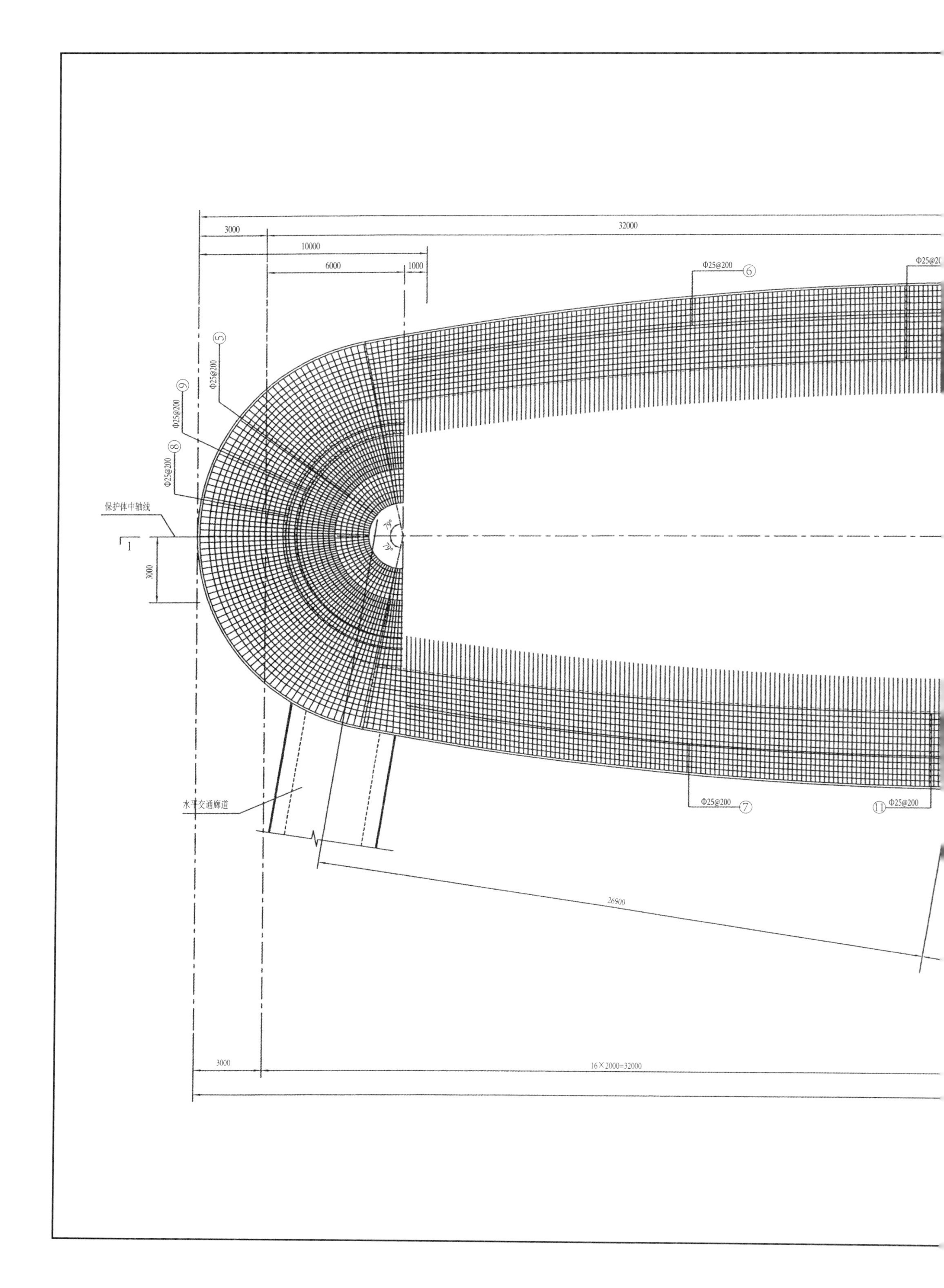

32000
3000
10000
6000
1000
Φ25@200 ⑥
Φ25@20
⑤
Φ25@200
⑨
Φ25@200
⑧
Φ25@200
保护体中轴线
1
3000
79°
79°
水平交通廊道
Φ25@200 ⑦
⑪ Φ25@200
26900
3000
16×2000=32000

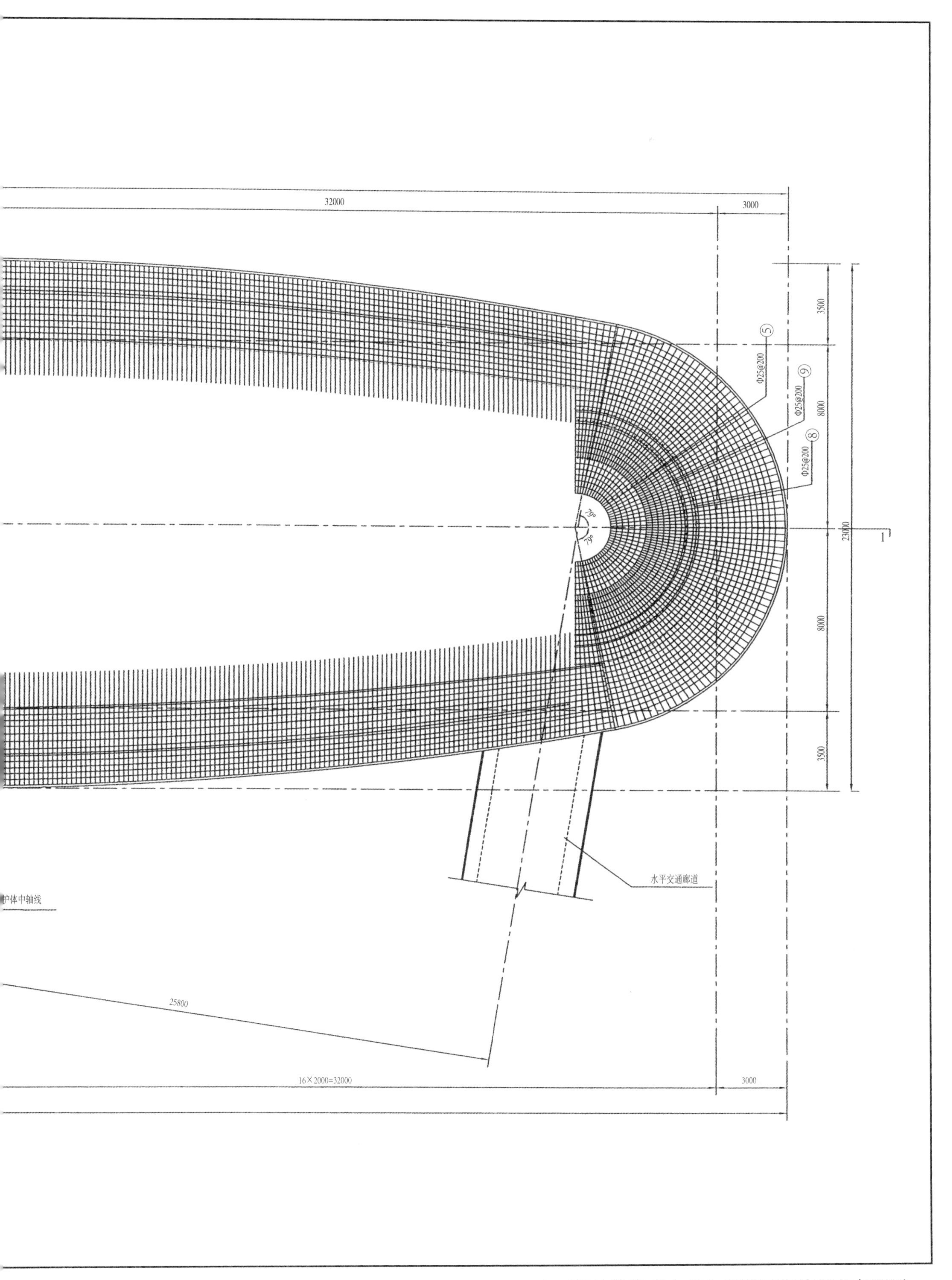

三八　水下保护体拱壳支座上部锚固钢筋平面布置图

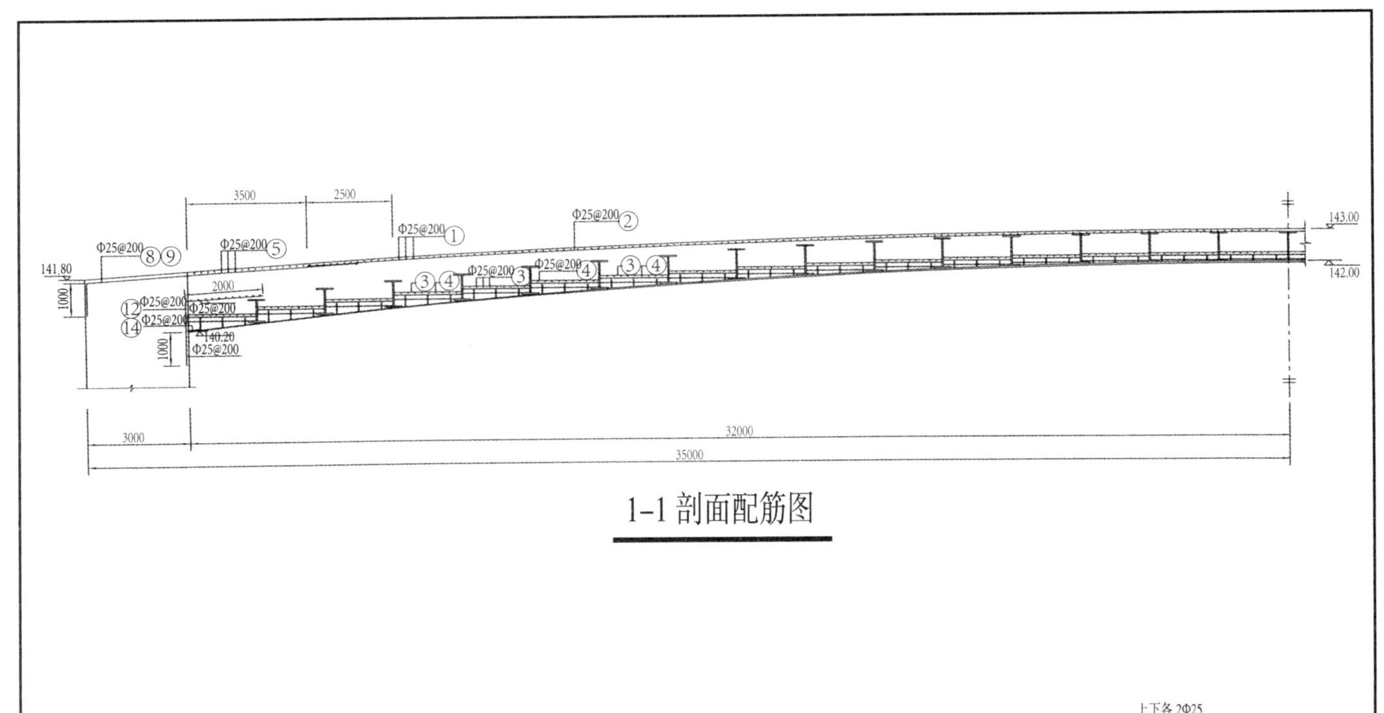

1-1 剖面配筋图

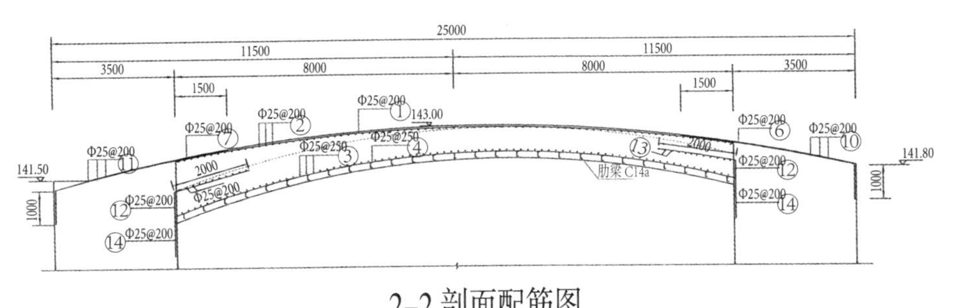

2-2 剖面配筋图

上下各 2Φ25
锚固长度 1000mm，或与钢架焊接，
焊接长度 250mm
Φ25@200 ⑰
500 1100 500
3 3
500 800 500

检修孔口钢筋加强图

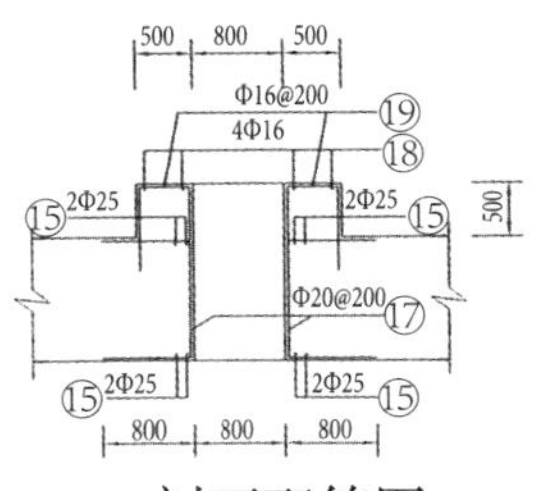

3-3 剖面配筋图

钢筋汇总表

材料	直径（mm）	总长（m）	单位重（kg/m）	重量（t）	总重（t）
Ⅱ级钢	Φ16	53.20	1.58	0.084	21.76
	Φ25	24746.96	3.58	95.28	

钢筋材料表

编号	形状尺寸（mm）	直径（mm）	单根长度（mm）	根数	总长（mm）	备注
①	1210~1640	Φ25	1210~1640	261	371.93	
②	8364~57060	Φ25	8364~57060	82	4398.18	
③	1970	Φ25	1970	2312	4554.64	
④	3070~16260	Φ25	3070~16260	288	2783.52	
⑤	4686~9819	Φ25	1210~1640	60	85.50	
⑥	1000 4680~5100	Φ25	5680~6100	261	1637.29	
⑦	1000 4730~5150	Φ25	5730~6150	261	1550.34	
⑧	1000 7300	Φ25	8300	96	796.80	
⑨	1000 5890	Φ25	6890	94	647.66	
⑩	54580~55640	Φ25	54580~55640	13	716.43	
⑪	54600~55660	Φ25	54600~55660	13	716.69	
⑫	2500 2000	Φ25	4500	712	3204.00	
⑬	129860~142100	Φ25	129860~142100	11	1495.78	
⑭	1000 1500	Φ25	2500	712	1780.00	
⑮	3100	Φ25	3100	8	24.80	
⑯	2800	Φ25	2800	8	22.40	
⑰	800 1450 800	Φ25	3050	20	61.00	
⑱	1150（2060） 850（1750） 1000（1900） 1300（2200）	Φ16	4300~7900	1(1)	12.2	
⑲	800 450 800	Φ16	2050	20	4100	

三九　水下保护体拱壳配筋剖面图

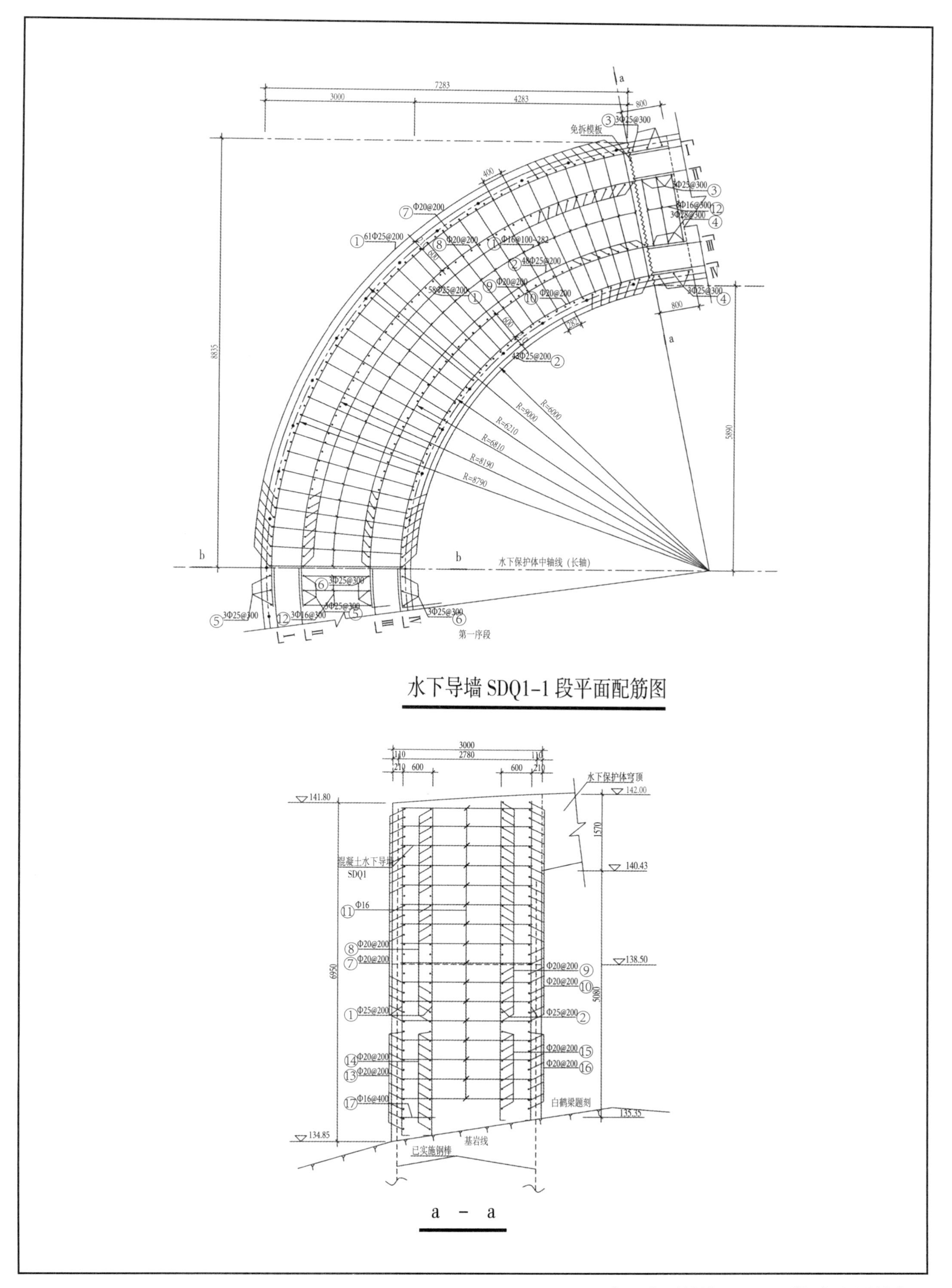

水下导墙 SDQ1-1 段平面配筋图

a － a

四〇　水下导墙 SDQ1-1 段平面配筋图

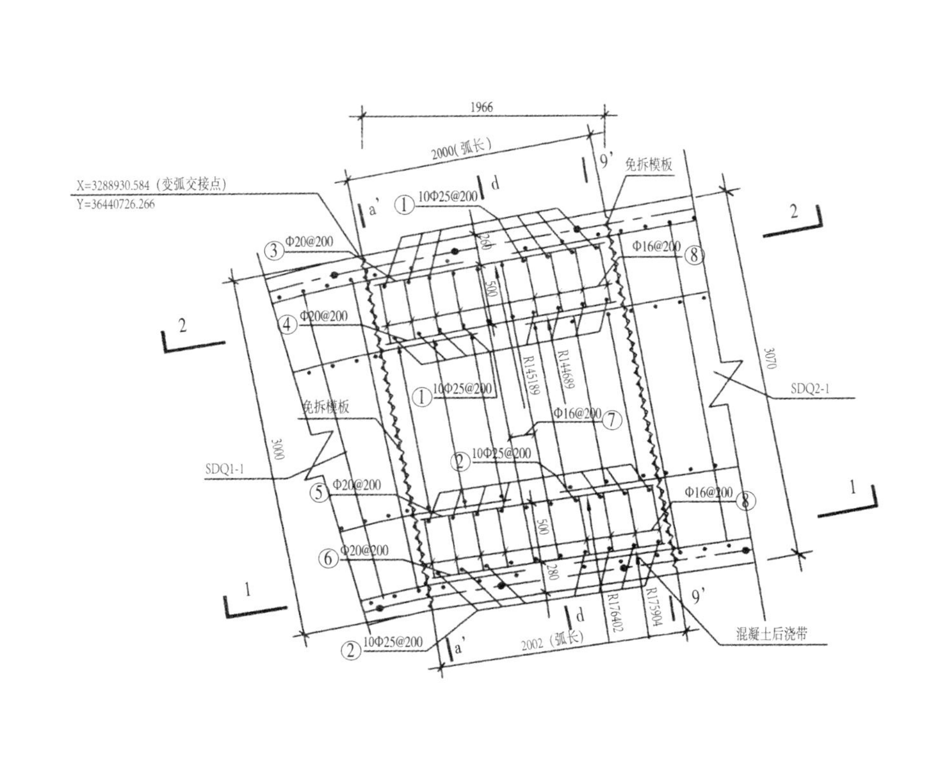

水下导墙混凝土后浇带一平面配筋图

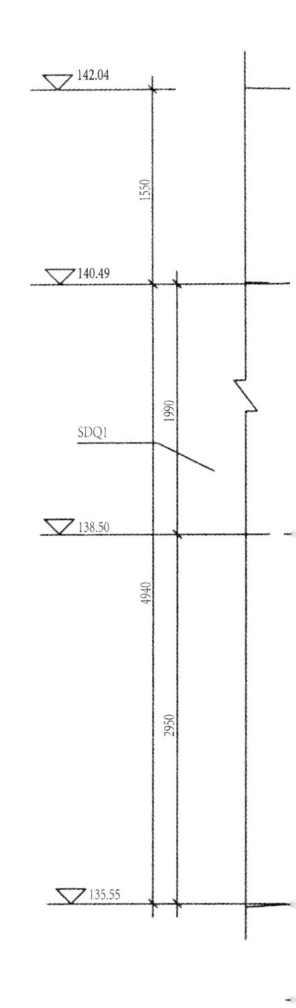

钢筋表

序号	规格形状（mm）	直径	单根长（mm）	数量	总长（mm）	备注
①	100 6900~7060	Φ25	平均 7080	20	141.60	
②	100 6400~6560	Φ25	平均 6580	20	131.60	
③	1900	Φ20	1900	34	64.60	
④	1900	Φ20	1900	34	64.60	
⑤	1900	Φ20	1900	32	60.80	
⑥	1900	Φ20	1900	32	60.80	
⑦	100 2510~2520 100	Φ16	平均 2715	34	92.31	
⑧	100 550 100	Φ16	750	256	192.00	

材料

规 格	Φ16
总长度(m)	284.31
重量(kg)	452.05
合计(kg)	2

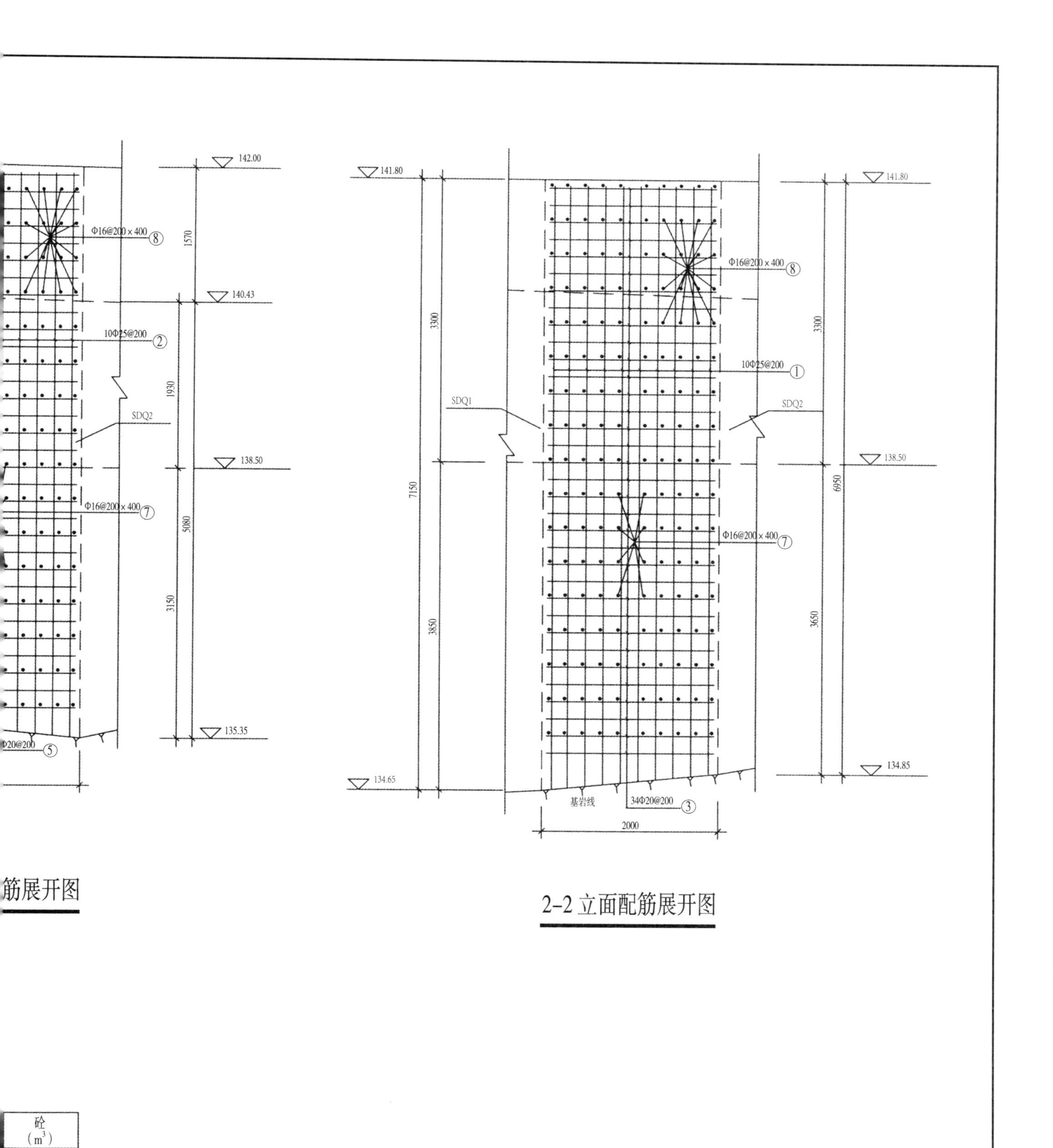

筋展开图

2-2 立面配筋展开图

砼 (m³)
41.8

四一　水下导墙混凝土后浇带一平面配筋图及 1-1、2-2 立面配筋图

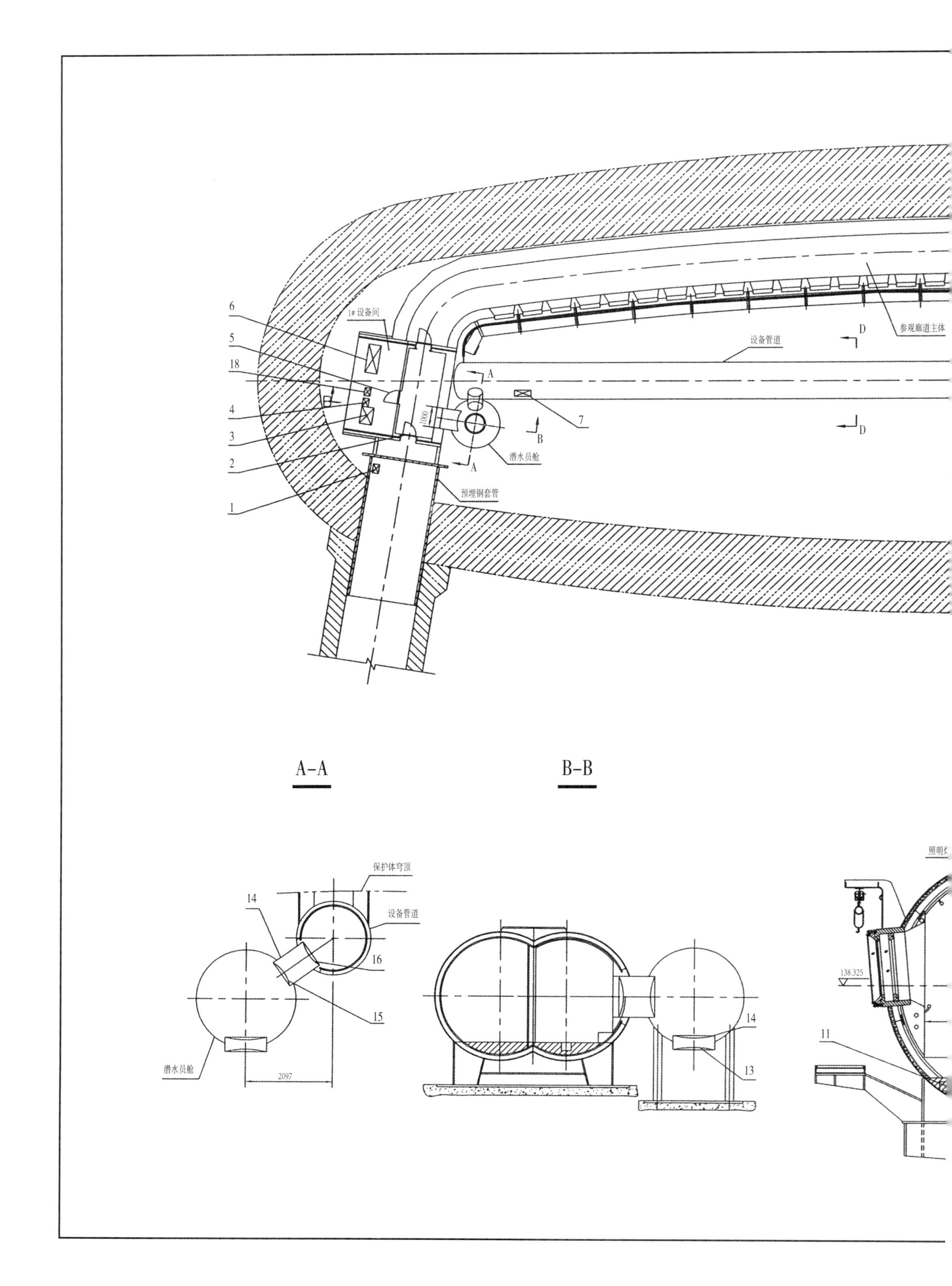

6
5
18
4
3
2
1
1# 设备间
1000
A
A
B
B
D
D
7
潜水员舱
预埋钢套管
设备管道
参观廊道主体
A-A
B-B
保护体穹顶
14
设备管道
16
15
潜水员舱
2097
14
13
照明灯
138.325
11

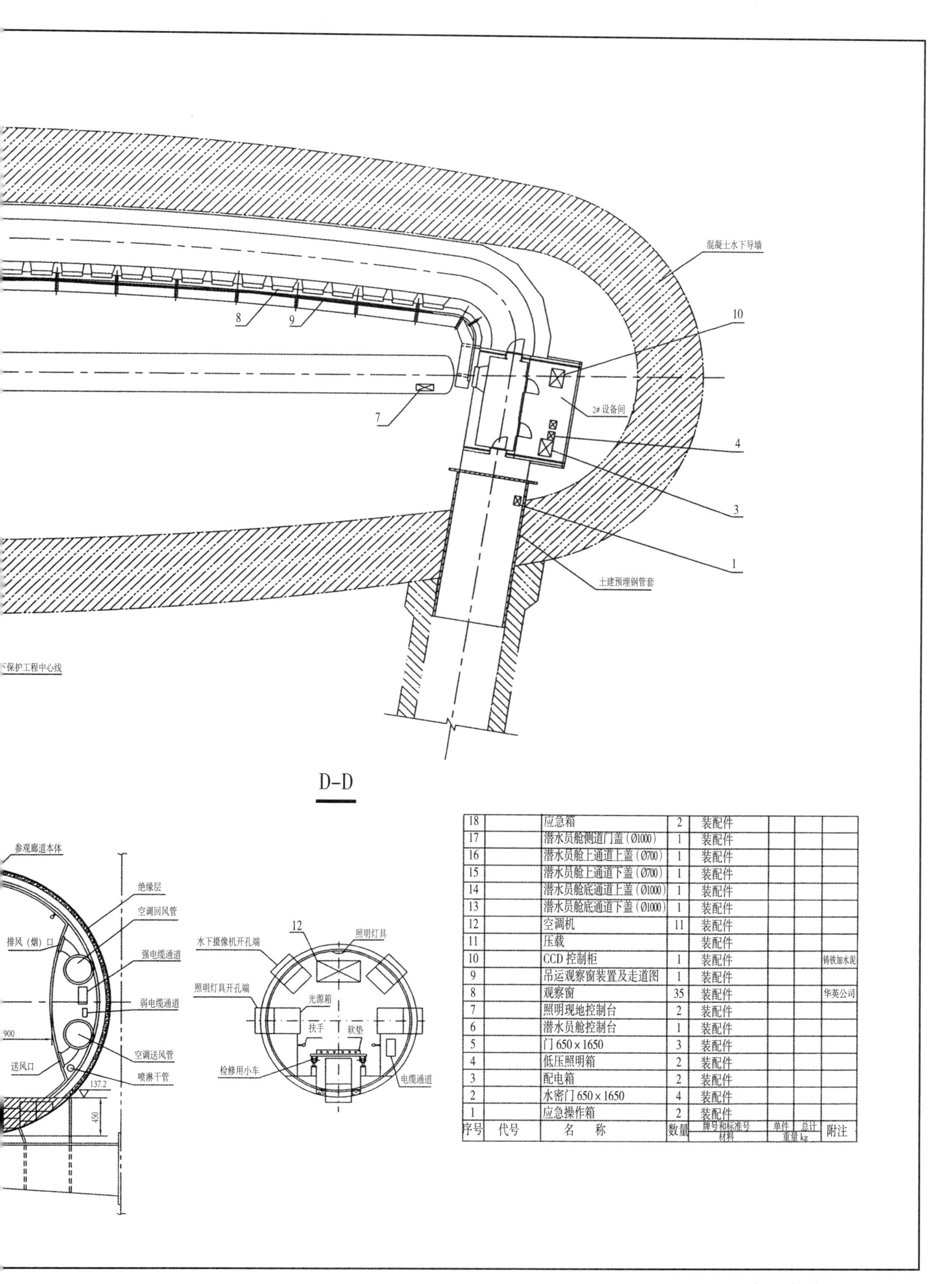

序号	代号	名　称	数量	牌号和标准号 材料	单件 重量 kg	总计 重量 kg	附注
18		应急箱	2	装配件			
17		潜水员舱侧道门盖（Ø1000）	1	装配件			
16		潜水员舱上通道上盖（Ø700）	1	装配件			
15		潜水员舱上通道下盖（Ø700）	1	装配件			
14		潜水员舱底通道上盖（Ø1000）	1	装配件			
13		潜水员舱底通道下盖（Ø1000）	1	装配件			
12		空调机	11	装配件			
11		压载		装配件			
10		CCD 控制柜	1	装配件			铸铁加水泥
9		吊运观察窗装置及走道图	1	装配件			
8		观察窗	35	装配件			华英公司
7		照明现地控制台	2	装配件			
6		潜水员舱控制台	1	装配件			
5		门 650×1650	3	装配件			
4		低压照明箱	2	装配件			
3		配电箱	2	装配件			
2		水密门 650×1650	4	装配件			
1		应急操作箱	2	装配件			

四二　参观廊道总布置图

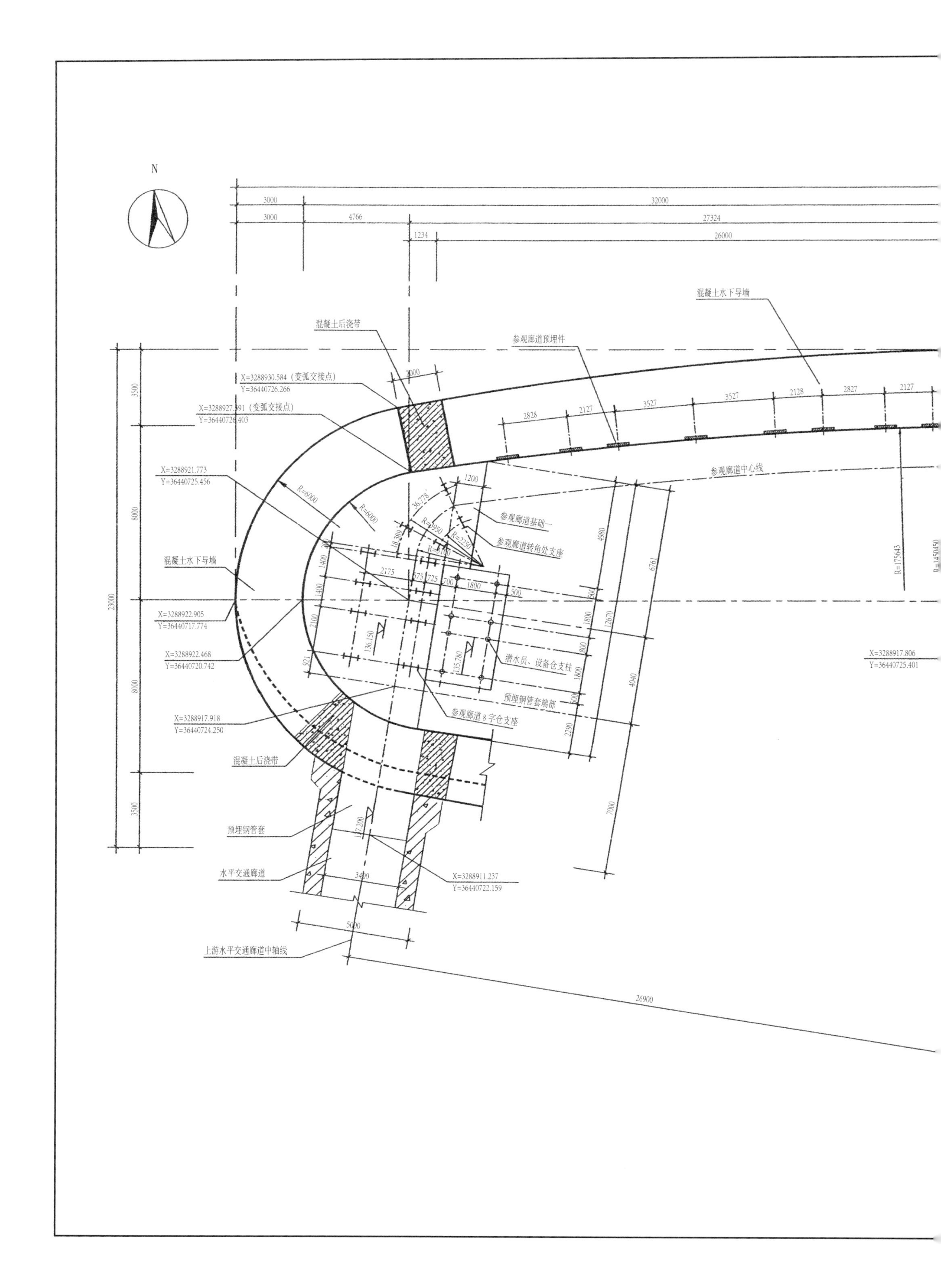

N
混凝土水下导墙
参观廊道预埋件
混凝土后浇带
X=3288930.584（变弧交接点）
Y=36440726.266
X=3288927.591（变弧交接点）
Y=36440726.403
X=3288921.773
Y=36440725.456
参观廊道中心线
参观廊道基础
参观廊道转角处支座
混凝土水下导墙
X=3288922.905
Y=36440717.774
X=3288922.468
Y=36440720.742
潜水员、设备仓支柱
X=3288917.806
Y=36440725.401
预埋钢管套端部
参观廊道8字仓支座
X=3288917.918
Y=36440724.250
混凝土后浇带
预埋钢管套
水平交通廊道
X=3288911.237
Y=36440722.159
上游水平交通廊道中轴线

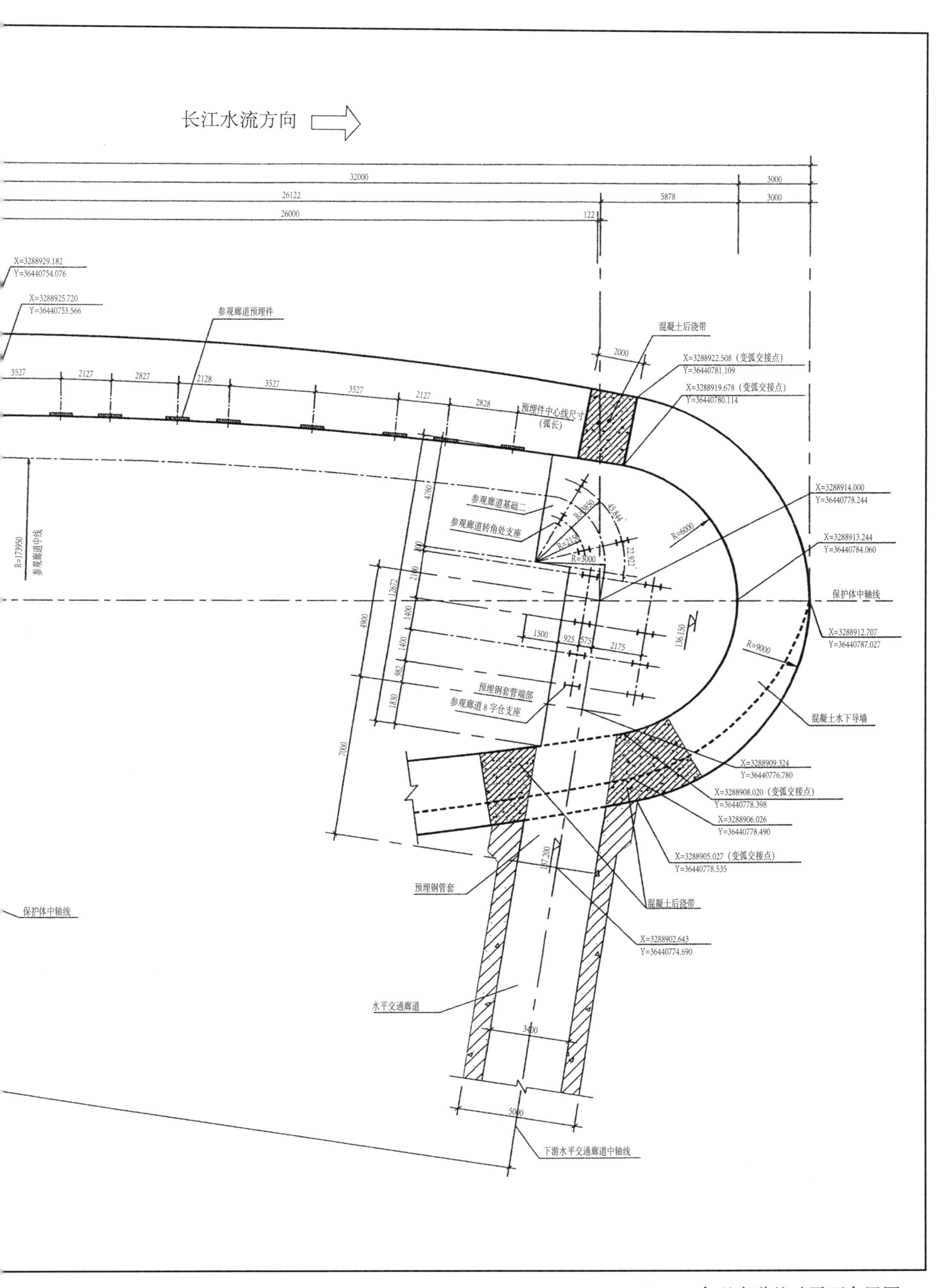

四三　参观廊道基础平面布置图

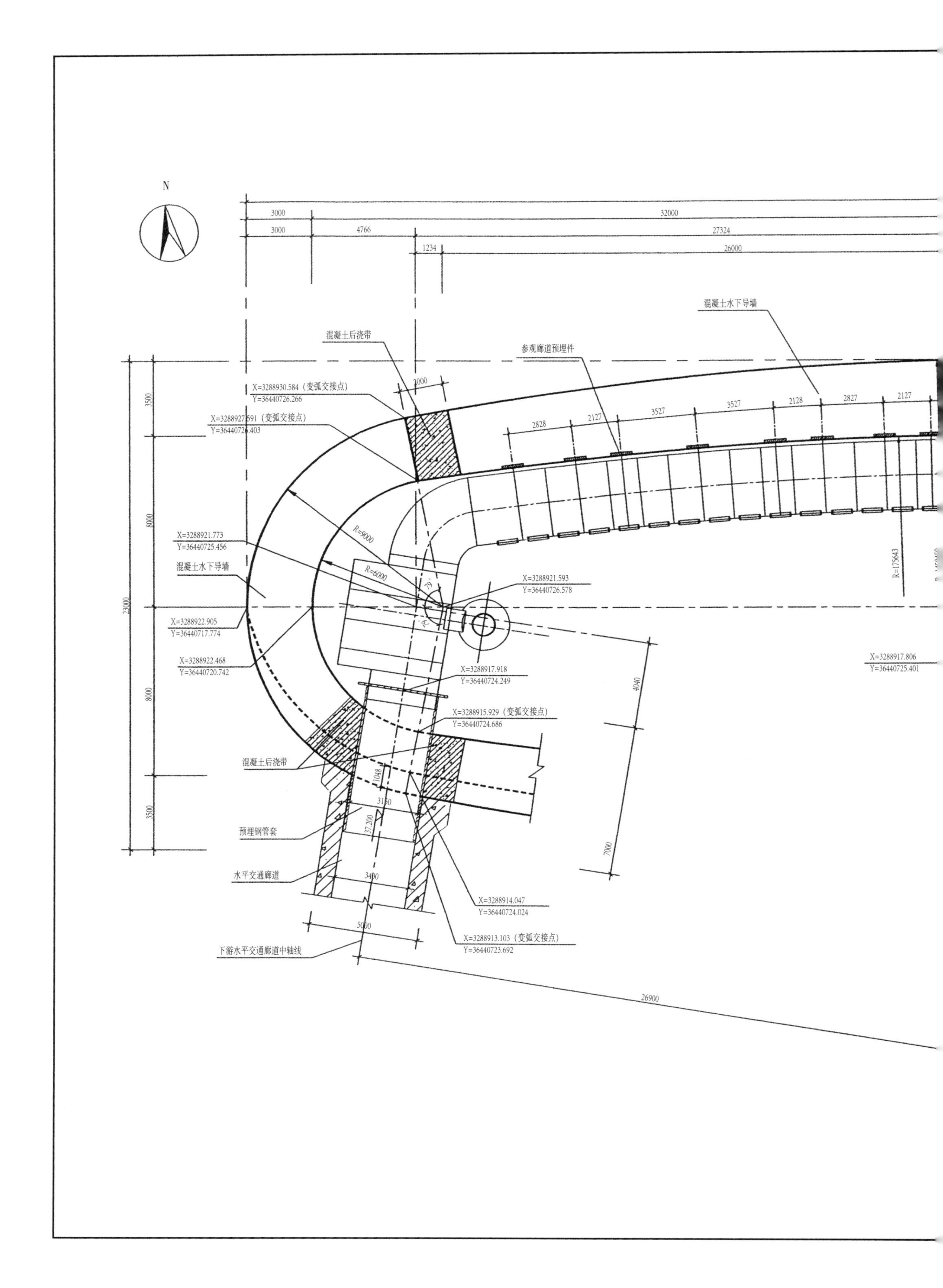
N
混凝土水下导墙
混凝土后浇带
参观廊道预埋件
X=3288930.584（变弧交接点）
Y=36440726.266
X=3288927.591（变弧交接点）
Y=36440726.403
X=3288921.773
Y=36440725.456
混凝土水下导墙
X=3288922.905
Y=36440717.774
X=3288922.468
Y=36440720.742
X=3288921.593
Y=36440726.578
X=3288917.918
Y=36440724.249
X=3288915.929（变弧交接点）
Y=36440724.686
X=3288917.806
Y=36440725.401
混凝土后浇带
预埋钢管套
水平交通廊道
X=3288914.047
Y=36440724.024
X=3288913.103（变弧交接点）
Y=36440723.692
下游水平交通廊道中轴线
R=9000
R=6000
R=175643

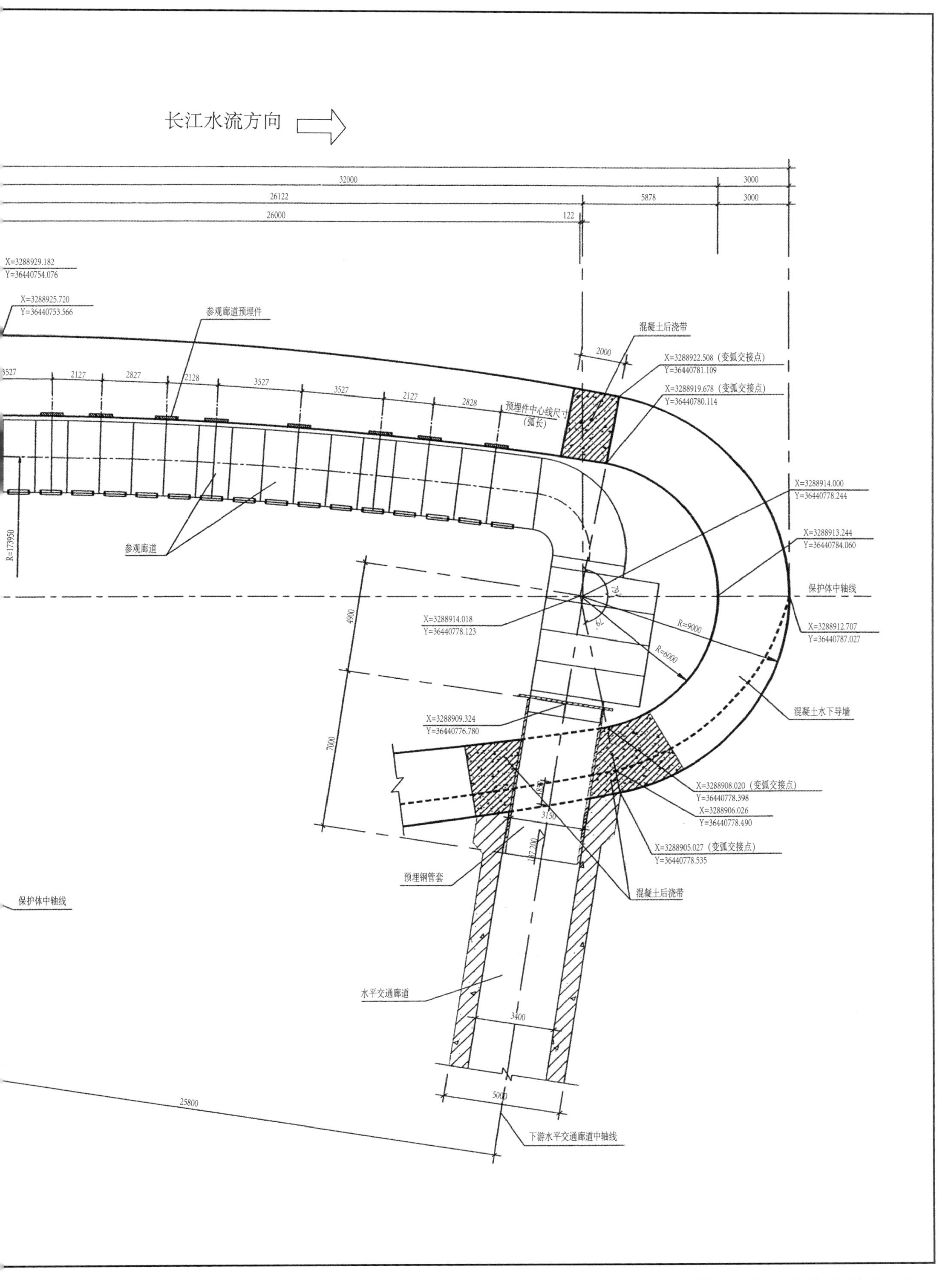

四四　参观廊道预埋件结构修改图（一）

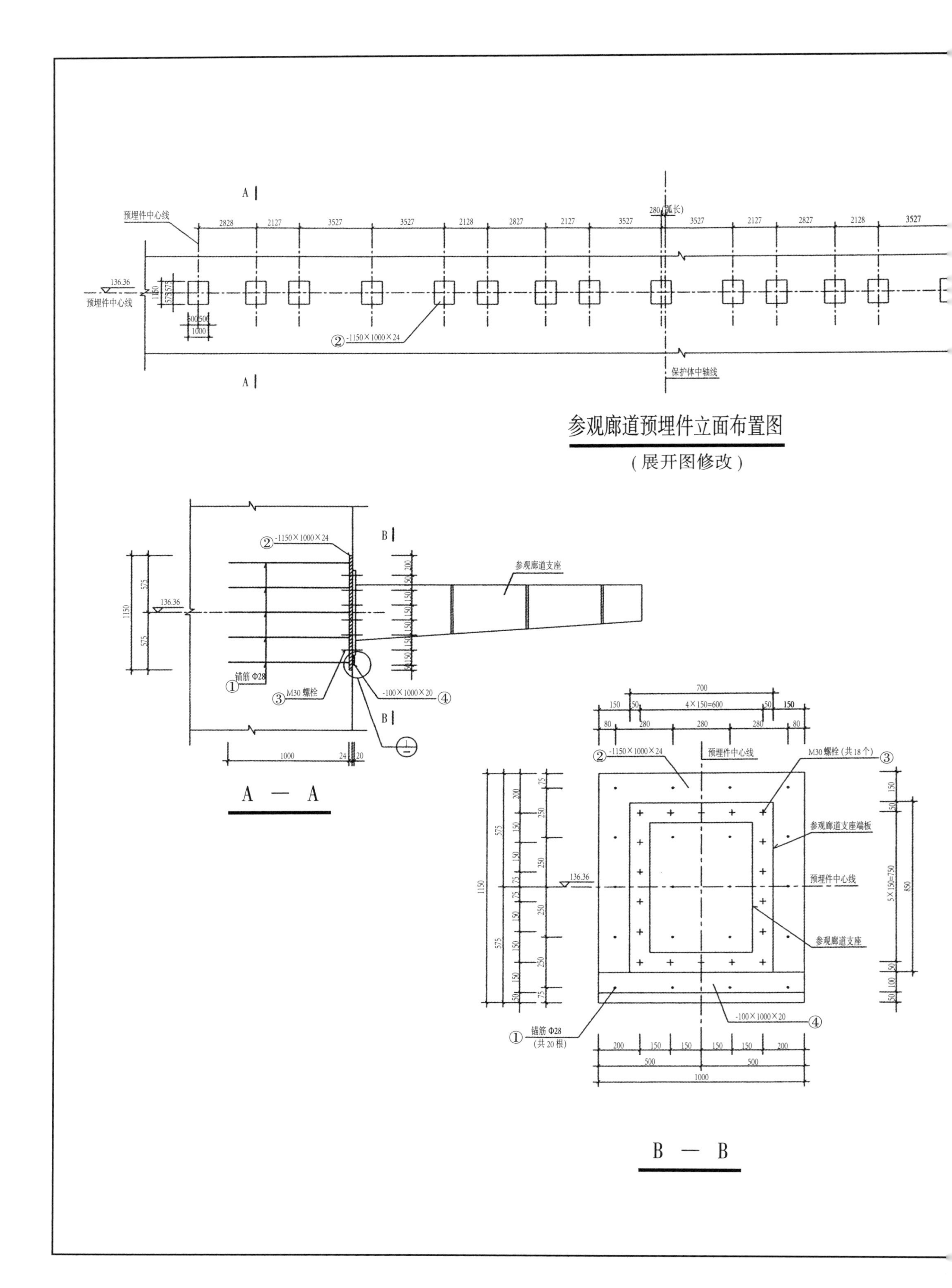
预埋件中心线
2828
2127
3527
3527
2128
2827
2127
3527
280(弧长)
3527
2127
2827
2128
3527
136.36
预埋件中心线
1000
② -1150×1000×24
保护体中轴线
A
A
参观廊道预埋件立面布置图
(展开图修改)
B
② -1150×1000×24
参观廊道支座
1150
575
575
136.36
锚筋 Φ28
①
③ M30 螺栓
-100×1000×20 ④
B
1000
24
20
A — A
700
4×150=600
② -1150×1000×24
预埋件中心线
M30 螺栓(共18个) ③
参观廊道支座端板
136.36
预埋件中心线
5×150=750
850
参观廊道支座
1150
-100×1000×20 ④
① 锚筋 Φ28
(共20根)
500
500
1000
B — B

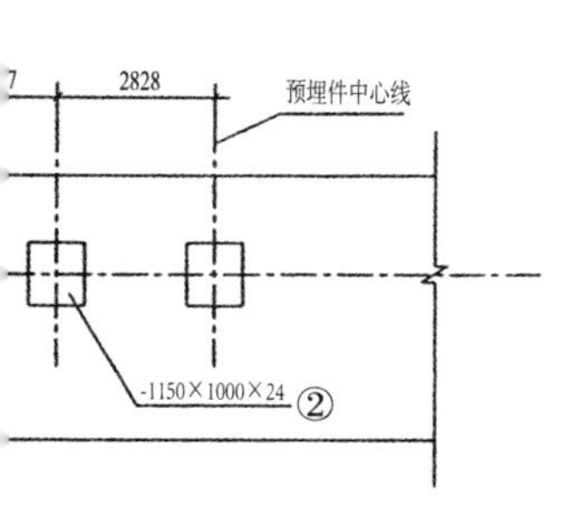

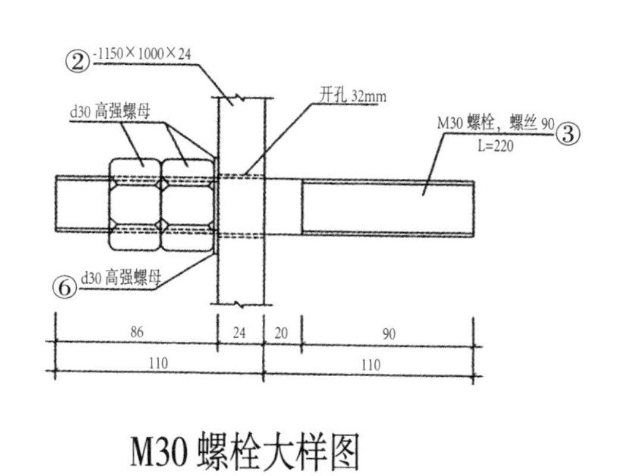

M30 螺栓大样图

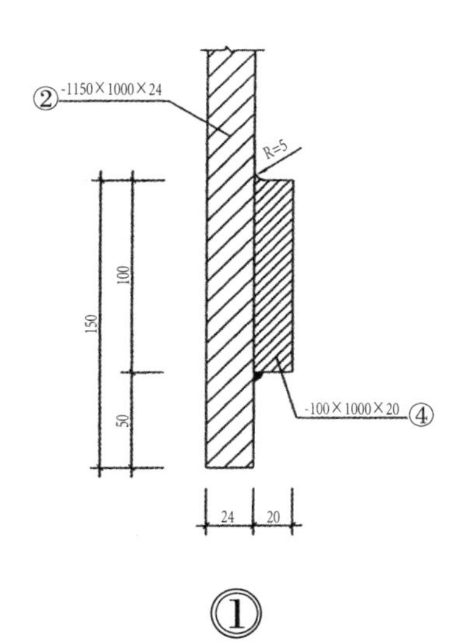

①

参观廊道预埋件材料

序号	名称及规格	单根长或面积（mm）（m²）	数量	总长或面积（m）（m²）	重量（kg）	备注
①	锚筋 Φ20	1000	20×17	340.0	1642.2	
②	-1150×1000×24	1.15	17	19.55	3683.2	预埋钢板
③	M30 螺栓	220	18×17	67.32	373.6	预埋
④	-100×1000×20	0.10	17	1.7	266.9	预埋钢板
⑤	d30 高强螺母		612 个		228.9	
⑥	d30 高强垫圈		306 个		25.1	

∑ 6219.9kg

四五　参观廊道预埋件结构修改图（二）

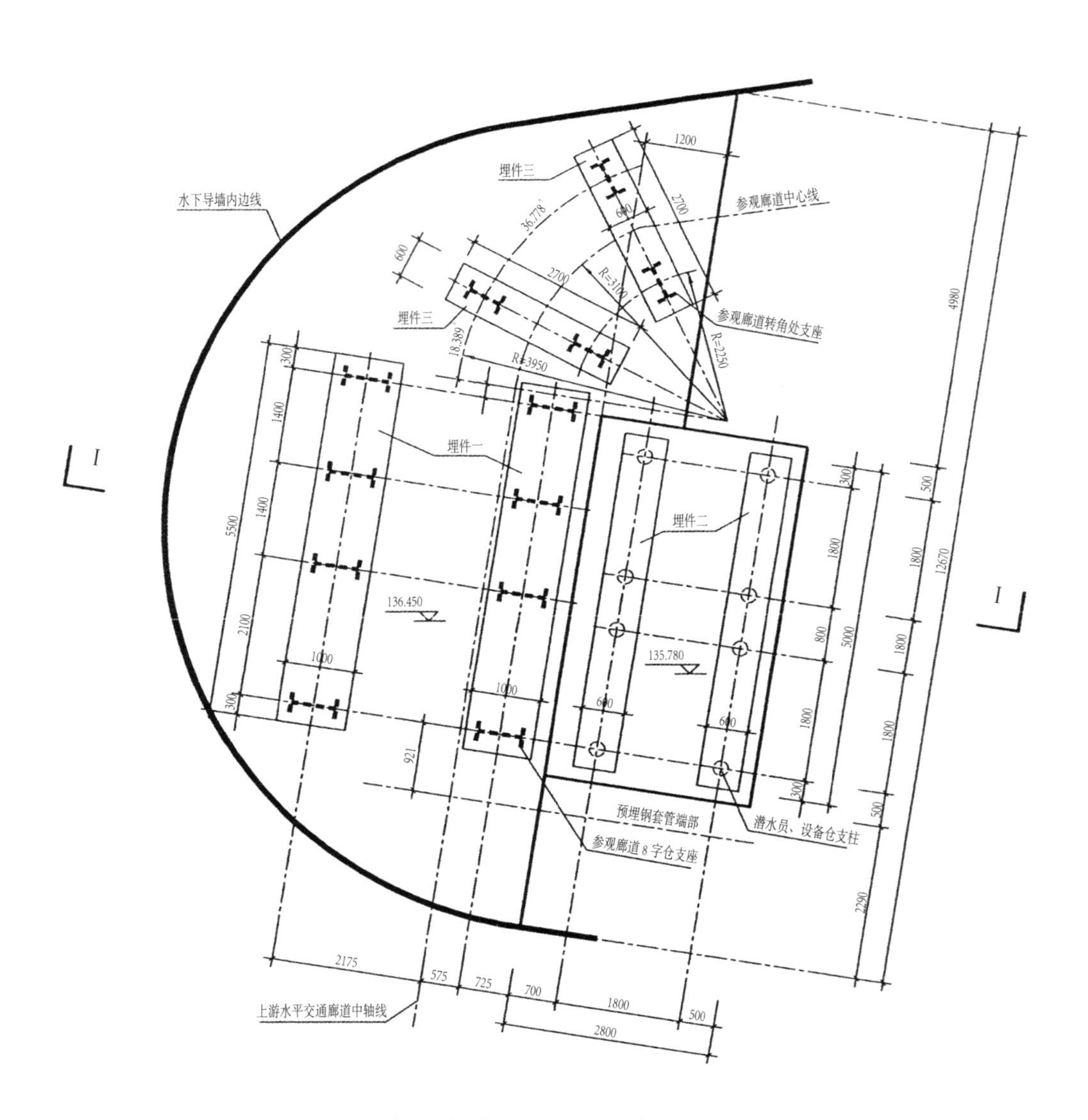

参观廊道基础一及埋件平面图

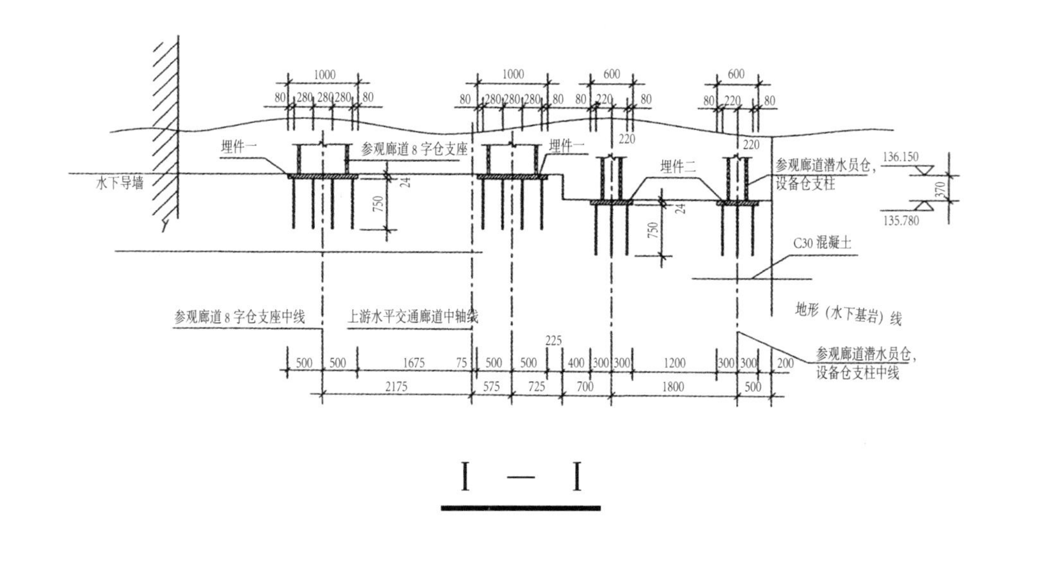

I — I

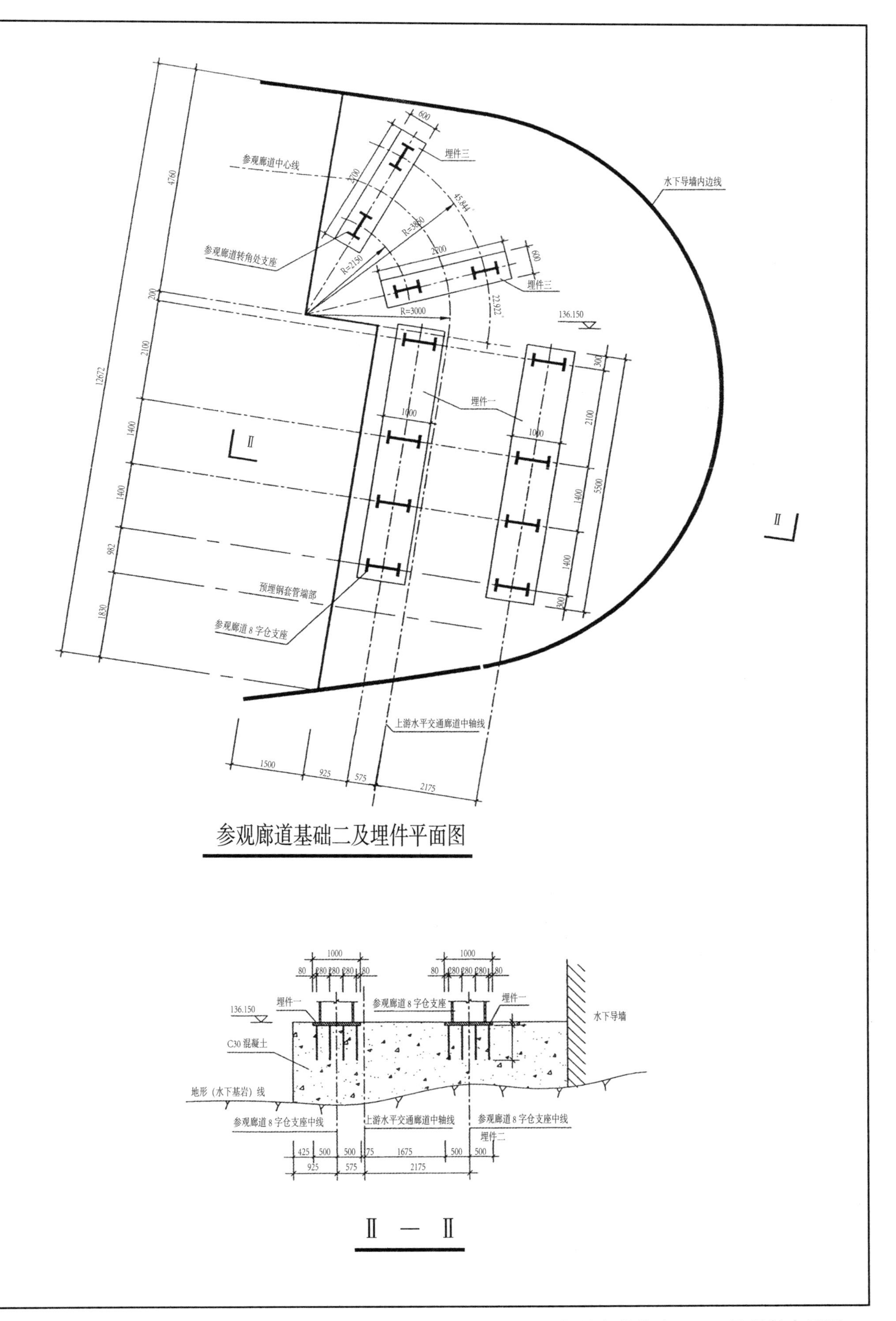

四六　参观廊道基础一、二及埋件布置图

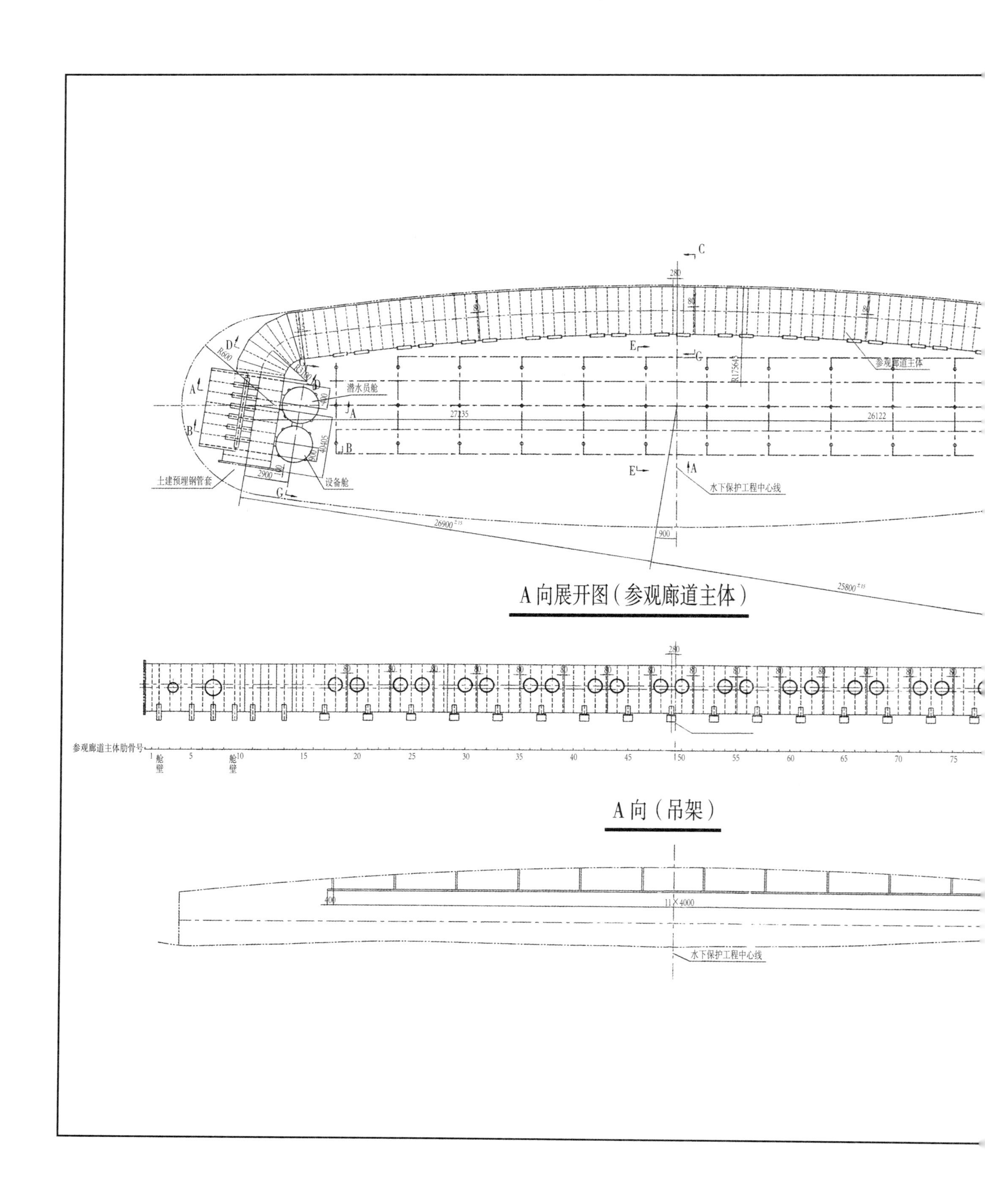

C
280
80
E
G
R17564
参观廊道主体
D
R600
R3100
潜水员舱
A
B
27235
26122
40405
2900
设备舱
土建预埋钢管套
G
E
水下保护工程中心线
26900
900
25800
A向展开图(参观廊道主体)
参观廊道主体肋骨号
舱壁
A向(吊架)
400
11×4000
水下保护工程中心线

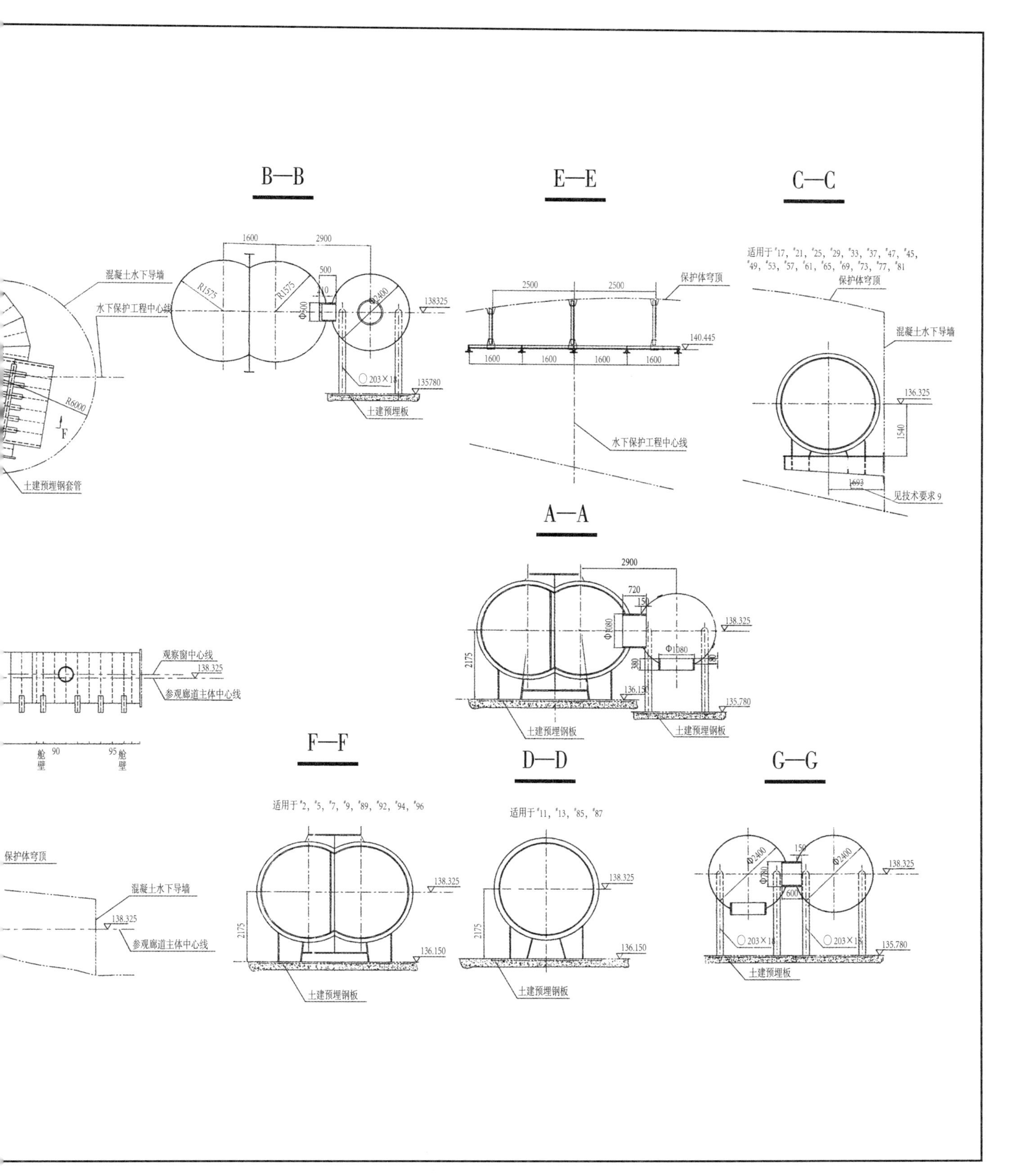

四七　参观廊道结构总体安装图

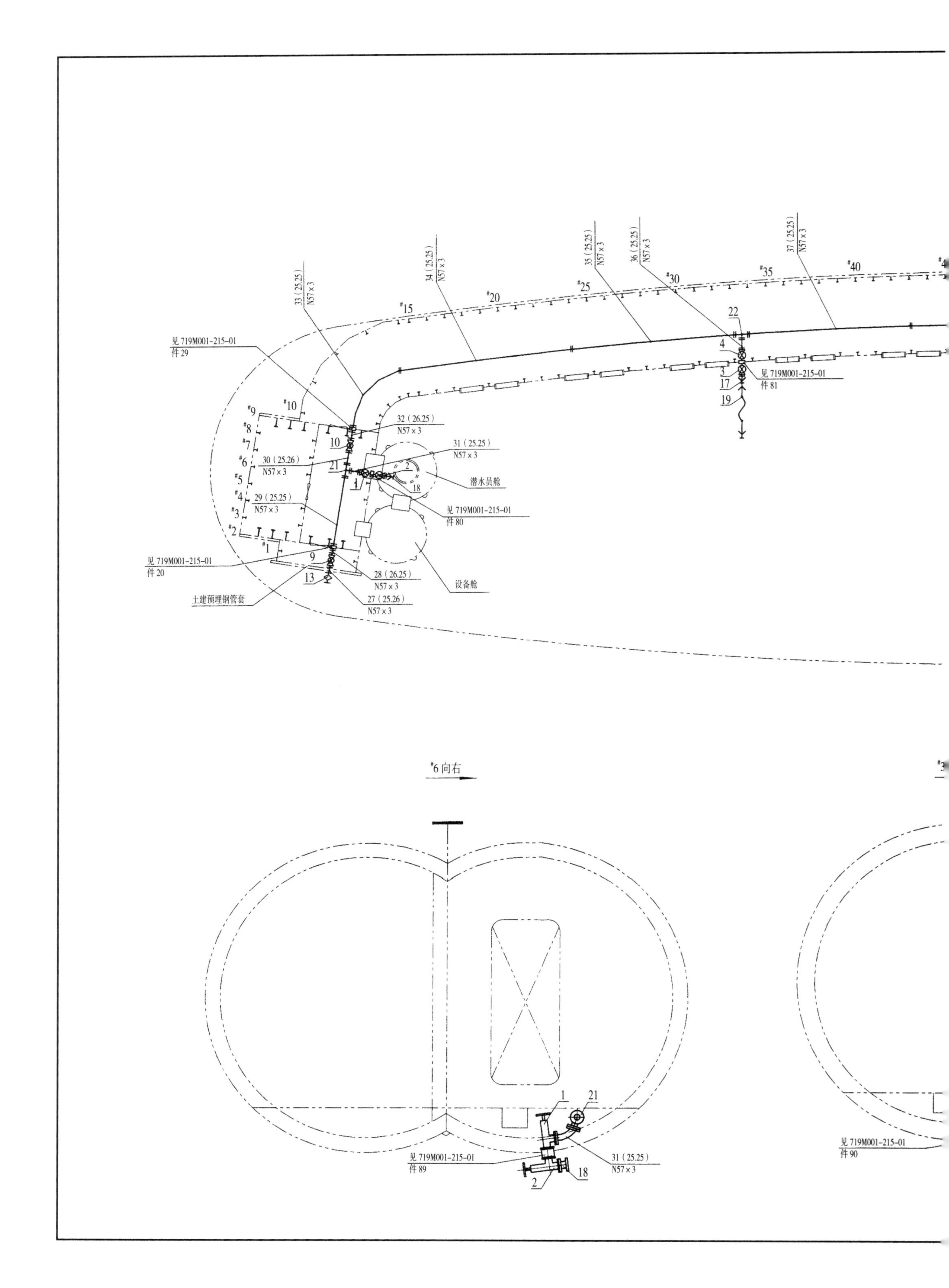

33 (25.25)
N57 x 3
34 (25.25)
N57 x 3
35 (25.25)
N57 x 3
36 (25.25)
N57 x 3
37 (25.25)
N57 x 3
见 719M001-215-01
件 29
22
见 719M001-215-01
件 81
32 (26.25)
N57 x 3
31 (25.25)
N57 x 3
30 (25.26)
N57 x 3
潜水员舱
29 (25.25)
N57 x 3
见 719M001-215-01
件 80
见 719M001-215-01
件 20
28 (26.25)
N57 x 3
设备舱
土建预埋钢管套
27 (25.26)
N57 x 3
#6 向右
见 719M001-215-01
件 89
31 (25.25)
N57 x 3
见 719M001-215-01
件 90

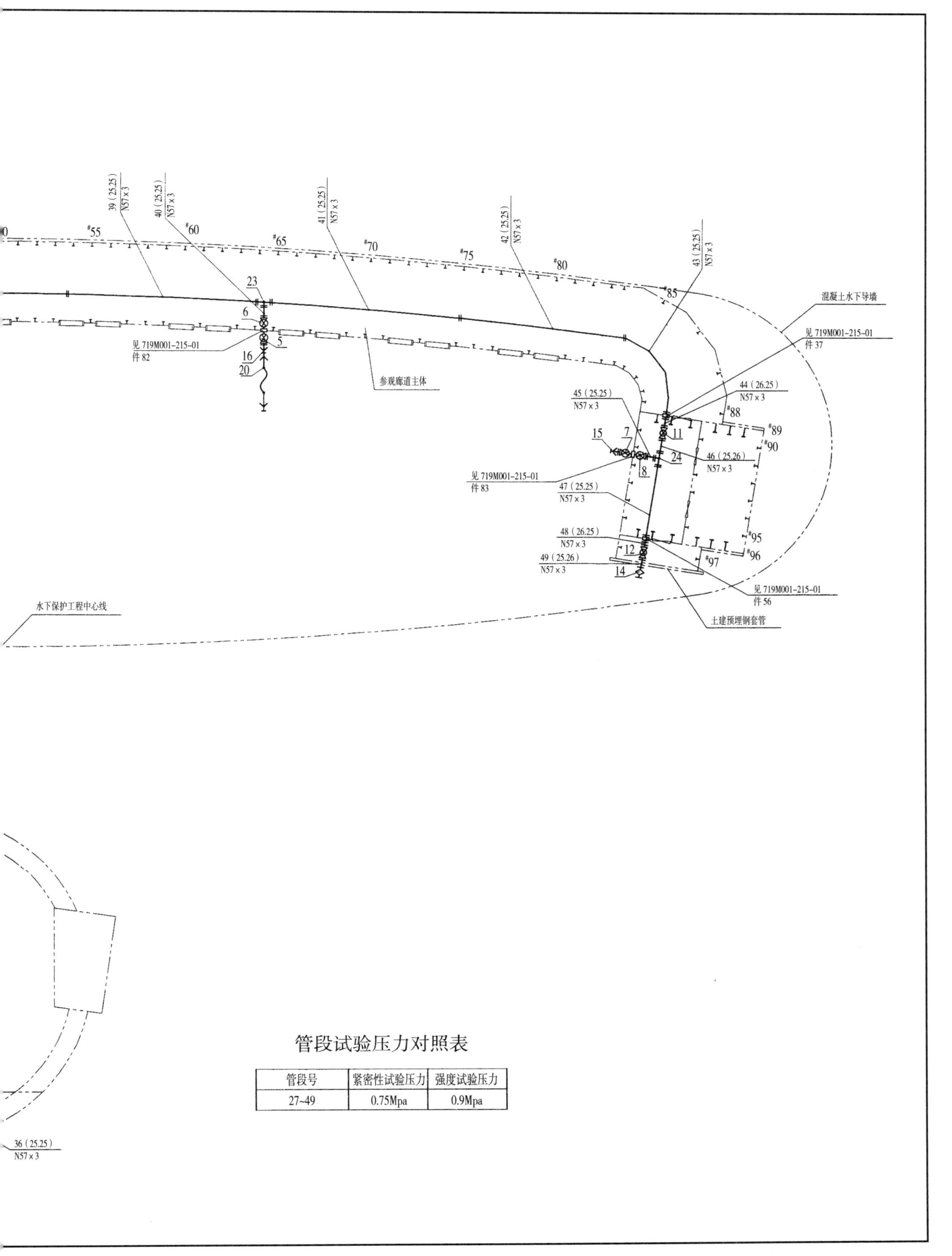

管段试验压力对照表

管段号	紧密性试验压力	强度试验压力
27~49	0.75Mpa	0.9Mpa

四八　文物清洗管路安装原理图

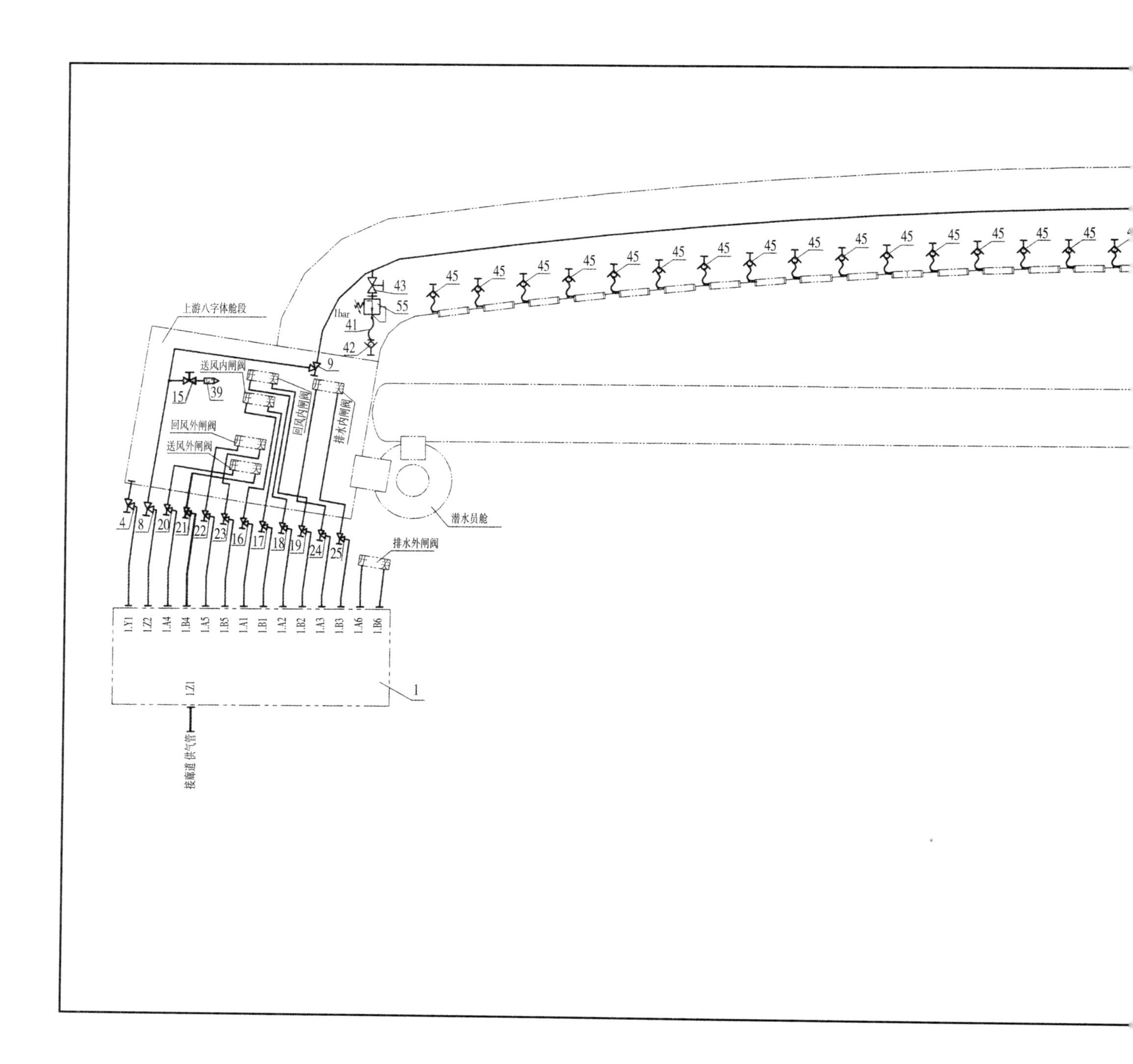

上游八字体舱段
送风内闸阀
回风内闸阀
排水内闸阀
回风外闸阀
送风外闸阀
潜水员舱
排水外闸阀
1bar
43
55
41
42
9
15
39
45
4
8
20
21
22
23
16
17
18
19
24
25
1.Y1
1.Z2
1.A4
1.B4
1.A5
1.B5
1.A1
1.B1
1.A2
1.B2
1.A3
1.B3
1.A6
1.B6
1.Z1
1
接廊道供气管

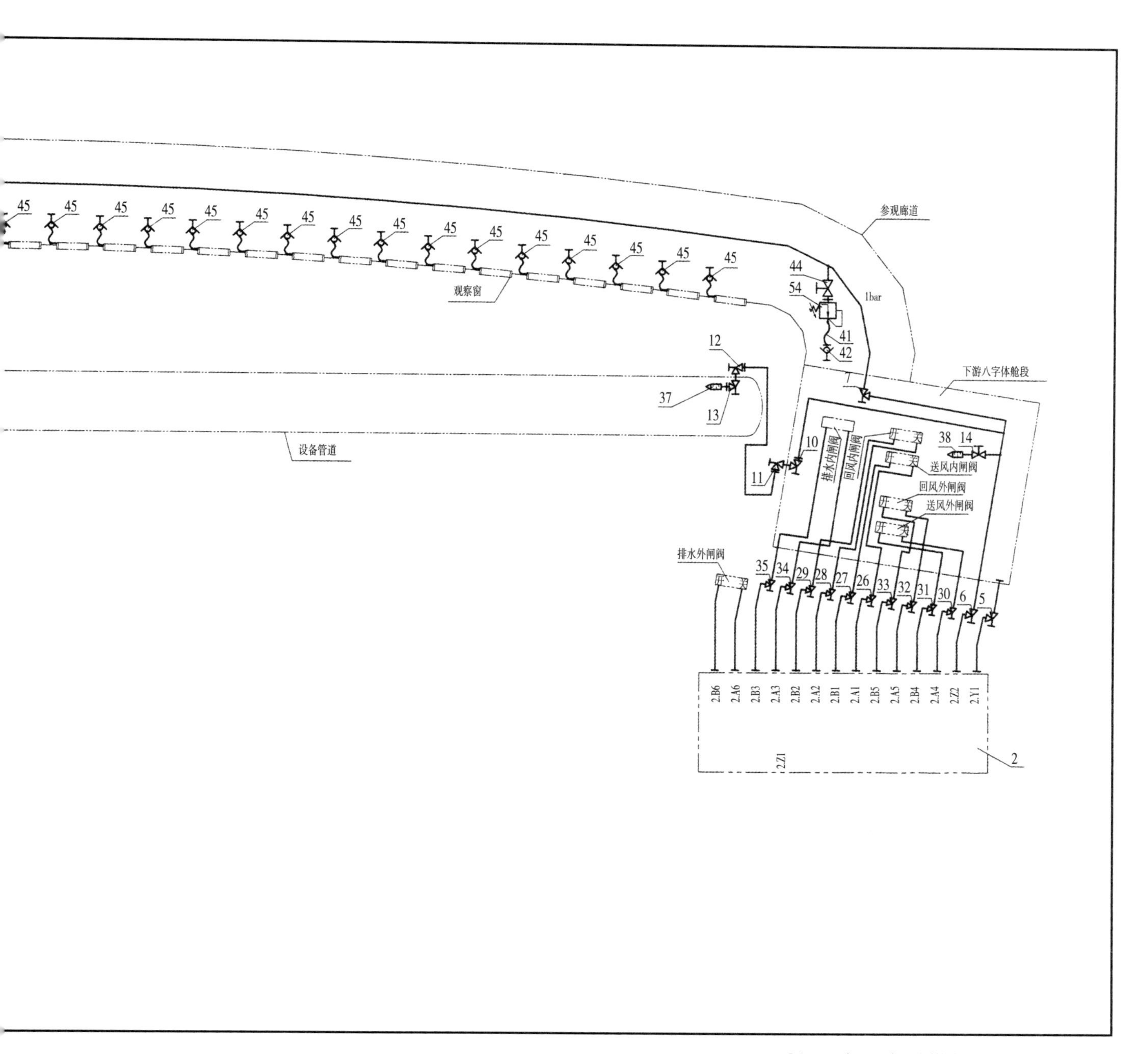

四九　参观廊道供气系统原理图

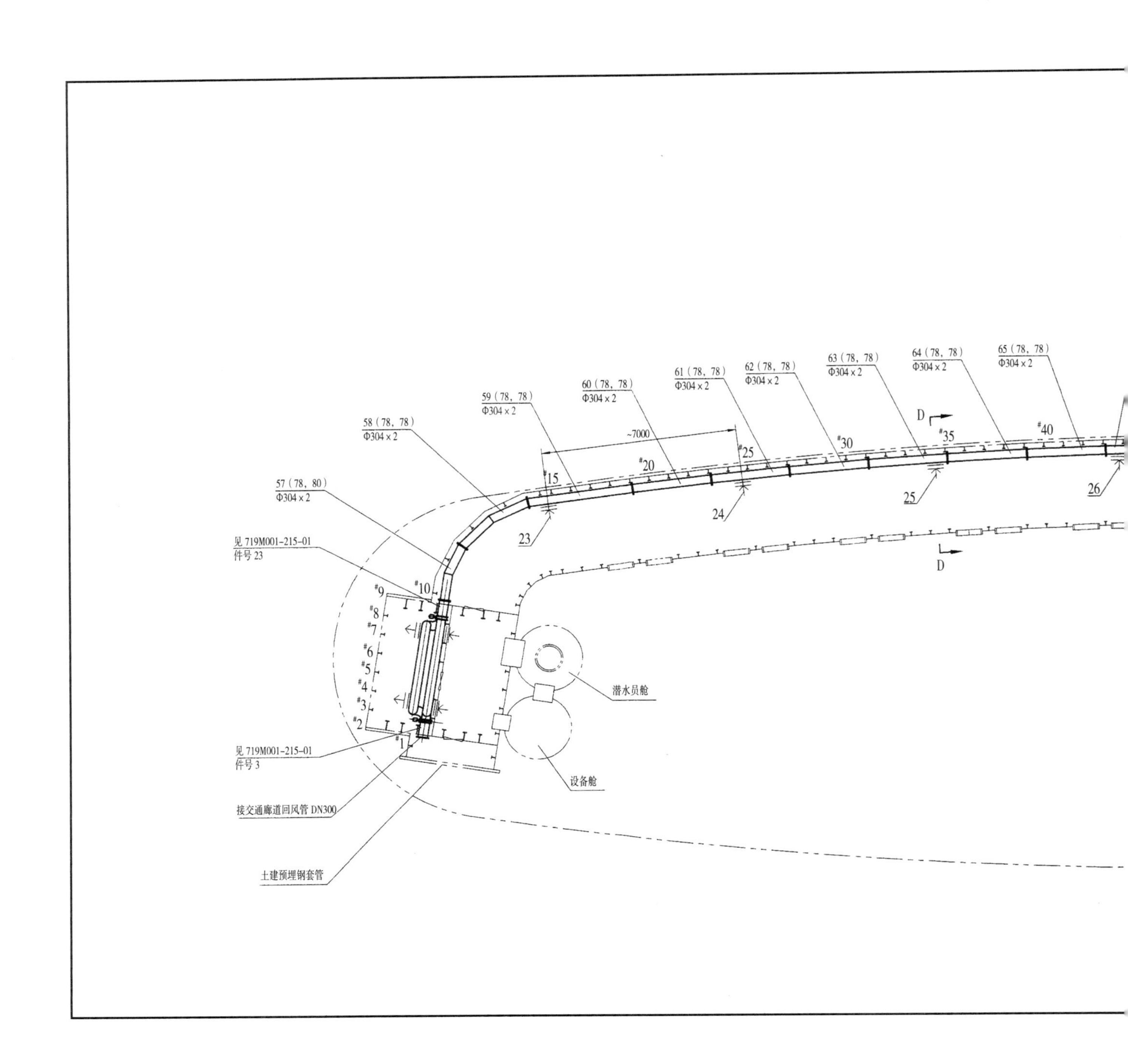

57（78，80）
Φ304×2
58（78，78）
Φ304×2
59（78，78）
Φ304×2
60（78，78）
Φ304×2
61（78，78）
Φ304×2
62（78，78）
Φ304×2
63（78，78）
Φ304×2
64（78，78）
Φ304×2
65（78，78）
Φ304×2
~7000
D
23
24
25
26
见 719M001-215-01
件号 23
见 719M001-215-01
件号 3
接交通廊道回风管 DN300
土建预埋钢套管
潜水员舱
设备舱

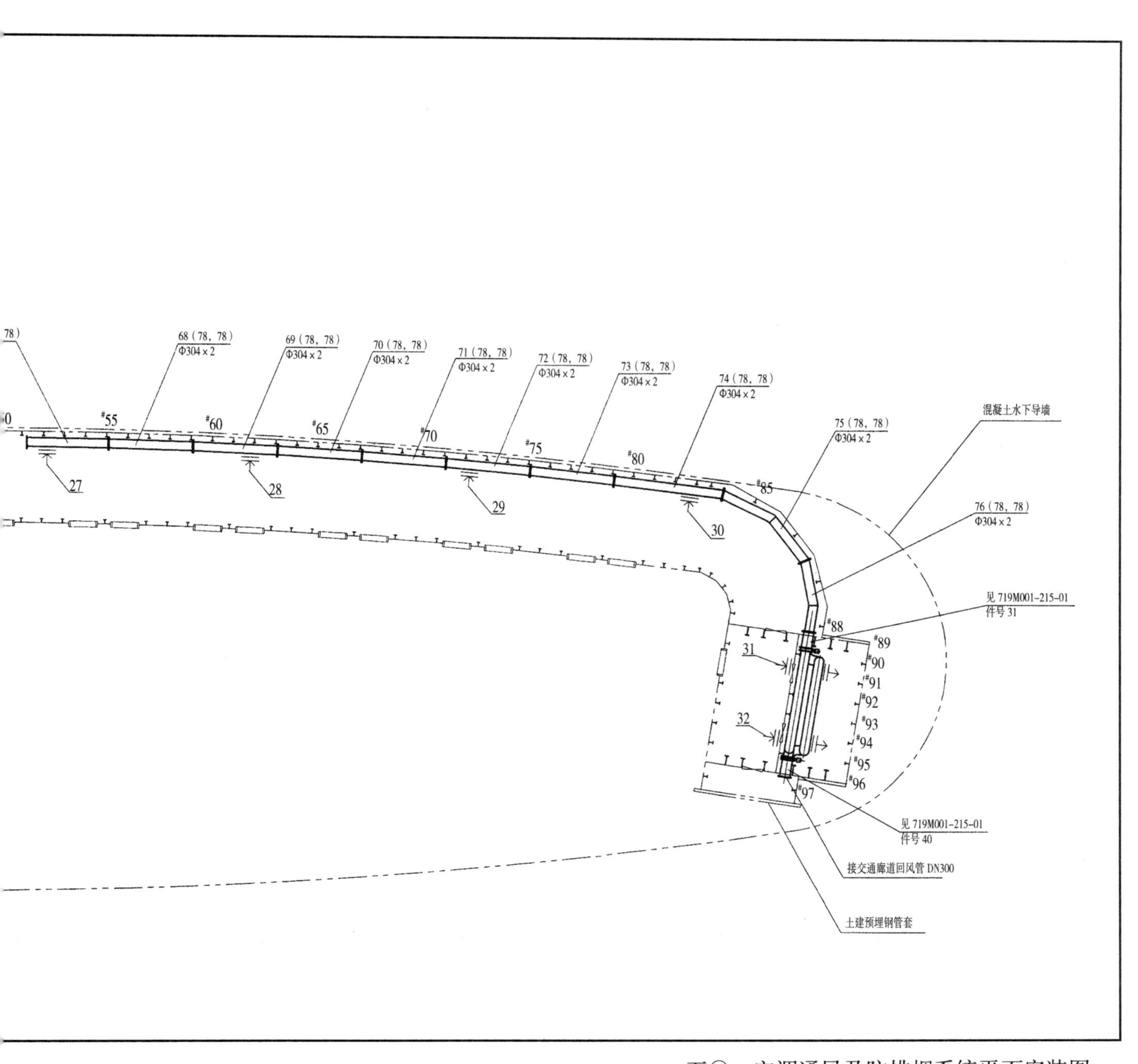

五〇　空调通风及防排烟系统平面安装图

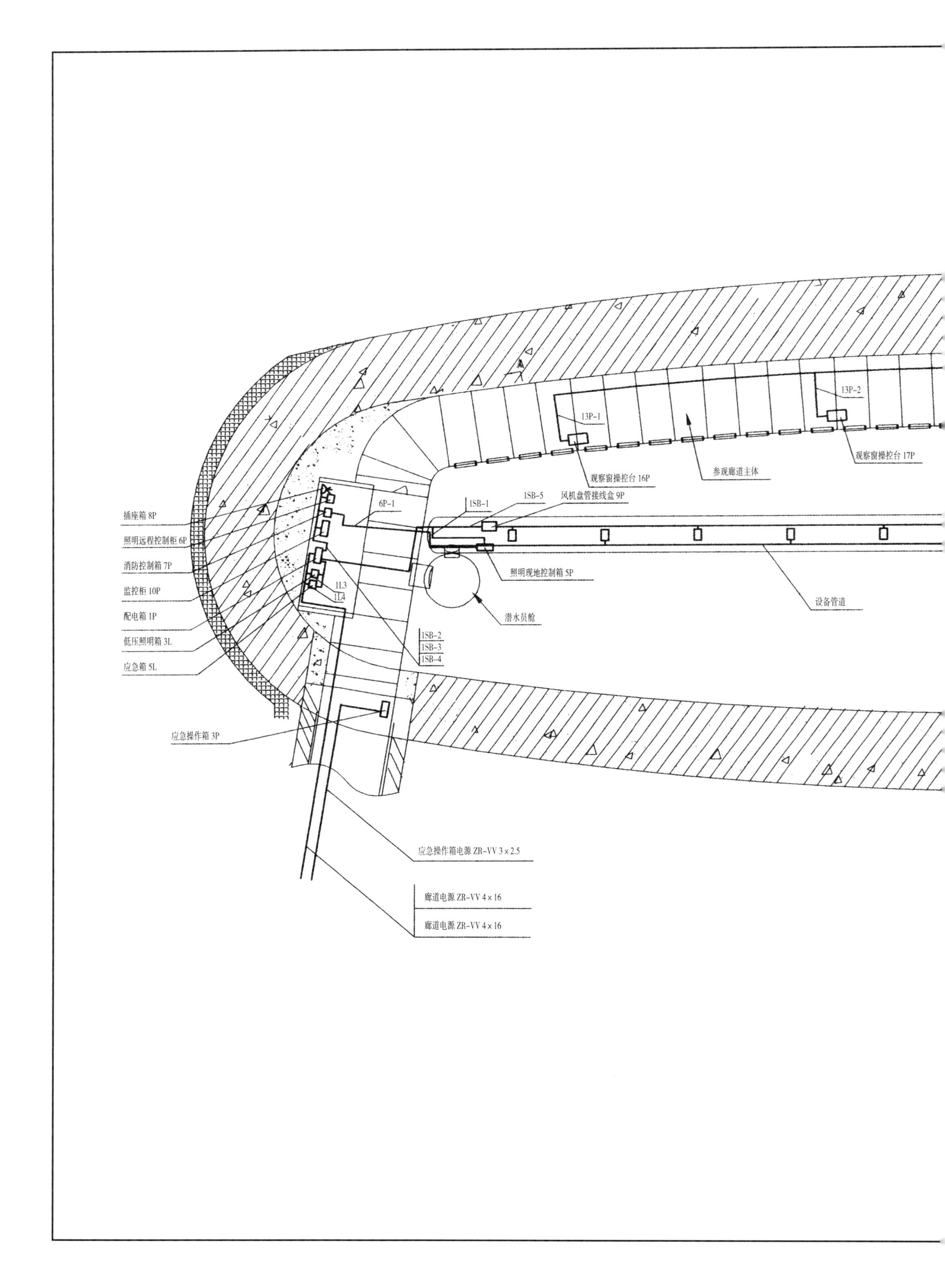
13P-2
13P-1
观察窗操控台 17P
观察窗操控台 16P
参观廊道主体
6P-1
1SB-1
1SB-5
风机盘管接线盒 9P
插座箱 8P
照明远程控制柜 6P
消防控制箱 7P
监控柜 10P
配电箱 1P
低压照明箱 3L
应急箱 5L
1L3
1L4
照明现地控制箱 5P
设备管道
潜水员舱
1SB-2
1SB-3
1SB-4
应急操作箱 3P
应急操作箱电源 ZR-VV 3×2.5
廊道电源 ZR-VV 4×16
廊道电源 ZR-VV 4×16

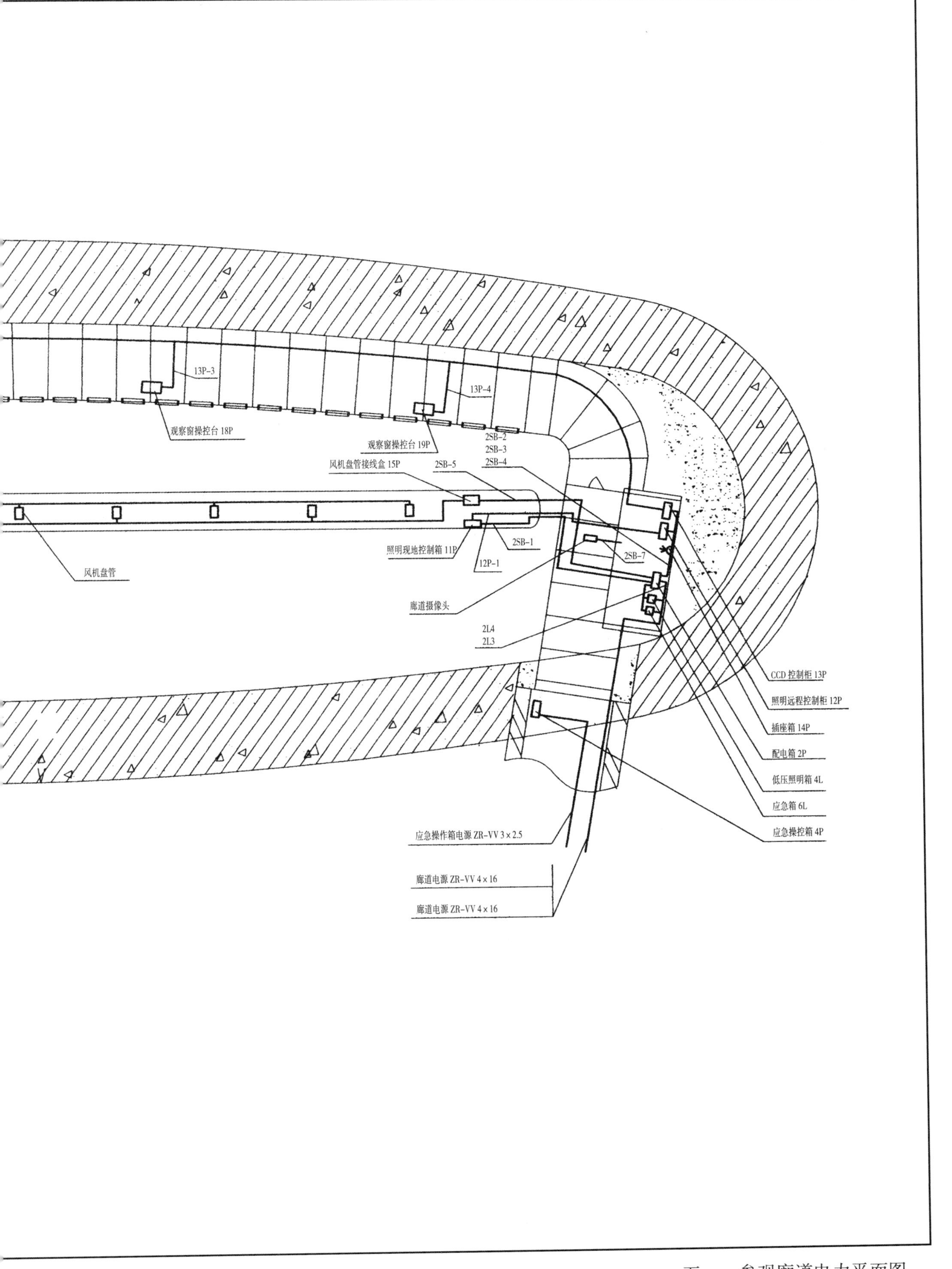

五一　参观廊道电力平面图

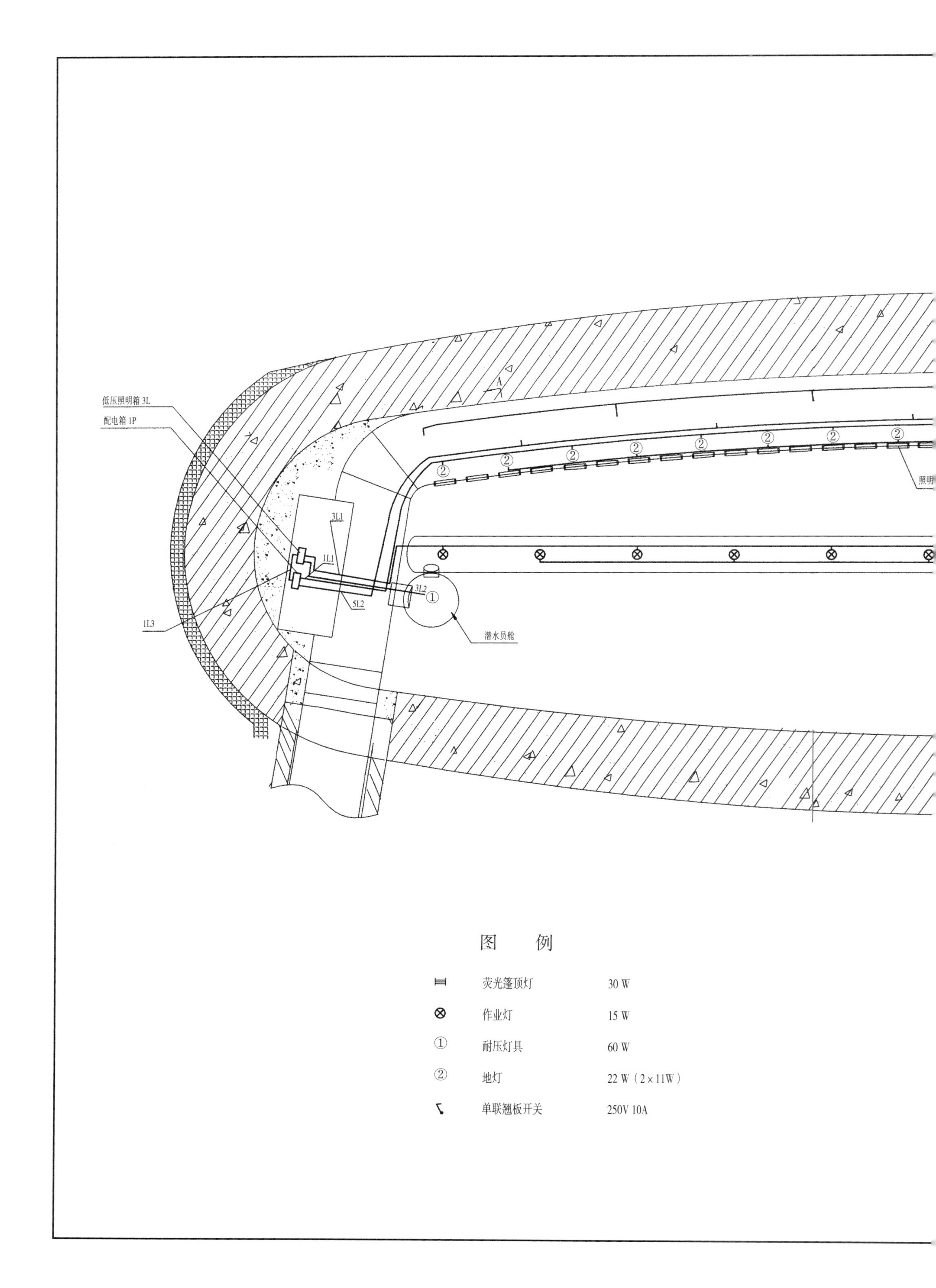
低压照明箱 3L
配电箱 1P
3L1
1L1
1L3
3L2
5L2
潜水员舱
照明
A
图 例
荧光篷顶灯 30 W
作业灯 15 W
耐压灯具 60 W
地灯 22 W（2×11W）
单联翘板开关 250V 10A

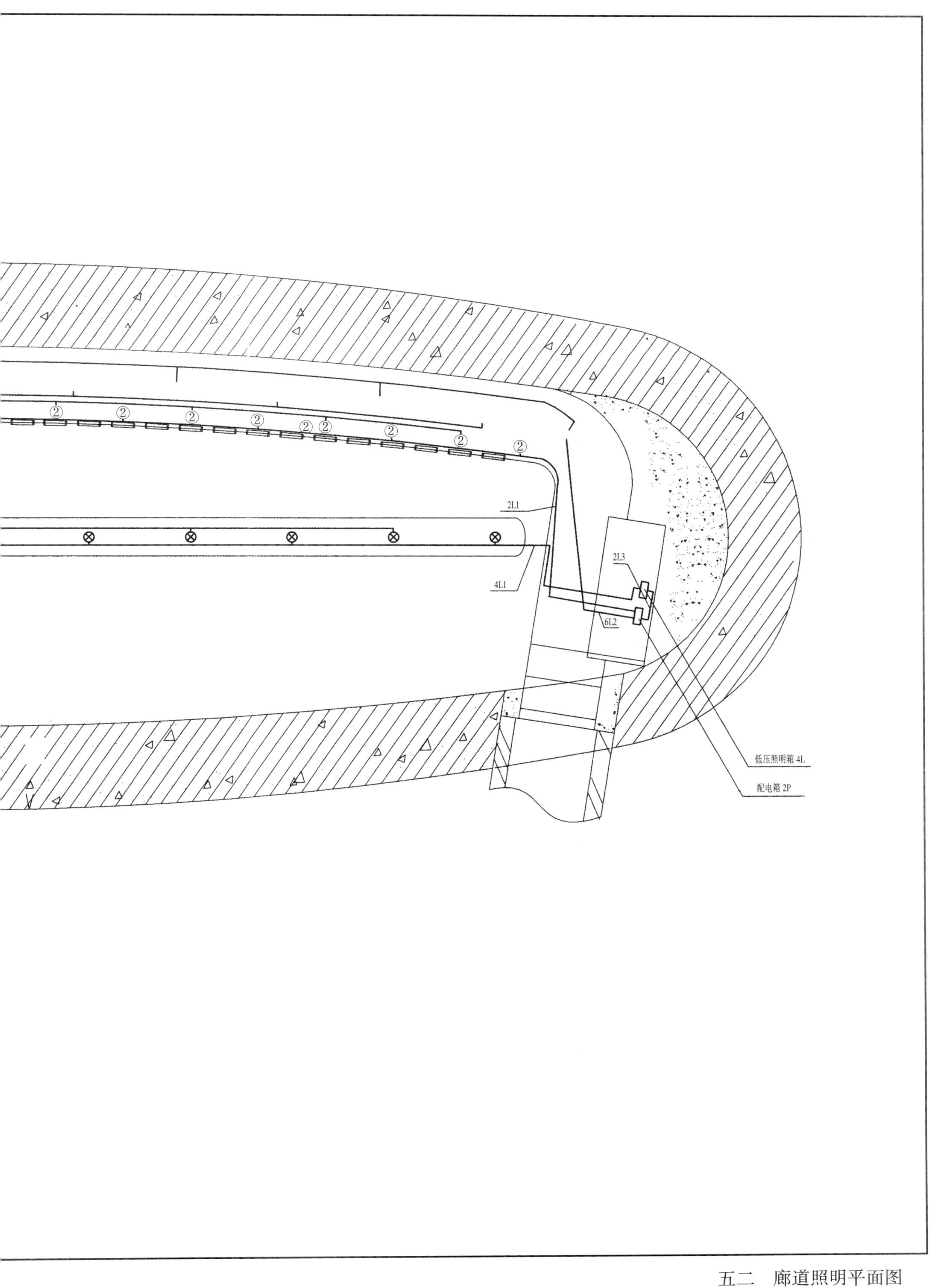

五二　廊道照明平面图

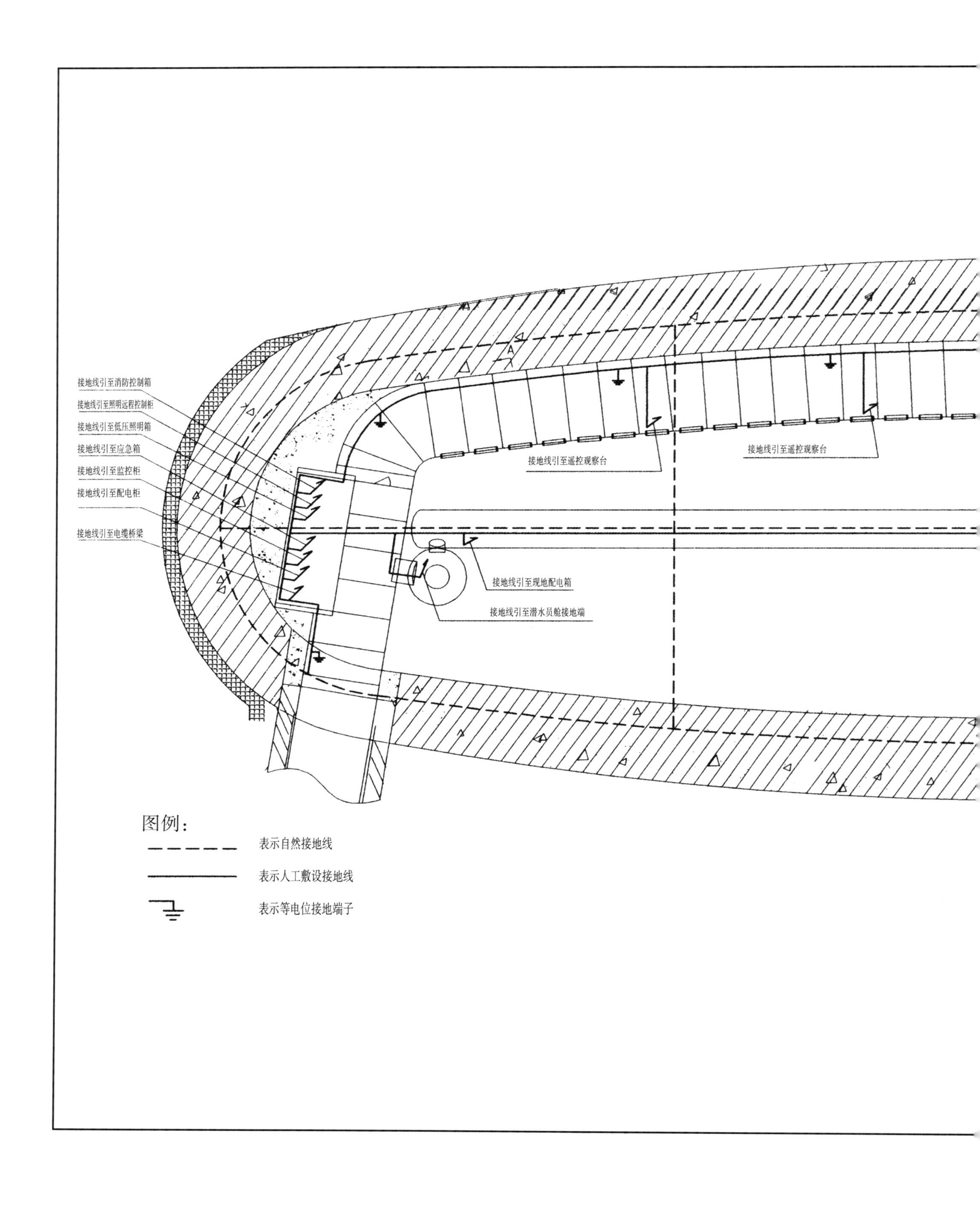

接地线引至消防控制箱
接地线引至照明远程控制柜
接地线引至低压照明箱
接地线引至应急箱
接地线引至监控柜
接地线引至配电柜
接地线引至电缆桥梁
接地线引至遥控观察台
接地线引至遥控观察台
接地线引至现地配电箱
接地线引至潜水员舱接地端
A
图例：
表示自然接地线
表示人工敷设接地线
表示等电位接地端子

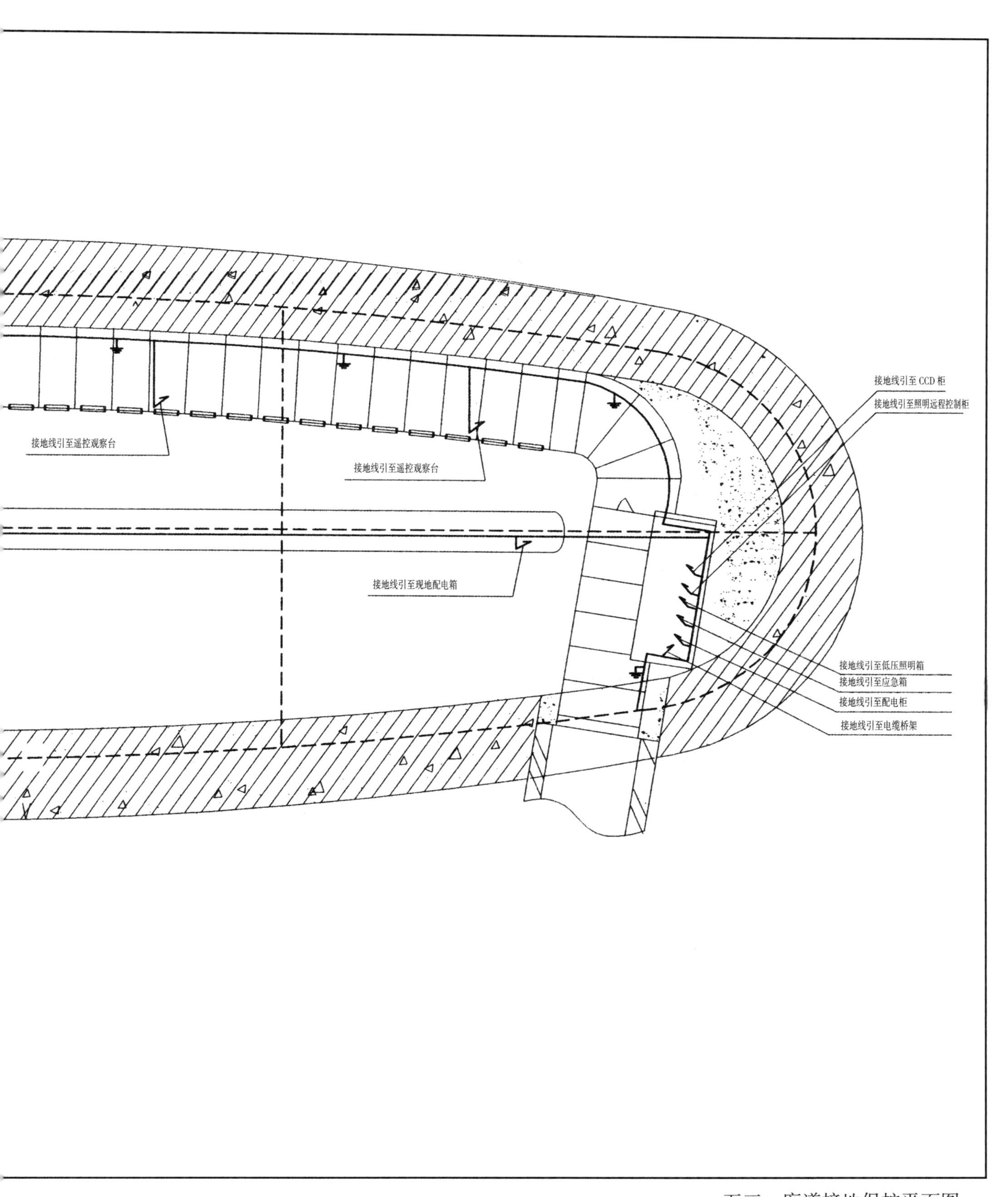

五三　廊道接地保护平面图

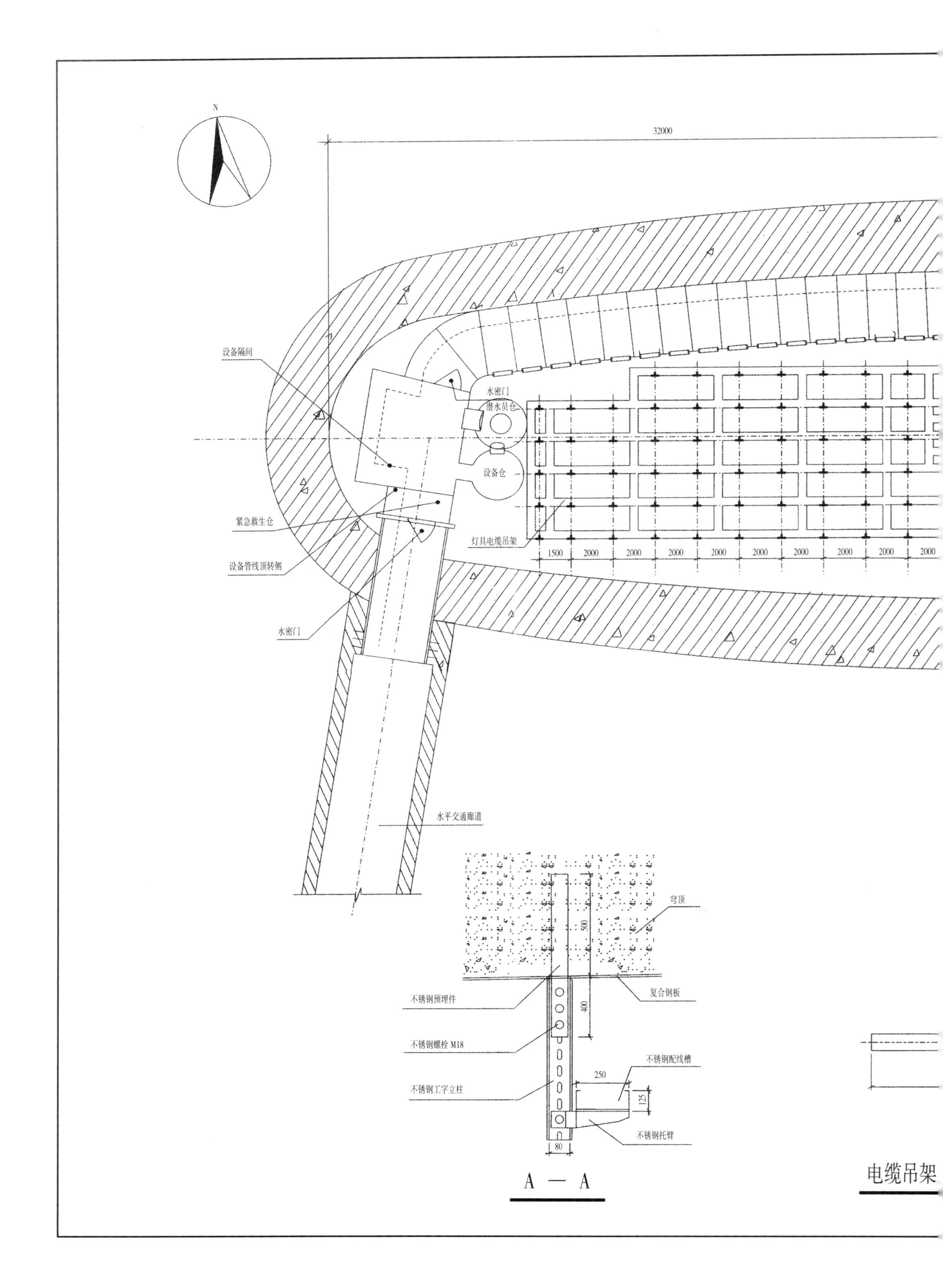
N
32000
设备隔间
水密门
潜水员仓
设备仓
紧急救生仓
设备管线顶转侧
水密门
灯具电缆吊架
1500
2000
2000
2000
2000
2000
2000
2000
2000
2000
水平交通廊道
穹顶
500
不锈钢预埋件
复合钢板
400
不锈钢螺栓 M18
不锈钢配线槽
250
不锈钢工字立柱
125
不锈钢托臂
80
A — A
电缆吊架

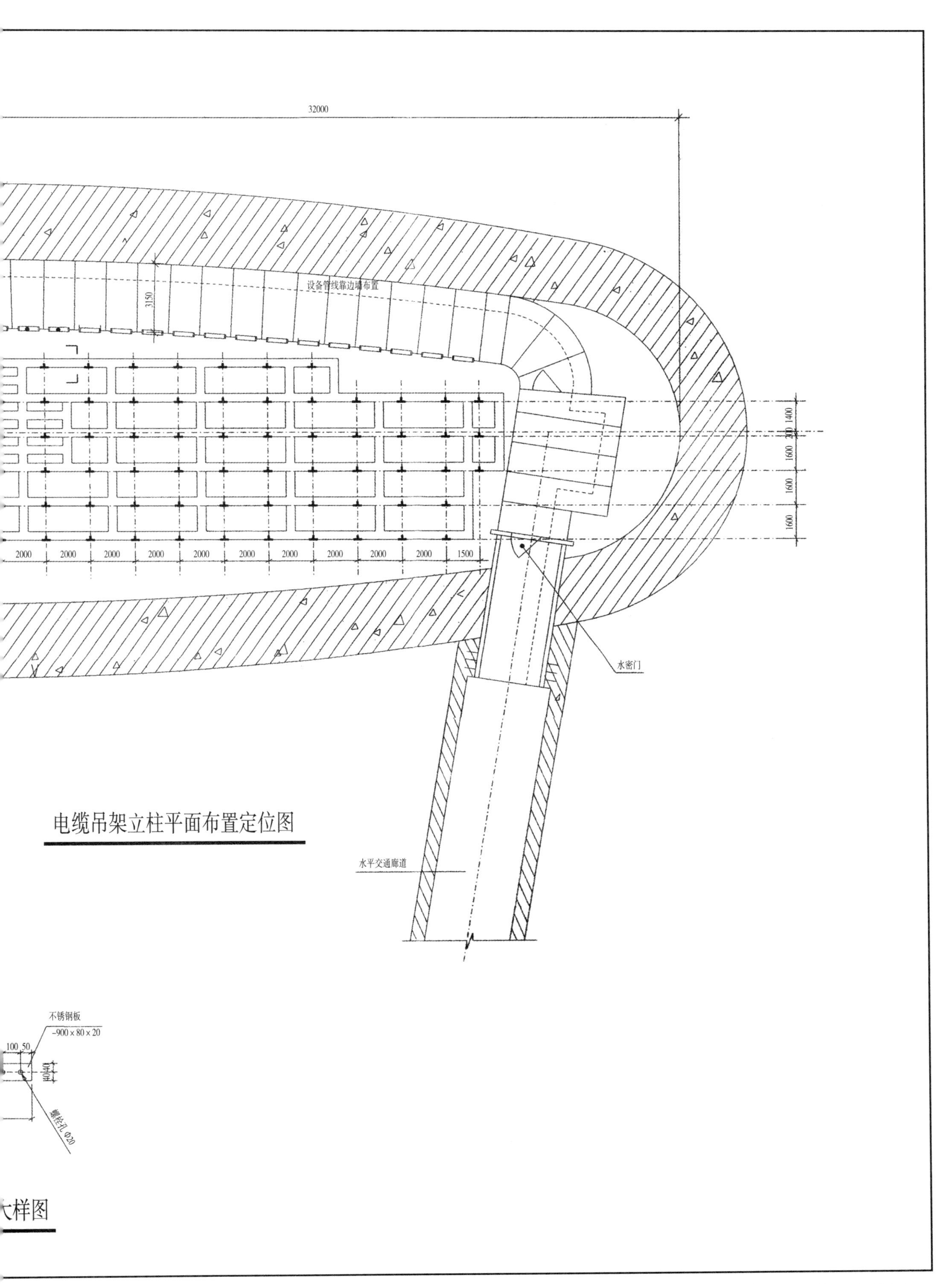

五四　电缆吊架立柱平面布置定位图

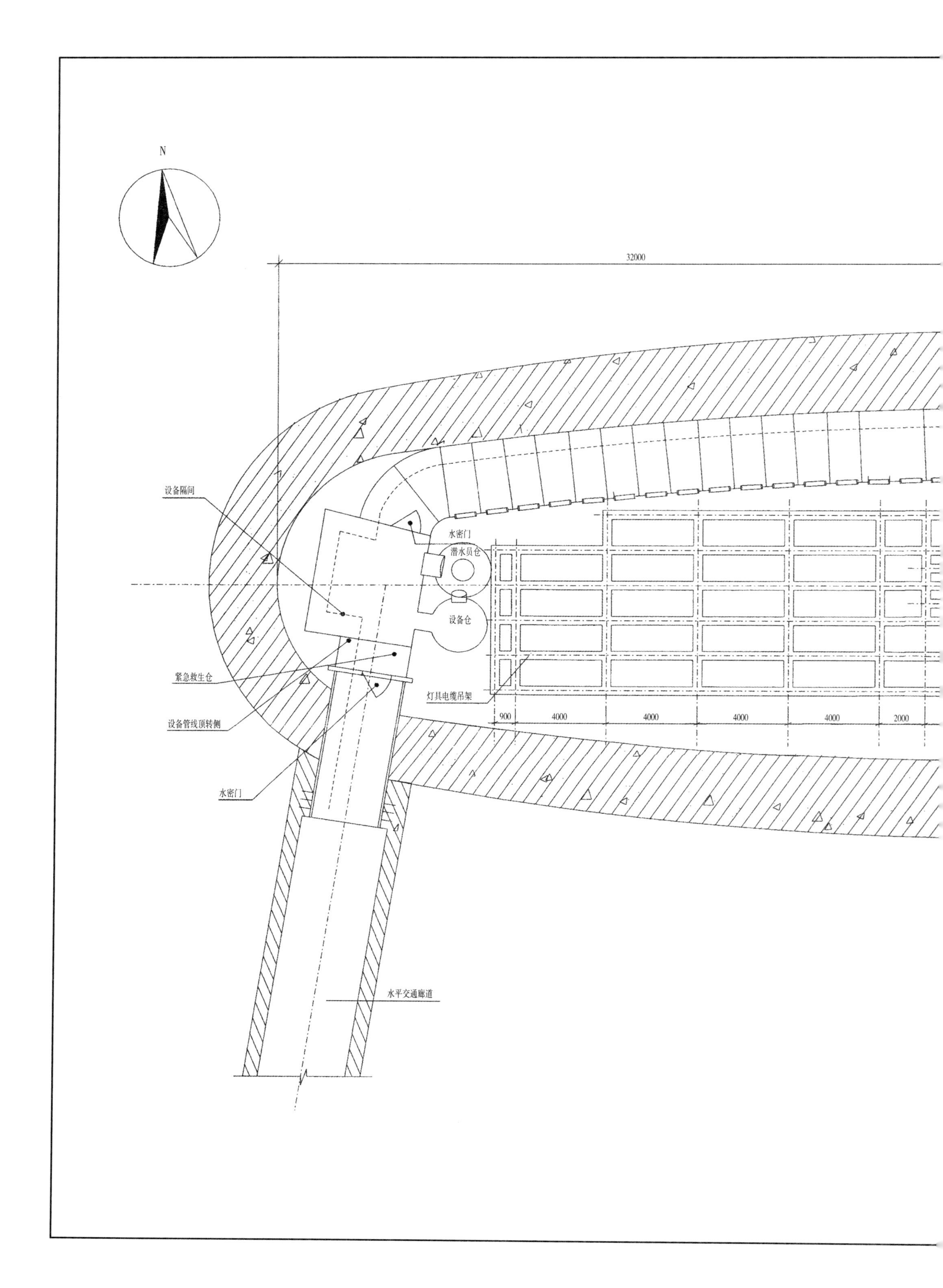
N
32000
设备隔间
水密门
潜水员仓
设备仓
紧急救生仓
设备管线顶转侧
灯具电缆吊架
水密门
900
4000
4000
4000
4000
2000
水平交通廊道

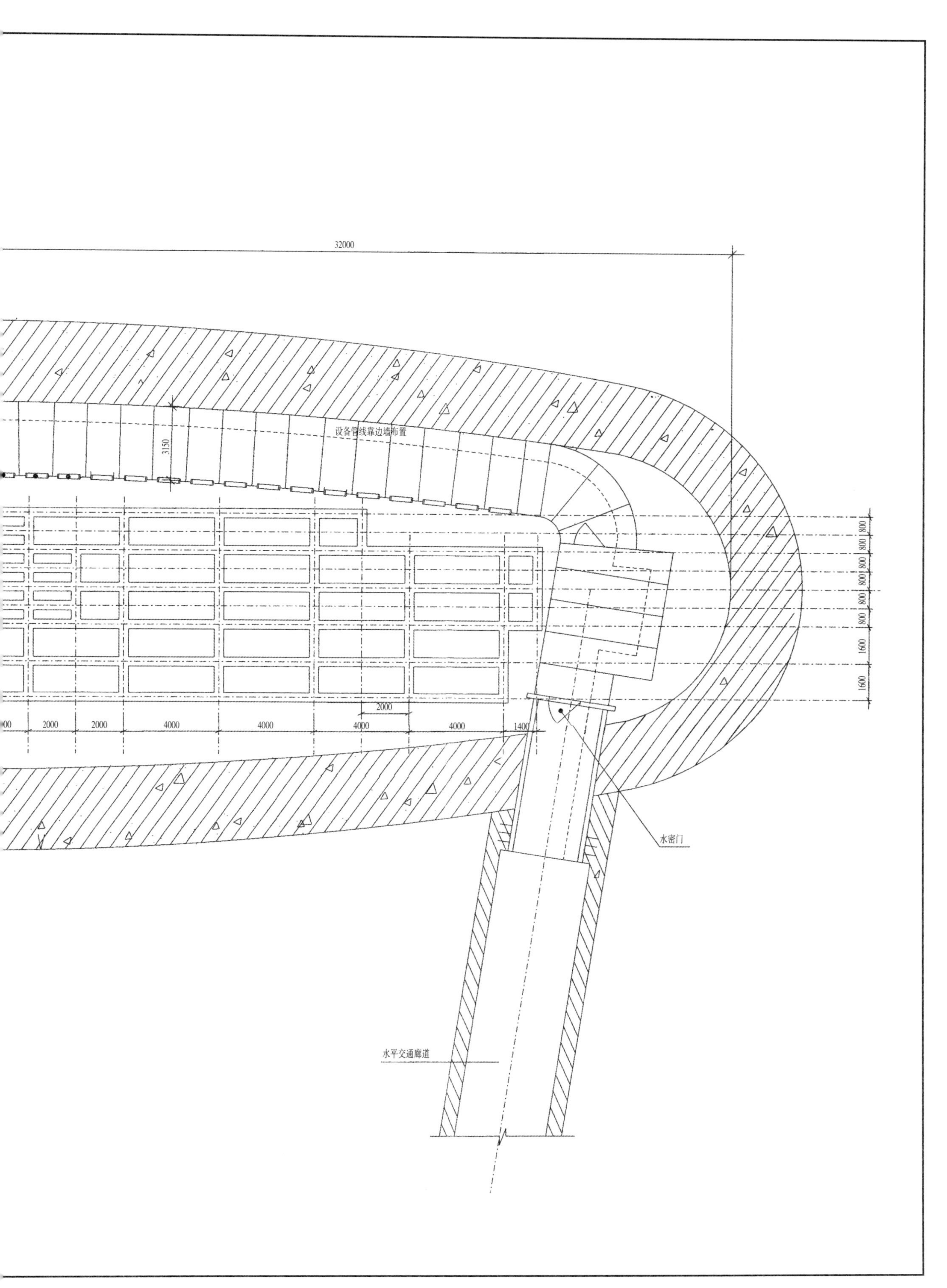

五五　水下照明灯具、摄像机电缆吊架布置平面图

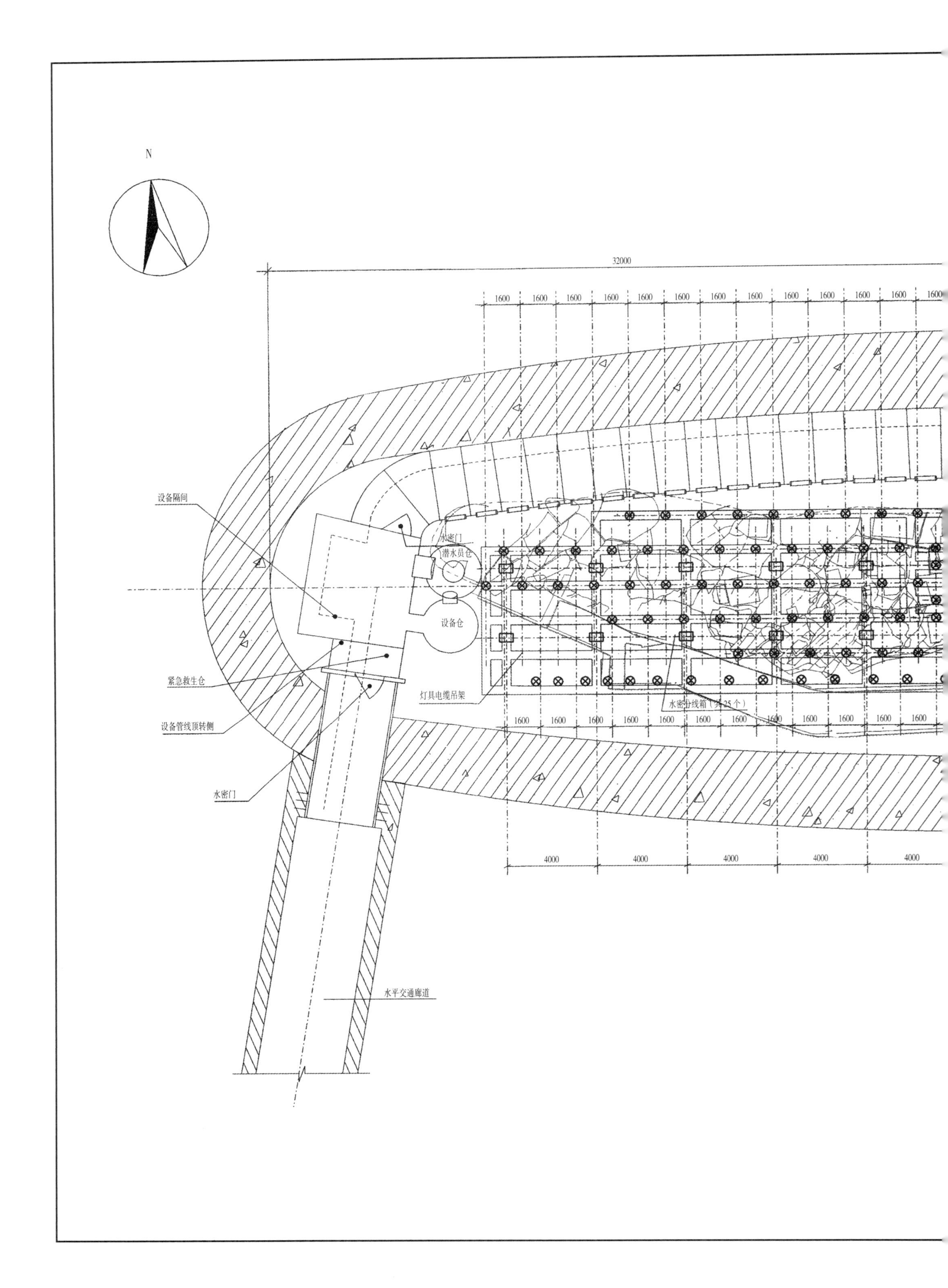
N
32000
1600
4000
设备隔间
水密门
潜水员仓
设备仓
紧急救生仓
设备管线顶转侧
灯具电缆吊架
水密分线箱（共25个）
水密门
水平交通廊道

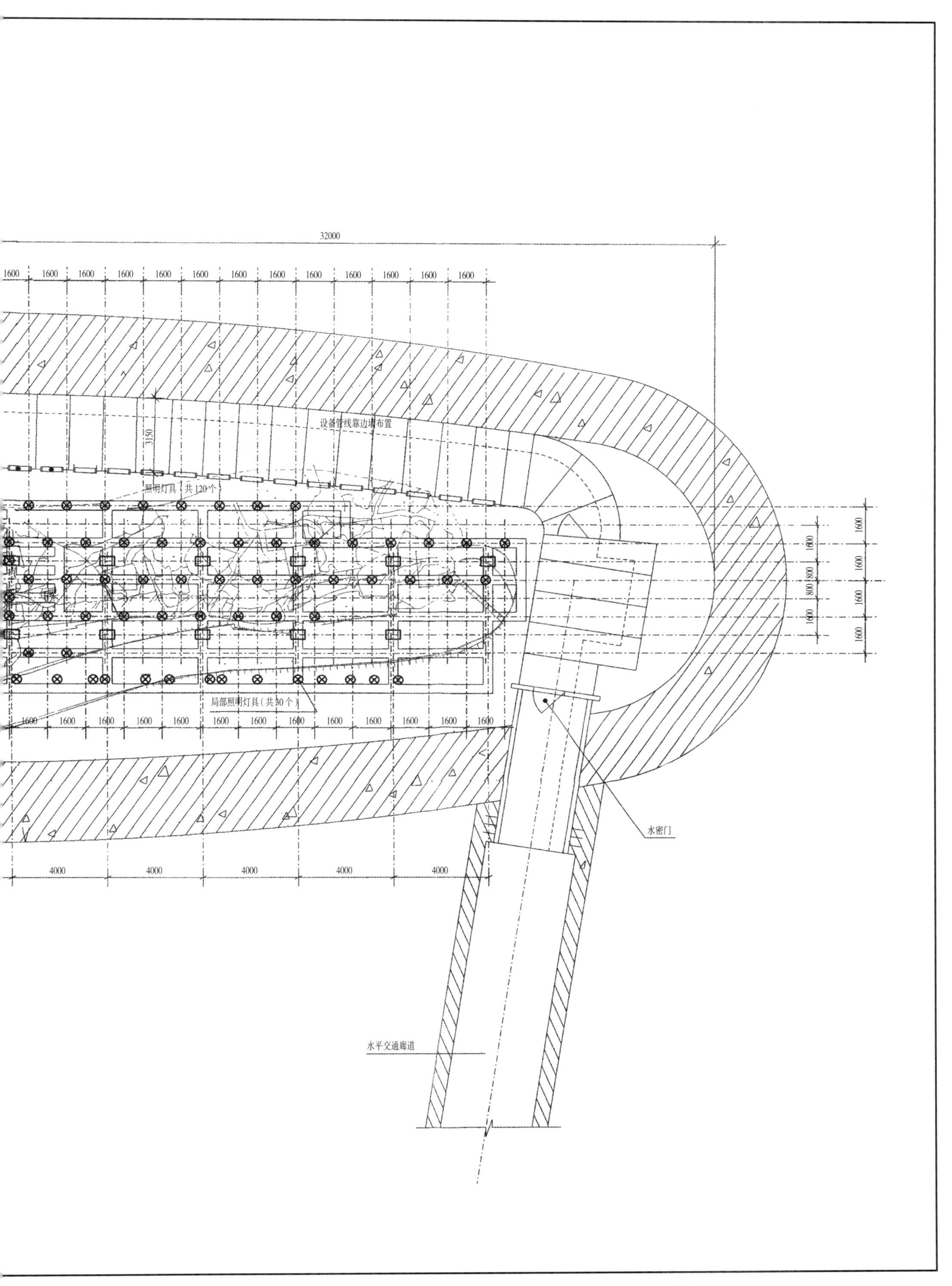

五六　LED 水下照明系统设备布置平面图

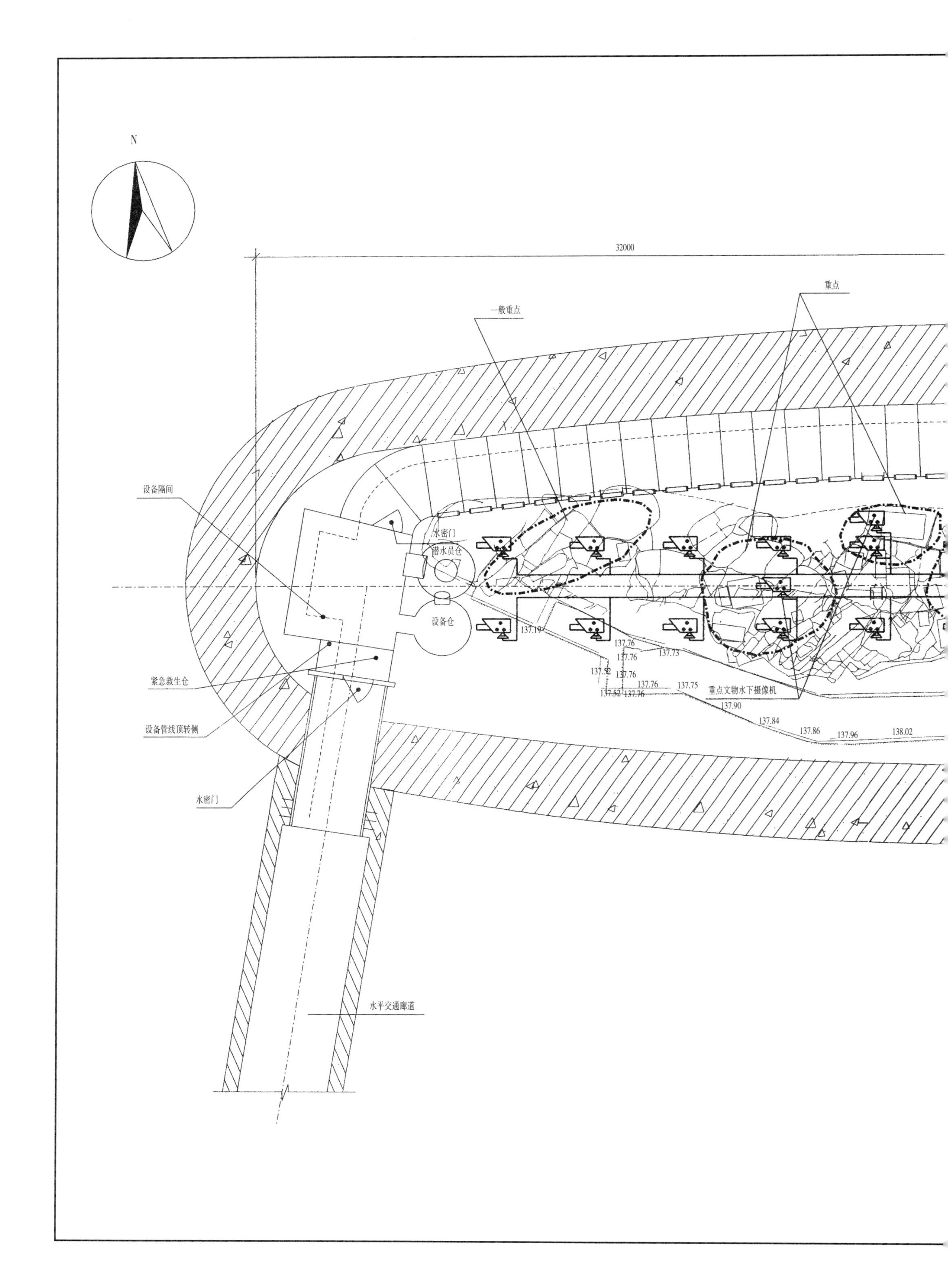
N
32000
一般重点
重点
设备隔间
水密门
潜水员仓
设备仓
紧急救生仓
设备管线顶转侧
水密门
水平交通廊道
重点文物水下摄像机
137.19
137.76
137.76
137.73
137.52
137.76
137.76
137.75
137.52
137.76
137.90
137.84
137.86
137.96
138.02

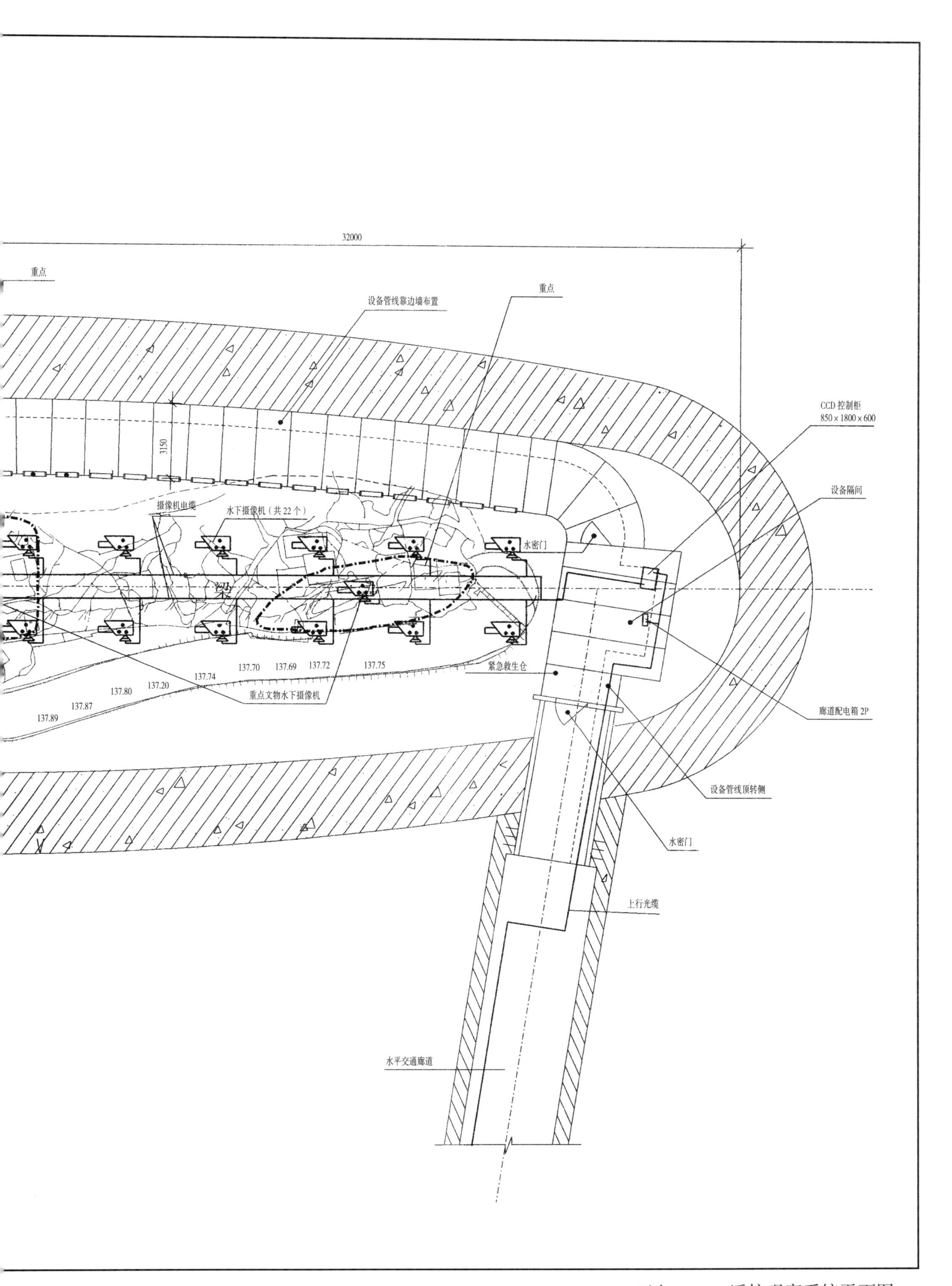

五七　CCD 遥控观察系统平面图

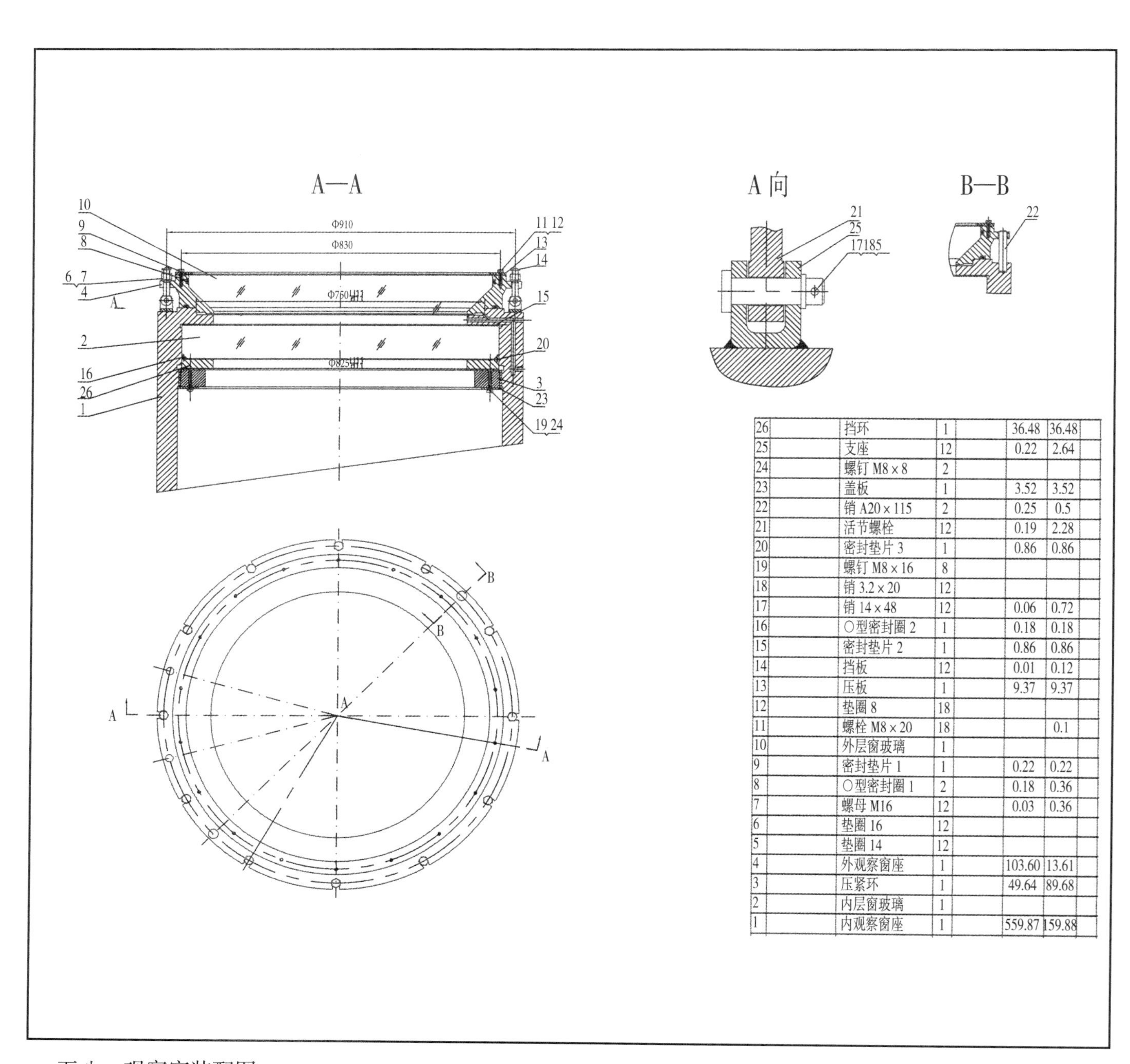

26		挡环	1		36.48	36.48	
25		支座	12		0.22	2.64	
24		螺钉 M8×8	2				
23		盖板	1		3.52	3.52	
22		销 A20×115	2		0.25	0.5	
21		活节螺栓	12		0.19	2.28	
20		密封垫片 3	1		0.86	0.86	
19		螺钉 M8×16	8				
18		销 3.2×20	12				
17		销 14×48	12		0.06	0.72	
16		O型密封圈 2	1		0.18	0.18	
15		密封垫片 2	1		0.86	0.86	
14		挡板	12		0.01	0.12	
13		压板	1		9.37	9.37	
12		垫圈 8	18				
11		螺栓 M8×20	18			0.1	
10		外层窗玻璃	1				
9		密封垫片 1	1		0.22	0.22	
8		O型密封圈 1	2		0.18	0.36	
7		螺母 M16	12		0.03	0.36	
6		垫圈 16	12				
5		垫圈 14	12				
4		外观察窗座	1		103.60	13.61	
3		压紧环	1		49.64	89.68	
2		内层窗玻璃	1				
1		内观察窗座	1		559.87	159.88	

五八　观察窗装配图

上游八字体舱段

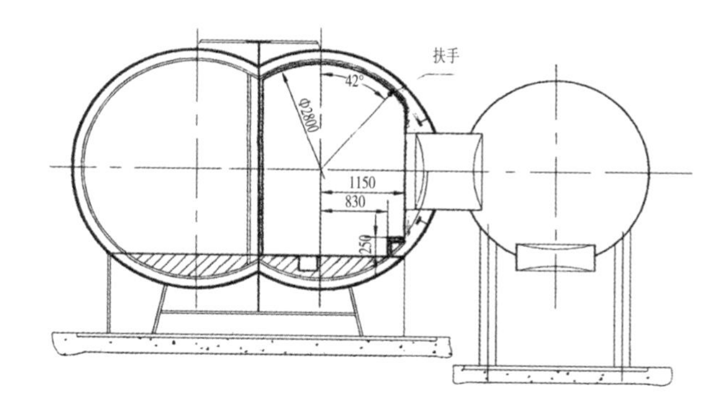

下游八字体舱段

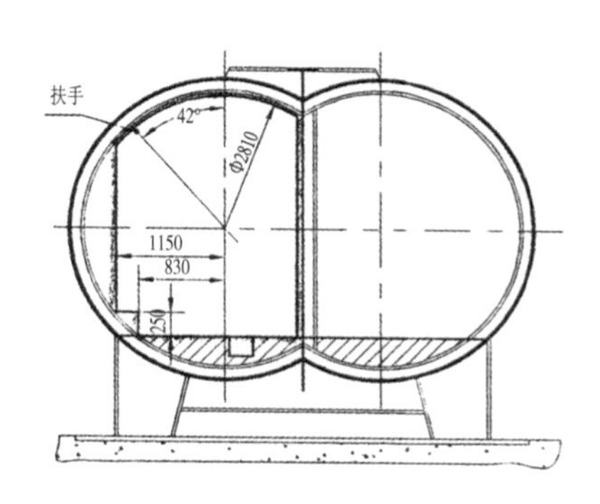

参观廊道主体

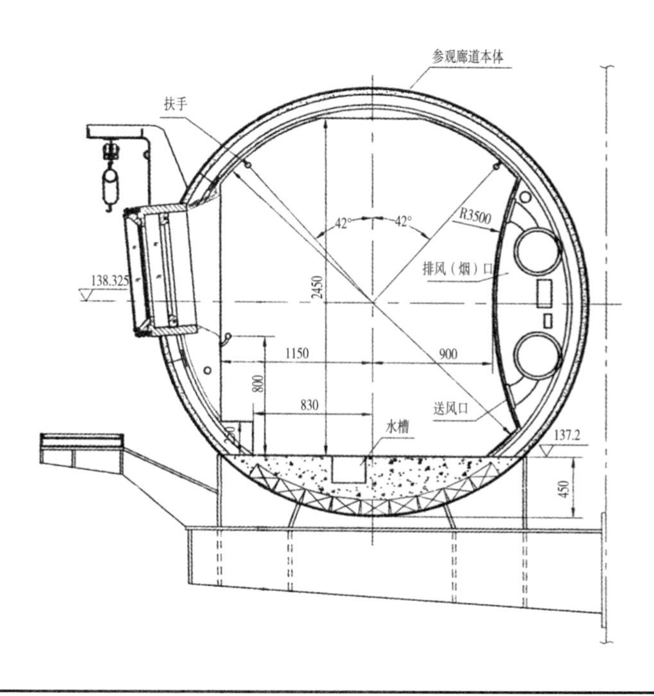

五九　参观廊道装饰图

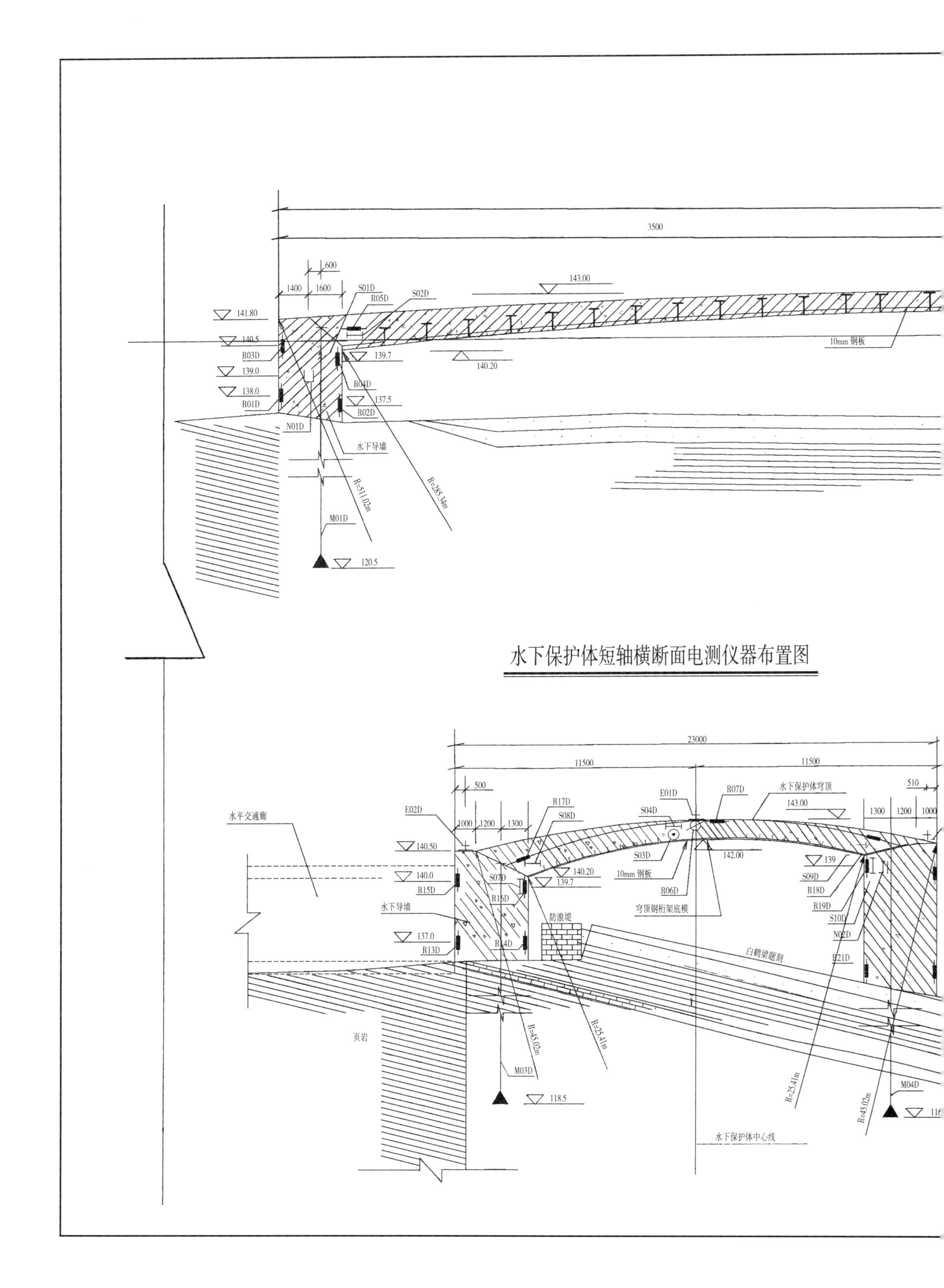

水下保护体短轴横断面电测仪器布置图

水下保护体长轴横断面电测仪器布置图

长江水流方向

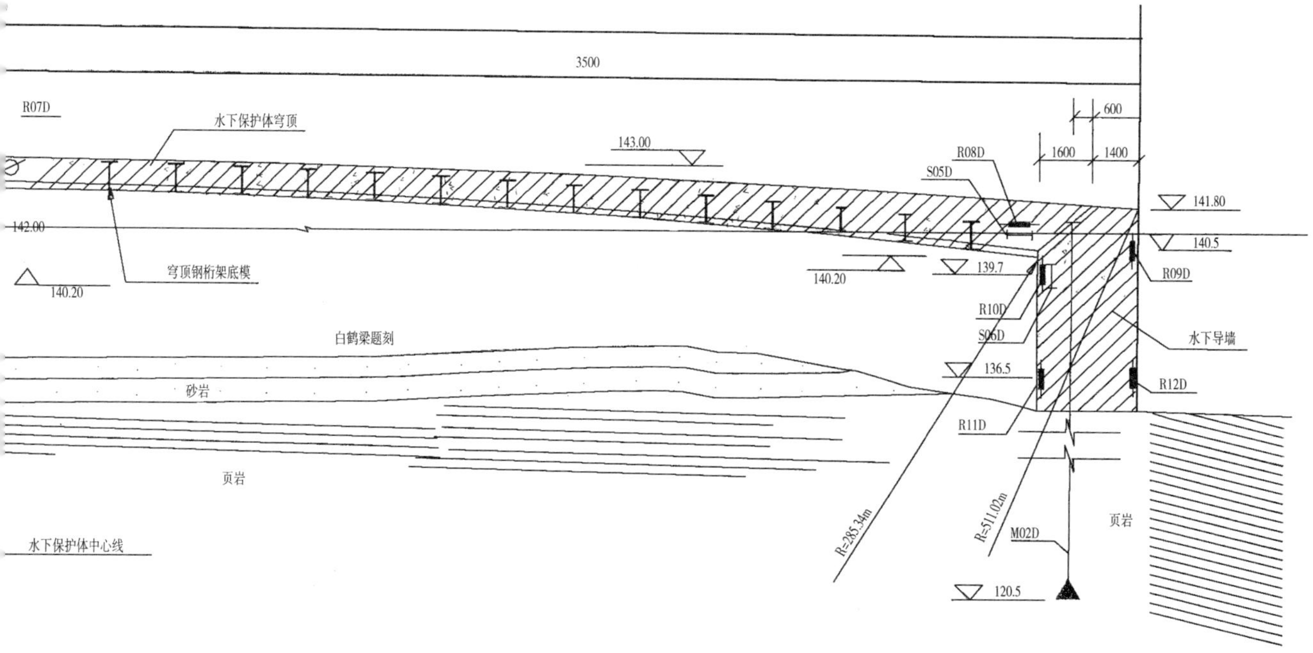

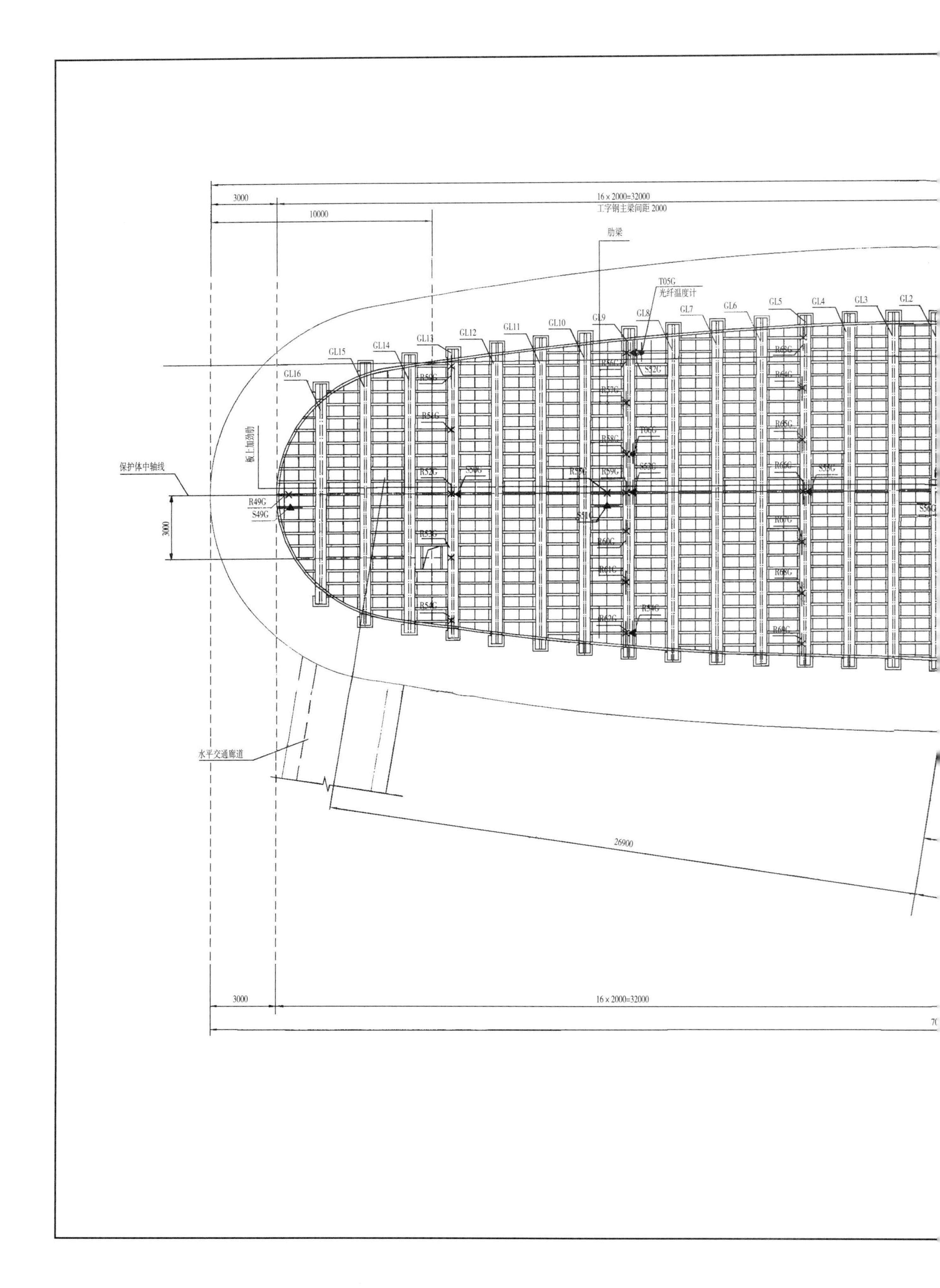

16×2000=32000
3000
工字钢主梁间距 2000
10000
肋梁
T05G
光纤温度计
GL2
GL3
GL4
GL5
GL6
GL7
GL8
GL9
GL10
GL11
GL12
GL13
GL14
GL15
GL16
板上加劲肋
保护体中轴线
R49G
S49G
3000
R50G
R51G
R52G
S50G
R53G
R54G
T06G
S52G
S53G
S51G
R55G
R59G
R56G
R57G
R58G
R60G
R61G
R62G
S54G
R63G
R64G
R65G
R66G
S55G
R67G
R68G
R69G
S56G
水平交通廊道
26900
3000
16×2000=32000

水下保护体穹顶光纤仪器平面布置图

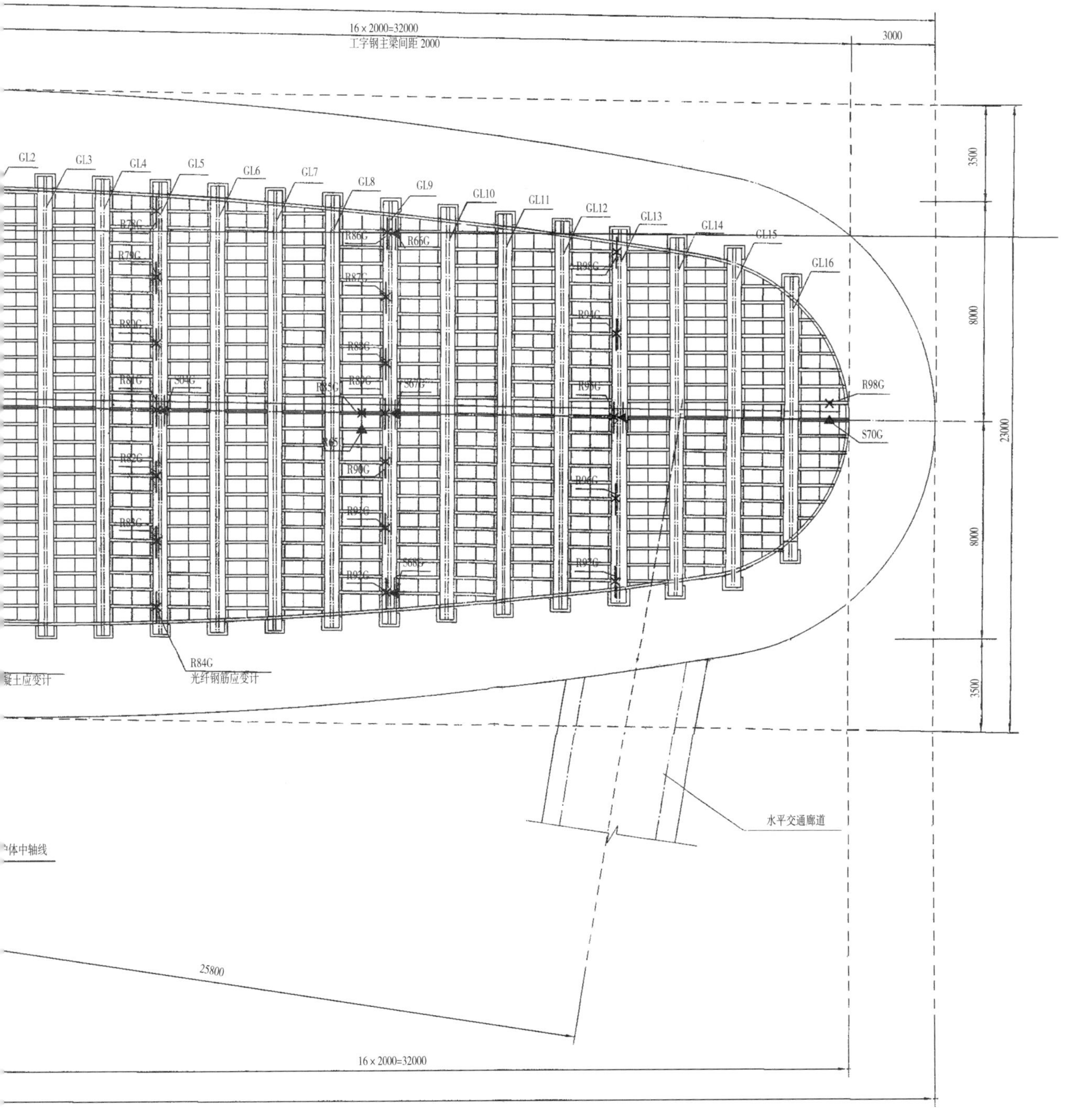

16×2000=32000
工字钢主梁间距 2000
3000

GL2 GL3 GL4 GL5 GL6 GL7 GL8 GL9 GL10 GL11 GL12 GL13 GL14 GL15 GL16

R78G R79G R80G R81G S04G R82G R83G R84G
R86G R65G R87G R88G R85G R89G S67G R65G R90G R91G R92G S68G
R93G R94G R95G R96G R97G R98G S70G

R84G
光纤钢筋应变计

凝土应变计

3500 8000 23000 8000 3500

水平交通廊道

护体中轴线

25800

16×2000=32000

光纤混凝土应变计 S
光纤温度计 T
光纤钢筋应变计 R

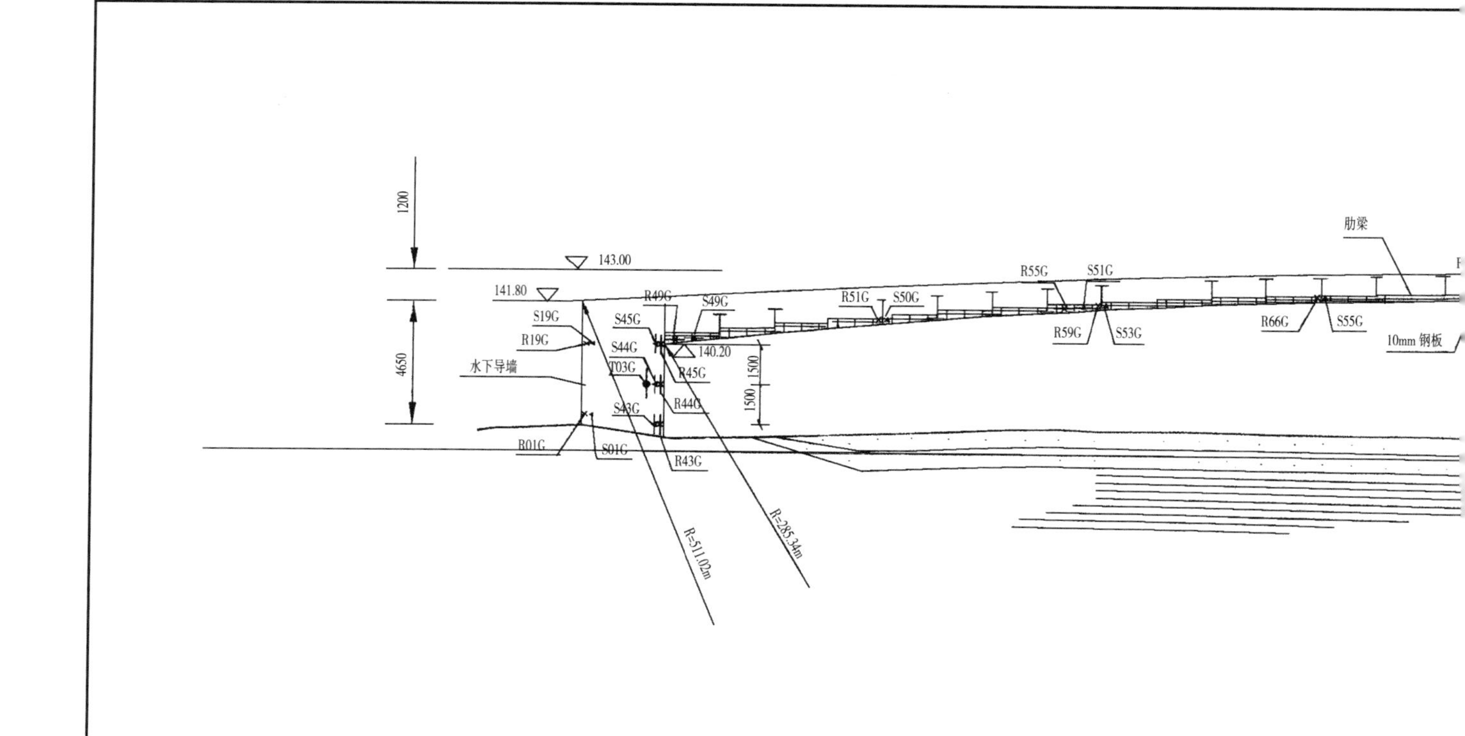

水下保护体短轴横断面光纤仪器布置图

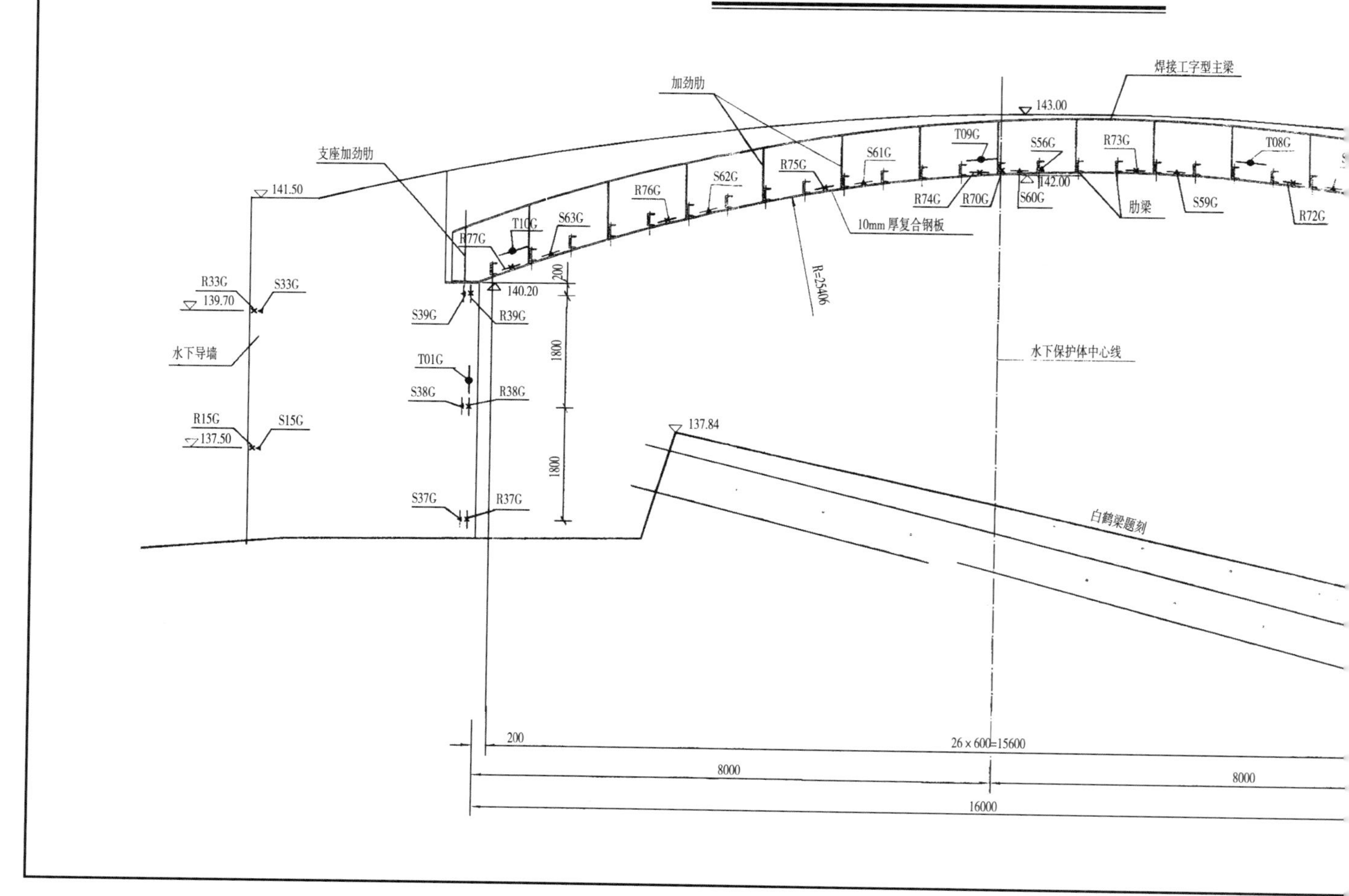

水下保护体长轴横断面光纤仪器布置图

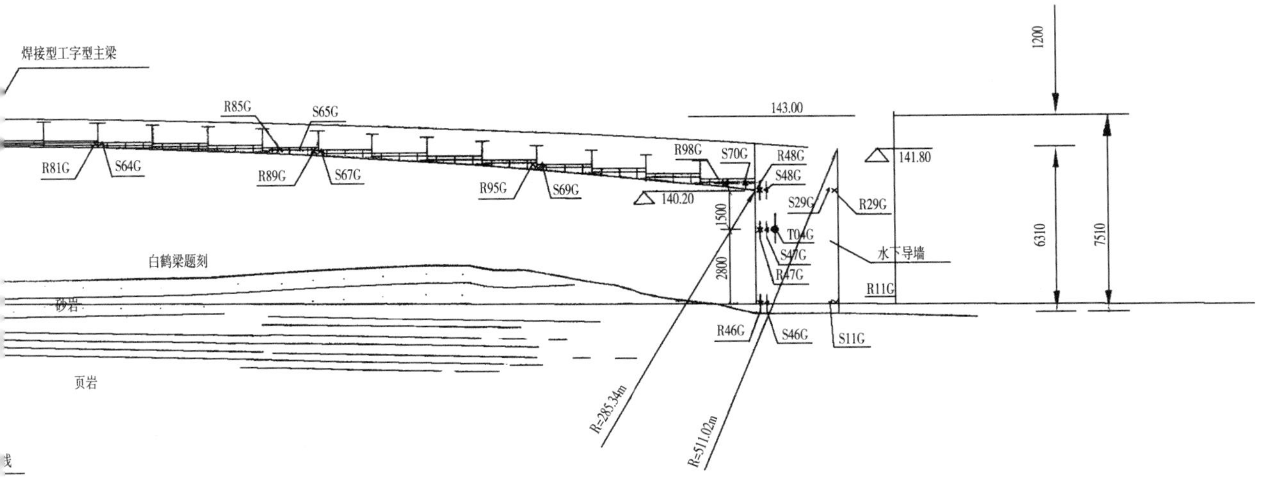

焊接型工字型主梁

R85G S65G 143.00 1200

R81G S64G R89G S67G R95G S69G R98G S70G R48G S48G 141.80

140.20 S29G R29G 1500 T04G 6310 7510

白鹤梁题刻 S47G 水下导墙 2800 R47G R11G

砂岩

R46G S46G S11G

页岩

R=285.34m R=511.02m

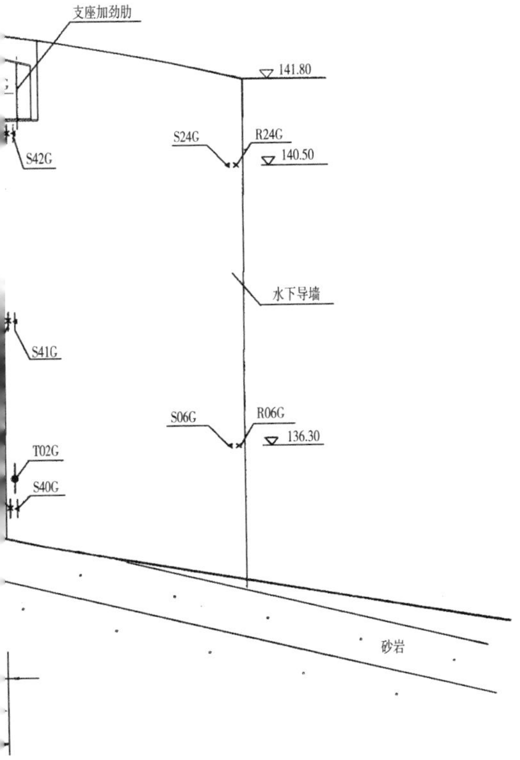

支座加劲肋

141.80

S42G S24G R24G 140.50

水下导墙

S41G

S06G R06G 136.30

T02G

S40G

砂岩

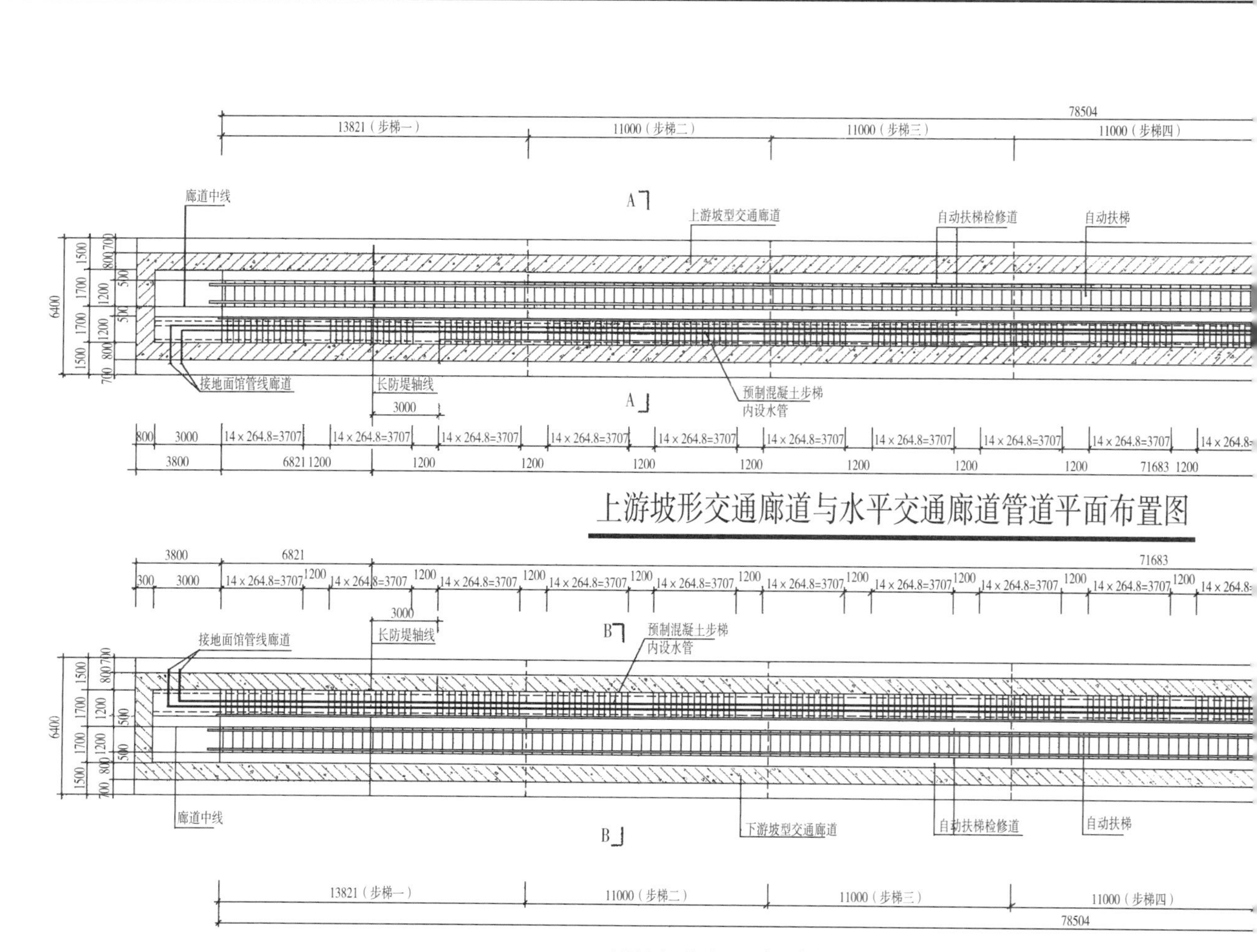

上游坡形交通廊道与水平交通廊道管道平面布置图

下游坡形交通廊道与水平交通廊道管道平面布置图

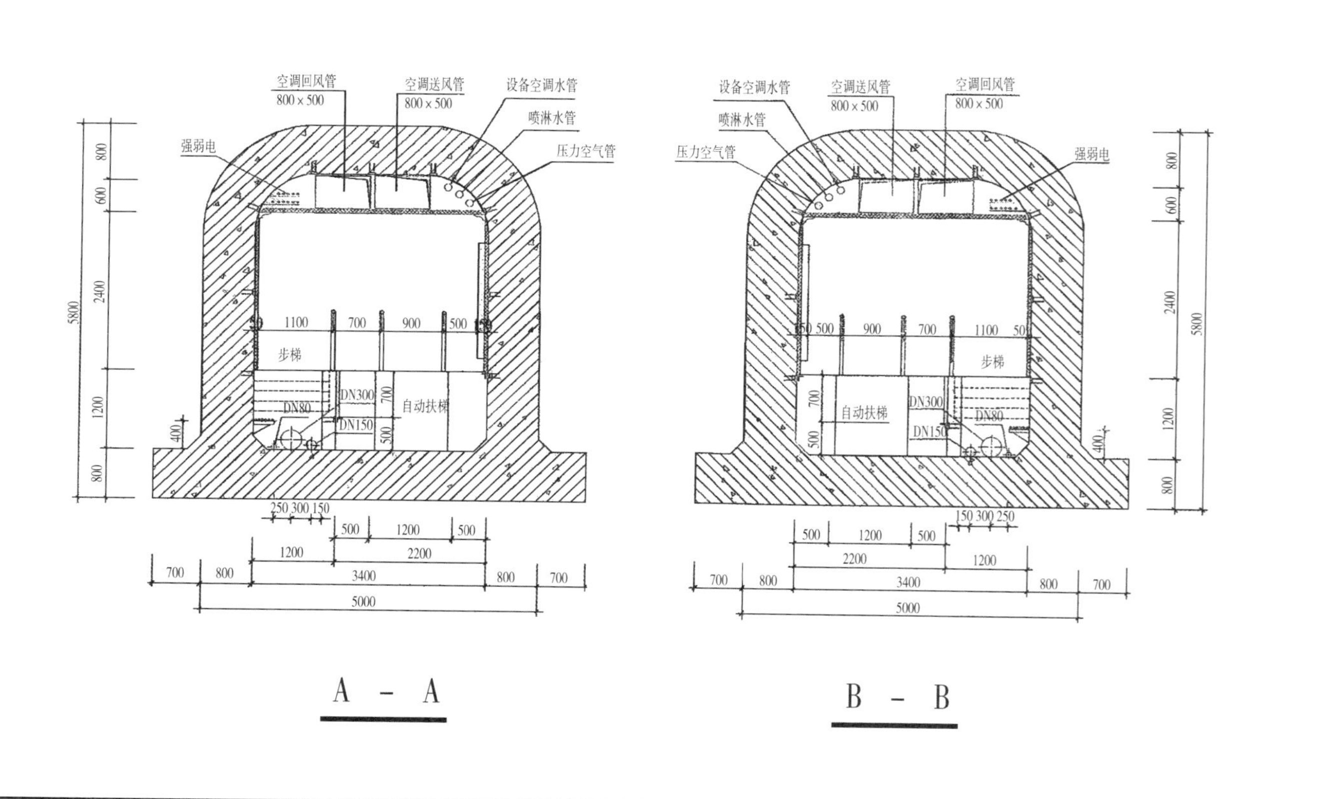

A － A

B － B

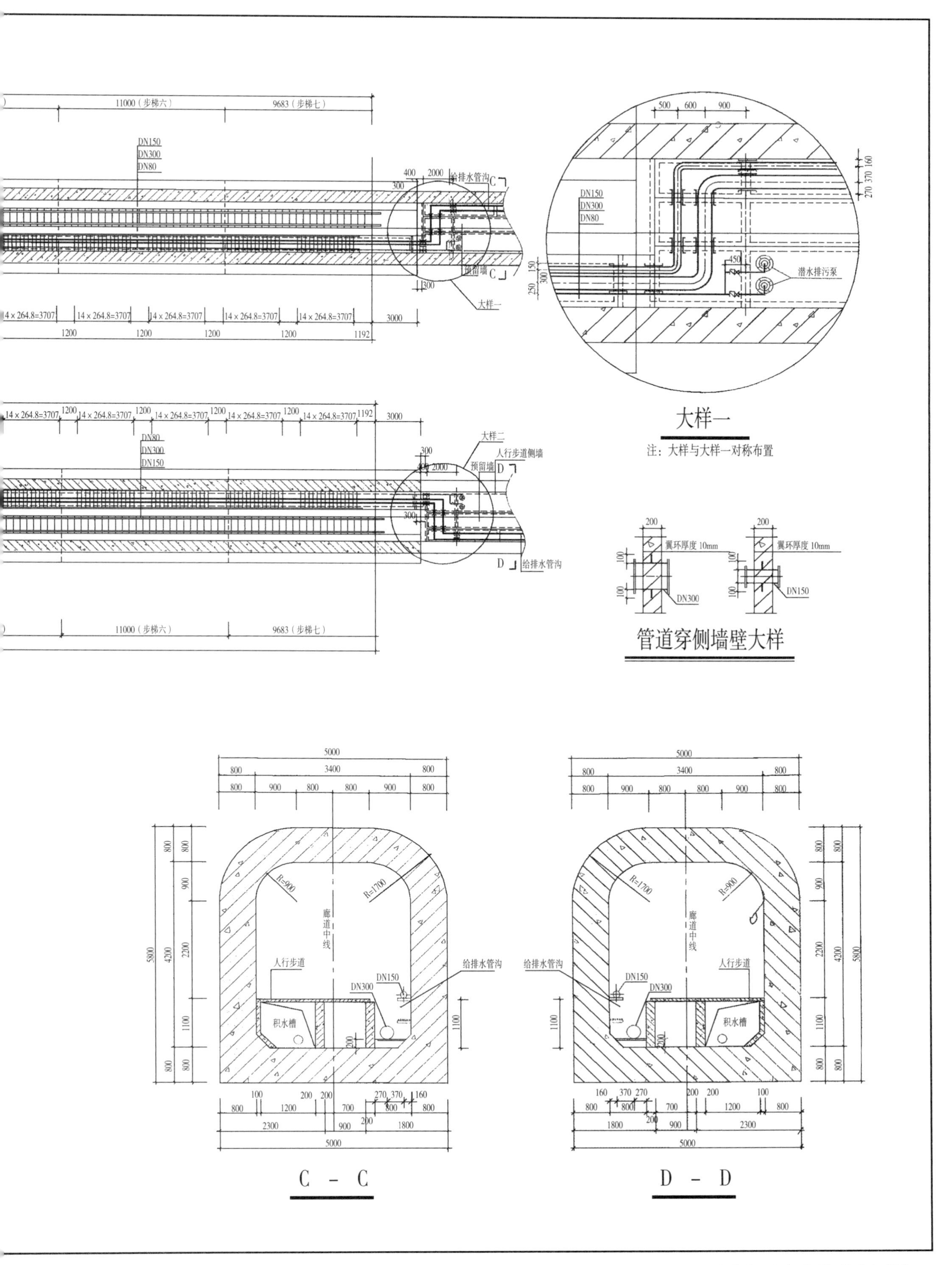

六三　上、下游交通廊道管道布置图

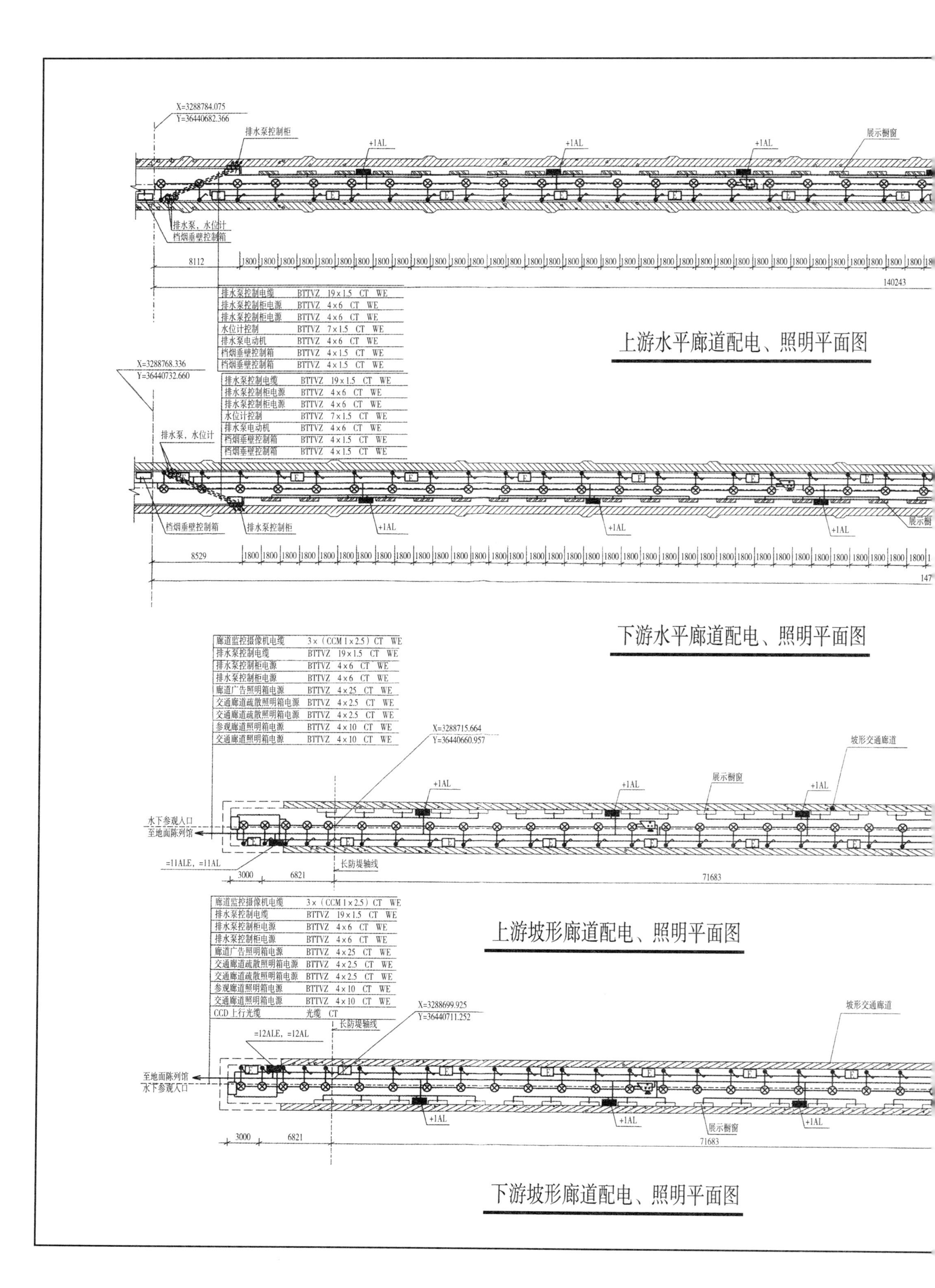
X=3288784.075
Y=36440682.366
排水泵控制柜
+1AL
+1AL
+1AL
展示橱窗
排水泵，水位计
档烟垂壁控制箱
8112
140243
排水泵控制电缆 BTTVZ 19×1.5 CT WE
排水泵控制柜电源 BTTVZ 4×6 CT WE
排水泵控制柜电源 BTTVZ 4×6 CT WE
水位计控制 BTTVZ 7×1.5 CT WE
排水泵电动机 BTTVZ 4×6 CT WE
档烟垂壁控制箱 BTTVZ 4×1.5 CT WE
档烟垂壁控制箱 BTTVZ 4×1.5 CT WE
上游水平廊道配电、照明平面图
X=3288768.336
Y=36440732.660
排水泵控制电缆 BTTVZ 19×1.5 CT WE
排水泵控制柜电源 BTTVZ 4×6 CT WE
排水泵控制柜电源 BTTVZ 4×6 CT WE
水位计控制 BTTVZ 7×1.5 CT WE
排水泵电动机 BTTVZ 4×6 CT WE
档烟垂壁控制箱 BTTVZ 4×1.5 CT WE
档烟垂壁控制箱 BTTVZ 4×1.5 CT WE
排水泵，水位计
档烟垂壁控制箱
排水泵控制柜
+1AL
+1AL
+1AL
8529
下游水平廊道配电、照明平面图
廊道监控摄像机电缆 3×（CCM 1×2.5）CT WE
排水泵控制电缆 BTTVZ 19×1.5 CT WE
排水泵控制柜电源 BTTVZ 4×6 CT WE
排水泵控制柜电源 BTTVZ 4×6 CT WE
廊道广告照明箱电源 BTTVZ 4×25 CT WE
交通廊道疏散照明箱电源 BTTVZ 4×2.5 CT WE
交通廊道疏散照明箱电源 BTTVZ 4×2.5 CT WE
参观廊道照明箱电源 BTTVZ 4×10 CT WE
交通廊道照明箱电源 BTTVZ 4×10 CT WE
X=3288715.664
Y=36440660.957
坡形交通廊道
+1AL
+1AL
展示橱窗
+1AL
水下参观入口
至地面陈列馆
=11ALE，=11AL
长防堤轴线
3000
6821
71683
廊道监控摄像机电缆 3×（CCM 1×2.5）CT WE
排水泵控制电缆 BTTVZ 19×1.5 CT WE
排水泵控制柜电源 BTTVZ 4×6 CT WE
排水泵控制柜电源 BTTVZ 4×6 CT WE
廊道广告照明箱电源 BTTVZ 4×25 CT WE
交通廊道疏散照明箱电源 BTTVZ 4×2.5 CT WE
交通廊道疏散照明箱电源 BTTVZ 4×2.5 CT WE
参观廊道照明箱电源 BTTVZ 4×10 CT WE
交通廊道照明箱电源 BTTVZ 4×10 CT WE
CCD 上行光缆 光缆 CT
上游坡形廊道配电、照明平面图
X=3288699.925
Y=36440711.252
坡形交通廊道
=12ALE，=12AL
长防堤轴线
至地面陈列馆
水下参观入口
+1AL
+1AL
展示橱窗
+1AL
3000
6821
71683
下游坡形廊道配电、照明平面图

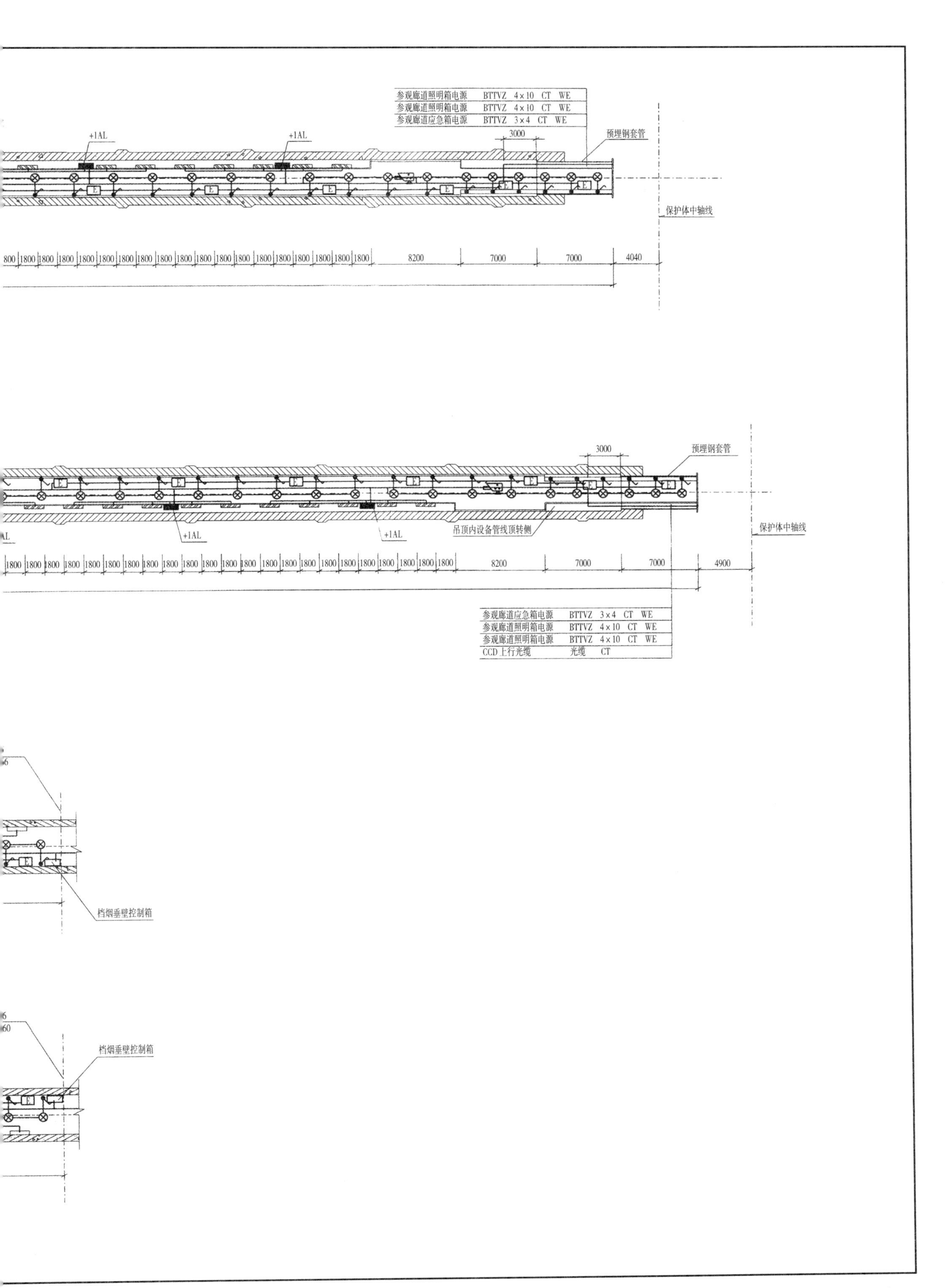

六四 交通廊道配电、照明平面图

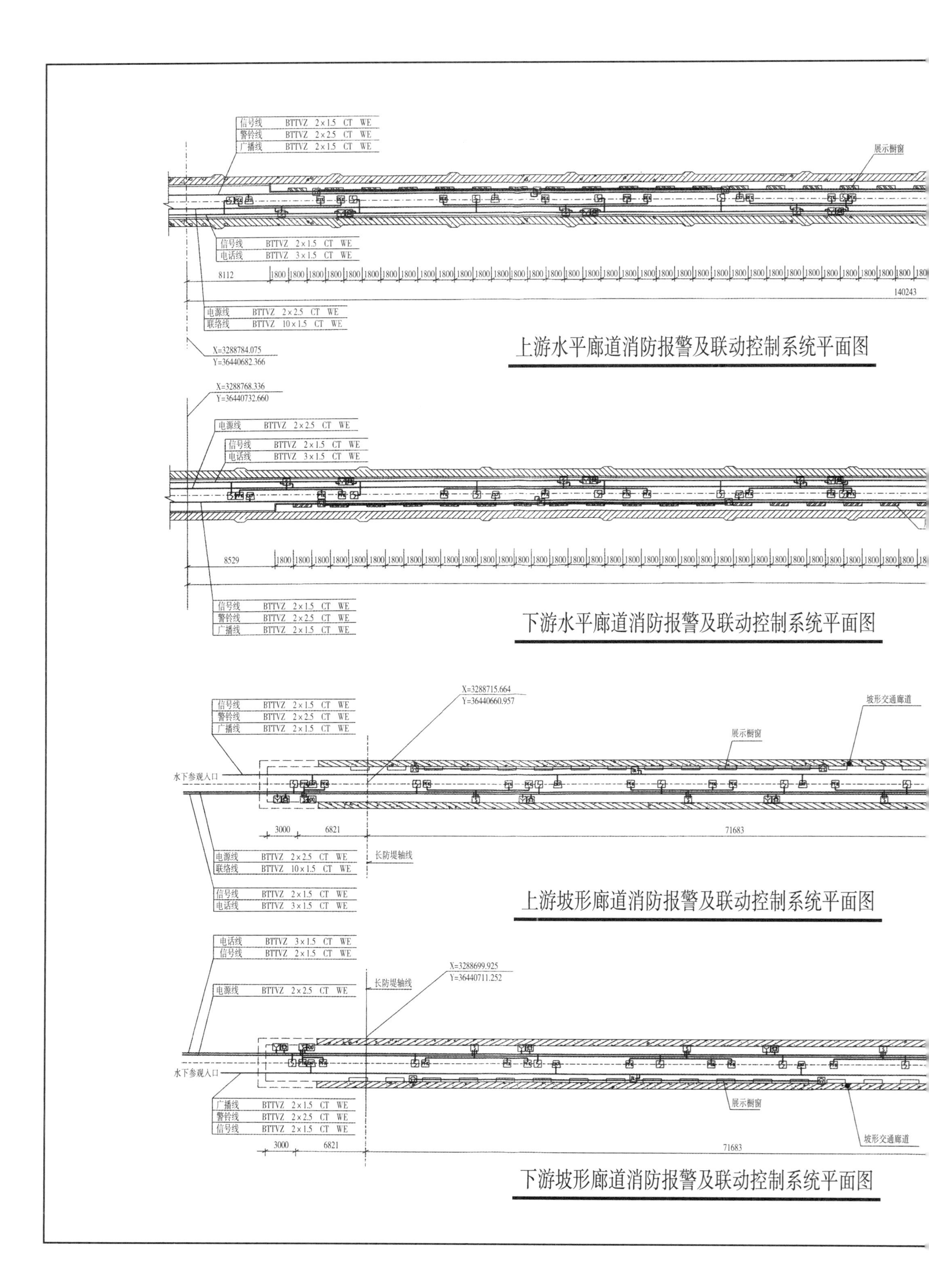

信号线 BTTVZ 2×1.5 CT WE
警铃线 BTTVZ 2×2.5 CT WE
广播线 BTTVZ 2×1.5 CT WE
展示橱窗
信号线 BTTVZ 2×1.5 CT WE
电话线 BTTVZ 3×1.5 CT WE
8112
140243
电源线 BTTVZ 2×2.5 CT WE
联络线 BTTVZ 10×1.5 CT WE
X=3288784.075
Y=36440682.366
上游水平廊道消防报警及联动控制系统平面图
X=3288768.336
Y=36440732.660
电源线 BTTVZ 2×2.5 CT WE
信号线 BTTVZ 2×1.5 CT WE
电话线 BTTVZ 3×1.5 CT WE
8529
信号线 BTTVZ 2×1.5 CT WE
警铃线 BTTVZ 2×2.5 CT WE
广播线 BTTVZ 2×1.5 CT WE
下游水平廊道消防报警及联动控制系统平面图
X=3288715.664
Y=36440660.957
坡形交通廊道
展示橱窗
水下参观入口
3000
6821
71683
长防堤轴线
上游坡形廊道消防报警及联动控制系统平面图
电话线 BTTVZ 3×1.5 CT WE
信号线 BTTVZ 2×1.5 CT WE
X=3288699.925
Y=36440711.252
下游坡形廊道消防报警及联动控制系统平面图

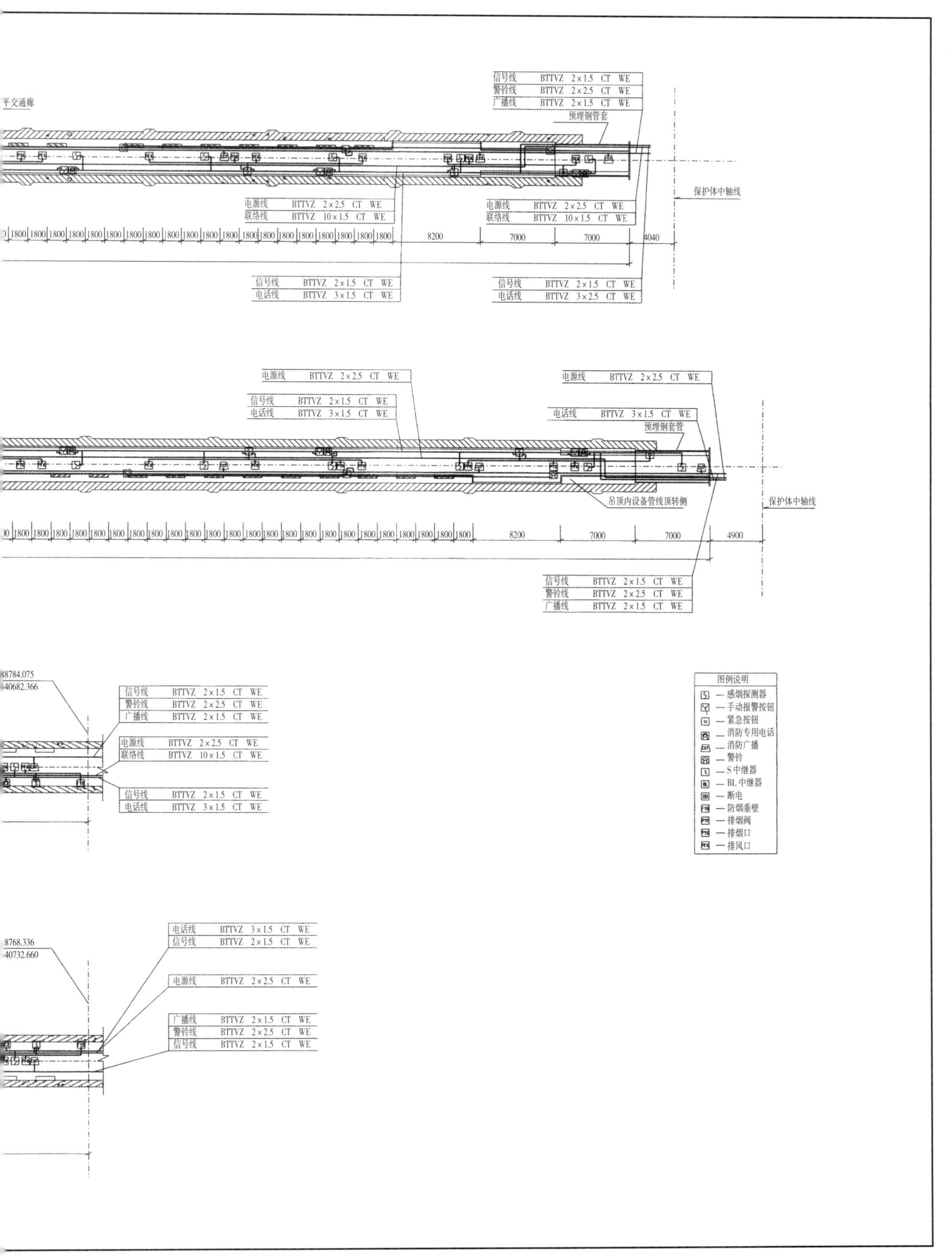

六五 交通廊道消防报警及联动控制系统平面图

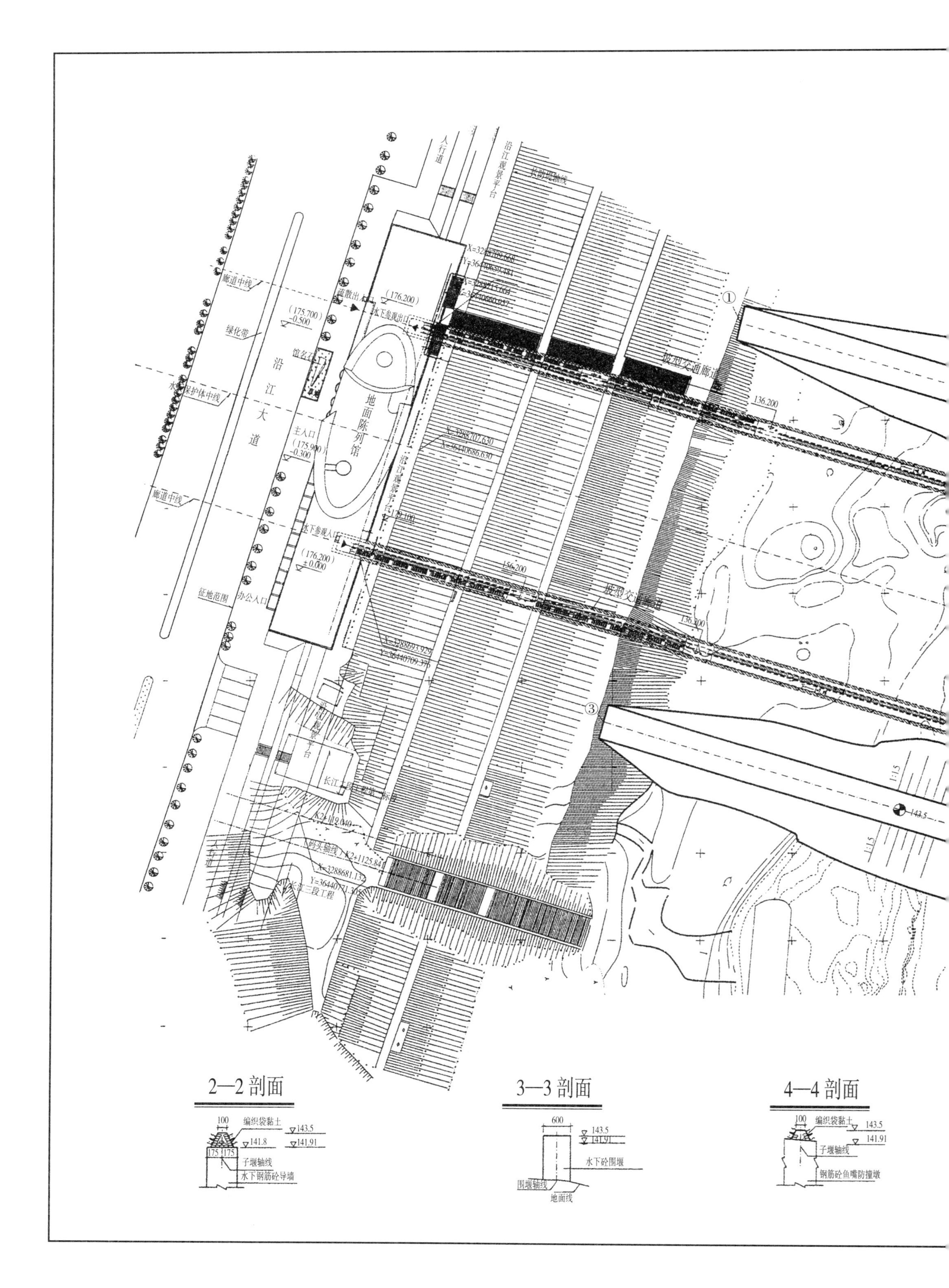

沿江观景平台
人行道
长防汛轴线
廊道中线
疏散出口
水下参观出口
绿化带
沿江大道
地面陈列馆
主入口
水下参观入口
办公入口
征地范围
坡型交通廊道
136.200
156.200
长江三段工程
2—2 剖面
编织袋黏土
子堰轴线
水下钢筋砼导墙
3—3 剖面
水下砼围堰
围堰轴线
地面线
4—4 剖面
钢筋砼鱼嘴防撞墩

白鹤梁围堰平面布置图

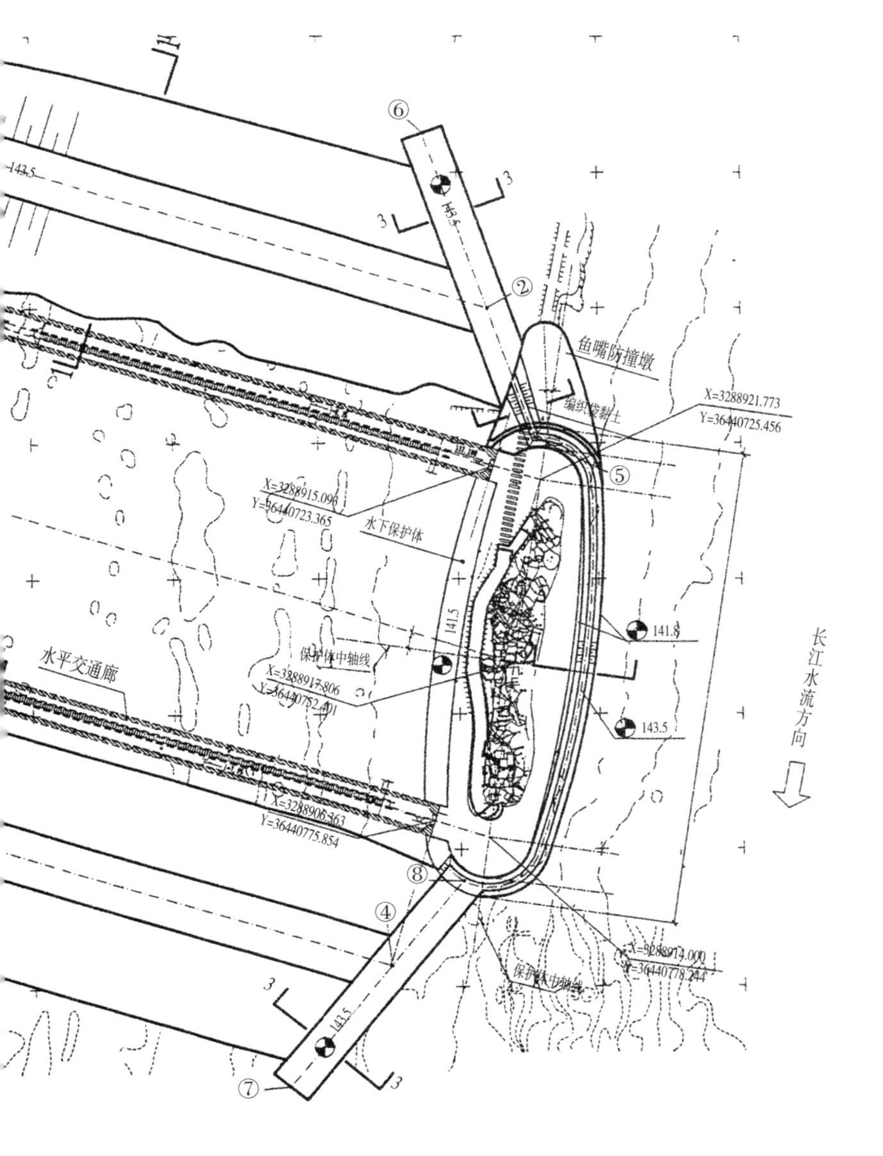

围堰轴线控制点坐标表

点号	X	Y	备注
①	3288778.575	36440657.590	土石围堰轴线
②	3288914.305	36440700.070	
③	3288748.036	36440749.360	
④	3288899.992	36440796.912	
⑤	3288921.039	36440719.199	砼围堰轴线
⑥	3288905.221	36440674.258	
⑦	3288885.355	36440814.356	
⑧	3288910.295	36440784.634	

围堰工程量表

项目		单位	工程量
填方	块石	万 m³	0.60
	干砌石	万 m³	0.15
	混合料	万 m³	0.70
	石渣料	万 m³	1.65
	合计	万 m³	3.10
高喷墙		万 m³	0.35
混凝土		万 m³	0.41
编织袋黏土		m³	320
围堰拆除	混凝土	万 m³	0.41
	高喷墙	万 m³	0.23
	土石方	万 m³	2.60
编织袋粘土拆除		m³	320

1—1 剖面

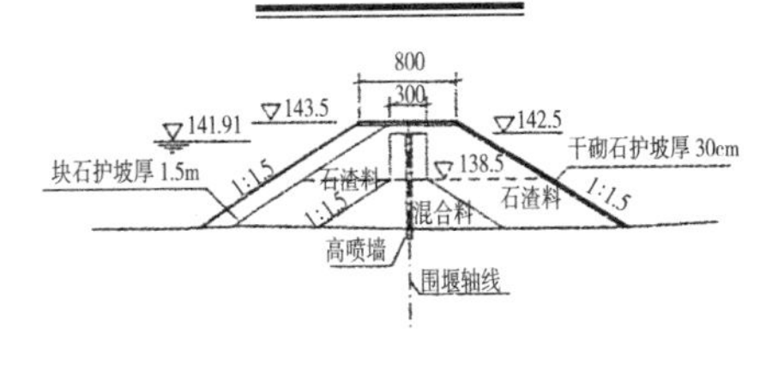

开启—— △
关闭—— ○

循环水系统执行各运行程序时电动阀门及水泵的启闭状态

运行程序	k1	k2	k3	k4	k5	k6	k7	k8	k9	k10	k11	k12	k13	k14	k15	k16	k17	k18
自动平衡程序	△	△	○	○	○	○	○	○	○	△	○	△	△	△	○	○	○	○
自动平衡程序	○	○	○	○	○	△	△	○	○	△	○	△	○	○	○	○	○	△
充水置换程序	○	○	△	○	△	○	○	○	○	○	○	△	○	○	○	○	○	○
充水置换程序	○	○	○	△	○	○	○	△	○	○	○	△	○	○	○	○	○	○
充水置换程序	○	○	○	○	○	○	○	○	○	○	○	△	○	○	△	○	△	○
充水置换程序	○	○	○	○	○	○	○	○	○	○	○	△	○	○	○	△	○	○
封闭循环程序	○	○	○	○	○	○	○	○	○	○	△	△	○	○	○	○	○	○
事故紧急平衡压力程序	○	○	○	○	○	○	○	○	△	△	○	○	○	○	○	○	○	○
专用过滤器反冲洗程序	△	△	○	○	○	○	○	○	○	○	○	○	○	○	○	○	○	○
专用过滤器反冲洗程序	○	○	○	○	○	△	△	○	○	○	○	○	○	○	○	○	○	○
专用过滤器反冲洗程序	○	○	○	○	○	○	○	○	○	○	○	○	△	△	○	○	○	○
专用过滤器反冲洗程序	○	○	○	○	○	○	○	○	○	○	○	○	○	○	○	○	○	△
初次充水程序	○	○	△	○	○	○	○	△	○	△	○	△	○	○	△	○	○	○

运行程序	k19	k20	k21	k22	k23	k24	k25	k26	k27	k28	泵a	泵c	泵c	泵d	泵e	泵f	循环泵1	循环泵2	k29	k30	k31
自动平衡程序	○	○	○	△	○	△	△	△	△	△	○	○	○	○	○	○	○/○	○/○	△	△	○
自动平衡程序	△	○	○	△	○	△	△	△	△	△	○	○	○	○	○	○	○/○	○/○	△	△	○
充水置换程序	○	○	○	○	○	△	△	○	○	△	△	○	○	○	○	○	○/△	△/○	△	△	△
充水置换程序	○	○	○	○	○	△	△	○	○	△	○	△	○	○	○	○	○/△	△/○	△	△	△
充水置换程序	○	○	○	○	○	△	○	△	△	○	○	○	○	△	○	○	○/△	△/○	△	△	△
充水置换程序	○	△	○	○	○	△	○	△	△	○	○	○	△	○	○	○	○/△	△/○	△	△	△
封闭循环程序	○	○	○	○	△	△	△	△	△	△	○	○	○	○	△	△	○/○	○/○	△	△	△
事故紧急平衡压力程序	○	○	△	△	○	○	○	○	○	○	○	○	○	○	○	○	○/○	○/○	○	○	○
专用过滤器反冲洗程序	○	○	○	○	○	○	○	○	△	○	○	○	○	○	○	○	○/○	○/○	○	○	○
专用过滤器反冲洗程序	○	○	○	○	○	○	○	○	△	○	○	○	○	○	○	○	○/○	○/○	○	○	○
专用过滤器反冲洗程序	○	○	○	○	○	○	○	○	○	△	○	○	○	○	○	○	○/○	○/○	○	○	○
专用过滤器反冲洗程序	△	○	○	○	○	○	○	○	○	△	○	○	○	○	○	○	○/○	○/○	○	○	○
初次充水程序	○	△	○	△	○	△	△	△	△	△	○	○	○	○	○	○	○/○	○/○	△	△	○

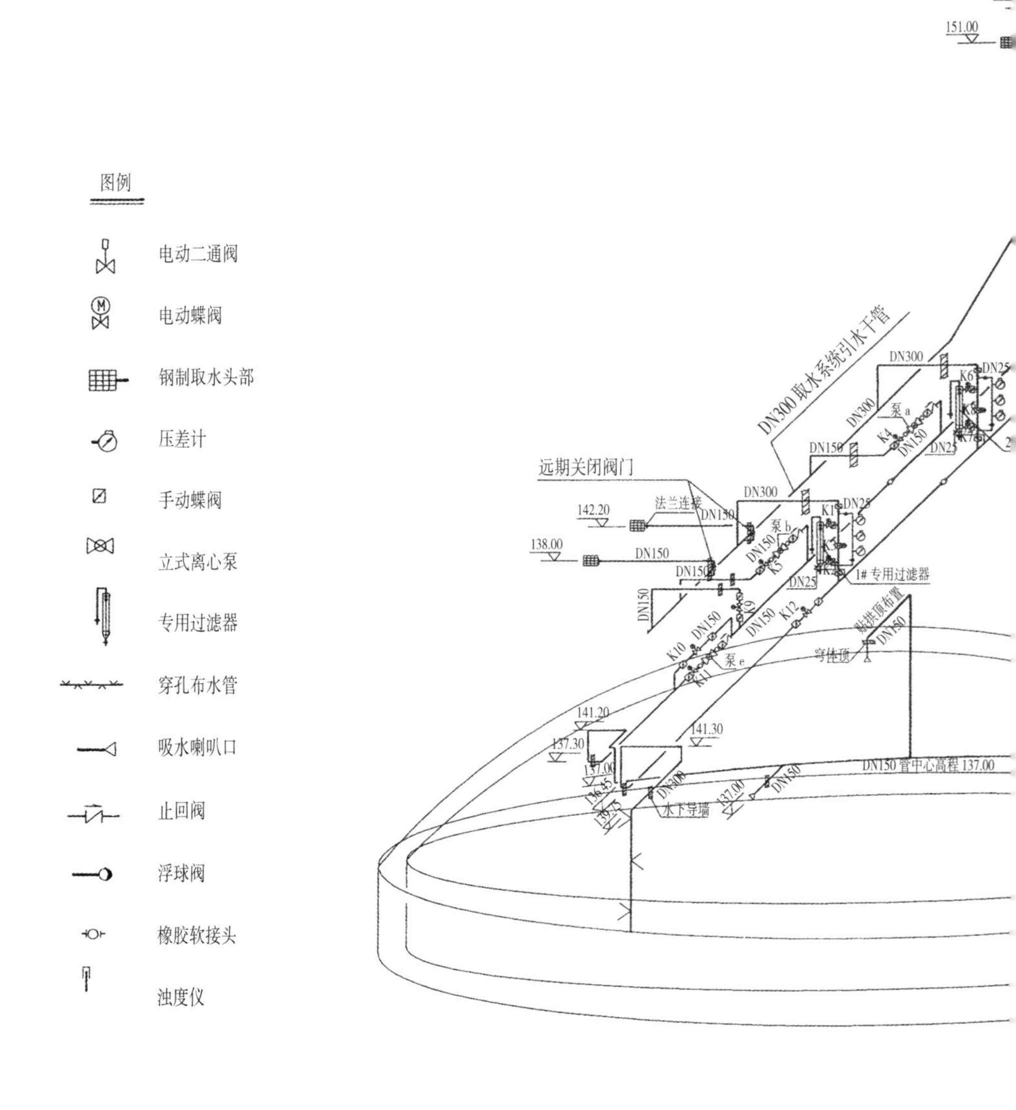

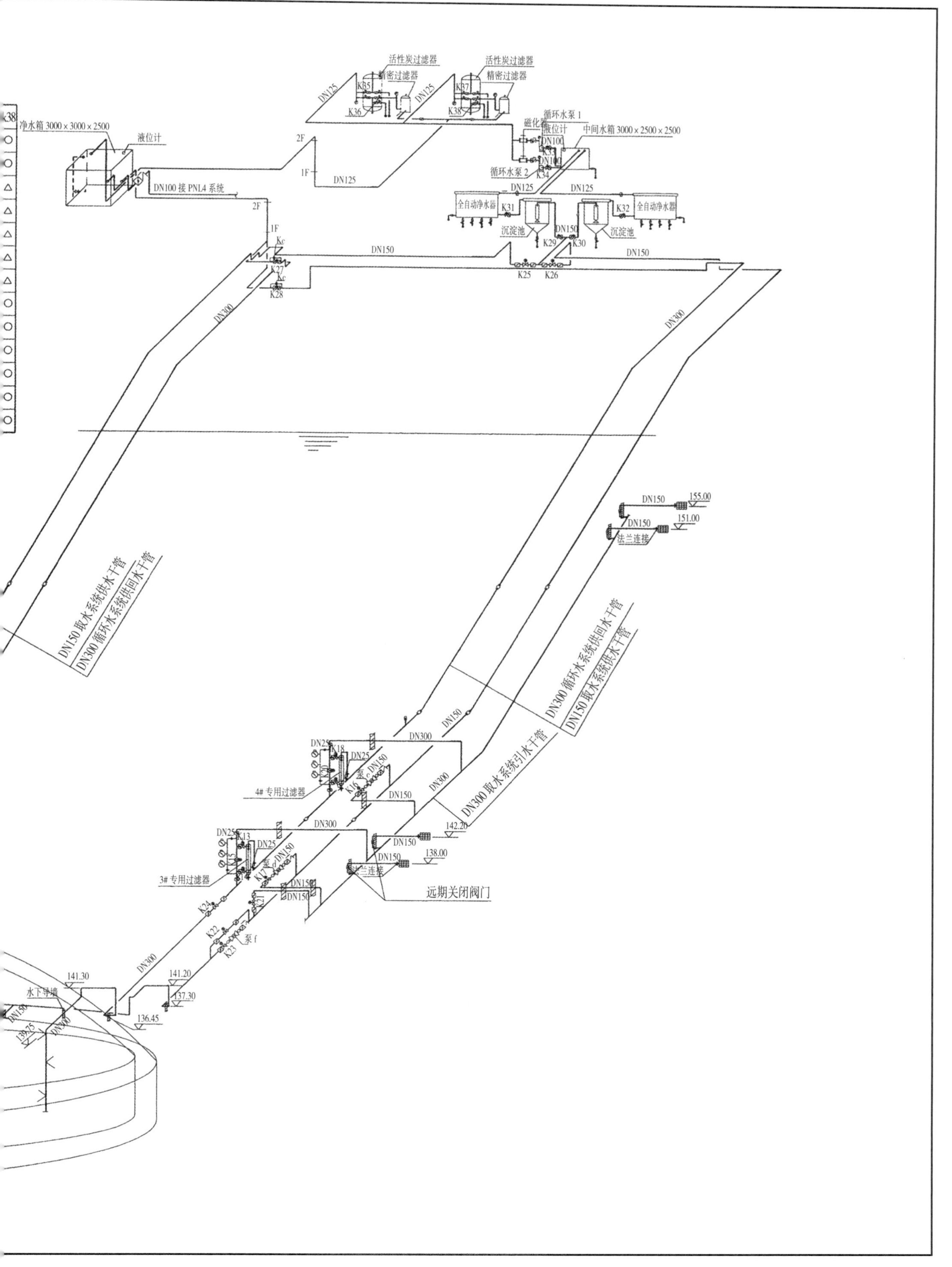
活性炭过滤器
精密过滤器
活性炭过滤器
精密过滤器
净水箱 3000×3000×2500
液位计
循环水泵 1
磁化器
液位计
中间水箱 3000×2500×2500
循环水泵 2
DN100 接 PNL4 系统
全自动净水器
沉淀池
沉淀池
全自动净水器
DN150 取水系统供水干管
DN300 循环水系统供回水干管
DN300 循环水系统供回水干管
DN150 取水系统供水干管
DN300 取水系统引水干管
法兰连接
4# 专用过滤器
3# 专用过滤器
远期关闭阀门
水下导墙
155.00
151.00
142.20
138.00
141.30
141.20
137.30
136.45

六七　循环水总体系统图

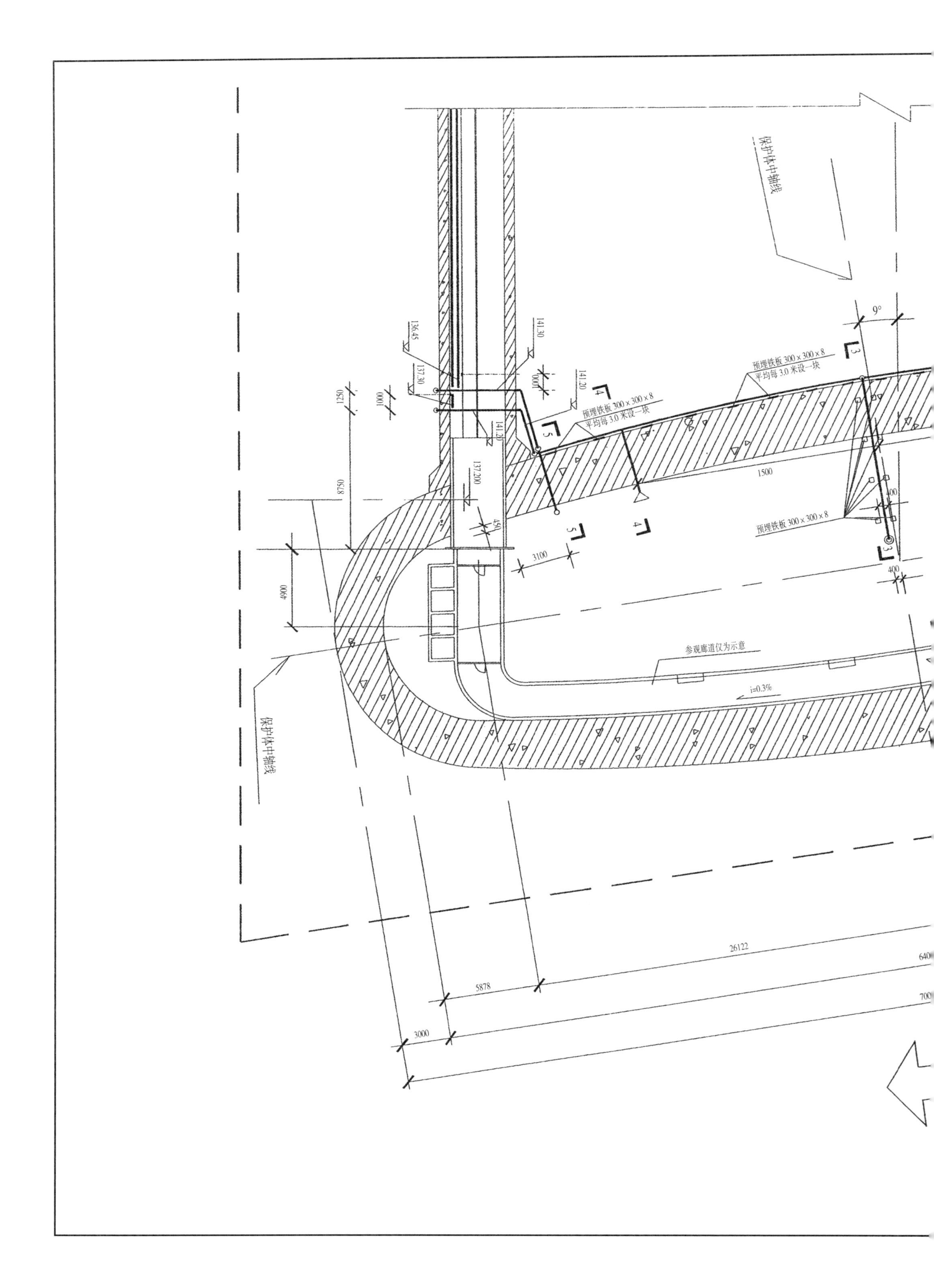

保护体中轴线
9°
136.45
141.30
137.30
141.20
1250
1000
1000
预埋铁板 300×300×8
平均每 3.0 米设一块
141.20
137.200
8750
450
1500
预埋铁板 300×300×8
3100
4900
400
参观廊道仅为示意
i=0.3%
保护体中轴线
26122
640
5878
700
3000

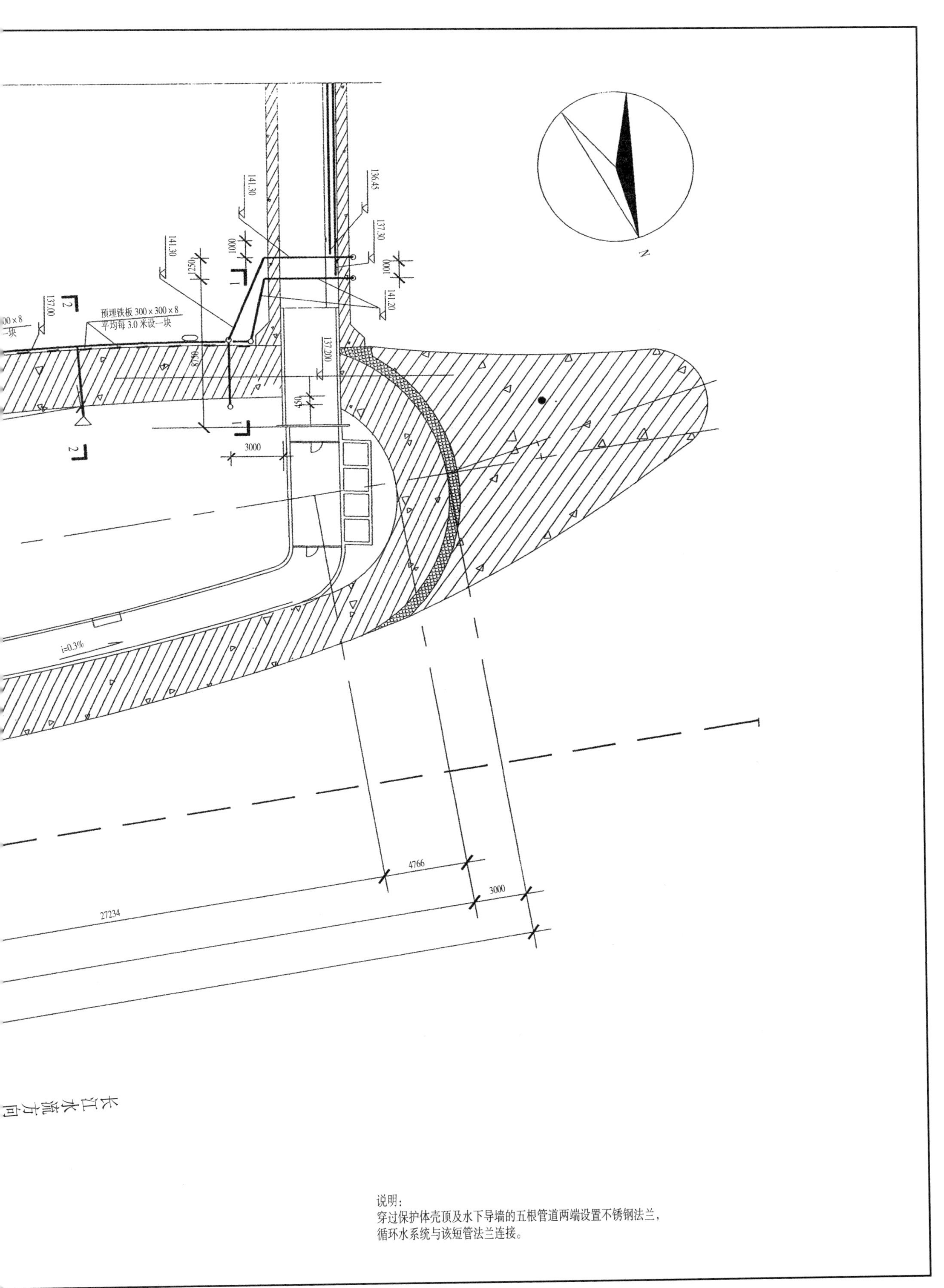

说明：
穿过保护体壳顶及水下导墙的五根管道两端设置不锈钢法兰，
循环水系统与该短管法兰连接。

六八　循环水管道穿保护体埋件图

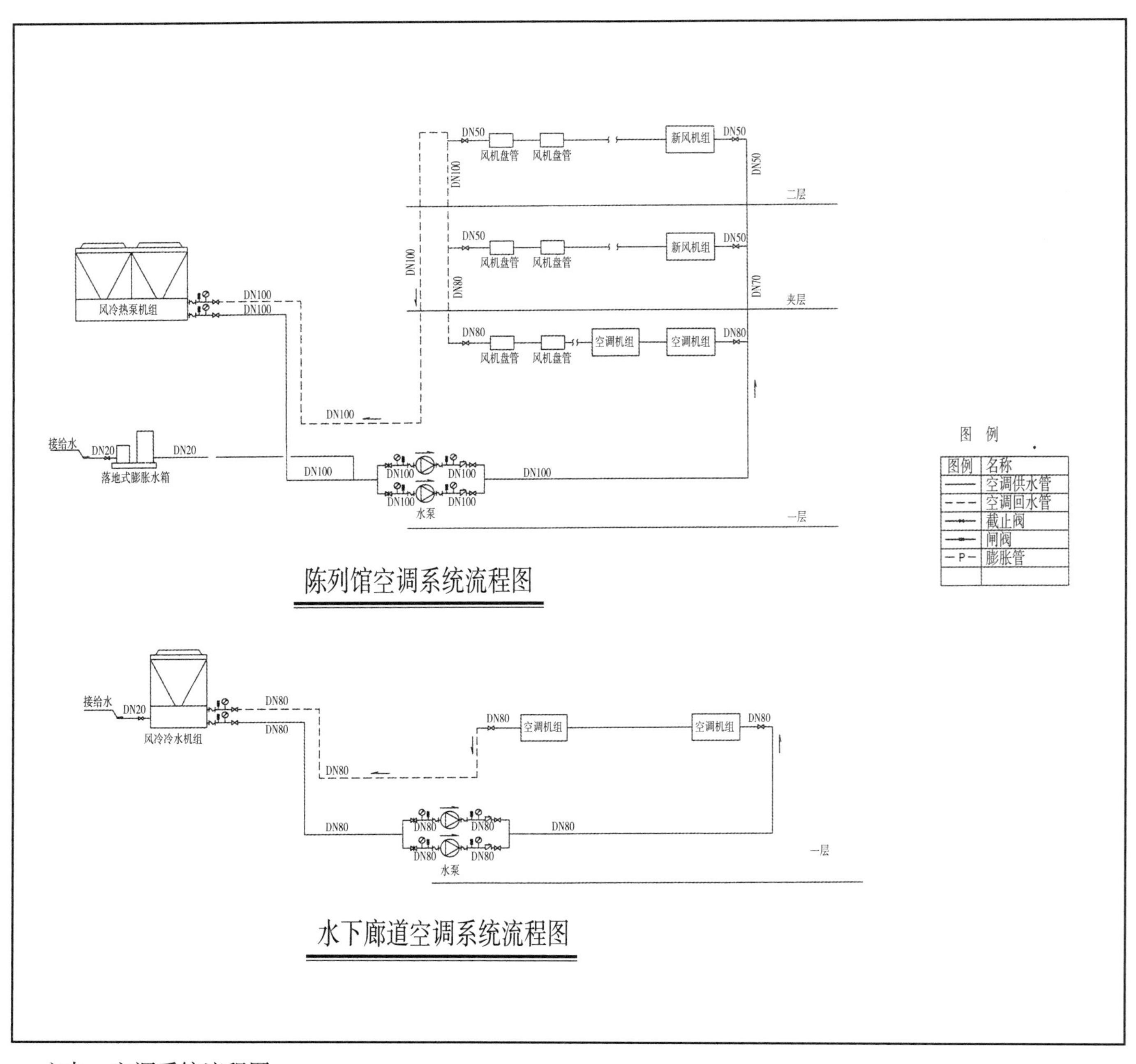
DN50
风机盘管
风机盘管
新风机组
DN50
DN100
DN50
二层
DN50
风机盘管
风机盘管
新风机组
DN50
DN100
DN80
DN70
风冷热泵机组
DN100
DN100
夹层
DN80
风机盘管
风机盘管
空调机组
空调机组
DN80
DN100
接给水
DN20
DN20
落地式膨胀水箱
DN100
DN100
DN100
DN100
DN100
DN100
水泵
一层
图 例
图例
名称
空调供水管
空调回水管
截止阀
闸阀
－P－
膨胀管
陈列馆空调系统流程图
接给水
DN20
DN80
DN80
风冷冷水机组
DN80
空调机组
空调机组
DN80
DN80
DN80
DN80
DN80
DN80
DN80
DN80
水泵
一层
水下廊道空调系统流程图

六九　空调系统流程图

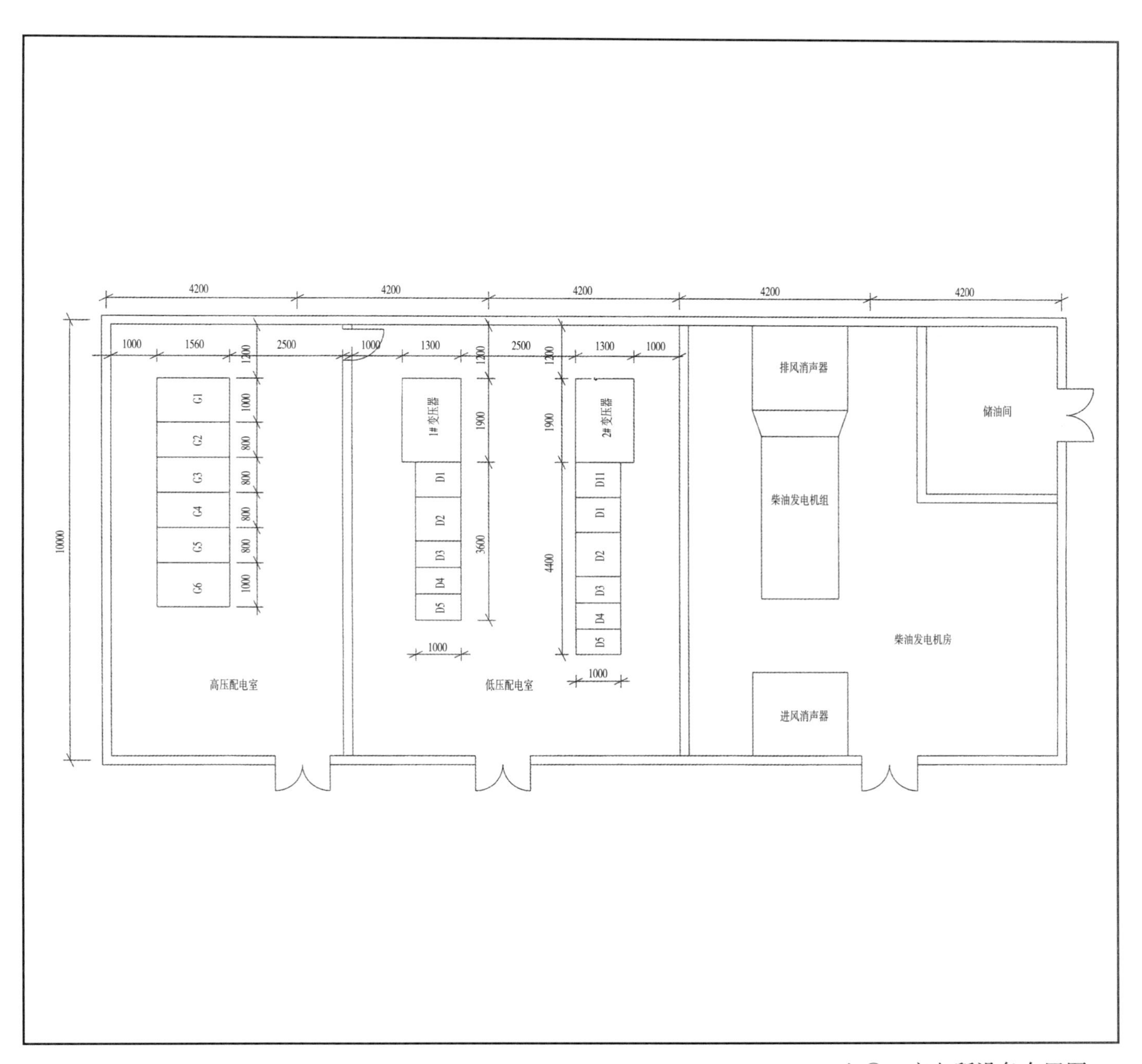
4200
4200
4200
4200
4200
1000
1560
2500
1000
1300
2500
1300
1000
1200
1200
1200
10000
G1
G2
G3
G4
G5
G6
1000
800
800
800
800
1000
1#变压器
2#变压器
1900
1900
D1
D2
D3
D4
D5
D11
3600
4400
1000
1000
高压配电室
低压配电室
排风消声器
柴油发电机组
储油间
柴油发电机房
进风消声器

七〇　变电所设备布置图

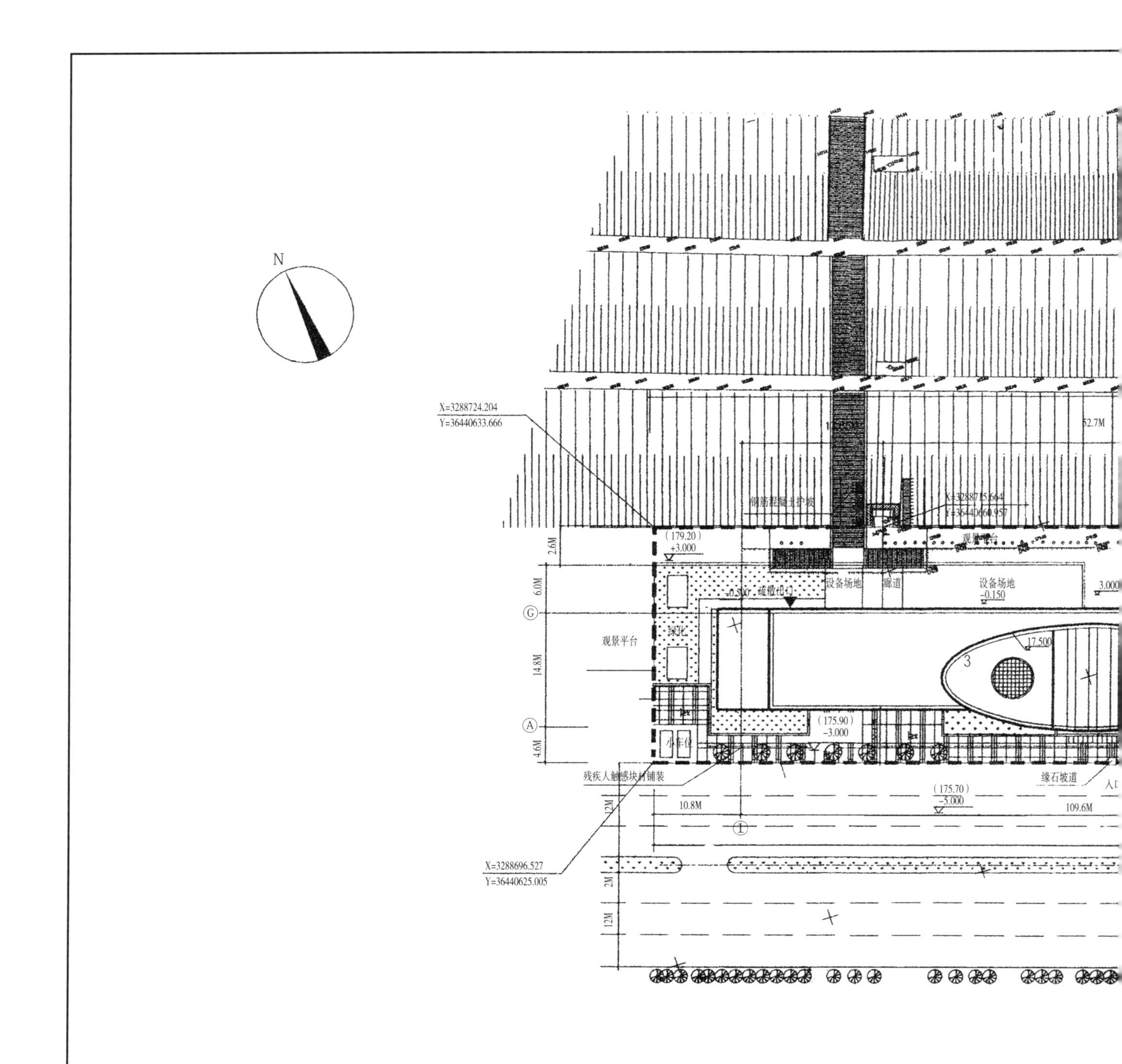

主要技术指标表

红线内用地面积	3946m^2
总建筑面积	3088m^2
建筑密度	37%
容积率	0.78
绿地率	30%
最高层数	3 层
机动车地面停车位	4 个
室外设备用地	580m^2

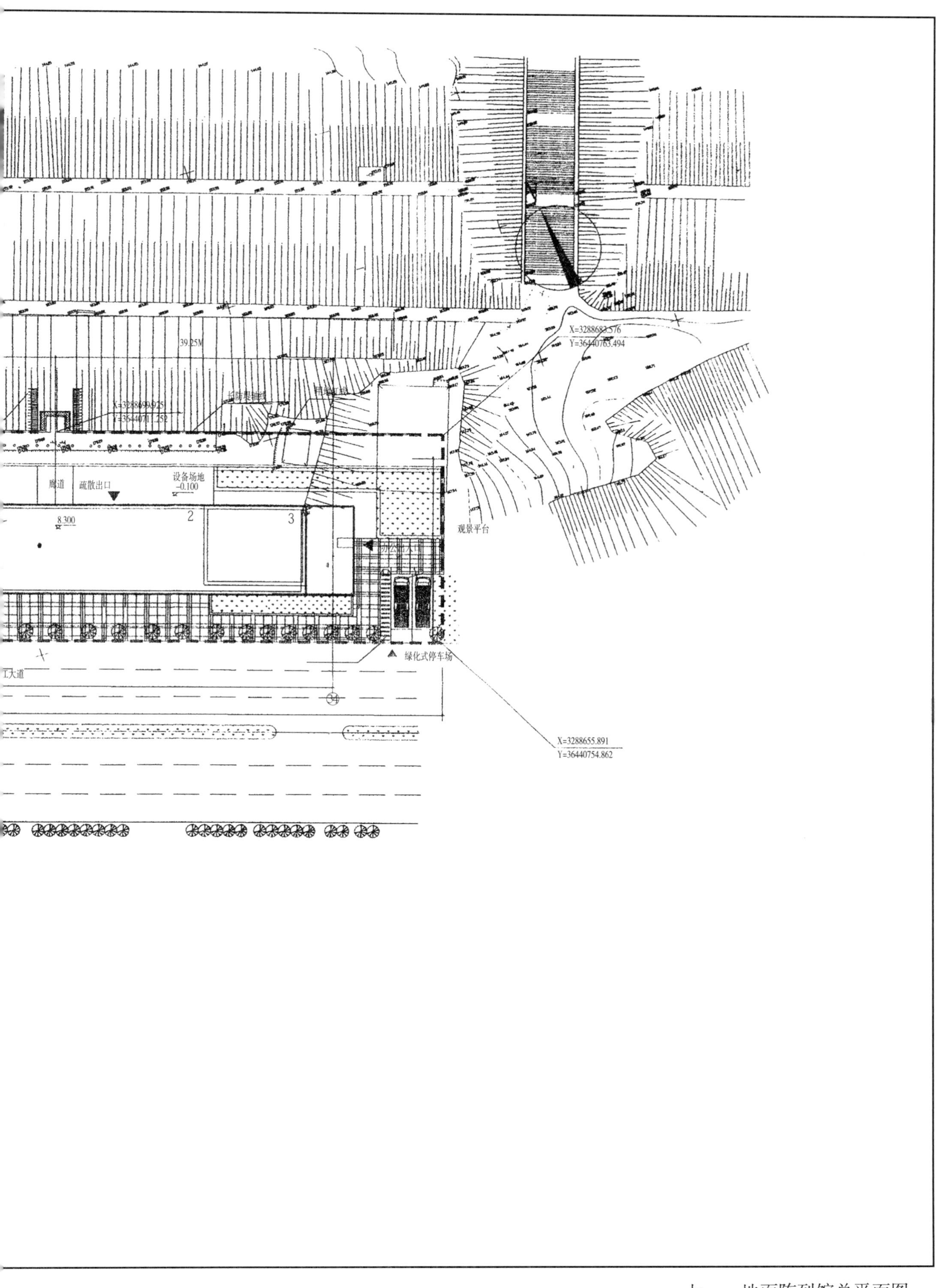

七一 地面陈列馆总平面图

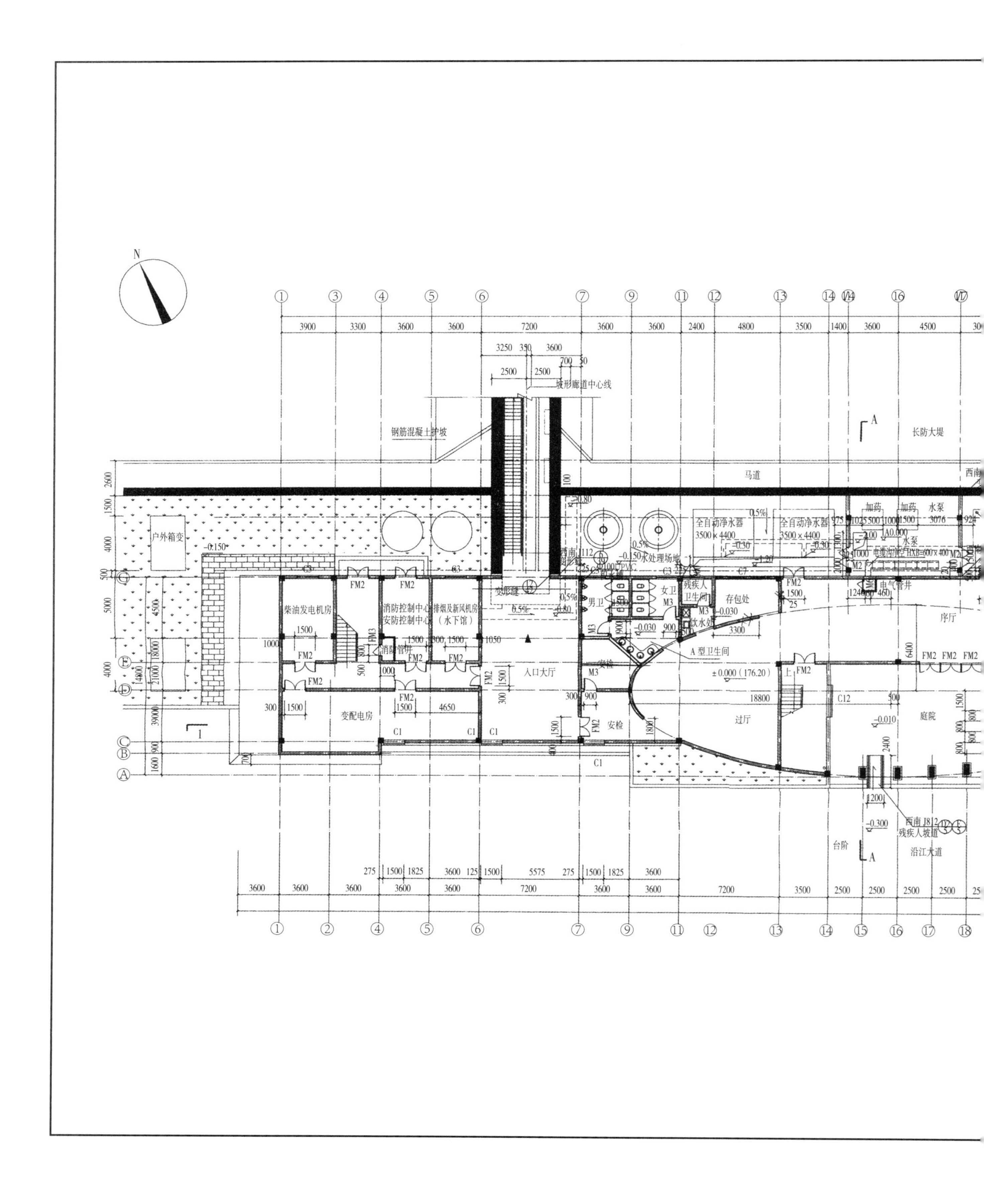
N
坡形廊道中心线
钢筋混凝土护坡
长防大堤
马道
户外箱变
全自动净水器
3500×4400
加药
水泵
水处理场地
柴油发电机房
消防控制中心
安防控制中心
排烟及新风机房
（水下馆）
消防管井
变配电房
变形缝
入口大厅
男卫
女卫
残疾人卫生间
饮水处
存包处
A 型卫生间
安检
±0.000（176.20）
过厅
序厅
庭院
电气管井
残疾人坡道
台阶
沿江大道

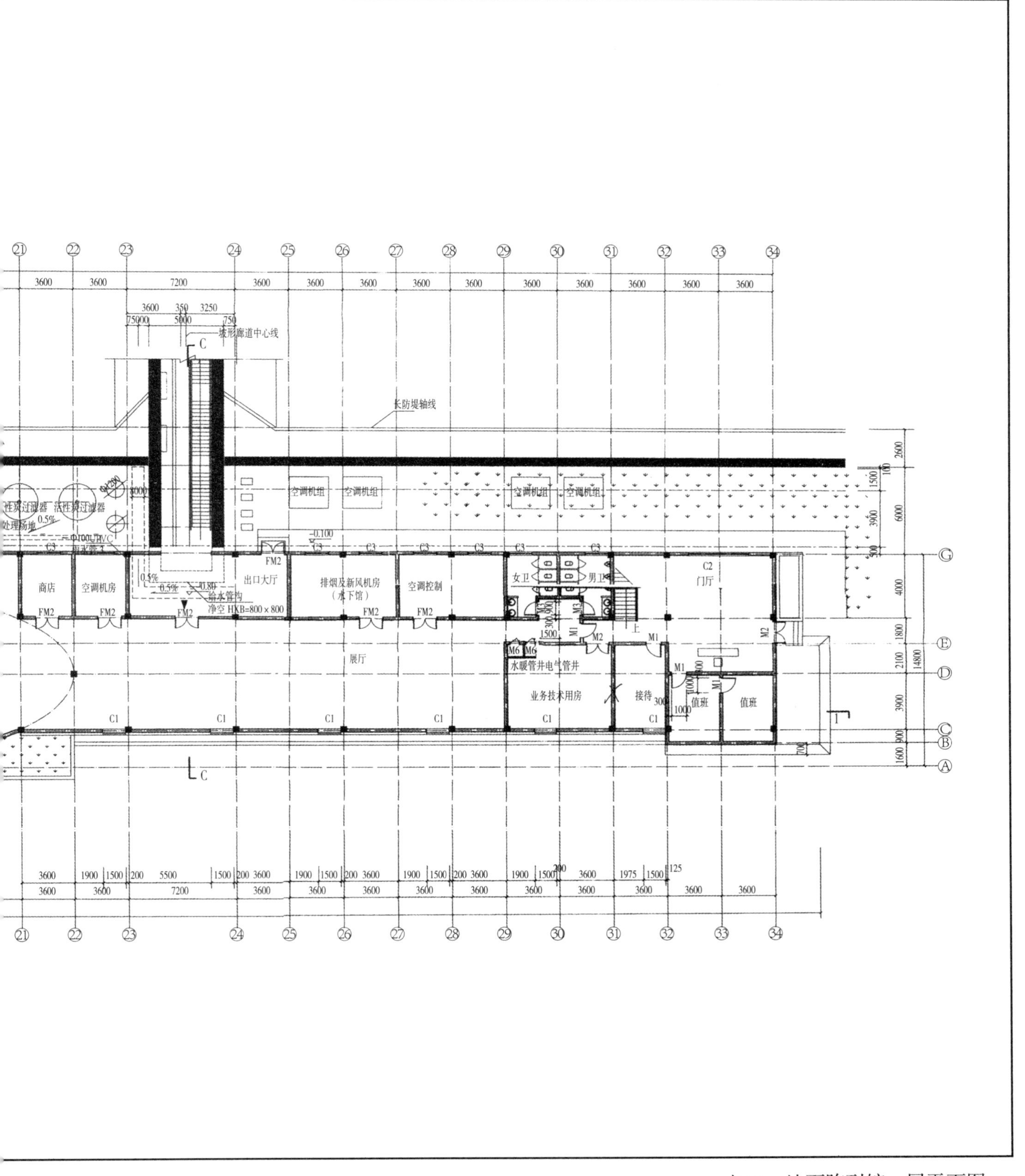

七二　地面陈列馆一层平面图

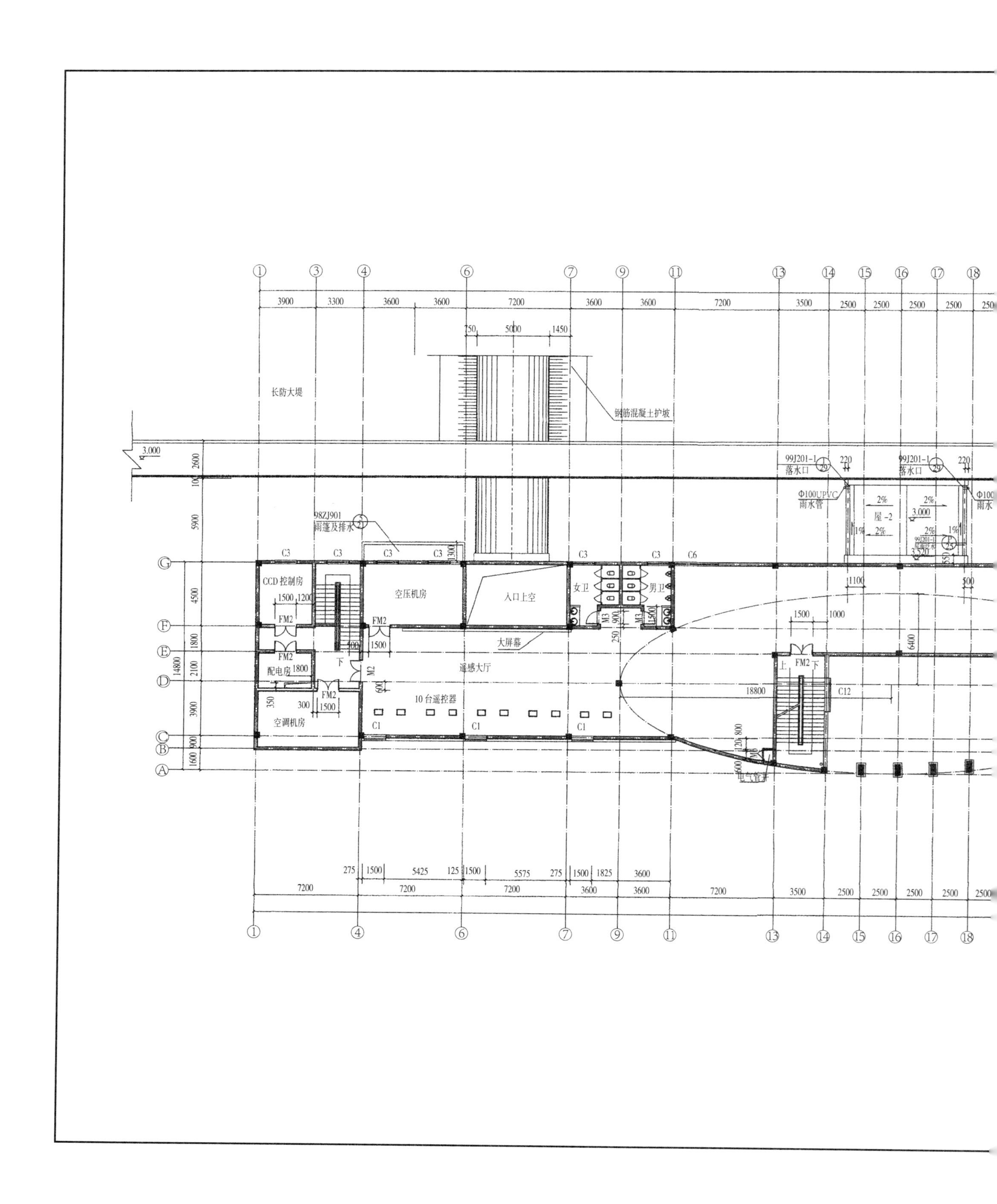

长防大堤
钢筋混凝土护坡
98ZJ901
雨篷及排水
99J201-1
落水口
Φ100UPVC
雨水管
屋-2
CCD 控制房
空压机房
入口上空
女卫
男卫
大屏幕
配电房
遥感大厅
10 台遥控器
空调机房
电气管井

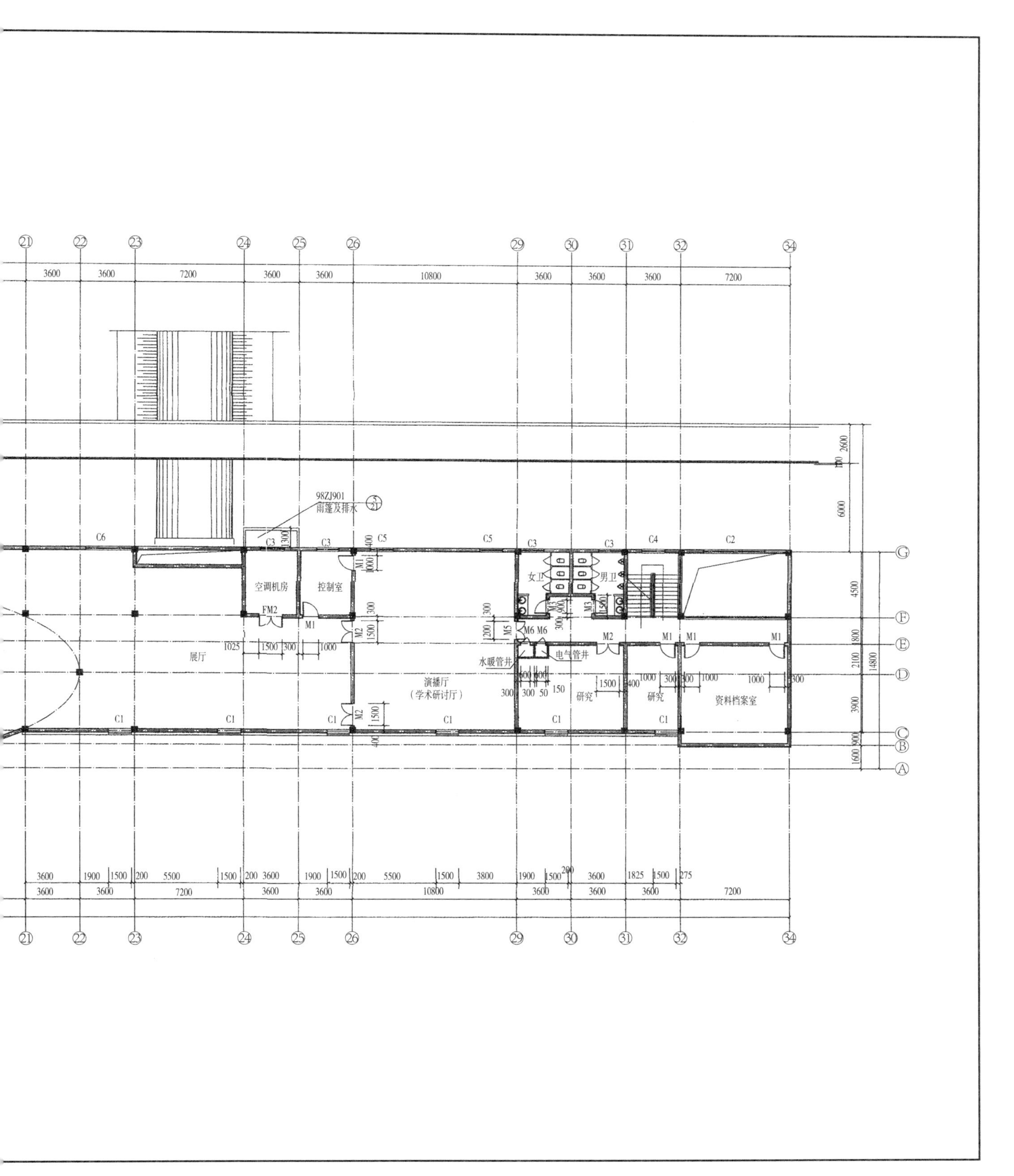

七三　地面陈列馆二层平面图

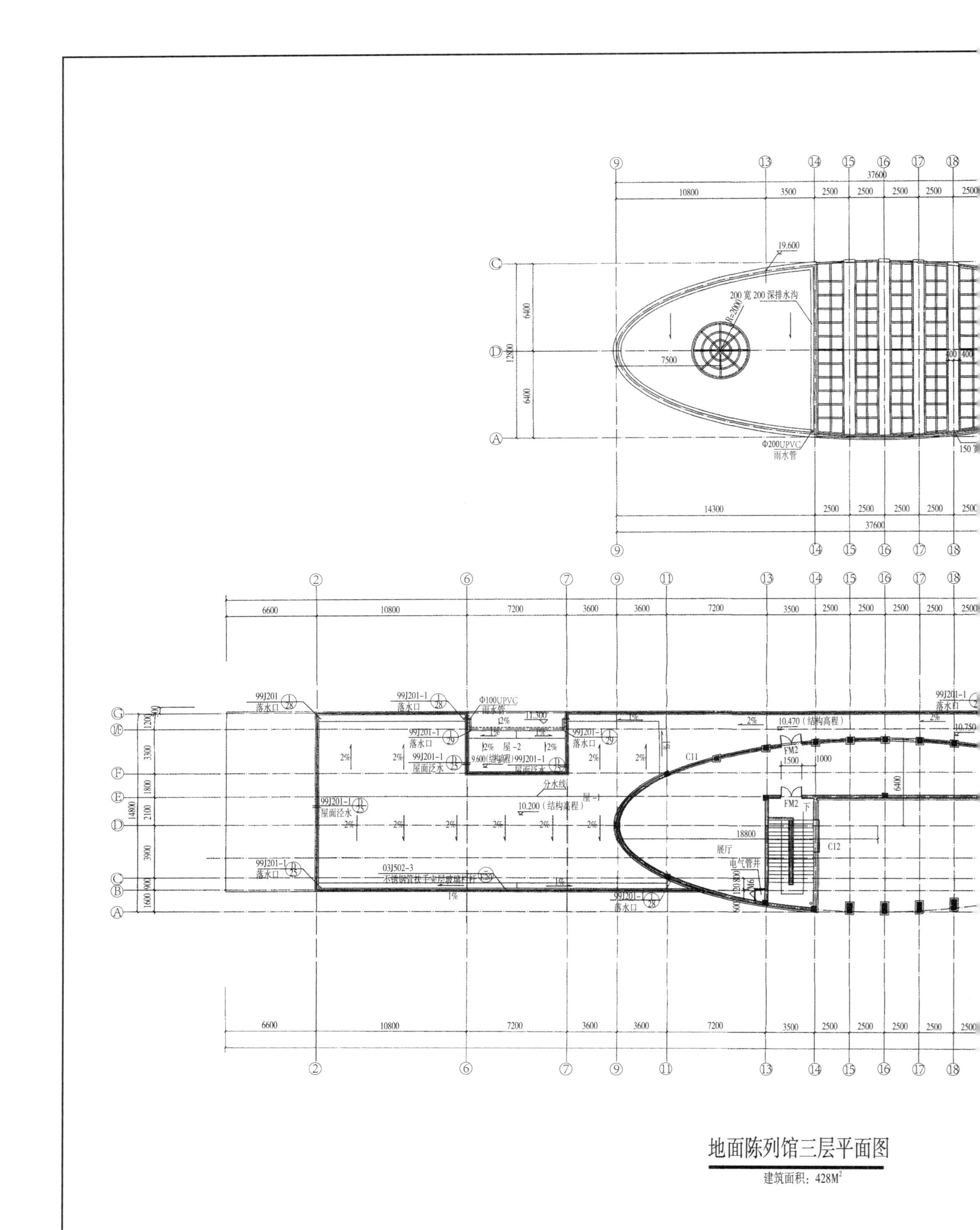

地面陈列馆三层平面图

建筑面积：428M²

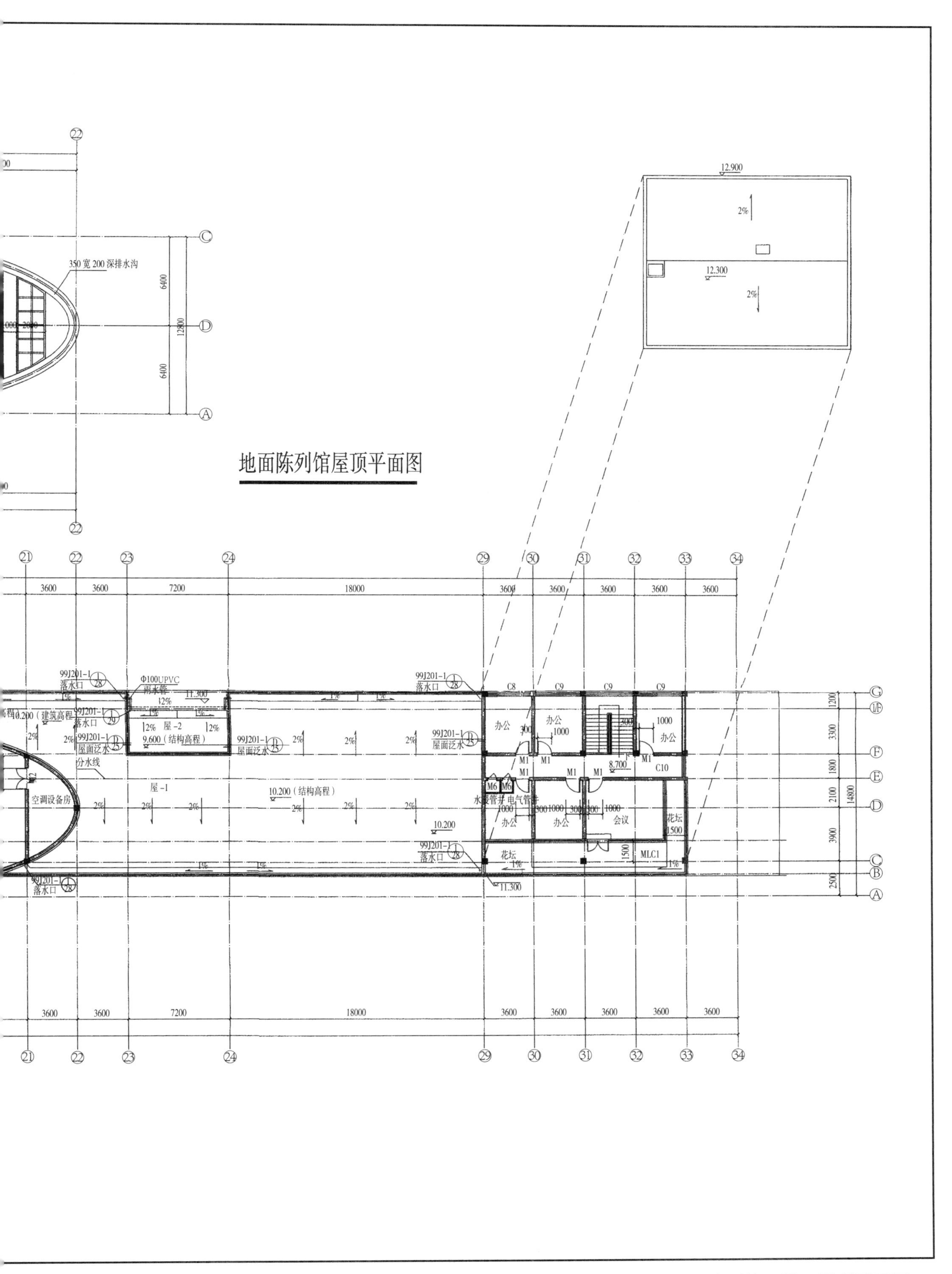
地面陈列馆屋顶平面图
350 宽 200 深排水沟
12.900
12.300
2%
空调设备房
分水线
屋 -1
屋 -2
10.200（结构高程）
9.600（结构高程）
11.300
8.700
10.200
99J201-1 落水口
99J201-1 屋面泛水
Φ100UPVC 雨水管
办公
会议
花坛
水暖管井
电气管井
C8
C9
C10
M1
M6
MLC1
3600
7200
18000
14800

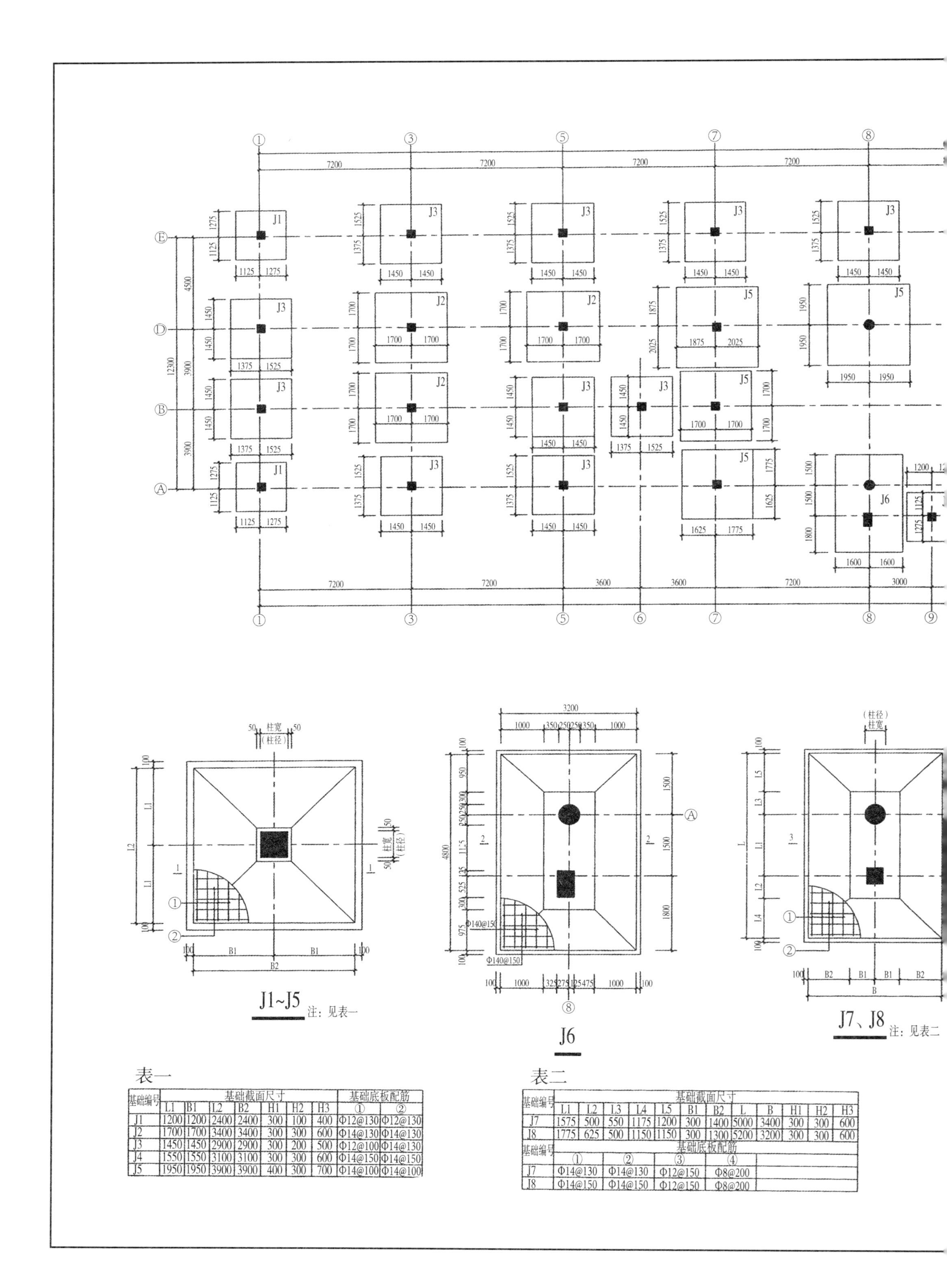

表一

基础编号	基础截面尺寸							基础底板配筋	
	L1	B1	L2	B2	H1	H2	H3	①	②
J1	1200	1200	2400	2400	300	100	400	Φ12@130	Φ12@130
J2	1700	1700	3400	3400	300	300	600	Φ14@130	Φ14@130
J3	1450	1450	2900	2900	300	200	500	Φ12@100	Φ14@130
J4	1550	1550	3100	3100	300	300	600	Φ14@150	Φ14@150
J5	1950	1950	3900	3900	400	300	700	Φ14@100	Φ14@100

表二

基础编号	基础截面尺寸											
	L1	L2	L3	L4	L5	B1	B2	L	B	H1	H2	H3
J7	1575	500	550	1175	1200	300	1400	5000	3400	300	300	600
J8	1775	625	500	1150	1150	300	1300	5200	3200	300	300	600

基础编号	基础底板配筋				
	①	②	③	④	
J7	Φ14@130	Φ14@130	Φ12@150	Φ8@200	
J8	Φ14@150	Φ14@150	Φ12@150	Φ8@200	

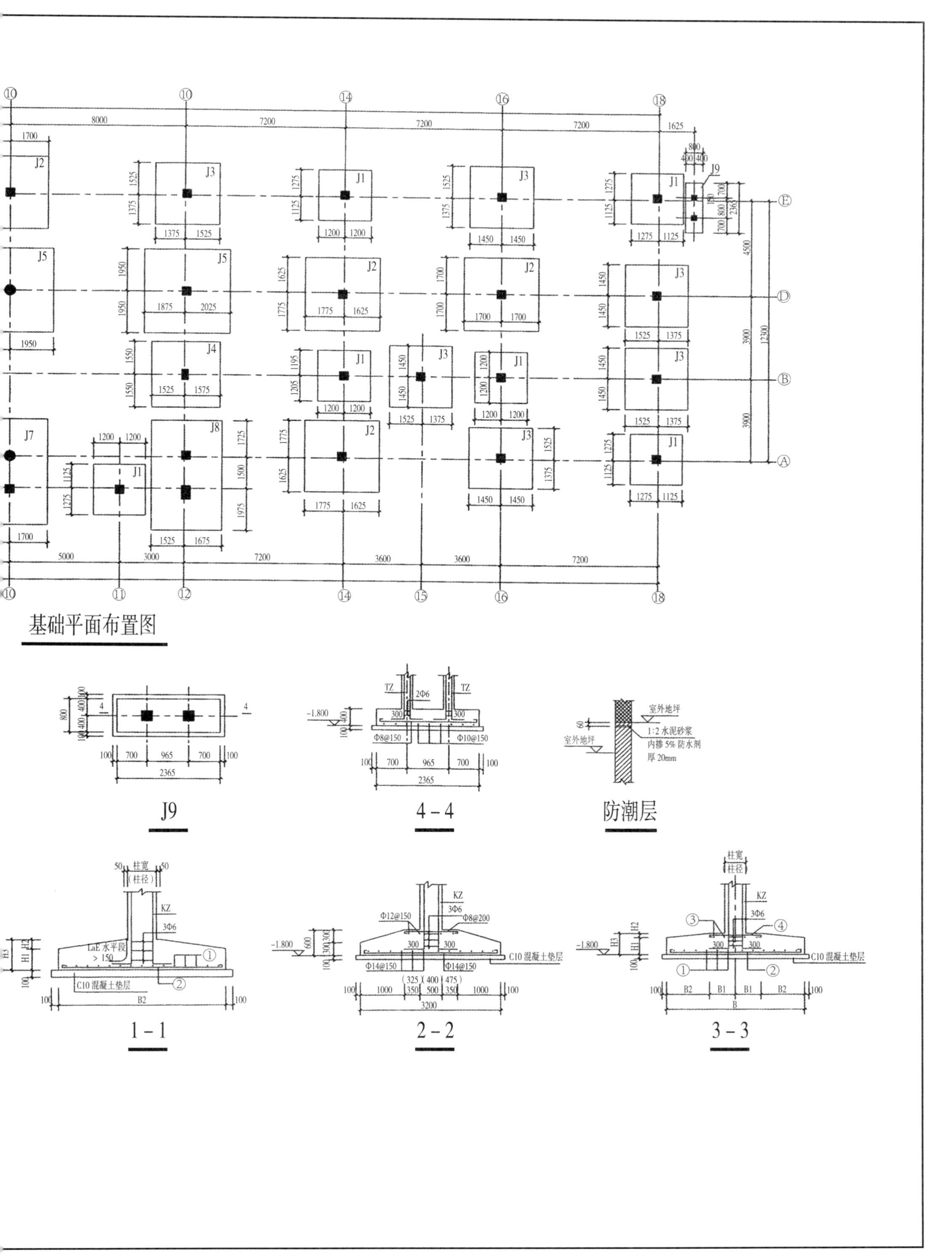
基础平面布置图
J9
4－4
防潮层
室外地坪
1:2 水泥砂浆
内掺 5% 防水剂
厚 20mm
1－1
2－2
3－3
C10 混凝土垫层

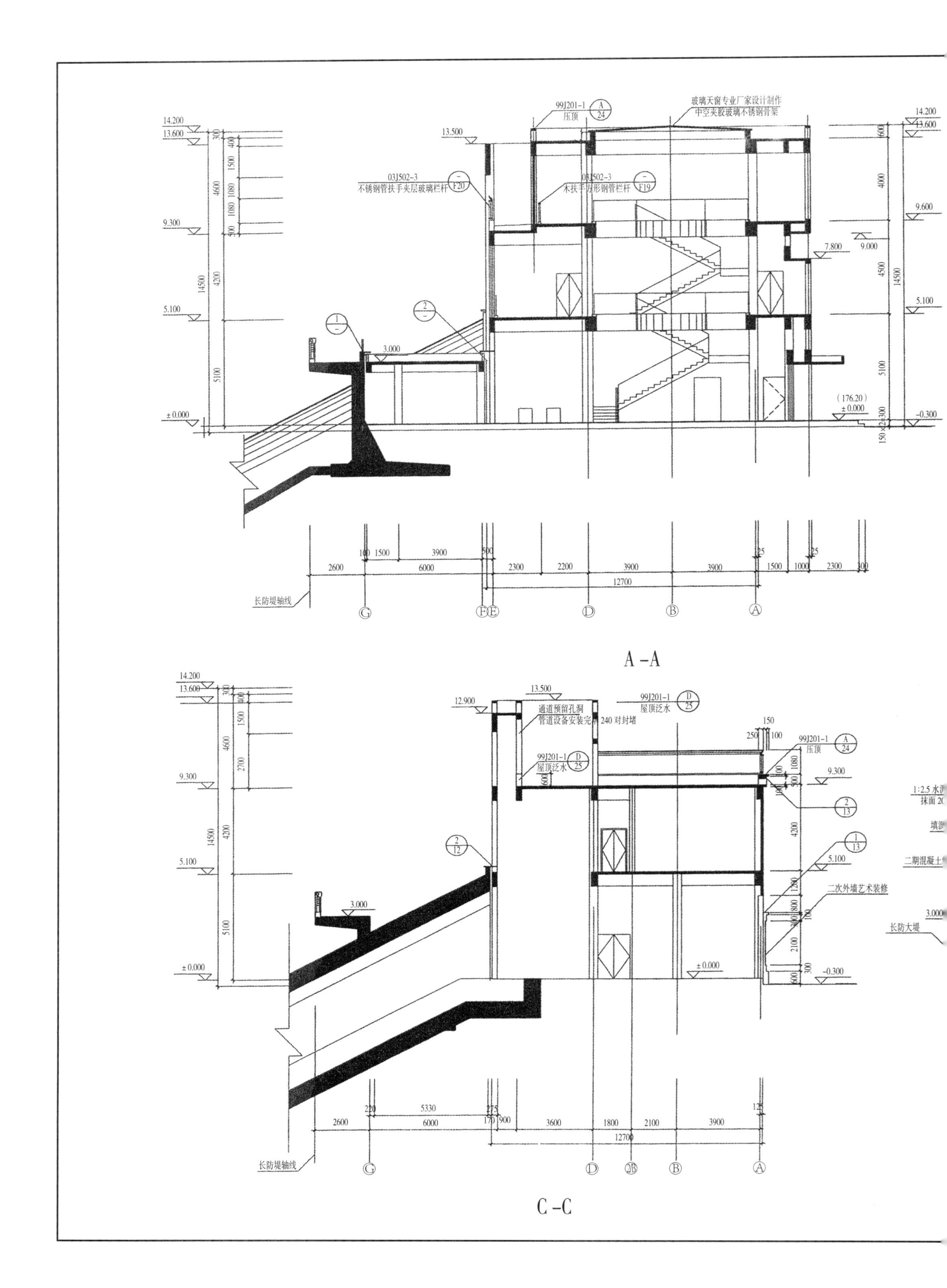
99J201-1 压顶
玻璃天窗专业厂家设计制作
中空夹胶玻璃不锈钢管架
03J502-3
不锈钢管扶手夹层玻璃栏杆
木扶手方形钢管栏杆
长防堤轴线
A-A
通道预留孔洞
管道设备安装完后240对封堵
99J201-1 屋顶泛水
二次外墙艺术装修
长防大堤
二期混凝土
C-C

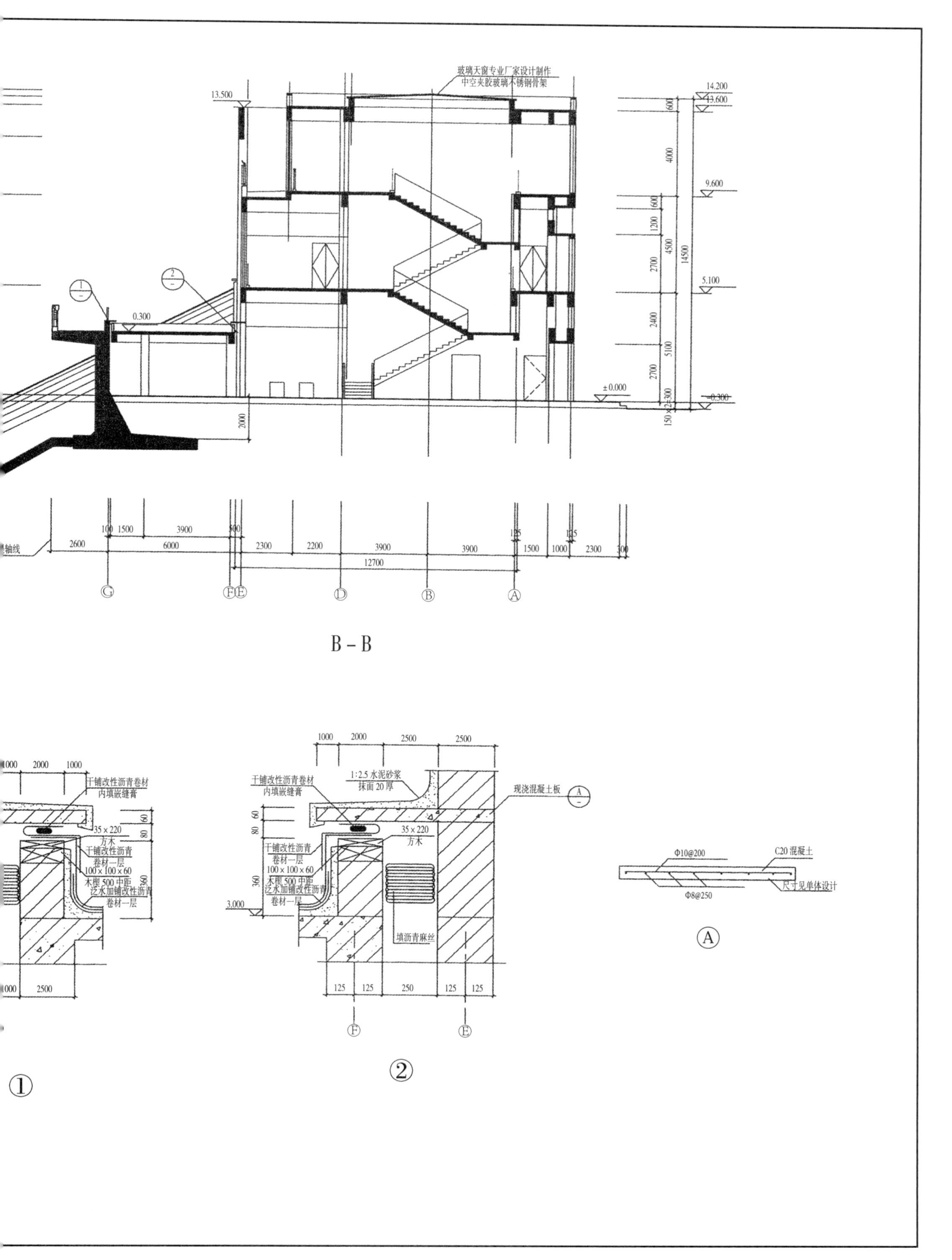

玻璃天窗专业厂家设计制作
中空夹胶玻璃不锈钢骨架
13.500
14.200
13.600
9.600
5.100
0.300
±0.000
-0.300
B－B
干铺改性沥青卷材
内填嵌缝膏
35×220
方木
干铺改性沥青
卷材一层
100×100×60
木楔 500 中距
泛水加铺改性沥青
卷材一层
1:2.5 水泥砂浆
抹面 20 厚
现浇混凝土板
填沥青麻丝
3.000
Φ10@200
C20 混凝土
尺寸见单体设计
Φ8@250
①
②
Ⓐ

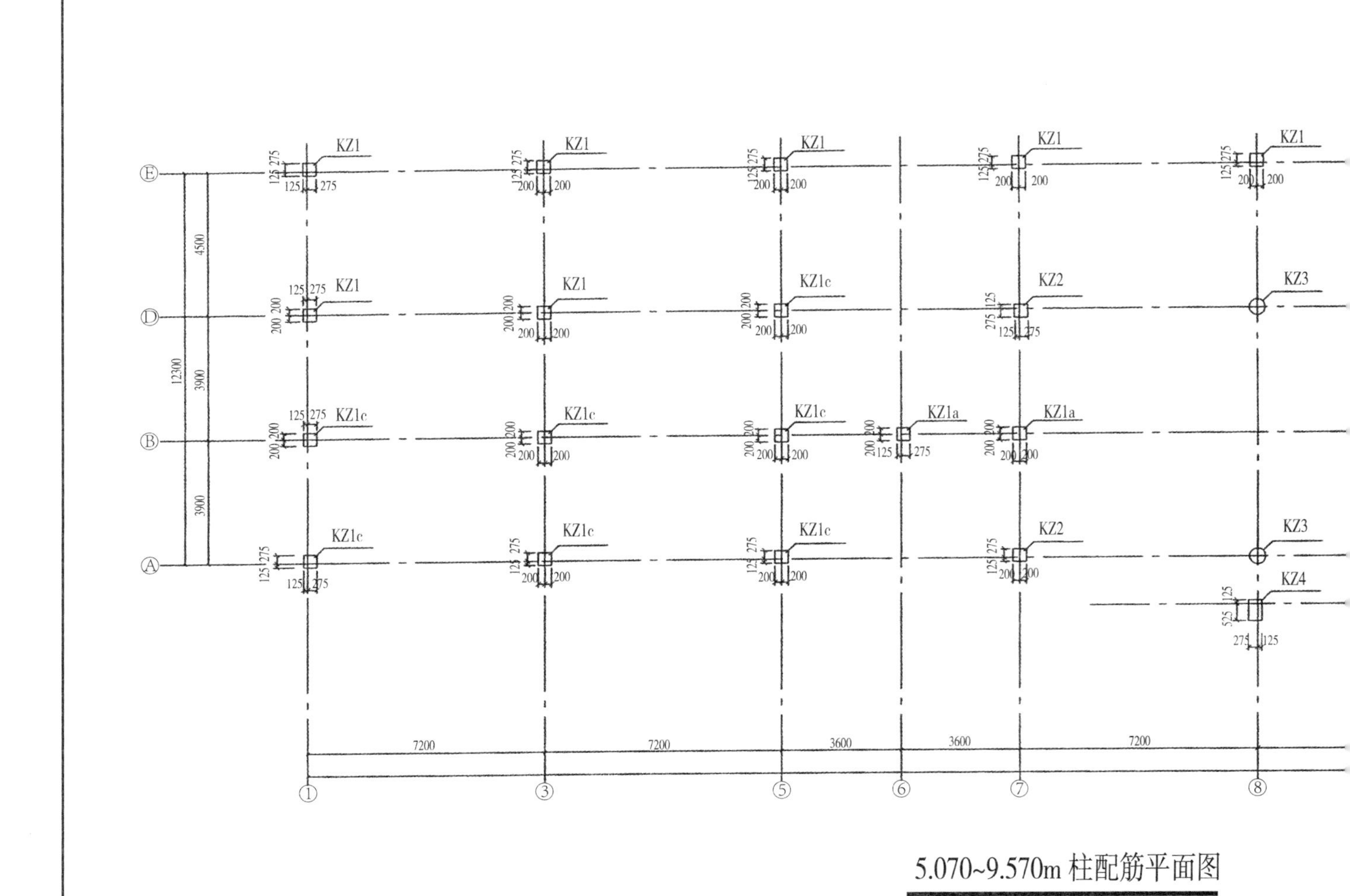

5.070~9.570m 柱配筋平面图

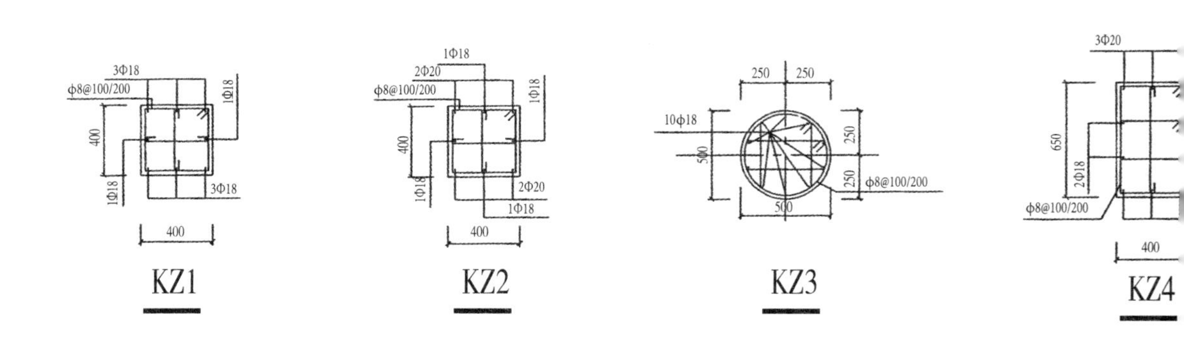

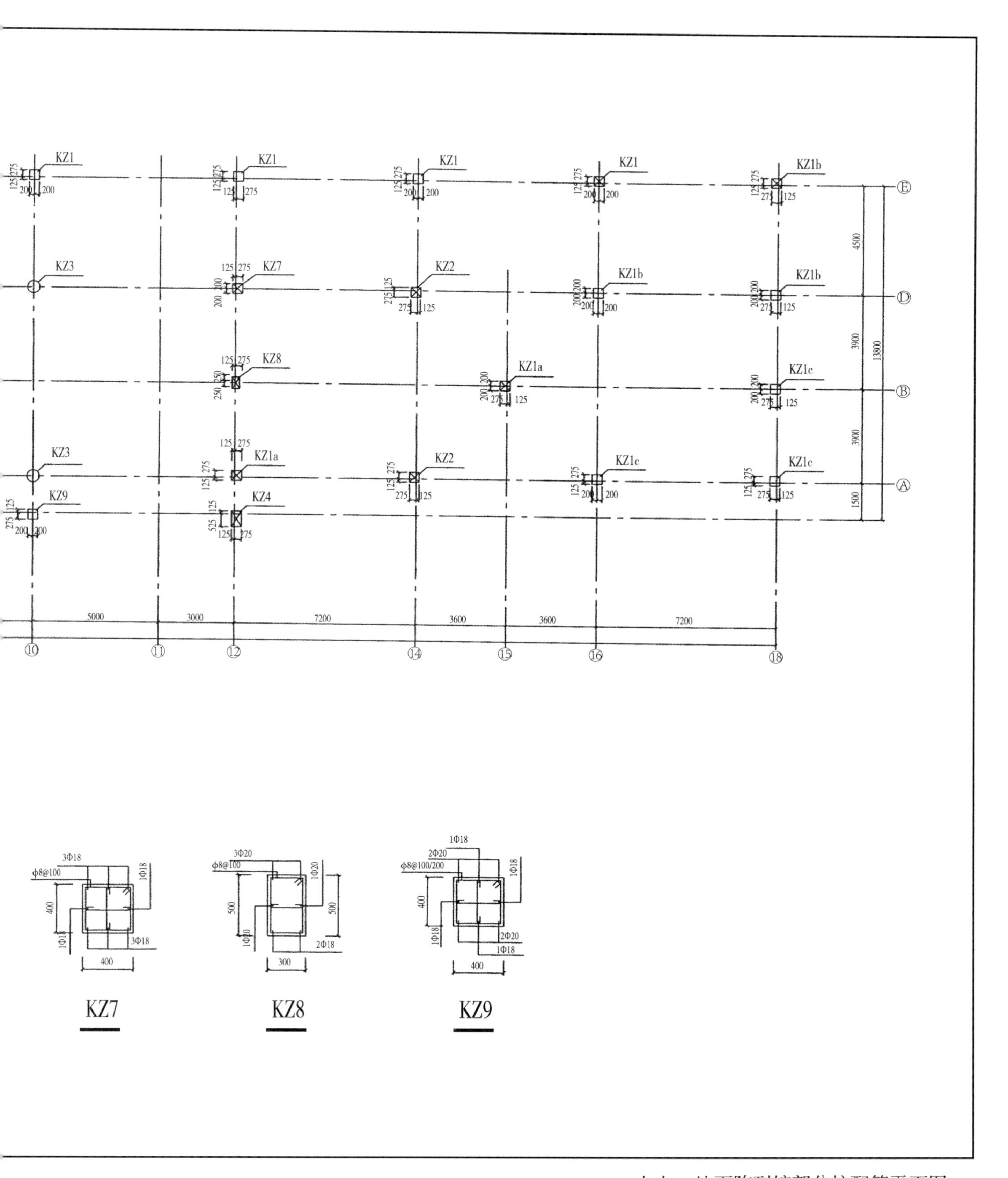

七七　地面陈列馆部分柱配筋平面图

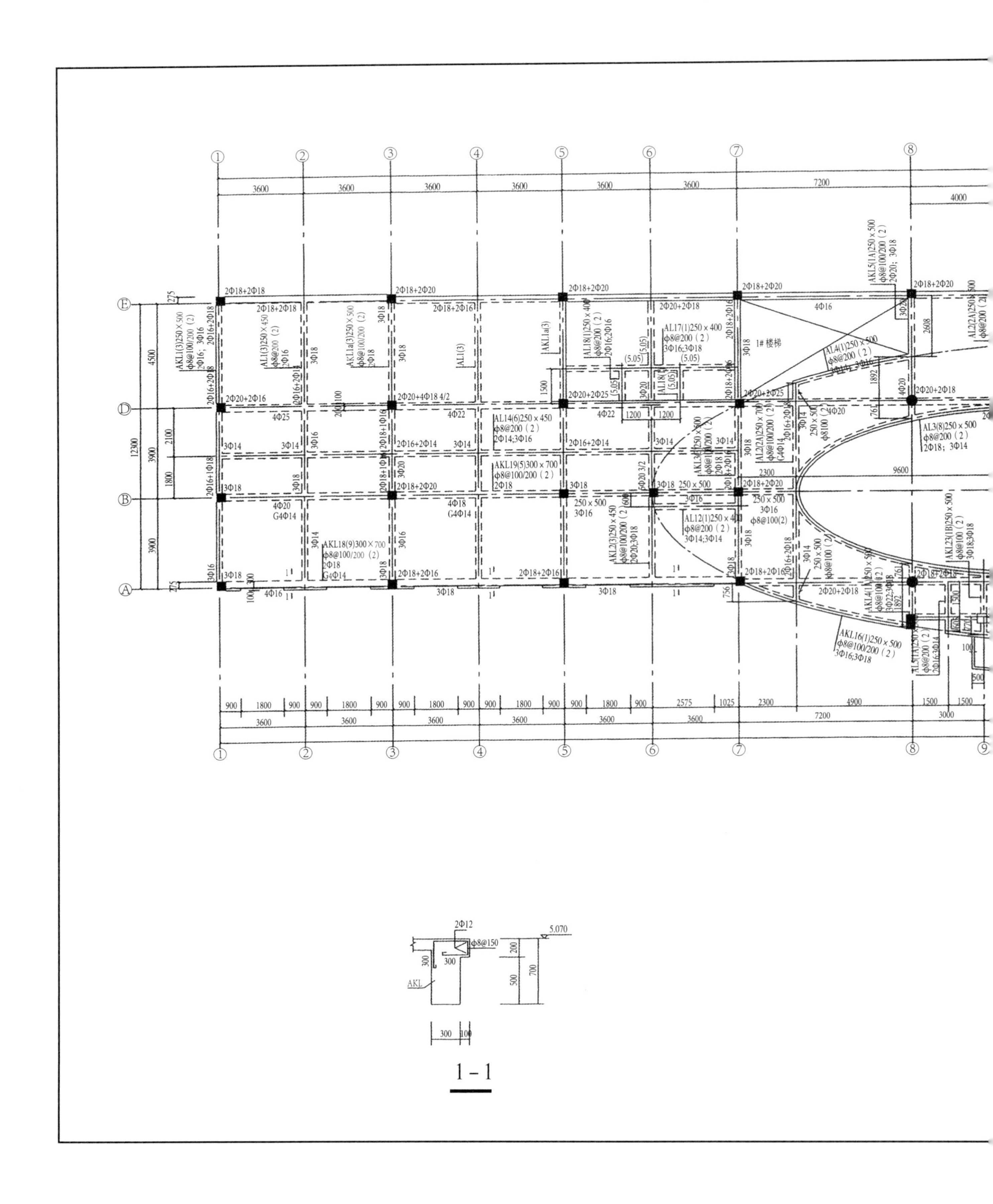

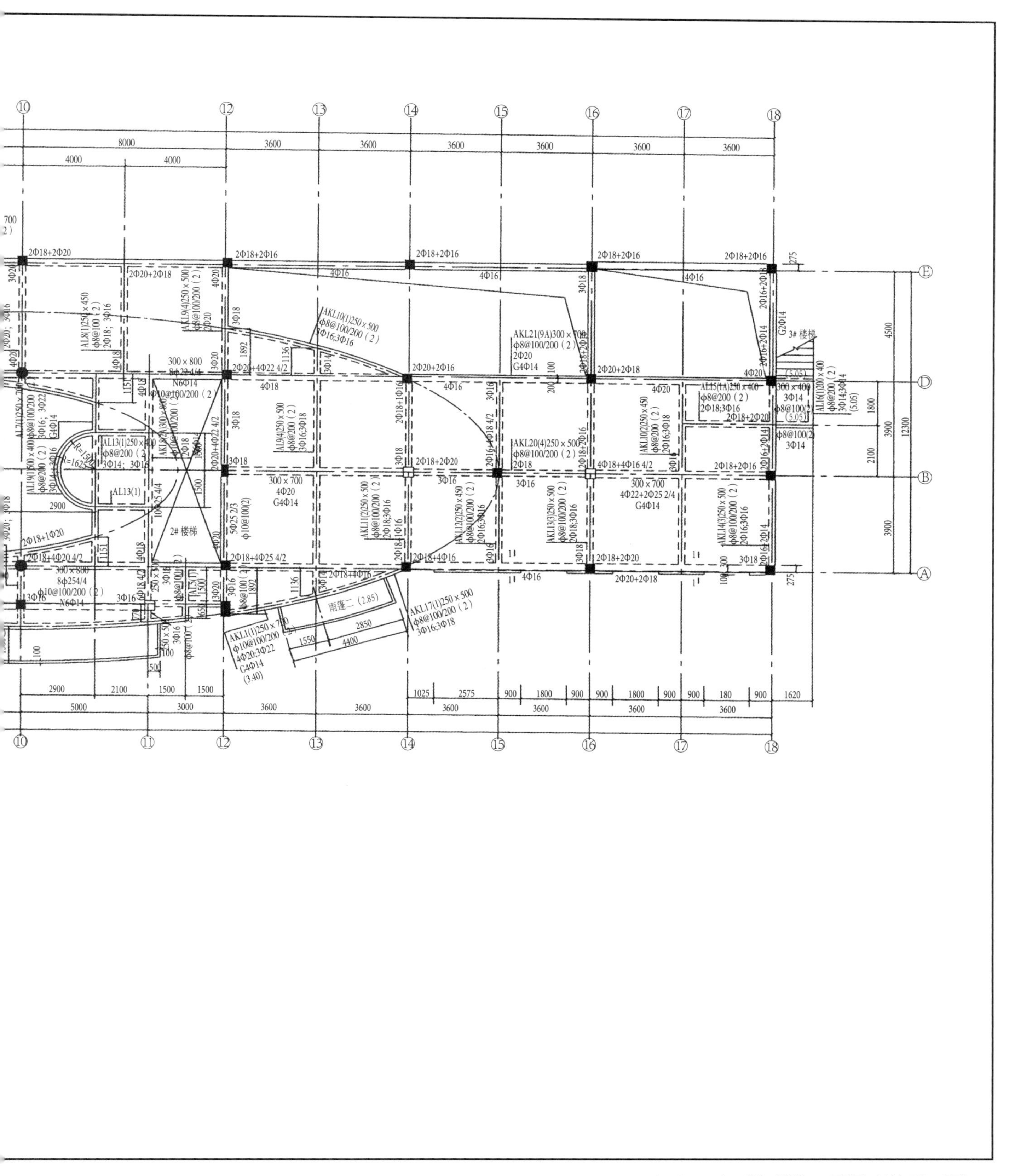

七八　地面陈列馆二层梁配筋平面图

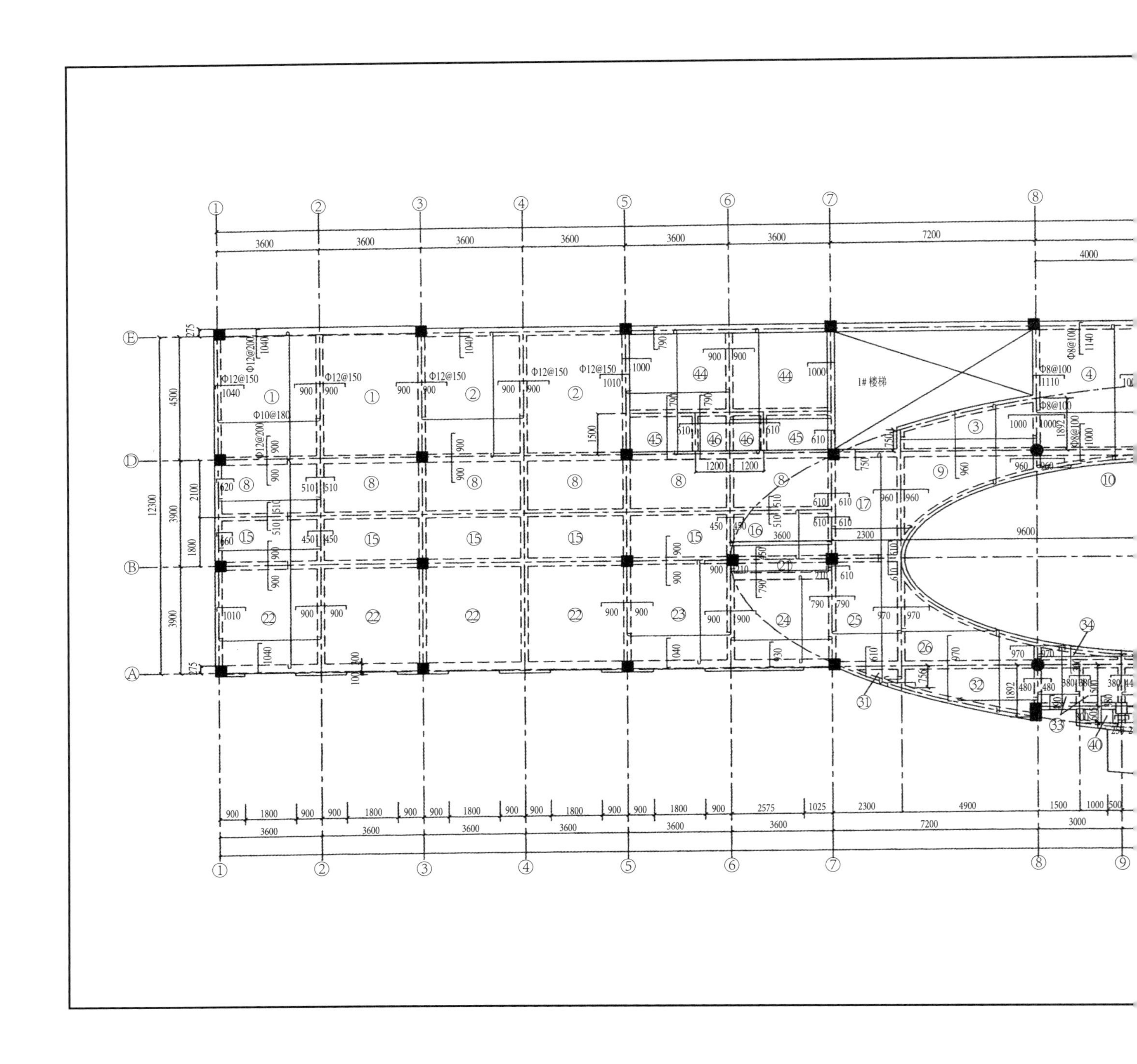

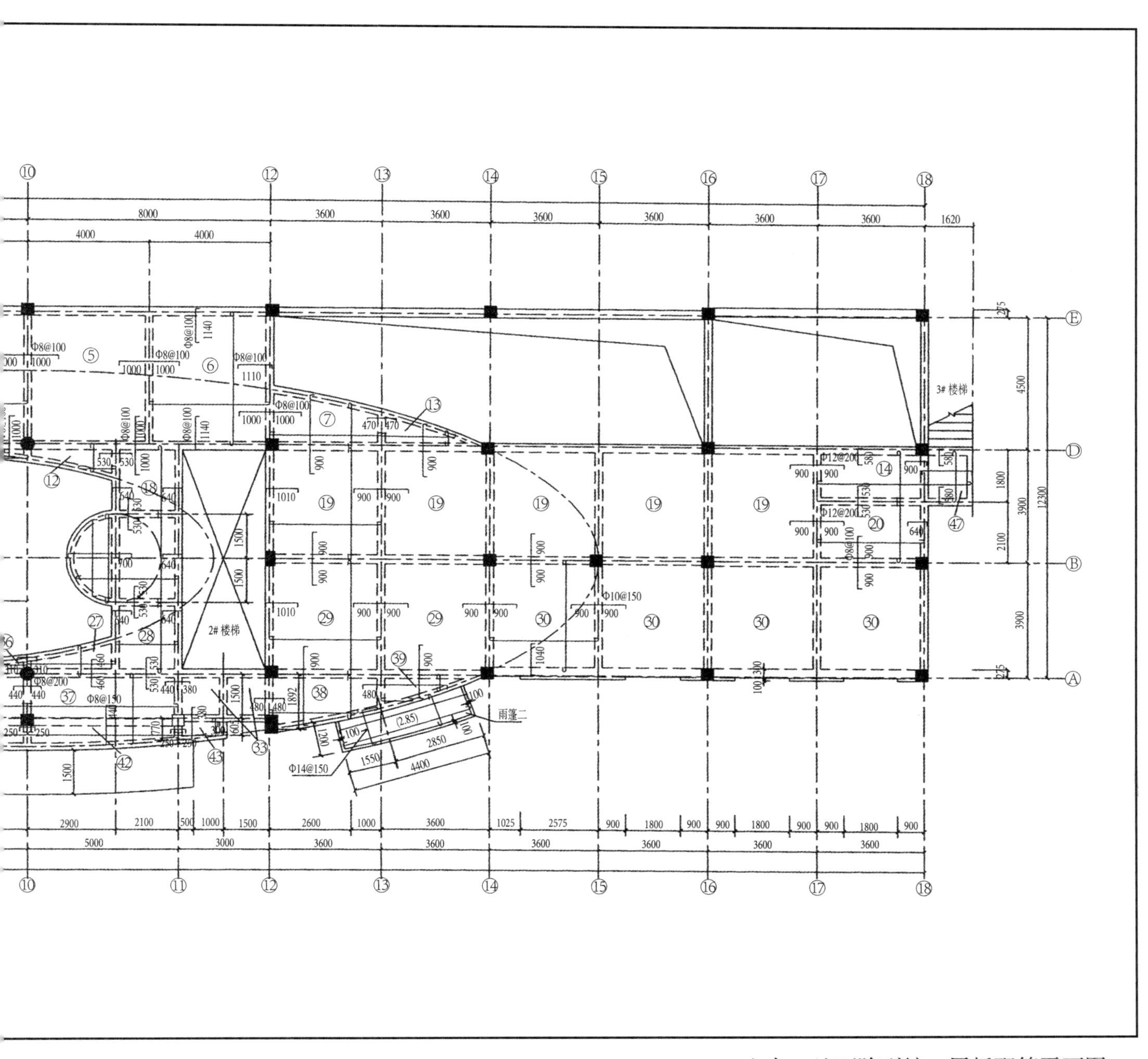

七九　地面陈列馆二层板配筋平面图

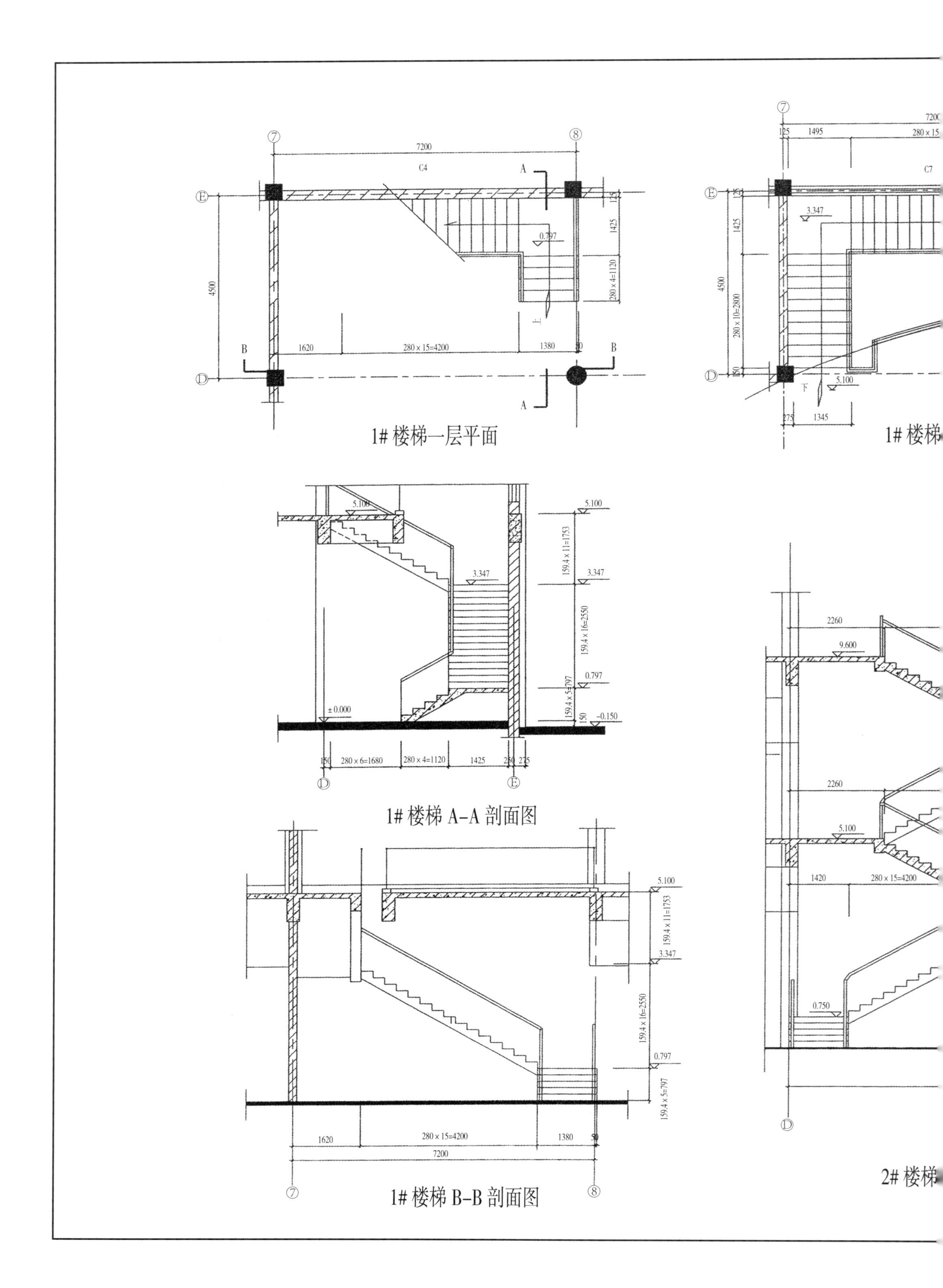
1# 楼梯一层平面
1# 楼梯 A-A 剖面图
1# 楼梯 B-B 剖面图
2# 楼梯

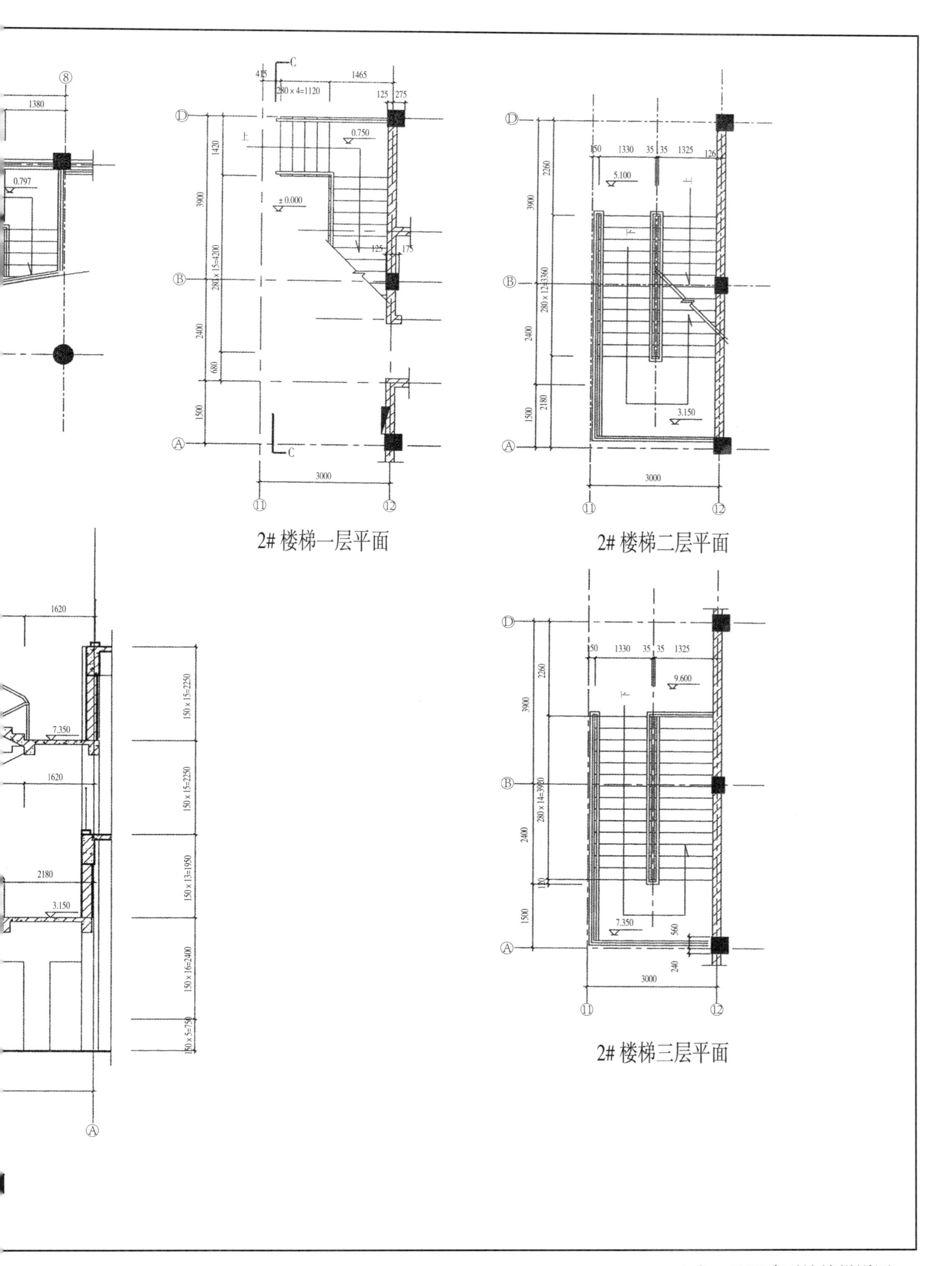
2# 楼梯一层平面
2# 楼梯二层平面
2# 楼梯三层平面
3000
1500
2400
3900
0.750
±0.000
5.100
3.150
9.600
7.350
280×15=4200
280×12=3360
280×14=3920
150×15=2250
150×13=1950
150×16=2400
1620
2180
1380
0.797

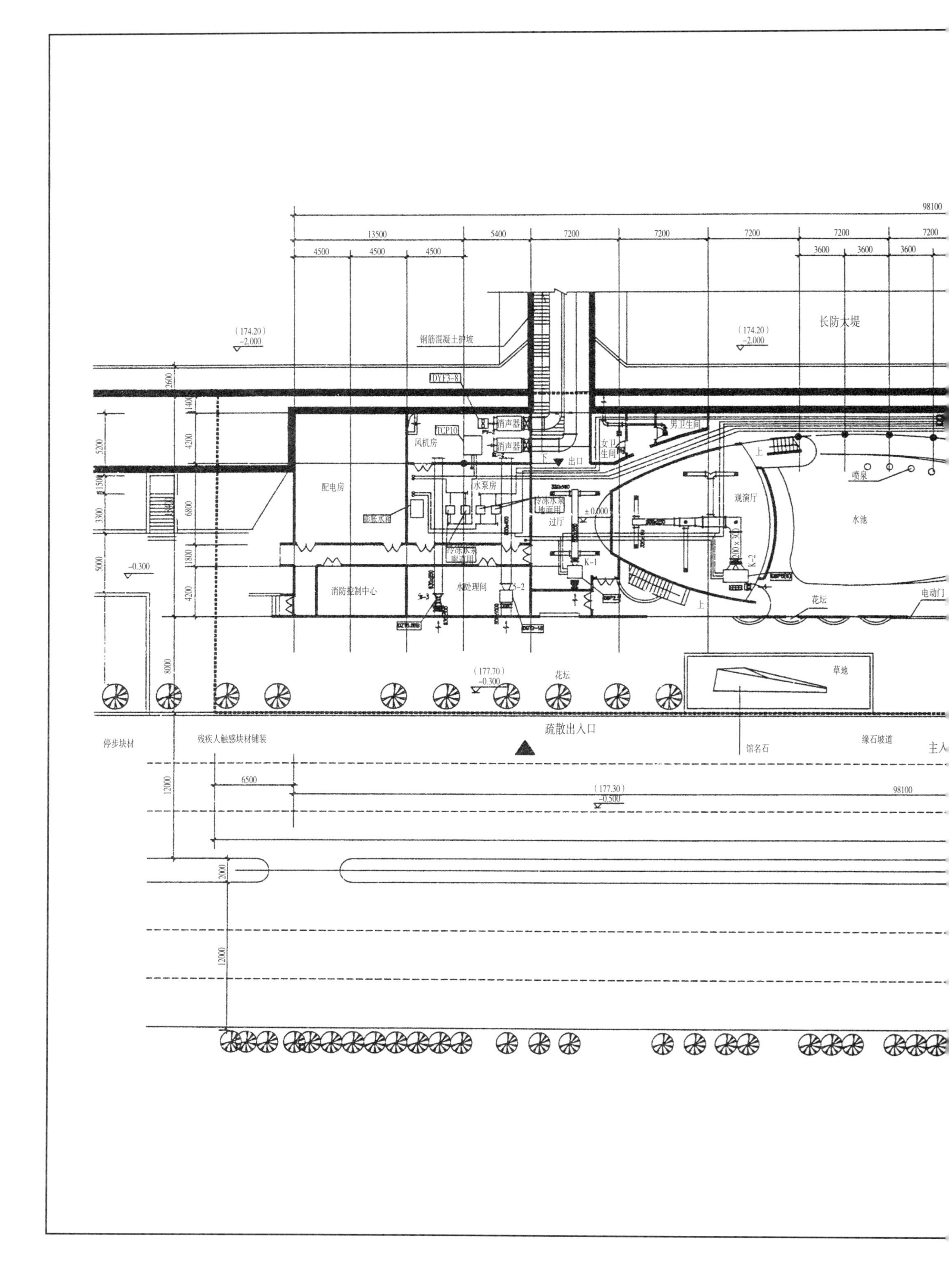

长防大堤
钢筋混凝土护坡
风机房
配电房
水泵房
消防控制中心
水处理间
观演厅
水池
喷泉
花坛
草地
疏散出入口
停步块材
残疾人触感块材铺装
馆名石
缘石坡道
电动门
出口
过厅
男卫生间
女卫生间

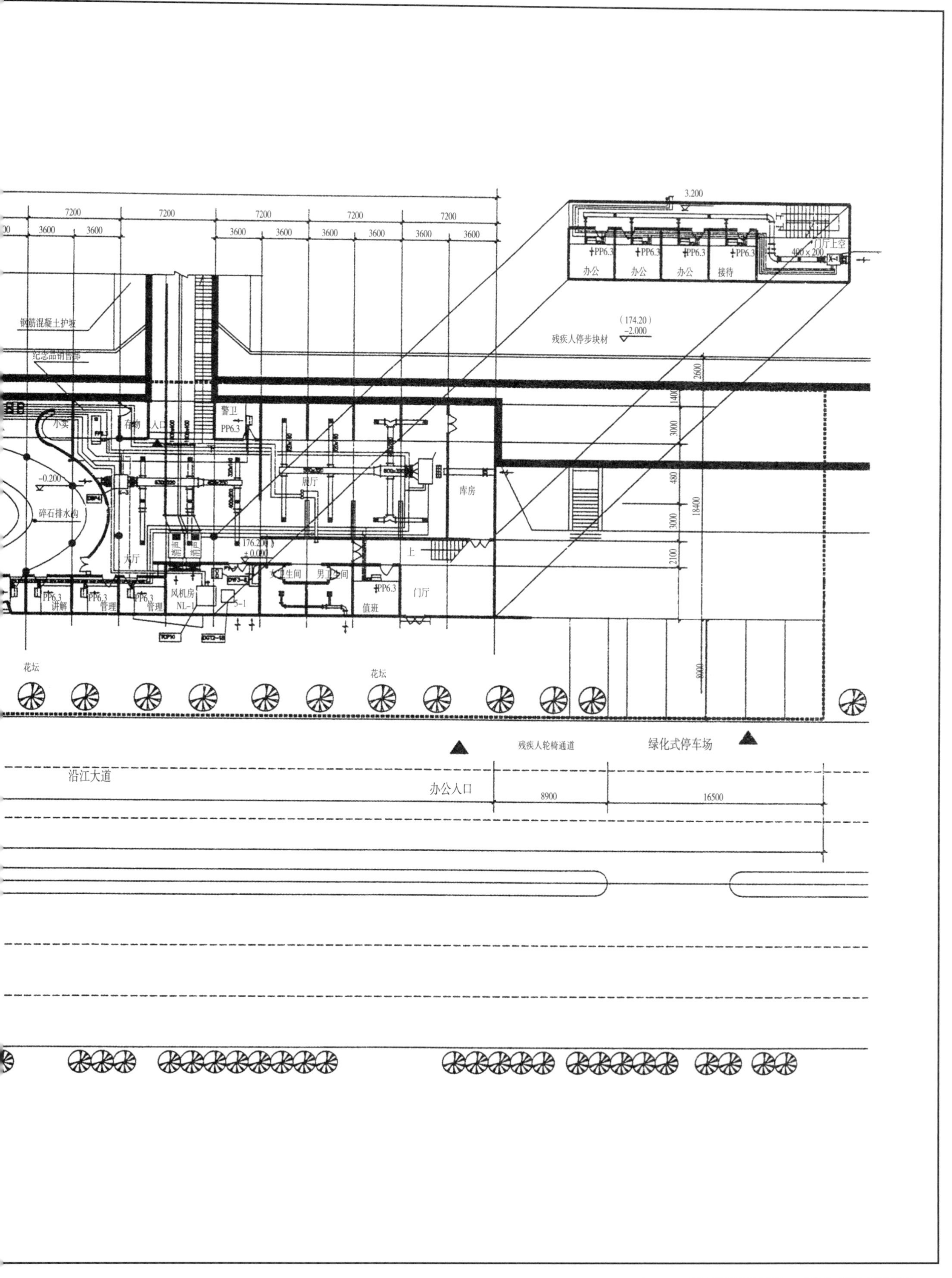

八一　地面陈列馆一层空调平面图

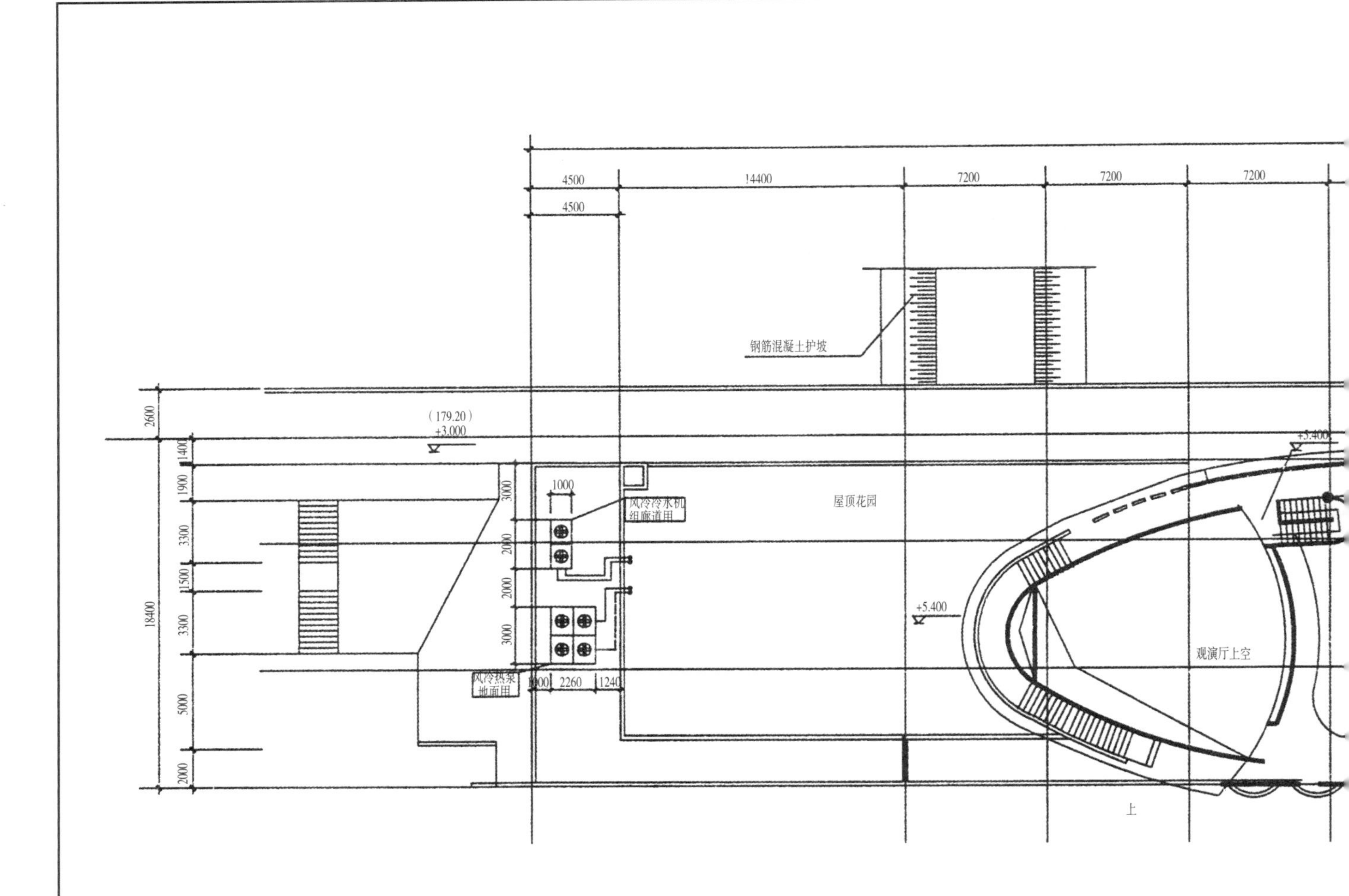

陈列馆二层空调平面图

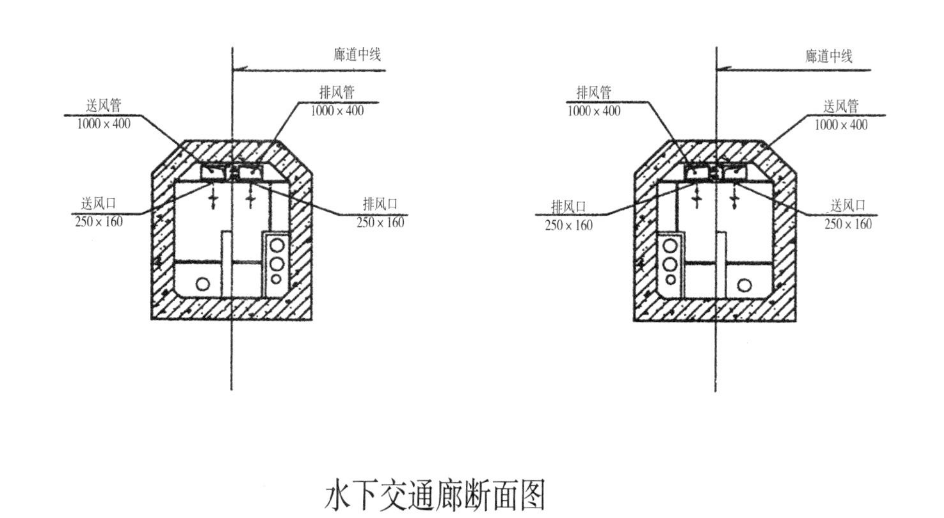

水下交通廊断面图

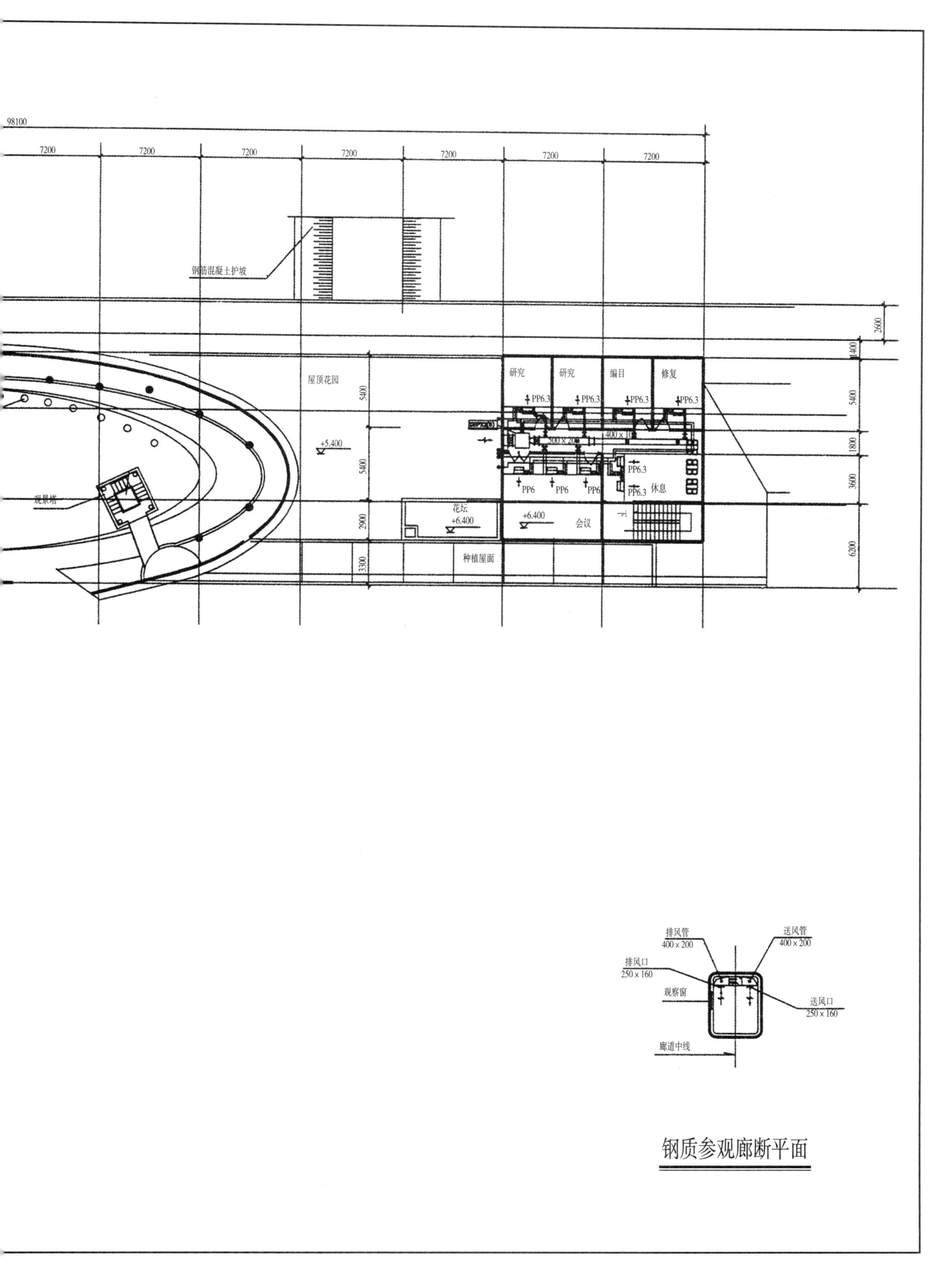

八二　地面陈列馆二层、屋面层空调平面图

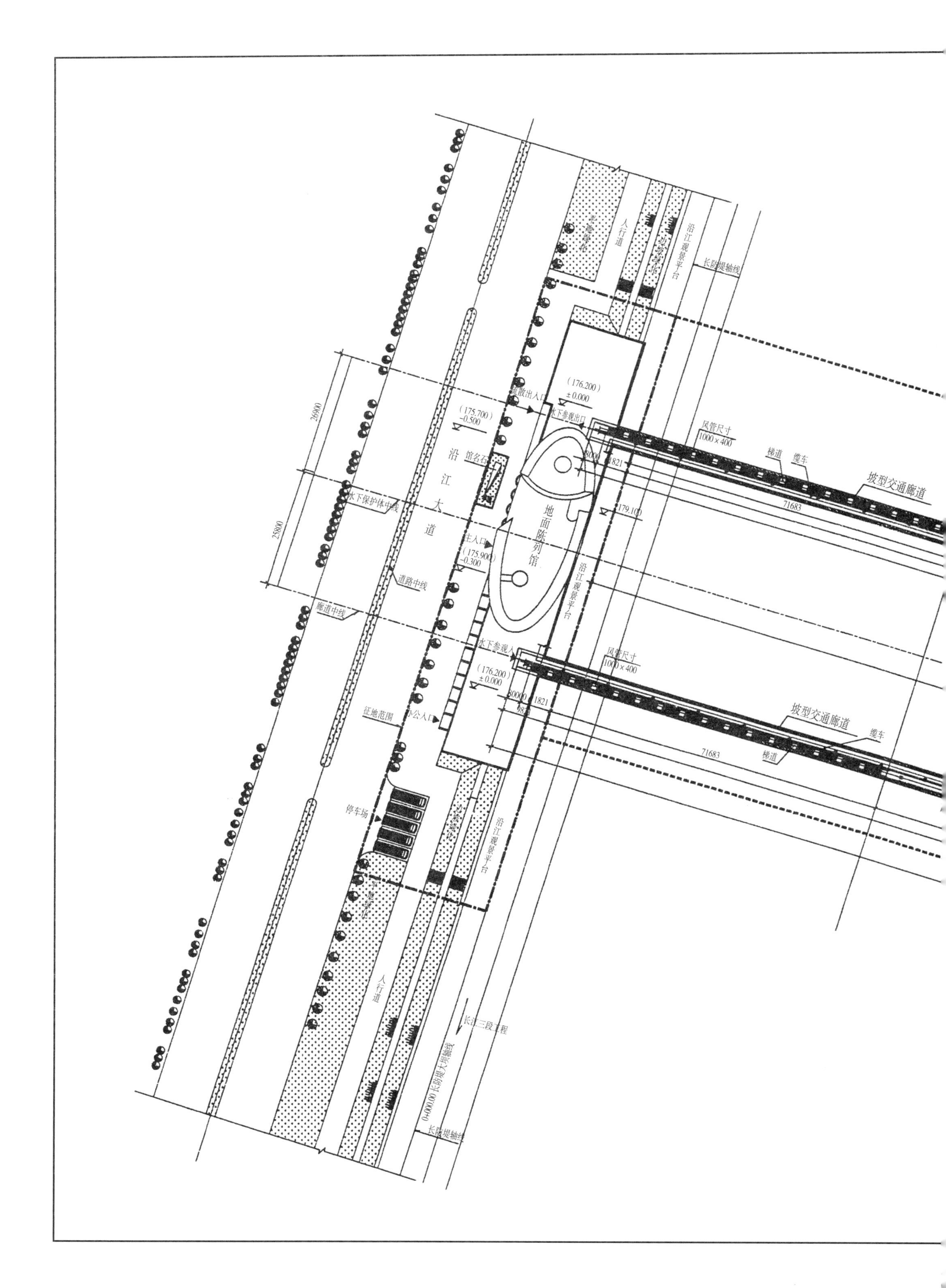
沿江大道
地面陈列馆
坡型交通廊道
坡型交通廊道
沿江观景平台
长防堤轴线
人行道
停车场
征地范围
主入口
办公入口
馆名石
道路中线
廊道中线
水下保护体中线
风管尺寸
1000×400
梯道
缆车
71683
26900
25800
(176.200)
±0.000
(175.700)
-0.500
(175.900)
-0.300
179.100
长江三段工程
0+000.00长防堤大坝轴线

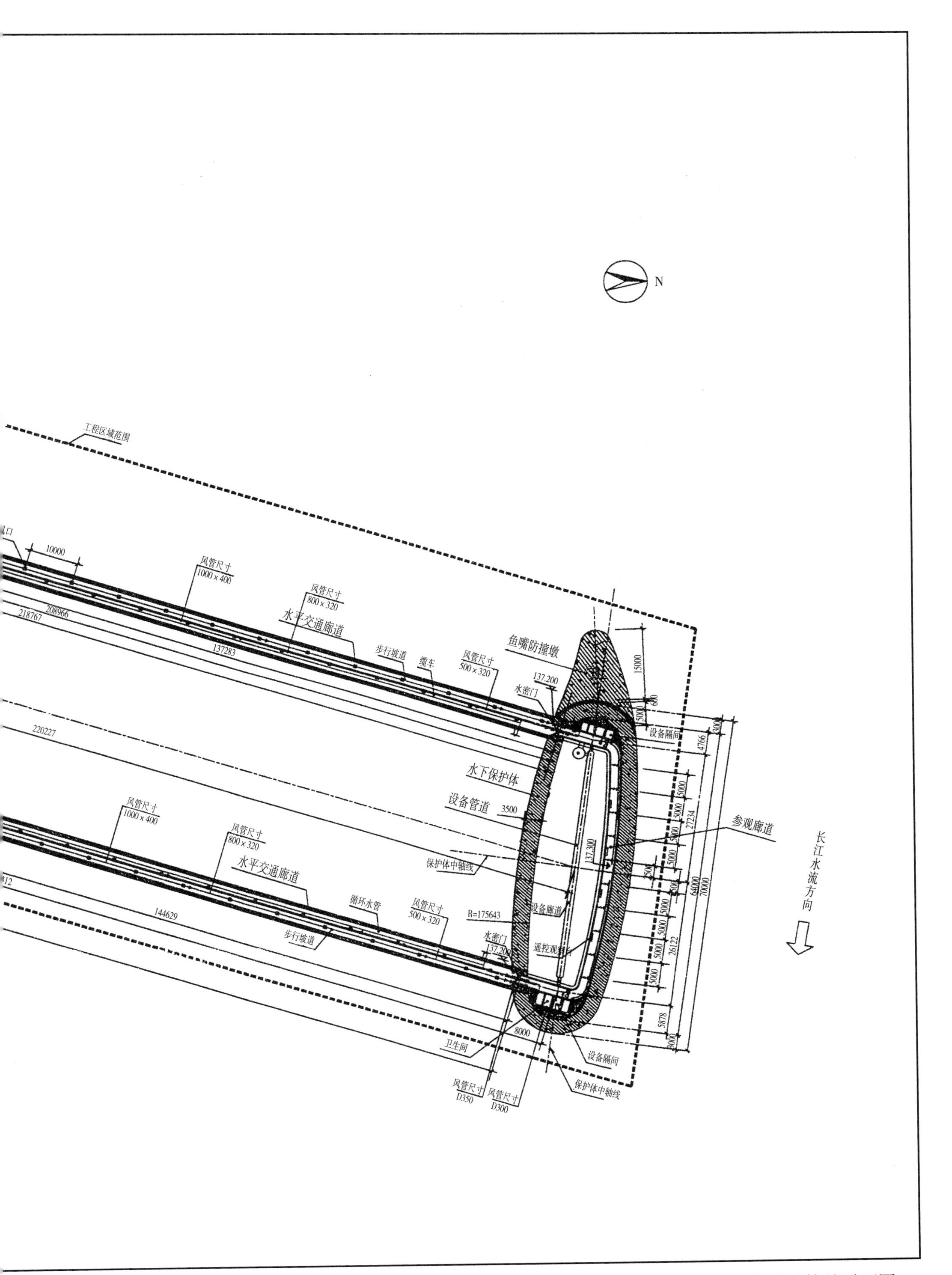
N
工程区域范围
10000
风管尺寸
1000×400
风管尺寸
800×320
水平交通廊道
208966
218767
137283
步行坡道
缆车
风管尺寸
500×320
鱼嘴防撞墩
137.200
水密门
15000
设备隔间
220227
水下保护体
设备管道
3500
参观廊道
27234
64000
70000
长江水流方向
风管尺寸
1000×400
风管尺寸
800×320
水平交通廊道
保护体中轴线
137.300
144629
循环水管
风管尺寸
500×320
R=175643
设备廊道
步行坡道
水密门
137.200
遥控观测
26122
5878
8000
卫生间
设备隔间
风管尺寸
D350
风管尺寸
D300
保护体中轴线

八三　廊道风管总平面图

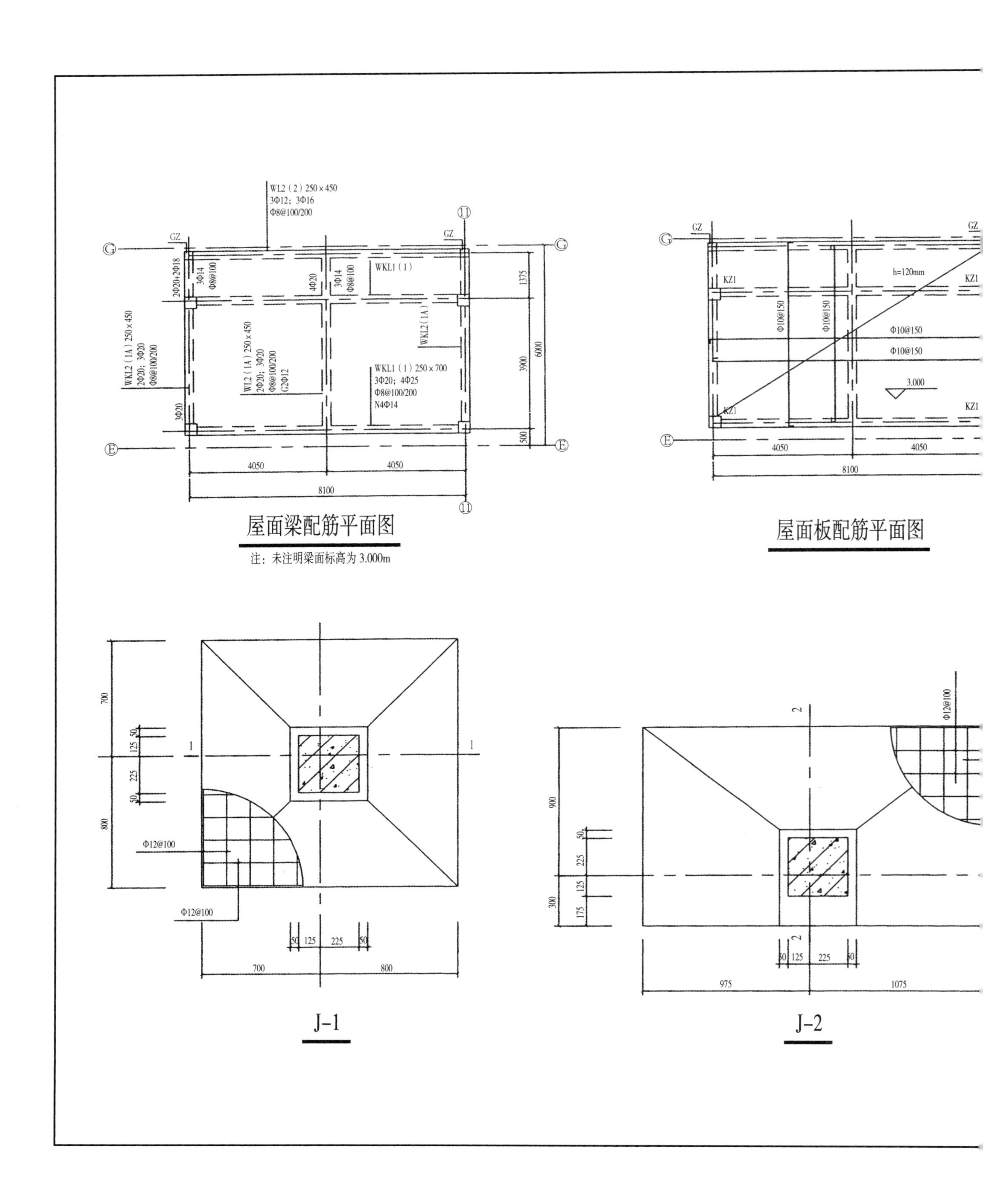

WL2（2）250×450
3Φ12；3Φ16
Φ8@100/200
GZ
WKL1（1）
WKL2（1A）250×450
2Φ20；3Φ20
Φ8@100/200
WL2（1A）250×450
2Φ20；3Φ20
Φ8@100/200
G2Φ12
WKL2（1A）
WKL1（1）250×700
3Φ20；4Φ25
Φ8@100/200
N4Φ14
4050
8100
屋面梁配筋平面图
注：未注明梁面标高为 3.000m
KZ1
h=120mm
Φ10@150
3.000
屋面板配筋平面图
Φ12@100
J-1
J-2

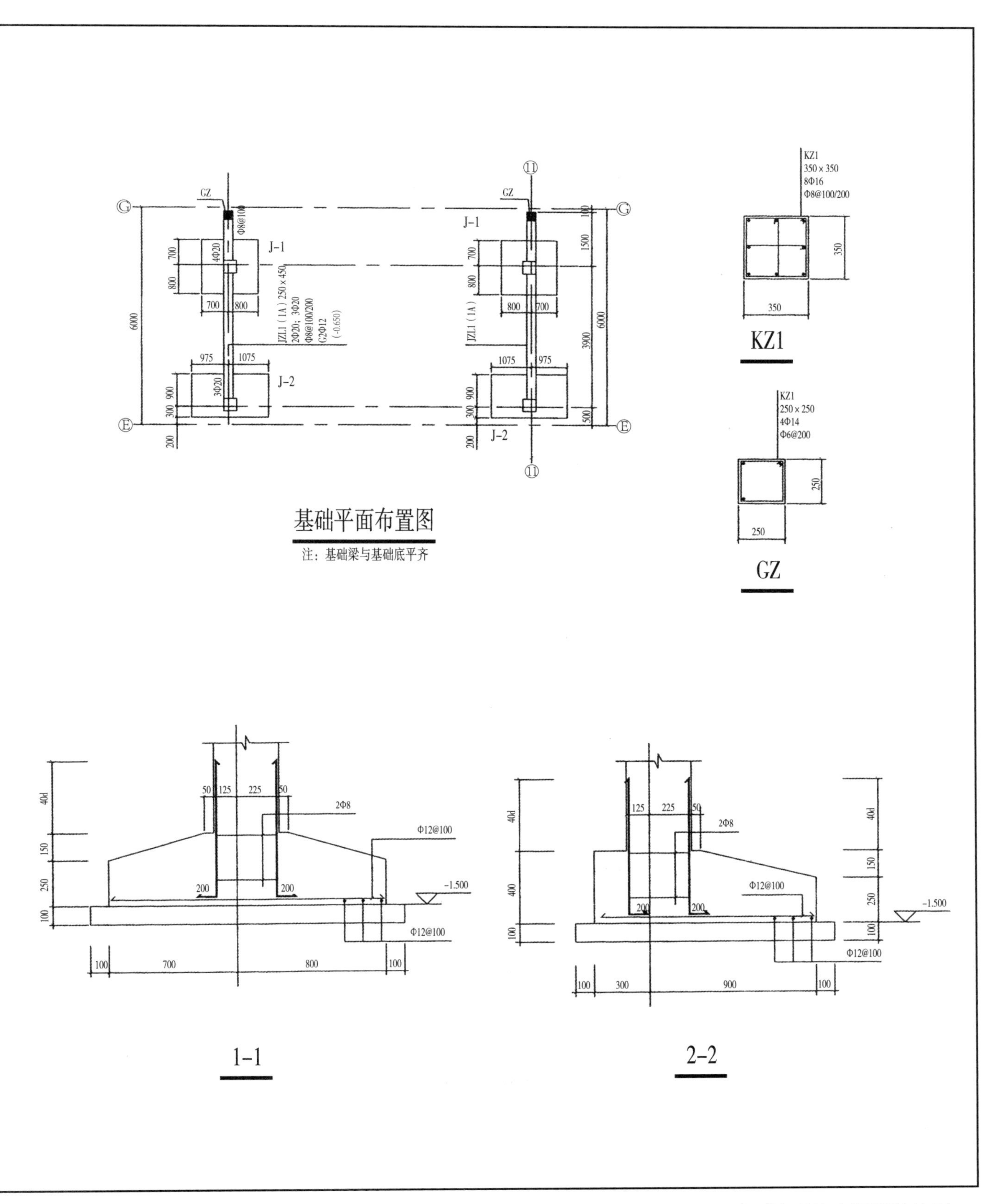

八四　地面陈列馆水泵房结构图

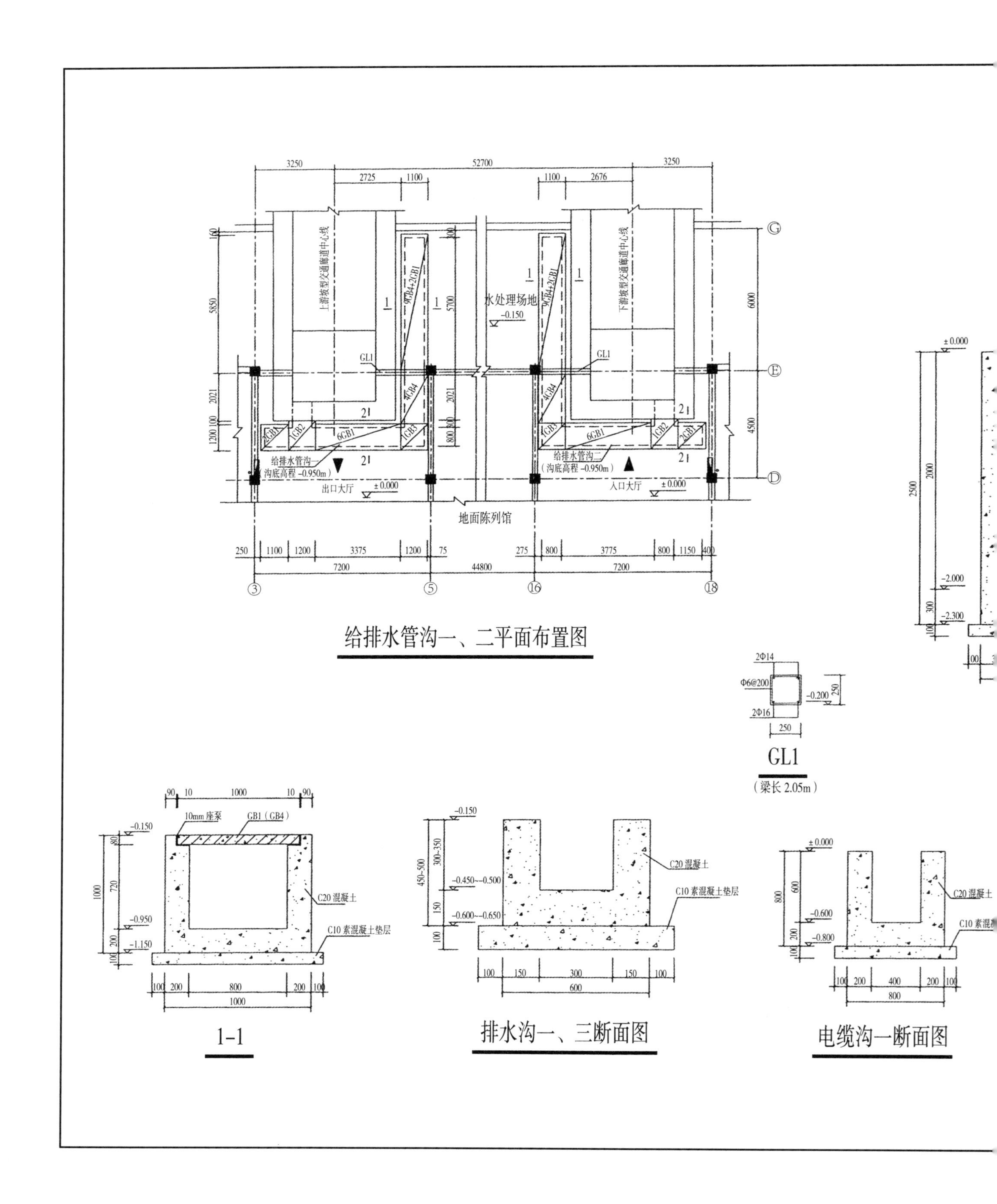

给排水管沟一、二平面布置图
GL1
（梁长 2.05m）
1-1
排水沟一、三断面图
电缆沟一断面图
水处理场地
地面陈列馆
出口大厅
入口大厅
给排水管沟一
给排水管沟二
（沟底高程 -0.950m）
C20 混凝土
C10 素混凝土垫层

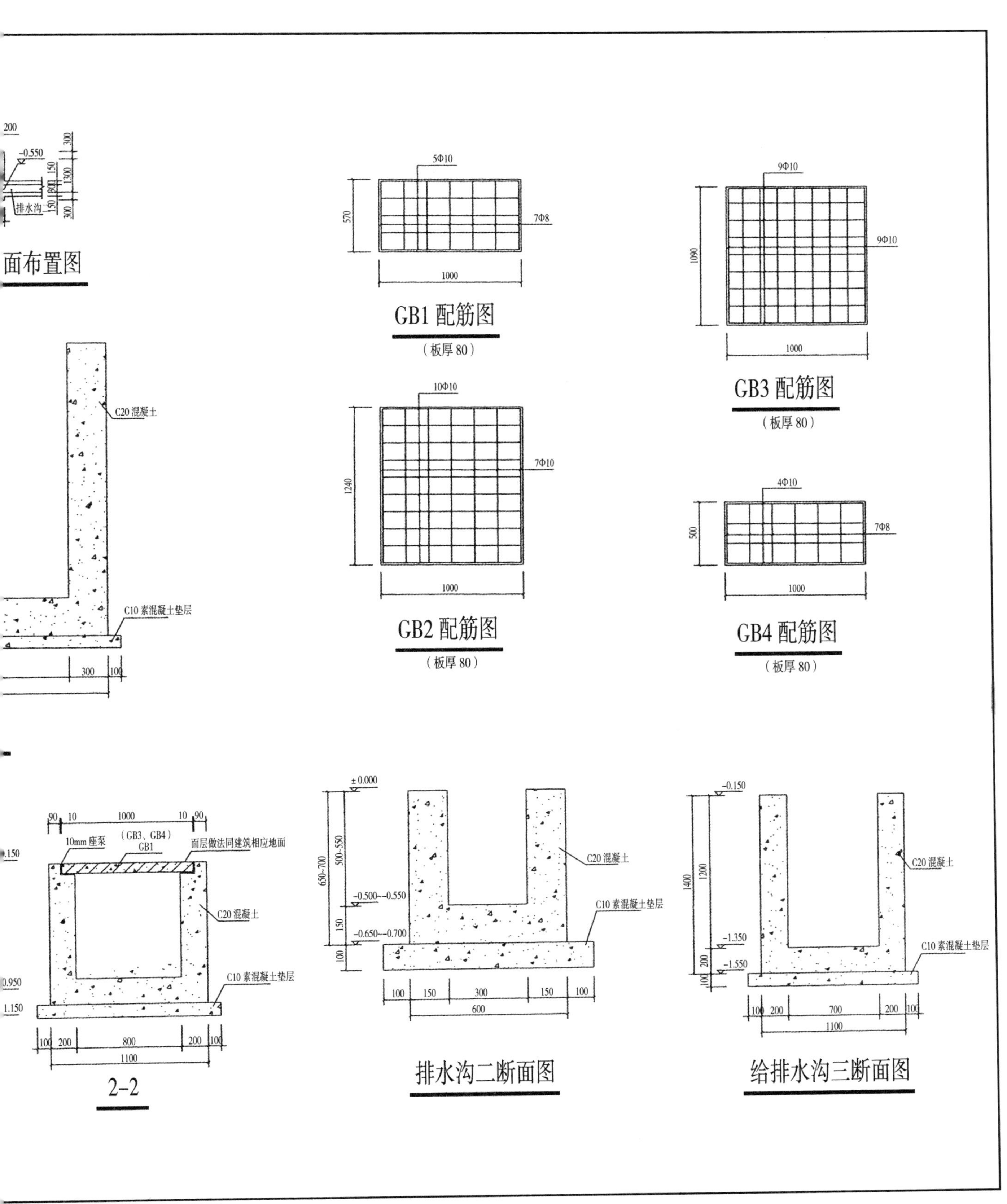

八五　地面陈列馆设备基础、管沟结构图

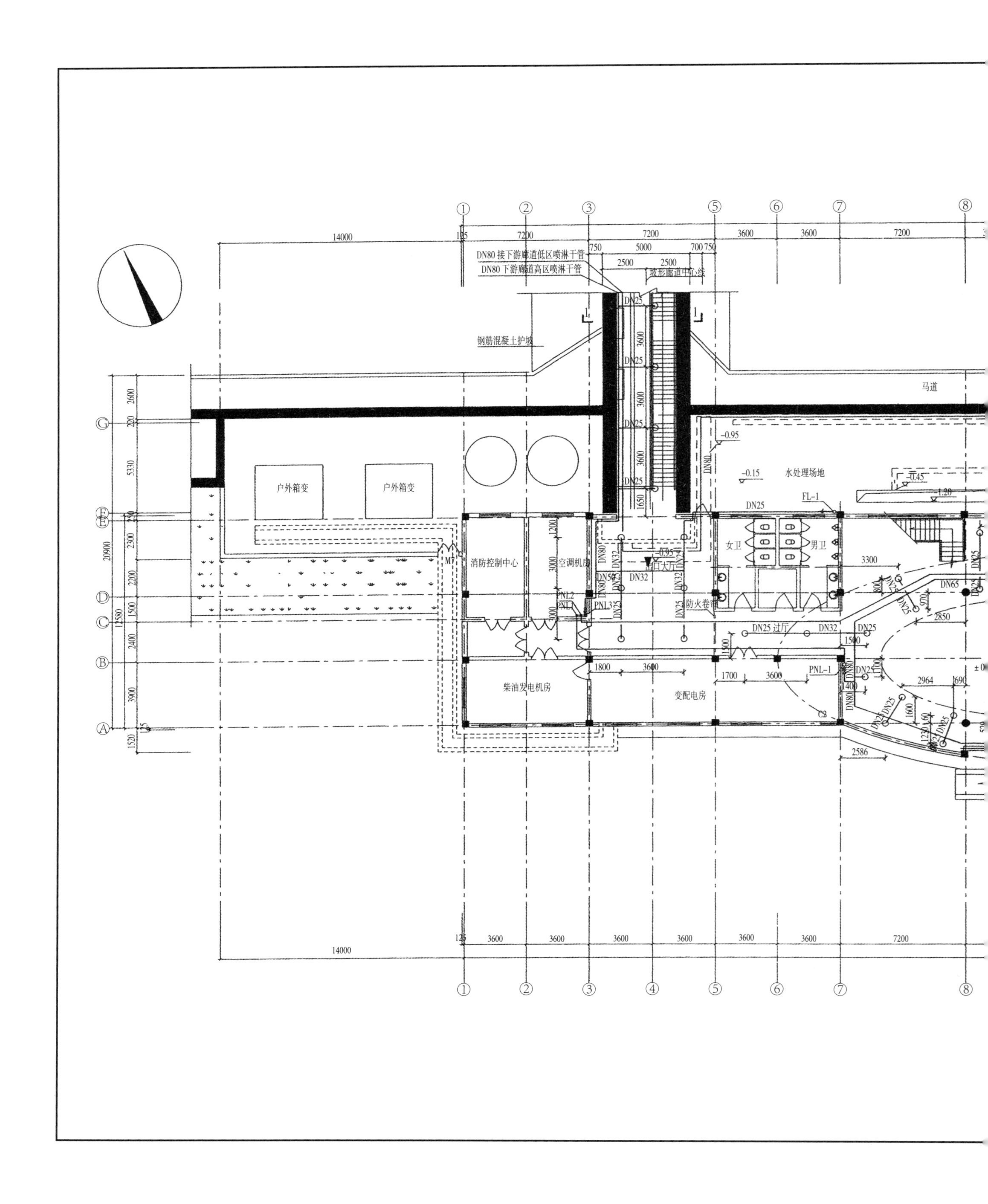

DN80 接下游廊道低区喷淋干管
DN80 下游廊道高区喷淋干管
坡形廊道中心线
钢筋混凝土护坡
马道
户外箱变
户外箱变
水处理场地
女卫
男卫
消防控制中心
空调机房
防火卷帘
过厅
柴油发电机房
变配电房

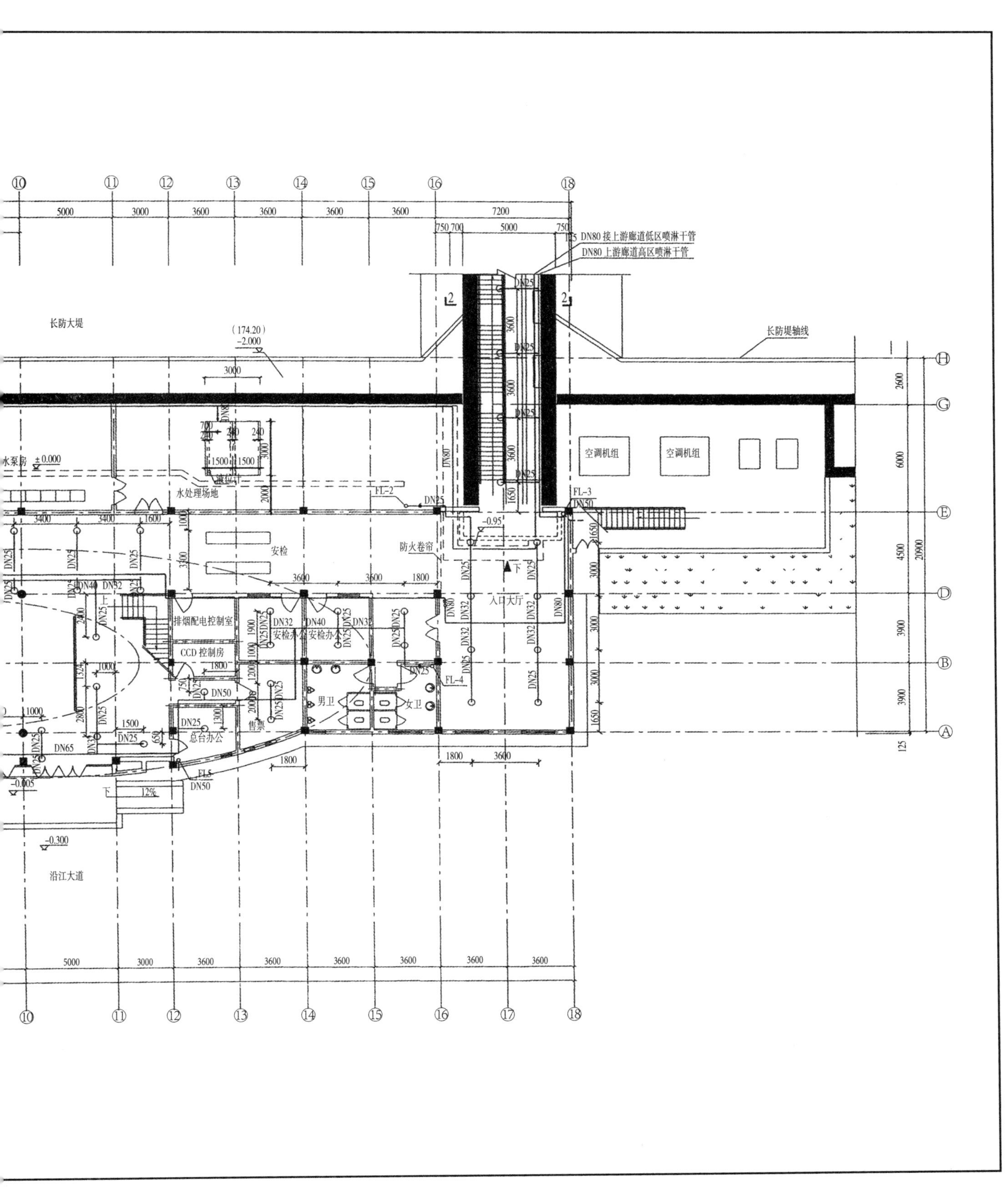

八六　地面陈列馆一层喷淋平面图

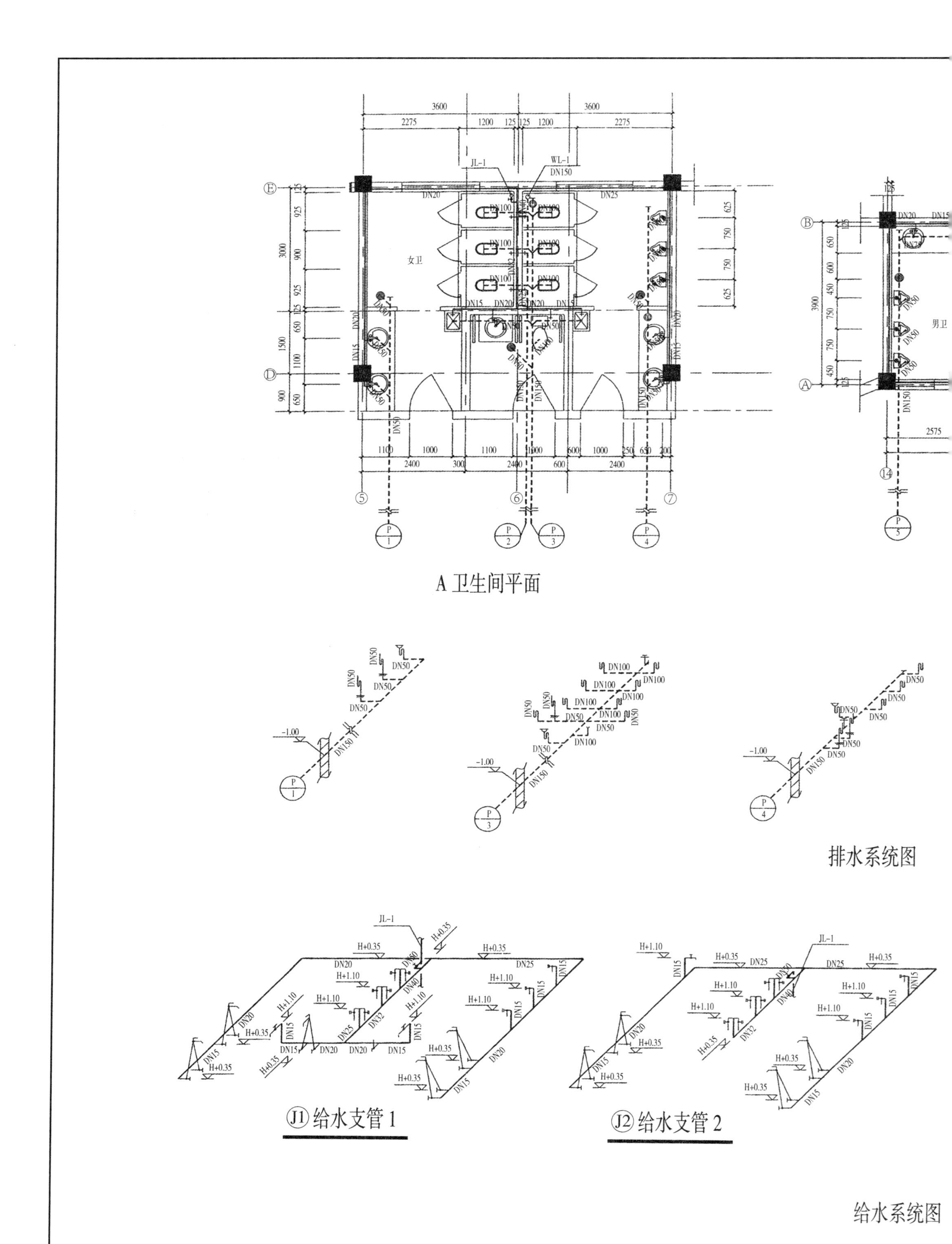

A 卫生间平面
女卫
男卫
JL-1
WL-1
排水系统图
J1 给水支管 1
J2 给水支管 2
给水系统图

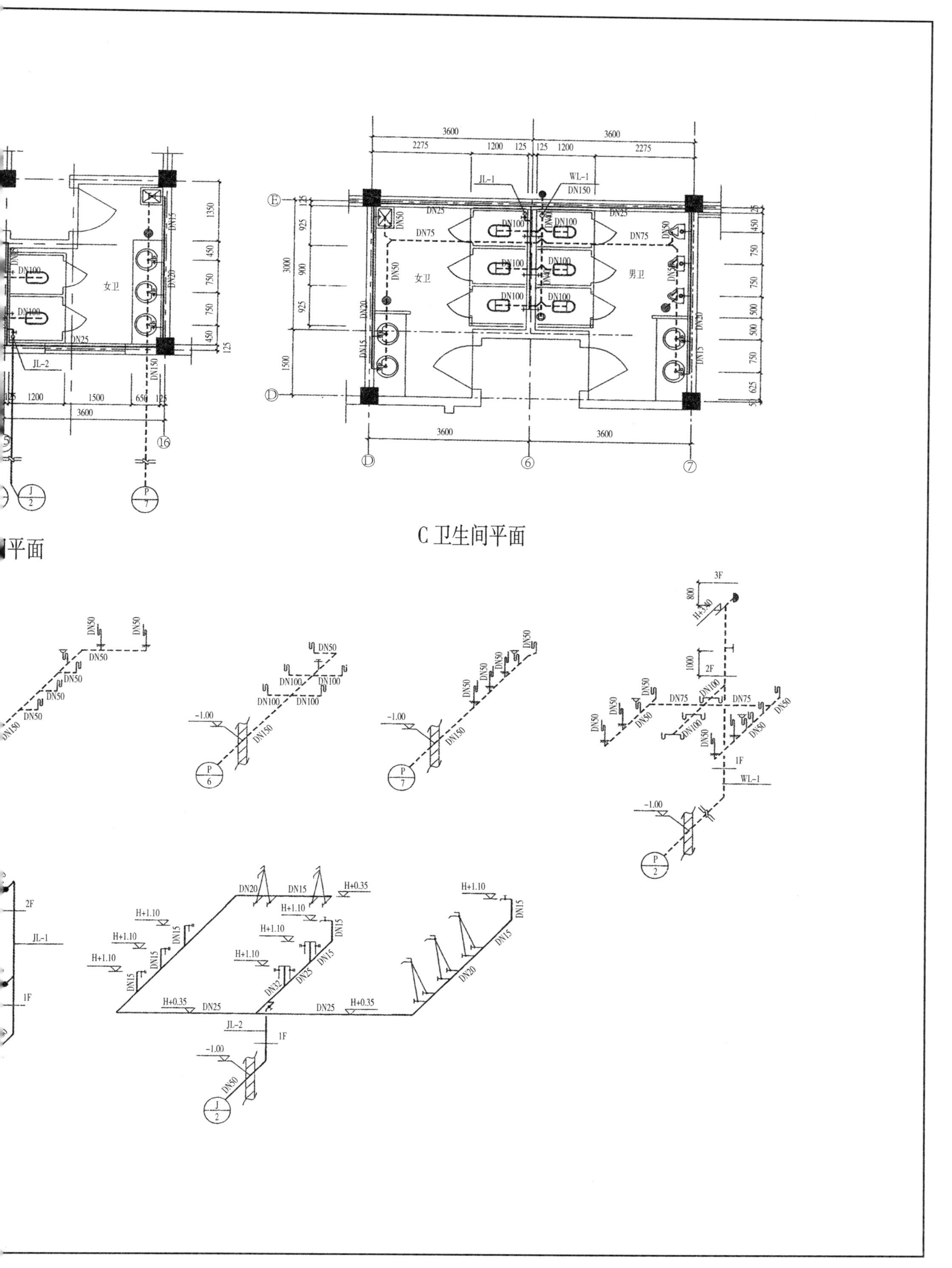
C卫生间平面
平面
女卫
男卫
JL-1
JL-2
WL-1
1F
2F
3F

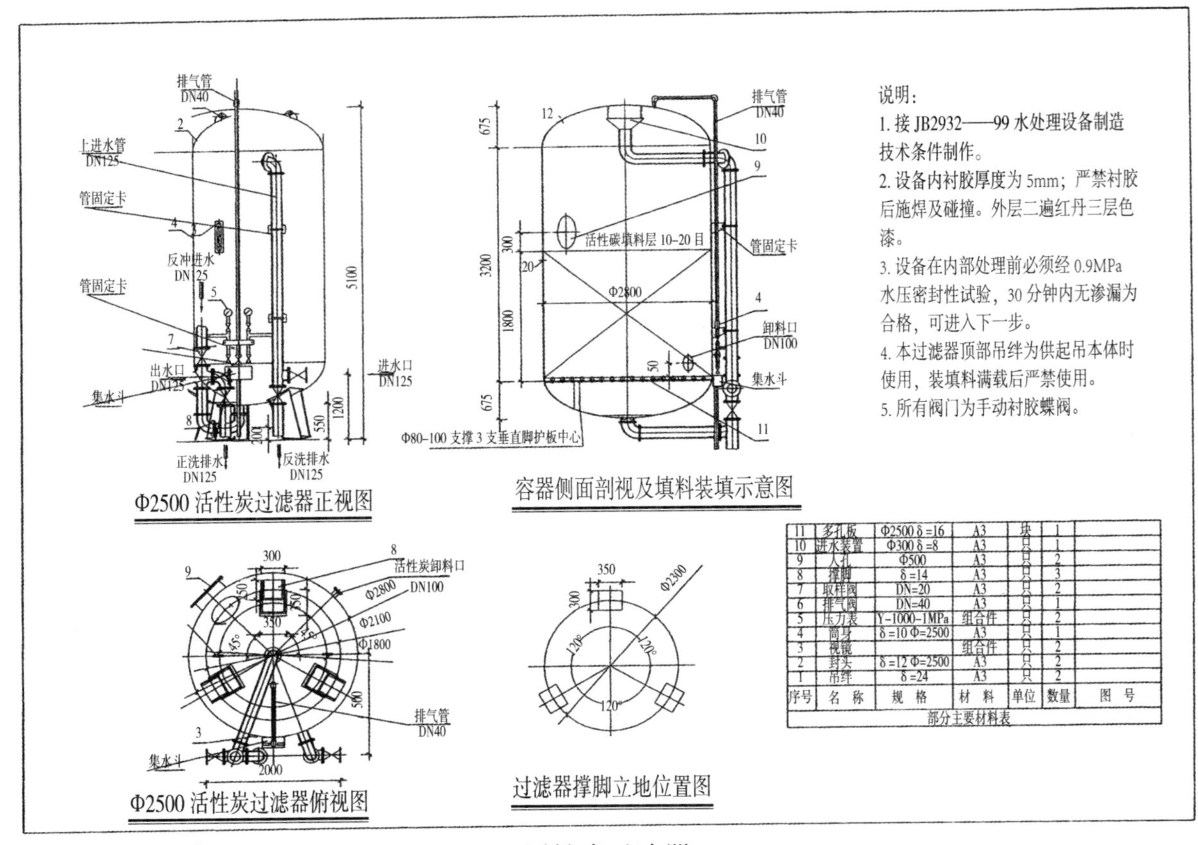

序号	名　称	规　格	材　料	单位	数量	图　号
11	多孔板	Φ2500 δ=16	A3	块	1	
10	进水装置	Φ300 δ=8	A3	只	1	
9	人孔	Φ500	A3	只	2	
8	撑脚	δ=14	A3	只	3	
7	取样阀	DN=20	A3	只	2	
6	排气阀	DN=40	A3	只	1	
5	压力表	Y-1000-1MPa	组合件	只	2	
4	筒身	δ=10 Φ=2500	A3	只	1	
3	视镜		组合件	只	2	
2	封头	δ=12 Φ=2500	A3	只	2	
1	吊绊	δ=24	A3	只	2	

部分主要材料表

Φ2800 活性炭过滤器

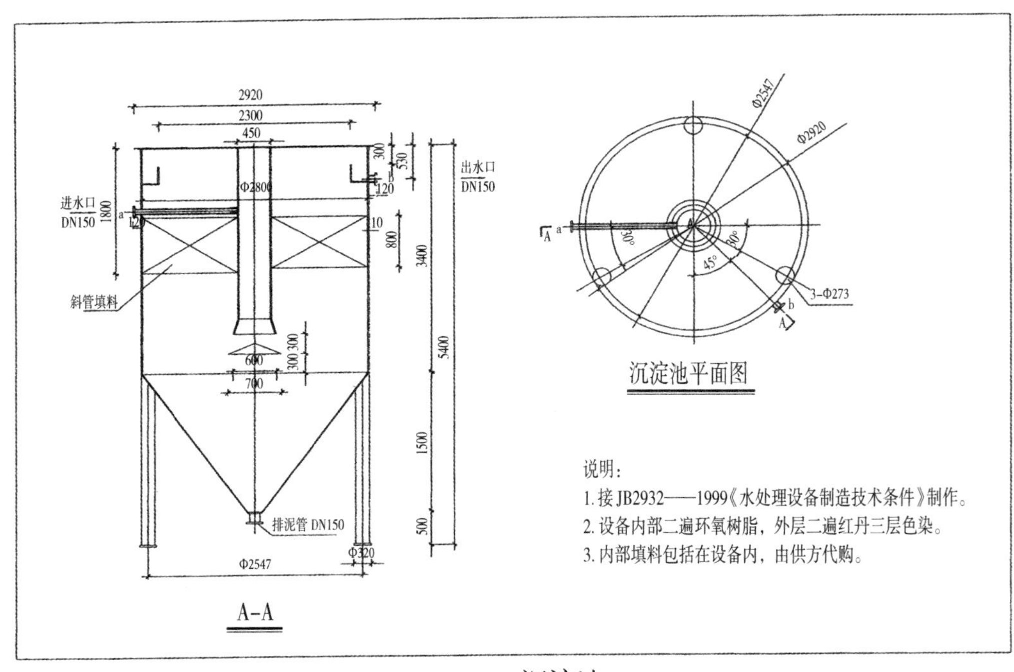

Φ2800 沉淀池

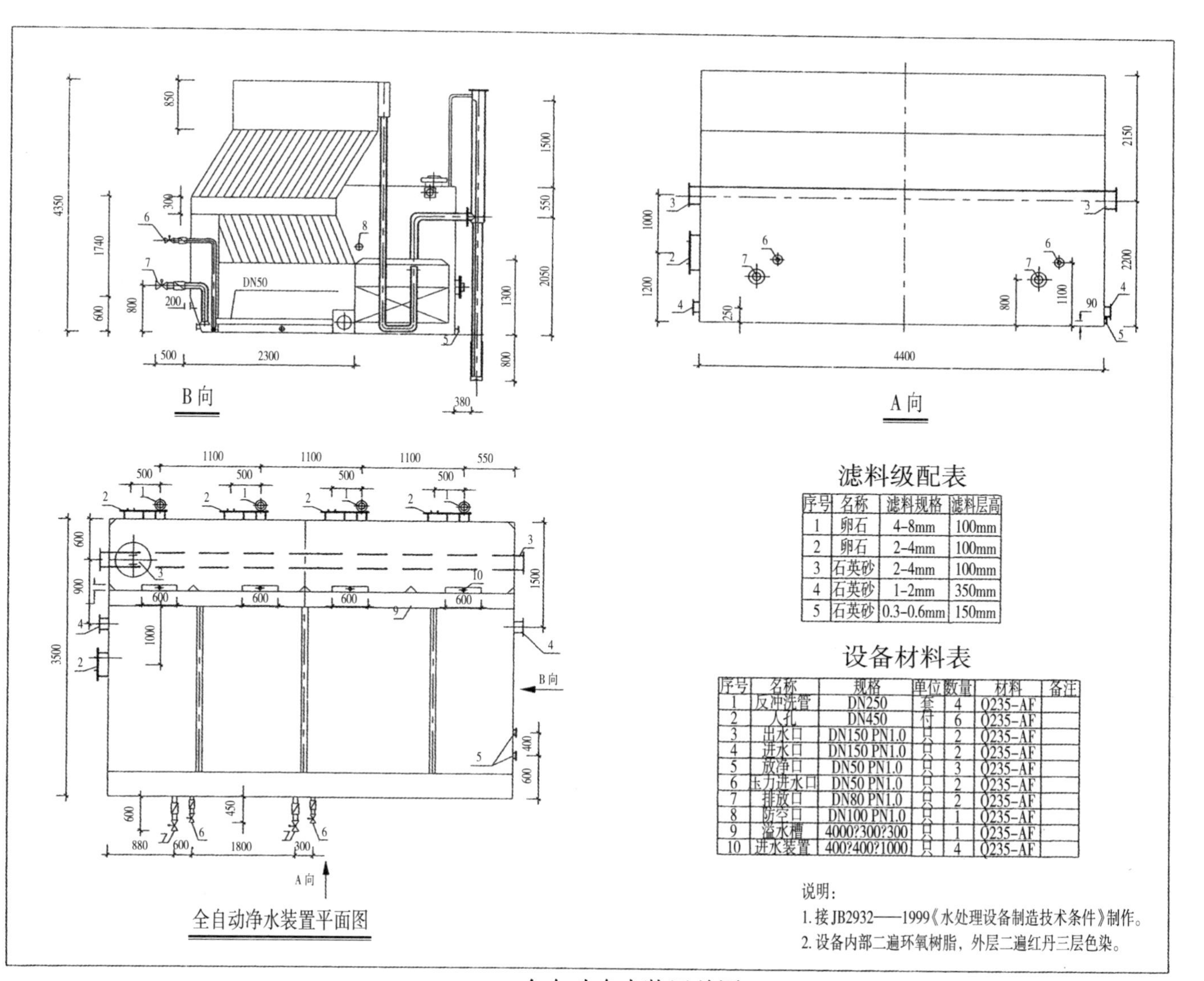

滤料级配表

序号	名称	滤料规格	滤料层高
1	卵石	4-8mm	100mm
2	卵石	2-4mm	100mm
3	石英砂	2-4mm	100mm
4	石英砂	1-2mm	350mm
5	石英砂	0.3-0.6mm	150mm

设备材料表

序号	名称	规格	单位	数量	材料	备注
1	反冲洗管	DN250	套	4	Q235-AF	
2	人孔	DN450	付	6	Q235-AF	
3	出水口	DN150 PN1.0	只	2	Q235-AF	
4	进水口	DN150 PN1.0	只	2	Q235-AF	
5	放净口	DN50 PN1.0	只	3	Q235-AF	
6	压力进水口	DN50 PN1.0	只	2	Q235-AF	
7	排放口	DN80 PN1.0	只	2	Q235-AF	
8	防空口	DN100 PN1.0	只	1	Q235-AF	
9	溢水槽	4000?300?300	只	1	Q235-AF	
10	进水装置	400?400?1000	只	4	Q235-AF	

说明：

1. 接JB2932——1999《水处理设备制造技术条件》制作。
2. 设备内部二遍环氧树脂，外层二遍红丹三层色染。

50T/H全自动净水装置总图

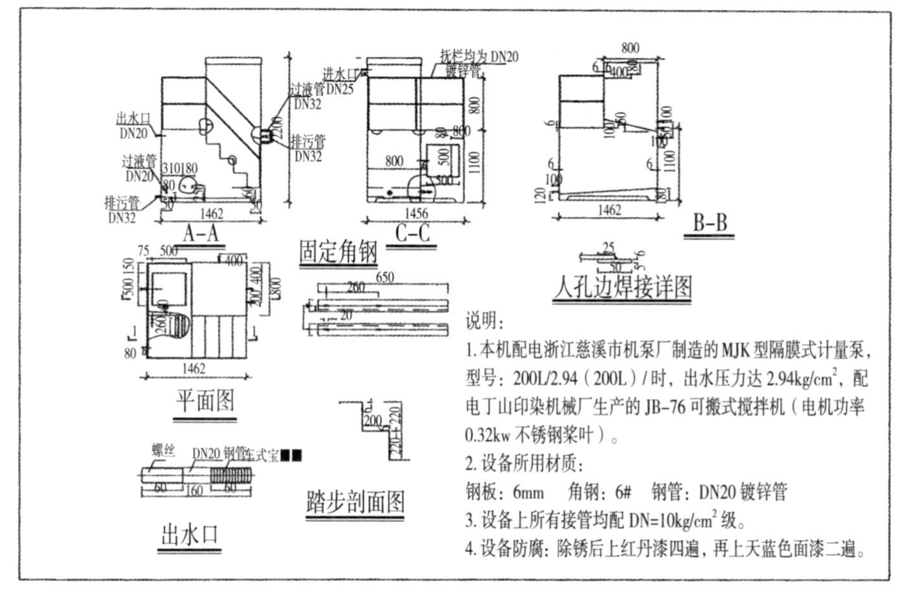

说明：

1. 本机配电浙江慈溪市机泵厂制造的MJK型隔膜式计量泵，型号：200L/2.94（200L）/时，出水压力达2.94kg/cm²，配电丁山印染机械厂生产的JB-76可搬式搅拌机（电机功率0.32kw不锈钢桨叶）。
2. 设备所用材质：
钢板：6mm　角钢：6#　钢管：DN20镀锌管
3. 设备上所有接管均配DN=10kg/cm²级。
4. 设备防腐：除锈后上红丹漆四遍，再上天蓝色面漆二遍。

JY-Ⅱ型加药装置

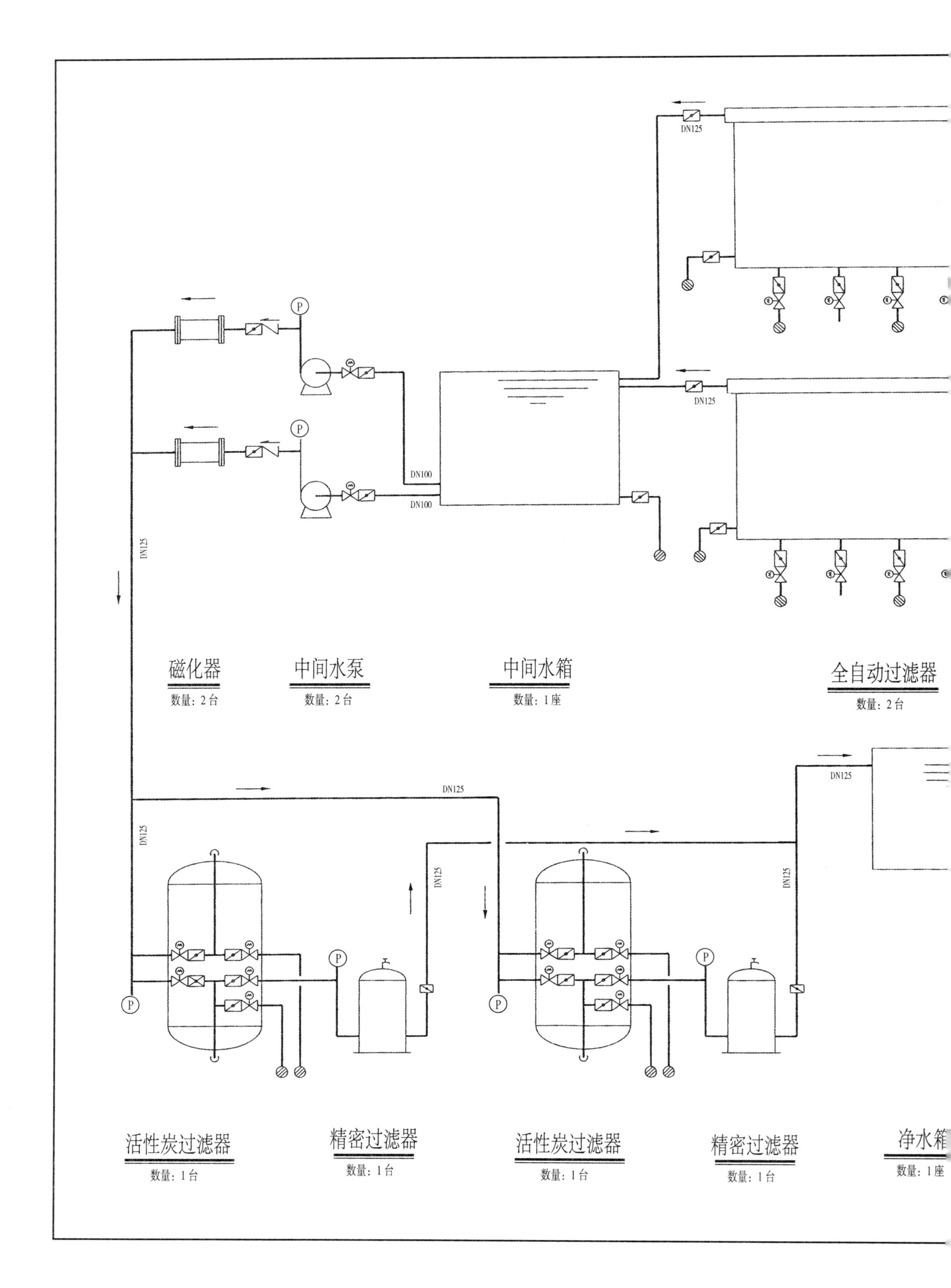
DN125
DN125
DN100
DN100
DN125
磁化器
数量：2台
中间水泵
数量：2台
中间水箱
数量：1座
全自动过滤器
数量：2台
DN125
DN125
DN125
DN125
DN125
活性炭过滤器
数量：1台
精密过滤器
数量：1台
活性炭过滤器
数量：1台
精密过滤器
数量：1台
净水箱
数量：1座

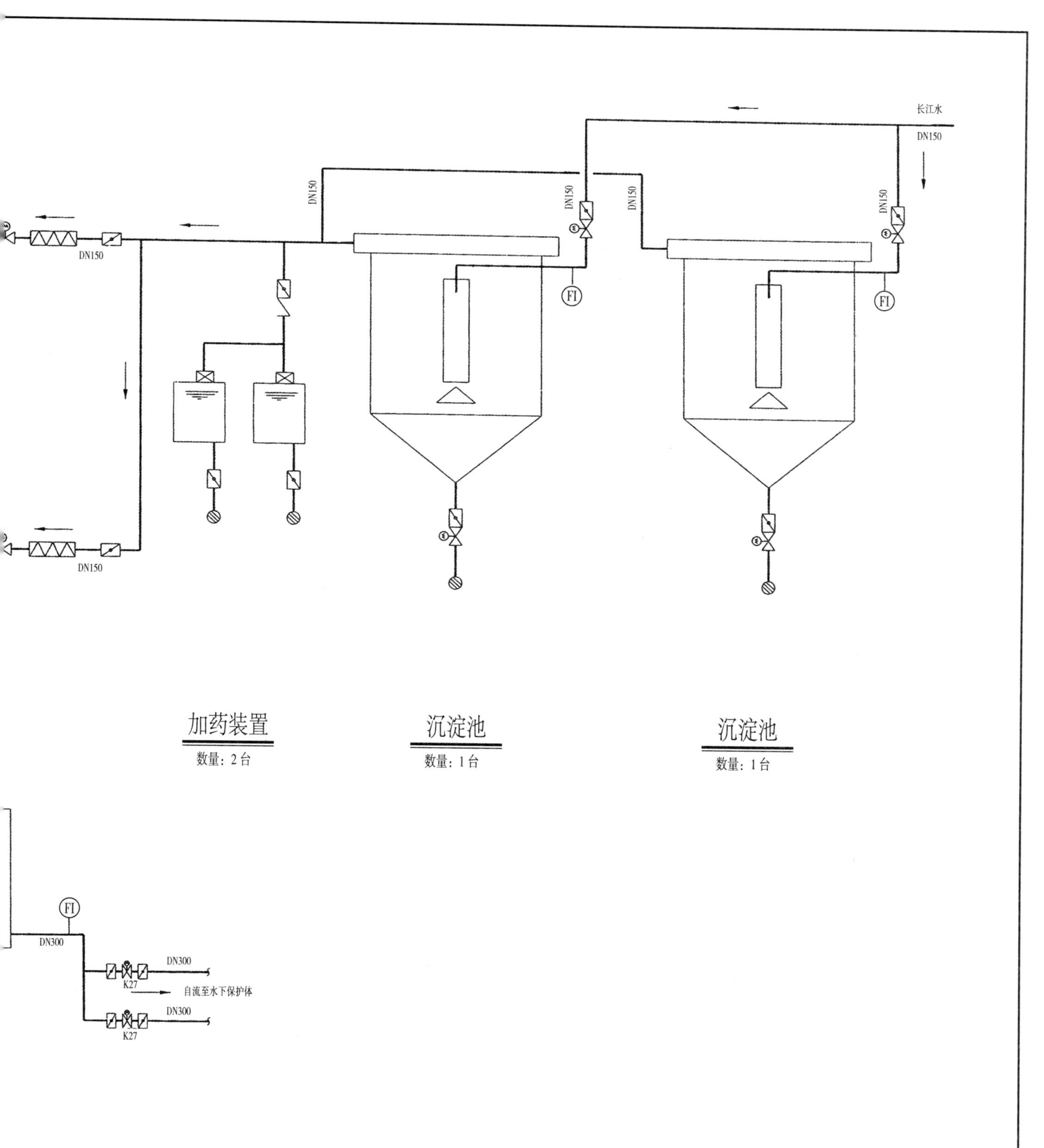

注：系统内设备管道采用UPVC管。

八九　地面陈列馆水处理工艺流程图

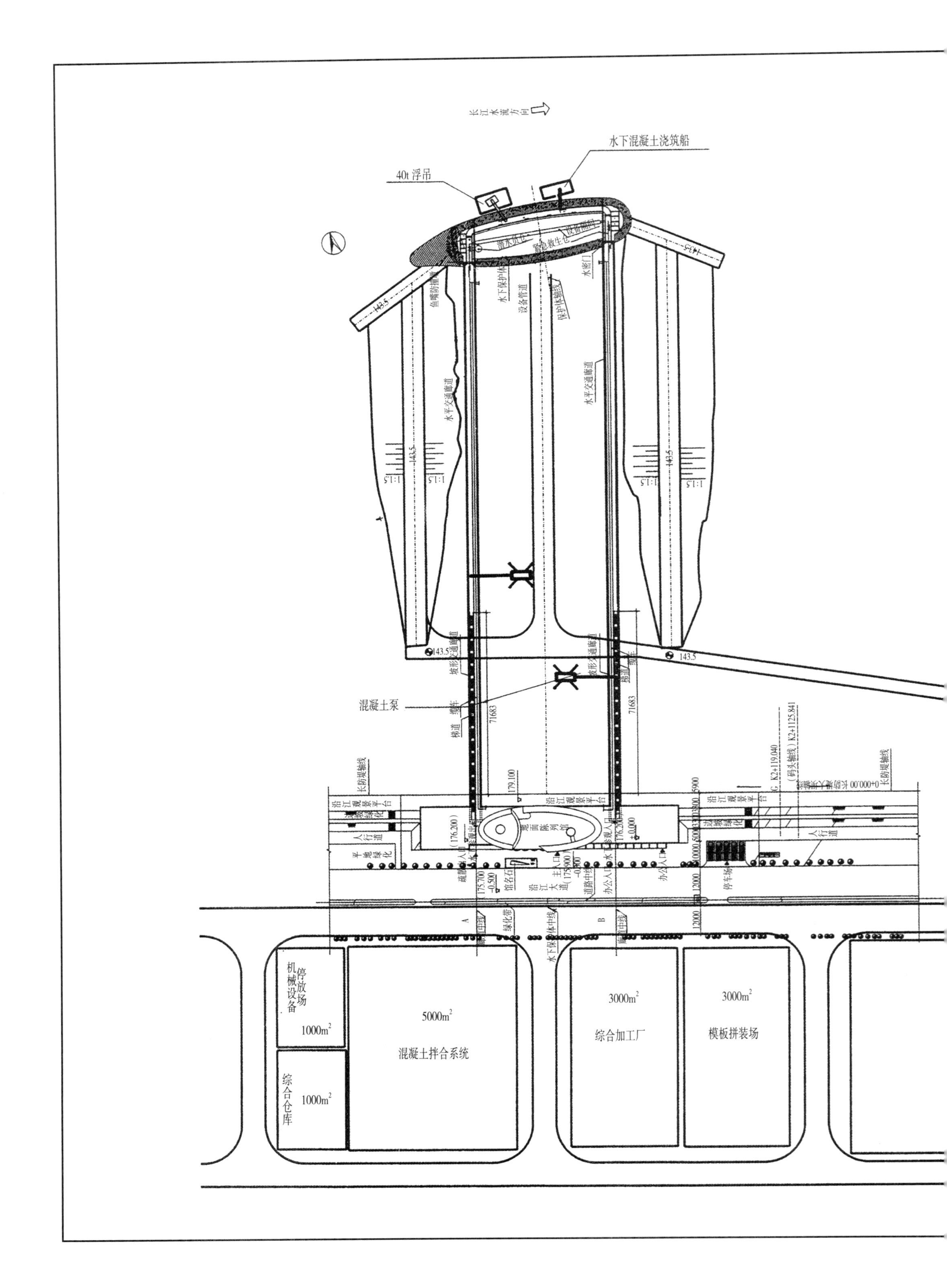

水下混凝土浇筑船
40t 浮吊
混凝土泵
长防堤轴线
5000m²
混凝土拌合系统
3000m²
综合加工厂
3000m²
模板拌装场
机械设备
停放场
1000m²
综合仓库
1000m²

比例尺
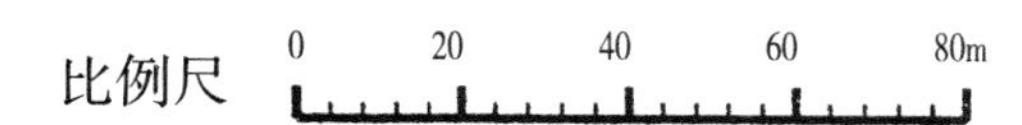

主要施工布置占地面积表

项目	占地面积（m^2）
混凝土拌合系统	5000
机械设备停放场	1000
综合加工厂	3000
综合仓库	1000
模板拼装场	3000
弃渣场	20000
场内交通	16000

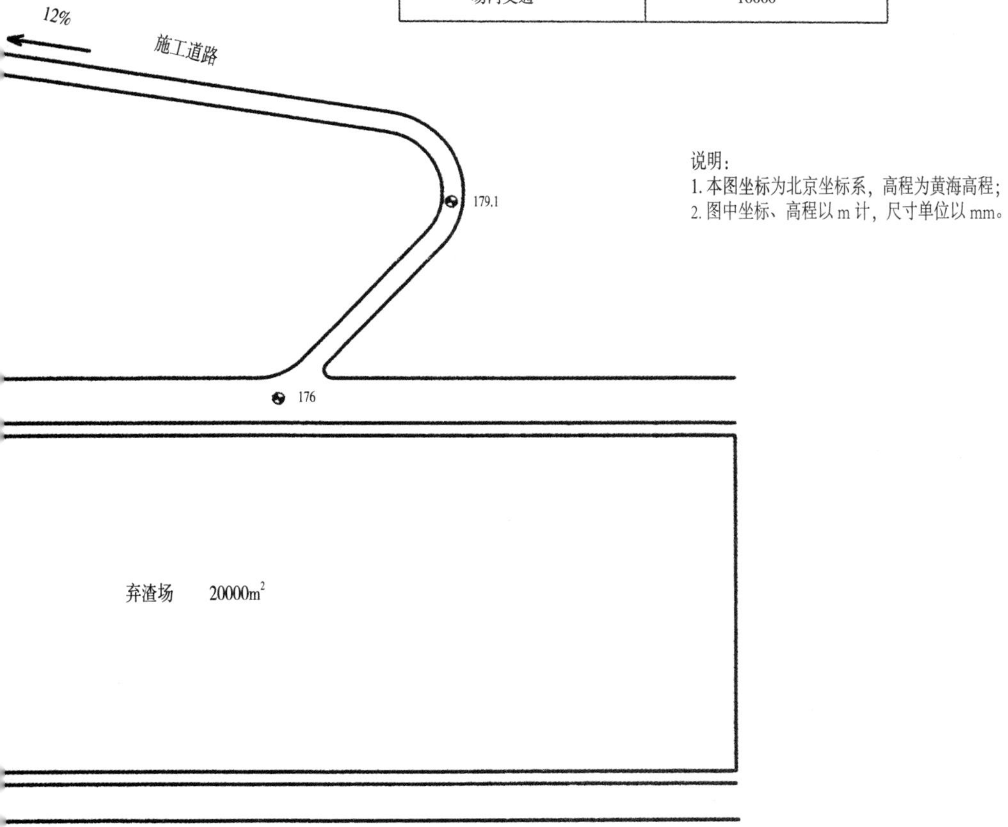

说明：
1. 本图坐标为北京坐标系，高程为黄海高程；
2. 图中坐标、高程以 m 计，尺寸单位以 mm。

九〇 白鹤梁保护工程施工总布置图

黑白图版

一　被长江淹没前的白鹤梁

二　淹没前的白鹤梁题刻（一）

三　淹没前的白鹤梁题刻（二）

四　游人观赏场景（一）

五　游人观赏场景（二）

六　唐代所镌鱼、清代重镌双鲤石鱼水标

七　肖星拱重镌双鱼记

八　石鱼

九　勘察白鹤梁场景

一〇　留取资料场景（一）

一一　留取资料场景（二）

一二　水文测量白鹤梁题刻高程

一三　水下考古场景（一）

一四　水下考古场景（二）

一五　拓片资料的留取

一六　对白鹤梁题刻进行防护、化学保护、防风化处理（一）

一七　对白鹤梁题刻进行防护、化学保护、防风化处理（二）

一八　对白鹤梁梁体进行本体保护（一）

一九　对白鹤梁梁体进行本体保护（二）

二〇　对白鹤梁梁体进行加固保护

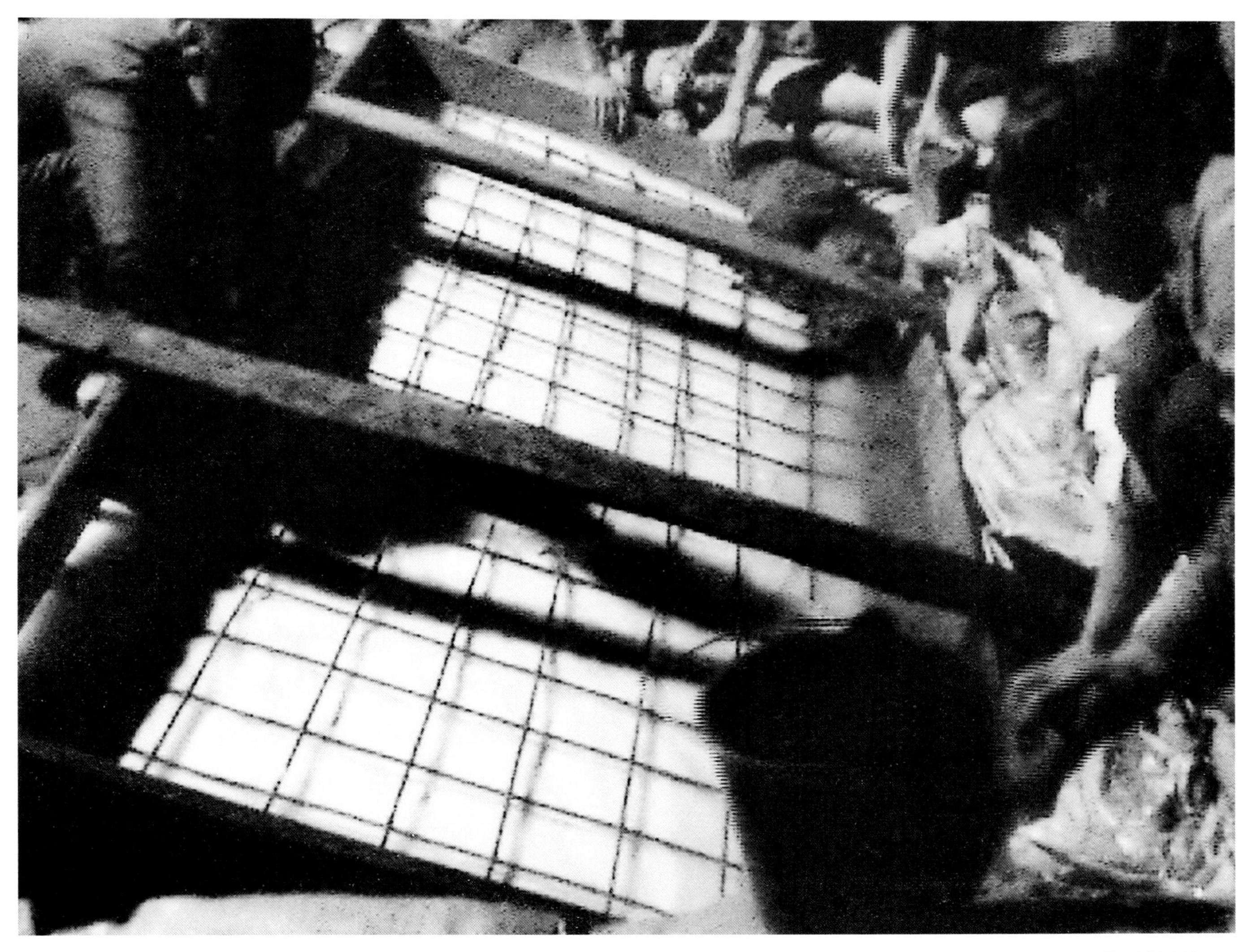

二一　题刻覆盖

二二　题刻翻模（一）

二三　题刻翻模（二）

二四　水下保护工程开工典礼

二五　文物保护现场（一）

二六　文物保护现场（二）

二七　鱼嘴防撞墩（一）

二八　鱼嘴防撞墩（二）

二九　水上加工厂（一）

三〇　水上加工厂（二）

三一　钢筋加工

三二　导墙劲性骨架、钢筋整体预制

三三　导墙劲性骨架制作

三四　导墙钢筋预制

三五　导墙免拆模版安装

三六　导墙制作

三七　导墙模版制作

三八　钢棒修复

三九　潜水作业

四〇　高水位导墙分段吊装

四一　导墙模版吊装

四二　导墙分段吊装

四三　单元模版底部

四四　导墙钢套管制作吊装

四五　水下混凝土浇筑

四六　水下保护体导墙施工

四七　保护体后浇带

四八　水下保护体

四九　参观廊道牛腿安装

重臂下严禁站人

五一　潜水舱

五〇　参观廊道吊装

五二　参观廊道吊运、安装

五三　参观廊道安装

五四　参观廊道安装施焊

五五　参观廊道观察窗

五七　参观廊道内设备安装

五六　参观廊道潜水舱

五八　设备间设备

五九　参观廊道装修

六〇　水下摄像系统视频

六一　水下保护体内景

六二　线缆通过穿舱件进入保护体

六三　保护体内的吊杆与桥架

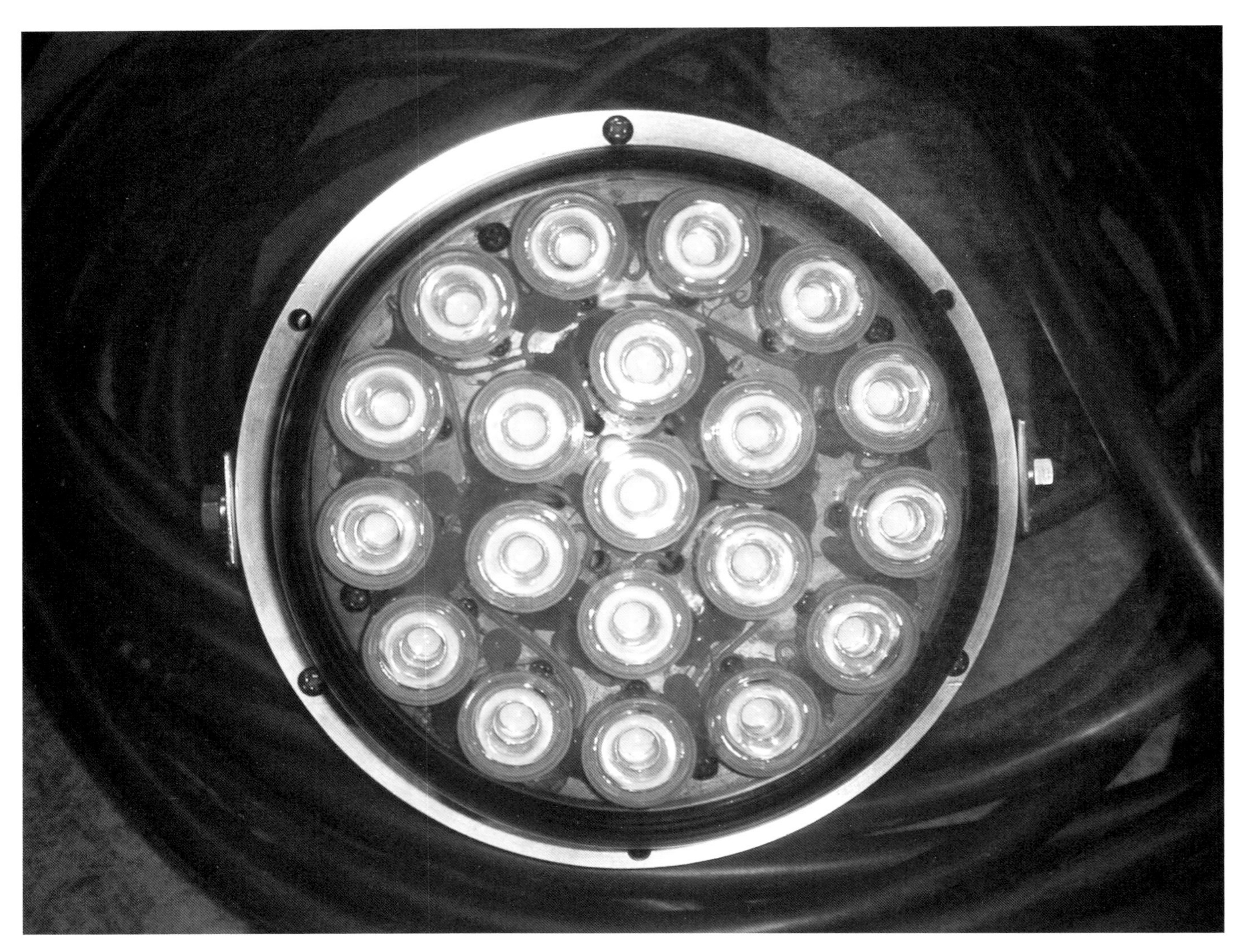

六四　水下照明灯具

六五　穹顶钢梁

六六　穹顶钢筋绑扎

六七　穹顶复合模板安装

六八　保护体穹顶混凝土浇筑

六九　围堰运土槽

七〇　围堰填土

七一　围堰施工场景

七二　围堰抛石填筑

七三　围堰护坡

七四　围堰防渗墙

七五　围堰咬合桩

七六　围堰合拢

七七　围堰全景

七九　水平廊道垫层基础开挖

七八　围堰清淤

八〇　水平廊道垫层施工

八一　廊道基础施焊

八二　交通廊道基础

八三　廊道埋件施工

八四　交通廊道钢构

八五　水平廊道与保护体连接

八六　水平廊道施工

八七　水平廊道分段施工

八八　坡形廊道钻孔桩施工

八九　坡型廊道补偿垫层施工

九○　镇墩基础施工

九一　镇墩承台施工

九二　坡形廊道内模支架安装

九三　坡形廊道底板钢筋绑扎

九四　坡形廊道混凝土浇筑

九五　坡形廊道施工

九七　廊道覆盖层

九六　坡形廊道步梯

九八　廊道回填覆盖施工

九九　覆盖后的水平廊道

一〇〇　水下保护体及交通廊道

一〇一　水下题刻打捞

一〇二　交通廊道埋件

一〇三　交通廊道设施

一○四　交通廊道设备安装

一〇五　自动扶梯安装

一〇六　水平廊道装修

一〇七　坡形廊道橱窗

一〇八　陈列馆基础

一〇九　陈列馆一层

一一〇　陈列馆二层

一一一　陈列馆三层

一一二　陈列馆屋面

一一三　陈列馆外部造型施工

一一四　陈列馆楼梯间

一一五　艺术墙制作（一）

一一六　艺术墙制作（二）

一一七　艺术墙安装

一一八　空调管道

一一九　配电箱安装

一二〇　供气系统设备安装

一二一　循环水控制系统

一二二　循环水管道

一二三　循环水过滤池

一二四　循环水设备

一二五　供气系统储气罐

一二六　陈列馆内装修

一二七　陈列馆外墙装修

彩色图版

一　白鹤梁水下博物馆全景图

古跡
白鶴梁水下博物館

二　地面陈列馆全景

三　陈列馆夜景

四　陈列馆安检门

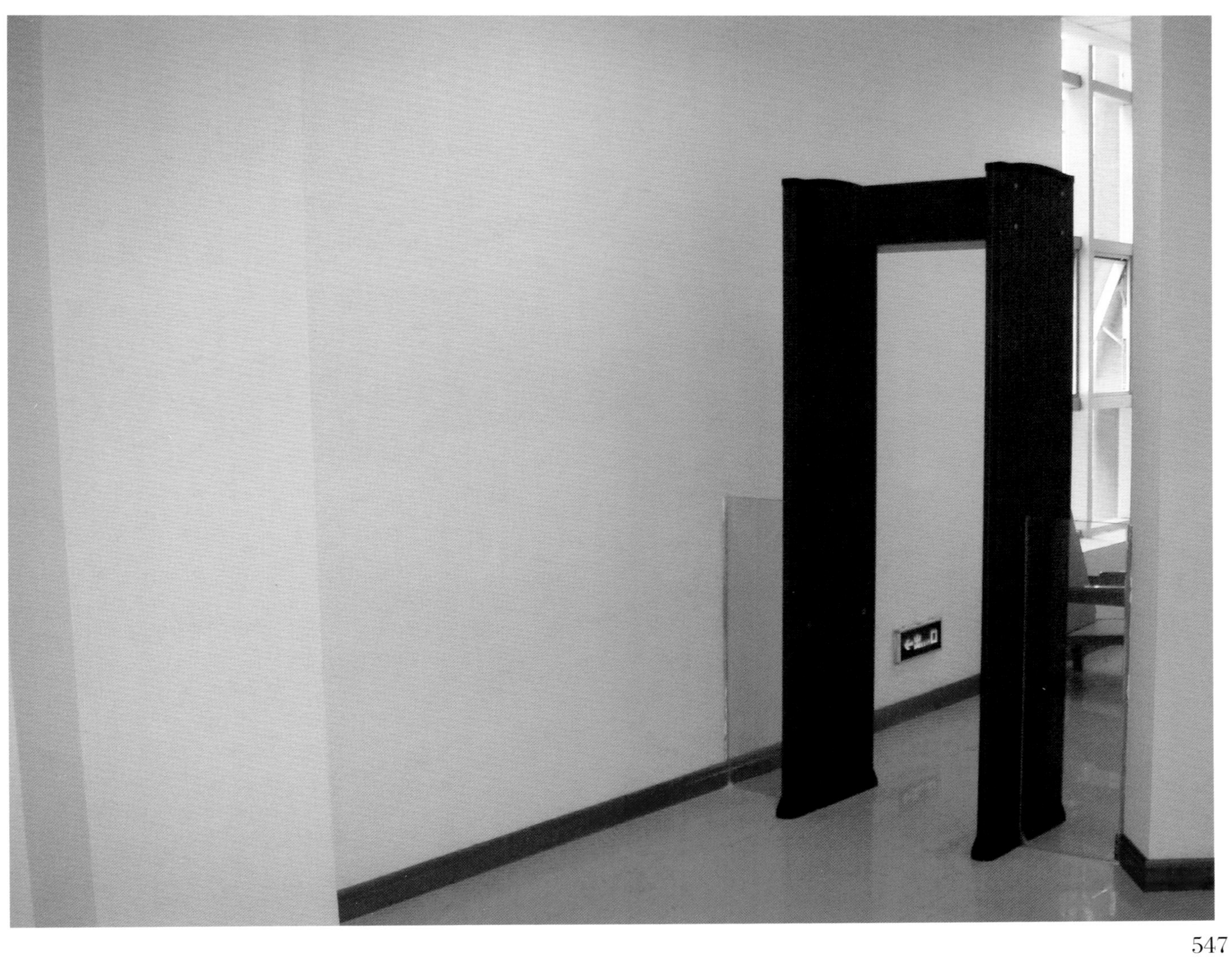

五　陈列馆一层

六　陈列馆展厅（一）

消火栓

七　陈列馆展厅（二）

八　观众参观场景（一）

九　观众参观场景（二）

一〇　观众参观场景（三）

一一　观众参观场景（四）

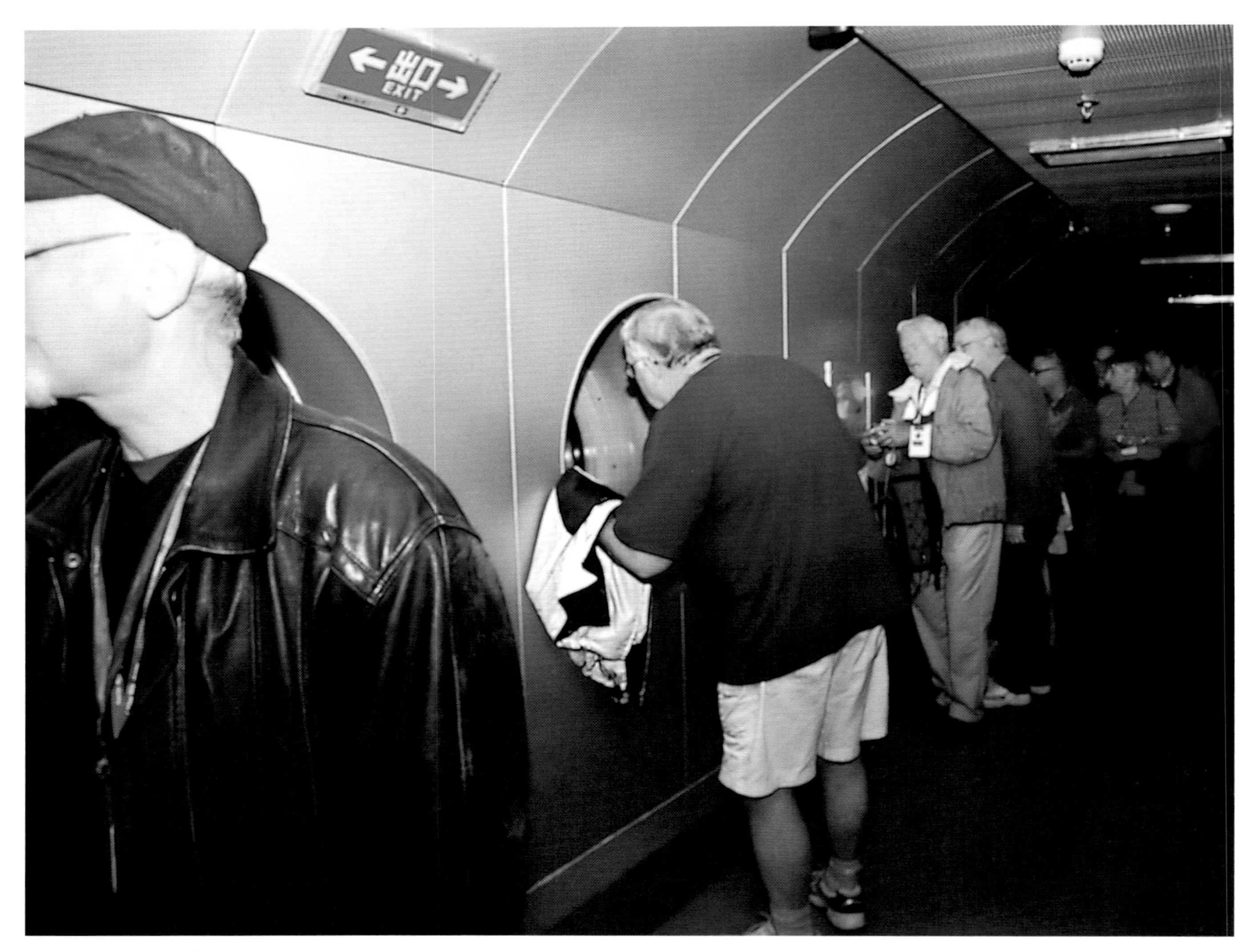

一二　观众参观场景（五）

一三　观察窗外的白鹤梁题刻

一四　潜水员在水下保护体内清洁观察窗

一五　潜水员清洁题刻表层

一六　水下保护体全景

一七　水下保护体内的白鹤梁题刻

一八　石鱼水标

一九　预兆年丰题刻

元豐九年歲次丙寅二
月七日江水至此魚下
五尺權知涪州朝請大
夫鄭顗應皐權判官右
諒信道同觀權通判黔
州朝奉郎吳縝廷珍題

二一　北宋黄庭坚题刻

二〇　吴缜题刻拓片

二二　孙海白鹤梁题刻

二三　明成化年间张本仁抄写古文题刻

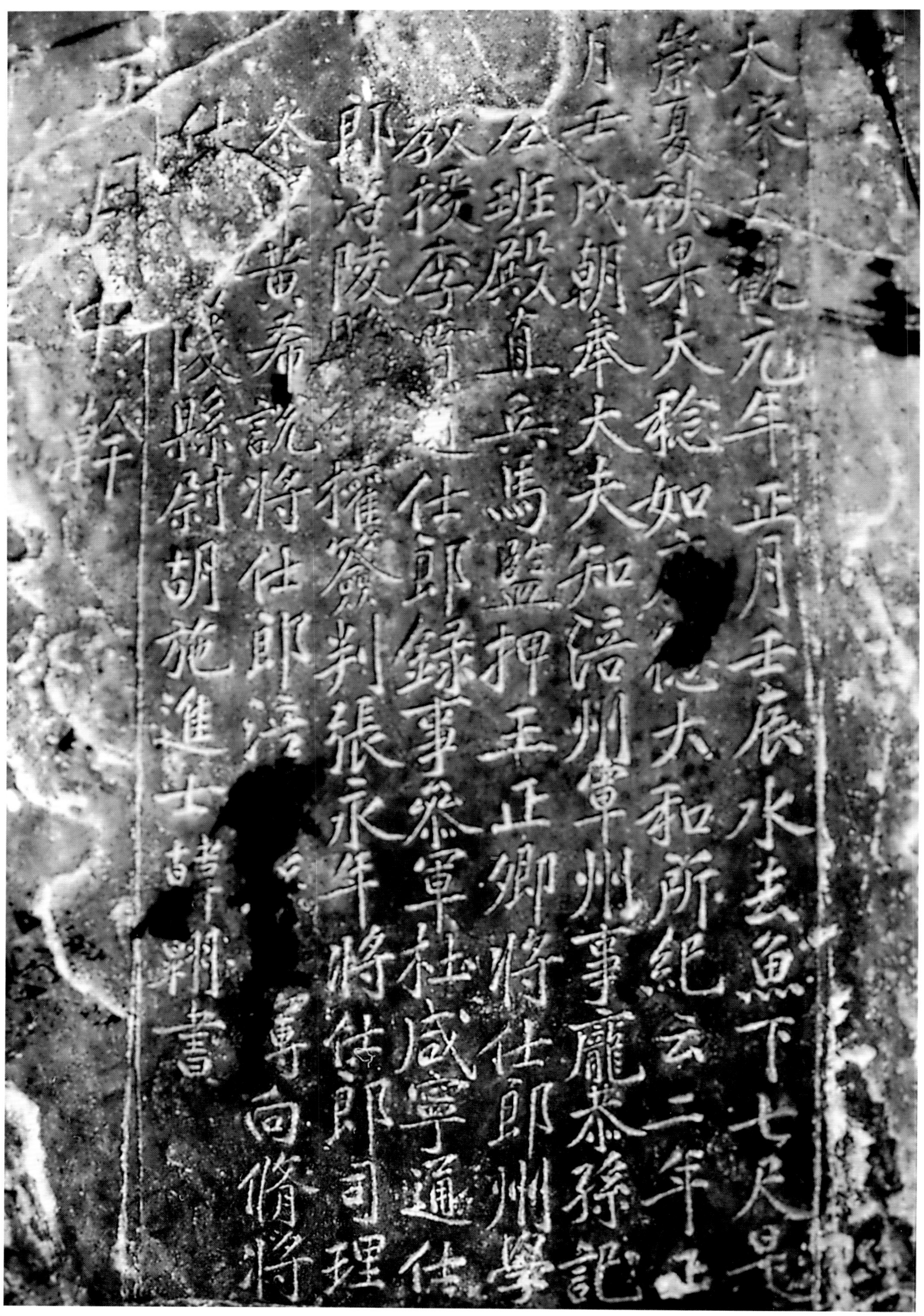
大宋大觀元年正月壬辰水去魚下七尺是
歲夏秋果大稔如
大和所紀云二年正
月壬戌朝奉大夫知涪州軍州事龐恭孫記
右班殿直兵馬監押王正卿將仕郎州學
教授李
仕郎錄事參軍杜咸寧通仕
郎
陵
權簽判張永年將仕郎司理
參
黃希說將仕郎涪
尉向脩將
仕
陵縣尉胡施進士韓翔書

二五　刘叔子题刻

二四　庞恭孙题刻

二六　刘忠顺倡和诗拓片

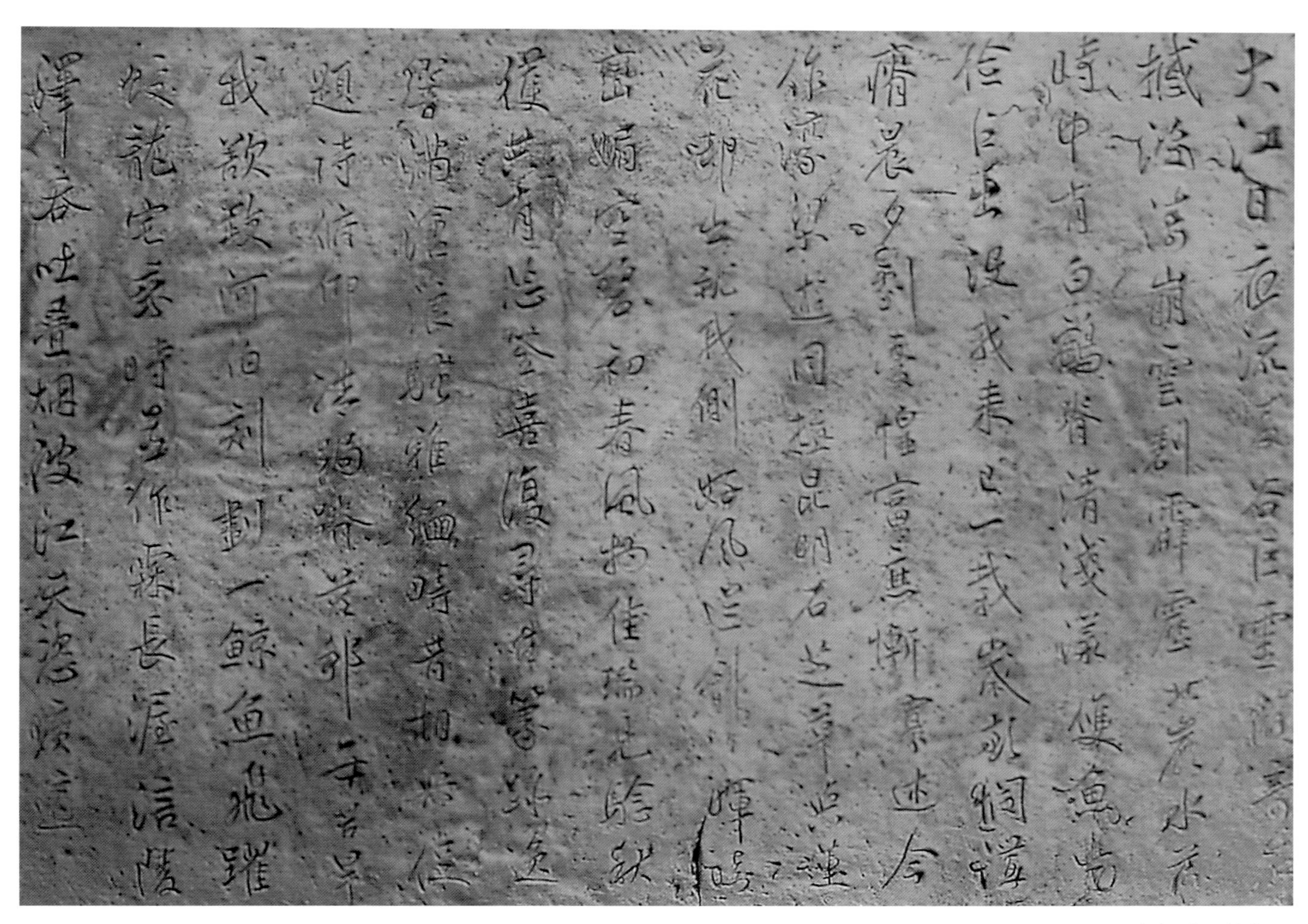

二七　张师范题刻

二八　谢彬题刻

二九　蒙文题刻

石魚出水兆豐年
白鶴繞梁留勝蹟

三一　舒长松题刻

三〇　刘镜源题刻

三三　题刻拓片

三二　董维祺题刻

三四　瑞鳞古迹题刻拓片

三五　送子观音题刻

大清光緒二年

三六　董维祺题刻上的鱼形图案

三七　涪州州牧张师范镌刻之巨鱼

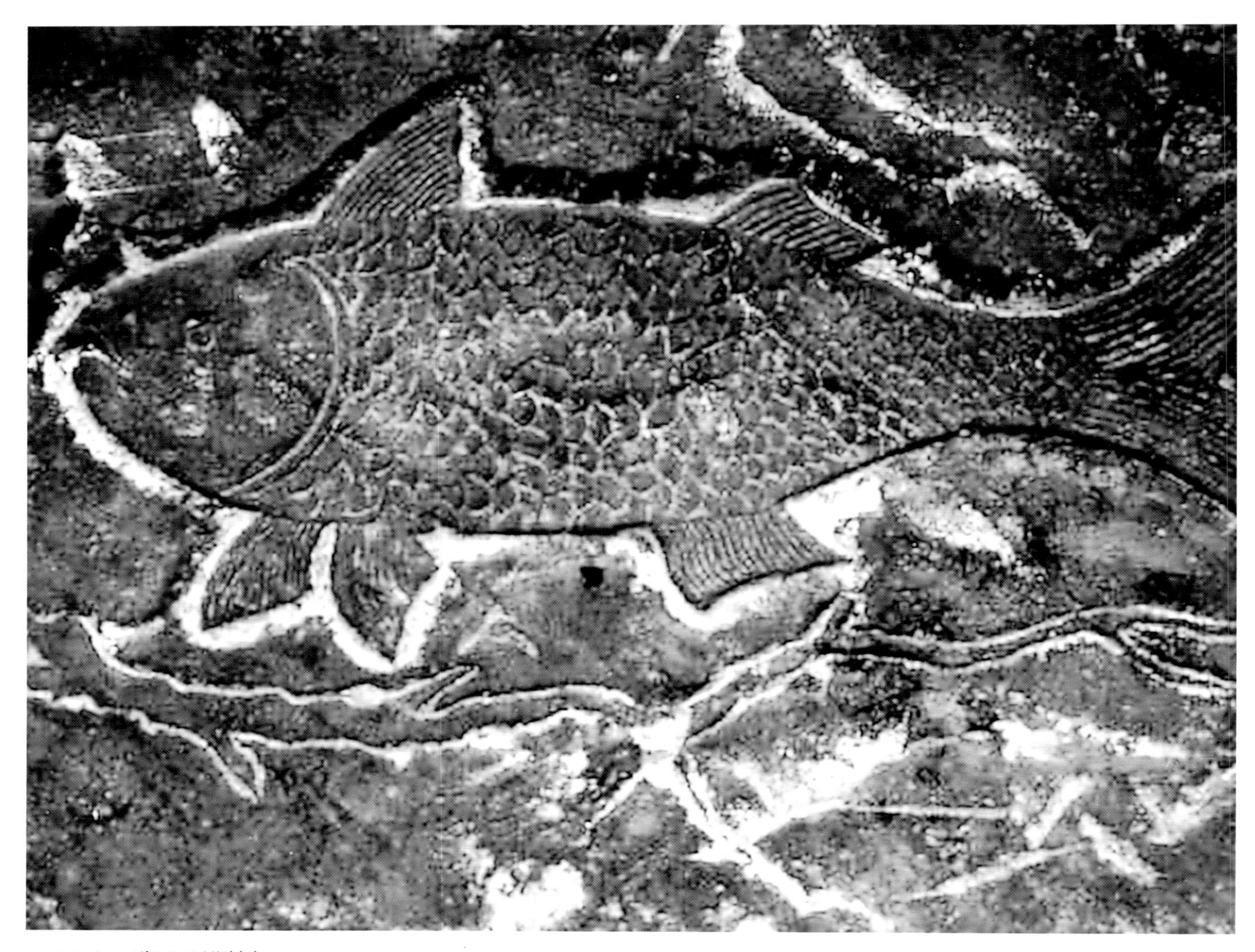
三八　张八万题刻

三九　白鹤时鸣题刻

白鶴時鳴

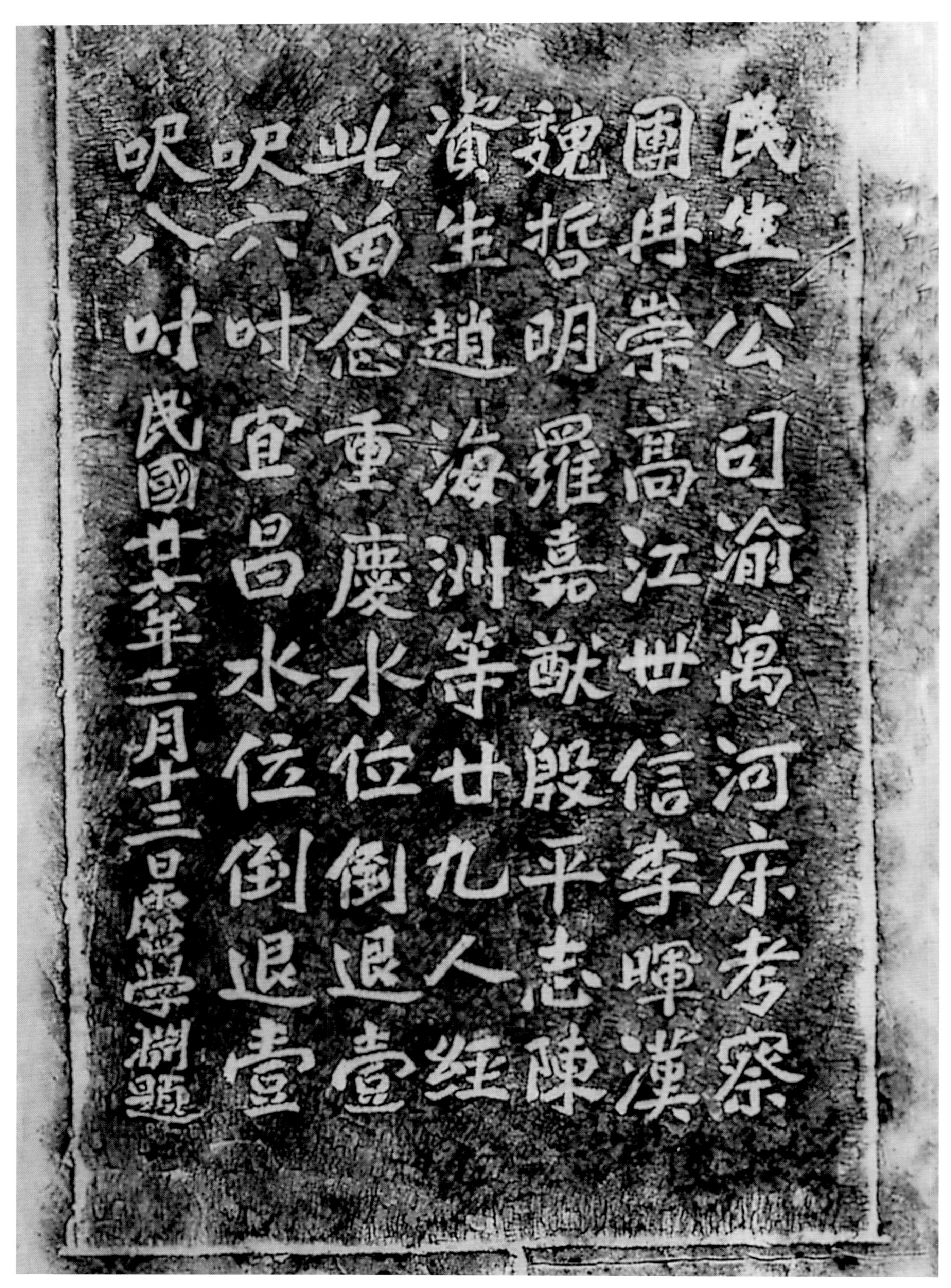

四〇　民国二十六年民生公司渝万河床考察团题记拓片

四一　民国辛未年“神仙福慧山水因缘”题记拓片

四二　南宋王象之《舆地纪胜》卷一七四《夔州路·涪州》

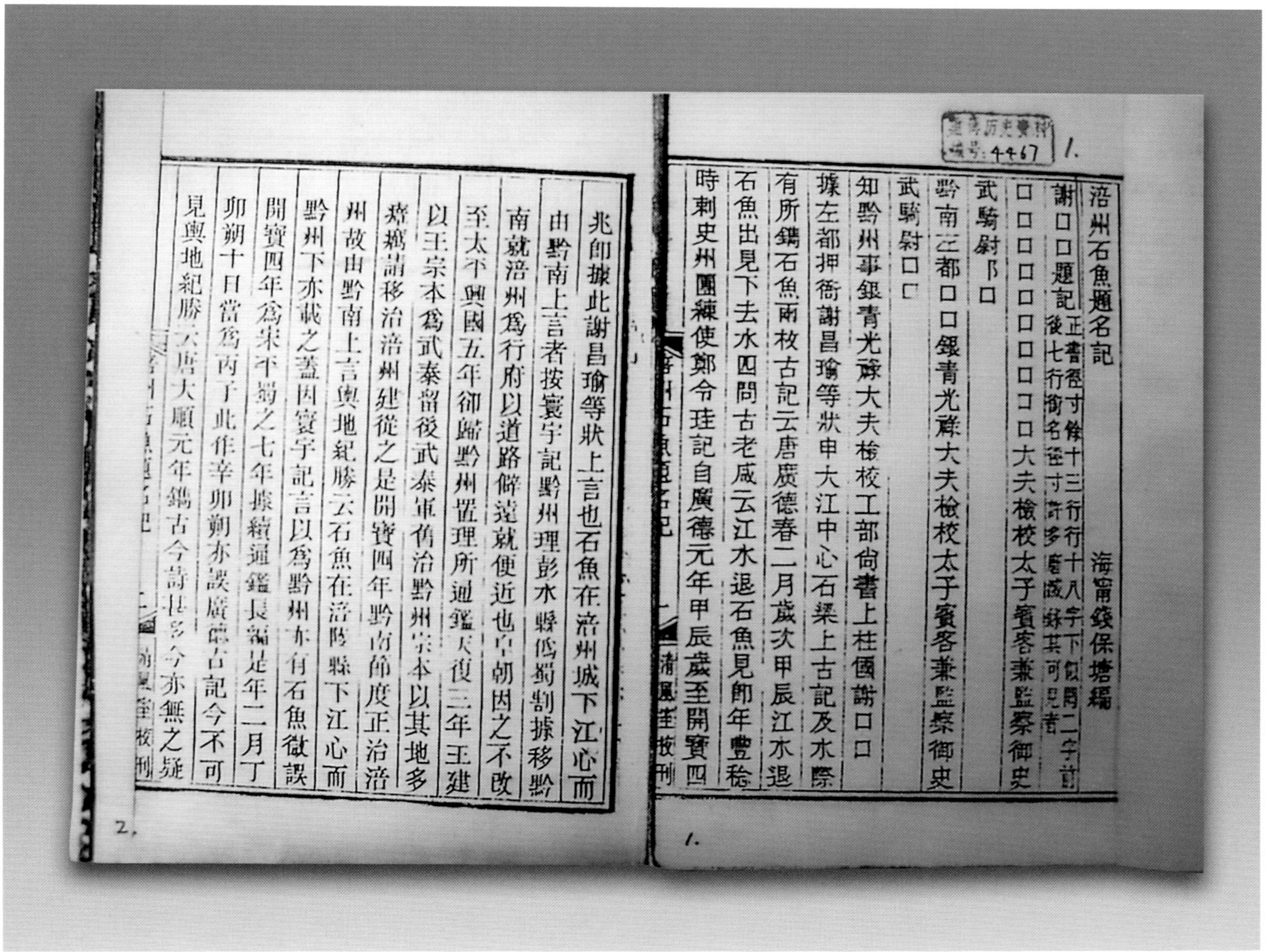

涪州石魚題名記　海甯錢保塘編

謝■■題記 正書徑寸餘十三行行十八字下缺同二字首後七行銜名徑寸許多磨滅録其可見者

■■■■■■■■■大夫檢校太子賓客兼監察御史

武騎尉卩■

黔南乏都■■銀青光祿大夫檢校太子賓客兼監察御史

武騎尉■■

知黔州事銀青光祿大夫檢校工部尚書上柱國謝■■

據左都押衙謝昌瑜等狀申大江中心石梁上古記及水際

有所鐫石魚兩枚古記云唐廣德春二月歲次甲辰江水退

石魚出見下去水四尺問古老咸云江水退石魚見卽年豐稔

時刺史州團練使鄭令珪記自廣德元年甲辰歲至開寶四

兆卽據此謝昌瑜等狀上言也石魚在涪州城下江心而

由黔南上言者按寰宇記黔州理彭水縣僞蜀割據移黔

南就涪州爲行府以道路僻遠就便近也皇朝因之不改

至太平興國五年御歸黔州置理所通鑑天復三年王建

以王宗本爲武泰留後武泰軍舊治黔州宗本以其地多

瘴癘請移治涪州建從之是開寶四年黔南節度正治涪

州故由黔南上言輿地紀勝云石魚在涪陵縣下江心而

黔州下亦載之蓋因寰宇記言以爲黔州亦有石魚徵誤

開寶四年爲宋平蜀之七年據續通鑑長編是年二月丁

卯朔十日當爲丙子此作辛卯朔亦誤廣德古記今不可

見輿地紀勝云唐大順元年鐫古今詩甚多今亦無之疑

四三　涪州石鱼题名记

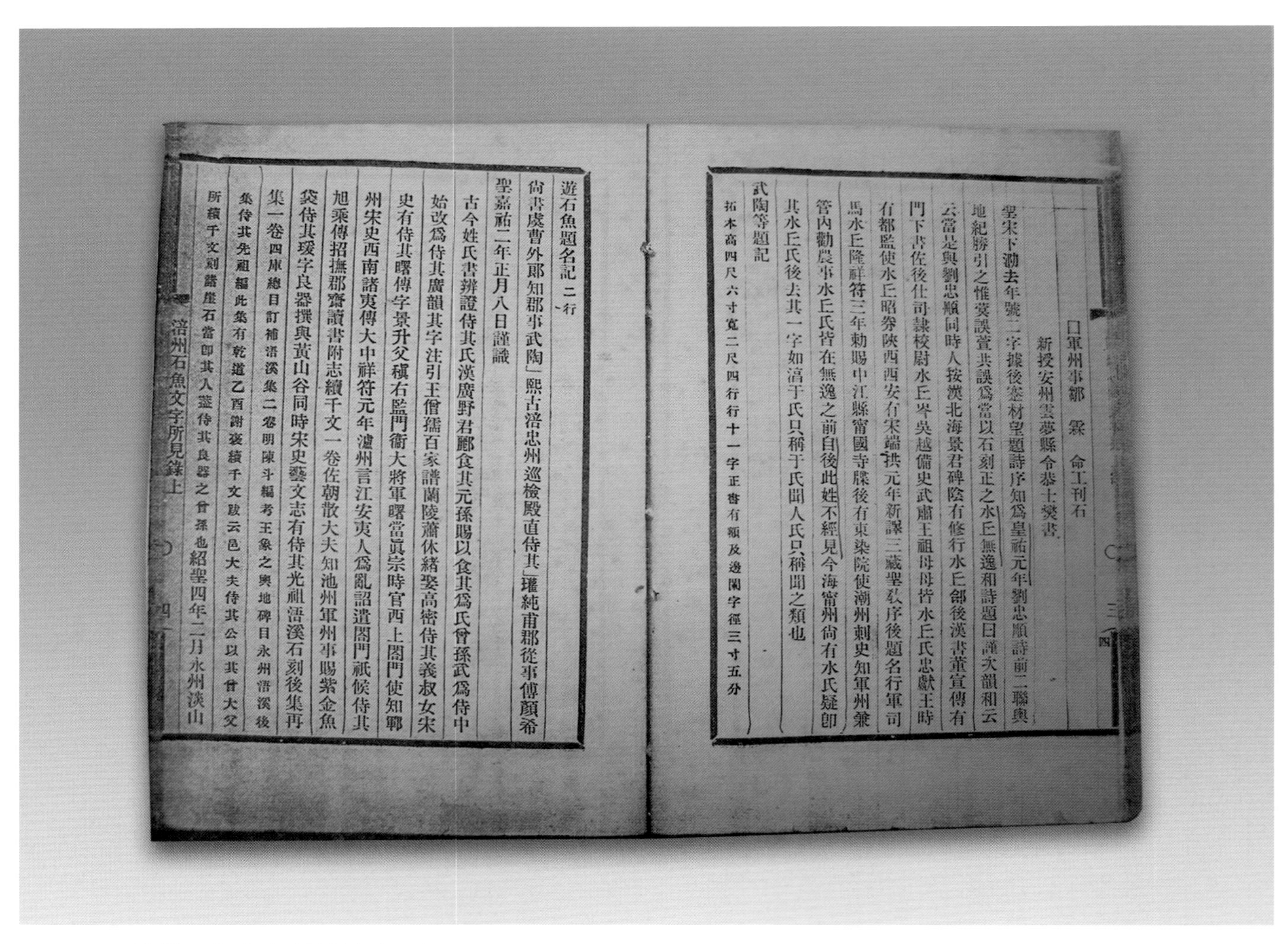

口軍州事鄒　霖　命工刊石
新授安州雲夢縣令恭士奬書
聖宋下泐去年號二字據後塞材望題詩序知爲皇祐元年劉忠順詩前二聯與
地紀勝引之惟萓誤萱共誤爲當以石刻正之水丘無逸和詩題曰謹次韻和云
云當是與劉忠順同時人按漢北海景君碑陰有修行水丘郃後漢書董宣傳有
門下書佐後仕司隸校尉水丘岑吳越備史武肅王祖母母皆水丘氏忠獻王時
有都監使水丘昭券陝西西安有宋端拱元年新譯三藏聖教序後題名行軍司
馬水丘隆祥符三年勅賜中江縣甯國寺牒後有東染院使潮州刺史知軍州兼
管內勸農事水丘氏皆在無逸之前自後此姓不經見今海甯州尚有水氏疑郎
其水丘氏後去其一字如滈于氏只稱于氏閭人氏只稱閭之類也

武陶等題記
拓本高四尺六寸寬二尺四行行十一字正書有額及邊闌字徑三寸五分

遊石魚題名記 二行
尙書虞曹外郎知郡事武陶」熙古涪忠州巡檢殿直侍其」瓘純甫郡從事傅顔希
聖嘉祐二年正月八日謹識
古今姓氏書辨證侍其氏漢廣野君酈食其元孫賜以食其爲氏曾孫武爲侍中
始改爲侍其廣韻其字注引王僧孺百家譜蘭陵蕭休緒娶高密侍其義叔女宋
史有侍其曙傳字景升父稹右監門衛大將軍曙當眞宗時官西上閤門使知鄆
州宋史西南諸夷傳大中祥符元年瀘州言江安夷人爲亂詔遣閤門祗候侍其
旭乘傳招撫郡齋讀書附志續千文一卷佐朝散大夫知池州軍州事賜紫金魚
袋侍其瑗字良器撰與黃山谷同時宋史藝文志有侍其光祖浯溪石刻後集再
集一卷四庫總目訂補浯溪集二卷明陳斗編考王象之輿地碑目永州浯溪後
集侍其先祖編此集有乾道乙酉謝褒續千文跋云邑大夫侍其公以其曾大父
所積千文刻諸崖石當即其人葢侍其良器之曾孫也紹聖四年二月永州淡山

涪州石魚文字所見録上　四

四四　涪州石鱼文字所见录（一）

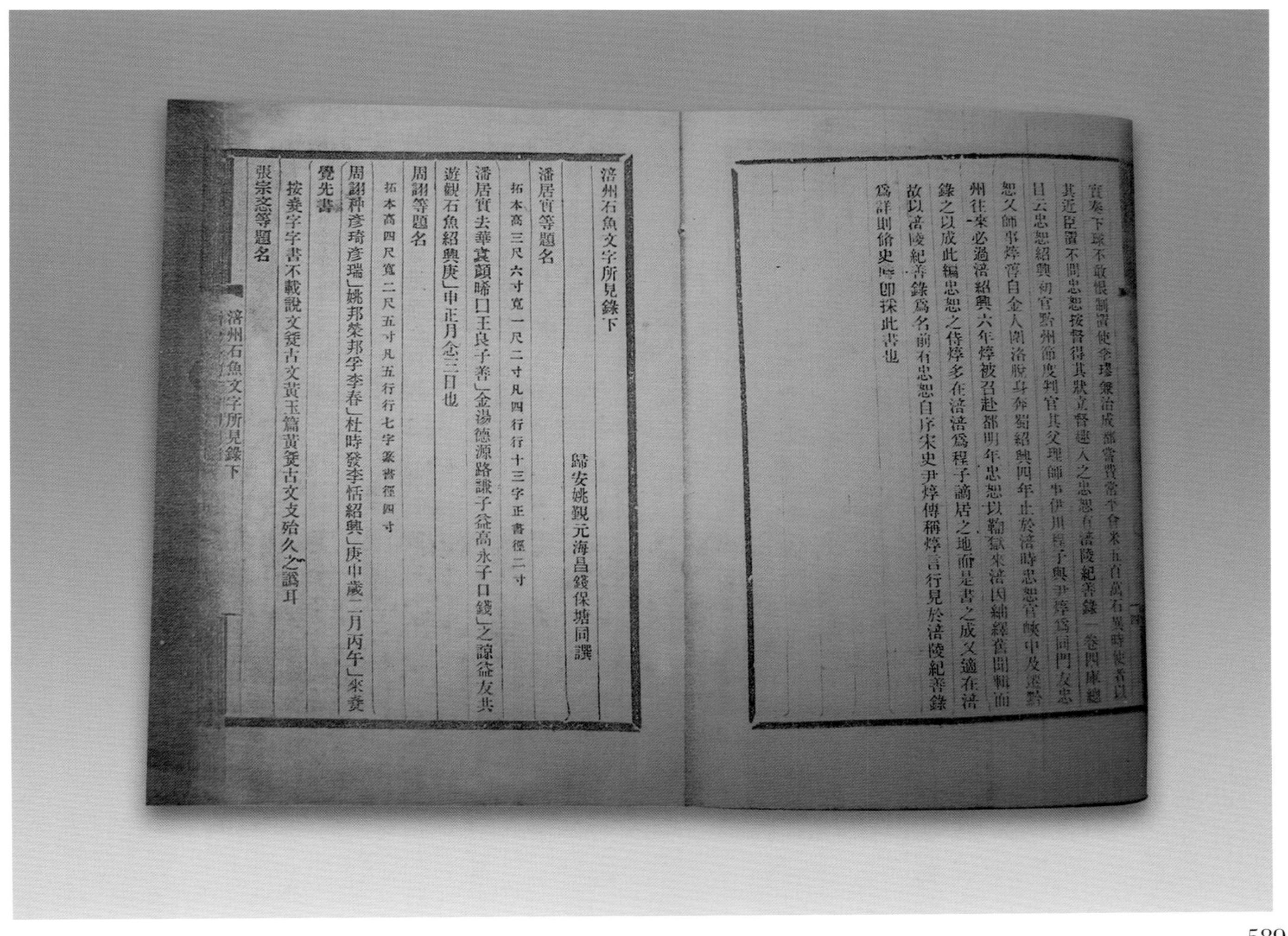

寶奏下琭不敢恨制置使余玠兼治成都嘗費常平倉米五百萬石異時使者以
其近臣置不問忠恕按督得其狀立督趣入之忠恕有涪陵紀善錄一卷四庫總
目云忠恕紹興初官黔州節度判官其父理師事伊川程子與尹焞爲同門友忠
恕又師事焞焞自金人陷洛脫身奔蜀紹興四年止於涪時忠恕官峽中及還黔
州往來必過涪紹興六年焞被召赴都明年忠恕以鞫獄來涪因紬繹舊聞輯而
錄之以成此編忠恕之侍焞多在涪涪爲程子謫居之地而是書之成又適在涪
故以涪陵紀善錄爲名前有忠恕自序宋史尹焞傳稱焞言行見於涪陵紀善錄
爲詳則脩史時即採此書也

涪州石魚文字所見錄下

歸安姚覲元海昌錢保塘同譔

潘居實等題名

拓本高三尺六寸寬一尺二寸凡四行行十三字正書徑二寸

潘居實去華袁頤晞□王良子善」金湯德源路謙子益高永子□錢」之諒益友共遊觀石魚紹興庚」申正月念三日也

周詡等題名

拓本高四尺寬二尺五寸凡五行行七字篆書徑四寸

周詡种彥琦彥瑞」姚邦榮邦孚李春」杜時發李恬紹興」庚申歲二月丙午」來癸覺先書

按癸字字書不載說文癸古文黃玉篇黃癸古文支殆久之譌耳

張宗忞等題名

四六　民国施纪云主纂的《涪陵县续修涪州志》

四七　全国重点文物保护单位石刻标牌

CQTV

四八　白鹤梁水下博物馆开馆场景

证书号第817031号

实用新型专利证书

实用新型名称：水下可卸穿舱连接装置

设　计　人：陈清安;郭力力;杨海滨

专　利　号：ZL 2005 2 0040724.5

专利申请日：2005年4月8日

专利权人：上海交大海科(集团)有限公司

授权公告日：2006年9月13日

本实用新型经过本局依照中华人民共和国专利法进行初步审查，决定授予专利权，颁发本证书并在专利登记簿上予以登记。专利权自授权公告之日起生效。

本专利的专利权期限为十年，自申请日起算。专利权人应当依照专利法及其实施细则规定缴纳年费。缴纳本专利年费的期限是每年4月8日前一个月内。未按照规定缴纳年费的，专利权自应当缴纳年费期满之日起终止。

专利证书记载专利权登记时的法律状况。专利权的转移、质押、无效、终止、恢复和专利权人的姓名或名称、国籍、地址变更等事项记载在专利登记簿上。

局长　田力普

2006年9月13日

第1页(共1页)

四九　白鹤梁题刻保护工程水下可卸穿舱连接装置技术专利

证书号第1883263号

实用新型专利证书

实用新型名称：一种高亮度、高压、防水聚束水下照明灯

发　明　人：魏岩峻;刘海涛;陈哲;蔡耀军;孙云志;董亮;莫映辉;高建华;王鹏;李娜

专　利　号：ZL 2010 2 0684138.5

专利申请日：2010年12月28日

专利权人：水利部长江勘测技术研究所
长江水利委员会长江勘测规划设计研究院

授权公告日：2011年08月10日

本实用新型经过本局依照中华人民共和国专利法进行初步审查，决定授予专利权，颁发本证书并在专利登记簿上予以登记。专利权自授权公告之日起生效。

本专利的专利权期限为十年，自申请日起算。专利权人应当依照专利法及其实施细则规定缴纳年费。本专利的年费应当在每年12月28日前缴纳。未按照规定缴纳年费的，专利权自应当缴纳年费期满之日起终止。

专利证书记载专利权登记时的法律状况。专利权的转移、质押、无效、终止、恢复和专利权人的姓名或名称、国籍、地址变更等事项记载在专利登记簿上。

局长　田力普

2011年08月10日

第1页(共1页)

五〇　白鹤梁题刻保护工程高亮度、高压、防水聚束水下照明灯技术专利

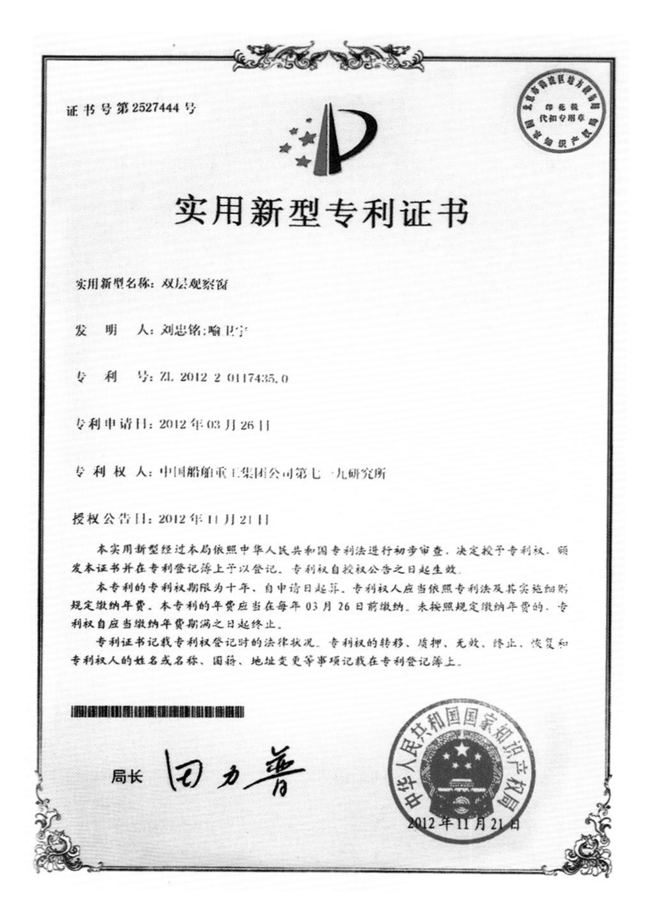

证书号第2527444号

实用新型专利证书

实用新型名称：双层观察窗

发　明　人：刘忠铭;喻卫宁

专　利　号：ZL 2012 2 0117435.0

专利申请日：2012年03月26日

专利权人：中国船舶重工集团公司第七一九研究所

授权公告日：2012年11月21日

本实用新型经过本局依照中华人民共和国专利法进行初步审查，决定授予专利权，颁发本证书并在专利登记簿上予以登记。专利权自授权公告之日起生效。

本专利的专利权期限为十年，自申请日起算。专利权人应当依照专利法及其实施细则规定缴纳年费。本专利的年费应当在每年03月26日前缴纳。未按照规定缴纳年费的，专利权自应当缴纳年费期满之日起终止。

专利证书记载专利权登记时的法律状况。专利权的转移、质押、无效、终止、恢复和专利权人的姓名或名称、国籍、地址变更等事项记载在专利登记簿上。

局长　田力普

2012年11月21日

五一　白鹤梁题刻保护工程双层观察窗技术专利

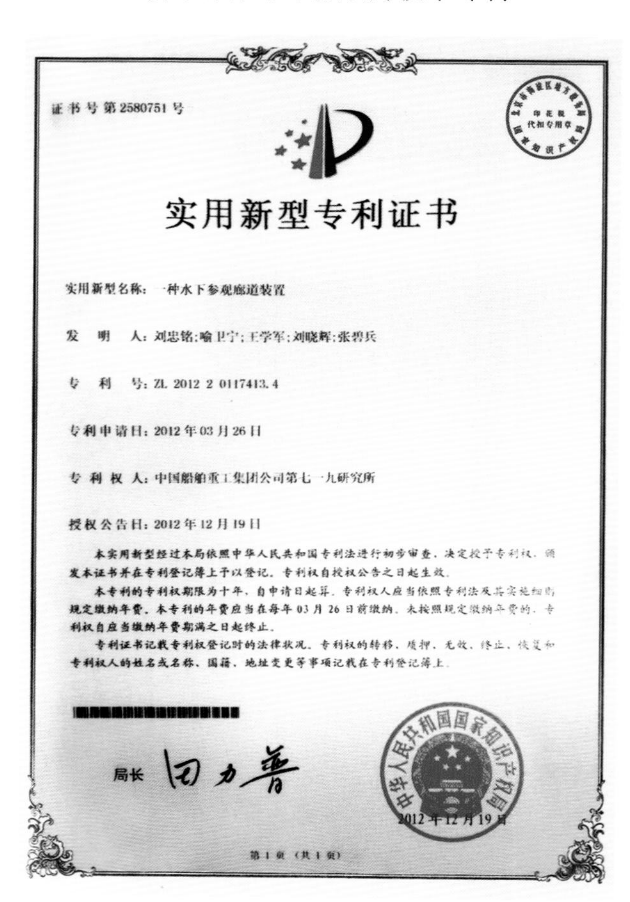

证书号第2580751号

实用新型专利证书

实用新型名称：一种水下参观廊道装置

发　明　人：刘忠铭;喻卫宁;王学军;刘晓辉;张碧兵

专　利　号：ZL 2012 2 0117413.4

专利申请日：2012年03月26日

专利权人：中国船舶重工集团公司第七一九研究所

授权公告日：2012年12月19日

本实用新型经过本局依照中华人民共和国专利法进行初步审查，决定授予专利权，颁发本证书并在专利登记簿上予以登记。专利权自授权公告之日起生效。

本专利的专利权期限为十年，自申请日起算。专利权人应当依照专利法及其实施细则规定缴纳年费。本专利的年费应当在每年03月26日前缴纳。未按照规定缴纳年费的，专利权自应当缴纳年费期满之日起终止。

专利证书记载专利权登记时的法律状况。专利权的转移、质押、无效、终止、恢复和专利权人的姓名或名称、国籍、地址变更等事项记载在专利登记簿上。

局长　田力普

2012年12月19日

第1页(共1页)

五二　白鹤梁题刻保护工程水下参观廊道装置技术专利

中华人民共和国国家版权局

计算机软件著作权登记证书

证书号：软著登字第0680340号

软 件 名 称：白鹤梁博物馆水下照明系统智能控制软件
V1.0

著 作 权 人：上海交大海科（集团）有限公司

开发完成日期：2013年10月05日

首次发表日期：2013年10月05日

权利取得方式：原始取得

权 利 范 围：全部权利

登 记 号：2014SR011096

根据《计算机软件保护条例》和《计算机软件著作权登记办法》的规定，经中国版权保护中心审核，对以上事项予以登记。

中华人民共和国国家版权局
计算机软件著作权
登记专用章

No. 00407476

2014年01月24日

五三　白鹤梁博物馆水下照明系统智能控制软件著作权登记证书

后　记

《涪陵白鹤梁》一书，是对白鹤梁题刻进行保护的保护方案、可行性研究、立项、方案设计、初步设计、施工图设计、施工、监理（造）、验收、竣工、决算及审计、移交等全过程的真实记录。在白鹤梁题刻原址水下保护工程项目建设中，在国务院三峡建设委员会、国家文物局的亲切关怀下，在重庆市人民政府白鹤梁文物保护工程联席会的领导下，得到重庆市移民局、重庆市文物局、涪陵区人民政府及各职能主管部门的指导和帮助。特别是得到了全国文物、水利、建筑、市政、潜艇、航道、特种设备等学者专家的指导和帮助，在此致以衷心的感谢！

在本书的编撰中得到了重庆中国三峡博物馆名誉馆长王川平先生的鼎力相助，在此深表感谢！

本书内容中选录了《白鹤梁题刻——申报中国世界文化遗产预备名单项目》、各相关单位编制的对白鹤梁题刻保护方案成果、地勘单位的成果、白鹤梁题刻保护各项专题研究课题成果、各设计单位的设计文件、监理和监造单位的报告、中铁大桥局集团公司白鹤梁工程项目部陈一兵先生的《背水一战》、施工资料及工作报告，特别感谢研究白鹤梁题刻专家黄德建先生的指导及提供的资料。若有未注明者敬请谅解，在此一并表示衷心的感谢！

本书由重庆峡江文物工程有限责任公司陈涛同志拟定全书的编写大纲并负责全书的统稿，由重庆中国三峡博物馆陈华蕾同志和长江勘测规划设计研究院有限公司章荣发同志共同完成具体编撰工作。陈华蕾同志执笔编撰第一篇，第二篇的第一部分，第三篇的第二、三、四、六、七、八部分，编选附录、黑白图版、彩色图版并负责书稿的编务工作；章荣发同志执笔编撰第二篇的第二、三部分，第三篇的第一、五部分并编选实测设计与施工图。

感谢重庆峡江文物工程有限责任公司李莉女士提供档案资料。

编　者

2013 年 12 月